辽河油田 50 年勘探开发科技丛书

辽河油田地质与开发
实验技术

主编◎刘其成

副主编◎赵庆辉 李金有 张 勇 肖传敏 张向宇

石油工业出版社

内 容 提 要

本书针对辽河油田进入勘探开发中后期多元开发的要求，以地质开发实验技术系列为主线，展示了近年来所取得的技术进展和应用成果。内容包括储层岩石特性测试技术、储层流体特性测试技术、有机地球化学实验技术、油藏开发渗流实验技术、稀油提高采收率实验技术、注蒸汽热采实验技术、非烃气辅助热采实验技术、稠油火驱实验技术、稠油复合改质降黏实验技术和井筒传热模拟实验技术等地质开发实验配套技术。

本书可供从事稠油储集层评价、开发机理研究、油层保护、油藏工程设计、采油工艺和地面集输优化等研究的科研人员及相关专业技术人员参考使用。

图书在版编目（CIP）数据

辽河油田地质与开发实验技术 / 刘其成主编 . —北京：石油工业出版社，2022.12
（辽河油田 50 年勘探开发科技丛书）
ISBN 978−7−5183−5803−8

Ⅰ . ①辽… Ⅱ . ①刘… Ⅲ . ①石油天然气地质 − 研究 − 辽宁 ②油田开发 − 研究 − 辽宁 Ⅳ . ① P618.130.2
② TE34

中国版本图书馆 CIP 数据核字（2022）第 236889 号

出版发行：石油工业出版社
（北京安定门外安华里 2 区 1 号楼 100011）
网 址：www.petropub.com
编辑部：（010）64523687
图书营销中心：（010）64523633
经 销：全国新华书店
印 刷：北京中石油彩色印刷有限责任公司

2022 年 12 月第 1 版 2022 年 12 月第 1 次印刷
787×1092 毫米 开本：1/16 印张：31.75
字数：742 千字

定价：180.00 元
（如出现印装质量问题，我社图书营销中心负责调换）

《辽河油田50年勘探开发科技丛书》

编委会

主　　编：任文军

副 主 编：卢时林　于天忠

编写人员：李晓光　周大胜　胡英杰　武　毅　户昶昊

　　　　　赵洪岩　孙大树　郭　平　孙洪军　刘兴周

　　　　　张　斌　王国栋　谷　团　刘宝鸿　郭彦民

　　　　　陈永成　李铁军　刘其成　温　静

《辽河油田地质与开发实验技术》
编写组

主　　编：刘其成

副 主 编：赵庆辉　李金有　张　勇　肖传敏　张向宇

编写人员：齐先有　程海清　崔向东　潘　攀　闫红星

　　　　　王伟伟　韩洪斗　杨兴超　杨　灿　郭　军

　　　　　贾大雷　郭鹏超　杨俊印　董晓东　张艳娟

　　　　　张　宏　郭　斐　刘宝良　薛　莹　胡　军

　　　　　唐洁云　孙　倩　张树田　杨鹏成　蔡庆华

　　　　　姜文瑞　刘　鑫　马　静　李培新

辽河油田从 1967 年开始大规模油气勘探，1970 年开展开发建设，至今已经走过了五十多年的发展历程。五十多年来，辽河科研工作者面对极为复杂的勘探开发对象，始终坚守初心使命，坚持科技创新，在辽河这样一个陆相断陷攻克了一个又一个世界级难题，创造了一个又一个勘探开发奇迹，成功实现了国内稠油、高凝油和非均质基岩内幕油藏的高效勘探开发，保持了连续三十五年千万吨以上高产稳产。五十年已累计探明油气当量储量 25.5 亿吨，生产原油 4.9 亿多吨，天然气 890 多亿立方米，实现利税 2800 多亿元，为保障国家能源安全和推动社会经济发展作出了突出贡献。

辽河油田地质条件复杂多样，老一辈地质家曾经把辽河断陷的复杂性形象比喻成"将一个盘子掉到地上摔碎后再踢上一脚"，素有"地质大观园"之称。特殊的地质条件造就形成了多种油气藏类型、多种油品性质，对勘探开发技术提出了更为"苛刻"的要求。在油田开发早期，为了实现勘探快速突破、开发快速上产，辽河科技工作者大胆实践、不断创新，实现了西斜坡 10 亿吨储量超大油田勘探发现和开发建产、实现了大民屯高凝油 300 万吨效益上产。进入 21 世纪以来，随着工作程度的日益提高，勘探开发对象发生了根本的变化，油田增储上产对科技的依赖更加强烈，广大科研工作者面对困难挑战，不畏惧、不退让，坚持技术攻关不动摇，取得了"两宽两高"地震处理解释、数字成像测井、SAGD、蒸汽驱、火驱、聚/表复合驱等一系列技术突破，形成基岩内幕油气成藏理论，中深层稠油、超稠油开发技术处于世界领先水平，包括火山岩在内的地层岩性油气藏勘探、老油田大幅提高采收率、稠油污水深度处理、带压作业等技术相继达到国内领先、国际先进水平，这些科技成果和认识是辽河千万吨稳产的基石，作用不可替代。

值此油田开发建设 50 年之际，油田公司出版《辽河油田 50 年勘探开发科技丛书》，意义非凡。该丛书从不同侧面对勘探理论与应用、开发实践与认识进行了全面分析总结，是对 50 年来辽河油田勘探开发成果认识的最高凝练。进入新时代，保障国家能源安全，把能源的饭碗牢牢端在自己手里，科技的作用更加重要。我相信这套丛书的出版将会对勘探开发理论认识发展、技术进步、工作实践，实现高效勘探、效益开发上发挥重要作用。

辽河油田是一个具有多油品性质、多油气藏类型、多套含油层系、地质情况十分复杂的大型复式油气区。辽河油田石油地质勘探工作始于20世纪50年代,1970年开始大规模勘探开发建设;1980年国务院正式向国内外公开辽河油田建成;1986年生产原油突破1000×10^4t,成为全国第三大油田;1995年原油产量达到1552×10^4t,创历史最高水平;2020年原油生产能力达1004×10^4t,连续35年产量超千万吨。

目前辽河油田的勘探开发工作已经走过了50年的辉煌历程。伴随着油田的发展,地质与开发实验技术一直在不断进步,并以独特的作用为油田的发展提供着强有力的技术支撑。

辽河油田极其复杂的地质背景,以及进入勘探开发中后期的严峻形势,对各项配套技术都提出了更高的要求,也促使地质开发实验技术持续得到改进和发展。为满足复杂潜山及断块、岩性油气藏精细勘探,以及进一步提高油田采收率的要求,针对多种油品性质、多种油藏类型及不同的开发方式,研发了储层岩石特性测试技术、储层流体特性测试技术、有机地球化学实验技术、油藏开发渗流实验技术、稀油提高采收率实验技术、注蒸汽热采实验技术、非烃气辅助热采实验技术、稠油火驱实验技术、稠油复合改质降黏实验技术和井筒传热模拟实验技术,尤其是建立了变质岩潜山岩性识别、胶结疏松储层孔隙结构恢复、无碱二元驱油体系设计、火驱燃烧状态判识、多元注蒸汽和火烧油层三维比例物理模拟等方法,填补了辽河油田在特殊岩性油藏开发和稠油热采开发研究领域的空白,为储层评价、机理认识、方案设计、动态调控等工作提供了科学依据。

2007年,为庆祝辽河油田勘探开发研究院建院40周年出版过系列技术丛书,其中《稠油开发实验技术与应用》对稠油开发实验技术进行了系统的总结。10多年来,稠油开发实验技术又有了飞跃式发展,技术内涵得到了进一步丰富。在辽河油田成立50周年之际,辽河油田勘探开发研究院组织有关技术专家,以10多年形成的技术系列为主线,在对稠油开发实验技术系统总结基础上,将有机地球化学、高凝油冷伤害、注气开发、稀油提高采收率等实验技术有机地扩充进来,精心撰写了本书,对技术传承和发展具有重大意义。

本书共分十一章:第一章系统介绍了地质开发实验技术从无到有、从有到全、从全到新的全面发展过程。第二章简述了岩心录取与处理、储层评价实验技术，重点叙述变质岩潜山、致密油储层、深层砂岩、火山岩屑砂岩储层微观特征。第三章阐述了原油物性、流变性、高压物性分析方法，以及油田水水质、气体实验分析技术。第四章阐述了烃源岩评价、原油化学组成、油源对比和页岩油含油性评价实验技术。第五章简述了注水开发、注气开发实验技术，重点叙述高凝油冷伤害、储层敏感性、压裂液对储层伤害和岩心核磁共振分析技术。第六章简述了化学驱方式与机理，重点叙述聚合物驱、聚/表二元驱、三元复合驱和深部调驱实验研究与应用。第七章简述了稠油油藏热物性参数、高温相对渗透率及驱油效率、注蒸汽热采比例物理模拟和储层伤害评价实验技术，重点叙述蒸汽吞吐、蒸汽驱和SAGD物理模拟研究。第八章阐述了非烃气辅助热采相似理论、非烃气辅助蒸汽驱和非烃气辅助SAGD实验研究。第九章简述了火烧油层相似理论、燃烧基础参数测定、氧化动力学分析、火烧油层物理模拟和燃烧状态判识技术，重点叙述薄互层火烧油层、重力火驱和厚层稠油油藏直平组合立体火驱实验研究。第十章阐述了稠油改质催化体系的制备与评价、沥青质和胶质的供氢催化改质、甲酸自由基消除作用和稠油催化改质室内动态模拟实验研究。第十一章阐述了井筒传热数学模型、井筒传热物理模型和注蒸汽井筒氮气隔热技术实验研究。

本书由刘其成、赵庆辉组织编写，并提出内容框架，刘其成、赵庆辉、张勇、崔向东、肖传敏、张向宇、闫红星、程海清、齐先有审核并定稿。

本书既是对10多年来实验技术进展的总结，也是全体员工（包括已退休员工）在相应技术领域智慧和汗水结晶的呈现。

由于编者水平所限，书中难免存在不足之处，恳请广大读者批评指正。

第一章 概　述

地质与开发实验技术是油气勘探和开发技术的重要组成部分，无论是在油气勘探阶段还是开发阶段，都发挥了基础技术支撑作用。伴随着辽河油田 50 年的勘探开发步伐，地质与开发实验技术也得到了快速发展，建立和完善了岩石、油、气、水、化学剂分析和油气藏开发物理模拟系列实验方法，实验能力从 50 年前的 2 个专业系列、12 个分析测试项目发展为 32 个专业系列、300 余项 1000 多个参数的分析测试及实验研究项目。本章系统回顾了实验技术 5 个阶段的发展历程，并介绍了 30 项特色实验技术。

第一节　实验技术发展历程

辽河油田具有含油层系多、构造复杂断层多、储层类型多、油藏类型多、油品类型多、油藏埋藏深 "五多一深" 的特点，这种复杂的地质条件决定了 "千把钥匙开千把锁" 的勘探开发格局，给地质与开发实验技术的发展带来了挑战和机遇。50 年来，随着油田勘探开发目标的不断更迭、开发方式的不断变化，实验技术也取得了很大的发展，各项岩石、油、气、水、化学剂分析和油气藏开发物理模拟实验方法的建立、完善，为辽河油区的高效勘探开发提供了大量的科学实验依据。其发展过程大致经历了 5 个阶段。

一、第一阶段（1967—1975 年）

该阶段是辽河油田规模勘探、获得工业油流、投入开发的初期阶段，为基础化验分析方法的建立阶段。辽河油区于 20 世纪 50 年代开始地质普查，60 年代初开始钻井勘探，1966 年在辽 2 井首次获得工业油流，1967 年组织大规模的勘探，1970 年正式投入开发。伴随着辽河油田勘探开发步伐，实验室建设工作也随之启动。

实验室初建时，主要建立了岩石薄片、重矿物鉴定、孔隙度、渗透率、饱和度测定、微古生物鉴定和碳酸盐分析等 12 个分析项目。之后，通过开发新项目、改进分析方法、引进国内外先进的大型测试仪器（红外光谱仪、紫外光谱仪、荧光显微镜、原子吸收分光光度计等），建立了地层原油物性和油、气、水分析方法，分析项目达到 34 项。主要实验仪器装备和技术状况接近 20 世纪 70 年代末国内油田同类项目水平。基础化验分析实验室建设初具规模，能够满足油田勘探开发初期对储层岩性、物性等数据参数需求。

二、第二阶段（1976—1985 年）

该阶段为辽河油田稀油注水规模建产阶段。在该阶段相继投入开发了兴隆台、曙光等 10 个主力油田，动用石油地质储量 56270×10^4t，标定采收率达到 26.8%。得益于整装优质储量的发现和动用，油区原油产量以年均 78×10^4t 的速度递增。该阶段在特殊岩心实验、岩石学分析和有机地球化学分析等方面建立了相应的方法，奠定了注水开发技术实验研究基础。

（一）特殊岩心实验方面

建立了岩石润湿性、油水相对渗透率、黏温曲线、岩石铸体薄片、压汞法测岩石毛细管压力曲线、高速离心机法测岩石毛细管压力曲线、水驱油平面物理模拟、原油流变性、蜡熔点等 9 项测定方法。

（二）岩石学分析方面

建立了差热分析、岩石化学全分析、发射光谱分析、X 射线衍射分析方法。

（三）有机地球化学分析方面

建立了饱和烃分析、干酪根分离、有机微量元素分析方法。

三、第三阶段（1986—1995 年）

该阶段为高凝油、稠油上产阶段。1986 年，辽河油田原油产量突破 1000×10^4t，成为继大庆油田、胜利油田之后中国第三大油田。1986—1990 年，全面开发高凝油油田和普通稠油油田，原油生产规模达到 1360×10^4t/a；1991—1995 年，全面开发特稠油油田和实施老区滚动勘探开发，原油生产规模达到 1552×10^4t/a。该阶段整体实验技术能力已初具规模。岩石学分析和有机地球化学分析实验技术显著增强，化学驱、热采实验方法初步建立。试验中心地质实验等部分实验室于 1995 年首批通过国家计量认证评审。

（一）特殊岩心实验方面

建立了全直径岩心油水相对渗透率实验方法，解决了辽河油田古潜山油藏裂缝性岩石相对渗透率难以测定的问题。引进了 3020-105 型油气相对渗透率仪，建立了油气相对渗透率实验方法。建立起一套适用于油层伤害程度评价的储层敏感性评价实验方法。

（二）岩石学分析方面

引进了荷兰飞利浦公司 XL30 型扫描电子显微镜，实现了利用结晶学、矿物学原理对岩石样品进行微观分析和研究，并建立了岩石样品扫描电镜分析检测项目。

（三）有机地球化学分析方面

利用 PYQ81-2 型热解装置与 GC-9A 气相色谱仪联用，建立起热解气相色谱法，用于分析干酪根沥青质。应用 SP-6000 型气相色谱仪建立起灌装岩屑轻烃相对含量分析方法。引进了美国尼高力公司 750 型傅里叶红外光谱仪，开展了有机质红外光谱分析。通过对 Ⅲ 型岩石热解仪进行技术改造，提高了热解仪分析的灵敏度，并增加了储层热解分析参数和盆地生烃模拟、活化能测定等功能。引进了美国惠普公司 HP5890 气相色谱仪，开展原油和沉积岩中芳烃的气相色谱分析实验，首次制定了辽河油田原油和沉积岩中芳烃气相色谱分析方法。

（四）化学驱实验方面

引进了布式黏度计、日本导津公司 UV-2101PC 紫外分光光度计等设备，建立了聚合物筛选评价方法以及聚合物采出液浓度分析方法。承担完成了国家"八五"重点攻关项目"兴 28 块聚合物驱实验研究"。

（五）热采实验方面

引进了长岩心物理模型，建立了长岩心物理模型实验方法。自主建立了测定最小混相压力的细长管模型、蒸汽吞吐比例物理模型、水平井采油三维比例模型、蒸汽驱低压比例物理模型、探针法测定导热系数装置。建立了最小混相压力测定、松散岩心在上覆压力下的导热系数测定、比热容和热膨胀参数测定、蒸汽吞吐比例物理模拟、蒸汽驱低压三维比例物理模拟等实验方法和检测项目。

四、第四阶段（1996—2005 年）

该阶段为超稠油开发、减缓递减阶段，主要实施滚动勘探开发、深化老油田综合治理。其中，滚动勘探共计发现 200 多个含油断块或新的层位，探明石油地质储量 $21485 \times 10^4 t$，建成原油生产能力 $336.5 \times 10^4 t/a$；老油田综合治理日产油量较治理前提高 1%~6.3%，含水上升率年下降 2%。该阶段建立了松散岩心样品制备、特殊岩性渗流等实验方法，提出了"2+3"调驱、分子膜驱等提高采收率技术，注蒸汽热采实验技术快速发展。1996 年，试验中心整体通过了国家计量认证评审。

（一）岩心前期处理方面

建立了以疏松岩心处理为标志的系列岩心处理方法，解决了疏松岩心无法制样、不能获得储层物性数据的技术难题。

储层特征分析方面：建立了储层地质观摩室，将辽河油区三大岩类储层岩石、古生物化石、沉积相、油品等样品以及所有样品配套的微观特征等资料集中展示，这是辽河油区地质储层的缩影，也是辽河油区勘探开发 40 年来储层地质的总结和概括。引进了多功能

X 射线衍射仪，建立了全岩定量分析和黏土矿物相对含量分析方法。建立了双重介质岩心的油水相对渗透率实验装置及实验方法，首次成功开展了双重孔隙介质储层特殊岩性相对渗透率实验，填补了该类储层无水驱油资料和相对渗透率曲线的空白。

（二）流体特征分析方面

引进了英国质谱公司 MICROMASS QUATTRO Ⅱ 质谱仪，建立了原油饱和烃生物标志物色谱—质谱分析方法。引进了美国电感耦合等离子体原子发射光谱仪，建立了油田水分析和岩石中金属元素分析项目。

（三）化学驱实验方面

提出了"2+3"调驱提高采收率技术，在室内建立了评价方法。该方法从调剖体系和驱油体系的筛选入手，应用数值模拟技术进行效果预测，能够给出适宜的注入参数和实施方案。针对兴 212 块、兴 209 块油藏特点提出了分子膜驱油技术，建立了室内评价实验和矿物试验监测方法，为油田注水区块中后期改善开发效果提供了新技术。

（四）热采实验方面

自主研制了油—蒸汽（热水）高温相对渗透率测定、水平裂缝蒸汽辅助重力泄油三维物理模型等装置，建立了稠油热采储层伤害评价和复合蒸汽驱等实验方法，能够开展油—蒸汽（热水）高温相对渗透率测定、水岩作用和液相渗透率变化评价、原油性质变化评价、正/反向流动评价、复合蒸汽驱、注气（氮气、二氧化碳、烟道气）非混相驱、超稠油水平裂缝辅助重力泄油物理模拟等实验。自主研制了同心油管、光油管环空充氮气隔热井筒传热两套物理模型、多功能高温高压三维比例物理模拟装置和注蒸汽热采二维比例物理模型。能够开展同心油管、光油管环空充氮气隔热井筒传热物理模拟，以及蒸汽吞吐、蒸汽驱、蒸汽辅助重力泄油、多元热流体复合驱等二维、三维比例物理模拟实验。"蒸汽驱低压比例物理模型的研制"获得中国石油天然气集团公司科技进步奖三等奖。"稠油热采储层研究"获得中国石油天然气集团公司科技进步奖三等奖。

五、第五阶段（2006 年至今）

该阶段为油田开发方式转换接替稳产阶段。辽河探区开发上新投入了 5 个油田（奈曼、铁匠炉、葵花岛、广发、前河），阶段新增动用储量 $3.3 \times 10^8 t$，年均建产能 $95.6 \times 10^4 t$。油区产量稳定在 $1000 \times 10^4 t/a$ 规模，转换方式年产油量占全年产油量 1/4 左右。该阶段为非常规实验设备与方法初建、火烧油层物理模拟技术起步、勘探开发基础实验平台初步建成和整体实验技术水平大大提升时期。2006 年，试验中心通过了实验室认可/资质认定二合一评审，获得了国家实验认可和计量认证双证资质。

（一）储层特征分析方面

初步形成了由岩心录取与前处理、岩矿分析、岩石物性分析、孔隙结构分析、生烃品质评价、含油气指标分析、储层成因分析、开发试验等几方面构成的储层特征分析实验平台。引进了全直径岩心孔渗测定装置，并建立了配套的实验方法，解决了孔隙/裂缝双重介质油藏岩心基质渗透率测定、全直径岩心孔隙度和径向渗透率测定的难题，实现了岩心物性分析由常规岩心分析向超低渗透油藏和潜山双重介质油藏的重大跨越；自主研制了上覆压力下孔渗联测装置、上覆压力下孔隙结构实验系统，可以更加精准测定油藏压力条件下孔隙度、渗透率、压缩系数、毛细管压力曲线等参数，填补该实验技术领域的空白；建立了多介质复合驱油实验装置及实验方法，可以测定不同气体最小混相压力，为实施气体混相驱和非混相驱提供基础实验参数；升级改造了储层敏感性评价实验装置、岩石电阻率测定装置、油气水相对渗透率测定装置，优化了实验流程，提高了自动化程度、测试精度和性能指标，满足了高温高压条件下渗流实验需求；攻关松散、易碎岩石样品制备问题，建立岩石样品线切割实验方法，实现了稠油、泥页岩岩心成型样品的制备能力；在非常规实验方面，引进氩离子抛光、场发射扫描电镜等设备，攻关非常规微纳米级孔隙表征问题，建立了场发射扫描电镜分析方法，实现了低渗、页岩油等纳米级孔隙形态学分析。引进 X 荧光光谱分析仪，建立岩石主量元素分析方法，能够为岩石成因等研究提供主量元素及部分微量元素的主要参数。购置了氮气吸附微孔径及比表面积分析仪，建立了致密岩石微孔径测定（液氮吸附法）实验方法，实现非常规油气岩心纳米级孔径分布分析，与压汞结合可建立全孔径分布表征。购置恒速压汞仪，建立岩石毛细管压力曲线测定（恒速压汞法）实验方法，实现致密储层孔隙结构分析中吼道的精确测量。完善了非驱替法岩石盐敏性、水敏性评价实验方法，建立了离心法岩石电阻率测定方法，优化了黏土盐离子交换容量测定方法，并修订了该方法的石油行业标准。

（二）流体特征分析方面

形成了原油物理性质、原油化学性质、注入水水质分析、地层水水质分析、稠油污水水质分析以及油田气从常规组分到拓展组分分析等流体特征分析实验平台。建立了稠油热采复杂气体多维气相色谱分析方法，气体分析种类由常规的 17 种拓展到 36 种，实现稠油热采伴生气中硫化氢、硫醇、硫醚、一氧化碳、氨气、氢气的监测，为稠油热采复杂气体成因机理研究以及硫化氢、一氧化碳等危害气体的防护与利用提供了依据。对辽河油田热采区块硫化氢的分布特征及成因机理进行了开拓性研究，提出了将酸气回注油藏提高驱油效率的降害增效方式，室内实验证明了该方式可以提高驱油效率，同时也解决了硫化氢的治理问题，为热采区块安全生产提供了依据；引进了傅里叶变换红外光谱仪、三重四级杆色质联用仪及 GC×GC-TOFMS 质谱仪，实现了对原油"从黏度、密度等宏观参数向色谱、质谱微观分析"的重大跨越。建立了不同热采方式产出原油物化性质综合评价技术，在原油常规物性分析基础上结合族组分、气相色谱、红外光谱、色谱—质谱、有机元素、岩石热解等多种分析方法，实现了对原油物化性质的综合评价，该技术为准确评价稠油油藏不同热采方式开采机理等研究提供了直接依据；创建了红外光谱预测原油物性的分析方法，实现了对原油密度、黏度、蜡含量等参数的快速预测，分析周期由原来的 20

天缩短为 1 天；建立了水中氨氮、总氮、COD 的分析方法，攻关解决了稠油热采过程中氨氮类化合物成因等问题；引进岩石热解仪，建立了四峰热解法评价页岩油含油性的方法，实现了页岩油中可动烃的定量评价；针对辽河油田稠油油藏的油品特点，成功研制了 HB300/70 地层原油高压物性实验装置，可应用于稠油复配样 PVT 分析，提高了稠油 PVT 分析水平。

（三）化学驱、调驱实验研究方面

先后引进了 watersD-600 高效液相色谱仪、ARES 高级流变仪、TX-500C 全程界面张力仪、PET-1/2 多功能动态聚合物评价装置、PVS4 聚合物相对分子质量测定系统、TU-1901 紫外分光光度计、DCAT21 表面 / 界面张力仪等设备，建立了化学驱、调驱研究系列实验方法，实现了从定性到定量、从单一测试到系统分析技术升级，尤其化学剂指纹识别技术，解决了复杂注采流体中化学剂组分识别难题。在化学驱配方体系研究中，启动了无碱聚合物 / 表面活性剂复合驱（简称聚 / 表驱）配方研究，建立了体系黏弹性、传输运移能力、聚合物炮眼剪切黏损、界面活性、体系与储层配伍性、化学剂色谱检测等配方性能评价与优化方法，在中国石油同行中率先取得突破；深部调驱作为改善水驱开发后期效果的主要技术，可有效解决水驱开发矛盾。2008 年，实验室开展了深剖调驱配方体系研究，调驱配方体系从原来的 6 类拓展到现在的 8 类，适用于不同类型、不同条件油藏。通过普适性研究，结合目标油藏特点，个性化设计调驱配方与组合，确保配方"注得进、走得远、堵得住"。同步创建了调驱体系综合调控技术，实现了室内到现场全过程调控。

（四）注蒸汽热采实验方面

自主研制了不同类型注蒸汽热采二维、三维比例物理模型，创建了蒸汽吞吐、蒸汽驱、SAGD 多方式联动相似准则，形成了以蒸汽驱、SAGD 为主的多方式、多井型、多介质、多参数的多元化注蒸汽热采物理模拟实验平台。自主研制了水平井蒸汽驱（二维 / 三维比例物理模型）、多介质 SAGD 物理模拟系统、边底水非均质性油藏蒸汽驱物理模拟系统、蒸汽干度测量等装置，建立了水平井蒸汽驱、驱替与泄油复合开采、重力泄水辅助蒸汽驱、气体辅助热采等实验方法，可以开展注蒸汽开发方式优化、驱油机理研究、影响因素分析和开发效果预测等物理模拟实验，同时建立了非烃气辅助热采实验方法，能够开发非烃气辅助蒸汽驱、非烃气辅助 SAGD 等实验研究；引进了热扩散系数测定仪、岩石热膨胀仪，油藏热物性参数测定在比热容、导热系数 2 项参数基础上新增了热膨胀系数和热扩散系数测定能力。

（五）火驱实验方面

自主研制了火烧油层（一维 / 二维 / 三维）物理模拟系统、稠油高温高压氧化反应装置、高压空气压缩机、烟气综合净化装置，引进了 Thermax-500 型热重分析仪、差式扫描量热仪、氧弹热量计等设备，形成了火驱物理模拟实验平台。依托平台创建了火驱物理模拟相似准则，建立了边底水（水淹）、低渗透等复杂类型油藏火驱物理模拟实验方法，可以开展火驱机理研究、燃烧基础参数测试、燃烧动力学分析及注采参数对火驱效果影响等实验研究；建立了热采物理模拟实验数据三维处理软件，满足火烧油层等物理模拟机理精细化研究的需求；建立了多层火驱地下燃烧状态判识方法、火驱油墙判识方法，有效指导了火驱现场调控工作；通过对差式扫描量热仪、氧弹热量计等热分析设备功能进一步开放，建立了注气安全性评价方法。

第二节　实验技术系列

伴随着辽河油田勘探开发的步伐，实验技术也得到了快速发展，形成了 32 个专业系列、300 余项 1000 多个参数的分析测试能力。其中，疏松 / 松散岩心处理与分析、储层物性分析、岩石学分析、流体性质分析、储层敏感性评价、特殊岩性渗流特征研究、稠油油藏热物性参数测定、稠油高温渗流特征研究、热采比例物理模拟、化学驱提高采收率实验研究等技术系列充分体现出了辽河油气区岩性多样、油品复杂的实验特色。

下面简要列举了 30 项特色技术：

（1）现场岩心录取：冷冻密闭取心、常规密闭取心。

（2）常规及特殊岩心处理：钻样、切样、取样、样品包封、样品除油、岩心样品冷冻钻取、样品冷冻包封制备。

（3）古生物化石分析及鉴定：微体化石介形类、腹足类分析、孢粉和藻类分析、孢粉颜色指数。

（4）岩石物性分析：孔隙度、渗透率、流体饱和度、碳酸盐含量、岩石密度测定、粒度分析、覆压孔隙测定、岩石电阻率测定。

（5）岩石矿物分析与鉴定：岩石薄片鉴定、荧光薄片鉴定、阴极发光薄片鉴定、扫描电镜分析、能谱分析、黏土矿物相对含量分析、全岩定量分析、重矿物分离与鉴定。

（6）岩石孔隙特征分析：岩石铸体薄片图像分析、毛细管压力曲线的测定。

（7）岩石化学分析：岩石氯岩含量测定、岩石中金属元素测定。

（8）原油物理化学性质分析：密度、黏度、凝固点、含水率、馏程、含蜡量、胶质 + 沥青质含量、析蜡温度测定。

（9）地层原油高压物性分析：高压物性现场取样、地层原油物性分析、原油复配样分析、原油相态分析。

（10）油田气组分分析：气体中 C_1—C_{12}、N_2、CO_2、硫化氢、硫醚、硫醇等组分含量测定。

（11）油田水质分析与监测：油藏注水水质推荐指标评价、水质分析。

（12）原油流动特征分析：原油黏温曲线、流变性测定、渗流流变特性测试。

（13）化学驱油剂筛选与评价：聚合物性能评价、表面活性剂筛选、复合驱油体系评价。

（14）调驱体系筛选与评价：深部调驱配方体系研制、体膨颗粒评价、聚合物类凝胶调驱体系评价。

（15）油田措施剂筛选与应用：防垢剂、絮凝剂、杀菌剂、降黏剂、解堵剂性能评价，破乳剂使用性能检验，水溶性示踪剂监测。

（16）油气地球化学分析：热解分析、总有机碳测定、族组成分析、氯仿沥青测定、干酪根分离与鉴定、饱和烃、芳烃、原油全烃色谱分析、红外光谱分析、色谱—质谱分析鉴定、有机质元素分析、生物标记物色谱—质谱分析鉴定。

（17）油藏渗流特征分析：常规相对渗透率测定、高温相对渗透率测定、油藏润湿性测定、微观驱油实验、驱油效率测定。

（18）油层保护实验及分析：敏感性评价、黏土膨胀率测定、黏土阳离子交换容量测定，岩石压力敏感性评价、水锁效应评价、油层保护措施评价。

（19）采油方法筛选与评价：化学驱油方法、可动凝胶系列调驱、注气驱油方法、热力采油方法。

（20）储层热物性参数测定：比热容、导热系数、热扩散系数、热膨胀系数测定。

（21）注蒸汽热采基础管式实验：热采条件下储层变化物理模拟、驱油效率测定。

（22）注蒸汽热采二维比例物理模拟：能够模拟热水驱、蒸汽驱、SAGD 等不同方式开采过程中油层纵向、平面温度场、压力场的变化，以及油藏层状韵律、倾角和底水等因素对开采效果的影响。

（23）注蒸汽热采三维比例物理模拟：能够开展蒸汽吞吐、蒸汽驱、复合汽驱、SAGD 等方式开发效果评价，以及储层非均质性、含油饱和度等油藏地质参数和注汽温度等注采工艺参数对开发效果影响的实验。

（24）注气辅助热采物理模拟：注气辅助热采机理、气体类型筛选、气 / 汽参数优化和驱油效果评价等实验。

（25）化学辅助热采物理模拟：化学辅助热采机理、化学助剂筛选、化学剂注入参数优化和驱油效果评价等实验。

（26）火烧油层基础参数测定：原油自燃温度、火线推进速率、氧气利用率、视氢碳原子比、燃料消耗量、空气耗量、空气油比。

（27）原油氧化动力学参数测定：活化能、吸（放）热量、频率因子、氧化速率测定。

（28）注气安全性评价：闪点、着火点、自燃点、爆炸极限、爆炸压力和最小点火能测定。

（29）火烧油层二维比例物理模拟：能够开展不同火驱方式前缘推进过程描述、燃烧腔发育特征研究，以及油藏层状韵律、倾角对开发效果的影响。

（30）火烧油层三维比例物理模拟：能够开展面积井网、行列井网、直井—水平井组合、火驱 + 蒸汽驱等不同火驱方式模拟实验，认识生产特征，优化操作参数，研究影响因素，评价火驱效果。

第二章　储层岩石特性测试技术

辽河油田具有多套含油层系，多种储集类型，储层岩性复杂，从太古宇、中一新元古界、古生界、中生界到新生界共发现19套含油层系，储层岩性以各种类型的砂岩为主，其次为各种类型的火山岩、碳酸盐岩和变质岩。储层埋深变化大，成岩作用差异性强，以致从疏松到致密、从碎屑岩到特殊岩性、从常规到非常规储层都成为勘探开发的目标。面对各种岩性储层实验分析难题，实验技术人员攻关建立了13个实验技术系列、110余项实验方法的储层特性实验平台。在变质岩潜山、致密油、深层砂岩、火山岩屑砂岩等储层评价研究中，建立了几十项实验技术，取得了丰富的成果与认识，支撑了油田的勘探开发。

第一节　岩心录取与处理技术

一、钻井现场岩心处理

（一）取心方式选择

目前常用的取心方式有密闭取心和常规取心，常规取心具有取心工艺简单、收获率高的特点，密闭取心工艺相对复杂，取心成本也高，但能够保证岩心性质最大限度地保持地层状态，因此具有较广泛的用途[1]。岩心遇到钻井液侵入、岩心内溶解气驱液体向外溢出、上覆岩层压力全部释放发生孔隙压实、岩心样品储存制备过程中的油水蒸发等因素，都可以导致最终获取的储层油水饱和度资料与地下真实的饱和度有明显的偏差，因此各油田为了取得油层原始的或开发过程中的油水饱和度资料，往往采用钻密闭取心井的方法。

（二）密闭取心岩心密闭程度分析

在取心过程中，尽管使用了性能良好的取心工具和配合岩心密闭保护液，但是，所取出岩心是否真正未受到钻井液污染，还应对所取的岩心进行检测。

鉴定岩样是否密闭的方法是在钻井液中加入化学试剂作为钻井液的示踪剂。根据岩心中示踪剂含量高低，作为判断侵入岩心的指标。一般被选用作钻井液示踪剂的化学试剂有酚酞、碘化钾、甲醛、硫氰酸铵、荧光素等。

取心过程中未受钻井液滤液侵入和污染的岩心，称为密闭岩心，反之为不密闭岩心。

衡量一次取心或全井取心密闭程度的指标叫岩心密闭率。

（三）现场处理流程

岩心筒起出地面后，应立即取出岩心，用干净的擦洗物（如棉纱等）清除岩心上的钻井液或密闭液，严防岩心被污染。疏松砂岩应快速用保鲜膜包裹，外层用蓝布包裹，并把筒次、块号、井号、顶底标好后按顺序放入低温冰柜冷冻。目前很多密闭取心采用PVC内筒保护技术，这种岩心出筒后，岩心被固定在PVC内筒中，将岩心内筒切割成30cm左右长度的岩心段，并在两端盖上橡胶质岩心帽，防止油气水散失，做好岩心信息标记后迅速放入低温冰柜冷冻。

二、岩心描述与信息采集

（一）岩心描述

岩心描述应在自然光下进行，岩心剖切面或断面必须清洁新鲜、干净。岩心描述分段要细，岩性、物性、结构、含油产状等有明显区别时都要分别进行描述。描述的重点是含油气层段，描述内容按标准要求要详尽。难于表述和特征现象的可画1:1素描图记录。岩心描述通常要分段进行描述，一般可按照以下六个原则对目标岩心进行分段：

（1）一般长度不小于5cm，颜色、岩性、结构、构造、含油情况等有变化者要分段；

（2）在两筒岩心接触处，磨损面的上下，岩心长度不到5cm时也应分段；

（3）长度不足5cm的微含油以上的含油砂岩也应分段，绘图时可扩大到5cm绘出；

（4）特殊岩性和化石层及有地层对比意义的标志层，标准层要分段；

（5）一般岩性不足5cm时，可作条带或薄夹层描述，不必再分段描述，岩心描述分段后，要丈量分段长度，为了防止产生累计误差，必须一次分段丈量；

（6）同一岩性中存在冲刷面时要分段。

岩心的描述是正确认识岩心的过程，是一项十分细致的地质基础工作，既要对岩心整体进行观察、概述，又要对能反映本地层的特征重点进行突出表达，即要有面又要有点，对于含油气岩心的观察描述要及时进行，以免因为油气的挥发而使资料漏失，根据岩心的含油面积和含油饱和度来确定含油级别，主要包括饱含油、富含油、油浸、油斑、油迹和荧光等六个级别。含油级别是岩石中含油多少的直观标志，是判断油层好坏的标志，但不是绝对标志。

（二）信息采集

岩心信息采集目前主要包括岩心照相和岩心扫描两种方式，零散及老旧岩心一般采用岩心照相方式获取图像信息，系统取心及连续取心等一般采用岩心扫描方式获取图像信息。

岩心照相：岩心照相分为常光照相和荧光照相，常光照相一般在日光灯下进行，反映岩心在常光下的特征。荧光照相在紫外光下进行，由于岩心中有机质对紫外光照射下产生荧光，具有指示作用，可以清晰显示岩心的含油特征，同一块岩心剖面的视域常光和荧光配套照相，以便对比。照相过程中要考虑到焦距、色差、曝光度等对岩心信息的影响，尽量保持整井岩心都在同一焦平面照相，色差曝光度等也要统一，便于后期进行照片拼接。

岩心扫描：近年来，岩心扫描技术得到了广泛应用，与岩心照相相比拥有图像编辑简单，能够与数据库进行兼容等优势。具有岩心图文信息及相关地质资料的永久性储存、综合管理及定量分析、处理等功能。在岩心观察、描述、查询、多井岩心对比等方面能够替代实物岩心库。便于科研人员利用，减少或避免人为因素对岩心的损害，有利岩心的长久保管和利用。

三、岩心成型加工技术

岩心样品一般要经过岩心剖切、钻取柱样、包封等流程，才能形成可供后续实验的岩样柱塞，疏松胶结较差、机械强度较弱的岩心全过程都需要在冷冻状态下进行，直至包封流程完成，岩性均一稳定机械强度较强的岩心则可直接钻取岩样柱塞，不用包封流程直接成型。

（一）岩心剖切

现场冷冻岩心运回实验室后，首先进行岩心整理，筒次、块号、顶底等都要做好记录和整理。然后将岩心按 1∶2 比例纵向剖开，剖切时动作要迅速，尽量避免冷冻岩心融化。1/3 部分岩心按标记放在岩心盒中，用于岩心描述、照相、扫描及永久保存等。2/3 部分岩心则迅速放回冰柜冷冻，用于冷冻钻取岩样。

（二）岩心样品冷冻钻取

岩心照相、扫描完成后，研究人员将根据取心目的、岩心照片、岩心图像、岩心描述等资料，进行样品设计，并确定取样点和试验分析项目，做好样品设计后由钻样人员进行样品钻取。目前较先进的钻样采用液氮作为冷却介质、无尘化岩心处理装置钻取样品，岩心切割、钻取均处于负压状态，钻样、切割过程中产生的岩屑粉末以及液氮凝结气均会被抽至粉尘收集单元，保证钻样过程和样品状态能够直观观察。

（三）样品冷冻包封制备

将钻取柱样从低温冰箱中取出，将岩样表面的浮砂、残留泥浆、原油清理掉，用滤纸吸取岩样表面的水分、油迹。用游标卡尺沿着平行于岩石柱样端面方向，每隔 1/4 周长测量一次长度，取其算数平均值为样品长度。在垂直岩心的轴向上，在岩石柱样的两个端面上，分别测量两次直径，取其算数平均值作为样品的直径。岩样在冷冻状态下，均匀地缠裹两层聚四氟乙烯胶带，套入热缩管中。并在两端镶嵌一层筛网，然后两端压入端盖，包封固结样品，包封固结好的样品柱塞转入洗油流程进行洗油。

四、岩心洗油技术

岩石样品在分析测试之前都要除去岩心样品中所含的原油、水分、无机盐等成分。目前常用的岩心样品除油方法主要有 3 种，即溶剂抽提法洗油技术、热解法除油技术和加压法清洗技术。

（一）溶剂抽提法洗油技术

常用的除油溶剂有甲苯、苯、酒精—苯、苯—甲醇、四氯化碳、三氯甲烷、二甲苯、石油醚、溶剂汽油等。选择溶剂时，应以清洗效果好，毒性小而又不损坏和改变岩样原有结构为准则。还应根据岩样的原始润湿性和清洗后的测试要求选用不同的试剂。

原理及方法：将溶解原油能力较强的有机溶剂注入索氏抽提器的烧瓶中，含油岩样放入索氏抽提器的岩心室，加热烧瓶中的有机溶剂，使其变成蒸汽上升，经冷凝后滴到岩心室的含油岩样上，由于溶剂溶解作用，对岩样孔隙中所含原油进行清洗。当含油溶剂达到虹吸管最高点时，含油溶剂自动回流到烧瓶中，连续加热，不断循环清洗，直到岩样中原油全部被清洗干净为止。

洗油质量的检查包括以下两种方法。

（1）荧光比对法：在荧光灯下将岩心室中的溶剂与标准液进行比较，确定荧光级别。肉眼观察岩心室内的溶剂无色时，可进行荧光检验。当达到荧光 1~2 级时，将此样品浸泡 8h 后再进行荧光检验。荧光级别不低于 3 级，不同分析项目要求达到荧光级别不同。洗油质量合格，可取出样品挥干备用。

（2）经验法：一般来说，同一井号、同一层位的岩心含油量具有相对稳定性，洗油时间相差不大。根据这一经验，参考同类岩心清洗时的洗油时间和荧光检测结果，当岩心室中洗油溶剂与新鲜的洗油溶剂一样透明无色时，可认为洗油质量合格，取出样品。

适用范围：适用于各种岩性，无论胶结致密、疏松还是包封的松散岩心样品。

（二）热解法除油技术

原理及方法：将含油岩心样品放入热解炉中，使岩样在热解炉中加热，高温使岩样孔隙中的原油产生挥发、裂化分解、暗火燃烧等一系列反应，达到除油的目的。

除油质量的控制：严格控制炉温升温速度，按 8~10℃ /min 升至 200℃，对岩样进行预热处理；当岩样中的轻质油除完后，将炉温升至 380℃，恒温 4h，恒温结束后，切断电源，待炉温降至室温，方可取出已除完油的样品。

适用范围：主要用于粒度分析、碳酸盐含量测定、重矿物分析等。

（三）加压法清洗技术

原理及方法：依据加压、加温能加速溶剂分子运动的原理，在密闭的金属容器中，使溶剂加热变成蒸汽，上升至冷却系统，冷凝后滴至岩心室的含油岩样上，经过溶剂反复冲洗和热解，对岩心孔隙中的原油进行清洗。

洗油质量的检查：与溶剂抽提法洗油技术相同，主要采用荧光检验法和经验法。

适用范围：适用于除蜡封、包封样品外的其他各类岩心样品。

第二节 储层评价实验技术

一、岩石矿物分析

矿物成分分析与鉴定所采用的方法主要有岩石薄片鉴定、荧光薄片鉴定、阴极发光鉴定、X 射线衍射全岩分析、X 射线衍射黏土分析、扫描电镜分析等[2]。每种手段所采用的方法及数据表征有所不同，当然不同手段，样品在前期处理上有所不同。下面就样品前期处理和分析原理简单介绍[3]。

（一）样品的制备

1. 岩石薄片的制备

岩石矿物在显微镜下鉴定之前，要制成透光的薄片。首先沿岩石标本的垂直层理方向上取一小块岩片，取样之后要先用专用胶进行胶固，粘在载玻片上，磨制成 0.03mm 厚的薄片。制作过程：取样（切片）→磨平面→粘片→磨片（粗、细、精）→盖片→标记薄片。

2. 阴极发光薄片制备

取样同岩石薄片，但样品需要包封洗油，阴极发光薄片不需要盖片。制作过程：取样（切片）→磨平面→粘片→磨片（粗、细、精）→抛光→标记薄片。除抛光步骤外其他步骤同岩石薄片制备。

3. 铸体薄片的制备

进行铸体薄片图像分析前需要制片。选取储层孔隙发育的岩样钻切成直径 2.5cm，高为 1.5~2.0cm 的圆柱样，洗油。将配制的染色环氧树脂灌注岩石孔隙中，在一定的温度和压力下成为坚硬的固态树脂。灌注后固结岩石样品按岩石常规薄片制备流程，磨制铸体薄片。

4. 包裹体薄片的制备

主要供包裹体分析使用。在岩石制片流程的基础上要注意以下几点：

样品必须两面抛光；厚度不低于 0.8mm，在正交偏光镜下观察时，石英干涉色达深黄色；按常规载片磨制后要取片（揭片），将片子在酒精灯上适当烘烤（切不可过热），用镊子慢慢将岩石薄片推离载片，放入盛有酒精的培养皿中。用软毛刷轻轻地反复刷洗含胶面，然后小心取出薄片包好，或用两载玻片挟持，用透明胶封贴两端，贴上标签。

5. 多功能薄片的制备

微观地质研究过程中，为了在同一薄片视域下获取更多的检测数据，创新建立了多功能薄片制备，该类薄片同时可以满足于岩石薄片鉴定、阴极发光薄片鉴定、探针分析等。制作流程：取样（切片）→洗油→胶固→磨平面→抛光（岩样）→粘片→磨片（粗、细、精）→抛光。各个步骤与阴极发光薄片制备类似。

6. 扫描电镜样品的制备

钻取直径为 2.5cm、高为 2.5cm 的圆柱体，或相似大小块样，进行洗油烘干，切取小块样品露出新鲜面，用导电胶将样品粘在样品台上，胶层的厚度一般以样厚度的 1/3~1/2 为宜，标号。用洗耳球将样品表面吹拭干净。在真空镀膜机中将样品表面喷镀一层金，采用光谱纯金靶，1000℃ 温度下进行蒸发喷溅，为保持样品表面的镀层均匀，可以从不同方向喷镀或使样品旋转，厚度为 $200 \times 10^{-8} \sim 500 \times 10^{-8}$ cm。

7. X 射线衍射全岩、黏土样品的制备

取全岩 50 克、黏土 100 克左右样品，洗油。破碎样品，将样品粉碎至粒径小于 1mm，用四分法取样 3g，研磨至粒径小于 0.05mm，用于全岩分析；对于黏土样品要加蒸馏水使黏土悬浮，用虹吸管吸取悬浮液，自然沉淀 24h 以后倒掉上层清液，吸取 0.7~0.8mL 的浓缩悬浮液于载玻片上，风干，即制成 N 片，待上机处理。

（二）基本分析技术

1. 岩石薄片鉴定

使用的仪器设备为偏光显微镜，应用的原理包括晶体光学、结晶学、矿物学、岩石学及其他相关学科等。

将岩石薄片置于偏光显微镜下，可获得岩石的成分、含量、结构、构造、孔隙类型、含量、岩石定名等相关信息。同时，在岩石薄片中能直接观察到成岩特征、储集空间特征。这些都可直接为研究成岩过程中岩石孔隙特征的演化历史和储层特性提供直接的证据。

2. 阴极发光薄片鉴定

使用的仪器设备为偏光显微镜和阴极发光装置，原理是由阴极射线管发出的加速电子对样品进行轰击，样品中发光元素（或晶格缺陷）在加速电子的轰击下，最外层电子受激产生能级跃迁而发光。根据阴极发光特征可以鉴定矿物和研究矿物成因。主要用于解决以下问题：

用于鉴定碎屑矿物和胶结物成分，如石英阴极下一般为褐色、紫色、蓝紫色，长石一般为蓝色，高岭石胶结物为靛蓝色，方解石胶结物多为橙红色等；根据碎屑石英的阴极发光特点判断石英来源和物源区特点（表 2-2-1）；观察碎屑石英原始状态及成岩变化，石英呈无痕加大时，在偏光显微镜下难以分辨出碎屑部分和加大部分，从而无法准确研究碎屑和石英加大特征，造成碎屑粒级加大，圆度降低、分选性变好、接触紧密等等。在阴极发光显微镜下，碎屑石英和自生加大石英截然不同，很容易把它们区别开来，从而达到去伪存真。此外，阴极发光薄片鉴定还可以对石英颗粒的压碎和愈合作用进行识别研究；观察研究晶体的生长环带和胶结物世代，见于石英、长石和部分碳酸盐矿物中，这是由于

表 2-2-1 阴极发光类型与岩石类型及温度之间的关系表

发光类型	发光颜色	温度条件 /℃	产状		
I	紫色（蓝紫色和红紫色之间）	＞573（快速冷却）	火山岩	深成岩	接触变质岩
II	褐色	＞573（缓慢冷却）	高级区域变质岩	变质的火山岩 变质的沉积岩	
		300~573	低级变质岩	接触变质岩 区域变质岩 回火沉积岩（自生石英）	
III	不发光	＜300	沉积岩中的自生石英		

　　矿物在生长过程中流体中存在的离子不同，温度、pH 值、Eh 值不同，从而有不同的离子加入正在生长的晶体中。在阴极发光显微镜下显示出不同颜色的发光环带（表 2-2-2 和表 2-2-3）；恢复岩石原来的结构和构造，以及岩石通过成岩作用的改造所发生一系列的变化，阴极发光显微镜在一定程度上可以再现原始结构，如生物化石结构、白云石化和去白云石化作用等。

表 2-2-2 常见矿物阴极发光颜色表

长石	发光颜色	波长 /$10^{-3}\mu m$	长石	发光颜色	波长 /$10^{-3}\mu m$	激活剂
正长石	微红色—蓝色	430	奥长石	鲜绿色	—	—
冰长石	蓝色	—	斜长石：人工合成含钙	蓝色 绿色 红色 蓝色 淡黄色	450±10 550±5 700±10 450±5 570±5	Ti^{4+} Fe^{3+} Fe^{2+} Ca^{2+} Mn^{2+}
微斜长石 微斜长石（带有碎屑长石核心的自形晶）	浅蓝色 碎屑核心：鲜蓝色；自形晶：不发光	—				
		—	斜长石：月球岩心	红色 红色和蓝色	550	Fe^{3+} Ti^{4+} Mn^{2+} Fe^{2+}
条纹长石	浅蓝色—浅褐色	—	斜长石：地球钠长石 月球钠长石	浅蓝色 浅蓝色	—	Ti^{4+}
钾长石 钾长石自形晶	浅褐色或带有蓝色斑点的浅褐蓝色 不发光	—				
钠长石 钠长石自形晶	暗蓝色、淡黄绿色 不发光	—	单斜和三斜碎屑长石	浅蓝色—浅褐色以及橄榄褐色至黄绿色	—	—
歪长石	鲜蓝色	—				

表 2-2-3　矿物的元素组成与阴极发光颜色表

矿物	Ca^{2+}/Mg^{2+}	Mn^{2+}/Fe^{2+}	Fe^{2+}/Mn^{2+}	Fe^{2+}/Mg^{2+}	$FeCO_3$/%	$MgCO_3$/%	$CaCO_3$/%	$MnCO_3$/%	薄片染色	阴极发光
方解石	165~195	0.7~1.5	0.6~1.4	—	0.06~0.1	0.4~0.5	99	0.07~0.09	红色	橙黄色—褐色
含铁方解石	66	0.7~1.2	0.8~1.4	9	2.5~2.9	1.2	94	1.8	紫红色	橙色—褐色
白云石	0.9~1.26	0.16	0.13~6.5	0.004~0.4	0.05~1.2	39.5~54	51~58	0~0.07	不染	橙黄色
含铁白云石	1~1.5	0.09~1.014	2.4~10.7	0.06~0.37	3~11.8	34.6~43	51~56	0.46~3.5	淡蓝色	褐色—暗褐色
铁白云石	1.5~1.2	0.01~0.074	13~93	0.48~0.62	15~22	21~30.5	54~57	0.1~1.9	蓝色	不发光
高钙铁白云石	2~2.6	0.008~0.074	13~126	0.48~0.64	14~20	19.24~5	57.5~61.6	—	蓝色	不发光

3. 扫描电镜分析

使用的仪器设备为扫描电子显微镜，原理是利用具有一定能量的电子束轰击固体样品，使电子和样品相互作用产生一系列信息，通过特殊的检测装置对上述信息进行收集、处理、转换为可识别的有用信息。扫描电镜分析岩石样品的微观形貌及成分。

1）自生矿物种类及分布研究

砂岩中的自生矿物是砂岩成岩至今形成的所有矿物，这些矿物对孔隙有很大的破坏作用，因此，自生矿物的研究有很重要的意义。由于自生矿物结晶程度不一，矿物颗粒小至 1μm 以下，大到 1000μm 以上。因此，偏光显微镜无法研究全部自生矿物，对于更微观的成岩矿物需要借助扫描电子显微镜。另外偏光显微镜只能观察矿物切面的光学性质，而扫描电镜可以很好地观察矿物的三维结晶特点，立体感强，观察内容直观。

2）矿物交代共生关系研究

由于扫描电子显微镜分辨率高，可以很好地观察矿物的转变和交代共生关系，如黏土矿物转化关系，绿泥石、石英、高岭石和碳酸盐矿物的结晶次序及组合关系等。

3）孔隙特别是微孔隙特征研究

微孔指偏光显微镜下无法观察的细小孔隙。偏光显微镜下无法观察微孔形态和特点，但是由于电子显微镜的分辨率高，可以观察到 1μm 以下的微小孔隙；铸体孔隙格架研究，铸体薄片下见到的孔隙反应岩石切面二维孔隙分布特点，扫描电子显微镜观察铸体实体样，具有三维空间的效果。

4. X 射线衍射分析

使用的仪器设备是 X 射线衍射仪。原理是：不同的矿物具有不同的晶体结构，在 X 射线衍射分析中，可以获得一系列的特征衍射，只要测定出这些衍射所对应的掠射角，就可以计算矿物的晶面间距，从而鉴定矿物。X 射线衍射分析主要用于 X 射线衍射全岩定量分析和黏土矿物相对含量分析。

X射线衍射定量分析主要原理是：岩石样品中各矿物相能独立地产生衍射，其衍射强度随某一物相在样品中含量增加而提高。由于基本吸收效应的影响，含量与衍射强度不是简单的正比关系，在采用衍射仪进行相定量时，其吸收效应不随衍射角改变，易于校正，因此，X射线衍射法是相定量的得力工具。

X射线衍射全岩定量分析在主要用于定量测定出样品中石英、钾长石、斜长石、方解石、黄铁矿、菱铁矿、磁铁矿、白云石、浊沸石等含量及黏土总量。目前的X衍射全岩定量分析所测得的主要矿物含量相对误差小于5%。

X射线衍射黏土矿物相对含量分析主要用来测定黏土矿物种类及相对含量。黏土矿物种类包括蒙皂石、绿泥石、高岭石、伊利石、伊/蒙混层、绿/蒙混层等。黏土矿物分析用于成岩阶段的划分，与有机质演化阶段的关系研究，与油、气分布关系研究。对渗透率的影响以及开发后期开发方式的选择等都与黏土矿物种类和总量关系密切。

5. 包裹体分析

包裹体是矿物形成过程中被捕获的成矿介质，被称为成矿流体的样品。它相当完整地记录了矿物形成的条件和历史，是矿物重要的表型特征之一。包裹体是在均匀体系中捕获的，俘获后没有外来物质加入，包裹体物质也没有流出，是一个相对比较封闭的地球化学体系，可以把他当作原始成岩溶液来研究。包裹体按成因划分为原生包裹体、自生矿物和碎屑矿物自生加大边中包裹体、次生包裹体和继承性包裹体等。按照物理状态分为固态、气态、液态三大类。包裹体主要分布在自生加大部分及成岩期间形成的自生矿物胶结物中，如石英、方解石、白云石等矿物中，以及沉积岩层晶洞、孔隙和裂隙岩脉中。这些包裹体不仅提供成岩期间流体性质、成分、密度等方面的资料，还可以提供成岩矿物形成时的温度。

包裹体分析使用的仪器设备为偏光显微镜、冷热台、红外光谱分析仪、激光拉曼分析仪。可以进行包裹体温度测定（均一法）、盐度、成分及密度测定（冷冻法），包裹体压力测定。最常用的是前两种方法的测定。

1）均一法的原理和方法

在室温条件下，镜下所见包裹体的气相和液相，是单相热液（均匀相）随主矿物冷缩的结果，用人工法加热至某一温度时，包裹体可恢复到单一相，这一温度称为匀一温度，代表该矿物形成时的最低温度。在冷热台中加热，随着温度的生高，气相逐渐缩小，当达到一定温度时，气相消失。从两相均化为一相，从而求出均一的温度。一块样品一般要测十几个或几十个包体，将所测得温度数据绘制成直方图，取其峰值，即为该样品的均一温度。

2）冷冻法的原理

该方法的理论根据是物理化学上的冰点降低定律，按拉乌尔定律可以知道稀溶液冰点的下降与溶液中溶质的摩尔浓度成正比。浓度越大，冰点越低。如测得气—液包裹体中溶液的冰点，即可以在已知盐度和冰点关系图上求得盐度。

包裹体分析主要应用于古地温的测定，储层成岩作用研究，包裹体同位素及流体性质研究推断古环境、古水文条件，有机包裹体的成分用于油气运移的方向和时间，确定油气藏的演化和阶段，用于油气藏的直接寻找。

二、岩石物性分析

（一）岩石孔隙度的测定

岩石孔隙度是衡量岩石中所含孔隙体积多少的一种参数。它反映岩石储存流体的能力，通常用 ϕ 表示，根据所指孔隙类型的不同，又可分为总孔隙度和有效孔隙度。总孔隙度，又称绝对孔隙度，以 ϕ_t 表示，为岩石中所有连通与不连通的孔隙的总体积与岩样的外表总体积的百分比。有效孔隙度为岩样中连通的孔隙体积与岩样外表总体积的百分比，最常用的是有效孔隙度，通常把有效孔隙度习惯地称为孔隙度。

油层孔隙度除用地球物理测井法可以获得外，主要靠实验室分析方法直接获得。

测定原理与方法：通常采用煤油法和氦气注入法测定孔隙度，使用的仪器为液体饱和装置、天平、氦孔隙度测定仪等。

煤油法孔隙度测定是根据阿基米德原理，通过称重的办法分别求出岩样的体积和孔隙体积，即首先称干样的质量，再称饱和了煤油的岩样质量，接下来在煤油中称饱和煤油的岩样质量，然后计算。

氦孔隙度测定是根据波义耳定律，当温度一定时，一定质量的气体体积和压力的乘积为常数，即遵守状态方程 $p_1V_1=p_2V_2$，当已知 p_1V_1 时，测定 p_2 就可以算出 V_2。也就是只要测得气体的压力便可间接地求出岩样的颗粒体积。在一定的压力 p_1 下，使一定体积 V_1 的气体向处于常压下的岩心室膨胀，测定平衡后的压力，就可求得原来气体体积 V_1 与岩心室的体积之和 V_2。在岩心室中放入岩样后，重复上述过程得到 V_2'，V_2-V_2' 即为岩样的颗粒体积。当前为使测定更加简单，经过改进后的一系列计算，可以直接从表盘上读取体积读数。

（二）岩石渗透率的测定

具有孔隙的岩石欲成为储集岩，其孔隙必须具有连通性，在一定的压差下连通的孔隙系统应足以让油、气、水在其中流动。渗透率是衡量流体在压力差下通过多孔隙岩石有效孔隙能力的一种量值。

在一定的压差下，岩石允许流体通过的能力叫岩石的渗透性，这种性质通常用渗透率来衡量。当岩石为单一流体 100% 地饱和且流体与岩石不发生任何物理化学作用时，所测得的渗透率叫岩石的绝对渗透率，它与所通过的流体性质无关，而只决定于岩石的孔隙特征。若岩石中饱和了多相液体，岩石允许其中某一相流体通过的能力称为该相的相渗透率。

测定原理与方法：测定岩石气体渗透率使用渗透率仪。主要原理是气体在岩样中流动时，符合气体一维稳定渗滤达西定律。测出岩心样品两端的压力差和通过样品的流量，便可以依据所用流体的黏度，利用相应的达西公式计算出渗透率。

三、岩石孔隙结构分析

储集岩的孔隙结构是指储层岩石所具有的孔隙和喉道的几何形状、大小、分布及其相互连通关系。一般将岩石颗粒包围着的较大空间称为孔隙，两个颗粒间联通的狭窄部分称为喉道。定量描述各种孔喉大小分布的物理参数包括排驱压力、饱和度中值毛细管压力、最小非饱和的孔隙百分数以及孔隙分选系数等，通过定量描述各种孔喉大小分布的数学模型可确定孔喉均值、孔喉分选系数、歪度、变异系数及峰态等参数，这些参数可通过测定岩石的毛细管压力曲线来获得，岩石毛细管压力曲线的测定通常采用压汞法。研究孔隙结构的实验室方法较多，归纳起来可分为两大类：一类为直接观测法，包括岩心观测、铸体薄片法、图像分析法、扫描电镜法、激光共聚焦法等；另一类为间接测定法，即毛细管压力曲线法、上覆压力下岩石孔渗与孔隙结构测定等。在此主要介绍通过铸体薄片图像分析法、激光共聚焦法、压汞法及上覆压力下岩石孔渗与孔隙结构测定表征孔隙结构的方法。

（一）铸体薄片图像分析

使用的仪器设备为偏光显微镜和计算机图像分析系统。原理是将灌注了染色树脂的岩石切成薄片，放到显微镜下，通过摄像机将显微镜下的岩石结构图像录入计算机中，利用数字图像处理软件对图像进行提取和处理。该项分析可以获得以下资料：

孔隙类型及喉道类型；孔隙大小及其分布，可以用镜下统计方法或图像分析方法直接测量孔隙的大小和分布，包括不同类型孔隙大小及其分布等，并可绘制孔隙分布直方图，求得最大孔隙直径、最小孔隙直径、孔隙中值、孔径平均值、孔喉配位数、孔喉平均直径比、孔隙连通性、孔隙面积及面孔率等。

（二）压汞法毛细管压力曲线测定

压汞法毛细管压力曲线测定的原理是汞对绝大多数造岩矿物都是非润湿的，通过施加压力使汞克服孔隙喉道的毛细管阻力而进入喉道，继而通过测定毛细管力来间接测定岩石的孔隙喉道大小分布。在压汞实验中，连续地将汞注入被抽空的岩石样品孔隙系统中，注入汞的每一点压力就代表一个相应的孔喉大小所连通的孔隙体积。随着注入压力不断增加，汞进入更小的孔隙喉道。在每一个压力点，当样品达到毛细管压力平衡时，同时记录注入压力（毛细管力）和注入岩样的汞，据此可计算岩样的孔喉大小分布。根据实测的汞的注入压力与相应的岩样含汞体积，经过计算求得汞饱和度和孔隙喉道半径值后，就可以绘制毛细管压力、孔隙喉道半径与汞饱和度的关系曲线，即毛细管压力曲线。

毛细管压力曲线可以提供的孔隙特征参数包括：最大连通孔喉半径和排驱压力；孔喉中值半径和毛细管压力中值；最小非饱和的孔隙体积百分数；孔喉半径平均值和孔喉均值；

主要流动孔喉半径平均值、难流动孔喉半径；孔喉峰值；孔喉分散系数；相对分散系数；均值系数；孔喉歪度；孔喉峰态；退汞效率；平均孔喉体积比等。毛细管压力曲线测得的孔隙结构参数与储集岩储集性能密切相关（表 2-2-4）。

表 2-2-4 孔隙结构参数与储集性能的关系

孔隙结构参数	储集性能好	储集性能中	储集性能差
排驱压力 /MPa	< 0.1	0.1~1	1~5
倾斜角	小	中	大
初始饱和度	大	中	小
毛细管压力中值	小	中	大
最小汞饱和度 /%	< 20	20~50	50~80
最大孔喉半径 /μm	> 7.5	1~7.5	< 1
孔喉直径均值 /μm	> 5.0	1~6	< 2
分选系数	< 0.35	0.84~1.4	> 3
歪度	粗偏（正偏）> 1	0	细偏（负偏）< 1
峰态	3~1.5	1.4~0.6	< 0.6

（三）上覆压力下岩石孔渗与孔隙结构测定

上覆压力下的岩石毛细管压力曲线的测定采用的也是压汞法，但是由于实验条件不同，比常用的压汞法获得的特征参数更能真实、准确反映油藏条件下岩石孔隙结构特征。上覆压力下岩石毛细管压力曲线的测定，是参照岩石所处的油藏压力对岩石样品的径向、轴向同时施压，在模拟油藏条件下进行岩石毛细管压力曲线的压汞法测定。

（四）激光共聚焦分析

激光共聚焦的原理：首先，为了避免非照射区域的光散射干扰，激光光束通过一个针孔光阑入射到样品的每一个细微点上；其次，发射光信号通过在发射光检测光路上放置的针孔到达检测器，而物镜焦平面相对于检测针孔和入射光源针的位置是共轭的，因此来自焦平面上、下的光被阻挡在针孔两边，而来自焦平面的光可以通过检测针孔被检测到。

扫描的基本原理：点光源成像的样品，必须沿样品逐点、逐线扫描才能得到完整的样品信息。对于激光共聚焦系统中的样品，是使入射光点在垂直于显微镜光轴的焦平面（xy 轴）上，沿样品逐点或逐线扫描并将扫描信息通过计算机分析和处理成二维图像。扫描所得的不同焦平面的二维图像即为在调焦厚度范围内的平面"切片"图像，利用计算机处理这些沿显微镜光轴（z 轴）方向以一定的间距扫描出的不同 z 轴位置的多幅 xy 平面图像，可以构建扫描区域内样品的三维立体图像。

激光共聚焦显微镜可以对样品的表面形貌、样品受激光激发的荧光特征进行扫描。在石油领域，主要利用样品的荧光特征进行孔隙结构和原油赋存状态分析。岩石样品经洗油处理后，进行荧光增强铸体灌注，制成薄片。在激光下，孔隙中填充的荧光增强铸体受激产生荧光。使用激光共聚焦显微镜对其荧光特点进行观察，选取代表性区域进行二维、三维扫描，扫描图片或数据体经地质专用图像处理软件处理，即可得到孔隙率、孔隙直径、喉道半径、孔喉比、孔隙分布频率、喉道分布频率、配位数等孔隙结构参数。

激光共聚焦方法对微孔、微缝十分敏感，因此，使用激光共聚焦显微镜进行孔隙结构分析，能够更准确地反映样品微孔、微缝的特征。对低渗、致密、页岩油等样品孔隙结构分析十分重要。

四、储层含油性分析

研究储层含油性的方法较多，归纳起来可分为两大类：一类为直接观测法，包括岩心观测、荧光薄片法、激光共聚焦法等；另一类为间接测定法，即逐级热释烃、饱和度测定法等。在此主要介绍岩心描述、荧光薄片鉴定、激光共聚焦和流体饱和度分析。

（一）岩心描述含油性

根据岩心、岩屑油气显示肉眼观察情况而划分的含油分级。因储层储油特性不同，可分为孔隙性含油、缝洞性含油，它们含油级别划分也不同。一是孔隙性含油，以岩石颗粒骨架间分散孔隙为原油储集场所，含油级别根据岩心新鲜面含油面积百分比或含油岩屑百分比、含油饱满程度、含油颜色、油脂感等，划分为饱含油（含油面积占岩石总面积95%以上）、富含油（70%~95%）、油浸、油斑、油迹（5%及以下）等。二是缝洞性含油，以岩石的裂缝、溶洞、晶洞作为原油储集场所，含油级别主要根据岩心缝洞被原油漫染的百分比或含油岩屑百分比，结合含油产状、油脂感、颜色及油味情况，划分为富含油（50%以上缝洞壁上见原油）、油斑、油迹等。

（二）荧光薄片鉴定

使用的仪器设备为荧光显微镜，原理是利用紫外光照射（入射和透射）荧光薄片，有机质（烃类）被激发产生荧光。

荧光显微镜分析是在偏光显微镜分析的基础上进行的，先将待分析的岩石样品制成普通薄片和荧光薄片，利用普通薄片进行岩石成分、含量和组构观察，然后利用荧光薄片进行有机质产状、变质程度、有效储集空间和油气运移等一系列石油地质问题研究。具体包括：有机质类型和浓度（表2-2-5）；原油微观分布特征研究，常见有粒间孔含油、晶间孔含油、裂缝含油和溶孔含油等；油气运移方向的研究，如油气初次运移特点、油气二次运移迹象等；真假油层识别，主要根据岩石荧光特点和原油微观分布特点判断真假油层；勘探期间，可对储层流体进行早期预测，为优选完井、试油方案，确定流体性质，定性预测产能提供依据。开发期间，可对注水状况进行监测，通过对剩余油赋存状态的观察研究，评价储层水淹程度，挖掘油田剩余潜力。

表 2-2-5　有机质类型、浓度与荧光颜色和发光强度的关系

沥青组分	发光颜色	发光强度	沥青大致含量
油质沥青	黄色、黄白色、淡黄白色、绿黄色、淡绿黄色、绿色、淡绿色、蓝绿色、淡蓝绿色、绿蓝色、淡绿蓝色、蓝色、淡蓝色、蓝白色、淡蓝白色、白色	极亮 亮 中亮	最高 高
胶质沥青	以橙色为主，褐橙色、浅褐橙色、淡橙色、黄橙色、淡黄橙色	中暗	较高 中低
沥青质沥青	以褐色为主，褐色、淡褐色、橙褐色、淡橙褐色、黄褐色、淡黄褐色	暗	低
碳质沥青	不发光	极暗	极低

（三）激光共聚焦分析原油赋存状态

传统的实验观察结果认为，液态烃的荧光颜色可反映有机质演化程度，即随着有机质从低成熟向高成熟演化，其荧光颜色由火红色→黄色→橙色→蓝色→亮黄色（蓝移）；Goldstein 也认为随着油质由重变轻，油包裹体的荧光颜色由褐色→橘黄色→浅黄色→蓝色→亮黄色。随着小分子成分含量增加，成熟度增大，其荧光会发生明显"蓝移"，光谱主峰波长减小，反之，光谱主峰波长增大。

应用激光共聚焦显微镜，采用 488nm 固定波长的激光激发样品，原油中轻质组分产生 490~600nm 波长范围的荧光信号，重质组分产生 600~800nm 波长范围的荧光信号。分别接收轻质、重质组分的荧光信号，即可得到轻质、重质组分的分布图像。结合样品中矿物、有机质分布特点，进行原油赋存状态分析。

（四）流体饱和度分析方法

在研究油层的孔隙特征时，不仅要知道油层的孔隙度大小，还应进一步了解流体在孔隙中的充填状况和数量。为确定孔隙介质中所含流体的饱满程度，常常用饱和度值加以量度。

采用蒸馏抽提法进行饱和度测定，主要原理是将称量后的岩样放在岩心室中，利用沸点高于水且与水不溶、密度小于水、洗涤效果好的溶剂如甲苯等蒸馏出岩样中的水分，并将岩样清洗干净，烘干并称量。用抽提前后的质量差减去水量即得到岩样含油量。

对于不同的油层，由于岩石和流体性质不同，油气运移时水动力条件不一样，所以束缚水饱和度差别很大，一般为 10%~50%。油层的泥质含量越高，渗透性越差，微毛细管孔隙越发育。水对岩石的润湿性越好，油水界面张力越大，则油层中束缚水的含量越高。知道束缚水饱和度，就能计算出油层原始含油饱和度。

五、储层电性分析

储层的导电特性简称储层电性，岩石的导电特性与储层的岩性、储层的物性、含油饱

和度等因素关系密切。研究岩石的导电特性与岩石的岩性、物性、含油气性以及所含水的性质相关，这是电阻率测井能够确定岩性、划分油气水层和计算含油气饱和度的基础。

按照岩石导电特性可分成两类：离子导电和电子导电；当岩石中没有可自由移动的离子时，靠组成岩石颗粒本身的自由电子导电，这类岩石主要是致密岩石或金属矿物较多的岩石；当岩石孔隙中含有电解液解离出来的自由离子时，在外加电场的作用下自由离子可定向移动并形成电流，这类属于离子导电岩石。

各种岩石具有不同的导电能力。岩石导电能力用电阻率来表示：由物理学可知，均质材料的电阻率由式（2-2-1）确定：

$$R = \frac{rS}{L} \qquad\qquad (2-2-1)$$

式中　R——电阻率，$\Omega \cdot m$；

　　　r——电阻，Ω；

　　　S——导体截面积，m^2；

　　　L——导体长度，m。

电阻率 R 仅与导体的材料性质有关，而与导体的几何形状无关。电法测井便是通过研究岩石电阻率变化的判断岩石岩性、含油性的一大类测井方法。

（一）岩石电阻率分析原理及实验装置

阿尔奇在 1942 年以纯砂岩岩石开展岩石电阻率实验，并建立阿尔奇第一和第二公式，该公式在油田的勘探和开发中发挥了重要的作用，它将岩石的物性、电性和含油性有机地结合在一起。具体详细见式（2-2-2）与式（2-2-3）。

阿尔奇第一公式：

$$F = \frac{R_0}{R_w} = \frac{a}{\phi^m} \qquad\qquad (2-2-2)$$

式中　F——地层因素；

　　　R_w——地层水电阻率，$\Omega \cdot m$；

　　　R_0——岩石完全含水时的电阻率，$\Omega \cdot m$；

　　　ϕ——孔隙度，%；

　　　m——胶结指数，1.3~2.5，随胶结程度增加而增大；

　　　a——岩性系数，0.4~1.5，与孔隙结构有关。

阿尔奇第二公式：

$$I_r = \frac{R_t}{R_0} = \frac{b}{S_w^n} \qquad\qquad (2-2-3)$$

式中　I_r——电阻增大率；

　　　R_t——不同含水饱和度下对应岩石两端电阻率，$\Omega \cdot m$；

S_w——含水饱和度，%；

n——饱和度指数；

b——岩性系数。

式（2-2-2）、式（2-2-3）中的 n、b、m、a 主要通过试验室岩石电阻率参数试验中获得。岩石电阻率参数试验室测试方法主要包括油驱水法、半渗透隔板法、离心法和气吹法等。随着岩心中的含水饱和度不断降低，岩石两端电阻值会有不同程度的增加；通过计量不同含水饱和度下的岩心两端电阻值，最终得到阿尔奇第一和第二公式。因此，以上方法都属于减饱和度法，下面重点介绍油驱水法实验装置（图 2-2-1），主要包括驱替泵、电阻率测试仪、管阀件、岩电夹持器等部分。

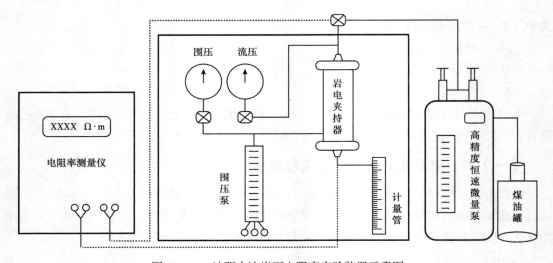

图 2-2-1　油驱水法岩石电阻率实验装置示意图

（二）岩石电阻率分析流程

1. 岩心准备

柱塞岩心的长度不小于直径的 2.5 倍，一般直径选择 2.5cm，岩样进行洗盐洗油处理。

2. 流体准备

实验用水：根据地层水资料、不同离子换算关系，配制等效矿化度 NaCl 溶液，并测定溶液电阻率 R_w。

实验用油：利用去极化的煤油和泵油配制与地层原油黏度相同的模拟油。

3. 岩心孔隙体积测定

将岩样接入抽空流程，连续抽空 2~5h。饱和实验用 NaCl 水溶液，并在地层压力下加压饱和 3~5h，用天平称量饱和水前后的岩心质量，则岩心孔隙体积用式（2-2-4）计算，岩心孔隙度用式（2-2-5）计算：

$$V_p = \frac{W_2 - W_1}{\rho_w} \qquad (2-2-4)$$

$$\phi = \frac{V_p}{V_b} \times 100\% \qquad (2-2-5)$$

式中　V_p——岩心孔隙体积，cm^3；

　　　W_1——饱和水前岩心质量，g；

　　　W_2——饱和水后岩心质量，g；

　　　ρ_w——模拟地层水密度，g/cm^3；

　　　ϕ——岩心孔隙度；

　　　V_b——岩心总体积，cm^3。

4. 岩石电阻率测定

将抽空饱和 NaCl 水溶液后的岩心接入饱和油流程，室温，若有特殊要求按照给定的实验温度设定恒温箱温度。环（围）压高于模型入口压力 2.0~3.0MPa。在油驱水前测试岩心 100% 饱和水对应的电阻值并计算初始对应电阻率 R_0，将实验用油以恒定低速注入岩心，进行油驱水，利用末端计量管实时记录采出水量并计算岩心该时刻下的含水饱和度 S_w，利用电阻率测试仪测该时刻下的岩石两端电阻值并计算其电阻率 R_t，直至没有水采出为止，记录最终岩心两端电阻值和最终采出水量，再利用得到的试验数据计算阿尔奇第一和第二公式里面的 a、b、m、n。

第三节　变质岩潜山储层微观实验技术

一、潜山岩性岩矿识别

（一）潜山岩性岩矿鉴定识别方法

2005 年以前，辽河坳陷太古宇结晶基岩的勘探，主要停留在潜山顶部 100~200m 的风化壳，认为岩性是一套变质岩。由于钻探较浅，对岩性的识别并未引起足够重视。2005 年以后，勘探思路的转变，开始潜山内幕勘探，揭示其结晶基岩厚度达到 1600 余米（兴古 7 井），岩性极为复杂[4-5]。由于钻井取心成本高、时间长，结晶基岩取心收获率又较低，因此，钻井取心有限，一般来讲每一口井取心只有十余米，平均取心收获率在 60% 左右，心长占钻遇地层厚度的 0.5% 左右。显然，利用钻井取心精确确定潜山岩性，恢复巨厚潜山岩性剖面是不实际的，因而利用钻井的岩屑资料成为研究工作的首选。研究过程中采用将全井岩屑依次摆开整体观察及跟踪录井的方法，把握了不同岩石类型宏观特点，根据各种岩屑含量的变化细致划分岩性段，对每一段岩性取样微观鉴定准确定名，通过宏观和微观鉴定的有机结合恢复每一口井的真实岩性剖面。由于岩屑录井深度与测井曲线存在系统误差，因此，再利用测井曲线对岩屑深度进行准确归位。具体工作程序举例如下：

（1）观察岩心、旋转井壁，描述、照相和取样。描述内容包括岩石颜色、结构、构造、岩性，裂缝的方向、密度、宽度、充填程度、含油性等；取薄片、全岩、年龄等样品，掌握岩性特征。

（2）无取心段将岩屑大段摆开，宏观描述划分岩性段，注意新岩性的出现和结束、区别假岩屑，在划分岩性段时还要注意结合测井曲线特征。取每一段岩屑样品，开展薄片、全岩分析。重点是矿物成分分析，尤其是黑云母、角闪石等暗色矿物含量。

（3）每一段岩性与测井曲线特征结合，并利用测井曲线将岩屑录井深度进行归位，寻找岩性与曲线特征的内在关系，恢复每一口井巨厚岩性剖面。

（二）主要岩石类型及含油性

辽河坳陷基岩主要由变质岩和晚期岩浆岩侵入体组成[6]。变质岩为潜山的主体岩性，占太古宇潜山揭露厚度的 80% 左右，主要为区域变质岩和混合岩；岩浆岩侵入体为中、酸性岩脉或岩体及基性岩脉。通过系统的研究，认为辽河基底岩石可以分为 2 大类 14 个亚类、30 多种具体岩石类型（表 2-3-1）。其中的动力变质岩是构造作用改造形成的，其原岩仍然是区域变质岩、混合岩等，除动力变质岩外，在辽河坳陷太古宇变质岩潜山中出现最多、分布最广的岩石类型归纳起来主要有 11 种。

表 2-3-1　辽河坳陷太古宇变质岩潜山岩石类型

地层	岩类	岩石类型	岩石名称	主要矿物成分
新太古界	变质岩	区域变质岩 — 片麻岩类	黑云斜长片麻岩、角闪斜长片麻岩、黑云角闪斜长片麻岩等	黑云母、斜长石、角闪石及少量石英
		区域变质岩 — 长英质粒岩类	黑云斜长变粒岩、黑云角闪斜长变粒岩、黑云角闪二长变粒岩、斜长浅粒岩等	黑云母、斜长石、角闪石和石英
		区域变质岩 — 角闪质岩类	斜长角闪岩、角闪石岩	角闪石和斜长石
		混合岩 — 混合岩化变质岩类	混合岩化变粒岩、混合岩化片麻岩等	黑云母、斜长石、角闪石、石英及少量碱性长石
		混合岩 — 注入混合岩类	角砾状混合岩、条带状混合岩、浅粒质混合岩等	石英、斜长石、碱性长石为主，次为黑云母、角闪石
		混合岩 — 混合片麻岩类	条痕状混合片麻岩、条带状混合片麻岩、花岗质混合片麻岩等	石英、斜长石、碱性长石为主，次为黑云母、角闪石
		混合岩 — 混合花岗岩类	斜长混合花岗岩、二长混合花岗岩等	石英、斜长石、碱性长石
		动力变质岩 — 构造角砾岩类	角砾岩、圆化角砾岩等	石英、斜长石、碱性长石
		动力变质岩 — 压碎岩类	碎裂混合花岗岩、长英质碎裂岩、碎斑岩、碎粒岩等	石英、斜长石、碱性长石
		动力变质岩 — 糜棱岩类	混合花岗岩质糜棱岩、浅粒岩质糜棱岩等	石英、斜长石、碱性长石
	岩浆侵入体	基性 — 辉绿岩类	辉绿岩、灰绿玢岩	辉石、斜长石
		基性 — 煌斑岩类	云斜煌斑岩、闪斜煌斑岩	黑云母、角闪石、斜长石或碱性长石
		中性 — 闪长岩类	微晶闪长岩、闪长岩、闪长玢岩等	角闪石和斜长石
		酸性 — 花岗岩类	花岗岩、花岗闪长岩、花岗斑岩	石英、斜长石和碱性长石

片麻岩［图 2-3-1（a）］。具有鳞片粒状变晶结构，片麻状构造，当暗色矿物含量小于 20% 时，在构造和溶蚀改造下，可形成中等到差储层，岩心可见油迹显示；当暗色矿物大于 20%，由于暗色矿物在破碎时的柔性和泥化，成为非储层。

变粒岩［图 2-3-1（b）］。晶粒大小 0.10~1.00 mm，具有细粒均粒它形鳞片粒状变晶结构，块状构造，可形成中等储层，岩心可见油迹、油斑显示。

浅粒岩［图 2-3-1（f）］。晶粒大小 0.10~1.00 mm，该类岩石的特点是暗色矿物含量小于 10%，主要由石英和长石组成，岩石脆性强，在构造应力作用下易破碎，裂缝发育，可以成为好储层，岩心可见含油显示。

斜长角闪岩［图 2-3-1（c）］。是一类暗色矿物含量大于 50% 的岩类，岩石脆性差，裂缝不发育，即使产生裂缝也被方解石全充填，对形成储层不利，基本无油气显示，划分为非储集岩。

混合岩［图 2-3-1（d）（g）（h）］。按照混合岩化程度的不同分为注入混合岩（新生脉体含量 15%~50%），混合片麻岩（残留的基体含量＜ 50%）和混合花岗岩（残留的基体极少）。随着混合岩化的增强，岩石中暗色矿物减少，浅色矿物增加，岩石的脆性增强。注入混合岩类中还有一种特殊类型的岩石，原岩为浅粒岩混合岩化形成的浅粒质混合岩，在辽河的东胜堡潜山发育，形成了很好的储层。

潜山中的岩浆侵入体，一类是中酸性的花岗岩、花岗闪长岩、花岗斑岩、闪长岩、闪长玢岩等［图 2-3-1（i）（j）］，岩心含油性较好，形成好的储层；另一类是基性的辉绿玢岩、辉绿岩、煌斑岩等［图 2-3-1（e）］，该类侵入体主要作为隔层存在。

（三）岩性分布特点

辽河坳陷前中生代基底以太古宇结晶基岩分布面积最大，并且不同地区分布的岩性有所不同（图 2-3-2）。西部凹陷兴隆台潜山带变质岩主要为注入混合岩、混合片麻岩，岩浆岩中、酸性的岩脉和岩体较发育，而且从马古潜山向兴隆台和陈古潜山方向岩脉和岩体越来越发育，兴隆台潜山中、酸性岩脉发育，到了陈古潜山则以深成中性和酸性岩体为主（图 2-3-3）；大民屯潜山带变质岩除混合花岗岩外，发育浅粒岩、变粒岩、片麻岩、斜长角闪岩等区域变质残体，岩浆岩主要为基性的辉绿岩和煌斑岩脉；中央凸起中生代花岗岩侵入体发育、东部凹陷的茨榆坨潜山片麻岩较发育。

二、潜山岩性测井识别

识别岩性最真实和直接的方法是镜下鉴定，通过岩石薄片镜下鉴定确定岩石类型和每类岩性的矿物组成特点，再利用 X 射线衍射全岩对矿物含量进行定量分析，建立起潜山主要岩类及其矿物含量特点。潜山岩性识别间接方法是利用测井曲线，选取反映岩石类型、矿物组成和元素组成敏感的岩石密度、补偿中子、自然伽马等测井资料。由于岩石密度、补偿种子等测井曲线主要受岩石的矿物组成和化学成分的影响，与岩石的成因及结构构造无关，因此，可以首先建立岩石的矿物成分与测井曲线的关系，再进一步建立起每种岩类与

图 2-3-1　辽河坳陷变质岩潜山岩石类型及特征

（a）黑云斜长片麻岩。鳞片粒状变晶结构，片麻状构造。主要成分为石英、斜长石和黑云母（兴古 7 井，3648.91m）。（b）黑云角闪斜长变粒岩。均粒它形鳞片粒状变晶结构，粒径小于 1.0mm，主要成分为石英、斜长石、黑云母和角闪石（沈 276，3811.19m）。（c）斜长角闪岩。柱粒状变晶结构，主要成分为角闪石和斜长石，角闪石含量大于 50%（沈 288-3 井，3740.06m）。（d）条带状混合岩。鳞片粒状变晶结构，条带状构造。岩石由基体和脉体组成。新生花岗质脉体条带状（哈 355 井，3405.5m）。（e）闪长煌斑岩。煌斑结构，角闪石暗色矿物自形、半自形，含量大于 50%（哈 3 井，2250.0m）。（f）斜长浅粒岩。岩石破碎，主要成分为石英和斜长石，裂缝及破碎粒间孔中含油，发黄色荧光（胜 601-H604 井，3245.89m）。（g）混合花岗岩。花岗变晶结构，主要成分为石英、斜长石和碱性长石。岩石破碎，裂缝中含油（沈 309 井，3044.77m）。（h）混合片麻岩。花岗变晶结构，片麻状构造，主要为石英、斜长石、碱性长石，少量黑云母。裂缝发育，缝中含油（兴古 7 井，3718.34m）。（i）花岗斑岩。斑状结构，岩石破碎，孔、缝发育，含油，发黄色荧光（兴古 8 井，2583.39m，岩心）。（j）闪长玢岩。斑状结构，斑晶为斜长石和角闪石，基质为微晶斜长石和暗色矿物等。岩石裂缝网状，缝中含油（兴古 7 井，4003.5m）

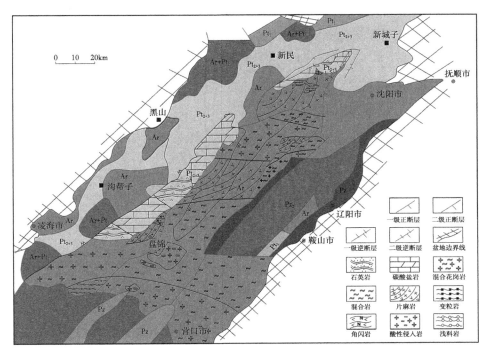

图 2-3-2 辽河坳陷前中生界基底岩性分布

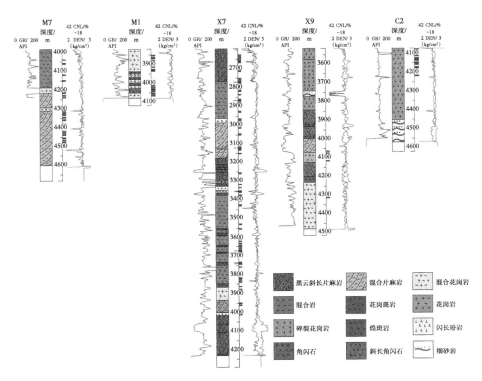

图 2-3-3 辽河坳陷兴隆台潜山带岩性纵向分布特征

测井曲线组合特征的关系。岩性的测井识别，最初关系的建立是对潜山整口井的岩屑依次摆开，结合曲线变化特征进行密集取样分析，最后再利用旋转井壁取心分析对建立起来的岩石类型进行验证，最终达到测井曲线识别岩性的目的。

（一）岩石物理化学特征

组成太古宙结晶基岩的矿物，根据标准矿物的化学成分划分为硅铝矿物和铁镁矿物。硅铝矿物中 SiO_2 和 Al_2O_3 的含量高，FeO 和 MgO 等组分含量很低，包括石英、钾长石和斜长石等长英质矿物；铁镁矿物中 FeO、MgO 含量较高，SiO_2 含量低，包括橄榄石、辉石、角闪石、黑云母等铁镁质矿物。不同岩类由于组成岩石的矿物成分、化学成分、含量的不同，岩石的物理特征也存在较大差别，因此反映在测井曲线上（自然伽马、补偿中子、岩石密度等）也不同，根据每种岩性的特征的测井响应区间值及曲线形态和组合形态，建立岩性与测井曲线的对应关系，从而实现利用测井曲线恢复巨厚的基岩岩性剖面，最终有效划分储层和非储层。

在结晶基岩潜山中划分具体岩类，主要选择了对矿物和元素反映敏感的岩石密度、补偿中子、自然伽马和 Pe 等测井曲线。变质岩和岩浆岩由矿物结晶而成，矿物为晶粒镶嵌状，原生的晶间孔极少。岩石密度曲线主要受组成岩石的矿物成分及含量影响，不同矿物密度不同[7]，黑云母、角闪石等暗色矿物密度大，而石英、长石等浅色矿物密度小；补偿中子测井实质是测量氢的浓度，对于沉积岩来讲，补偿中子测井主要受孔隙流体中氢含量影响，而对于变质岩主要受组成岩石的矿物影响，组成结晶基岩的主要暗色矿物角闪石、黑云母等组成中含结构水，因此含有一定量的氢，当岩石中含角闪石和黑云母时，补偿中子值较高；自然伽马值的高低与矿物中放射性含量有关，Th、U、K 等放射性元素进入晚期结晶的矿物，如钾长石、黑云母等，因此，钾长石、黑云母含量高的岩石自然伽马值也高，对于早期结晶的矿物斜长石、辉石、角闪石等自然伽马值低。

（二）潜山岩性与测井曲线对应关系

根据每一种矿物的特征测井响应，通过系统岩矿鉴定并对测井响应特征相近的岩石类型进行测井类型归类，建立不同岩类的测井响应特征值及曲线形态特征（表 2-3-2），根据岩石物理特征响应的测井曲线形态特征及测井响应特征值可以更加宏观有效地识别潜山岩性。不同岩类测井曲线综合特征如图 2-3-4 所示。

片麻岩，自然伽马曲线中—高锯齿状，暗色矿物以黑云母为主时，自然伽马高齿状，弱以角闪石为主自然伽马值变低；岩石密度和补偿中子交会曲线一般补偿中子曲线在左，岩石密度曲线在右，交会成中等"负异常"，岩石密度 $2.65\sim2.85g/cm^3$，补偿中子 $5\%\sim12\%$。

变粒岩，与片麻岩的区别是由于岩石颗粒细小均匀，自然伽马曲线为中值较平直小齿状，值在 $75\sim85API$；岩石密度和补偿中子交会特征与片麻岩相似。

表 2-3-2 辽河坳陷太古宇主要岩石类型测井响应特征值及曲线形态特征

岩石学类型	测井识别类型	测井响应特征值			测井曲线形态描述	
		密度 / g/cm³	补偿中子 / %	自然伽马 / API	密度—中子	自然伽马
黑云（角闪）斜长片麻岩等	片麻岩类	2.65~2.85	5~12	40~120	中等"负差异"	中—高锯齿状
黑云（角闪）斜长变粒岩等	变粒岩类	2.70~2.80	3~12	30~105	中等"负差异"	中值较平直状
斜长（二长）浅粒岩	浅粒岩类	＜ 2.65	＜ 6	50~110	"正差异"或交合状，曲线较平直	中值较平直小齿状
斜长角闪岩、角闪石岩	斜长角闪岩类	2.90~3.20	＞ 15	15~40	大"负差异"	低平直状
浅粒质混合岩	浅粒质混合岩	＜ 2.65	＜ 6	＞ 50	"正差异"或交合状，曲线较平直	中值较平直状夹高值
条带状、角砾状混合岩等	注入混合岩类	2.67~2.75	3~8	70~200	交合状或"正负差异交替曲线锯齿状"	中—高值锯齿状
混合片麻岩类	混合片麻岩类	2.61~2.70	3~6	70~155	交合状或小的"正差异"曲线锯齿状	高锯齿状
混合花岗岩类	混合花岗岩类	2.52~2.65	1~3	75~180	大"正差异"	高值小锯齿状
花岗岩、花岗斑等	酸性侵入体	2.48~2.66	0~6	75~130	小—大"正差异"	中值平直状
闪长岩、闪长玢岩等	中性侵入体	2.68~2.80	＞ 5	40~80	小—中"负差异"或交合状曲线平直	中值平直状
煌斑岩、辉绿岩等	基性侵入体	2.70~3.10	6~26	＜ 50 或＞ 85	大"负差异"	低值平直

浅粒岩，自然伽马曲线中值较平直小齿状，为 50~110API；岩石密度和补偿中子交会曲线岩石密度曲线在左，补偿中子曲线在右，交会成"正异常"，岩石密度一般小于 2.65g/cm³，补偿中子小于 6%。

斜长角闪岩，自然伽马曲线低平直状，为 15~40API；岩石密度和补偿中子交会曲线补偿中子曲线在左，岩石密度曲线在右，交会成大的"负异常"，具有高岩石密度、高补偿中子特点，岩石密度 2.90~3.0g/cm³，补偿中子大于 15%。

注入混合岩，自然伽马曲线高锯齿状，为 70~200API；岩石密度和补偿中子交会曲线呈交合状，岩石密度 2.67~2.75g/cm³，补偿中子 3%~8%。

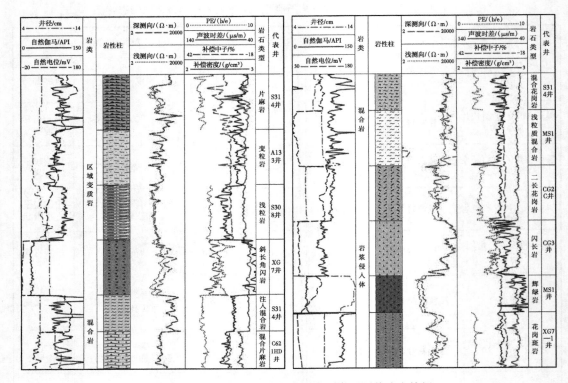

图 2-3-4 辽河坳陷太古宇主要岩石类型测井响应特征

浅粒质混合岩，自然伽马曲线中值较平直状夹高值；岩石密度和补偿中子交会曲线呈"正差异"，岩石密度小于 2.65g/cm³，补偿中子 6% 左右。

混合片麻岩，自然伽马曲线高低起伏的锯齿状，为 75~155API；岩石密度和补偿中子交会曲线呈较小的"正差异"，岩石密度 2.61~2.70 g/cm³，补偿中子 3%~6%。

混合花岗岩，自然伽马曲线高锯齿状，为 75~180API；岩石密度和补偿中子交会曲线呈的"正差异"，岩石密度 2.52~2.65g/cm³，补偿中子 1%~2%。

酸性侵入体（包括花岗岩、花岗斑岩等），与变质岩的区别是自然伽马曲线中值平直状，岩石密度和补偿中子交会成"正异常"，具有低岩石密度低补偿中子特点。

中性侵入体（闪长岩等），自然伽马曲线中低值平直状，为 40~80API；岩石密度和补偿中子交会曲线"交合状"或"差异"。

基性侵入体（辉绿岩、煌斑岩等），自然伽马曲线低值平直状（除云斜煌斑岩外），岩石密度和补偿中子反交会成大的"负差异"。

（三）岩性曲线识别与岩矿鉴定相互刻度

通过岩石薄片鉴定进行岩石学定名，刻度的是一小块样品的岩性特征，该类岩性的规模大小、在钻井中揭示厚度、分布特征等，并不能直观反映。测井曲线能够反映岩性宏观分布特点，包括厚度、规模等。在岩石薄片鉴定的基础上，对岩性进行准确定名，再通过岩石物理特征的研究建立起岩性与曲线的对应关系，实现岩性的测井识别，这在石油地质勘探开发中具有重要的意义。对于变质岩来讲，岩石中矿物结晶粗大，不均匀性强，岩石薄片大小一般为 2.5cm×2.5cm，对于岩性均匀的变粒岩、斜长角闪岩等可以准确定名，对于混合岩来讲单单利用岩石薄片所切合的部位定名必定存在一定偏差，这就要求岩石宏观标本与微观薄片鉴定结合定名，这样仍然存在偏差。如混合岩 [图 2-3-1（d）]，取样在白色条带上，岩矿定名为混合花岗岩，取样在暗色部位岩矿定名黑云斜长片麻岩，该类岩性的准确定名应为花岗质黑云斜长片麻条带状混合岩（根据脉体与基体相对含量），这里定名的偏差是因为刻度的不同。岩性的测井识别可以从宏观的角度更加综合地反映脉体（浅色）和基体（深色）的相对厚度，进而宏观准确定名。另外，在辽河坳陷测井曲线可以岩浆侵入的花岗岩和太古代变质形成的混合花岗岩进行很好的区分，岩浆花岗岩由于为岩浆结晶形成，岩体成分较均匀，自然伽马曲线为平直状，混合花岗岩由于为交代成因，岩性均一性差，自然伽马曲线为锯齿状。在岩矿鉴定上，这两类花岗岩很难区分，因为岩浆花岗岩在结构上由于碱性长石的结晶包裹斜长石，与混合花岗岩的交代残留结构不好区分，参考测井曲线可以对该类岩性准确定名。总之，岩矿鉴定与测井曲线结合可以更加准确地刻画地质体的特征。

三、变质岩原岩恢复

采用的主要方法是地质产状、岩相学鉴定、岩石化学和利用岩石化学判别图解。地质产状由于位于地下无从查明，所以对于地下变质岩主要采用其他三种方法。

（一）岩相学鉴定

岩相学鉴定就是岩石薄片鉴定，对于中低级变质岩来讲，由于变质程度较低，原岩的结构构造仍然保留，原岩是正变质岩的（岩浆岩变质），仍保留着岩浆岩的结构构造特征；原岩是副变质岩的（沉积岩变质），仍保留这沉积岩的特征，如板岩、千枚岩、变质石英砂岩等。对于高级变质岩来讲，由于变质程度高，完全变成结晶岩石，原岩特征基本上无从保留（少数基性岩浆岩变质形成的斜长角闪岩还保留长石板条，可以判断是正变质岩），这时需要通过地球化学判别图解来恢复变质岩原岩类型。

（二）岩石化学方法和地球化学判别图解

根据地质产状无法查明和原岩结构构造完全消失的变质岩的原岩类型的查明，常借助于岩石化学和地球化学的研究[8]。其理论基础是：除伴有强烈交代作用的变质岩如各种类型的蚀变岩和混合岩等外，所有变质岩都是一定原岩在相对封闭的条件下经过变质作用的产物，其成分变化，基本是等化学的。这样一些变质岩的岩石化学及地球化学特征，基本反映原岩的化学及地球化学特征，并主要受原岩形成作用特点所制约。例如：岩浆岩的岩石化学特点是 Si、Ca、Al、Fe、Mg、K、Na 等造岩氧化物的含量有一定的变化范围；SiO_2 含量一般介于 35%~78%，Al_2O_3 含量为 0.86%~28%，K_2O 含量 ≤ N_2O 含量，而且，其成分的分异趋势受岩浆作用所控制。正常沉积成因的岩石化学特点是：SiO_2

含量变化大，由没有或很少到多达 90% 以上（石英岩）；K_2O 含量高，K_2O 含量 /N_2O 含量 + K_2O 含量 > 0.5 且 K_2O 含量 > N_2O 含量；Al_2O_3 含量可高达 17%~40%；CaO 含量 < MgO 含量。其成分的分异趋势受沉积作用所控制。这种方法对于区分典型的岩浆岩和沉积岩变质所形成的变质岩，大致是可行的，但也存在不少问题。不能详细地研究原岩成因类型。因此，P. 尼格里提出了采用一些岩石化学参数和这些参数所作的岩石化学图解来判别变质岩的原岩类型，主要参数有 al、alk、fm、c、si、k、mg、o 等。参数的得来：（1）将岩石化学分析的氧化物质量分数，换算成分子数（分子数 = 质量分数 / 分子量）并乘以 1000 以消除小数。（2）根据元素的特征并组，其中：al'= Al_2O_3 分子数 +Cr_2O_3 分子数；fm'=FO 分子数 +（2×F_2O_3 分子数）+MnO 分子数 +MgO 分子数 +NiO 分子数；c'=CaO 分子数 +BaO 分子数 +SrO 分子数；alk'= K_2O 分子数 + N_2O 分子数 +Li_2O 分子数。（3）以 $\sum$=al'+fm'+c'+alk' 将上述参数换算成分子数比，即 al=$al'/\sum \times 100$，其余类推；si=SiO_2 分子数 /$\sum \times 100$；k=K_2O 分子数 /alk；mg=MgO 分子数，等等）。

对 60 余件区域变质岩（包括角闪岩类、变粒岩类、片麻岩类）进行岩石化学分析和 P. 尼格里计算，投点的化学图解如图 2-3-5 和图 2-3-6 所示。二长浅粒岩为副变质岩，为砂岩变质而来；斜长浅粒岩主要为酸性火山岩和酸性凝灰岩变质而来；变粒岩分为两种，黑云角闪变粒岩主要为中酸性火山岩和凝灰岩变质而来，角闪石含量较高的角闪斜长变粒岩主要为中基性火山岩和凝灰岩变质而来；片麻岩以正变质岩为主，分两种，含黑云母的多位中酸性火山岩变质而来，角闪含量高的多为中基性火山岩变质而来，局部为副变质，为砂泥岩变质而来；斜长角闪岩分两种，一种为正变质岩，为玄武岩和辉绿岩变质而来，另一种为副变质岩，一般镜下鉴定含石英等，为钙质沉积岩或泥岩变质而来。

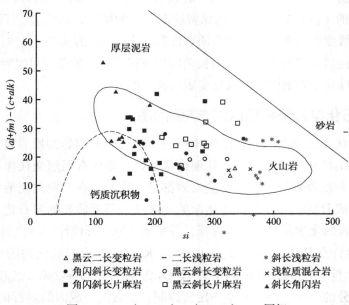

图 2-3-5 （al+fm）-（c+alk）—si 图解

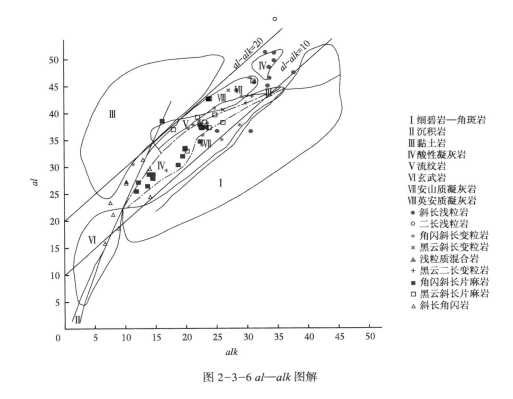

图 2-3-6 al—alk 图解

I 细碧岩—角斑岩
II 沉积岩
III 黏土岩
IV 酸性凝灰岩
V 流纹岩
VI 玄武岩
VII 安山质凝灰岩
VIII 英安质凝灰岩
● 斜长浅粒岩
○ 二长浅粒岩
* 角闪斜长变粒岩
× 黑云斜长变粒岩
▲ 浅粒质混合岩
+ 黑云二长变粒岩
■ 角闪斜长片麻岩
□ 黑云斜长片麻岩
△ 斜长角闪岩

四、单颗粒锆石 U—Pb 同位素定年

（一）样品分析方法

为了获得结晶基底变质岩的区域变质年龄后期混合岩化改造的年龄以及变质岩原岩和岩浆侵入体年龄，准确划分地层单元，首次将激光探针等离子体质谱（LP-ICP-MS）单颗粒锆石 U—Pb 同位素定年技术应用到钻孔样品。

选择具有代表性样品重量约 10kg，进行锆石分离，首先是将样品破碎，粉碎粒度的原则是以不破坏所含锆石的晶体形态为标准，一般 80 目，随后经过摇床、淘洗及电磁分选分离出锆石，而后在双目镜下挑出具有代表性的锆石颗粒，镶嵌在环氧树脂中并抛光至锆石颗粒的一半，然后进行锆石的光学、CL 显微图像及 LA-ICPMS 分析。透射光、反射光照相在西北大学大陆动力学国家重点实验室 Nikon 显微镜下完成；CL 图像分析在该实验室的 Gatan 阴极发光 MonoCL3+ 及 Quanta 400 FEG 热场发射环境扫描电子显微镜下完成；锆石微区 U—Pb 年龄测定在西北大学大陆动力学国家重点实验室最新引进的 Hewlett packard 公司最新一代带有 Shield Torch 的 Agilient 7500a ICP-MS 和德国 Lambda Physik 公司 ComPex102 Excimer 激光器（工作物质 ArF，波长 193nm）及 MicroLas 公司 GeoLas 200M 光学系统的联机上进行。激光束斑直径为 30 μm，激光剥蚀样品的深度为 20~40μm。

（二）潜山岩石形成时代及演化特征

目前钻遇井揭示的片麻岩和混合岩锆石 U—Pb 测年为 2.6~2.3 Ga，相当于太古宙晚期和元古宙早期形成。单颗粒锆石 U—Pb 年龄分析：区域变质岩的年龄在（2504.1±8.8）—（2581±21）Ma[图2-3-7（b）]，混合岩化的年龄在（2388±30）—（2595±52）Ma [图2-3-7（a）]，变质岩原岩的年龄在 2600 Ma 左右，属于新太古代。岩浆岩为晚期侵入体，以花岗岩、闪长岩、花岗斑岩和闪长玢岩为主，煌斑岩和辉绿岩零星分布，中酸性岩浆岩单颗粒锆石 U—Pb 测年，年龄主要集中在 230—220 Ma[图2-3-7（c）]，主要为中生代三叠纪，与吴福元等研究的东北地区岩浆活动的三叠纪（233—212 Ma）时期的相吻合[9]。

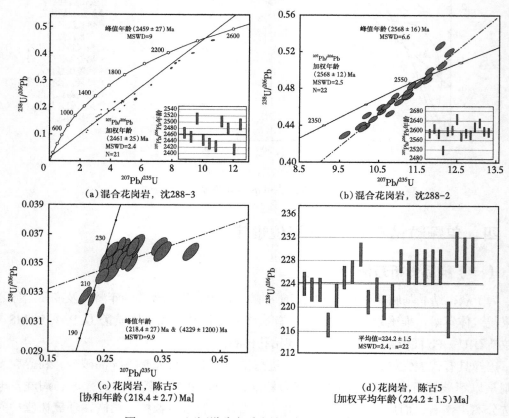

图 2-3-7　辽河坳陷变质岩锆石的 U—Pb 年龄图

五、潜山优势岩性分析

（一）储集空间类型

潜山岩石经历了变质重结晶、风化剥蚀、溶蚀淋滤、构造破碎等改造，储集空间较发育[10]。岩心观察和铸体薄片鉴定等表明太古宙储集空间具有双重介质的特点，分为孔隙型和裂隙型两大类。孔隙类型包括破碎粒间孔、矿物溶孔、晶间孔等，裂隙类型包括构造裂缝、溶解缝、矿物解理缝等。主要有贡献的储集空间类型为构造裂缝和破碎粒间孔（图2-3-8）。溶蚀成因的孔、缝在潜山顶部风化壳附近较发育，而矿物晶间孔和解理缝等属于次要的储集空间类型。潜山内幕多期发育而不均匀分布的断层和裂缝对油气运移起到沟通作用，形成具有相互连通而又相互独立的多个含油气层段油气藏体系。

(a)构造裂缝（混合片麻岩，兴古8井，3718.20m）　　(b)破碎粒间孔（闪长玢岩，兴古7井，4003.20m）

图2-3-8　主要储集空间类型

（二）储层物性特征

100个样品物性分析结果表明，兴隆台太古宇储层孔隙度最大值13.3%，最小值0.6%，平均值为5.1%。其中1%以下占10%，1%~5%占49%，5%以上占41%。渗透率最大值为953mD，最小值为0.53mD。其中，1~10mD，占17%，10~100mD，占13%；1mD以下，占70%。根据孔隙度、渗透率划分标准，以Ⅰ类、Ⅱ类储层为主，储集空间组合类型以宏观裂缝＋微裂缝型为主，次为宏观裂缝＋微裂缝＋破碎粒间孔隙型。统计了辽河坳陷各潜山带200余块结晶基岩物性分析结果，总的来说，以浅色矿物为主的构造角砾岩、混合花岗岩、浅粒岩等物性较好；暗色矿物含量较高的斜长角闪岩、煌斑岩等物性较差（图2-3-9和图2-3-10）。

（三）储集空间影响因素分析

辽河坳陷结晶基底在漫长的地质历史演化过程中，储集空间经历了形成、发展、堵塞、再形成等一系列不同阶段反复演变。储集空间影响因素可以总结为8种：（1）构造作用；（2）矿物种类和岩石类型；（3）溶蚀（淋滤）作用；（4）古表生风化作用；（5）孔隙的充填作用；（6）岩石结构构造；（7）岩石所处的岩体位置；（8）岩浆侵入体的侵入时代等。但起主导作用的主要为前三种因素。

构造作用受区域构造应力场的控制，在构造应力作用强烈部位，构造成因的储集空间也大量形成。尤其是构造角砾岩、压碎岩类中的碎裂缝隙、碎裂质粒间孔隙等储集空间十分发育。该类岩石为油气的储存、运移提供了良好的储集空间和运移通道，同时，在构造应力作用下，岩石中产生了大量裂缝。岩石中的裂缝具有多组、多期性的特点。裂缝交织成孔隙网络，为油气的储集运移提供了有利的场所。

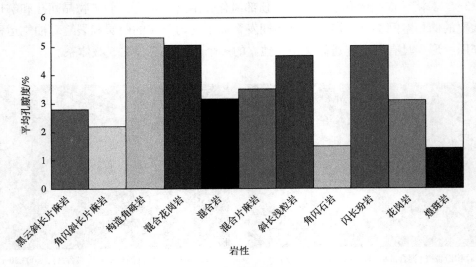

图 2-3-9　不同岩性孔隙度分布

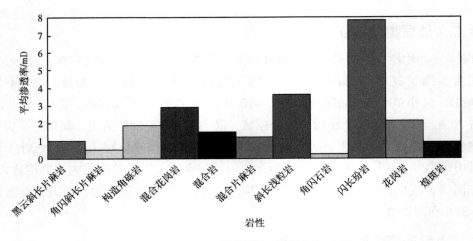

图 2-3-10　不同岩性渗透率分布

矿物种类和岩石类型对储集空间的影响主要表现在不同的矿物和岩石类型应力改造性质不同，同时抗风化和溶蚀程度也不同。主要的造岩矿物有石英、碱性长石、斜长石、黑云母和角闪石等；对于石英、长石等浅色矿物岩石脆性强，在应力作用下容易破碎产生裂缝；黑云母和角闪石等暗色矿物组成的岩石，抗压能力强，在应力作用下以柔性变形为主，构造应力作用下，黑云母等柔性矿物往往分布在刚性矿物之间，成为填隙物堵塞裂缝或破碎粒间孔，另外，由于角闪石等暗色矿物容易蚀变成绿泥石和碳酸盐交代等，往往堵塞储集空间。因此，潜山的储集岩类型主要是以浅色矿物为主的混合花岗岩、花岗斑岩等，并且随着暗色矿物含量的增加储层变差。非储集岩类型主要为暗色矿物为主的斜长角闪岩、角闪石岩、煌斑岩等。

位于潜山顶部的岩石构造作用改造更为强烈，容易形成构造角砾岩、碎斑岩等，储集空间较发育，同时潜山顶部的岩石遭受风化、溶蚀等作用的改造，也容易形成溶蚀孔隙。但是，风化壳顶部的岩石多被风化产物泥质等充填，储层变差，但风化壳下部可以成为很好的储层。储集空间被充填的风化壳厚度一般为 20~30m。

潜山带岩石在系列成岩演化过程中，也不断经历着孔隙的充填作用，主要的充填矿物为方解石，少量为硅质、绿泥石等充填，使孔隙演变成无效的储集空间。岩浆侵入体或岩脉发育的基岩潜山储层也比较发育，岩体和岩脉的侵入代表着构造活动较强，如兴隆台潜山存在大量的花岗斑岩和闪长玢岩等中酸性岩浆侵入体，致使潜山内幕含油幅度达到 2700m，同时这些侵入体多形成于早三叠世，经历了燕山期、早古近系构造作用的改造，裂缝发育，也成为本区域的有利储层。

第四节　致密油储层微观实验技术

致密油储层指优质生油层中所夹的比较致密的碎屑岩或者碳酸盐岩储层。储层特点是岩石较致密，除了致密砂岩外，一般粒级较细。辽河油田雷家凹陷、大民屯凹陷沙四段为典型的细粒级致密储层。针对这两个区块的致密油储层，在"十二五"期间，开展了岩石分类及岩性特征描述、储集空间类型、物性特征、岩性与电性、岩性与含油性关系以及油气成藏特征等方面的研究，形成了从样品前期处理到微观实验分析配套技术系列，为致密油勘探提供了技术支撑。

一、细粒级储层岩性实验分析

致密油气藏储层过渡性的岩类单层厚度薄、纵向变化快、矿物成分多样，岩性识别难度大。在岩性分析上，才用了加密取样，测试方法上采用了岩石薄片、X 射线衍射、电子探针等多种测试技术结合，建立致密油储层岩石分类方法。

（一）岩石分类原则

1. 碳酸盐岩分类原则

碳酸盐岩岩石分类在 GB/T 17412.2—1988《岩石分类和命名方案 沉积岩岩石分类和命名方案》和 SY/T 5368—2016《岩石薄片鉴定》基础上，进一步细化碳酸盐混合碎屑、泥质的岩石类型（表 2-4-1 和表 2-4-2）。

2. 泥岩分类原则

因致密油储层岩石中泥质含量较多，其组成为黏土矿物和粒径小于 0.0156mm 长英质细碎屑，根据 SY/T 5163—2018《沉积岩中黏土矿物和常见非黏土矿物 X 射线衍射分析方法》，进一步确定黏土和粒径小于 0.0156mm 细碎屑的含量，标记在薄片鉴定表格中。

表 2-4-1 石灰岩（白云岩）—泥岩系列的岩石类型

岩石类型		方解石（或白云石）含量 /%	泥质含量 /%
石灰岩（或白云岩）	纯石灰岩（纯白云岩）	≥ 90	< 10
	含泥石灰岩（含泥白云岩）	≥ 75，< 90	≥ 10，< 25
	泥质石灰岩（泥质白云岩）	≥ 50，< 75	≥ 25，< 50
泥质岩	灰质泥岩（云质泥岩）	≥ 25，< 50	≥ 50，< 75
	含灰泥岩（或含灰云岩）	≥ 10，< 25	≥ 75，< 90
	泥质岩	< 10	≥ 90

注：泥质为黏土矿物和小于 0.0156mm 长英质细碎屑；石灰岩和白云岩总量 10%~25%，定名中包括含碳酸盐；石灰岩和白云岩总量 25%~50%，定名中包括碳酸盐质。

表 2-4-2 碳酸盐岩—砂岩（或粉砂岩）系列的岩石类型

岩石类型	方解石（或白云石）含量 /%	砂（或粉砂）含量 /%
纯石灰岩（白云岩）	≥ 90	< 10
含砂（或粉砂）灰岩（白云岩）	≥ 75，< 90	≥ 10，< 25
砂质（或粉砂质）灰岩（白云岩）	≥ 50，< 75	≥ 25，< 50
灰质（或白云质）砂岩（或粉砂岩）	≥ 25，< 50	≥ 50，< 75
含灰（或白云）砂岩（或粉砂岩）	≥ 10，< 25	≥ 75，< 90
砂岩（或粉砂岩）	< 10	≥ 90

薄片鉴定能识别粒径大于 0.0156mm 碎屑成分，在 SY/T 5368—2016《岩石薄片鉴定》中将粒径小于 0.0156mm 的细碎屑 + 黏土矿物统一放入泥岩范围；而严格定义的黏土岩限于粒度小于 0.0039mm（即小于 4μm 泥岩）主要由黏土矿物组成的岩石。通常粒径界于 0.0156~0.0039mm 的成分占有较大比例，必须在泥岩定名中显示出来。粒径小于 0.0039mm 的成分以黏土矿物为主，粒径大于 0.0039mm 并且小于 0.0156mm 的成分以细碎屑（细粉砂）为主；薄片鉴定主要成分为粒径 0.0156mm 以下时，即粗粉砂以上含量小于 50%（不考虑碳酸盐等），主名为泥岩；进一步结构定名时，为了不影响常规岩石定名，本结构定名加括号。将 X 衍射全岩定量分析结果减去粗粉砂以上碎屑含量后，当黏土矿物含量大于等于 50% 时，结构命名为（黏土）泥岩；当细碎屑含量大于等于 50% 时，结构命名为（细粉砂）泥岩；如果黏土矿物和细碎屑相对含量都不超过 50% 时，当黏土矿物大于细碎屑时，结构命名为（细粉砂—黏土）泥岩；当黏土小于细碎屑时，结构命名为（黏土—细粉砂）泥岩；粗粉砂以上依据 10%，25% 为界，确定为"含粗粉砂（含砂）"或"粗粉砂质（砂质）"，例如：含粗粉砂（黏土）泥岩、不等粒砂质（细粉砂）泥岩。

3. 特殊矿物岩石分类原则

致密油储层岩石是物理、化学混合沉积，伴有热液矿物，常见方沸石、石膏等，根据方沸石等相对含量划分岩石类型（图 2-4-1 和表 2-4-3）。

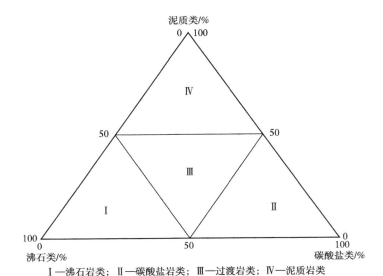

I—沸石岩类；II—碳酸盐岩类；III—过渡岩类；IV—泥质岩类

图 2-4-1 特殊岩性成分三角图

表 2-4-3 含方沸石系列的岩石类型

主要岩石类型		成分及含量 /%		
		泥质（包括黏土，粒径小于0.0156mm 的石英和长石）	方沸石	白云石
白云岩类	泥晶云岩	< 10	< 10	≥ 90
	含泥泥晶云岩	≥ 10，< 25	< 10	≥ 75，< 90
	泥质泥晶云岩	≥ 25，< 50	< 10	≥ 50，< 75
	含泥含方沸石泥晶云岩	≥ 10，< 25	≥ 10，< 25	≥ 50，< 75
	含泥方沸石质泥晶云岩	≥ 10，< 25	方沸石<白云石，方沸石≥25	≥ 50，< 75
	含方沸石泥质泥晶云岩	≥ 25，< 50	≥ 10，< 25	≥ 50，< 75
方沸石岩类	含泥含方沸石岩	≥ 10，< 25	≥ 50，< 75	≥ 10，< 25
	含泥云质方沸石岩	≥ 10，< 25	方沸石>白云石，白云石≥25	
	泥质含方沸石岩	≥ 25，< 50	≥ 45，< 60	≥ 10，< 25
	泥质云质方沸石岩	≥ 25，< 35	方沸石>白云石，白云石≥25	
泥岩类	云质泥岩或云质页岩	≥ 50，< 75	< 10	≥ 25，< 50
	含方沸石云质泥岩	≥ 50	≥ 10，< 25	≥ 25，< 50
	含云含方沸石泥岩	≥ 50	≥ 10，< 25	≥ 10，< 25
	含云方沸石质泥岩	≥ 50，< 75	≥ 25，< 50	≥ 10，< 25

岩石学特征是储层研究的重要内容之一。岩石的组分和组构不仅影响储层原始孔隙的发育，而且在很大程度上也影响着成岩作用的变化，从而对储集层的储集性能产生直接的影响。因此，对储层岩石学特征的研究，是了解其成岩作用变化及孔隙结构演化的根本。

大民屯凹陷沙河街组四段下亚段主要为泥页岩及碳酸盐岩。泥页岩主要由黏土矿物及粒径小于 0.0156mm 长英质细碎屑组成。碳酸盐岩为一套湖相沉积的粒径较细的化学沉积岩，并伴有一定量的陆源泥质和细粉砂质碎屑的加入。

（二）岩石类型

通过 10 口老井及 1 口新钻的沈 352 井大量的岩石薄片、荧光薄片及 X 射线衍射全岩等综合分析，认为大民屯凹陷沙四段下亚段岩性可分为 3 大类、14 种岩石类型，根据岩石的主要特征可以归为 6 种类型。其中主要岩石类型为：黑色含碳酸盐油页岩、灰绿色云质泥岩、灰绿色泥质泥晶云岩、浅灰色（灰绿色）含泥（+泥质）泥质泥晶粒屑云岩（图 2-4-2）。

（三）岩石矿物成分及含量特征

沈 352 井系统取心，心长 122.47m。进行了样品联测。岩性主要为泥页岩和碳酸盐岩，粉砂岩、细砂岩等极少。泥页岩可以分为两类：一是黑色富含有机质的泥页岩，黏土矿物平均含量 36.01%，泥级石英平均 37.88%，普遍含碳酸盐矿物（方解石、白云石和菱铁矿），平均 14.26%；二是灰绿色白云质泥岩，该类岩石与泥质泥晶云岩共生，碳酸盐矿物为白云石，平均含量 38.58%，黏土矿物 30.16%，泥质石英 26.45%。碳酸盐岩主要有两类：一类是灰色或绿灰色含泥（+泥质）泥晶粒屑云岩，矿物成分以白云石为主，储集性能与粒间孔的发育程度有关，为本区最好的储层；另一类是灰绿色泥质泥晶云岩，该类岩石的储集性能与微孔隙结构、裂缝发育程度等有关，这些因素受控于矿物组成和组构特征，该类岩石以白云石为主，平均含量在 60% 左右，黏土矿物和泥级石英含量较高。

大民屯凹陷沙四段（图 2-4-2）黏土矿物以伊/蒙混层为主，含量一般在 70% 以上，伊利石、高岭石、绿泥石相对较少，一般在 10% 以下。随着井深纵向变化伊/蒙混层整体上随着深度的增加含量略微减少（图 2-4-3）。但在 3230~3270m 这个深度范围内，伊/蒙混层有先减少后增加的趋势，到 3250m 处伊/蒙混层含量最低，但一般含量也大于 60%；伊利石随着深度的增加，含量先增加，到 3250m 含量最高，之后，含量逐渐减少（图 2-4-4）；高岭石和绿泥石在 3250m 处含量最低，之后逐渐增加。黏土矿物都是在 3250m 处存在一个拐点，结合岩性变化发现，在 3230~3270m 岩石颜色发生变化，因为在这个深度段成岩环境改变。

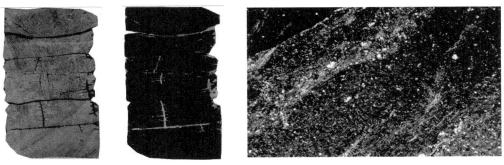

(a)含碳酸盐油页岩：泥质结构，页理构造（黏土及长英质细碎屑含量大于50%，碳酸盐为菱铁矿、方解石和白云石）

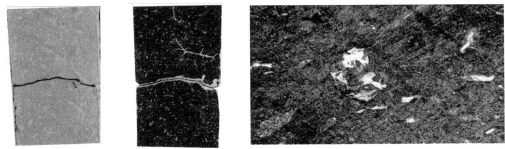

(b)云质泥岩：泥质结构，块状构造（黏土及长英质细碎屑含量大于50%，白云石含量大于25%，小于50%）

(c)泥质泥晶云岩：泥晶结构，块状构造（白云石含量大于50%，黏土及长英质细碎屑含量大于25%，小于50%）

(d)泥质泥晶粒屑云岩：粒屑结构，块状构造（粒屑含量大于50%，由泥晶白云石构成，填隙物为泥晶白云石和泥质）

图 2-4-2 大民屯凹陷沙四段致密储层主要岩石类型图版

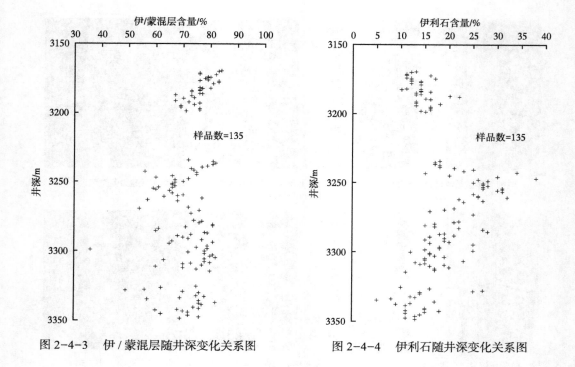

图 2-4-3　伊/蒙混层随井深变化关系图　　　图 2-4-4　伊利石随井深变化关系图

二、细粒级储层岩性测井识别

建立岩性与测井曲线的对应关系，实现岩性的测井识别，首先要认清该区的岩石类型及各类岩石矿物的组成、碎屑粒径大小等特点，即岩矿分类，在此基础上，通过岩石物理特征研究，寻找不同岩性、不同矿物组成、不同粒级岩性的测井响应特征，建立测井识别类型。

从本区的岩石的矿物组成看，泥页岩类主要成分以黏土矿物、泥级石英为主，次为碳酸盐（方解石、白云石、菱铁矿），少量泥级长石等。碳酸盐岩类主要成分以白云石为主，其次为泥级石英、黏土矿物，少量泥级长石等。砂质在这两类岩石中很少，但局部可见到少量粉砂岩和细砂岩夹层，一般厚度小于 20cm。

（一）岩石的物化特征及测井响应机理

岩石物理化学特征及测井响应是组成岩石矿物种类、含量以及矿物化学成分的综合反映。组成本区岩石的主要矿物化学成分及测井响应见表 2-4-4。对本区岩性反映最为敏感的测井曲线是深浅侧向电阻率、补偿中子、岩石密度、声波时差和自然伽马测井。

（二）各类岩性常规测井曲线特征

通过岩石矿物组成、岩石物化特征及测井响应机理研究，探讨了岩性与测井曲线响应值及形态特征的内在关系，在岩石矿物分类的基础上，将岩石归为 6 种测井曲线能识别的类型（表 2-4-5），建立这 6 种岩性的测井识别标准（表 2-4-6）。该区主要岩性为泥岩、含碳酸盐油页岩、云质泥岩、泥质泥晶云岩，少量粉砂岩等。因此自然伽马和中子、岩石密度和电阻率交会图版（图2-4-5和图2-4-6），可以很好地进行岩石类型划分。根据典型岩性特征值，建立了岩性识别图版，并给出了各类岩性的测井响应值（表2-4-6）。根据这些特征，可以将岩性在测井曲线上进行标定。

表2-4-4　主要矿物化学成分及测井特征值

矿物类别	矿物名称	分子式	测井特征值				
			密度 / g/cm³	中子 / %	声波时差 / µs/ft	电阻率 / Ω·m	自然伽马 / API
碳酸盐类	白云石	$CaMg(CO_3)_2$	2.87	−1	43.5	$10^7 \sim 10^{12}$	
	方解石	$CaCO_3$	2.71	1	47~49		
	菱铁矿	$FeCO_3$	3.9	12	47		
长英质矿物类	钙长石等	$CaAl_2Si_2O_8$	2.73	−1.6	45		4~53
	微斜长石等	$K(AlSi_3O_8)$	2.53	−2	51		240~277
	石英	SiO_2	2.65	−2	88	$10^4 \sim 10^{12}$	
黏土矿物类	伊利石	$K_{1-1.5}Al_4(Si_{7-8.3}Al_{1-1.5}O_{20})(OH)_4$	2.53	30			250~130
	蒙皂石	$(CaNa)_7(AlMgFe)_4(SiAl)_8 O_{20}(OH)_4(H_2O)_n$	2.12	44			150~200
	高岭石	$Al_4(Si_4O_{10})(OH)_8$	2.60~2.62	37			80~130
	绿泥石	$(Mg, Fe, Al)_{12}[(Si, Al)_8O_{20}](OH)_{16}$	2.76	52			50

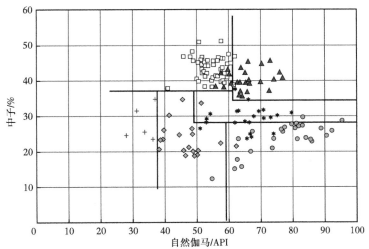

□ 含碳酸盐油页岩　▲ 泥岩　＊ 泥质粉砂岩　+ 含泥泥晶粒屑云岩　● 云质泥岩　◆ 泥质泥晶云岩

图2-4-5　自然伽马—中子交会图

表 2-4-5　岩性的测井归类

岩类	主要岩石类型	测井类型	组成特征	成分含量 /%				
				黏土总量及泥级石英、长石	粉砂级石英、长石	方解石	白云石	菱铁矿
泥页岩类	泥岩或页岩	泥岩	黏土矿物及小于 0.01mm 泥级石英为主，具页理构造为页岩	＞90	≤10	≤10		
	含菱铁矿泥岩		黏土矿物及小于 0.01mm 泥级石英为主，含一定量菱铁矿	75~90	≤10			10~25
	含砂泥岩		黏土矿物及小于 0.01mm 泥级石英为主，含一定量粉砂	＞90	10~25	≤10		
	含碳酸盐粉砂质泥岩		黏土矿物及小于 0.01mm 泥级石英为主，次为粉砂级石英、长石，少量白云石、方解石和菱铁矿	40~60	25~40	10~25		
	油页岩	含碳酸盐油页岩	黏土矿物及小于 0.01mm 泥级石英为主，少量白云石、方解石和菱铁矿，具页理，含油	＞90	≤10	≤10		
	含碳酸盐油页岩		黏土矿物及小于 0.01mm 泥级石英为主，同时含泥晶白云石、方解石等	50~75	≤10	10~25		
	碳酸盐质油页岩		黏土矿物及小于 0.01mm 泥级石英为主，次为白云石、方解石等，可见生物碎屑。具页理	50~75	≤10	25~50		
	含生屑含砂含碳酸盐油页岩		黏土矿物及小于 0.01mm 泥级石英，并含有较多的生物碎屑，同时含油泥晶白云石、方解石等。具页理	50~75	10~25	25~50		
	生屑含碳酸盐油页岩		黏土矿物及小于 0.01mm 泥级石英为主，次为白云石、方解石和菱铁矿，具页理	50~75	≤10	25~50		
	粒屑云质泥岩	云质泥岩	黏土矿物及小于 0.01mm 泥级石英为主，次为泥晶白云石	50~75	≤10	25~50		
	云质泥岩		黏土矿物及小于 0.01mm 泥级石英为主，次为泥晶白云石	50~75	≤10	25~50		
粉砂岩类	含碳酸盐泥质粉砂岩	泥质粉砂岩	粒径 0.01~0.06mm 石英、长石为主，次为黏土矿物及碳酸盐等	25~35	40~60	10~25		
碳酸盐岩类	泥质泥晶云岩	泥质泥晶云岩	泥晶白云石为主，次为黏土矿物及泥级石英、长石	25~50		50~75		
	泥质泥晶粒屑云岩	泥质泥晶粒屑云岩	粒屑结构，粒屑含量大于 75%，成分为白云石和黏土矿物及小于 0.01mm 泥级石英	20~40	≤10	60~80		—

表 2-4-6　大民屯地区不同岩性典型曲线特征表

层段	主要岩性	自然伽马/ 0 ———— 150 150 ———— 300 API	深侧向/ 1 ———— 1000 Ω·m 浅侧向/ 1 ———— 1000 Ω·m	补偿密度/ 1.7 ———— 2.7 2.7 g/cm³ 3.7 补偿中子/ 60 ———— 0 120 % 60 时差/ 140 ———— 40 240 μs/ft 140	测井曲线特征	
					电阻率及密度—中子包络面积及其他特征	密度—中子—声波特征
沙四段下亚段	泥岩				RT<5Ω·m，大于三个格	三孔隙度曲线明显分开
	含碳酸盐油页岩				RT>5Ω·m，小于三个格	低密度、高时差、高中子，中子—密度包络面积介于泥岩和碳酸岩质油页岩间
	云质泥岩				5Ω·m<RT<10Ω·m，大于三个格	高密度、低时差、低中子，三孔隙度曲线明显分开
	泥质粉砂岩				GR、RT、三孔隙度呈锯齿状	反映孔隙度变小，三条曲线趋势一致
	泥质泥晶云岩				GR低值、RT>10Ω·m	反映孔隙度变小，三条曲线趋势一致
	含泥泥晶粒屑云岩				GR小于2个半格、RT>10Ω·m	反映孔隙度变小，三条曲线趋势一致

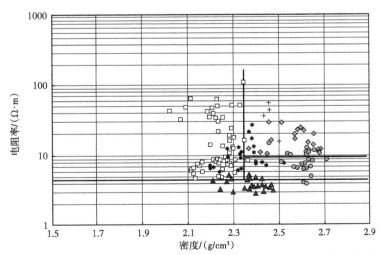

□ 含碳酸盐油页岩　▲ 泥岩　✳ 泥质粉砂岩　+ 含泥泥晶粒屑云岩 ● 云质泥岩　◆ 泥质泥晶云岩

图 2-4-6　密度—电阻率交会图

三、致密油储层储集特征表征

（一）储集空间类型及特征

研究认为页岩并非铁板一块，实则"千疮百孔"，Roger Setal 提出了页岩微储层（纳米级孔隙）的概念。页岩中看似孤立单一的孔隙，其实是由平直、狭小的喉道连接，孔隙具有复杂的内部结构和多孔隙复合的特征，页岩在保证具有丰富有机质的同时，其组分中脆性矿物含量需相对较高才有利于裂缝的形成。黏土矿物晶间孔和有机孔、碳酸盐的溶孔（溶蚀作用）的发育程度是形成孔隙型页岩储层的关键。碳酸盐岩的原生孔隙主要指在沉积时期形成的岩石组构有关的孔隙，例如泥晶粒屑云岩中的粒间孔。

大民屯凹陷沙四段主要为泥页岩类、碳酸盐岩类，不同的岩石类型因成因不同，造成储集空间类型也多样化。根据岩心观察、铸体薄片鉴定、扫描电镜分析及毛细管压力曲线特征等数据，总结了不同岩石类型储集空间特征，泥页岩类主要储集空间类型为晶间孔、有机孔，成岩构造缝、收缩缝等。由于碳酸盐岩的特殊性（易溶性和不稳定性），其主要储集空间为晶间孔、溶孔，构造缝、溶蚀缝等（表2-4-7）。

表2-4-7　大民屯凹陷沙四段储集空间类型

储集空间类型			主要发育岩类	成　因	发育程度
孔隙型	微孔、纳米级孔	晶间孔	泥页岩、含碳酸岩泥页岩等	机械成因	普遍
		有机孔	泥页岩、含碳酸岩泥页岩等	有机成因	常见
	溶孔		泥质白云岩、粉砂岩等	化学成因	局部可见
	粒间孔		含泥泥晶粒屑云岩	机械成因	发育
裂缝型	成岩构造缝		泥页岩、含碳酸岩泥页岩等	机械、构造成因	发育
	收缩缝		泥页岩、含碳酸岩泥页岩等	物理成因	发育
	构造缝		泥质白云岩、含碳酸盐泥页岩等	构造成因	少见
	溶蚀缝		泥质白云岩	化学成因	少见

（二）储集空间类型观测方法

铸体薄片下观测微米级裂缝、溶孔、粒间孔等；采用亚离子抛光扫描电镜分析纳米级孔隙。

（三）孔隙结构表征

岩石微孔隙结构的测定，主要采用压汞法和气体吸附法联测[11-12]。压汞法测定岩石的微孔隙结构时，进口压汞仪工作压力虽最高可达 **200MPa**，可测最小孔隙半径 **3.6nm**，但对致密油气藏来讲，这种分析结果离致密油气藏岩样微孔隙结构全分析还有差距；气体吸附法测定固态物质的孔径分布，是基于气体在微孔隙的单层吸附和中、大孔隙中的多层吸附和毛细管凝聚原理。主要测试 1~100nm 的微孔隙；静态气体吸附法虽可以测定孔隙半径小于 **100nm** 的微孔，但难以确定少量孔隙半径大于 **100nm** 的较大孔隙的存在。由此可见，单一的压汞法或气体吸附法均无法完成致密油气藏岩样微孔的全分析。通过两种测定结果的衔接实现盖层全孔隙结构测定，是目前国内最为完整、全面的盖层微孔分析方法（图 2-4-7）。

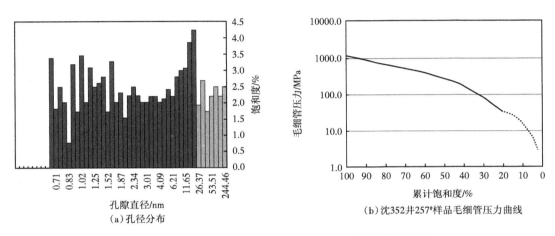

图 2-4-7 气体吸附法和压汞法联用测试孔隙结构分布图

（四）物性特征

储层物性特征研究是油藏描述工作中储层研究的重要内容之一。通常用孔隙度、渗透率、油水饱和度等参数来表征储层物性。定量分析储层物性参数，对于储量计算、储层综合评价等有重要意义。由于致密油气藏特殊的孔隙结构，采用常规岩心分析、核磁共振分析和脉冲法渗透率测定等多种方法，对沈 352 井沙四段致密储层物性特征进行了分析。常规岩心分析 422 块，该区以低—特低孔、低—特低渗储层为主。物性由好变差的顺序为含泥泥晶粒屑云岩、含碳酸盐油页岩、泥质泥晶云岩、云质泥岩。

1. 含泥（＋泥质）泥晶粒屑云岩

储集空间以粒间孔为主，孔隙度一般较大，孔隙度为 4%~7%，占 60% 左右，大于 12% 的占 40% 左右；渗透率为 1~50mD 和小于 1mD，为低—中孔、中—低渗储层。

2. 含碳酸盐油页岩

储集空间为裂缝和孔隙型组合。煤油法物性分析：孔隙度为 1%~7%，主要分布在 2%~4% 之间；渗透率为 0.01~50mD。利用非常规物性分析（酒精法孔隙度分析和脉冲法渗透率分析），孔隙度主要分布在 5%~8% 之间，渗透率大于 0.1mD。核磁共振分析法测得孔隙度平均 11.2%，渗透率平均 10.09mD。三种方法结果分析：由于酒精分子直径小，可以进入更小的孔隙，因此，分析结果较煤油法略高。该类岩性物性分析孔隙度相对较低，渗透率相对较高的原因是，由于油页岩是源岩，有些有机质在洗油过程中并不能完全洗掉，使孔隙度测试结果偏低，渗透率较高是因为油页岩页理缝发育。核磁法测得孔隙度高的原因是核磁测得的是被烃类物质占据的孔隙空间，因此，孔隙度较高。

3. 泥质泥晶云岩和云质泥岩（灰绿色）

这两类岩性前面已经分析，二者混合沉积，白云石含量一般为 35%~60%。常规岩心物性和非常规物性分析（酒精法孔隙度分析和脉冲法渗透率分析），孔隙度主要分布在5%~9% 之间，渗透率小于 1mD 占 70% 以上，而且有些样品渗透率小于 0.001mD，为特低—低孔特低渗储层。该类岩性常规岩心物性分析孔隙度较含碳酸盐油页岩略高，但核磁法测得孔隙度、渗透率明显低于含碳酸盐油页岩，原因是岩石本身不能生油，靠后期油气运移，但通过核磁共振和微孔隙分析还发现，该类岩性含油性差，主要原因是小于 15nm 的孔隙占 70% 以上，导致油气无法进入微孔隙，只能进入裂缝。由于不受样品洗油影响，故常规岩心分析孔隙度较油页岩略高，核磁共振分析法孔隙度较含碳酸盐油页岩低。由于孔隙小和裂缝不发育故渗透率较低。

第五节　深层砂岩储层微观特征研究

深层储层指埋深大于 3500m 的储层。由于埋深大，储层成岩作用复杂，加之钻井岩心较少，研究难度较大。辽河坳陷浅层勘探程度极高，目前，寻找深层油气藏已经成为油气勘探一个非常重要的方向。近几年，西部凹陷的清水洼陷和东部凹陷的长滩洼陷相继钻探的马南 12、马南 13、洼 111、牛深 2 等井都在深层取得了很好勘探效果，并上报了规模探明石油地质储量。双南地区双 225 井沙三段显示了深层致密砂岩天然气勘探潜力，而双227、马古 8、马古 11 等井也在深层获得良好油气显示，揭示了深层砂岩储层良好的勘探前景[13-15]。

依托清水洼陷及长滩洼陷丰富的取心资料，系统开展了深层砂岩岩石学特征、成岩作用、储集空间特征及储层影响因素分析，为深层砂岩勘探开发提供支撑。

一、深层砂岩岩石学特征

（一）岩石类型

根据薄片资料统计绘制了研究区深层砂岩成分三角图，如图 2-5-1 所示，双台子地区深层砂岩储层以长石岩屑砂岩为主，次为岩屑长石砂岩，长石砂岩和岩屑砂岩较少，不发育石英砂岩。这也说明了该地区储层岩石成分成熟度很低，多为近源型沉积；牛居地区深层储层以岩屑长石砂岩为主，次为长石岩屑砂岩，岩石的成分成熟度也较低。

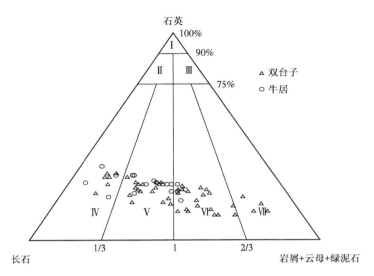

图 2-5-1　深层砂岩成分三角图

Ⅰ—石英砂岩；Ⅱ—长石石英砂岩；Ⅲ—岩屑石英砂岩；Ⅳ—长石砂岩；Ⅴ—岩屑长石砂岩；
Ⅵ—长石岩屑砂岩；Ⅶ—岩屑砂岩

（二）岩石结构

1. 粒度

双台子地区深层砂岩以粗碎屑岩为主，中砂粒级以上储层所占比例 58.8%，由于不等粒砂岩往往以中砂以上粒级为主，综合来看中砂粒级以上储层比例超过 70%。而研究区靠近盆地西部古陆物源区，沉积物搬运距离较近，是研究区深层砂岩粒径较大的主要原因。牛居地区深层砂岩粒级以中砂粒级为主，其余各粒级分布相对较均匀，整体较双台子地区偏细。

2. 分选和磨圆

双台子地区深层砂岩绝大多数都具有中等—差的分选性。岩石的磨圆度以次圆状、次棱状—次圆状为主，分别占样品总数的 46% 和 25%，构成了储层砂岩骨架颗粒的主体。牛居地区多数为中等—好的分选性。岩石的磨圆度以圆状—次圆状、次圆状为主对比来看，牛居地区岩石结构成熟度相对较高，分选性和磨圆度都要好于双台子地区。

3. 颗粒的接触关系

深层砂岩储层的颗粒接触关系主要为线接触和点—线接触。这主要是储层埋深较大、压实作用强的原因。

4. 胶结类型及支撑性质

薄片下深层砂岩可见的胶结类型有孔隙型、接触型、连晶型等，其中以孔隙型胶结最为普遍，在双台子地区占样品总数的 94%，牛居地区 92%。接触型、连晶型在双台子地区分别为5%、1%，牛居地区分别为4%、4%。连晶型胶结主要为铁方解石胶结。

（三）岩石骨架成分及特征

通过普通薄片、阴极发光薄片的鉴定及统计，表明双台子地区深层砂岩骨架成分主要有石英、长石、岩屑。其中，岩屑成分类型多（表2-5-1），代表了不同物源类型，对成分成熟度和结构成熟度有着较大的影响。部分地区存在含量不高的火山碎屑和内碎屑，其中，内碎屑主要为砂屑和鲕粒。

表2-5-1　岩屑种类及其特征统计表

岩屑种类	相对含量	主要成分	物源	形成条件	对成分、结构成熟度影响
花岗质岩岩屑	高	石英、斜长石、钾长石、黑云母	太古宇变质岩，花岗岩	各种沉积条件	好
酸性喷出岩、浅成岩岩屑	高	石英、长石	中生界岩浆岩	各种沉积条件	中等—差
石英岩岩屑	中等	石英	太古宇变质岩	各种沉积条件	好
动力变质岩岩屑	中等—少	石英、长石	太古宇变质岩	各种沉积条件	好—中等
中性喷出岩、中性浅成岩	中等—少	长石、暗色矿物	中生界岩浆岩	近物源快速沉积	差
碳酸盐岩、硅质岩	少	白云石、方解石、硅质	中—上元古界、古生界碳酸盐岩、硅质岩	近物源快速沉积	中等
砂岩、泥岩	少	石英、长石、岩屑、泥质	古生界、中生界碎屑岩	近物源快速沉积	差
单晶碳酸盐	少	方解石	各地层中裂缝充填物，结晶好的碳酸盐	近物源快速沉积	中等
云母片	少	黑云母	太古宇变质岩	近物源快速沉积	差
盆内碎屑	少	方解石、白云石	中—上元古界、古生界碳酸盐岩、硅质岩	滨浅湖、二次沉积	好

（四）填隙物成分及特征

深层砂岩储层填隙物成分有两大类，即杂基和胶结物。杂基成分主要为物源区风化而产生的泥质，单偏光下呈现"脏"的特征。深层砂岩的胶结物主要为碳酸盐和自生黏土矿物，其次为硅质和长石胶结物，另外可见少量沸石类矿物、黄铁矿、天青石等；碳酸盐矿物主要为含铁方解石和含铁白云石；自生黏土矿物主要包括伊/蒙混层黏土、伊利石、高岭石和绿泥石，伊/蒙混层含量高是其重要特征，高岭石主要存在于3600m以浅，3600m以下时高岭石的相对含量普遍低于10%，甚至消失。硅质胶结物包括石英自生加大和石英微晶。

二、深层砂岩成岩作用与成岩阶段

（一）成岩作用类型及特点

1. 机械压实作用

深层砂岩在埋藏成岩过程中经历了强烈的压实作用。碎屑颗粒之间多以线接触和点—线接触为主，也见相当数量的凹凸接触现象。支撑方式主要为颗粒支撑，胶结类型以孔隙式胶结为主，表明其受到的压实作用较强。而塑性碎屑多以假杂基的形式出现，充分表现出强烈的压实作用。这是导致深层储层砂岩有效孔隙度和渗透率偏低的重要原因之一。

2. 胶结作用

深层砂岩的胶结物主要为碳酸盐和黏土矿物，其次为硅质和长石胶结物。碳酸盐矿物主要为含铁方解石和含铁白云石，呈连晶或嵌晶状胶结，成因主要与晚期黏土矿物演化有关，对储层物性带来巨大的负面作用；自生黏土矿物主要包括伊/蒙混层黏土、伊利石、高岭石和绿泥石，呈孔隙充填式和衬垫式胶结，是主要的胶结物；硅质胶结物包括石英自生加大和石英微晶，普遍发育但含量不超过 3%，黏土矿物演化和长石溶解提供的硅是研究区致密砂岩硅质胶结物的主要来源。

3. 交代作用

深层砂岩的交代作用主要表现为碳酸盐胶结物对碎屑颗粒的交代作用，而不同胶结物之间的交代作用很少见。

镜下观察到研究区砂岩中碳酸盐胶结物交代碎屑颗粒，主要是交代长石颗粒、石英颗粒，偶见交代岩浆岩屑现象。表现为充填于粒间孔隙中的碳酸盐胶结物沿着颗粒边缘进行交代，使颗粒边界呈现出不同程度的锯齿状或港湾状，甚至将颗粒大部分交代，仅保留颗粒假象。此外，薄片中观察到有些石英颗粒次生加大后又被亮晶方解石交代，可说明碳酸盐交代形成于石英加大边之后。

4. 溶蚀作用

深层砂岩发生了较强的溶蚀作用，遭受溶蚀作用的颗粒表面呈现不规则的港湾状或蚕食状，形成了大量的溶蚀型次生孔隙。而研究区溶蚀作用的主要作用对象是长石，其次为岩屑。

（1）长石溶孔。

长石的溶蚀通常沿解理或双晶面以及破碎面，选择性溶解而成，形成粒内条状、蜂窝状或窗格状溶孔，溶蚀强烈者则形成铸模孔或与粒间溶孔连通。长石溶孔在研究区较为发育，对储层有效孔隙贡献较大。

（2）岩屑溶孔。

岩屑的溶蚀通常是沿颗粒的边缘或颗粒裂缝，对岩屑组分选择性溶蚀。通常溶蚀规模较小，形成的溶蚀孔隙小于长石溶孔。岩屑溶孔对储层有效孔隙贡献相对较小。

（二）成岩作用阶段

1. 成岩演化序列及成岩相带

1）自生矿物演化序列

根据研究区深层砂岩现存的成岩迹象和成岩矿物交代共生关系，结合前人对辽河油田古近系成岩矿物序次的认识，认为研究区深层砂岩成岩矿物的序次关系为：早期绿泥石—蒙皂石—伊/蒙混层—早期伊利石—早期碳酸盐—高岭石—石英—晚期碳酸盐—晚期伊利石—晚期绿泥石，总结出六个主要的演化阶段。

第一阶段，即同生期，起主要作用的是沉积环境的底层水，该阶段的主要矿物是一些桥接黏土和包膜黏土的初始物质，如蒙皂石（由火山碎屑物质转化而来，或陆源提供）。

第二阶段，成岩作用发生在近地表的渗流带内，在碎屑颗粒表面形成早期衬垫式绿泥石、蒙皂石、菱铁矿等，在较封闭的成岩环境中可以形成微晶黄铁矿和霉球状黄铁矿，这个阶段晚期后期可以出现长石类矿物的溶蚀，并且蒙皂石开始向混层黏土转化。这一阶段相当于早成岩 A 期。

第三阶段，该阶段长石和岩屑等组分溶蚀现象相当发育，孔隙流体为酸性，在孔隙衬垫式黏土外部出现石英次生加大，同时生成大量高岭石晶体，伊/蒙混层由无序向有序转化，出现早期碳酸盐胶结物，以方解石为主。这一阶段相当于早成岩 B 期。

第四阶段，该阶段高岭石相对含量达到最好并逐渐减少，相对应的是伊利石含量的逐渐增加，伊/蒙混层的混层比继续降低，碳酸盐类矿物继续发育，主要是嵌晶（含）铁方解石和部分白云石。第三阶段形成的某些矿物发生不同程度变化，如高岭石向伊利石、绿泥石转化，石英和高岭石被交代溶蚀等。这一阶段相当于中成岩 A 期。

第五阶段，成岩矿物以加大石英、加大长石、伊/蒙混层、伊利石、绿泥石和白云石为主，高岭石基本消失，伊/蒙混层比降至 10% 左右。成岩强度相当于中成岩 B 期。

第六阶段，成岩矿物以加大石英、加大长石、伊利石、绿泥石和白云石为主，伊/蒙混层消失。这一阶段仅为推测，目前钻井取心尚未揭露。相当于晚成岩期。

研究区深层砂岩对应第四和第五两个阶段，3600m 以深基本处于第五阶段。

2）成岩相带

利用成岩相成因类型定量表征技术对研究区岩石成岩相进行划分，如图 2-5-2 所示。

从图中可以看出，深层砂岩成岩相的整体特征是以压实和胶结相为主，这两种成岩作用是岩石致密的主要成岩作用，而溶蚀相是孔隙增大的首要因素。深层砂岩的成岩相可分为 5 种，分别为：胶结—压实相、溶蚀—压实相、胶结相、溶蚀—胶结相、胶结—溶蚀相。

成岩相带是指碎屑岩储层中，在特定成岩环境下一种或一种以上的成岩矿物在纵向上的富集范围。根据分析检测结果，将研究区 2800m 以下划分为 5 个成岩相带。如图 2-5-3 所示。自上而下分别为：

石英—高岭石胶结—溶蚀相带，埋深 2800~3200m，典型的成岩自生矿物为自生石英—高岭石，这一相带长石溶蚀强烈，形成大量自生高岭石，石英次生加大强烈达Ⅱ—Ⅲ

级。其他成岩矿物包括伊/蒙混层、伊利石、绿泥石、碳酸盐、自生长石。

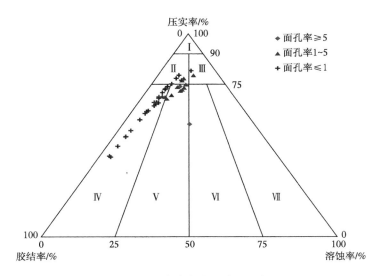

图 2-5-2　成岩相成因类型三角图

Ⅰ—压实相；Ⅱ—胶结（充填）—压实相；Ⅲ—溶蚀—压实相；Ⅳ—胶结（充填）相；
Ⅴ—溶蚀—胶结（充填）相；Ⅵ—胶结（充填）—溶蚀相；Ⅶ—溶蚀相

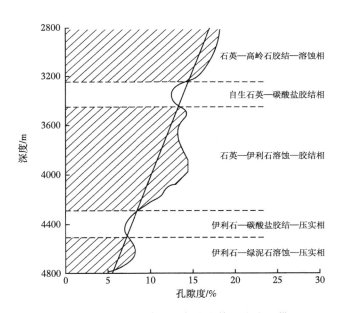

图 2-5-3 古近系持续埋藏成岩体系成岩相带

直线为孔隙度与埋深理相线性关系，波浪线为实测孔隙度最高值与埋深关系

石英—碳酸盐胶结相带，埋深 3200~3400m，典型的成岩矿物为自生石英—碳酸盐—高岭石，这一相带是上一相带的延伸，但是，由于有机酸的脱羧基作用导致 CO_2 分压提高，造成碳酸盐的沉淀。高岭石也从这一时期开始向伊利石转化。

石英—伊利石溶蚀—压实相带，埋深 3400~4300m，典型成岩矿物为自生石英—伊利石—碳酸盐—自生长石。这一相带高岭石向伊利石转化已经比较彻底，转化过程中消耗钾长石，从而形成了部分次生孔隙。自生长石以钠长石为主。

伊利石—碳酸盐胶结—压实相带，典型成岩矿物为伊利石、碳酸盐、自生石英、绿泥石，碳酸盐以含铁白云石为主，伊/蒙混层的混层比进一步降低，伊利石开始加速向绿泥石转化。

伊利石—绿泥石溶蚀—胶结相带，典型成岩矿物为伊利石—绿泥石—自生石英—碳酸盐，伊/蒙混层已全部转化为伊利石，绿泥石含量超过伊利石含量。岩石已经变得十分致密。

2. 成岩阶段划分

深层砂岩埋深在 3500 m 以深，根据其目前的成岩特征，成岩阶段相当于中成岩 A—B 期，局部可以达到晚成岩阶段。

确定成岩阶段的主要依据有：

（1）研究区深层砂岩在 3500m 以下，对应的古地温为 83~140.8℃，镜质组反射率 R_o 为 0.38%~1.56%m。

（2）黏土矿物以伊/蒙混层、伊利石、高岭石、绿泥石为主，不含蒙皂石。伊/蒙混层矿物混层比 10%~25%。局部高岭石含量为 0；石英次生加大多为 Ⅱ 级至 Ⅲ 级，长石次生加大 Ⅰ 级至 Ⅲ 级；自生矿物演化序列研究结果表明，成岩矿物均为成岩中晚期矿物。

三、深层砂岩储集空间特征

（一）孔隙类型

根据碎屑岩储集空间划分标准，深层砂岩储集空间类型分为原生孔隙和次生孔隙。根据成因和产状将孔隙划分为粒间孔、组分溶孔、晶间微孔和裂缝四类（表 2-5-2）。

表 2-5-2　辽河坳陷深层砂岩孔隙类型统计表

类型	亚类	成因机制	出现频率
粒间孔	原生粒间孔	机械压实残留、填隙物充填剩余	较常见
	粒间溶孔	碎屑颗粒、填隙物被溶蚀	常见
	超大孔	在原生孔隙的基础上，颗粒全部被溶	偶尔见到
组分溶孔	粒内溶孔	碎屑颗粒中不稳定组分被溶蚀	最常见
	铸模孔	碎屑颗粒全部被溶蚀遗留的铸模	常见
	胶结物溶孔	胶结物发生溶蚀	较常见
微孔	微孔	黏土填隙物、自生矿物晶间	最常见
裂缝	成岩缝	成岩作用	较常见
	构造缝	构造作用	较常见

1. 粒间孔

1）残余粒间孔隙

残余粒间孔隙指砂质沉积物在埋藏成岩过程中，原生粒间孔隙被填隙物部分充填改造后形成的一类孔隙。在本研究区，由于深层储层埋藏深度大，成岩作用强烈，所以此类孔隙相对含量较少。

2）粒间溶蚀孔隙

粒间溶蚀孔隙指砂岩中的残余粒间孔隙在成岩过程中，因部分碎屑和填隙物发生溶解而被改造形成的次生孔隙。

3）超大孔

超大孔指孔径超过相邻颗粒直径的溶孔。在超大孔范围内，颗粒、胶结物和交代物均被溶解，一般是在原生粒间孔的基础上形成的，其次生部分多于原生部分。

2. 组分溶孔

1）粒内溶蚀孔隙

粒内溶蚀孔隙指砂岩中的部分碎屑内部，在埋藏成岩中发生部分溶解而产生的一类孔隙。通过对铸体薄片和扫描电镜观察分析，在本研究区，溶蚀粒内孔隙多见于长石中。并且溶蚀粒内孔隙与溶蚀粒间孔隙并存，且与溶蚀粒间孔隙相连通。

2）铸模孔

铸模孔指岩石中碎屑颗粒发生溶蚀，当溶蚀作用扩展到整个颗粒，形成与原颗粒形状、大小完全一致的铸模时，可称为颗粒铸模孔隙。

3）胶结物溶孔

胶结物溶孔指岩石胶结物发生溶蚀。在本研究区沙三段地层较少见，主要为碳酸盐胶结物的溶蚀。

3. 微孔

微孔只是笼统的一个划分概念，根据成因可分为两种。

（1）黏土杂基内微孔隙：指砂岩中与砂岩碎屑同时沉积的泥质杂基内的微孔隙。此类孔隙经过压实作用改造后大部分消失，仅有一部分分布于泥质杂基含量较高的粉细砂岩中。此类孔隙体积小，分布不均匀且连通性较差。

（2）自生矿物晶间微孔隙

指岩石在成岩过程中形成的分布于碎屑颗粒间自生矿物晶体间的微孔隙，多为黏土矿物晶间微孔隙。此类孔隙是研究区储层的主要孔隙类型之一。

4. 裂缝

根据铸体薄片、扫描电镜观察，裂缝在储层中分布具有很强的不均一性。裂缝所带来的孔隙空间的增加是很有限的，但它的存在却可以大大提高储层的渗流能力。

1）构造缝

构造作用形成的裂缝一般延伸较远，切穿颗粒及填隙物。对孔隙的连通性起到了极其重要的作用。

2）成岩缝

成岩缝主要分两种，一种是由于压实作用形成的，此种成岩缝规模仅限于单个颗粒，由于上覆地层的压力使颗粒破碎，又称颗粒破裂缝。此种裂缝对连通孔隙，提高储层渗透能力起到了良好的作用；另一种是泥质在成岩过程中黏土矿物转化和其他矿物相变引起的体积缩小而形成的裂缝，又称成岩收缩缝。一般见于砂岩中的泥质条带中，或泥质含量较高的岩石中。

（二）孔隙结构特征

1. 孔隙

通过双台子地区 42 块、牛居地区 15 块深层砂岩铸体样品的孔隙图像分析，总结出了深层储区的孔隙结构参数。双台子样品中 14 块样品为无缝无孔，20 块样品为孔隙型储层，8 块样品为裂缝型储层；牛居样品 11 块为孔隙型，4 块为裂缝型。双台子深层孔隙型储层孔隙直径平均值最大 385.67 μm，最小 42.93 μm，平均为 119.95 μm，孔隙直径主要分布于 50~150 μm（图 2-5-4），属于中孔、大孔，并以中孔为主。而裂缝型储层的平均面孔率为 0.86%，裂缝平均宽度为 18.43 μm，属于微缝范畴。牛居地区深层孔隙型储层孔隙直径平均值最大 119.65 μm，最小 69.52 μm，平均 92.29 μm，孔隙直径主要分布于 50~100 μm（图 2-5-5），孔隙大小属于中孔级别。裂缝型储层平均面孔率为 1.15%，裂缝平均宽度为 27.63 μm，属于微缝级别。

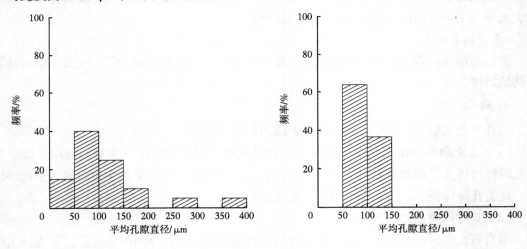

图 2-5-4 双台子地区平均孔隙直径分布频率图　　图 2-5-5 牛居地区平均孔隙直径分布频率图

对比两个地区的铸体鉴定数据可以看出，牛居地区的平均面孔率、平均孔喉比、平均配位数大于双台子地区，孔隙直径小于双台子，但孔隙大小分布十分集中，这些特点使得牛居地区深层储层好于双台子地区深层储层。

2. 喉道

根据深层砂岩压汞参数的统计来看，双台子地区深层砂岩的孔喉具有以下特征。

（1）孔喉大小：最大孔喉半径平均值为 2.232 μm，属于细喉级别；96% 的孔喉半径小于 1 μm，孔喉半径平均值为 0.567 μm，属微喉级别。因此，本地区深层砂岩孔喉大小特点是以微喉为主，局部见细喉。

（2）孔喉分选：孔喉大小的分选差，孔喉在岩石中的分布相对均匀。

（3）孔喉的连通性、渗流能力：岩石的排驱压力大、最大汞饱和度低、退汞效率低，这几点说明该地区深层砂岩孔喉的连通性差，孔隙与喉道大小悬殊，流体渗流能力差。

牛居地区深层砂岩的孔喉具有以下特征。

（1）孔喉大小：最大孔喉半径平均值为 5.061 μm，属于细喉级别；80% 的孔喉半径小于 1 μm，孔喉半径平均值为 0.578 μm，属微喉级别。因此，本地区深层砂岩孔喉大小特点是以微喉为主，局部见细喉。

（2）孔喉分选：孔喉大小的分选较好，孔喉在岩石中的分布相对均匀。

（3）孔喉的连通性、渗流能力：岩石的排驱压力大、最大汞饱和度低、退汞效率低，这几点说明该地区深层砂岩孔喉的连通性差，孔隙与喉道大小悬殊，流体渗流能力差。

综上所述，研究区深层砂岩孔隙结构特征为：中、大孔，细、微喉，孔喉分选差，分布不均匀。

四、深层砂岩储层物性特征及影响因素

（一）物性特征

据双台子地区 15 口井、牛居地区 2 口井的常规物性资料统计数据显示（图 2-5-6 和图 2-5-7），双台子地区深层砂岩孔隙度、渗透率随深度增大而降低，局部存在物性偏高的区域，对应于次生孔隙发育带；牛居地区在 4000m 左右物性最差，4000m 以深出现次生孔隙发育，物性变好。

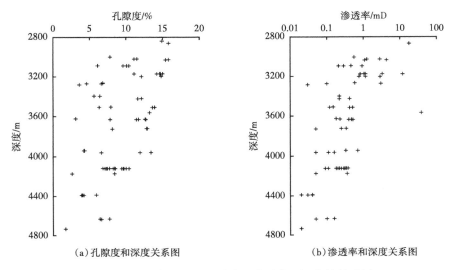

（a）孔隙度和深度关系图   （b）渗透率和深度关系图

图 2-5-6 双台子地区孔隙度、渗透率和深度的关系图

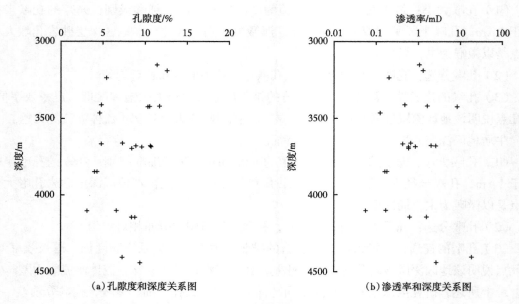

（a）孔隙度和深度关系图　　　　　（b）渗透率和深度关系图

图 2-5-7　牛居地区孔隙度、渗透率和深度的关系图

双台子地区深度大于 3500m 共 52 块样品，从孔隙度、渗透率分布频率图（图 2-5-8 和图 2-5-9）中可以看出，双台子地区深层砂岩孔隙度小于 15% 的占 98.1%，孔隙度低于 10% 的样品比例为 70%；渗透率仅有 12% 的样品超过 1mD，其余全低于 1mD，并且多在 0.1~0.5mD。因此，双台子地区深层砂岩属低孔—致密型储层，但也存在局部的低渗—中渗的甜点区。牛居地区深层砂岩孔隙度全小于 15%，而低于 10% 的样品比例为 70%；渗透率低于 1mD 的样品有 60%，但 1~10mD 的样品比例很高。因此牛居地区深层砂岩也属于低孔—致密型储层，并且普遍存在低—中渗的储层。

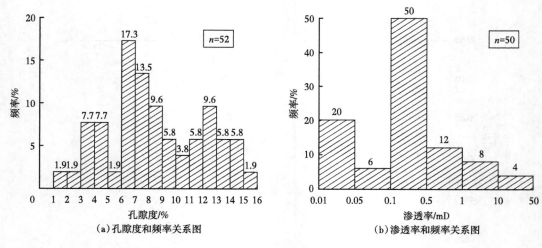

（a）孔隙度和频率关系图　　　　　（b）渗透率和频率关系图

图 2-5-8　双台子地区孔隙度、渗透率分布频率图

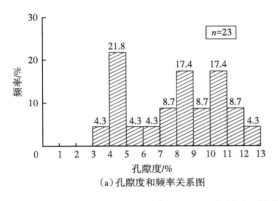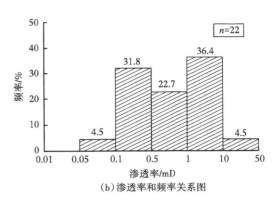

图 2-5-9　牛居地区孔隙度、渗透率分布频率图

（二）储层物性影响因素

1.沉积作用

1）岩石学特征

储层岩石学方面的差异主导因素是沉积物物源。已有的研究表明粒度是影响砂岩孔渗性，尤其是孔隙度的一个重要因素，粗粒岩石的形成往往是在水动力条件比较强的环境，高能环境下泥质充填物大多不易随之沉积，而粗粒碎屑格架支撑的岩石也具有较高的原始孔隙空间。

（1）成分。

研究区为近源型沉积，物源的差异是物性差异的更深层次原因。研究区物源来自多套地层和多种岩性，直接影响沉积物的成分成熟度和结构成熟度，从样品碎屑成分分析，最好的物源为中—上元古界海相沉积的石英砂岩，其次为太古宇变质岩，第三为中—上元古界碳酸盐岩、硅质岩、古生界碳酸盐，第四为古生界碎屑岩，第五为中生界碎屑岩，最差为中生界岩浆岩。

（2）结构。

一般来说，圆球度好的砂岩其分选性也好。孔隙度也高，对于形状不规则的棱角状颗粒，常发生镶嵌现象，相互填充孔隙空间。致使孔隙体积减小，孔隙之间的连通性变差。结果使孔渗性变差。但是，如果颗粒之间不发生相互镶嵌现象（如在快速堆积而压实作用强度又较低的情况下）而是彼此支撑起来，则反而会使岩石的孔渗性变好。当然，由于快速堆积往往伴随着较弱的分选作用而使岩石中杂基含量较多。因此，岩石的孔渗性不会很好。总的来说，岩石颗粒粒度适中、分选好、圆球度较高、杂基含量低则孔渗性较好。反之则较差。颗粒粒径、分选、圆球度和杂基含量均受控于沉积环境和沉积作用。

2）沉积相带

优质储层多形成于水动力条件较强的高能环境。根据地球化学、化石组合及生态习性分析，双台子沙三段沉积期处于暖湿气候的较深水还原湖泊环境。主体物源来自西侧，发育了一系列自西而东的扇三角洲砂体、湖底扇砂体，储集性能好的砂体形成沟道高能环境中；而牛居地区沙三段主要为河流相沉积，好储层砂体形成于河道环境。由于水动力较强，碎屑颗粒的分选性和磨圆度较好，粒度较粗，泥质含量低，原始粒间孔隙发育，流体的渗流性较好。在后期成岩作用中，烃源岩排出的酸性流体容易在大孔隙中流动，溶蚀作用相对发育，物性相对较好。但有些层段由于矿物成分和活跃的孔隙流体发生反应，会使方解石含量增加，物性变差。

2. 成岩作用

通过对影响研究区深层砂岩物性各种成岩作用的分析，认为成岩作用对砂岩储层物性的影响既有建设性也有破坏性。压实作用、胶结作用是破坏储层孔隙度、降低渗透率的主要因素；而溶蚀作用的则产生次生溶蚀孔隙，改善了储层的物性。

1）压实、胶结作用

胶结作用和压实作用是导致储层物性变差的最主要原因。持续的深埋带来的压实作用是造成研究区砂岩原生孔隙大量丧失的主要原因，储层内胶结物含量的增加，导致岩石孔隙度进一步降低。

压实作用是由深埋藏造成的，埋深是影响储层物性的最显而易见的因素。随着埋深的增大，孔隙度和渗透率也逐渐变小，如图 2-5-6 和图 2-5-7 所示。从表 2-5-3 中也可以看出，储层的孔渗条件随着层位的加深而变差。

表 2-5-3　西部凹陷中南段物性统计表

地区	层位	孔隙度 /%		渗透率 /mD	
		区间	均值	区间	均值
坡洼过渡带	S2	2.5~24	13	0.13~1066	37.55
	S3 上	2.4~22.2	12.8	0.07~222	12.1
	S3 中	2.1~23.8	12.2	0.03~262	12.4
	S3 下	2.4~24.3	11.9	0.02~203	7.96
	S4	2.0~15.8	10.2	0.02~133	7.44
双台子	S2	2.5~22.3	11.6	0.2~467	24.96
	S3 上	1.4~21.6	10.5	0.04~191	4.76
	S3 中	3.4~15	9.4	0.09~11.9	1.29
	S4	6.4~7.7	7.05	0.1~0.16	0.13
双南	S2	2~22.3	11.4	0.05~1683	42.17
	S3 上	1.2~22.6	11.6	0.04~275	13.07
	S3 中	1.3~11.5	5.13	0~3	<1

研究区的胶结物主要为黏土矿物、碳酸盐、硅质、长石质胶结物等。自生黏土矿物胶结物常见有高岭石、绿泥石、伊利石及伊/蒙混层矿物。黏土矿物胶结作用对储层物性的影响既有建设性的也有破坏性的，黏土膜可以保护残余粒间孔，但是孔隙式充填的自生黏土矿物常常挤占有效孔隙空间，降低储层的物性。碳酸盐胶结物非常显著，主要为含铁方解石、铁方解石、含铁白云石、铁白云石，它们充填部分或大部分孔隙空间，使原生、次生孔隙度大大降低。硅质和长石质胶结主要表现为石英、长石的次生加大进一步堵塞孔隙喉道，降低储层的孔隙度和渗透率。

2）溶蚀作用

溶蚀孔隙对改善砂岩储层的储集性能起到了建设性的作用，所以溶解作用有效地改善了储集层物性。通过统计，埋深 2908.06~3942.3m 的储层，在平均原始孔隙度为 33.36% 的情况下，经压实造成的孔隙度损失为 28.91%，胶结损失的孔隙度为 4.18%。而经过压实和胶结，原始孔隙度仅残余 0.28%。但通过溶蚀作用，可以增加 1.23% 的孔隙度，为残余孔隙度的 5 倍左右。由此可见，各成岩作用对储层孔隙度的改造程度。

研究区深层砂岩溶蚀作用比较强烈，这使得深层砂岩的孔隙度有所提高，但这并没有使深层砂岩的渗透率提高，原因可能是砂体与外界的连通性差，溶蚀产物只有部分排出砂体，或者根本没有排出，这就造成了黏土矿物的原地沉淀，堵塞孔隙及喉道。并且，随着埋深的加大，有机酸发生脱羧作用，产生 CO_2，使 CO_2 分压相对升高，导致含铁碳酸盐沉淀，进一步堵塞了孔隙和喉道。最终造成了深层砂岩普遍低孔低渗、特低孔特低渗的特征。

3. 构造作用

构造作用储层物性的影响是多方面的，对深层砂岩而言，溶蚀作用与构造作用的配置关系对形成次生孔隙非常重要。薄片中常见高岭石充填粒间，这主要是因为在溶蚀作用发生的时候，储层流体不能有效排出；而次生孔隙发育较好的储层，往往发育构造裂缝，如齐 62 井。裂缝的发育可以提高储层的渗流能力，从而，将溶蚀产物有效地运移出储层。同时，油气也会优先进入裂缝发育的储层。

第六节　火山岩屑砂岩储层成因分析

辽河油田外围盆地油气藏勘探不断获得新突破，其中九佛堂组是主要油气富集层位，其油源丰富，周边地区物源供给充足，构造发育，具有形成构造及岩性油藏的良好条件。辽河外围盆地是中生代盆地，在中生代时期中国东北地区火山活动强烈，火山岩发育，盆地中沉积的碎屑岩母岩主要为火山岩物源，同时伴随着火山喷发的空落碎屑的沉积（凝灰质），因此，岩石识别困难。为此，本节从基础的实验分析测试入手，开展岩性、储层、成因环境等相关研究，为勘探部署决策提供科学依据。

一、岩石学特征

（一）岩石类型

通过对岩心系统观察及薄片鉴定，认为辽河油田外围陆东凹陷后河地区九佛堂组岩性可分为砾岩类、砂岩类、泥岩类、碳酸盐类等 4 大类（表 2-6-1）。其中陆源的碎屑岩主要是正常沉积形成的火山岩屑砂岩，是以中性火成岩为物源，而非伴随着火山爆发形成的凝灰质砂岩，仅局部夹凝灰岩薄层。扇体远端泥岩与粉砂岩、碳酸盐岩等交互沉积。

表 2-6-1　陆东凹陷前后河地区岩石类型及主要特征

岩类		主要类型	岩石特征	归类
砾岩类	砾岩	含砂砾岩、砂质砾岩	砂质 10%~50%，砾石≥50%	砂质砾岩
砂岩类	粗砂岩	中—粗粒长石岩屑砂岩	粒径 0.50~1.00mm，岩屑为主，次为长石，少量石英，泥质和钙质含量小于 10%	粗砂岩
	中砂岩	含碳酸盐细—中砂岩、碳酸盐质细—中砂岩、细—中砂岩、粗—中粒砂岩、含碳酸盐—中粒含粒屑砂岩、碳酸盐质中砂岩、中砂岩、含碳酸盐岩含泥细—中砂岩	粒径 0.25~0.50mm，长石、岩屑为主，次为石英，泥质和钙质含量小于 10%	中—细砂岩
	细砂岩	含粒屑含碳酸盐细砂岩、含泥细砂岩粒屑细砂岩、碳酸盐质细砂岩、细砂岩	粒径 0.12~0.25mm，以长石、岩屑为主，次为石英，泥质和钙质含量小于 10%	
	不等粒砂岩	不等粒砂岩、含粒屑含碳酸盐不等粒砂岩、含泥含碳酸盐不等粒砂岩、泥质不等粒砂岩、碳酸盐质不等粒砂岩	粒径 0.10~2.00mm，以岩屑为主，次为长石，少量石英，泥质和钙质含量小于 10%	不等粒砂岩
	粉砂岩	含粒屑碳酸盐质粉砂岩、泥质粉砂岩、碳酸盐质粉砂岩	泥质含量大于 10%	粉砂岩
泥岩类	粉砂质泥岩	粉砂质泥岩、碳酸盐质粉砂质泥岩、砂质泥岩	粉砂质 25%~50%，碳酸盐 0~50%	泥岩
	砂质泥岩	砂质泥岩、含砂泥岩、砂质云质泥岩	砂质 20%~50%，碳酸盐 0~50%	
	含碳酸盐泥岩	含砂碳酸盐质泥岩、含碳酸盐泥岩、碳酸盐质泥岩	碳酸盐 10%~50%	
	泥岩	泥岩	以黏土矿物及粒径小于 0.0156mm 细碎屑为主，含量≥75%	
	凝灰质泥岩	凝灰质粉砂质泥岩	凝灰质 10%~50%	薄层

续表

岩类	主要类型	岩石特征	归类
砂质泥晶云岩	含砂泥晶云岩、粉砂质粉—泥晶云岩、含泥粉砂质泥晶云岩	白云石 ≥50%，砂质 25%~50%	泥质泥晶云岩
泥质泥晶云岩	含粉砂含泥泥晶云岩、泥质泥晶云岩、含砂泥质泥晶云岩	白云石 ≥50%，泥质 25%~50%	泥质泥晶云岩
砂质粒屑泥晶云岩	砂质粒屑泥晶云岩、含砂含粒屑泥晶云岩、含粒屑砂质泥晶云岩	粒屑 10%~50%	砂质粒屑泥晶云岩
砂质亮晶粒屑云岩	砂质亮晶粒屑云岩、含泥砂质亮晶粒屑云岩	砂质 20%~50%，粒屑 >50%	砂质粒屑泥晶云岩
含砂泥晶粒屑云岩岩	含砂泥晶粒屑云岩、粉砂质泥晶粒屑云岩	白云石 ≥50%	砂质粒屑泥晶云岩

（碳酸盐类）

（二）碎屑岩岩性特征

1. 岩石结构特征

岩心的观察和普通薄片资料显示，研究区的碎屑岩储层粒级包括了砾岩、粗砂岩、中—细砂岩、不等粒砂岩和粉砂岩。岩石绝大多数都具有中等分选性。磨圆度以次圆状、次棱状—次圆状为主，构成了储层砂岩骨架颗粒的主体。薄片下可见其颗粒接触关系主要有：点接触、线—点接触、点—线接触、线接触，分别占样品总数的 31.4%、3.9%、49%、15.7%。可见研究区碎屑岩的颗粒接触关系主要为点接触和点—线接触。胶结类型有孔隙型、嵌晶—孔隙型，其中以孔隙型胶结最为普遍。嵌晶型胶结主要为白云石胶结。颗粒的支撑性质主要为颗粒支撑。

2. 岩石成分特征

研究区碎屑岩砂岩以长石岩屑砂岩为主、次为岩屑长石砂岩，长石砂岩和岩屑砂岩较少，不发育石英砂岩（图 2-6-1）。岩石成分成熟低，多为近源型沉积。

骨架成分主要为长石、岩屑，少量石英。岩石蚀变深、泥化、碳酸盐化。长石以斜长石为主，次为碱性长石；含量多集中在 20%~65% 之间，平均为 42.7%。岩屑以安山岩为主，次为闪长岩、流纹岩，少量花岗斑岩、花岗岩等，来源于中生界火成岩，蚀变深、泥化、碳酸盐化；含量多集中在 20%~70% 之间，平均为 47.0%，其中火山岩岩屑含量约占总岩屑的 90%。此外，还有少量古生界浅变质岩岩屑（板岩、千枚岩等）。石英含量较低，含量分布在 1%~7% 之间，平均为 2.6%。部分地区存在含量不高的内碎屑，内碎屑主要为砂屑和鲕粒（图 2-6-2 至图 2-6-7）。

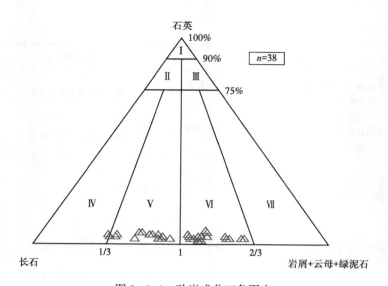

图 2-6-1　砂岩成分三角图表

I—石英砂岩；II—长石石英砂岩；III—岩屑石英砂岩；IV—长石砂岩；V—岩屑长石砂岩；
VI—长石岩屑砂岩；VII—岩屑砂岩

岩心自然光　　　　　　岩心荧光　　　　　　微观照片，正交偏光50×

图 2-6-2　细中粒岩屑长石砂岩（河平 1 导井，1864.47m）

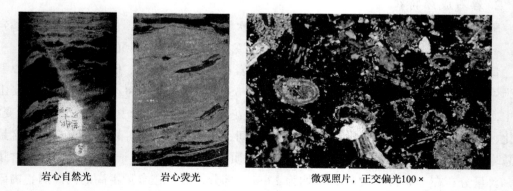

岩心自然光　　　　　　岩心荧光　　　　　　微观照片，正交偏光100×

图 2-6-3　粒屑细粒岩屑长石砂岩（河 19 井，1754.64m）

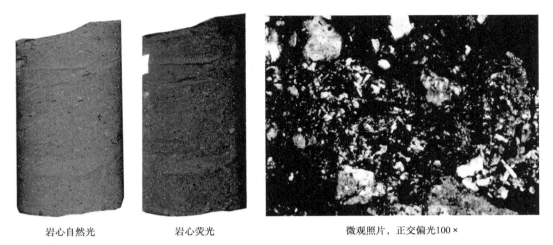

图 2-6-4　不等粒长石岩屑砂岩（河 11 井，1809.38m）

图 2-6-5　碳酸盐质含泥粉砂岩（河平 1 导井，1997.12m）

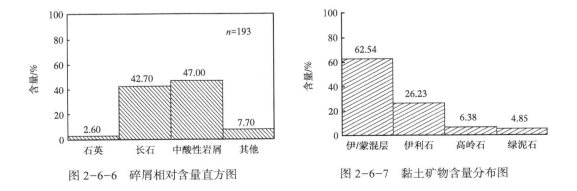

图 2-6-6　碎屑相对含量直方图　　　图 2-6-7　黏土矿物含量分布图

（三）碳酸盐岩岩性特征

碳酸盐岩主要为粒屑云岩和泥晶云岩类，包括粒屑泥—粉晶云岩、砂质粒屑泥晶云岩、含砂含粒屑泥晶云岩、砂质亮晶粒屑云岩、泥质泥晶云岩等。

粒屑云岩具粒屑结构，泥晶云岩具泥晶结构，多具块状构造，主要成分以白云石为主，次为泥质、砂质等。X射线衍射全岩定量分析，白云石类多集中在22.4%~56.3%之间，平均42.4%；黏土总量多集中在10.8%~21.4%之间，平均13.4%；方解石多集中在1%~5%之间，平均3.5%；菱铁矿在0~5%之间，平均4.2%；石英多集中在10.2%~21.0%之间，平均15.5%；钾长石多集中在1.5%~6.5%之间，平均3.4%；斜长石多集中在10.9%~29.6%之间，平均15.8%；其他（方沸石、片钠铝石、黄铁矿及云母片等）在0~17%之间，平均1.8%（图2-6-8至图2-6-11）。

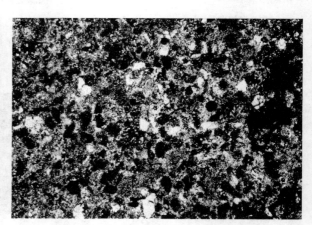

岩心自然光　　　　　　　岩心荧光　　　　　　　　　　微观照片，正交偏光50×

图2-6-8　砂质亮晶粒屑云岩（河21井，1632.50m）

岩心自然光　　　　　　　岩心荧光　　　　　　　　　　微观照片，正交偏光25×

图2-6-9　泥质泥晶云岩（河13井，1555.40m）

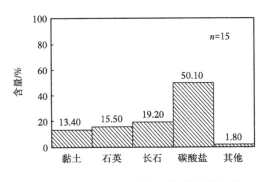

图 2-6-10　碳酸盐岩类矿物成分及含量

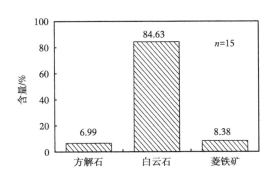

图 2-6-11　碳酸盐相对含量

二、储层特征研究

（一）储集空间类型及成因

研究区火山岩屑砂岩储集空间类型包括原生孔隙、次生孔隙，以次生孔隙为主。次生孔隙包括粒间溶孔和粒内溶孔，以及少量溶洞、铸模孔、膏膜孔、盐类矿物溶孔等（表 2-6-2）。由于火山岩屑砂岩中性岩屑含量高，中性岩屑塑形强，易被压实，原生孔隙保留差，仅见少量残余粒间孔。岩石中长石及中性岩屑不稳定，易被溶蚀，溶蚀孔隙发育，被溶蚀成分主要为偏基性斜长石、暗色矿物、玻璃质等，溶解出来的钙、铁、镁与碳酸根（与油气有关）结合，形成白云石、菱铁矿、碳钠铝石等碳酸盐矿物，造成储层渗透率下降。

表 2-6-2　后河地区碎屑岩储集空间类型

孔隙类型		成因	发育程度
原生孔隙	残余粒间孔	机械压实作用、胶结作用和充填作用的产物	常见
次生孔隙	粒间溶孔	压实与溶解作用的产物。从成因上讲，为原生粒间孔和次生扩大孔之和，为一种原生加次生混合成因的孔隙类型	大量
	粒内溶孔	溶解作用的产物，是碎屑颗粒被部分溶蚀形成的孔隙空间。若全部被溶，仅残留黏土套膜，则称之为铸模孔	大量
	晶间孔	充填作用产物。是充填在孔隙中的黏土矿物晶粒间的微孔或蚀变凝灰岩中的晶间微孔	极少
	裂缝	机械破裂作用的产物。是指由机械破裂作用而产生的裂缝孔隙空间	少量
	溶洞	溶蚀作用、溶解作用	少量
	铸模孔	碎屑内部全部被溶形成的孔隙为铸模孔	少量

1. 溶孔

粒间溶孔是原生粒间孔隙壁被溶蚀后使孔隙空间扩大而形成的孔隙，其特点是孔隙不受颗粒边界限制，孔隙形状多样，且不规则，在孔隙周边都不同程度地保存有溶蚀痕迹。该区石英含量较低，长石和岩屑等易溶组分含量较高，在埋藏成岩过程中这些颗粒的边缘易被溶蚀形成溶蚀粒间孔（图 2-6-12）。在镜下可见到的溶蚀粒间孔隙有部分溶蚀粒间孔隙、港湾状溶蚀粒间孔隙、超大型溶蚀粒间孔隙。此类孔隙孔径较大，孔径最大可达 $100\mu m$，孔隙连通性好，对改善储集条件起到很好的改善作用。

该区粒内溶孔以长石粒内溶孔和岩屑粒内溶孔为主。从铸体薄片鉴定、扫描电镜观察，可见岩屑及长石颗粒发育着不同程度的溶解作用，主要表现为首先沿长石解理发生初步的溶蚀，形成呈条带状分布的溶蚀孔隙，进而演变成蜂窝状溶孔，也可见长石大部分被溶蚀仅残余颗粒铸模的铸模孔，残留的长石呈杂乱状或网格状，以及整个颗粒被完全溶蚀而形成的特大孔隙（图 2-6-12 至图 2-6-17）。

其溶蚀孔隙的成因为有机质生烃产生有机酸溶蚀，因此靠近生油洼陷的粉砂岩及碳酸盐岩等溶蚀强烈。

图 2-6-12　粒间、粒内溶孔，微孔（细—中粒长石岩屑砂岩，河平 1 导井，1864.47m，单偏光 50×）

图 2-6-13　岩屑溶孔（含砾细—中粒长石岩屑砂岩，2003.15m，单偏光 50×）

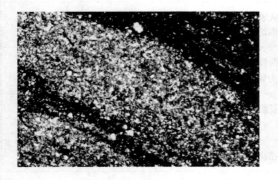

图 2-6-14　粉砂岩条带状溶孔发育（含云泥质粉砂岩，河平 1 导井，1868.32m，单偏光 50×）

图 2-6-15　膏膜孔（含硬石膏假晶泥—粉晶云岩，1634.10m，河 21 井，单偏光 25×）

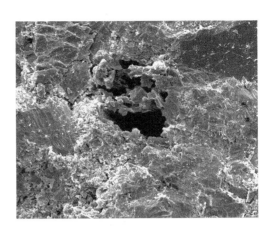

图 2-6-16　长石溶孔（河 12 井，　　　　图 2-6-17　颗粒溶孔（河 13 井，
　　　1695.6m，放大 1600×）　　　　　　　1910.43m，放大 1000×）

2. 残余原生粒间孔

残余粒间孔隙指原生粒间孔隙在成岩作用、机械压实作用、胶结作用和充填作用下的产物，由自生矿物占据了孔隙的一部分空间，使孔隙缩小后余下的粒间孔隙。研究区见到黏土矿物充填后的残余孔隙及碳酸盐胶结残余孔隙，是重要的储集空间类型（图 2-6-18 和图 2-6-19）。

图 2-6-18　残余粒间孔（中—细粒长石岩屑　　　图 2-6-19　残余粒间孔（含灰砾质粗粒岩屑
　　　砂岩，河 8 井，1957m，单偏光 100×）　　　砂岩，河 27 井，1972.56m，单偏光 25×）

3. 微孔

微孔一般指不易用肉眼看见的小孔。研究区内各层段均有发育，存在于填隙物内或者颗粒内，包括泥状杂基在固结成岩时收缩形成的孔隙、黏土矿物重结晶的晶间孔隙，以及颗粒或填隙物溶蚀形成的微孔隙，对总孔隙度有一定的贡献，对渗透率的贡献作用不大（图 2-6-20 至图 2-6-23）。

图 2-6-20 微孔，溶孔（河 19 井，
1948.55m，单偏光 100×）

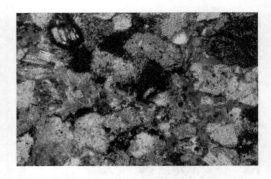

图 2-6-21 粒内微孔（粒间溶孔。
河平 1 导，2000.92m，单偏光 50×）

图 2-6-22 黏土矿物晶间孔（河 24 井，
2128.1m，1770×）

图 2-6-23 微孔（长石碎屑溶孔，
河平 1 导，1853.50m，519×）

4. 裂缝

根据岩石宏观观察、铸体薄片、扫描电镜分析，裂缝在储层中分布具有很强的不均一性。裂缝所带来的孔隙空间的增加是很有限的，但它的存在却可以大大提高储层的渗流能力，主要包括构造缝、成岩缝及溶蚀缝等（图 2-6-24 至图 2-6-27）。

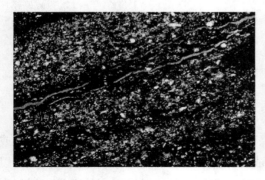

图 2-6-24 构造缝（河 19 井，1763.69m，
单偏光 50×）

图 2-6-25 构造缝（河 19 井，1763.69m，
单偏光 100×）

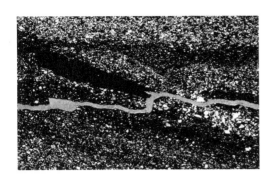

图 2-6-26　成岩缝（河 19 井，1956.62m，
单偏光 100×）

图 2-6-27　成岩缝（河 27 井，1973.15m，
单偏光 100×）

构造作用形成的裂缝一般延伸较远。对孔隙的连通性起到了极其重要的作用。

成岩缝是在成岩过程中由于成岩作用而形成的原始缝隙，一般规模较小，属于微缝。成岩缝分布受层理限制，多平行层面分布，不穿层，缝面常弯曲，形状不规则，有时有分枝现象。此裂缝在研究区目的层位泥岩中较发育，生油岩中产生的油汇集于此种缝内沿缝向外运移。

溶蚀缝是在溶蚀作用下形成的缝状孔隙，包括早期的各种缝状孔充填了易被溶蚀物质，后期又经溶蚀作用形成的缝状孔，一般缝状孔形状不规则，该类孔隙对后期储层储集空间及储层连通性贡献较大。

（二）孔隙结构特征

通过铸体孔隙图像分析，研究区孔隙平均直径最小 18.29μm，最大 339.23μm，平均 103.65μm。如图 2-6-28 所示，孔隙主要分布于 50~150μm，按照孔隙分级指标，为中孔、大孔。根据研究区储层压汞参数，该区孔喉具有以下特征：

研究区最大孔喉半径平均值为 31.99μm，孔喉半径平均值为 2.75μm。如图 2-6-29 所示，40% 的孔喉半径小于 1μm，另外 60% 的孔喉半径集中 1~9μm。因此，本地区碎屑岩储层孔喉大小特点是以微—细喉为主，整体上孔喉分选差，分布不均匀。

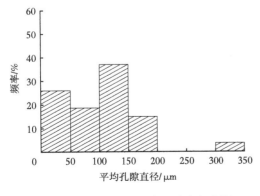

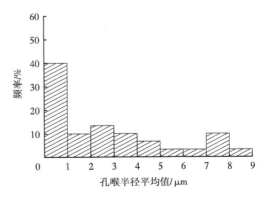

图 2-6-28　平均孔隙直径分布频率图

图 2-6-29　孔喉半径平均值分布频率图

典型岩性孔隙特征如下：

（1）含砾粗粒长石岩屑砂岩：河平1导井，1966.1m。孔隙度20.3%，渗透率139mD。压汞法排驱压力0.212MPa，最大汞饱和度84.27%，最大孔喉半径3.475μm，孔喉半径平均值0.612μm，退汞效率43.49%，分选系数0.665，均质系数0.173，孔喉在岩石中分布较均匀，连通性一般（图2-6-30）。

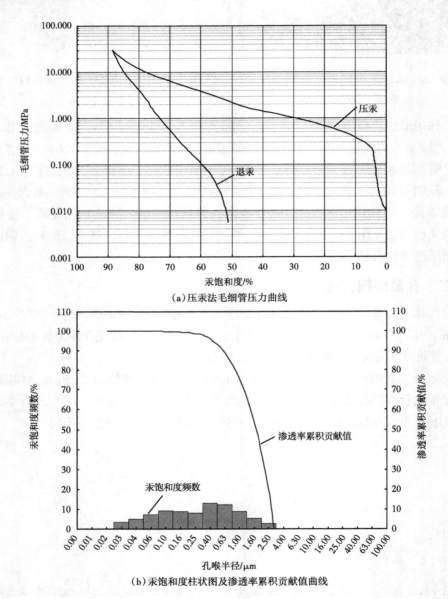

（a）压汞法毛细管压力曲线

（b）汞饱和度柱状图及渗透率累积贡献值曲线

图2-6-30　压汞法孔隙分布特性图（含砾粗粒长石岩屑砂岩，河平1导井，1966.1m）

（2）含泥不等粒岩屑长石砂岩：河平1导井，2000.51m。孔隙度17.3%，渗透率3.89mD。压汞法排驱压力0.015MPa，最大汞饱和度80.71%，最大孔喉半径49.9321μm，孔喉半径平均值 3.413μm，退汞效率 33.71%，分选系数 8.606，均质系数 0.069，孔喉在岩石中分布不均匀，连通性较差（图 2-6-31）。

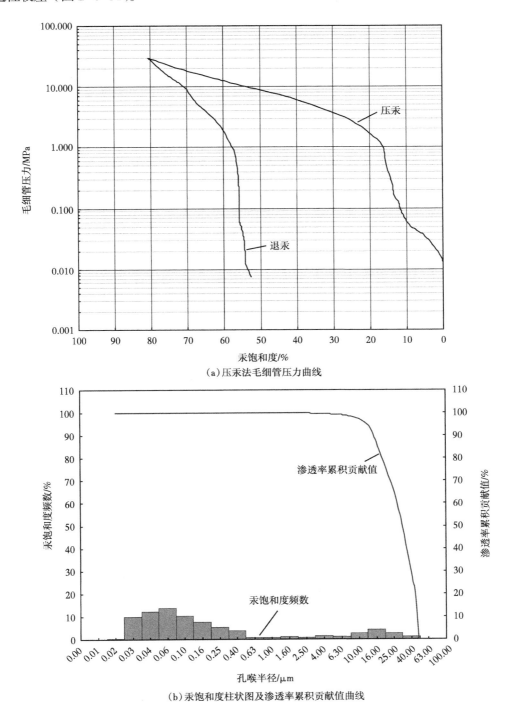

（a）压汞法毛细管压力曲线

（b）汞饱和度柱状图及渗透率累积贡献值曲线

图 2-6-31 压汞法孔隙分布特性图（含泥不等粒岩屑长石砂岩，河平 1 导井，2000.51m）

粉砂质泥岩：河 21 井，1635.3m，粉砂呈条带状分布，粉砂中溶孔发育。孔隙度 20.8%，渗透率 1.59mD。压汞法排驱压力 1.990MPa，最大汞饱和度 53.75%，最大孔喉半径 0.370μm，孔喉半径平均值 0.073μm，退汞效率 35.99%，分选系数 0.065，均质系数 0.193，孔喉在岩石中分布不均匀，连通性较差（图 2-6-32）。

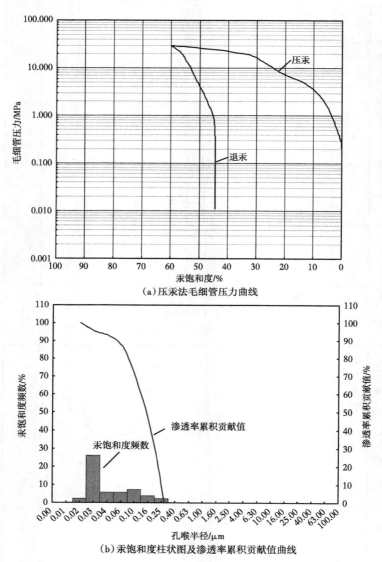

图 2-6-32　压汞法孔隙分布特性图（粉砂质泥岩，河 21 井，1635.3m）

（三）物性特征

通过本次对后河地区物性资料统计可以看出，孔隙度最小 3.2%，最大 23.3%，平均 16.3%；渗透率最小 0.005mD，最大 464mD，平均 28.7mD。从孔隙度、渗透率分布频率图中可以看出，后河地区储层孔隙度以 10%~15% 为主，比例为 45.71%，孔隙度 0~5% 次之，比例为 23.57%；渗透率以 0.01~0.1mD 为主，比例为 41.43%，0~0.01mD 和 0.01~1mD 次之，比例分别为 23.57%、25.00%。可见，后河地区储层总体属低孔、超低渗为主。

以河平 1 导井和河 21 井为例，研究不同岩性孔隙度、渗透率分布（图 2-6-33 至图 2-6-37），河平 1 导井粗碎屑部分主要是扇三角洲前缘水下分流河道砂体，粉砂及粉砂质泥岩为其河道间沉积。河 21 井细粒级沉积岩，为扇三角洲前缘的远端、陆相与湖相交互沉积，主要是泥岩类与砂质亮晶粒屑云岩等交互沉积。

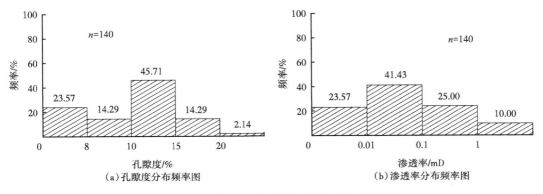

（a）孔隙度分布频率图   （b）渗透率分布频率图

图 2-6-33 后河地区孔隙度、渗透率分布频率图

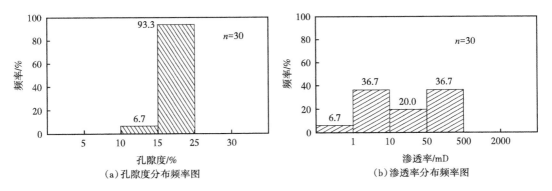

（a）孔隙度分布频率图   （b）渗透率分布频率图

图 2-6-34 细—中砂岩孔隙度、渗透率分布频率图（河平 1 导井）

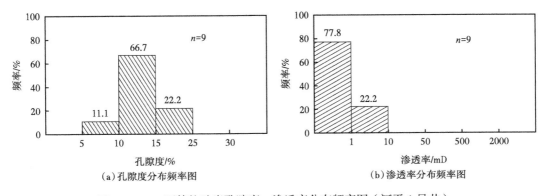

（a）孔隙度分布频率图   （b）渗透率分布频率图

图 2-6-35 不等粒砂岩孔隙度、渗透率分布频率图（河平 1 导井）

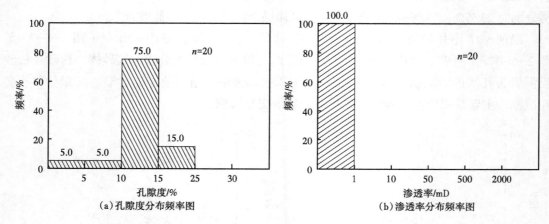

图 2-6-36　粉砂岩孔隙度、渗透率分布频率图（河平 1 导井）

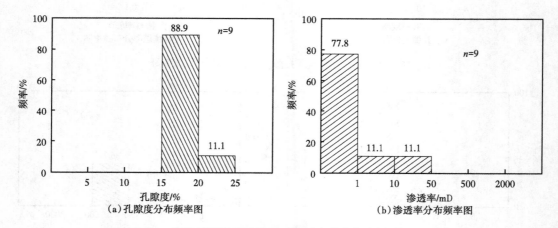

图 2-6-37　细粒级沉积岩孔隙度、渗透率分布频率图（河 21 井）

可以看到后河地区九佛堂组碎屑岩储层（河平 1 导井）：细—中砂岩的孔隙度集中在 15%~25% 之间，渗透率分布在 1~500mD 之间；不等粒砂岩的孔隙度集中在 10%~15%，但是渗透率明显变差，集中在 0~1mD 之间，少量为 1~10mD；粉砂岩的孔隙度分布与不等粒砂岩类似，但是粉砂岩渗透率值更低，为 0~1mD。由此可见，从孔渗性比较扇三角洲前缘的不同砂岩，物性最好的是细—中砂岩，次为不等粒砂岩，最差的是粉砂岩。

河 21 井细粒级沉积岩：孔隙度集中在 15%~25% 之间，渗透率以小于 1mD 为主、少量为 1~50mD，为中孔超低渗储层。

从孔隙度与渗透率关系来看（图 2-6-38 和图 2-6-39），河平 1 导总体为正相关，渗透率随孔隙度增大而增大；河 21 井孔隙度都集中在 15%~25% 之间，渗透率变化大，说明远端细粒级沉积岩溶蚀孔隙发育，分布不均匀，孔隙连通性差。

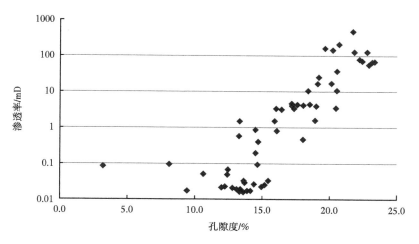

图 2-6-38　孔隙度与渗透率关系图（河平 1 导井）

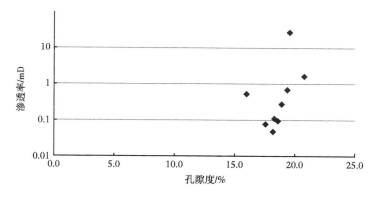

图 2-6-39　孔隙度与渗透率关系图（河 21 井）

三、成岩作用与油气赋存状态

（一）成岩作用

通过对岩心及普通薄片、铸体薄片的观察统计，结合扫描电镜、阴极发光等分析手段，认为研究区九佛堂组成岩作用主要包括机械压实作用、胶结作用、溶蚀作用，其中压实、胶结作用为破坏性成岩作用，溶蚀作用为建设性成岩作用。

1. 机械压实作用

机械压实作用与沉积物源性质（刚性碎屑、塑性碎屑）关系密切（表 2-6-3）。该区机械压实作用引起砂岩中颗粒的重新排列和变形，使粒间体积减小，原始孔隙度降低，故原生粒间孔发育差。镜下观察随着压实强度的增加，碎屑颗粒的接触关系由悬浮接触逐步转变为点接触、线接触、凹凸接触及缝合线接触。后河地区砂体物源成分以半塑性—塑性的中—酸性火成岩为主，少量刚性—半塑性的浅变质岩。颗粒以点接触、点—线接触为主，压实作用中等。

表 2-6-3 物源成分与抗压性能关系表

物源类型	岩屑种类	主要成分	相对含量	抗压性能
新太古界变质岩	花岗质岩岩屑	石英、长石	极少	刚性
	动力变质岩岩屑	石英、长石	极少	刚性
元古字变质岩	变质石英砂岩	石英	极少	刚性
	硅质岩	石英	少	塑性
古生界浅变质岩	板岩	石英	中等	刚性—半塑性
	千枚岩			
中生界火成岩	中酸性喷出岩	长石、暗色矿物	高	半塑性—塑性
	浅成岩岩屑等			

2.胶结（交代）作用

通过借助偏光显微镜、扫描电镜等方法，可观察到本区胶结作用十分发育，胶结物含量可达 30% 以上，包括硅质胶结作用、自生黏土矿物胶结作用、碳酸盐胶结作用。

1）硅质胶结作用

硅质胶结物主要一般有三个形成机制：一是黏土矿物演化释放硅并造成硅质胶结物沉淀。二是石英溶解使孔隙流体中游离硅增加并造成硅质胶结物沉淀。三是长石溶解释放硅并造成硅质胶结物沉淀。这三种硅质胶结作用发育程度与岩石组分、砂岩粒度、杂基含量有关，一般在石英含量较高、砂岩粒度较粗而黏土杂基含量较低的砂岩中，石英次生加大较发育。后河地区石英含量较低，杂基含量较多，硅质胶结作用较弱。

2）自生黏土矿物胶结作用

碎屑岩中的黏土矿物大部分是以陆源碎屑物的形式随碎屑颗粒一道搬运并沉积的，但也有一部分黏土矿物，它们是在成岩过程中由层内的火山物质和铝硅酸岩矿物等，在孔隙水的作用下，在原地转变为另一种黏土矿物，或者由孔隙水带到附近孔隙内析出新的自生黏土矿物，这部分黏土矿物是真正的胶结物。根据 X 衍射—黏土定量分析和扫描电镜分析结果表明，研究区内砂岩中的自生黏土类矿物主要为高岭石、伊/蒙混层黏土、伊利石以及少量的绿泥石。自生黏土矿物的转化沉淀对储集性主要起破坏作用，表现在阻塞喉道、充填原生孔隙、使砂岩敏感性变强等方面。但黏土矿物在充填破坏孔隙的同时，在黏土矿物的微晶之间，仍保留了大量微孔隙，可能为储集空间的改善起到一定的作用。

高岭石有两种：一种为随物源携带而来，与碎屑同时沉积，呈填隙状、衬垫式产出；另一种以充填溶孔产出的自生高岭石晶粒粗大干净，晶形好，单晶呈六方片状，集合体为书页状、蠕虫状等，自生高岭石晶间孔发育，但因其充填于孔隙中间，堵塞了原来的孔隙及喉道，所以它的存在也是造成有效孔隙减少、渗透率降低的主要原因之一；自生伊利石晶体边缘不平整，常呈卷片状，主要以搭桥式、衬垫式出现，造成次生孔隙损失、渗透率降低；在压实作用的影响下体积减小，也大大降低了岩石的孔隙度和渗透性。伊/蒙混层黏土呈蜂窝状或鳞片状，以孔隙充填式、衬垫式产出，分布在颗粒间或包裹在颗粒表面。自生绿泥石呈单晶针叶状，集合体呈鳞片状、花朵状；绿泥石以衬垫式、孔隙充填式产出，呈颗粒包边或充填孔隙形式产出；降低了岩石的孔渗性。

3）碳酸盐胶结作用

目前国内外已有的碳酸盐形成机制主要有以下几种：

（1）长石的溶解。长石（主要是斜长石）的溶解是碳酸盐胶结物的重要物质来源之一，如钙长石的溶解方程如下：

$$CaAlSi_2O_8（钙长石）+2H^++H_2O \longrightarrow Al_2Si_2O_5（OH）_4（高岭石）+Ca^{2+}+\cdots$$

在合适的物理化学条件下，该过程提供的 Ca^{2+} 离子进入到碳酸盐胶结物中，这是碎屑岩地层中自生碳酸盐矿物主要的来源之一，也是碎屑岩中碳酸盐胶结物形成的经典机制之一。

（2）黏土矿物的转化。黏土矿物的转化主要指蒙皂石或伊利石含量相对较低的混层伊利石/蒙皂石向伊利石含量相对较高的混层伊利石/蒙皂石及伊利石的转化，该转化过程所涉及的反应如下：

$$4.5K^++8Al^{3+}+ 蒙皂石 \longrightarrow 伊利石 +Na^++2Ca^{2+}+2.5Fe^{3+}+2Mg^{2+}+3Si^{4+}$$

这个反应被称为砂岩的胶结反应，也是碎屑岩地层中碳酸盐胶结物形成的另一经典机制。该反应提供的 Ca^{2+}、Fe^{3+} 和 Mg^{2+} 是碳酸盐胶结物重要的物质来源，碎屑岩地层中很大一部分自生碳酸盐矿物，尤其是含铁碳酸盐胶结物的成因与之有关，由于黏土矿物的转化是温度或埋藏深度（在忽略孔隙流体介质影响时）的函数，因而与之有关的碳酸盐胶结物更多的是在较晚的成岩阶段形成的。碳酸盐含量高的岩性致密，孔隙度较低，碳酸盐胶结物的形成对孔隙具一定的破坏作用。

3. 溶蚀作用

溶蚀作用属于建设性成岩作用，是指地下水溶液对岩石组分的溶解，一般从颗粒表面或颗粒、填隙物的裂缝部位开始，并逐步向颗粒或填隙物内部扩散，它是造就次生孔隙的主要作用，是改善砂岩储层孔渗条件的重要途径，常因不稳定组分的溶蚀溶解而形成各种形式的溶孔溶缝，进而形成次生孔隙发育带和次生孔隙发育区，对改善研究区储层起着重要作用。溶蚀作用和次生孔隙形成的机理主要包括二氧化碳对碳酸盐骨架颗粒的溶解作用、有机酸对骨架颗粒的溶解及大气淡水对骨架颗粒的溶解。根据铸体薄片和扫描电镜观察，研究区储层中不稳定组分的溶解现象比较普遍，主要表现为长石、岩屑、云母等矿物颗粒的溶蚀作用和杂基、碳酸盐胶结物的溶蚀作用。溶蚀的成因应多为有机酸的溶蚀，靠近生油洼陷，溶蚀作用更加强烈，这些溶蚀作用分别形成颗粒溶孔、铸模孔、粒间溶孔等大量的次生孔隙，使储层的物性得到较大的改善。

岩屑的溶蚀主要是对岩屑内不稳定矿物选择性溶解，形成颗粒内溶孔，颗粒全部被溶解形成铸模孔；长石的溶蚀通常沿解理或双晶面以及破碎面，选择性溶解而成，形成粒内条状、蜂窝状、窗格状溶孔及铸模孔；填隙物、胶结物溶蚀主要是早期物质被新来溶液溶解而形成溶孔。此类孔隙在研究区较为发育，对储层有效孔隙贡献大。

（二）油气赋存状态

由于后河特殊岩石类型，即母岩为中性火成岩正常沉积的火山岩屑砂岩，中性岩屑塑形强，易被压实，原生孔隙保留差，主要为次生溶孔。通过铸体薄片及孔隙定量分析可以发现，位于扇三角洲前缘的砂体发育少量的残余原生粒间孔，扇三角洲前缘远端（如河21井）原生粒间孔不发育，以溶蚀孔隙和微孔为主；整体上该区溶蚀孔隙普遍达75%以上（表2-6-4）。

表2-6-4 后河地区孔隙类型定量统计表

井名	数量/块	孔隙度/%	面孔率/%	原生粒间孔/%	粒间溶孔/%	铸模孔/%	（颗粒内溶孔＋微孔）/%
河平1导	16	7.9~21.0	7.0~17.0	1.0~5.0	2.0~5.0	1.0~5.0	6.0~14.0
河24	13	7.0~14.7	0.6~6.7	0~2.0	0~1.5	0~1.2	6.2~11.4
河19	34	7.0~16.0	0.5~4.5	0~1.5	0~1.3	0~1.5	5.0~16.0
河21	8	16.1~19.6	0.7~6.1	0	0	0.7~6.1	10.0~18.1
平均值		14.5	3.6	1.0	0.9	1.7	11.0

在岩石孔隙类型及成岩演化分析基础上，结合含油性观测发现，后河地区九佛堂组扇三角洲前缘碎屑溶蚀孔隙发育，油质沥青浸染强烈，显黄色荧光，说明该区碎屑岩颗粒内赋存大量油（图2-6-40和图2-6-41）。而远端与泥岩交互沉积的粉砂岩、碳酸盐岩等细粒级沉积岩，由于泥质生烃排出有机酸，其粉砂岩、碳酸盐等溶蚀更加强烈，发育大量溶蚀孔隙，泥岩中生成油气就近运移，因此，该细粒级沉积岩含油性较好（图2-6-42和图2-6-43）。

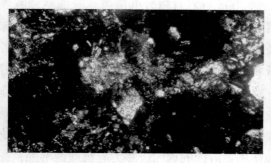 

图2-6-40　碎屑沥青浸染强烈，褐黄色粒间分布油质沥青，淡蓝色（含碳酸盐细—中粒长石岩屑砂岩，
河平1导井，2002.48m，左正交偏光100×，右荧光100×）

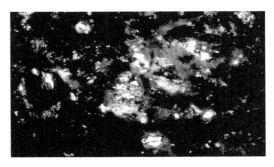

图 2-6-41　长石颗粒溶孔含油，亮黄色荧光（碳酸盐质不等粒长石岩屑砂岩，河 24 井，2131.1m，
左正交偏光 100×，右荧光 100×）

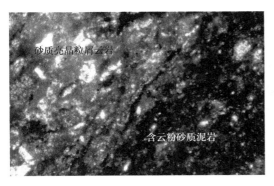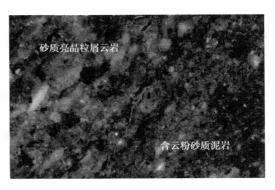

图 2-6-42　含云粉砂质泥岩生油向砂质亮晶粒屑云岩运移（河 21 井，1632.5m，
左正交偏光 100×，右荧光 100×）

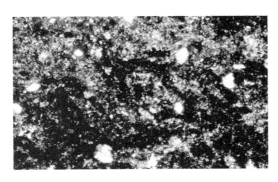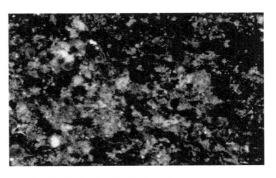

图 2-6-43　有机质泥条具生油特征含富有机质泥条砂质亮晶粒屑云岩（河 21 井，1632.1m，
左正交偏光 100×，右荧光 100×）

通过岩心及微观下观察，位于扇三角洲前缘的砂体具有如下特征：砂质砾岩为部分油浸、油斑；中砂岩以含油、油浸为主；细砂岩以含油、油浸为主；不等粒砂岩部分为含油、油浸为主，次为油斑；部分为无油、油迹；粉砂岩以无油为主，少量油迹（图 2-6-44），因此，此微相砂体的含油性下限粒度为细砂以上。而位于扇三角洲前缘远端的粉砂岩及碳

酸盐岩等细粒级沉积岩含油级别也在油斑以上，为致密油气储层。

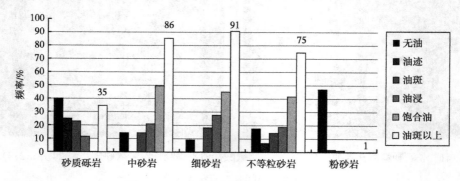

图 2-6-44　不同岩性含油性分布直方图

参 考 文 献

[1] 李琪.普通岩心分析技术 [M].北京：石油工业出版社，1993.

[2] 许怀先，陈丽华，万玉金，等.石油地质实验测试技术与应用 [M].北京：石油工业出版社，2001.

[3] 高瑞祺，孔庆云，辛国强，等.石油地质实验手册 [M].哈尔滨：黑龙江科学技术出版社，1992.

[4] 陈振岩，陈永生，郭彦民，等.大民屯凹陷精细勘探实践与认识 [M].北京：石油工业出版社，2007.

[5] 李晓光，郭彦民，蔡国刚，等.大民屯凹陷隐蔽型潜山成藏条件与勘探 [J].石油勘探与开发，2007，34（2）：135-141.

[6] 管守锐，赵澂林.岩浆岩及变质岩简明教程 [M].东营：石油大学出版社，1991.

[7] 谭延栋，廖明书，等.测井解释基础与数据采集 [M].北京：石油工业出版社，1992.

[8] 王人镜.岩石化学 [R].武汉地质学院岩石教研室，1984.

[9] 吴福元，杨进辉，柳小明.辽东半岛中生代花岗质岩浆作用的年代学格架 [J].高校地质学报，2005，11（3）：305-307.

[10] 赵澂林，刘孟慧，胡爱梅，等.特殊油气储层 [M].北京：石油工业出版社，1996.

[11] 黄振凯，陈建平，王义军，等.利用气体吸附法和压汞法研究烃源岩孔隙分布特征 [J].地质论评，2013，59（3）：588-592.

[12] 罗顺社，魏炜，魏新善等.致密砂岩储层微观结构表征及发展趋势 [J].石油天然气学报（江汉石油学院学报），2013，35（9）：6-10.

[13] 李晓光，陈振岩.辽河坳陷古近系碎屑岩储层孔隙演化特征探讨 [J].古地理学报：2006，8（2）：251-258.

[14] 鞠俊成，周鹰，于天才，等.辽河断陷盆地西部凹陷南部地区深层储层特征 [J].特种油气藏，2002，9（2）：20-22.

[15] 孙洪斌，张凤莲.辽河断陷西部凹陷古近系砂岩储层 [J].古地理学报，2002，4（3）：273.

第三章　储层流体特性测试技术

针对辽河油田稠油、高凝油等原油的油品特点及生产特征，实验人员开展了原油、油田水、天然气（伴生气）等流体分析实验，为油田勘探开发技术提供了基础参数，满足了油田勘探开发及安全生产等领域的需求。本章重点介绍原油物性、原油流变性、原油高压物性、油田水质以及油田伴生气的分析方法。

第一节　原油物性实验分析技术

原油是一种多组分的复杂体系，不同地质年代、不同沉积环境下形成的原油，其物理化学性质千差万别。原油物理性质是其化学组成的客观反映，因此综合分析其各项物理参数的变化规律，加以数学分析，参照地质构造情况或油田实际开发情况为油气田的勘探开发提供技术支持。

一、常规原油物性分析技术

原油物性参数主要包括：黏度、密度、凝固点、含水、胶质、沥青质含量、析蜡温度等。

（一）原油水含量分析

原油水含量的测定采用蒸馏法。测量仪器主要为蒸馏器，该仪器由玻璃蒸馏烧瓶、直管冷凝器、有刻度的玻璃接收器组成。蒸馏烧瓶使用配有标准磨口的玻璃制 1000mL 圆底烧瓶，它装有一个经检定合格的 5mL 的接收器，接收器最小刻度为 0.05mL。接收器上装有一个 400mm 长的直管冷凝管，其顶上装有一个带干燥剂的干燥管（防止空气中的水分进入），另外还有加热器。对油样进行水含量的预期估计，根据水含量的不同，称取不同质量的样品装在蒸馏器中，并加入足够的有机溶剂，使其总体积达到 400mL。加入沸石，然后加热蒸馏，直至无水，读出接收器中水的体积或读出油的体积。得到水的质量或总体积与油体积差值，即为水的体积，即可计算出原油中含水量。

（二）原油凝固点分析

在一定的实验条件下，原油冷却至某一临界温度，当试管倾斜 45° 时，液面经一分钟观察仍不流动，这个温度叫该原油的凝固点。凝固点是原油的一项物性参数，凝固点越高，含蜡越多。凝固点测定在原油的开采、运输、评价油质上具有重要作用。一般规定：

凝固点在 0~9℃ 为凝析油；20~35℃ 为轻质油；35~47℃ 为重质油。凝固点测定仪器主要包括：半导体凝点测定器、恒温水浴、水银温度计及液体温度计、圆底试管及圆底玻璃套管。进行凝固点测定时，首先从水浴中取出装有试样和温度计的试管，擦干外壁，用软木塞将试管牢固地装在圆底玻璃套管中，试管外壁与套管内壁要处处距离相等。装好的仪器要垂直地固定在支架的夹子上，并放在室温中静置，直至试管中的试样冷却到 35℃ ±5℃ 为止，然后将这套仪器浸在装好冷却剂的容器中，冷却剂的温度要比试样的预期凝固点低 7~8℃，试管（外套管）浸入冷却剂的深度应不少于 70mm。冷却试样时，冷却剂的温度必须准确到 ±1℃，当试样温度冷却到预期的凝点时，将浸在冷却剂中的仪器倾斜成为 45° 角，并将这样的倾斜状态保持 1min，但仪器的试样部分仍要浸没在冷却剂中。此后，从冷却剂中小心取出仪器，迅速地用工业乙醇擦拭套管外壁，垂直放置仪器并透过套管观察试管里面的液面是否有过移动的迹象。测定低于 0℃ 的凝点时，试验前应在套管底部注入无水乙醇 1~2mL。当液面位置有移动时，从套管中取出试管，并将试管重新预热至试样温度达 50℃ ±1℃，然后用比上次试验温度低 4℃ 或更低一些的温度重新进行测定，直至某实验温度能使液面位置停止移动为止。试验温度低于 −20℃ 时，重新测定前应将装有试样和温度计的试管放在室温中，待试样温度升到 −20℃ 时，才将试管浸在水浴中加热。当液面的位置没有移动时，从套管中取出试管，并将试管重新预热至试样温度达 50℃ ±1℃，然后用比上次试验温度高 4℃ 或更高一些的温度重新进行测定，直至某试验温度能使液面位置有了移动为止。找出凝固点的温度范围（液面位置从移动到不移动或从不移动到移动的温度范围）之后，就采用比移动的温度低 2℃，或采用比不移动的温度高 2℃，重新进行试验。如此重复试验，直至确定某试验温度能使试样的液面停留不动而提高 2℃ 又能使液面移动时，就取液面不动的温度，作为试样的凝固点。凝固点必须重复测定，同一操作者，重复测定的两个结果之差不应超过 2℃；由两个实验室测定的两个结果之差不应超过 4℃。

（三）原油密度分析—数字密度计法

密度是表征石油性质的基本物理指标之一，直接决定石油炼制的加工深度和工艺路线选择，更是判定原油质量、定价和交易量的一个决定性因素。对于在室温下可流动的原油我们采用数字密度计法进行测定。数字密度计法的原理是采用 U 形震荡管原理，即利用一块儿磁铁固定在 U 形玻璃管儿上由振荡器使其产生振动，玻璃管儿的振荡周期将被振动传感器测量到，每一个 U 形都有其特征频率或按固有频率振动，当玻璃管内充满物体后其频率会发生变化，不同的物质频率变化会有所不同，其频率为管内填充物质质量的函数，当物质的质量增加时其频率会降低，即振动周期 T 增加。测量时选择某些物质作为标准物质，测量频率后通过被测物质与标准物质之间振荡频率的差值计算出被测物质的密度值。数字密度计设定好温度及操作条件，用仪器配备的取样器抽取适量样品注入 U 形管内恒温 10~20min，待显示值稳定后读取数据。数字密度计其自动化程度高，取样量少，测量准确度高，重复性好，快速简便，可有效减少人为操作因素对测量结果的影响。

二、高凝油蜡含量、析蜡点及溶蜡点分析技术

（一）高凝油蜡含量

高凝油中油质含量较少，而蜡含量较多，按其极性强弱对硅胶、石油醚、乙醇具有选择吸附和选择脱附的特点，采用硅胶吸附法测定高凝油中蜡含量。

（1）称取已脱水高凝油样品 m_1，置于烧杯中，加入少量石油醚，用玻璃棒搅拌使之溶解，加入层析硅胶吸附，直到石油醚层无色为止。将吸附了原油的层析硅胶转移到底部垫有脱脂棉的滤纸袋中。

（2）分离蜡+油质。将石油醚 250~350mL 倒入脂肪抽提器的烧瓶中，在水浴上将脂肪抽提器的各部分连接好，接通冷却水，打开电热恒温水浴，温度保持在 90~98℃，连续抽提 8h，即可进行溶剂的回收，在烧瓶中获得蜡及油质。

（3）过滤油质并转移蜡。首先挥发掉溶盛蜡及油质溶液的烧瓶中的石油醚，再加入石油醚 17ml，待蜡+油质溶解后加入无水乙醇 35mL，充分摇匀后放在 6℃ ±0.5℃ 的冷却槽中静止 2h，然后在预先冷却好的放有滤纸的漏斗中过滤。将沉淀在滤纸上的蜡连同滤纸夹入另一漏斗中，用石油醚洗涤烧瓶直至洗净。洗液倒入放有滤纸的漏斗（下部接已称量过的三角瓶）中，再洗涤过滤滤纸，使蜡溶解在称量好的三角瓶中，直到滤液滴在洁净的玻璃板或滤纸上挥发后不留痕迹为止。

（4）蜡含量测定。将盛有蜡溶液的三角瓶放在红外线快速干燥箱中挥发掉溶剂，再移入 105~110℃ 电热恒温干燥箱中干燥 4h，取出后放入干燥器中冷却 30min 进行称量，重复干燥 30min 并称量，求得蜡质量 m_3。原油中蜡含量 X_2 按下式计算：$X_2=m_3/m_1×100\%$。

（二）高凝油析蜡点

析蜡点是表征原油析蜡过程的一个重要参数目前确定含蜡原油析蜡点的方法主要有旋转黏度计法、差示扫描量热（DSC）法和显微观察法。旋转黏度计法是在连续降温过程中，在固定剪切率下测定并记录绘制剪切应力，其转折点对应的温度即为原油的析蜡点。DSC 法是将原油试样加热至其析蜡点温度以上，再以一定速率降温，记录各温度点下的试样和参比物的差示热流，绘制原油析蜡差示扫描量热曲线（DSC 曲线），热流曲线开始偏离基线的转折点对应的温度即为原油的析蜡点。偏光显微镜观察法是以降温过程中在偏光显微镜观察下首次出现细小的亮点时所对应的温度作为原油的析蜡点。

从辽河油田沈 84—安 12 块高凝油区块为例，析蜡点是关系到注水开发的重点参数，为了能够真实地反映析蜡温度的可靠性，我们先后采取了三种石油行业标准方法开展测定，分别是旋转黏度计法、差示扫描热量法（DSC）和显微观察法。旋转黏度计法是在降温的过程里，在一定的剪切速率的条件下测定剪切应力与温度关系曲线，其转折点对应的温度为该原油的析蜡温度点。DSC 法是将原油样品加热至其析蜡温度以上，然后再以一定的降温速率，记录各温度点下的样品和参比物的差示热流，绘制原油析蜡差示扫描热量曲线（DSC）曲线，热流曲线开始偏离基线的转折点对应的温度就是该原油的析蜡温度。显

微镜法是在显微镜下观察原油在降温的过程中，首次出现小亮点时所对应的温度作为原油的析蜡温度。

表 3-1-1 为采用三种行业标准方法开展的原油析蜡点的测定，由此可以看出：旋转黏度计法与 DSC 法两种方法的析蜡温度基本吻合，析蜡点相差在 0.18~2.70℃ 之间，而显微镜法所测定的析蜡温度与其他两种方法测得的析蜡点普遍相差为 0.99~7.4℃，平均相差 4℃ 以上，对于上述的三种方法的准确性来看，有不同的观点，李鸿英等认为 DSC 法测定原油的析蜡点具有简便、耗样少、再现性好的特点，DSC 法直接测量油样能量的变化，测量参数全部由计算机控制，在试验过程中可以基本上消除了人为因素，数据可靠。采用旋转黏度计法测定的析蜡温度，数据与 DSC 法测得的值基本一致，数据可靠真实、重复性较好，只是在后期的数据处理上存在着人为因素，以及不适用于析蜡速率较慢、含蜡量少原油。而显微镜观察法按照 SY/T 0521—2008《原油析蜡点测定 显微观测法》所规定标准在实际操作中因人而异，主要是放大倍数、热处理、载玻片质量在标准中没有规定，以及人主观性等因素对结果的影响较大。因而显微镜观察法得到的数值误差较大，其结果与真值相差较大。而采用旋转黏度计法、差示扫描热量法（DSC）法的数据大多数误差较小可作为沈 84—安 12 块的析蜡温度是可信的。

表 3-1-1　沈 84—安 12 块不同测定方法析蜡点数据表

井号	析蜡点 /℃		
	旋转黏度计法	DSC 法	显微镜观察法
静 62-10	65.5	64.33	60.3
静 64-18	62.4	61.78	59.2
静 65-10	63.6	61.82	60.8
静 67-51C	68.0	69.40	62.5
静 68-540	68.2	70.90	63.5
静 68-558	64.3	64.48	62.3
静 69-65	51.6	52.43	49.6
静 69-361	64.9	56.33	61.5
静 71-133	65.3	69.69	64.3
静 71-553	68.6	69.64	62.3
静气 2	59.7	59.79	58.8

（三）高凝油溶蜡点

原油溶蜡点是指原油在升温过程中蜡晶全部溶解的最低温度，其数值通常高于原油的析蜡点。原油在温度降至析蜡点时开始有蜡晶析出，这时析出的蜡晶的主要成分是高分子量的石蜡，随着温度的降低则有低分子量的石蜡析出。蜡晶析出后再将原油加热至析蜡点，一般情况还会有一部分蜡晶残存，这部分蜡晶需要在某一更高的温度下才能完全溶解，蜡晶全部溶解的最低温度即原油的溶蜡点。大量试验数据表明，对原油进行热处理或加降凝剂改善其低温流动性时，要得到好的处理效果就必须将原油加热至溶蜡点以上将蜡晶全部溶解，因而用溶蜡点数据确定所需的最低加热温度比用析蜡点数据更准确可靠。溶蜡点也可以用旋转黏度计法测定，其原理同旋转黏度计法测定原油析蜡点的原理相似，根据原油中蜡晶刚好全部溶解时原油半对数黏温曲线出现折点来确定原油的溶蜡点。

三、稠油密度及胶质 + 沥青质含量分析

密度是单位体积内所含物质的质量，其单位为 g/cm^3。$20℃$ 密度被规定为石油和液体石油产品的标准密度，以 ρ_{20} 表示。

（一）稠油密度分析（比重瓶法）

首先进行比重瓶 $20℃$ 水值的测定：将仔细洗涤、干燥好并冷至室温的比重瓶称准至 $0.0002g$，得到空比重瓶质量 m_1。用注射器将新煮沸并经冷却至 $18\sim20℃$ 的蒸馏水装满至比重瓶顶端，加上塞子，然后放入 $20℃ \pm 0.1℃$ 的恒温水浴中，但不要浸没比重瓶或毛细管上端。将上述装有蒸馏水的比重瓶在恒温水浴中至少保持 $30min$，待温度达到平衡，没有气泡，液面不再变动时，将过剩的水用滤纸吸去。对磨口塞比重瓶，擦去标线以上部分的试样后，盖上磨口塞。取出比重瓶，仔细用绸布将比重瓶外部擦干，称准至 $0.0001g$。得到装有水的比重瓶质量 m_2。比重瓶的 $20℃$ 水值 $m_{20} = m_2-m_1$。比重瓶的水值应测定 $3\sim5$ 次取其算术平均值作为该比重瓶的水值。根据使用频繁情况，一定时期后应重新测定比重瓶水值。

测定原油试样密度：将脱水原油试样用注射器小心地装入已确定水值的比重瓶中，加上塞子，比重瓶进入恒温浴直到顶部，注意不要浸没比重瓶塞或毛细管上端，在浴中恒温时间不得少于 $20min$，待温度达到平衡，没有气泡，试样表面不再变动时，将毛细管顶部（或毛细管中）过剩的试样用滤纸（或注射器）吸去，对磨口塞型比重瓶盖上磨口塞，取出比重瓶，仔细擦干其外部并称准至 $0.0001g$ 获得装有试样的比重瓶质量 m_3。则，液体试样 $20℃$ 的密度 ρ_{20}，按式 $\rho_{20} = (m_3-m_1) \times (0.99820-0.0012)m_{20}+0.0012$ 计算得出。

（二）稠油胶质 + 沥青质含量分析

稠油中油质含量较少，而蜡、胶质 + 沥青质含量较多，采用硅胶吸附法测定稠油胶质 + 沥青质含量。

（1）称取已脱水稠油样品 m_1 克，置于烧杯中，加入少量石油醚，用玻璃棒搅拌使之溶解，加入层析硅胶吸附，直到石油醚层无色为止。

（2）分离胶质 + 沥青质。取脂肪抽提器的烧瓶倒入 $250\sim350mL$ 的 1:3 乙醇石油醚混

合液，继续抽提滤纸袋中的层析硅胶 8h，即可进行溶剂回收。烧瓶中的残留物，用定量滤纸过滤于已恒量好的 100mL 三角瓶中，用三氯甲烷洗涤烧瓶和滤纸，直到滤液滴到白色滤纸上不留痕迹为止。

（3）胶质＋沥青质的含量测定。将装有含胶质＋沥青质溶液的三角瓶放在红外线干燥箱中挥发掉溶剂，再移放到 105~110℃ 电热恒温干燥箱中干燥 4h。取出后放入干燥器中冷却 30min 进行称量，重复恒温干燥 30min 并称量，求得胶质＋沥青质质量 m_2。试样的胶质＋沥青质含量 x_1 按下式计算：$x_1=m_2/m_1×100\%$。

四、微量原油物性快速分析技术

当一束具有连续波长的红外光照射到某一物质时，该物质分子中的原子或原子团振动的偶极矩发生变化，产生共振从而吸收一部分光能，将其透过的光通过检测器检测即得到红外吸收光谱。

化学计量学是一门通过统计学或数学方法将对化学体系的测量值与体系的状态之间建立联系的学科。

采集样品集、校正集原油的红外光谱数据并检测原油的各项物理参数。通过化学计量学方法建立红外光谱与黏度、密度、蜡含量、胶质＋沥青质含量模型并评价、验证。采集未知原油样品的红外光谱数据，利用已建成的模型预测原油黏度、密度、蜡含量、胶质＋沥青质含量数据，输出报告。基于化学计量的原油组分检测流程如图 3-1-1 所示。

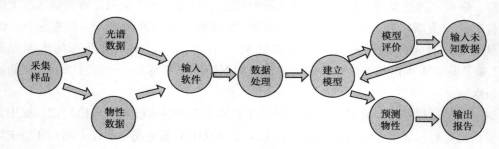

图 3-1-1　红外光谱法测定原油物性建模流程

可以满足化学计量学的软件应具备光谱库建立、光谱预处理、多元校正模型建立、模型验证、模型预测等功能。

红外光谱仪技术参数：光谱分辨率：8cm^{-1} 或更高（数值更低）；数据点间隔分辨率：4cm^{-1} 或更高（数值更低）；光谱范围：400~4000cm^{-1}；光谱形式：吸光度与波数的函数。

按照分层抽样原则将样品按原油分为稀油、高凝油、普通稠油、特稠油、超稠油。建模集样品每类至少选取 200 个。按 GB/T 8929—2006《原油水含量的测定　蒸馏法》的规定测定水含量，当样品水含量大于 0.5% 时，则应先按照 SY/T 6520—2014《原油脱水试验方法　压力釜法》的规定进行脱水。将样品加热至 50~55℃（特殊样品应适当提高加热温度，以确保样品流动），搅拌使样品均匀。采集 400~4000 cm^{-1} 范围内空气的红外光谱图，采集次数 64 次。为保证采集状态稳定，空气湿度不大于 70%，温度 20~25℃。采集建模集、评价集、验证集样品 400~4000 cm^{-1} 范围内样品红外光谱图，采集次数 64 次。参照相应的标准测定建模集需要的黏度、密度、蜡含量、胶质 + 沥青质含量等数据。

光谱预处理，将建模集、评价集样品的红外光谱数据以波数对应吸光度的函数表示，数据转换为建模软件适用的数据格式。将建模集的原油物性数据与光谱数据导入软件并一一对应。采用均值中心化对光谱数据进行预处理，增强光谱间差异性。采用多元非线性回归方程建立模型。

将评价集样品红外光谱数据导入已建成模型，输出样品预测数据。应用测定的实验数据与软件导出的预测数据，计算相关系数（R），评价模型的可靠性。将验证集样品红外光谱数据导入已建成模型，输出原油物性。待测样品密度应在建模集样品密度范围内。按照采集样品红外光谱数据，导入已建成模型，输出未知原油样品物性

第二节 原油流变性实验分析技术

在原油开采、储运过程中原油的流变性是一个很重要的基本性质，通过研究原油流变性特征及其影响因素才能采取相应的措施来改善原油的流变性，提高原油的采收率以及管输原油的经济性。

一、原油黏温曲线分析

原油黏度是指原油在流动时其内摩擦力的大小，是评价原油流动性能的重要指标。它对石油在多孔介质内的渗流过程有很大的影响。油井的产量、油藏的开采时间、采收率以及其他决定采油过程经济效果的油田开发指标，在很大程度上都与原油黏度有关。黏度分为动力黏度和运动黏度，在油藏工程中常用动力黏度。目前，黏度的测定方法比较多，有普通毛细管黏度计、给压毛细管黏度计、旋转黏度计、落球黏度计等。一般来说，普通毛细管黏度计和落球黏度计只适合于牛顿流体，并不适合于非牛顿流体的测量。稠油黏度与流变性的测量主要采用流变仪和高压毛细管渗流流变实验装置。流变仪是目前普遍使用的一种流变（黏度）测试仪器，它既适用于牛顿流体，也适用于非牛顿流体，可直接测量试样的流变参数。流变仪（黏度计）可分为二大类，一是同心圆柱筒式，二是锥板 / 平行板式。稠油黏度的测定方法：SY/T 0520—2008《原油黏度测定 旋转黏度计平衡法》，目前用来测定原油黏度的主要是同心圆柱筒黏度计，它适用于所有可流动的原油，当要求同时测量样品的黏弹性时，可采用一些特殊的锥板黏度计（太稀的原油不适用）。

流体黏度与温度的关系曲线称为黏温曲线。稠油黏度对温度非常敏感，随温度升高而大幅降低，并且黏度越高，下降幅度越大，正是由于稠油升温降黏的敏感性，稠油热采才得以广泛采用。目前测定黏温曲线可采用 SY/T 7549—2000《原油黏温曲线的确定 旋转黏度计法》标准。由于稠油的黏度随温度的变化范围非常大，不能采用常规的等坐标作出黏度—温度曲线。通常适用于稠油特性的黏度—温度曲线采用两种方式：

（1）ASTMD41-4 标准坐标纸，简称 ASTM 标准坐标纸，这是国际上已推广使用的方法。

（2）双对数坐标纸，国际上前几年使用，现已逐渐减少。采用 ASTM 标准坐标纸的主要优点是，几乎所有稠油都出现平行的斜直线，便于外推及内插来求任意温度下的黏度值。

二、原油流变性特征分析

对任何一种流体，研究其流变特性前，必须首先要确定其流变模式和流变参数。目前，国内外非牛顿流体常用的流体流变模式主要有两参数、三参数和四参数等类型。最常用的是两参数流变模式，近些年来，三参数流变模式已在不断的发展和应用，初步显示了它的优越性，而四参数流变模式还在继续研究中。两参数流变模式中主要有宾汉（Bingham）模式、幂率模式（P-Law）、卡森模式（Casson）；三参数流变模式主要 Herschel-Bulkley（简称 H-B）模式、Robertson-Stiff（简称 R-S）模式、双曲模式、幂率与线性混合模式（简称 PL/Lin）；四参数流变模式主要包括多项式模式、Herschel-Bulkley/linear（简称 HB/lin）模式、Collins-Graves（Co-Gr）模式、Cross 模式、Hyperbolic（简称 Hyper）模式、Sisko 模式以及考虑温度和压力的流变模式等。

（一）流变曲线概述

流变曲线流体的流动特性可由流体的剪切应力与剪切速率的关系曲线的特征来确定，因此，将剪切应力与剪切速率的关系曲线称为流变曲线。如果某种流体的流变曲线是一条通过坐标原点的直线，那么这一流体称为牛顿流体。其流变特性遵从牛顿内摩擦力定律，即在外力作用时，剪切速率与剪切应力的响应成正比。牛顿流体的黏度大小等于流变曲线的斜率。在数学和物理学中，常把自变量作为横坐标，而把相应的因变量（或由自变量所得的结果）作为纵坐标。对于大部分黏度计，通常先确定剪切速率然后测定作为结果的剪切应力。在这里，剪切速率作为自变量，而剪切应力作为因变量，因此，流变曲线图中一般以剪切速率作为横坐标，而以剪切应力作为相应的纵坐标。值得提出的是，也有一些黏度计是先确定（或选定）剪切应力，然后再测定相应的剪切速率。牛顿流体以外的所有流体称为非牛顿流体。即剪切速率与剪切应力的响应是非线性的，或者当外力超过初始应力后，剪切速率与剪切应力的响应才成正比。非牛顿流体的流变特性十分复杂，种类也比较多。几种常见的非牛顿流体有塑性流体（宾汉流体）、假塑性流体、屈服假塑性流体、胀流型流体等。

（二）流变性的测定条件

黏性液体的流变测量主要是通过测定流动时的黏度来确定该液体的黏度及流变特性。描述液体阻抗流动的物理特性的黏度（或流变性）由 5 个主要因素决定：该物质的物理化学性质、温度、压力、剪切速率和剪切历史。只有在这些严格条件的范围内，测量出的数据才有效。黏度和流变性的测量必须满足的条件如下：

（1）层流：施加的剪切应力必须只产生层流。因为层流能够防止层间体积元交换。

（2）稳态流：按照牛顿内摩擦定律，施加的剪切应力与剪切速率有关联。剪切应力的意义在于刚好足够维持一个恒定的流速，加快或减慢流动速率均不能满足。

（3）样品必须均匀：此项要求也意味着样品对剪切所作出的反应必须完全均匀。若样品是分散物质或悬浮物质，则要求所有的组分（液滴或气泡）的大小与受剪切液层的厚度相比是非常小的。

测定过程中，样品无化学物理变化。

（三）流变曲线测定方法

应用旋转流变仪（黏度计）可直接测量不同条件下试样的剪切速率和剪切应力，将两值画关系曲线得到该条件下的流变曲线。利用流变模式对实验数据进行拟合，确定适当的流变方程及流变参数。

三、原油多相流体流变特征分析

通常原油流变曲线、黏温曲线采用旋转黏度法测量得出的，根据原油性质的差异可以搭配同轴圆筒、锥板、平板等不同的组件，但是该方法存在一些不足，一是只能开展原油单一相流体，无法开展油—气两相流体的测定，二是测量压力为常压、测量温度不超过100℃，这与原油在油藏中实际的流动状态存在较大差异。为了认识原油在高温、高压、两相状态下的流变特性，需要开展相关技术攻关与研究。

研究内容包含三个方面：（1）单一相原油与油—气两相流体在流变性的差异；（2）油—气两相流体在高温条件下的流变特性；（3）油—气两相流体在高压条件下的流变特性。

采用的仪器设备为 Mars Ⅲ 型流变仪。

多项流变模块：密闭系统（温度：室温至300℃；压力：常压至40MPa，用量：30mL）。

实验条件：原油单一相流体，温度50~250℃（温度连续采集），剪切速率为50s^{-1}、100s^{-1}、200s^{-1}、300s^{-1}。

油—气两相流体，温度50~250℃（温度50℃、100℃、150℃、200℃、250℃），压力分别为0.5MPa、1MPa、剪切速率分别为50s^{-1}、100s^{-1}、200s^{-1}、300s^{-1}。气体介质采用氮气。

不含水超稠油流变特征。为全面认识超稠油流变模式，首先研究不含水超稠原油的流变特性。杜229块井口产出液温度平均在80℃左右。因此分别在70℃、80℃、90℃温度下对脱水超稠油进行流变测量（图3-2-1和图3-2-2）。

通过数值回归，整理出不同温度下 $\tau-\gamma$ 关系。结果发现：不同温度下的剪切应力和剪切速率关系在直角坐标系上均为具有一定截距的直线。流变模式属于 Bingham 流体模式：$\tau=\tau_B+\mu_B\gamma$。需要一定的外力才能开始流动，当外力超过初始屈服应力之后，剪切速率与剪切应力之间响应才呈直线关系。

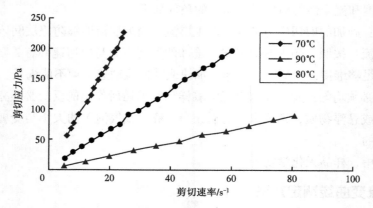

图 3-2-1　脱水超稠油在不同温度上的流变曲线

温度对超稠油的流变性有很大的影响，温度的升高破坏了原油中胶质、沥青质形成的结构所造成的屈服应力 τ_B，同时使分子热运动加剧，降低塑性黏度 μ_B。因此在宏观上表现为随着温度升高，视黏度变小，屈服应力值降低。

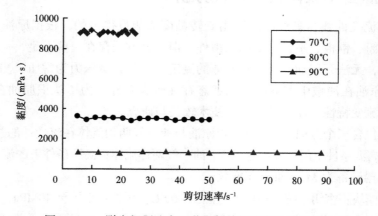

图 3-2-2　脱水超稠油表现黏度与剪切速率的关系曲线

含水超稠油流变特征。以目前现场实际产出液温度和含水率为依据，分别对辽河曙光油田杜 229 块的原油含水率为 40%、50%、60%、70% 的油水混合物在不同温度（70℃、80℃、90℃）下的流变特性进行了测试研究。

含水超稠油本构方程。通过对测试数据的分析处理可知，不同含水率超稠油的流变模式以假塑性流体模式为主，流变特性可由幂律本构方程来表示：

$$\tau = K\gamma^n \qquad\qquad (3-2-1)$$

式中　τ——剪切应力，Pa；

　　　γ——剪切速度，s^{-1}；

　　　K——稠度系数，$Pa \cdot s^n$；

　　　n——流变指数。

实测数据回归得出的相关系数（表 3-2-1），可见辽河杜 229 块含水超稠油流变特性与 幂律本构方程有较好的一致性。

表 3-2-1　不同含水率超稠油流变性与幂律本构方程的相关系数

温度 /℃	相关系数			
	含水率 40%	含水率 50%	含水率 60%	含水率 70%
70	0.9946	0.9941	0.9906	0.9878
80	0.9999	0.9991	0.9972	0.9753
90	0.9920	0.9991	0.9619	0.9623

水的存在改变了超稠油的流变模式：不含水原油为宾汉流体，而含水超稠油呈假塑性流 体模式，可见含水率是影响超稠油流变特性的一个重要因素。

（1）原油含水率与视黏度关系。图 3-2-3 和图 3-2-4 分别为 70℃ 和 90℃ 时不同剪切速率下混合物视黏度随含水率变化关系曲线。可以看出稠油在含水率为 50% 左右视黏度变化较大，此时含水稠油转相，即油水混合体系中连续相和分散相发生交替改变转相点以前的低含水 区是以油为外相（连续相），水为内相（分散相）W/O（油包水）型混合液，油水两相物性以油为主体随含水率进一步增加，油水两相界面作用增强，相间表面能增加，导致体系视黏度迅速上升，出现黏度异常在含水超过转相点后，形成水为外相，W/O 型乳状液为内相的（W/O/W）水包油包水型复杂的乳状悬浮液，此时水为连续相，视黏度迅速下降。

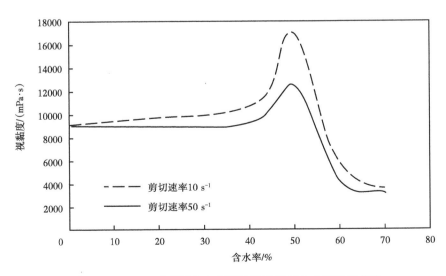

图 3-2-3　70℃时不同含水超稠油视黏度与含水率关系曲线

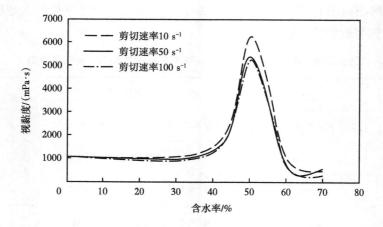

图 3-2-4 90℃时不同含水超稠油视黏度与含水率关系曲线

图 3-2-5 为不同含水率下超稠油的视黏度与温度关系曲线，可以看出在相同温度下，含水率超过转相临界值后，含水超稠油视黏度明显低于原油的视黏度，这是因为影响含水原油视黏度的主要原因是连续相黏度。低黏度的水作为水包油包水型混合液的连续外相，将大大降低含水超稠油在管道中的摩阻，从而降低流动压降损失，使超稠油管输的实现成为可能。

（2）含水超稠油视黏度与剪切速率和温度的关系。图 3-2-6 和图 3-2-7 分别为含水原油视黏度与剪切速率在不同温度下的变化关系曲线。可以看出，随着温度升高含水超稠油视黏度不断降低，且非常明显。在同一温度下剪切速率越大黏度越小，随着温度升高这种变化变小。

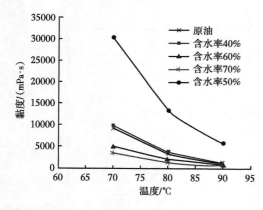

图 3-2-5 不同含水率下超稠油的视黏度
与温度关系曲线

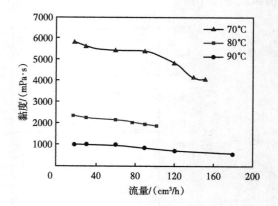

图 3-2-6 含水 40% 超稠油视黏度
与剪切速率的关系曲线

（3）流量与视黏度关系。从图 3-2-8 中可以看出，随着流量的增加含水超稠油视黏度均呈降低趋势。低温时由流量升高所引起的视黏度变化幅度较大，随着温度升高，视黏度受流量影响较小。

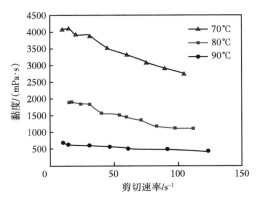

图 3-2-7 含水 70%超稠油视黏度
与剪切速率的关系曲线

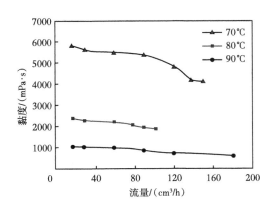

图 3-2-8 含水 60%超稠油流量
与黏度的关系曲线

四、管输原油流变特征分析技术

辽河油田丰富的稠油资源中，超稠油占了较大的比重。由于超稠油黏度大，流动性很差，管输难度很大。一直以来只能采取罐储车运的集输方式。使得管理、成本和集输成本都很高，成为超稠油开采与输送的一道瓶颈。因此，如何实现超稠油节能、安全地管道输送，是超稠油规模开采急需解决的一个技术课题。弄清事物的基本原理，是解决其技术问题的切入点。超稠油管输问题也一样，其关键在于认识超稠油流动的基本规律。基于此，我们结合辽河油田原油管输的实际情况，从以下 3 个方面进行探讨。

第一，研究超稠油本身的流动特性。众所周知，超稠油不能管输的原因是其流动性差。也就是说，解决超稠油管输难题的关键在于改善超稠油的流动性。为此，必须首先掌握其在管道中的流动特征。

第二，研究含水状态下超稠油的流动特征。超稠油主要采用注蒸汽方式开采，由于蒸汽的注入，产出液都是含水稠油。因而，随着蒸汽吞吐次数的增加，油层存水增多，或蒸汽驱时间的增长产出液的含水量也随之变化。水的存在使原油由单一相变成二相互不相溶的油水混合液，这种混合液在一定条件会呈现乳化状或悬浮状形式的油水两相流动，导致其流变行为的复杂性和压力梯度计算的差异性，使超稠油管输设计变得更加复杂。因此，为了实现超稠油管输，有必要弄清含水超稠油的流动特征。

第三，研究实施人工降黏措施下超稠油流动特征。首先考虑加热降黏。由于稠油特有的黏温特征，即稠油加热后黏度会下降，流动性变好，因此，从理论上讲，可以用加热的方法来改善超稠油的流动性，实现管输。然而，管输工作环境与热力采油不同，不可能将温度升高到热力采油的程度。只能将加热温度局限在可实现的范围内。这一点在我们的研究中是通过设计不同温度条件下的流动来实现。第二个考虑的问题是加入化学降黏剂。加入适当的表面活性剂等化学剂后可以改变油水的表面性质，减少内摩擦力，从而改善原油的流动性。因此，认识添加化学剂后超稠油体系的流动规律也是非常必要的。围绕辽河超稠油的开采与输送问题，近几年有关超稠油流变性研究逐渐开展起来。郭东红等从乳化降黏角度对超稠原油乳状液的流变性质、微观结构及燃烧特性进行了初步探讨。王凤岩等研究也表明辽河超稠油属于宾汉流体，提出当高于原油的拐点温度时，原油流动性明显变好。含水原油（含水率低于 20%）比不含水原油黏度高。针对超稠油含水问题，王为民等讨论了含水超稠原油的转相问题以及含水率、温度和剪切速率对含水原油流变性的影响，认为辽河油田含水超稠油的转相点为 18%。以上所有研究结果都是利用旋转黏度计测试得到的。

下面将利用特别设计的高温高压细管流变仪和稠油渗流流变特性分析技术，在不同温度条件下对杜 229 块不同含水率的超稠油样品进行流变测量，寻找适合的本构方程，旨在为超稠油输油管道中的流动计算提供可靠的基础数据。辽河曙光油田杜 229 区块是超稠油主力生产区块，原油黏度在地层温度 50℃ 下高达 105000mPa·s，密度为 0.9945g/cm³，主要采用蒸汽吞吐方式开采，产出液都是含水稠油，因此，以杜 229 区块的超稠油为实验样品对研究辽河油田超稠油管输问题具有较好的代表性。

（一）水平管输物理模型系统建立

牛顿流体和非牛顿流体在管道中的流动都可分为层流和紊流两种类型，是层流还是紊流由临界雷诺数来判断。不同的流态，有不同的压降计算公式，因此，首先要判断流态，才能进行压降计算。

1. 牛顿流体管输压降计算理论公式

$$Re = \frac{vD\rho}{u} \tag{3-2-2}$$

式中　Re——雷诺数；

　　　D——管子内径；

　　　v——平均流速；

　　　ρ——流体密度；

　　　μ——流体动力黏度。

$Re < 2320$ 为层流，$Re > 2320$ 为紊流。

1）层流压降计算

$$\Delta p = \frac{8Q\mu L}{\pi R^4} \tag{3-2-3}$$

式中　Δp——管中流体压降；

　　　Q——管中流体的流量；

　　　L——管子长度；

　　　R——管子半径。

2）紊流压降计算

其中水力摩阻系数 λ 随流体流动状态不同，计算其经验公式亦不同。

$$\Delta p = \Delta H_m^2 \rho \qquad (3-2-4)$$

（1）当 $2320 < Re \leqslant 10^4$ 流动属于过渡紊流：

$$\lambda = \frac{64(1-\gamma)}{Re} + \frac{0.3164\gamma}{\sqrt[4]{Re}} \qquad (3-2-5)$$

其中：$\gamma = 1 - \exp[-0.02(Re-2320)]$。

（2）当 $10^4 < Re \leqslant \dfrac{27}{1.143\varepsilon}$ 流动属于激烈紊流状态，处于水力光滑管段：

$$\lambda = \frac{0.3164}{\sqrt[4]{Re}} \qquad (3-2-6)$$

（3）当 $\dfrac{27}{1.143\varepsilon} < Re \leqslant \dfrac{500}{\varepsilon}$ 流动处于混合摩擦区：

$$v_{\mathrm{p}} = \frac{W_2 - W_1}{\rho_{\mathrm{w}}} \qquad (3-2-7)$$

（4）当 $Re \geqslant \dfrac{500}{\varepsilon}$ 流动处于阻力平方区（此时 λ 与流动速度无关）：

$$\lambda = 0.11\,\varepsilon^{0.25} \qquad (3-2-8)$$

2. 非牛顿流体管输压降计算理论公式

1）层流压降计算

管流的基本方程为：

$$\frac{8v}{D} = \frac{4}{\tau_{\mathrm{b}}^3} \int_0^{\tau_{\mathrm{b}}} \tau^2 \mathrm{f}(\tau)\mathrm{d}\tau \qquad (3-2-9)$$

式中　τ——剪切应力；

　　　τ_{b}——管壁处流体的剪切应力。

若已知流体的流变方程 $f(\tau)$，式（3-2-9）就可解，可以得出 $8v/D$ 与 τ_{b} 的关系式，从而可求得压降计算式。

$$t_{\mathrm{b}} = \frac{\Delta p D}{4L} \qquad (3-2-10)$$

2）紊流压降计算

压降计算通用公式为：

$$\Delta p = \lambda \frac{Lv^2}{D^2} \rho \qquad (3-2-11)$$

其中摩阻 λ 的计算有经验公式和半经验公式等方法求得。

（1）经验公式。Dodge— Metzner 根据所作实验，总结出假塑性幂律流体的紊流摩阻计算为：

$$\phi = \frac{v_\mathrm{p}}{v_\mathrm{b}} \times 100 \qquad\qquad (3-2-12)$$

$$Re = \frac{vD\rho}{u} \qquad\qquad (3-2-13)$$

由公式计算 Re 后，判断流态，再进行压差计算。

（2）半经验公式。Dodge—Metzner 按牛顿流体紊流压降计算公式的形式，对假塑性幂律流体导出半理论的紊流计算式：

$$\Delta p = \frac{8Q\mu L}{\pi R^4} \qquad\qquad (3-2-14)$$

$$f = \frac{\lambda}{4} \qquad\qquad (3-2-15)$$

由上述压降计算公式可知，要得到一定流态下圆管流动沿程压降，必须要获得以下参数：雷诺数（判断流态）——包括流速、管径、流体密度和动力黏度（由流变测定获得）；水力摩阻系数——依据流体流动类型和流动特征、流态；流变方程——不同流体、不同流动条件下的流变方程；黏温曲线、管程长度、管壁粗糙度、流体比热等。由此可知，管输压降计算，即超稠油管输条件的设计与超稠油的流变特征参数至关重要。

（二）实例分析

辽河曙光油田杜 229 块稠油属于超稠油，胶质和沥青质含量很高，黏度超高，加上井口产出液中含水，利用常规的旋转黏度计测试流体流变性的方法不再适合。而细管模型与管输流动方式相同，便于与管路比较，因此，为实现对含水超稠油流变行为的物理模拟，特别设计了适用于超稠油的高温高压细管模型。

该模型是以哈根—泊肃叶定律为理论基础，依据中高压毛细管法测原油流变性技术，以现场实际产液量为模拟流量，确定超稠油流动的剪切速率范围，从而确定细管模型尺寸，按不同剪切速率的需求设计不同的细管直径和长度系列。按现场实际生产条件，包括井口回压、产出液温度等为依据选择相应的超稠油流动模拟测试辅助设备，建立管路模型。通过测定不同条件下流体流动参数，确定流变模式计算特征参数，从而为评价影响超稠油管输实现的因素和技术界限提供基础数据。

剪切速率范围的确定。依据现场实际管输操作条件，从理论上计算管内原油流动剪切速率范围，为细管模型几何尺寸的设计提供基础依据。计算现场不同管径及流量条件下剪切速率见数据表 3-2-2。

细管模型管径的选择。针对室内常用的几种细管，根据室内试验常用高压泵的流速范围，利用哈根—泊肃叶公式计算剪切速率范围见表 3-2-3，对应现场实际选择合适管径。可见内径为 1mm 的两种管径（ϕ2mm × 0.5mm、ϕ3mm × 1mm）细管剪切速率太大不适用，其余 3 个管径较合适。

表 3-2-2　现场不同管径及流量条件下剪切速率数据

管径 / mm	代表管径 / mm×mm	最大流量 / m³/d	最小流量 / m³/d	最小剪切速率 / s⁻¹	最大剪切速率 / s⁻¹	经济输送能力 / m³/d	剪切速率范围 / s⁻¹
80	$\phi 89 \times 4$	600	100	23.03757	138.2254	450~800	103.67~184.30
100	$\phi 108 \times 4$	600	100	11.79523	70.77141	680~1200	80.21~141.54
125	$\phi 133 \times 5$	600	100	6.03916	36.23496	1030~1800	62.20~108.70
150	$\phi 159 \times 6$	600	100	3.494884	20.96931	1400~2600	48.93~90.87
200	$\phi 219 \times 7$	3900	500	7.37123	57.50177	2850~5600	42.02~82.57
250	$\phi 273 \times 7$	3900	500	3.77391	29.44091	4600~9000	34.72~67.94
300	$\phi 325 \times 7$	6100	1000	4.36925	26.64849	6500~13000	28.40~56.79

表 3-2-3　不同管径及流量下细管模型流动剪切速率

流量 / mL/min	剪切速率 / s⁻¹				
	$\phi 2mm \times 0.5mm$	$\phi 3mm \times 1mm$	$\phi 3mm \times 0.75mm$	$\phi 3mm \times 0.5mm$	$\phi 6mm \times 1mm$
1.0	169.8511	169.8511	50.32633	21.23142	2.653928
2.0	339.7028	339.7028	100.6527	42.46284	5.307856
3.0	509.5542	509.5542	150.979	63.69426	7.961748
4.0	679.4056	679.4056	201.3053	84.92568	10.61571
5.0	849.257	849.257	251.6317	106.1517	13.26964
6.0	1019.108	1019.108	301.958	127.3885	15.92357
7.0	1188.96	1188.96	352.2483	148.6199	18.5775
8.0	1358.811	1358.811	402.6106	169.8514	21.23142
9.0	1528.663	1528.663	452.937	191.0828	23.88535
10.0	1698.514	1698.514	503.2633	212.3142	26.53928

　　细管模型长度选择。模型长度对整个流动的影响主要表现为压力损失，模型长度与沿程压降成正比关系，长度越大，压降越大。流体的流动随管程的延长其流态展开越充分，要求长度越长越好。综合这两方面因素选定管长。

　　因此，分别对 5m 和 10m 两种长度的细管考察压降范围，依据现场实际最终确定管长。表 3-2-4 是现场管径及流量条件下的沿程压降计算数据。

　　结合实验室的实际情况，并满足对不同现场条件的模拟要求，确定细管的几何尺寸管径为 $\phi 3mm \times 0.75mm$、$\phi 3mm \times 0.5mm$、$\phi 6mm \times 1mm$ 三个系列，长度为 5m 的细管。

细管模型测试流程验证。选择不同黏度的润滑油，应用旋转黏度计对所建立的细管模型进行比对验证，验证结果见表 3-2-5。

通过表中的数据可以看出误差值为 −4.5%~−0.37%。两套仪器设备所测的黏度值，误差值不大于 ±5%，在允许误差范围之内。所以，细管模型是可靠的。

表 3-2-4　不同管径及流量下现场计算压力数据表

管径 / mm	代表管径 / mm×mm	最大流量 / m³/d	最小流量 / m³/d	经济输送能力 / m³/d	计算最小压差 / MPa	计算最大压差 / MPa
80	φ89×4	600	100	450~800	1.843005	11.05803
100	φ108×4	600	100	680~1200	0.754895	4.52937
125	φ133×5	600	100	1030~1800	0.309205	1.85523
150	φ159×6	600	100	1400~2600	0.149115	0.89469
200	φ219×7	3900	500	2850~5600	1.17952	9.200283
250	φ273×7	3900	500	4600~9000	0.483133	3.768436
300	φ325×7	6100	1000	6500~13000	2.842506	2.842506

表 3-2-5　旋转黏度计与细管模型测的黏度数据比对

温度 / ℃	流量 / cm³/h	压差 / MPa	黏度 / (mPa·s)		温度 / ℃	流量 / cm³/h	压差 / MPa	黏度 / (mPa·s)	
			细管模型	旋转黏度计				细管模型	旋转黏度计
40	60	1.300	3685.835	3759	60	60	7.420	21037.613	20235
40	180	4.040	3818.147	3759	70	60	6.410	18174.003	18530
40	300	6.900	3912.656	3759	70	120	13.70	19421.516	18530
60	60	0.990	2806.905	2689	90	60	4.750	13467.474	13720
90	60	0.604	1712.496	1653	90	120	9.900	14034.526	13720
90	180	1.690	1597.195	1653	90	180	15.20	14365.306	13720

高黏原油乳状液在管内流动常处于很低的雷诺数区域，它的黏度将对摩阻产生重要影响。经过计算，辽河曙光油田杜 229 块稠油管输中的广义雷诺数小于临界广义雷诺数，因此稠油在管道中的流态为层流。管输中的摩擦阻力损失主要由油水两相混合物的黏度引起。油水两相的黏度起主要作用，速度起次要作用。为实现降黏减阻，现场最常用的方法是靠热力降黏，但超稠油由于其组分的特殊性，单纯靠加热降黏也是有限的。前面研究结果已经表明在温度达到 90℃ 时，原油黏度仍然在 1000mPa·s 以上。对于含水超稠油而言，尽管油水两相黏度相差很大，但在实现由油包水型向以水包油型 为主的流体转相后，流体视黏度将比以原油值低得多，再辅以热力作用，这就是超稠油实现管输的基本出发点。但在具体设计时要考虑不同来源产出液含水的差异性，以及油水两相界面的不稳定性。所以，还应考虑添加一定的分子中亲水基团稍强于亲油基团的表面活性剂，以保证已形成的

水包油包水型乳状液的稳定性。

选取杜 229-53-31 井原油，使用 3‰ 浓度的降黏剂，在温度分别为 70℃、80℃ 和 90℃ 下，测定不同含水率下原油的流变性。

由测定结果可知：添加 3‰ 降黏剂后，不同含水率的原油在 70℃、80℃ 和 90℃ 下的流变曲线形态变化较大，其流变模式属于 Herschel-Bulkley（简称 H-B）模式，呈现出明显的假塑性流体模式。

添加降黏剂后超稠油流变性分析。从实验数据可以看出：含水原油添加降黏剂后，其流变模式以幂律假塑性为主，黏度随剪切速率的增加而减小，黏度均随温度的升高而降低。在相同的温度下，原油含水率越高，黏度越低。

原油添加降黏剂后能够形成水包油乳状液，并且形态比较稳定。随着温度的升高，剪切速率的增大，黏度下降很快，有降低流动阻力的作用。这是因为降黏剂溶液与稠油接触能使油水界面张力下降，在一定温度下经过搅拌，油便呈颗粒状分散在表面活性剂水溶液中，形成极粗的水包油型乳状液。活性剂分子吸附于油珠周围，形成定向的单分子保护膜，防止油珠重新聚合，从而使液流对管壁的摩擦压力减弱；二是由于表面活性剂水溶液的润湿作用，使液流流动阻力显著减少，即在管壁上吸附了一层表面活性剂水溶液的水膜，从而使原油和 管壁之间的摩擦变成表面活性剂水溶液与管壁之间的摩擦，达到流动阻力下降的目的。

第三节　原油高压物性测试技术

地层原油高压物性实验是用一种专门的取样工具直接从油层部位获取油样，并在保持地层压力和温度的条件下进行试验分析，从而得到地层条件下原油特性参数，主要包括：地层原油黏度、体积系数和溶解油气比等。同时针对辽河油田稠油、超稠油，其黏度高达几千毫帕·秒到上万毫帕·秒，创建了稠油油藏地层原油室内复配试验技术，在此基础上开展稠油油藏地层原油高压物性参数分析，为油田开发储量计算、动态分析渗流计算、工艺计算和数值模拟研究提供必要的参数。

原油 PVT 分析的重要条件是测定样品必须保持地层条件下的原始状态，因此，为保证测试样品的质量，分析样品一般需从井下油层部位获得。但由于稠油、超稠油的特殊物性，给 PVT 分析井下取样带来极大困难，经常造成取样不成功或者完全无法取样。稠油油藏和一般的油藏相同，伴随着石油总是存在着天然气，天然气可以溶解在石油中，或者以游离状态形成气顶。在油田的开采过程中，当地层原油压力降低到饱和压力时，石油中的溶解气会从原油中分离出来，亦即脱气过程。天然气在石油中的溶解与分离，是相反的两个过程。根据这一原理，可以在实验室模拟稠油油藏的地层条件，利用加压溶解原理，使天然气再溶入脱气的稠油中，保持地层压力和温度搅拌超过 24h 以上，使原油样品恢复到地层条件下的原始状态。该原理为解决稠油油藏取不到地层原油样品的问题提供了新途径，即在实验室通过人工配制的方法复配出代表地层原油物性的样品，进而获取 PVT 参数。

一、实验装置

原油高压物性分析的实验装置主要包括：

（1）现场取样、复配样装置。主要进行油田现场取油、气藏样品及高压深井取样，由深井取样器、高压油气容器、高压转样管线等组成。

（2）室内转样装置。现场取回油气样品转入室内试验分析装置，由稠油高压转样泵、恒温套、高压转样管线等组成。

（3）稠油高压复配样装置。进行稠油高温高压复配样品，包括稠油复配仪、高压电动泵等。

（4）稠油 PVT 分析仪。进行地层样品 PVT 分析测试，为 HB300/70 稠油 PVT 仪。

（5）稠油黏度测定装置。进行稠油地层状态下黏度测定，由稠油落球黏度计及毛细管黏度计组成。

（6）相态分析装置。进行稠油油藏油、气相态分析，主要采用 CP-3800 相态色谱仪。

二、样品获取方法

（一）现场取典型稠油井口油、气样品方法

在现场串联两至三支高压钢瓶中间容器，先将钢瓶清洗干净，并用真空泵抽空使其达到规定的真空状态；卸下井口油管压力表，利用管线与中间容器连接好，打开采油阀门，打开连接管线阀门，取得井口油气相，平衡后关闭中间容器阀门。并读取井口油管压力、套管压力、井口温度、大气压；最后检查高压钢瓶中间容器阀门，无渗漏，则取样工作结束（图 3-3-1）。

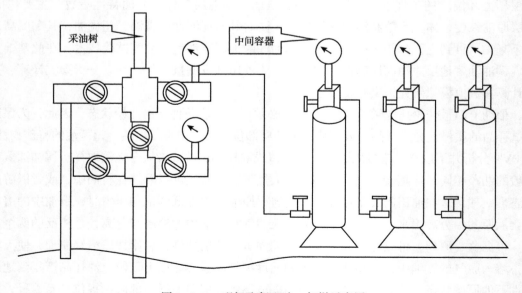

图 3-3-1　现场取复配油、气样示意图

（二）配样条件下气体偏差系数计算方法

气体偏差系数是为修正实际气体与理想气体的偏差而在理想气体状态方程中引进的乘数因子。其物理意义为：在规定的温度和压力条件下，任意质量的体积与该气体在相同条件下按理想气体定律计算出的体积之比，又称气体压缩因子。测定配样条件下的气体偏差系数的目的是将井口天然气极大程度地恢复到地层气状态。

$$Z_{\mathrm{P}} = \frac{p_{\mathrm{p}} V_{\mathrm{p}} T_1 Z_1}{T_{\mathrm{p}} p_1 V_1}$$

（3-3-1）

式中　Z_{P}——配样条件下气体偏差系数；

　　　p_{P}——配样压力，MPa；

　　　V_{P}——高压气体积，cm³；

　　　T_1——室温，K；

　　　p_1——试验时大气压力，MPa；

　　　V_1——室温、大气压下放出气体体积，cm³；

　　　T_{P}——配样温度，K；

　　　Z_1——室温、大气压下气体偏差系数（一般可近似取值等于1）。

（三）配样用油量、用气量计算方法

（1）配样用油量计算。

根据分析项目确定地层流体样品需要量，分离器条件下的油用量可近似地确定为地层流体样品需要量。

$$V_{\mathrm{op}} = V_{\mathrm{os}}[1 - C_{\mathrm{os}}(p_{\mathrm{p}} - p_{\mathrm{scp}})]$$

（3-3-2）

式中　V_{op}——配样压力下的分离器油用量，cm³；

　　　V_{os}——分离器油体积（由泵读数差经校正求出），cm³；

　　　C_{os}——分离器油压缩系数，1/MPa；

　　　p_{scp}——一级分离器压力，MPa。

（2）配样用气量计算。

$$V_{\mathrm{sg}} = \frac{p_0 V_{\mathrm{os}} GOR_{\mathrm{s}} T_{\mathrm{p}} Z_{\mathrm{p}}}{Z_0 T_0 p_{\mathrm{p}}}$$

（3-3-3）

式中　V_{sg}——配样条件下用气量，cm³；

　　　p_0——标准压力，0.101 MPa；

　　　GOR_{s}——配样条件下气油比，m³/t；

　　　Z_0——标准条件下气体偏差系数；

　　　T_0——标准温度，293.15K。

（四）配样质量检查方法

配制好的地层流体样品加热恒温 4h 以上，并稳定在地层压力。进行地层流体的单次脱气试验，即一次闪蒸到大气压力条件下，平行测试三次以上。配制地层流体与按气油比计算的地层流体中的组成含量相差不大于 3% 为合格，可以转入稠油 PVT 仪使用。

$$X_{fi} = \frac{(W_d / M_d) X_{di} + \left[p_1 V_1 / (RZ_1 T_1) \right] Y_{di}}{W_d / M_d + \left[p_1 V_1 / (RZ_1 T_1) \right]} \tag{3-3-4}$$

式中　X_{fi}——地层流体 i 组分摩尔分数；

　　　X_{di}——死油 i 组分摩尔分数；

　　　Y_{di}——单脱放出气 i 组分摩尔分数；

　　　W_d——死油质量，g；

　　　M_d——死油平均分子量；

　　　R——气体常数，J/（mol·K），数值为 8.3144J/（mol·K）。

三、样品配置方法

将原油注入容器中，向容器内注入足量的天然气，保持地层压力和温度搅拌超过 24h 以上。通过指示瓶观察排出多余气体，获得地层条件下的原油。在保持温度和压力的情况下向其内高压注入已知体积的过量非烃类气体，复配时间视原油性质而定。通过视窗的观察，最终排出并测量排出气体的体积。可获得初始油气比。复配时间视原油情况而定，稠油复配难度较大，气体的溶解与释放不稳定，平衡时间是稀油样品的数倍。经多次试验确定稠油样品注非烃类气体平衡时间不能少于 4 天。而稀油样品平衡时间一般为 2 天左右。最终根据压力及油、气体积的变化确定成功注入非烃类气体，最终获得室内试验用复配油。

四、稠油油藏 PVT 试验方法

将配制好的原油样品，经过多级降压实验过程直观地求出地层原油物性相应参数，主要包括：

饱和压力：地层原油在压力降低到开始脱气点的压力。

原始油气比：地层原始条件下，单位原油中所溶解的天然气量。

地层原油黏度：地层原油条件下测得的原油黏度。

地层原油密度：地层原油单位体积的质量。

溶解系数：单位原油每增加一个大气压所能溶解的天然气量。

压缩系数：单位原油每增加一个大气压时的体积变化系数。

体积系数：地层原油体积与地面脱气原油体积的变化系数。

收缩率：单位地层原油逸出天然气后在地面条件下收缩体积百分率。

稠油油藏高压物性试验与普通黑油高压物性的试验方法类同，也需通过单次脱气、多级脱气和分离试验等试验方法来求取上述系列参数。

（一）地层原油单次脱气试验方法

保持油气分离过程体系总组成恒定不变，将处于地层条件下的单相地层原油瞬间闪蒸到大气条件下，测量其体积和气液量变化。可获得油、气组分含量、单次脱气气油比、体积系数、地层油密度等参数。

（二）地层原油多次脱气试验方法

多次脱气试验是在地层温度下，将地层原油分级降压脱气、排走气相，不断改变体系总成，测量油、气各项性质随压力的变化关系。测得各级压力时的溶解气油比、饱和油体积系数、各级压力下原油密度、脱出气的相对密度等参数。根饱和压力的大小，脱气压力分为 6~12 级。其试验流程如图所示（图 3-3-2）。

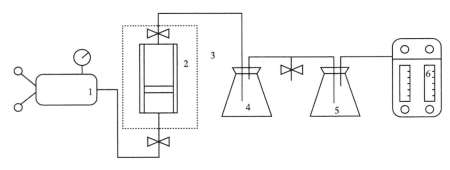

图 3-3-2 多次脱气试验流程图

1—高压计量泵；2—PVT 容器；3—恒温浴；4—分离瓶；5—气体指示瓶；6—气量计

（三）分离试验方法

分离试验的目的在于通过对不同分离条件下的气油比、油罐油密度和地层体积系数等参数，确定不同分离条件对原油回收率的影响，以选择最佳分离条件。通常规定两级分离，第一级分别试验四个分离压力，分离温度参照原油性质和油田分离器实际温度确定；第二级分离压力和温度均为大气条件（油罐条件）。

（四）原油黏度测定方法

地层原油黏度测定是指液相原油黏度的测定，使用带脱气室稠油高压黏度计，其工作原理是通过保温导线将原油转入黏度测试仪中，利用落球切割电磁感应线来计算时间，其与标准黏度油的落球时间成等比例关系。本项测定获得地层条件及一同饱和压力下的单相原油黏度数据。获得油藏气体密度、体积系数、气油比、地层油密度、黏度等重要的试验参数，其规律如图 3-3-3 所示。

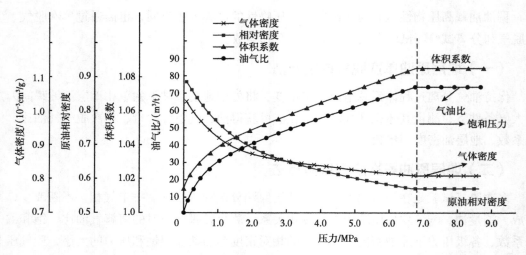

图 3-3-3　压力与气体密度、原油相对密度、体积系数、气油比、关系曲线

五、试验应用

通过原油物性实验可以看出，地层原油与地面原油的性质有很大差异，在油田开发和采油过程中，随压力温度的改变，油中的气体不断释出，地层油的性质也在不断变化，是油田开采动态分析、工艺计算等必要的参数和资料。

（1）压力与体积系数关系：饱和压力与体积系数成正比关系。当超过原始饱和压力界线，随压力增高体积系数略有减少。

（2）压力与气油比关系：饱和压力与气油比成正比关系，在原始饱和压力以上成直线关系。

（3）压力与原油密度关系：饱和压力与原油密度成反比关系，当超过原始饱和压力界线，随压力增高原油密度略有增加。

（4）压力与气体密度关系：饱和压力与气体密度成反比关系。这主要是由于轻质天然气蒸发压力高，所以饱和压力越高溶液在原油中的甲烷天然气越多，气体密度相应变小。

（5）压力与原油黏度关系：饱和压力与原油黏度成反比关系。在同一饱和压力下压力与原油黏度呈线性关系。

（6）不同气体对 PVT 参数影响。

不同气体有不同的特点和适应性。注哪一种、注多少气体合适要考虑很多因素，注气过程中的相态，注入气后流体的膨胀能力、密度、黏度、界面张力、混相压力的变化情况等是决定注气效果的主要指标。

不同气体对油藏相态特征影响规律。内因是事物变化的依据，外因则是事物变化的条件。地下油气藏是复杂的多组分烃类体系，其相图特征取决于体系的组成以及每一组分的性质，油气藏相态还取决于其所处的压力和温度。油藏烃类的化学组成是相态转化的内因，而压力和温度的变化是产生相态转化的外部条件。当油藏的原始温度、压力已知时，可根据相图临界点与油气藏原始条件点的相对位置关系，判断油气藏类型。

在空气对 PVT 参数影响规律试验的同时，收集并密封储存注入气体后的油、气样品。包括原始地层原油、注入空气后的地层原油、多级脱气试验过程中排出的气体以及试验结束后 PVT 容筒内剩余的地层原油。将收集的原油样品进行摩尔组分分析，并将排出气体用色谱仪进行组分分析。结合上述试验获得的 PVT 参数以及组分分析结果进行相态特征模拟，获得其相态图。得到原始条件下地层原油与注入空气后地层原油相态特征的变化。

注入空气后原油中重组分含量减少，轻组分含量增加。绘制原始油藏和注空气后油藏的相态特征图（图 3-3-4）。

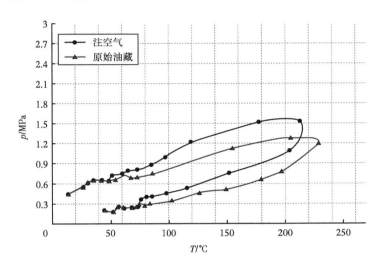

图 3-3-4　杜 66 井原始油藏和注空气后油藏的相态特征图

注空气后表现出的特征：其临界点向左移，当原油中组分比较接近时，两相区面积较大，某一组分的浓度很高时，两相区的区域狭长。原油注空气前后在地层条件下呈单一液相。当原油组分进一步变化，轻组分继续增加，重组分持续减少，使得地层条件点落入两相区时，则地层原油处于两相状态。由于气、液两相的重力分离作用，原始状态下油藏内部会有气体产生。之所以对原油相态产生上述程度的影响，主要是因为空气与原油发生了氧化反应，改变了原油组分，原油轻组分增加，重组分裂解，最终导致了原油相态特征的变化。

第四节　油田水水质实验分析技术

一、注入水水质分析评价技术

注入水水质是注水开发的低渗透油藏关键性因素，根据注水水质对储层损害机理的不同，可将其指标分为三大类：堵塞类、腐蚀类和综合类，共包括悬浮物、悬浮物颗粒直径中值、水中含油、硫酸盐还原菌、腐生菌、铁细菌、溶解氧及总铁。

本节对水质主要控制指标包括悬浮固体含量、悬浮物颗粒直径中值、含油量、铁细菌、腐生菌、硫酸盐还原菌的技术要求及分析方法进行介绍。

（一）注水样品采集要求

在采集注水系统的水样时应选取具有代表性的取样点，取样前应以 5~6L/min 的流速畅流 3min 后取样，溶解氧、硫化物、二价铁离子和总铁建议在现场及时测定，含油量分析取样时应该直接取样，不能用所取水样冲洗取样瓶。

（二）悬浮固体含量测定

通常是指在水中不溶解而又存在于水中不能通过过滤器的物质。悬浮物固体的组成包括泥沙、腐蚀产物及垢、细菌及胶质沥青类和石蜡等重质油类。在测定其含量时，由于所用的过滤器的孔径不同，对测定的结果影响很大。根据 SY/T 5329—2012《碎屑岩油藏注水水质指标及分析方法》规定的悬浮固体是指采用平均孔径为 0.45μm 的纤维素酯微孔膜过滤，经汽油或石油醚溶剂洗去原油，再经蒸馏水洗盐后，膜上不溶于油和水的物质。水样通过已称至恒重的滤膜，根据过滤水的体积和滤膜的增重计算水中悬浮固体的含量。

悬浮物含量是注入水中的一个重要控制指标，其危害有以下五个方面：在井筒表面形成滤饼；细小微粒进入地层，通过桥塞在内部形成滤饼，堵塞地层孔隙和喉道，入侵半径是流速、孔隙尺寸、喉道尺寸及微粒尺寸的函数；沉积在射孔孔眼内，局部堵塞水流通道；悬浮物在重力作用下，沉积在井底，造成产层厚度减小；悬浮物在注水管壁沉积，给细菌提供繁殖环境，悬浮物堵塞损害地层程度的大小直接与悬浮物浓度密切相关，是注水过程中主要的损害因素之一，是影响注水井吸水能力大小的重要指标。

（三）悬浮物颗粒粒径测定

悬浮物固体颗粒粒径是注水水质中的一个重要控制指标，在颗粒的粒径问题上，一般认为当颗粒中值小于喉道直径的 15%（即 1/7）时，颗粒能顺利通过喉道，不会造成伤害。可采用颗粒计数器或激光粒度仪进行检测，颗粒计数器适合于测试颗粒分布范围较窄的体系，如污水站外输水、精细过滤水、清水等。激光粒度仪适合于测试颗粒分布范围较宽或颗粒含量较多的体系，如采出液、污水站原水、含聚污水等。

（四）水中含油量测定

注入水中的油分产生的危害与悬浮固体类似，主要是堵塞地层，降低水的注入性。污水中含油量主要通过采用石油醚、汽油、三氯甲烷等有机溶剂在酸性条件下充分提取，消除污水中乳状液的影响，提取液的颜色深度与污水中的含油量浓度呈线性关系，用分光光度计法进行测定。如果含油量过高提取液的颜色过深，需要对提取液进行稀释后，再测定。

（五）细菌含量测定

硫酸盐还原菌是一类在缺氧条件下能将硫酸盐还原成硫化物的细菌。硫酸盐还原菌生长的 pH 值范围很广，一般 5.5~9.0，最佳为 7.0~7.5。硫酸盐还原菌 H_2S 含量增加的危害：水质明显恶化；设备、管道遭受严重腐蚀，而且还可能把杂质引入油品；腐蚀产物与水中成垢离子成垢造成堵塞；SRB 菌体聚集物引起地层堵塞。

腐生菌是"异养"型的细菌，在一定条件下，它们从有机物中得到能量，产生活性物质，与某些代谢产物累积沉淀可造成堵塞。腐生菌主要存在低矿化度含油污水处理系统中，以及含油污水与地面水或地下水混注系统中和开式污水处理的除油罐、缓冲罐及过滤罐中。腐生菌大量繁殖使其形成细菌膜，水中的悬浮物及肉眼可见物大为增加，从而堵塞注水系统及地层。

铁细菌一般生活在含氧少但溶有较多铁质和二氧化碳的弱酸性水中，在碱性条件下不易生长。它们能将细胞内所吸收的亚铁氧化为高铁，这种不溶性铁化合物排出菌体后就沉积下来，并在细菌周围形成大量棕色黏泥，从而引起管道堵塞，同时它们在铁管管壁上形成锈瘤细节，产生点蚀。

三种细菌的检测采用绝迹稀释法，即将欲测定水样用无菌注射器逐级注入测试瓶中进行接种稀释，送试验室培养。根据细菌瓶阳性反应和稀释的倍数，计算出细菌的数目。SRB 瓶中液体变黑或有黑色沉淀，即表示有硫酸盐还原菌。TGB 瓶中液体由红变黄或混浊即表示有腐生菌。铁细菌测试瓶出现棕红色沉淀即表示有铁细菌。

（六）溶解氧含量测定

溶解氧能引起严重的腐蚀，生成 Fe（OH）$_3$ 沉淀，堵塞储层。溶解氧含量的测定方法有碘量法和比色法，现场快速检测常采用比色法。水中的溶解氧与溶解氧检测管内试剂发生化学反应而显蓝色或红色，颜色的深浅与溶解氧含量成正比，显色后进行比色，测出水中溶解氧含量。

（七）硫化物含量测定

注入水中的硫化物（二价硫）含量的测定方法为亚甲基蓝分光光度法和真空检测管—电子比色法。水中的硫化物与硫化物检测管内的试剂发生化学反应而显色，颜色的深浅与硫化物含量成正比，显色后进行比色，测出水中硫化物含量。

（八）总铁含量测定

（1）磺基水杨酸比色法：在酸性介质中，水样中的二价铁离子用高锰酸钾或过氧化氢氧化，控制溶液的 pH 值（pH 值 =1.8~2.5），三价铁离子与磺基水杨酸反应生成紫色络合物，其颜色强度与三价铁离子的含量成正比，借此进行比色测定水中总铁含量。

（2）真空检测管—电子比色法：水中的铁与总铁检测管内的试剂发生化学反应而显色，颜色的深浅与总铁含量成正比，显色后进行比色测出水中总铁含量。

（九）二价铁含量测定

二价铁含量的测定方法有邻菲啰啉分光光度法和真空检测管—电子比色法，水中的亚铁与亚铁检测管内的试剂发生化学反应而显色，颜色的深浅与亚铁含量成正比，显色后进行比色测出水中亚铁含量。

二、地层水水质分析评价技术

在含油气沉积盆地的形成演化过程中，地下水是油气生成、运移、聚集的动力和载体，沉积体系中的烃源岩和油气总是与地下水相伴生。因此，研究沉积盆地油田水文地质对加深含油气沉积盆地地质规律的认识具有重要的意义。油田水分布及化学特征主要受沉积环境和构造演化控制，断裂活动的阶段性和继承性导致油田水分布及化学特征既有规律性又存在复杂性。根据油田水化学特征能够推断沉积环境和构造活动情况，从而预测烃类流体运移及保存情况。

油田水分类，比较实用的是使用传统的苏林分类法，苏林认为地层水的化学成分决定于一定的自然环境，因而他把地层水按化学成分分成四个自然环境的水型：（1）硫酸钠水型（Na_2SO_4）水型，代表大陆冲刷环境条件下形成的水，一般来说，此水型是环境封闭性差的反映，该环境不利于油气聚集和保存，为地面水。（2）碳酸氢钠（$NaHCO_3$）水型，代表大陆环境条件下形成的水型，在油田中分布很广，它的出现可作为含油良好的标志。（3）氯化镁（$MgCl_2$）水型，代表海洋环境条件下形成的水型，一般多存在于油、气田内部。（4）氯化钙（$CaCl_2$）水型，代表深层封闭构造环境下形成的水，它所代表的环境封闭性好，有利于油、气聚集和保存，是含油气良好的标志。这种分类是依据地层水中溶解盐类的不同组合，也就是按照水中离子之间的比例关系，将地层水分为四种类型，即：Na_2SO_4 型、$NaHCO_3$ 型、$MgCl_2$ 型、$CaCl_2$ 型。

地层水中所含离子的种类较多，其中含量较多的主要是下面的几种离子：

阳离子：Na^+、K^+、Ca^{2+}、Mg^{2+}、Ba^{2+}。

阴离子：Cl^-、SO_4^{2-}、HCO_3^-、CO_3^{2-}、OH^-。

目前对油田水的分析测定采用的是 SY/T 5523—2016《油气田水分析方法》中规定的方法。Cl^-应用硝酸银沉淀滴定法或离子色谱法测定其含量；CO_3^{2-}、HCO_3^-、OH^-应用盐酸标准溶液滴定；SO_4^{2-}应用重量法或离子色谱法测定。Ca^{2+}、Mg^{2+}、Ba^{2+}的含量应用络合滴定法或离子色谱法或原子吸收法测定；Na^+、K^+的含量根据溶液电中性原理，通过计算得出。各离子成分的含量常以重量表示，如每升毫克数（mg/L）。

（一）碳酸根、重碳酸根、氢氧根的测定原理

取水样 50mL 于三角瓶中，加 2~3 滴酚酞指示剂，若水样出现红色，用标准盐酸滴定至无色（pH 值 =8.3 左右），此时水样所含的氢氧化物完全与酸作用，碳酸盐变成重碳酸盐，消耗盐酸量为 V_1；再加 3~4 滴甲基橙指示剂，继续滴加盐酸至橙红色（pH 值 =4.4），此时水中重碳酸根全部中和，消耗盐酸量为 V_2。若加入酚酞后水样呈现无色，则直接滴

加甲基橙指示剂至水样呈黄色，再用盐酸标准溶液滴至橙红色为终点，由盐酸用量求出其含量。

（二）水中总硬度 Ca^{2+}、Mg^{2+} 的测定

水中总硬度的测定一般采用络合滴定法，用 EDTA 标准溶液直接滴定水中。

用 EDTA 滴定 Ca^{2+}、Mg^{2+} 总量时，一般是在 pH=10 的缓冲液中进行，用铬黑 T 作指示剂。滴定前，铬黑 T 与少量的 Ca^{2+}、Mg^{2+} 络合成酒红色络合物，绝大部分的 Ca^{2+}、Mg^{2+} 处于游离状态。随着 EDTA 的滴入，Ca^{2+}、Mg^{2+} 的络合物的条件稳定常数大于铬黑 T 与 Ca^{2+}、Mg^{2+} 络合物的条件常数，因此 EDTA 夺取铬黑 T 络合物中的金属离子，将铬黑 T 游离出来，溶液呈现游离铬黑的蓝色，指示滴定终点的到达。

（三）水中钙离子的测定原理

在碱性（pH 值 =12）溶液中，钙离子与钙试剂生成酒红色络合物，其不稳定常数大于钙与 EDTA 络合物的不稳定常数，如果用 EDTA 滴定钙，钙试剂则被取代出来，溶液由红转为钙试剂的蓝色，作为终点。当 pH 值 =12 时，镁离子生成氢氧化镁沉淀，不与 EDTA 作用。

（四）水中镁离子的测定原理

在 pH 值 =10 时，以铬黑 T 为指示剂，用 EDTA 滴定出钙镁总量，减去钙的含量，即可得镁的含量。

（五）水中硫酸根离子的测定原理

在酸性介质中，氯化钡与硫酸根作用生成硫酸钡沉淀，多余的钡在镁存在下加缓冲液（pH 值 =10），以铬黑 T 作指示剂，用 EDTA 标准溶液滴定至由葡萄红色变为纯蓝色，此时水样中原有的钙镁离子也被一同滴定，其所消耗的滴定剂可通过相同条件下滴定另一份未加沉淀剂的同体积的水样而扣除。为使滴定的终点清晰，应保证试样中含有一定量的镁离子，为此可用钡镁混合液作为沉淀剂。由通过空白试验而确定加入的钡镁离子所消耗的滴定剂体积，减去沉淀硫酸盐后剩余的钡镁离子所消耗的滴定剂体积，即可计算出消耗于沉淀硫酸根的钡离子，进而求出硫酸根的含量。

三、稠油污水水质分析评价技术

稠油油田的污水包括热采方式产出水、集输处理污水等。稠油产出污水具有含油量高，乳化严重，成分复杂，处理难度大等特点。稠油污水的处置途径有 3 种方法：一是深度处理后回用湿蒸汽发生器用于热采；二是在除油工艺基础上，增加生化处理，达标排放；三是处理合格后外输至邻近稀油区块用于注水。

在热力开采过程中，注入的热流体与储层内的矿物发生一系列的物理、化学作用，使得储层内的矿物发生溶解甚至生成新的矿物，无论是溶解出来的矿物还是新生成的矿

物，都会不同程度地溶解于注入的热流体内，伴随着油井的开采而进入地面处理系统；同时，在采油过程中，为了提高石油采收率会采用各种采油工艺措施，常常向油井注入各种化学剂，如降黏剂、乳化剂、调剖堵水剂、高温起泡剂、助排剂等等；在地面的油水分离和输送过程中，为了处理具有高矿化度、高碱、高含量有机物、悬浮物、高含硅的稠油污水也需要添加各种水处理剂。这些不同种类、不同成分的化学剂和采出液中携带的悬浮固体以及溶解矿物、新生成矿物一起成为水中的重要组成部分，最终导致水的化学成分极其复杂。

一般来讲，稠油热采污水都是由无机化合物和有机化合物两大部分组成。无机化合物主要包括 Na^+、K^+、Ca^{2+}、Mg^{2+}、Sr^{2+}、Fe^{2+}、SiO_2、Li^+、Mn^{2+}、NH_3、HCO^-_3、Cl^-、Br^-、NO^-_3、PO_4^{3-}、SO_4^{2-}、S^{2-} 等；有机化合物主要包括油和各类化学药剂。

在过去的几十年里，许多研究人员对稠油污水的无机组成进行了广泛的研究。例如，1991 年 Hugh J 和 Abercrombie 对加拿大 Alberta 地区 Cold Lake 油田 Leming 稠油污水的无机成分、pH、温度和挥发性脂肪酸（VFA）进行了系统的研究，结果表明稠油污水的温度较高（50~125℃），pH 偏碱性（6.94~9.15），各无机成分含量变化较大，Na^+ 为 816~3314mg/L，K^+ 为 43.6~173mg/L，Ca^{2+} 为 1.0~93.3mg/L，Mg^{2+} 为 0.28~6.04mg/L，Sr^{2+} 为 0.06~2.70mg/L，Fe^{2+} 为 0.07~0.62mg/L，SiO_2 为 40.3~288.2mg/L，Li^+ 为 1.86~6.28mg/L，Mn^{2+} 为 0.006~0.280mg/L，NH_3 为 0~33.0mg/L，HCO_3^- 为 204~2487mg/L，Cl^- 为 990~4798mg/L，Br^- 为 0~82.5mg/L，NO_3^- 为 0~20.6mg/L，PO_4^{3-} 为 0~27.3mg/L，SO_4^{2-} 为 0~147.5mg/L，S^{2-} 为 0~2.6mg/L。

有机化合物主要包括油及脂类。油通常以分散油和溶解油存在于稠油污水中。分散油包括细小的分散的油滴，悬浮在水中。而溶解或可溶性油是以溶解态存在于稠油污水中。溶解油的化学成分主要分为以下几类：脂肪烃、酚类、有机酸类和芳香烃。溶解油较难从水中去除，溶解油增加水中的 COD 和 BOD，并且溶解油中的单个不同的成分对环境的影响程度也不一样。

目前稠油开采过程中主要使用了以下化学药剂：降黏剂、清防蜡剂、破乳剂、阻垢剂、缓蚀剂和杀菌剂等。降黏剂的主要成分为表面活性剂，降黏效果越好，破乳越困难，脱水也就越困难。清防蜡剂的主要成分为甲苯、乙苯、邻二甲苯、间二甲苯、对二甲苯、乙二苯的混合物。破乳剂的主要成分为环氧乙烷、环氧丙烷和胺聚合物等。阻垢剂的主要成分为二亚乙基三胺和 1，5-亚戊基磷酸盐。缓蚀剂和杀菌剂的主要成分为季铵盐。

四、锅炉回注用水水质分析技术

稠油污水回用湿蒸汽发生器 SiO_2 水质指标研究表明：将稠油污水经深度处理后回用于热采湿蒸汽发生器是解决稠油污水处置问题的最佳方法之一，该方式极大地缓解了当前清水资源紧张的局面，又充分利用热采稠油含油污水温度高的特点，实现热能的综合利用和水资源的循环使用，极大地减少环境污染，具有显著的经济效益、环境效益和社会效益。稠油污水深度处理就是除油、除悬浮物、去除硬度、去除 SiO_2 等，目的就是使之达到进湿蒸汽发生器的水质标准。污水回用湿蒸汽发生器水质指标有溶解氧、总硬度、总铁、二氧化硅、悬浮物、总碱度、油和脂、TDS 和 pH 值等 9 项指标。

对于目前的深度处理工艺及技术，最具有争议的指标就是 SiO_2 的水质指标，我国的湿蒸汽发生器回用水质标准是采用美国及加拿大锅炉制造商提供的参数并参照清水水质标准制定的 SY/T 0097—2016《油田采出水用于注汽锅炉给水处理设计规范》，规定 SiO_2 的水质指标为小于 50mg/L，该规范更多的是考虑了保护设备和运行安全，而没有过多地考虑生产的实际状况。在实际生产运行中回用污水中去除 SiO_2 存在如下的问题：

成本较高，为（3~5 元）/t，此项费用占污水处理费用的 50%~80%；工艺技术复杂；对后续的过滤系统造成很大的影响；产生大量的污泥，给环境保护造成较大的压力。这些问题直接导致油田的生产运行成本增加，制约油田的可持续发展。我国与国外油田湿蒸汽发生器给水中对 SiO_2 含量的规定差异较大。

污水回用湿蒸汽发生器水质指标的研究就是通过建立一个模拟湿蒸汽发生器，用不同的水质通过模拟湿蒸汽发生器，进行炉管的结垢试验，并结合现场热注锅炉试验，以确定回用污水含硅指标的上限，对现有的水质标准进行校核和修正，提出适合辽河油田乃至我国各个油田稠油污水回用注汽锅炉的水质指标，以最大限度地降低稠油污水深度处理工艺投资。这一指标的确定对整个工程的设计和优化、现场操作和运行成本的控制都具有深远的影响和指导意义。

（1）基础用水采用辽河油田某联合站深度处理回用污水，试验过程中依据来水的分析结果，通过计算应用添加分析纯试剂 $Na_2SiO_3 \cdot 9H_2O$ 的方法，使得试验模拟水中二氧化硅的含量达到规定指标。

（2）悬浮物、含油及硬度这三项指标与基础用水相同，不再调节。

（3）模拟湿蒸汽发生器的干度以现场的 75% ±5% 为准。

（4）模拟试验应用目前现场热注锅炉使用效果较好的湿蒸汽发生器水质复合处理剂去除水中的溶解氧。

（5）确定结垢试验的 SiO_2 含量范围为三个水平，即 100mg/L、150mg/L、200mg/L。首先进行 SiO_2 含量为 150mg/L 的试验，如果很快结垢，则进行 SiO_2 含量为 100mg/L 的试验；反之，可进行 SiO_2 含量为 200mg/L 的试验。

（6）每组模拟试验结束后，采用各种先进的分析手段对模拟炉管及其结垢物进行详尽的分析，分析出结垢物的成分，并比较结垢物的结垢程度，为科学、可靠地确定二氧化硅这项指标提供坚实的依据。

模拟湿蒸汽发生器是进行试验的关键设备。模拟湿蒸汽发生器的模拟对象是现场的 $23m^3/h$ 的热注锅炉，其炉管内径为 57mm，压力为 17MPa，温度为 350℃，以天然气为燃料。模拟湿蒸汽发生器的压力和温度与实际现场的锅炉一样，仅流量减至 90L/h。由于模拟湿蒸汽发生器流量的减小，炉管内径应按工质流量的减小比例相应减小。为了使模拟湿蒸汽发生器的炉管结垢和腐蚀方面的试验结果能接近现场热注炉炉管的实际运行状态，对炉管结垢特性与工质的各种流动参数的关系进行相关的计算与分析，再根据分析结果并综合考虑模拟湿蒸汽发生器运行与制造工艺等方面因素确定合适的炉管内径。

选取不同的内径进行了水速、流态及质量流速的计算。结果表明，炉管内径为 8mm 时，管内水的流态仍为湍流，水速与质量流速虽然降低，但结垢状态与热注炉相近，并且从管材加工的角度考虑，取模拟湿蒸汽发生器炉管内径为 8mm 是合适的。

按照试验方案的规定，首先进行二氧化硅含量为 150mg/L 的第一组试验，由于该组试验的模拟炉管结垢较严重，接着进行了二氧化硅含量为 100mg/L 的第二组试验。

第一组现场模拟试验共运行 3856h，约 160d。运行试验水量 306.89m³，SiO_2 浓度总体平均为 149.4mg/L，水中含油平均为 0.26mg/L，悬浮物含量平均为 6.43mg/L，硬度为未检出，平均蒸汽干度为 72%。

第二组现场模拟试验 SiO_2 含量为 100mg/L，累计运行 3634h，约 151.4d。累积注入试验用水 283.14m³，配制试验用水中二氧化硅的浓度总体平均为 97.77mg/L，含油平均为 0.08mg/L，悬浮物含量平均为 5.53mg/L，平均蒸汽干度 74%，试验用水中硬度检测结果为未检出。

通过对模拟炉炉管结垢的外观认识、试验后炉管的机械性能并采用扫描电子显微镜（能谱）、电子探针、X 射线衍射仪等分析手段对模拟炉管的结垢物进行了详尽分析。

（一）对模拟炉炉管结垢的外观认识

通过对炉管垂直割断，再平行切开露出炉管内部结构进行观察，可以看出：

第一组模拟试验的炉管：对流段管内结垢严重。按照上、中、下三个部位割取了六根炉管。经剖析观察，六根炉管都严重结垢；辐射段结垢的厚度与炉管距离蒸汽出口的远近有关，越靠近蒸汽出口处结垢越严重。对结垢厚度测量统计表明，从配制水进入辐射段开始至出水结束，厚度呈现规律性变化，随水的向前流动其厚度逐渐变厚。

第二组模拟试验的炉管：对流段进水及出水管束内结垢物很少；辐射 1 段的管束内表面没有结垢物生成；辐射 2 段从辐 2-1 至辐 2-12 管束与辐射 1 段的情形类似；从辐 2-13 开始出现结垢物，呈现出白色并伴有淡淡的铁锈色。对该组试验辐射段的管束内的结垢物厚度测定表明，从配比水进入辐射段开始至出水结束，厚度也呈现规律性变化，随水的向前流动其厚度逐渐变厚。

从两组模拟试验的外观分析表明：SiO_2 含量为 150mg/L 的第一组试验中炉管结垢较严重，SiO_2 含量为 100mg/L 的第二组试验中炉管结垢较微弱。

（二）炉管的机械性能分析

模拟湿蒸汽发生器炉管材质为 20G 锅炉钢。分别把未使用过的炉管定为原管，编号为 1#；把 SiO_2 浓度为 150mg/L 的实验中运行 160d 的辐射段管束的前端及后端各取一根管束，编号为 2#（I-1-2）及 3#（I-2-18）；把 SiO_2 浓度为 100mg/L 的实验中运行 151.4d 的辐射段管束的前端及后端各取一根管束，编号为 $4^\#$（Ⅱ-1-2）及 $5^\#$（Ⅱ-2-18）。对这 5 根管束分别进行化学成分检验、机械性能实验及金相检验，从而得出模拟湿蒸汽发生器炉管性能的变化，尤其是比较实验后的炉管是否还能达到该产品的使用性能指标。结果表明：试验后的两组炉管管束都符合标准要求，为合格品，并且其机械性能与原管无明显差异。也就是说，深度处理稠油污水中 SiO_2 浓度达到 150mg/L 和 100mg/L 回用模拟湿蒸汽发生器对炉管的机械性能没有影响。

（三）炉管结垢物扫描电镜分析

每组样品按取样位置分成对流段、辐射 1 段和辐射 2 段等三种类型。水垢样品的扫描电镜观察表明，对流段和辐射段的水垢在形貌上有较大明显差别，对流段的水垢主要由两部分物质组成，实验配制污水中的微米级沉积物，垢膜和水管之间的粗糙的、孔隙发育的疏松的由新生的碳酸盐矿物胶结在一起；碳酸盐矿物的垢，水垢表面的一层硬膜，在截面上呈白色、致密、较坚硬的集合体存在。而辐射段的水垢则主要由硅酸盐矿物、碳酸盐矿物、氧化物等组成，比较均匀、致密。

从辐射段的能谱资料可知结垢物的总体成分相似，均以 Si、Mg、O 为主，含有少量的 Na、Ca、Al 和 Fe 等，部分垢中含有 C，表明辐射段的结垢物质主要是硅酸盐。

（四）炉管结垢物 X 射线衍射分析

每组样品按取样位置分成对流段、辐射 1 段和辐射 2 段等三种类型，对每种类型的样品按照样品状况进行了常规衍射分析和微区衍射分析。根据 X 射线衍射分析结果可知，三组样品的结晶程度较差，含有较多的非晶态物质。每组样品的三段样品矿物组成有较大差异，对流段样品中主要矿物是方解石、磁铁矿、蒙皂石，锰硅的化合物及 kerolite（$MgSiO_3 \cdot H_2O$）等物质。辐射 1 段的矿物组成与对流段相似；而辐射 2 段的矿物组成与上述两阶段有较大差异，表现为有大量新生矿物生成，如针钠钙石、锥辉石、白云石、方解石等。样品的微区衍射结果表明，针钠钙石在辐射 2 段出现，而锥辉石则在辐射段的尾部出现，也表明锥辉石的结晶要晚于针钠钙石的结晶。在辐射段的开始段除含有一定量的矿物外也还含有较多的非晶态物质。另外，石盐、自然碱、磁铁矿、赤铁矿、白钠镁矾、暧昧石、砷铅铁矿等矿物在对流段和辐射一段也较常见。

（五）炉管结垢物电子探针成分（EPMA）分析

为全面探测结垢严重部位的结垢物的成分特征，针对样品进行了每样 8 点的大范围的化学成分测试，结果表明结垢物的化学组成稳定，主要由 Na、Ca、Mg、Si 组成，此外尚含有少量的 Fe。在辐射 2 段结垢主要由 Na、Ca 硅酸盐和 Na、Fe 硅酸盐矿物组成。依照 EPMA 测得的化学成分计算了二矿物的结构式：

（1）$(Na_{0.893}K_{0.004})_{0.897}(Ca_{1.882}Mn_{0.025}Mg_{0.114}Fe_{0.025})_{2.046}[(Si_{2.978}Al_{0.003}Ti_{0.017})O_8OH]$。

（2）$Na_{1.031}(Fe^{3+}_{0.874}Ti_{0.024}Al_{0.003}Mn_{0.005}Mg_{0.076}Ca_{0.036})[Si_{2.002}O_6]$。

根据结构式可知该两种矿物为链状硅酸盐矿物，（1）为针钠钙石，（2）为锥辉石。

通过采用上述分析手段表明：（1）两组实验结垢物的分布规律和矿物种类相似。对流段以碳酸盐物质为主；辐射段以硅酸盐物质（非晶态）为主；在辐射段的中部结垢以针钠钙矿为主，在辐射段的尾部大量出现锥辉石。（2）对流段的碳酸盐结垢物呈疏松附着状态。辐射段结垢物的厚度越靠近蒸汽出口厚度越大，而且附着越来越致密。

清水和深度处理污水进入湿蒸汽发生器的结垢情况有什么不同一直是人们非常关心的问题。为了研究这个问题，在辽河油田某采油厂选择了两台状态相当的湿蒸汽发生器进行了清水和深度处理污水进湿蒸汽发生器的对比实验。

热注 9#-1 和热注 12#-1 两台湿蒸汽发生器均为 1990 年 3 月投产的 SG50-NDS-27 型美国湿蒸汽发生器，其中热注 9#-1 使用深度处理污水，热注 12#-1 按原树脂罐水处理方式进行湿蒸汽发生器给水（即使用清水）。为了保证实验的可比性，在两台湿蒸汽发生器的特定位置同时更换上新炉管。共进行了两次对比试验。第一次对比试验进行 6 个月，第二次对比试验进行 4 个月。实验结束以后，对炉管进行切割，进行对比研究。

对比两组试验的外观，可以得出：（1）从外观看，运行 6 个月清水管、污水管都有结垢现象，但并不严重。污水管的垢样为灰白色，而且较清水垢疏松。清水垢为白色，较致密。炉管结垢厚度为 1.2~1.1mm，两者的厚度没有太大差别。（2）运行 4 个月的炉管结垢较微弱，未见明显结垢。

（六）取得的主要认识

从外观看，运行清水或者污水都有结垢现象，但并不严重，而且结垢厚度没有太大差别；对比用清水和用污水的湿蒸汽发生器的结垢物来看，两者的矿物成分是近似的。其矿物相主要为锥辉石，其次为针钠钙石。

为了避免湿蒸汽发生器炉管结垢，对水质的要求应该满足下列限制条件。（1）给水中钙的浓度应尽可能接近于零，有实验表明，给水的实际钙浓度约为 0.04mg/L 的时候，就有钙垢出现的迹象。（2）给水中镁的浓度应小于 0.08mg/L，以避免结垢。有实验证明，给水中实际镁浓度约为 0.09 mg/L 时，就开始出现镁垢。（3）给水中的溶解铁应该保持尽可能低的水平，以便铁垢及其与钙、镁、硅石和钠的共同沉淀作用见到减到最低限度。（4）在钙、镁或铁的浓度足够低的情况下，可以避免硅石与这些阳离子共同沉淀，水中硅石的溶解度极限不超过的话，SiO_2 结垢沉积问题也应该不会出现。

以上只计算了节省的药剂费。按照辽河油田目前的污水回用能力，还将节省人工费、电费、污泥处理费等约 3000 万元。

总之，通过污水回用湿蒸汽发生器 SiO_2 水质指标的研究，并结合理论成果，认为来水总硬度和溶解氧是锅炉各种结垢物生成的直接或间接阳离子源，必须严格控制这两项指标，在此基础上，注汽锅炉进水的 SiO_2 含量从原来的 50mg/L 放宽到 100mg/L 是可行的。

第五节 油田气体实验分析技术

一、常规天然气组分分析

天然气一般是指在地层中的可燃性烃类气体。天然气是以石蜡族低分子饱和烃气体和少量非烃气体组成的混合物。辽河盆地地质结构相对比较复杂，就其天然气地质成因来看，除裂解成因以外的天然气均有发现，但就天然气组成特征来看，经历地质演化过程形成的天然气的组成相对简单。一般采用天然气常规分析方法即可满足要求。

稠油热采伴生气体：稠油开发进入开发中后期阶段，为提高稠油采收效率通常采用热采（蒸汽吞吐、蒸汽驱、火烧油层等）开发方式。由于人为改变了储层的化学环境，导致储层中油、气、水和矿物发生一系列的复杂物理化学变化。气体组成与勘探开发初期相比发生了较大的变化，除常规气体组分外出现了以烯烃类和含硫化合物为特征的复杂气体。结合辽河油田的油气勘探开发现状及发展的需求，近些年来在油藏化学气体分析领域做了大量工作，建立和完善针对不同类别气体的分析方法，基本满足油田勘探开发及安全生产等领域的需求。

天然气的组成是指天然气中所含的组分及可检测范围内的相应含量。分析包括氮气、二氧化碳、甲烷至戊烷、碳六加，有时包括氦气和氢气的测定，这种分析为常规分析。尽管还有一些其他组分如硫化物、水等，如不特别说明，在组成分析中不检测这些组分。

目前天然气组成分析标准已由 SY/T 0529—1993《油田气中 C_1~C_{12}，N_2，CO_2 组分分析 关联归一气相色谱法》过渡到 GB/T 13610—2014《天然气的组成分析 气相色谱法》，其主要采用色谱分析方法，定量采用外标法。采用国标方法提高了测试结果的准确度。

二、天然气的拓展组分分析

常规天然气成分以烃类气体为主，并含有少量的二氧化碳、硫化氢以及稀有气体，而热采伴生气为油田开发过程中生成的，对采集的伴生气样品采用色谱柱规格 $60.0m \times 250 \mu m \times 0.25 \mu m$，升温程序为先 $40℃$ 恒温 $6min$，然后以 $6℃/min$ 的升温速率升温至 $310℃$，该温度下保持 $40min$，检测器为 FID，载气为氦气。

拓展组分通常泛指 C_4 至 C_8 烃类组分。作为伴生气的重要组成部分，轻烃类化合物蕴含着丰富的信息。图 3-5-1 为色谱指纹图，轻烃化合物以 C_4 至 C_8 为主，包括分为 4 类（表 3-5-1），第一类为正构烷烃（正己烷、正庚烷等），第二类为异构烷烃，主要指甲基取代基在 2 和 3 位上的烷烃，第三类为环烷烃，指的是分子结构中含有一个环的饱和烃类化合物，第四类为苯类化合物，包括苯和甲苯。从图中可以看出，原油经过高温氧化后在 8-1 的位置出现了一个明显的峰，该峰代表的化合物的含量要高于相邻的 3-甲基戊烷、低于正己烷含量，推测该物质是原油经过高温氧化作用后产生的具有代表性的化合物，该化合物的特征及性质在今后的研究中具有重要意义。

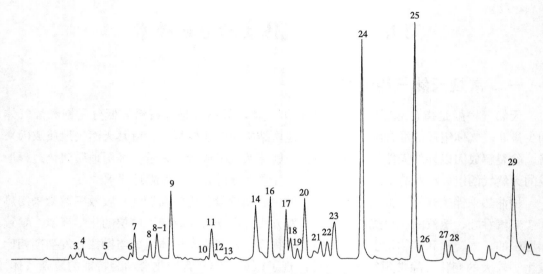

图 3-5-1 拓展组分气相色谱图

表 3-5-1 稀油轻烃化合物鉴定表

峰号	名称	峰号	名称	峰号	名称
1	异丁烷	11	甲基环戊烷	21	顺 -1，3- 二甲基环戊烷
2	正丁烷	12	2，4- 二甲基戊烷	22	反 -1，3- 二甲基环戊烷
3	异戊烷	13	2，2，3- 三甲基丁烷	23	反 -1，2- 二甲基环戊烷
4	正戊烷	14	苯	24	正庚烷
5	2，2- 二甲基丁烷	15	3Z，3- 二甲基戊烷	25	甲基环己烷
6	环戊烷	16	环己烷	26	2，2- 二甲基己烷
7	2- 甲基戊烷	17	2- 甲基己烷	27	乙基环戊烷
8	3- 甲基戊烷	18	2，3- 二甲基戊烷	28	2，5- 二甲基己烷 + 2，2，3- 三甲基环戊烷
9	正己烷	19	1，1- 二甲基环戊烷	29	甲苯
10	2，2- 二甲基戊烷	20	3- 甲基己烷		

三、热采伴生气组分分析

热采伴生气体组分复杂，其组成包括：

（1）烷烃类气体包括饱和烃和烯烃类气体；

（2）硫化物包括硫化氢、硫醇、硫醚类化合物等；

（3）其他一些非烃气体主要有一氧化碳、二氧化碳、氮气、氦气、氩气、氢气等。

现行的分析方法主要包括天然气组成分析气相色谱法和人工煤气和液化石油气常量组分气相色谱法等，常规方法只能对热采伴生气体中的部分组分进行检测，而采用类似炼厂气组成分析方法，又不能对火驱气体中的 Ar 进行准确定量，目前国外也没有一种简便易行的方法解决此问题。通过对 Agilent7890A 气相色谱仪配置改进，实现了一次进样覆盖绝大部分热采复杂气体常量组分分析。比较国内外现行的火驱气体分析方法，该方法具有独创性和先进性。

热采伴生气体分析采用 Agilent 7890A 气相色谱仪，采用 5 阀 7 柱，2-TCD/FID 检测器；分离化合物为 C_1 至 C_5，C_{6+} 烃类化合物（烷烃、烯烃），O_2，N_2，CO，CO_2，He，H_2，Ar 等。分析谱图如图 3-5-2 所示。

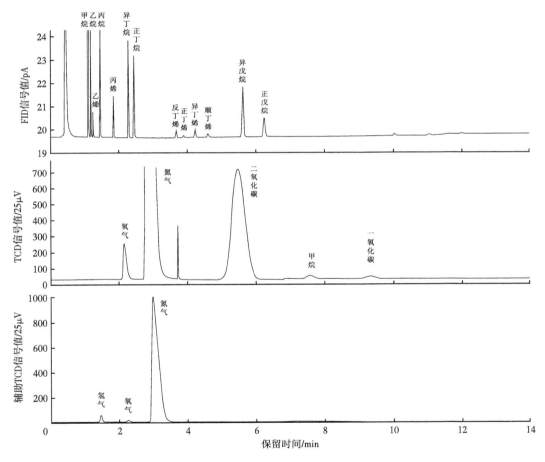

图 3-5-2　热采伴生气体色谱图

分析方法特点：

（1）实现了火驱伴生气体中 Ar 含量的分析。

（2）整个分析过程实现了恒温操作，使分析结果精度提高。

（3）实现了一次进样 15min 内完成火驱伴生气体常量组分的全分析。

四、油田气中硫化物含量分析

对天然气中高浓度硫化氢（H₂S）含量采用碘量法进行检测，主要过程：用过量的氯化镉（CdCl₂）溶液吸收天然气中硫化氢（H₂S），生成硫化镉（CdS）沉淀。加入过量的碘（I₂）溶液氧化生成的硫化镉（CdS）。剩余的碘（I₂）以硫代硫酸钠（Na₂S₂O₃）标准溶液滴定，根据硫代硫酸钠（Na₂S₂O₃）溶液的消耗量计算硫化氢（H₂S）的含量，反应离子方程式如下：

$$Cd^{2+}+S^{2-} \longrightarrow CdS \downarrow$$

$$S^{2-}+I_2 \longrightarrow S+2I^-$$

$$I_2+2S_2O_3{}^{2-} \longrightarrow 2I^-+S_4O_6{}^{2-}$$

碘量法分析气体中硫化氢含量是一种经典的方法，该方法重复性好、准确度高。但是该方法对于气体中低含硫化氢（一般硫化氢含量小于 0.05%）时，由于吸收时间长，有时高达几个小时，显得费时费力，其更适用高于 0.05% 气体分析。

目前辽河油田热采地区伴生气体中普遍含有包括硫化氢在内的含硫化合物，其中所含有机硫化物如硫醇、硫醚等。

为此，试验技术研究所引进带有脉冲火焰光度检测器的气相色谱仪，建立了天然气中硫化物组成分析—脉冲火焰光度检测器法，该方法还可以兼顾低含量硫化氢的分析。

脉冲火焰光度检测器简称 PFPD 检测器，特点：它是一种多元素选择性的检测器，与传统的火焰光度 FPD 检测器相比，对硫检测具有更高的选择性和灵敏度，其最小检度可比 FPD 检测器低两个数量级，且不存在 FPD 检测器在高浓度样品引入时产生火焰熄火的问题。

分析过程：气体样品直接或经稀释注入气相色谱仪，经过毛细管分离，用 PFPD 检测器检测，色谱工作站采集谱图数据，采用外标法定量计算。分析谱图如图 3-5-3 所示。

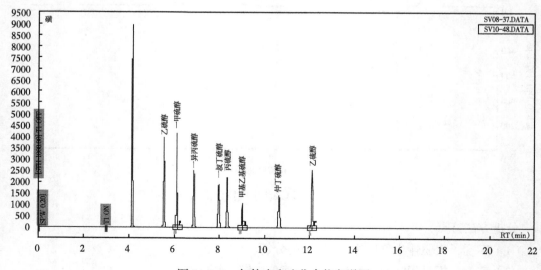

图 3-5-3　气体中含硫化合物色谱图

目前，辽河油田建立了 5 种气体分析方法，涵盖天然气常规气体组成分析和稠油开发过程中伴生复杂气体分析，另外在分析实验方法所对应的气体取样方式上也建立了完善的配套机制。可根据气体不同类别和科研生产的要求采用相应的分析方法，基本满足勘探开发领域在气体分析方面的需求，能够为其提供完备气体试验分析基础数据。

五、油田气总硫及总氮含量分析

天然气中总硫是指天然气包含所有硫化物中硫的总量，以单位体积所含硫的质量表示。总硫的测定参考标准中华人民共和国石油化工行业标准 SH/T 0689—2000《轻质烃及发动机燃料和其他油品的总硫含量测定法（紫外荧光法）》。检测范围硫含量在 $0.5 \sim 1000 mg/m^3$ 之间的天然气。

天然气中总氮是指天然气包含所有氮化物中氮的总量，以单位体积所含氮的质量表示。总氮的测定参考标准中华人民共和国石油化工行业标准 SH/T 0657—2007《液态石油烃中痕量氮的测定 氧化燃烧和化学发光法》。检测范围硫含量在 $0.5 \sim 1000 mg/m^3$ 之间的天然气。

油田气中总硫的测量原理：将天然气样品通过带有定量管阀切换将试样送至高温燃烧管，在富氧条件中，硫被氧化成二氧化硫（SO_2）；试样燃烧生成的气体在除去水后被紫外光照射，二氧化硫吸收紫外光的能量转变为激发态的二氧化硫（SO_2^*），当激发态的二氧化硫返回到稳定态的二氧化硫时发射荧光，并由光电倍增管检测，由所得信号值计算出试样的硫含量。

油田气中总氮的测量原理：将天然气通过注射器导入惰性气流（氦气或氩气）中，试样被携带到通氧的高温区时，有机氮转化成一氧化氮，一氧化氮与臭氧接触后转化成激发态的二氧化氮，激发态的二氧化氮回到基态时的发射光被光电倍增管检测，测量产生的电信号以得到试样中的氮含量大小。

仪器及配置，采用 Antek MultiTek 型硫氮分析仪器。

燃烧炉：电加热，温度能达到 1100℃，此温度足以使试样受热裂解，并将其中的硫氧化成二氧化硫以及把氮氧化成一氧化氮。

燃烧管：石英制成，用于舟进样系统的入口端应能使进样舟进入。

制作不同区间浓度的标准曲线，见表 3-5-2。

表 3-5-2 天然气中不同硫（氮）浓度标准曲线表

曲线 1，硫（氮）浓度 /（mg/L）	曲线 2，硫（氮）浓度 /（mg/L）	曲线 3，硫（氮）浓度 /（mg/L）
0.5	5.00	100.00
2.5	25.00	500.00
5.0	50.00	1000.00
—	100.00	

注：曲线 1 进样量为 10~20 μL，曲线 2 进样量为 5~10 μL，曲线 3 进样量为 5 μL。

总硫（氮）含量计算公式：

$$X = IT / (293.15\,SK)\qquad\qquad(3-5-1)$$

式中　X——总硫（氮）含量，mg/m^3；

　　　I——试样的平均响应值；

　　　S——标准曲线斜率；

　　　K——注入试样体积，mL；

　　　T——样品温度，K。

第四章 有机地球化学实验技术

原油生成于沉积有机质，原油本身是无数烃类、非烃类化合物等极其复杂的混合物。如果要揭示原油中蕴含的地球化学信息、服务于油田的勘探与开发生产过程中，就必须要了解原油及其生油母质（烃源岩）的组成，这就需要相应的分析手段与实验技术，只有现代化的、先进的实验技术才能促进有机地球化学的发展，本章主要介绍辽河油田有机地球化学方面的实验技术。

第一节 烃源岩评价实验技术

一、有机质丰度分析技术

生油岩中有机质是油气形成的物质基础，因此生油层中有机质的含量及分布是评价生油层最基本的指标。但是由于沉积盆地中的有机质都经历了漫长的地质发展阶段，原始有机质丰度已无法直接测得，只能测出残留的有机质丰度。据研究生油岩中有机质只有少部分转化为油气，因此，残留有机质也可作丰度的指标。这些年来随着科学技术的发展，分析测试手段的不断完备，目前生油岩有机质丰度的测试和评价已形成了一套成熟的技术，并建立了相应的评价指标和判别标准。主要有有机碳含量、氯仿沥青"A"含量、总烃含量、有机质热解生烃潜量（S1+S2）四种评价指标。

（一）总有机碳含量在有机质评价中的应用

总有机碳含量是指单位重量岩石中有机碳重量，用百分数来表示（%）。有机碳含量是一种简单而有效的评价有机质丰度的办法，是评价生油岩有机质丰度最主要的指标。有机碳含量为研究烃源岩的重要参数之一，它可以表明烃源岩中有机物质的丰富程度，判别生油气效率以计算生油、气量等。

研究有机碳含量有重要意义，如果有一地层的有机质丰度很低，其他有机质降解生产烃类只能满足岩石矿物和有机质本身的吸附，甚至还不足以饱和这种吸附时，那么类型再好，并处于理想的演化阶段，也不能成为有效的生油岩。同时若有机质丰度很高，但生烃量接近或等于零，及所谓"死碳"，这种有机质也没有实际意义。另外，若有机质丰度也高，类型也好，但没有达到生油门限，也不可能提供大规模的油、气源，烃无法形成大型油气藏。因此，作为评价指标有机碳含量的测定有着重要现实指导意义。

（二）氯仿沥青 A 及总烃含量在有机质评价中的应用

岩石中氯仿沥青"A"含量包括有机质从生命体中直接继承而来的，以及生物化学阶段的可溶有机物，大量的则是进入成熟门限后干酪根热降解的可溶有机质。因此在应用氯仿沥青"A"及总烃作有机质丰度指标时，应考虑到有机质母质类型、热演化程度和排烃相似性。由于不同岩性生油气岩，其生烃地球化学特征不同，因此用氯仿沥青"A"和总烃评价其生油气优劣标准也不同（表 4-1-1）。

表 4-1-1　泥岩、煤系泥岩、碳酸盐岩氯仿沥青"A"与总烃评价表

泥岩级别	好		中		差		非	
	氯仿"A"/%	总烃/μg/g	氯仿"A"/%	总烃/μg/g	氯仿"A"/%	总烃/μg/g	氯仿"A"/%	总烃/μg/g
泥岩	> 0.1	> 500	0.1~0.5	500~200	0.5~0.01	200~100	< 0.01	< 100
煤系泥岩	> 0.06	> 300	0.06~0.03	200~120	0.03~0.015	120~50	< 0.015	< 50
碳酸盐岩	> 0.03	> 80	0.03~0.02	80~50	0.02~0.01	50~30	< 0.01	< 30

（三）岩石热解 Rock—Eval 分析在有机质丰度评价中的应用

岩石热解资料也可有效地区分有机质类型。在 Rock-Eval 分析所得参数中，生烃潜量（S1+S2）是评价有机质丰度的重要指标。生油岩的产烃潜量，就是生油岩中的有机质在热解时所产生的烃类（油 + 气）的总和，即是岩石中已存在烃（可溶烃）S1 和岩石中有机质热解烃 S2 之和（S1+S2）。

一般生油岩在相同成熟度和类型条件下，有机质丰度大（有机碳含量高），产油气量就多。但因有机碳包括不能用有机溶剂抽提和不能热解生烃的碳，因此有机碳的含量并不绝对反映生油岩潜力的大小，而产烃潜量则是其直接评价生油能力好坏的一个重要指标。S1+S2是直接测定岩石能生成烃的含量，因此 S1+S2 在评定有机质丰度中具有特别重要的意义。

Rock-Eval 热解分析参数的地质意义：

产烃潜量 ST 或称 PG=（S1+S2）：是岩石潜在的产油气量，表示有机质丰度。

氢指数（IH）：热解烃的量与岩石总有机碳的比值（S2/TOC），表示单位有机质中可降解生烃的能力，反映有机质类型。

氧指数（IO）：二氧化碳的量与岩石总有机碳的比值（S3/TOC），表示有机质中含氧度，反映有机质类型。

烃指数 CHI：含烃量与有机碳的比值（S1/TOC×100）。游离烃在剖面的变化，反映有机质热演化程度，该比值—深度相关图，可以划出生油门限深度。

生烃潜力指数：含烃量与有机碳的比值 [（S1+S2）/TOC×100]，反映有机质生烃潜力在剖面的演化，该比值按不同深度作图，可以划出排烃门限深度。

产率指数（Ip）：表示岩石中游离烃的丰度 [S1/（S1+S2）]，反映有机质热演化程度。

有效碳（Cp）：岩石中总热解烃中碳的百分数，0.083（S1+S2），表明能生成油气的有机碳。

降解率（D）：即D=Cp/TOC×100%，表明有机碳中可供生成油气的碳的百分数。

有机质类型指数（S2/S3）：用以区分生油岩有机质类型。

二、有机质类型分析技术

烃源岩的有机质类型是有机质的质量指标，它对烃源岩的生烃潜力起着重要作用。通常，烃源岩的有机质类型的经典划分为三分法，即采用煤化学中藻类体、孢子体和镜质体三种显微组分在范氏图上的演化轨迹，将有机质类型划分为Ⅰ型（腐泥型）、Ⅱ型（过渡型）和Ⅲ型（腐殖型）有机质，如图4-1-1所示。

干酪根（Kerogen）是指沉积岩（物）中分散的不溶于一般有机溶剂的沉积有机质，也可理解为油母质。与其相对应的可溶有机制部分称为沥青。干酪根主要分三类（图4-1-2）：

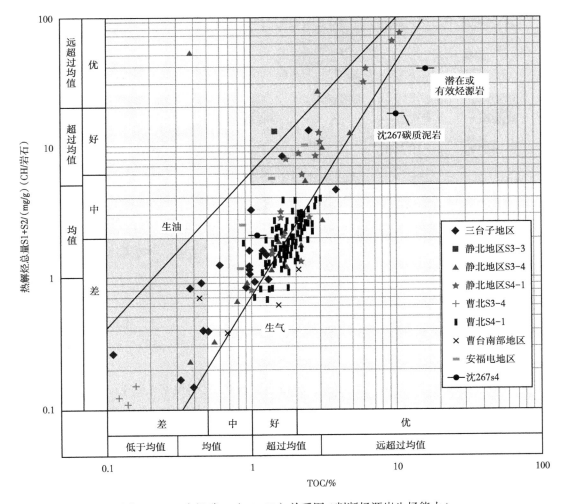

图4-1-1　有机碳—（S1+S2）关系图（判断烃源岩生烃能力）

（1）Ⅰ型腐泥型：以含类脂化合物为主，直链烷烃很多，多环芳香烃及含氧官能团很少；主要来自藻类、细菌类等低等生物，生油潜能大。

（2）Ⅱ型混合型：属高度饱和的多环碳骨架，含中等长度直链烷烃和环烷烃很多，也含多环芳香烃及杂原子官能团；它们来源于浮游生物（以浮游植物为主）和微生物的混合有机质。生油潜能中等。

（3）Ⅲ型腐殖型：以含多环芳烃及含氧官能团为主，饱和烃链很少，主要来源于陆地高等植物，生油潜力较差，但是生成天然气的主要母源物质。

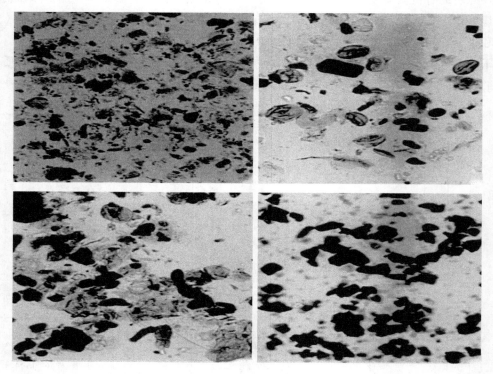

图 4-1-2　干酪根类型图

研究手段基本上为两种：即有机岩石学方法（干酪根镜下鉴定）和有机地球化学方法（岩石热解、干酪根有机元素、干酪根红外光谱、同位素；可溶烃族组成、气相色谱、饱和烃色质谱等）。

多采用三类四分法，即：腐泥型Ⅰ；腐殖腐泥型Ⅱ₁；腐泥腐殖型Ⅱ₂；腐殖型Ⅲ。

首选干酪根镜下鉴定：根据显微镜下看到的显微组分计算类型指数划分。

（1）利用干酪根参数划分有机质类型：干酪根元素 H/C 和 O/C 原子比及 VAN Krevelen 图版；干酪根红外光谱特征参数；干酪根热解气相色谱宏观特征；干酪根碳同位素等。

（2）利用岩石热解参数及关系图版划分有机质类型：烃源岩热解氢指数 IH—氧指数

IO 关系图；烃源岩热解降解率 DTmax 关系图；热解类型指数 Tyc=S2/S3、S1+S2 等。

（3）利用生物群组合特征及有机相划分有机质类型：低等浮游水生生物组合及深湖—半深湖强还原—还原相常形成腐泥型母质；陆源或水生高等植物组合及滨浅湖强氧化—氧化相常形成腐殖型母质；两者兼有之形成混合型母质。

（4）利用烃源岩可溶有机质特征划分有机质类型：沥青"A"组成；饱和烃色谱特征；生物标志物 C_{27}、C_{28}、C_{29} 生物构型甾烷相对含量、三角图及其比值等。

划分有机质类型的参数很多，许多参数受热演化因素影响。根据目前研究程度，干酪根镜鉴、元素和岩石热解三项参数为必选参数，其余参数根据研究内容不同可任选。上述参数适用于生油门限（低成熟）附近的烃源岩有机质类型划分；对于高成熟烃源岩则将各参数进行恢复后方可使用。

1. 红外光谱评价干酪根类型

红外谱图上 $2920cm^{-1}$、$2860cm^{-1}$、$1460cm^{-1}$ 附近的吸收峰反映脂肪族烷基的 C—H 对称及不对称伸缩震动，$1720cm^{-1}$ 反映羰基 C=O（醛、酮）、羧基 COOH（酸、酯）等含氧官能团的收缩振动，$1600cm^{-1}$ 附近吸收峰是芳环中的—C=C—伸缩振动及变形振动。

因此上述吸收峰的相对强度代表了干酪根中三种主要化学基团。这三种主要化学基团的组成反映了干酪根的母质类型。应注意的是同一类干酪根这些吸收峰强度都与成熟度有关，研究成熟度较高的生油岩时要同其他指标综合考虑。

据研究，干酪根 $2920cm^{-1}$ 大于 0.3 光密度 /mg 者，为低等浮游生物组成的优质母源（Ⅰ型），而 < 0.1 光密度 /mg 为高等陆源生物组成的腐殖型母质（Ⅲ型），介于其间为过渡型（Ⅱ型）。

红外光谱划分干酪根类型的方法和指标：采用 $2920cm^{-1}$、$1600cm^{-1}$、$1700cm^{-1}$ 三种吸收峰强度进行归一，其中 $2920cm^{-1}$ 大于 75% 为 I 型有机质，小于 50% 为 Ⅲ 型有机质，50%~75% 为过渡型有机质。这个标准大多数地区应用效果还是比较好的。

2. 生油岩热解（Rock—Eval）划分有机质类型

岩石热解参数除用于评价有机质丰度外，还广泛用于判别有机质的类型。

用于评价有机质类型的热解参数主要的有：氢指数（IH）、降解潜率（CP/TOC）、类型指数（S2/S3）。

3. 饱和烃气相色谱特征参数的应用

饱和烃通过气相色谱分析确定了样品由所含最低碳数到最高碳数正构烷烃的范围和含量及几个参数，即：主峰碳数、OEP、CPI、C_{17}/Pr、C_{18}/Ph、Pr/Ph、$\sum C_{21-}/\sum C_{22+}$、$\sum C_{21+22}/\sum C_{28+29}$ [$\sum C_{21-}/\sum C_{22+}$（轻烃／重烃）]。图 4-1-3 为利用气相色谱图判断成熟度实例。

将饱和烃样品分析所得各碳数峰值（一般以数面积计，也有直接采用峰高的）归一后，将 C_{21} 以前各碳数百分含量总和除以 C_{22} 之后各碳数百分含量总和。$\sum C_{21-}/\sum C_{22+}$ 可作为成熟度的指标，比值越大，表明成熟度越高。

但在相同成熟度情况下，富含陆源类脂化合物生油岩，C_{22+} 为主，其比值较低；低等水生生物 C_{21-} 为主，比值较高。定性指标，一般采用一个剖面（井）系统地分析，在生油门限附近开始明显增大。

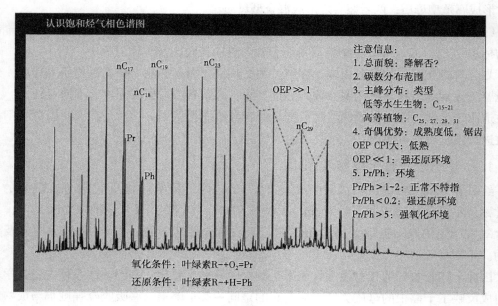

图 4-1-3　利用气相色谱图判断成熟度实例

　　烃源岩有机质的母质类型就其本质而言，可分为腐泥型和腐殖型两大型，但在实际的地质体中，天然样品有机质类型更多的是一种腐泥型和腐殖型比例特征多少不一的过渡渐变型。尤其对我国陆相湖盆沉积有机质则主要为过渡型有机质。

　　判别有机质类型的参数很多，而各参数都是从不同侧面反映有机质类的类型特征。同时在不同的热演化阶段，多种参数都有其特定的有效范围。

　　根据目前的研究程度，干酪根镜检、元素、碳同位素、岩石热解应是确定有机质类型的必选参数。其余参数根据研究对象和地质特征可任选。前表所列参数及标准适用于低熟阶段（R_o=0.5%~0.8%）烃源岩有机质类型划分，对高成熟烃源岩各项类型参数应进行恢复后方可使用。

三、有机质成熟度分析技术

　　有机质成熟度，是指有机质的热演化水平，是有机质在沉积有机质在地温升高的条件下有机质化学性质和物理性变化规律的总和。用以描述有机质热演化水平的各项物理的和化学的参数统称为有机质成熟度参数。有机质成熟度参数是描述有机质热演化水平的度量和标尺。经典的有机质成熟度参数是有机质镜质组反射率（R_o）。图 4-1-4 为有机质热演化示意图。

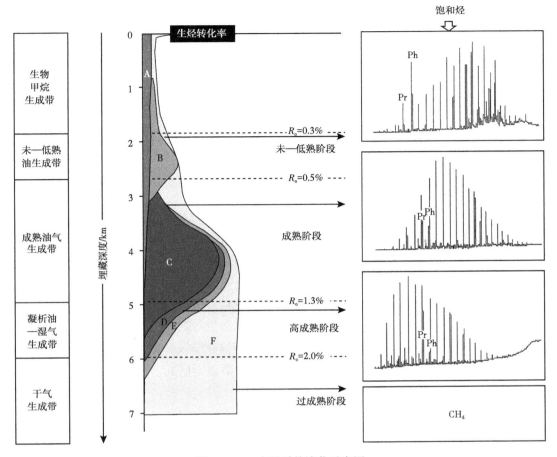

图 4-1-4　有机质热演化示意图

（一）有机质热演化

近几十年来国内外采用先进的分析测试手段，对有机质的成烃演化规律进行了深入细致的研究。对有机质的成烃机理和演化有了较为清楚的认识。有机质只有达到一定的热演化阶段才能热降解生烃，同时在不同的热演化阶段有机质的产烃能力和产物是不同的。勘探实践表明，在有机质成熟区找油成功率可达 25%~50%，不成熟区仅 2.5%~5%，过成熟区则主要形成天然气。很明显一个盆地或凹陷所处的演化阶段，直接关系到其油气勘探的前景。根据研究有机质可以划分为未成熟、低成熟、成熟、高成熟、过成熟等五个热演化阶段。

未成熟阶段：相当于早成岩作用阶段和煤阶中褐煤演化阶段的底界。这个阶段干酪根未发生热力学降解，有机质中烃转化程度极低。总烃含量很低，而胶质、沥青质含量高。其早期的生物甲烷气来自细菌对有机质的降解，是产烃量很低的一个阶段。在特定的母质和环境条件下，生油岩中的可溶有机质低温转化成烃，而形成未成熟石油和未成熟凝析油。

低成熟阶段：相当于晚成岩 A1 期，与长焰煤阶相当。干酪根开始进入热力学降解生烃阶段，也即常说的进入生油门限。这个阶段的生烃特征是：干酪根虽开始生烃但还未达到大量生烃阶段，生烃量还是极其有限。产生的油也多为重质油，胶质沥青质含量较高。

成熟阶段：相当于晚成岩 A2 阶段，与长焰煤阶相当。进入这个热演化阶段，干酪根开始大量热降解成烃，是有机质主要生烃期，主要生成正常的石油。

高成熟阶段：相当于晚成岩 B 阶段，与肥煤、焦煤阶相当。有机质进入这一阶段，干酪根经过大量生油阶段后，产烃能力已显著下降。主要生成凝析油和湿气，同时成熟阶段生成的石油也开始裂解为气态。标志生油液态窗的结果。

过成熟阶段：相当于晚成岩 C 阶段，与贫煤、无烟煤煤阶相当。任何类型的干酪根演化到这一阶段，都剩下很低的生成气态烃的能力了。由于这一阶段的温度（＞ 200℃）和压力都很高，不仅已生成烃类全部裂解为甲烷，而且从干酪根中生成的烃类也以甲烷形态出现，因此这个阶段主要是形成干气。

综上所述，我们可以看出：有机质在不同热演化阶段的产烃能力和产物特征是显著不同的。因此正确确定有机质的成熟度对指导一个地区的勘探具有重要意义。目前用烃源岩有机质成熟度研究是确定生烃门限、划分有机质生烃演化阶段，以及圈定有效烃源岩范围的基础。可通过多种地球化学方法的多项地球化学参数进行研究。

（二）干酪根镜质组反射率方法

干酪根镜质组反射率（R_o）在有机质演化过程中具有不可逆性，是反映有机质成熟度最重要、最有效的指标之一，在烃源岩成熟度研究中应用非常广泛。本研究区沙三、沙四段烃源岩中干酪根镜质体丰富，主要是原地沉积，能较客观地反映烃源岩的成熟度。一般以 R_o=0.5% 作为生油门限值，此时有机质进入低熟阶段，R_o=0.7% 进入成熟阶段。镜质组反射率（R_o）是煤岩学中确定煤阶的标志。在沉积岩分散有机质中的镜质体，具有和煤显微组分中的镜质体具有相同的有机分子结构，即以芳香环为核，带有不同的烷基侧链。干酪根在热演化过程中，其侧链或桥键降解断裂生成烃类。与此同时，芳环进一步缩合稠化，使光的透射率减小，反射率上升，这种光学特征具有不可逆性。因此 R_o 享有"地温指示计"之称，是确定有机质演化的良好指标，它可定量地标记各个热演化阶段。

根据大量资料研究对比，我国各沉积盆地一般将 R_o 为 0.5% ~0.6% 定为生油门限。

（1）R_o＜ 0.5%，未成熟阶段；

（2）R_o 为 0.5% ~0.7%，低成熟阶段；

（3）R_o 为 0.7% ~1.3%，成熟生油窗（R_o 为 1.0% 成油高峰）；

（4）R_o 为 1.3% ~2.0%，高成熟（湿气—凝析油）阶段；

（5）R_o＞ 2.0%，过成熟干气阶段。

（三）岩石热解参数研究有机质成熟度

生油岩热解高峰温度 T_{max}，产率指数、烃指数都是较好的判别有机质成熟度指标。最高热解烃峰温度 T_{max} 有机质随埋藏深度增大，温度增高，干酪根的侧链基团将不断从低键能到高键能依次发生断裂，所需能量也逐渐增大。反映在岩石热解分析上，生油岩热解烃峰的峰顶温度 T_{max} 也随埋深的增大和地层时代变老而增高。因此，T_{max} 是重要的，定量的成熟度指标。

（四）芳烃成熟度参数

芳香烃是原油和生油岩抽提物中的主要成分之一，其丰度比甾萜烷等生标物高得多。芳烃成熟度指标有更大的动力学范围，有些指标可指示油窗发育的始终。尤其是对于高演化或降解的样品，在饱和烃生物标记物指标参数达到平衡或失真时，因为芳烃的抗演化和抗降解能力是最强的，所以多环芳烃参数更具有重要意义。

对于芳烃菲系列化合物，其中甲基菲 4 个异构体的分布直接受控于有机质演化程度，其内部组成是有机质成熟度的函数（图 4-1-5）。

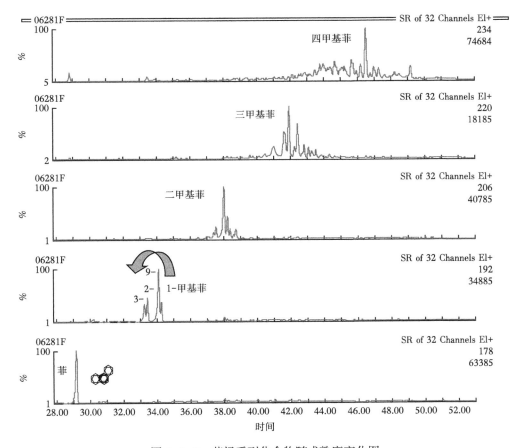

图 4-1-5　芳烃系列化合物随成熟度变化图

如图 4-1-5 所示，3-甲基菲和 2-甲基菲稳定性大于 9-甲基菲和 1-甲基菲。随着成熟度的增加，9-甲基菲和 1-甲基菲的含量不断减少，而 3-甲基菲和 2-甲基菲的相对含量会相对增加，故甲基菲指数、甲基菲比值是颇受注目的岩石有机质和原油成熟度指标。

MPI1 在 R_o=0.5%~1.35% 随着成熟度增加成线性增加；R_o > 1.35% 时开始线性下降。Radke 和 Welte 曾计算出甲基菲指数 MPI1 与等效镜质组反射率 R_c 之间的关系：

（1）R_c=0.6MPI1+0.4（0.65% < R_o < 1.35%）。

（2）R_c=−0.6MPI1+2.3（R_o > 1.35%）。

（五）生物标志物成熟度指标

甾萜类成熟度指标：用生物标志物研究源岩成熟度的指标很多，它们都基于化合物结构稳定性差异，一些生物构型化合物随着温压条件的改变向地质构型转化，常用的成熟度参数包括：

（1）20S/（S+R）C_{29} 甾烷：0.6 平衡。

（2）αββ/（αββ + ααα）C_{29} 甾烷：0.6 平衡。

（3）Ts/Tm（也是环境指标）。

（4）22S/（S+R）C_{31} 升藿烷：0.6 平衡。

（5）C_{30} 莫烷 /C_{30} 藿烷：0.5~0.6 平衡，莫烷 / 藿烷比 =0.3 作为成熟门限，2000M~2500M 之间莫藿比值为 0.3~0.5，不过构型转化在成熟度较低的情况下就达到平衡终点（约为 0.6），与成熟度不再成正相关关系。

随着热演化程度的加深，不稳定的生物构型生物标记化合物将向热力学更稳定的构型转化。因此各种有机化学构型参数将是成熟度的良好指标。

目前最常用的生物标记化合物定量指标是 C_{29}ααα 甾烷 S/S+R、αββ/（αββ+ααα）C_{29} 甾烷。

在活的生物体中只有 R 构型存在。随着有机质不断被埋深，成熟度增加，R 构型向 S 构型转化，比值增大。

C_{29}ααα 甾烷 S/S+R > 0.2 作为生油门限，C_{29}ααα 甾烷 S/S+R > 0.4 为大量生油的成熟阶段。

（六）古地温推算方法

古地温研究在含油气盆地研究中越来越受重视，因为它对生烃作用的过程和油气藏形成与破坏有最直接的关系。古地温研究有很多方法，利用有机质作为地质温度计也是常用方法之一。

（七）孢粉颜色指数

烃源岩中孢粉随着成熟度的增高，而有规律的变化，同时这种变化是不可逆的，因此它能提供成熟度重要的参考指标：孢粉颜色指数（SCI）。孢粉颜色指数是一个统计值，用它定量表示孢粉颜色变化。

（八）饱和烃正烷烃色谱参数

低成熟烃源岩和生物体中的正构烃有明显的奇偶优势，因为生物体中的脂肪酸都是偶碳数，脱羧基形成的正构烷烃则为奇碳数。因此低成熟阶段有机质正构烃奇偶优势比较明显。而干酪根成熟裂解生成的烃奇偶均势。因此奇偶优势指标 OEP 值随着成熟度增加逐渐趋于 1.0。

OEP（奇偶优势）与 CPI（碳优势指数）值性质类似，是生油岩成熟度指标。近代沉积物具有明显的奇偶优势，一般为 2.4~5.5。古代沉积物 OEP 值为 0.9~2.4，而原油小于 1.2。布雷提出了 1.2 值作为确定生油岩生油门限经验值。而在我国东部第三系盆地生油岩（包括个别原油样品）OEP 值的可达 1.3~1.5，均大于布雷提出的经验数值 1.2，反映了陆源有机质与海相有机质的差异，但也表明确实有低成熟原油的生成。在实际应用中 OEP 值比 CPI 值效果要好。OEP < 1.20 时有机质进入生油门限，OEP 接近 1.0 时进入成熟阶段。进入成熟阶段后正构烷烃的奇偶优势就消失了。因此，OEP 及 CPI 值只适宜在未成熟到成熟阶段应用。

综上所述，已将目前使用最多，应用最广，且能量化的热演化指标进行了介绍。其实能用于热演化的指标很多，许多反映热成熟的参数大多是定性的，有的是从小变大，有的是从大变小，反映一种变化趋势。这些参数在一个连续系统的剖面（井）上也是划分有机质热演化阶段的良好指标，只不过要配合其他指标来共同确定，由于这些指标牵涉因素较多，在不同地区、不同盆地、不同地质条件下应用，需要具体问题具体分析确定。在使用时请注意综合使用，不要孤立地用某一单一指标。

第二节　原油化学组成实验技术

原油是一种复杂的多组分混合物，其主要组成是烃类，其次是数量不多但很有意义的非烃组分。不同地区、不同层位的原油的物理性质、化学性质存在差异，这是由原油的化学组成的多样性和复杂性导致的。这与石油形成和转化的地球化学条件以及整个过程有着密切的联系。因此，在探索石油的形成、演化、运移、聚集及保存过程中，研究石油的组成具有重要的意义。

一、原油轻烃化合物特征分析

轻烃是原油的重要组成部分，蕴含丰富的地质信息，关于轻烃化合物的研究很多，这其中 C_4 至 C_7 轻烃组分的应用最为普遍，包括正构烷烃、异构烷烃、环烷烃和芳香烃类化合物。一般的石油大约由 30% 的轻烃组成，在轻质油、凝析油中轻烃化合物的质量分数会占据更大比重。全烃色谱技术可以对原油样品烃类整体分布特征进行定性描述，主要包括峰型、主峰碳、轻重比（C_{21-}/C_{22+}）、碳优势指数（CPI）、奇偶优势比（OEP）以及姥植比，这其中蕴含着丰富的成熟度、沉积环境和生源信息。

原油全烃分析目前所用仪器为安捷伦 7890B 气相色谱仪，主要由汽化室、色谱柱、检测器三部分构成，样品汽化后进入色谱柱，由于不同化合物沸点和极性差异，随温度和时间逐步分离并依次进入检测器。该技术方法能够快速检测轻烃、饱和烃、芳烃等系列化合物，具有定量准、参数全的特点。针对不同样品，选择不同色谱柱并优化升温程序、载气流速等参数，建立了全烃色谱分析方法，实现了对轻烃的定性与定量分析，运用峰面积归一法，得到甲基环己烷指数等六项轻烃参数、CPI 等八项地球化学参数。

轻烃分布特征随有机母质类型、沉积环境、成熟度、有机质的后生变化而变化。由于不同结构的轻烃（如正构烷烃、异构烷烃、环烷烃、芳香烃）在不同类型的母质中含量不同，或在演化过程中的热稳定性不同、使轻烃组成可用于判断有机母质来源，进行油源对比。

对于采集的原油样品使用气相色谱仪进行全烃色谱分析。色谱柱规格为 60.0m× 0.25mm×0.25μm，升温程序为先 50℃ 恒温 4min，然后以 6℃/min 的升温速率升温至 320℃，该温度下保持 30min，采用 FID 检测器，温度为 330℃，载气为氦气，柱流速为 1.3mL/min，分流比 30:1，进样量 1~2μL。

图 4-2-1 为某地区以 C_4 至 C_7 轻烃馏分的正构烷烃、异构烷烃和环烷烃相对组成作三角图，以此来反映原油性质和类型，从图中可以看出，该地区六口井原油的 C_4 至 C_7 轻烃馏分分布特征基本一致，分布在三角图中上部，相对贫异构烷烃、富正构烷烃和环烷烃，异构烷烃含量为 14.65%~18.87%，正构烷烃含量为 45.55%~54.68%，环烷烃含量介于两者之间，含量为 29.09%~36.99%（表 4-2-1）。Leythzeuse 等研究认为轻烃馏分中富含正构烷烃的原油源于腐泥型母质的烃源岩，轻烃馏分中富含异构烷烃和芳烃的原油则源于腐殖

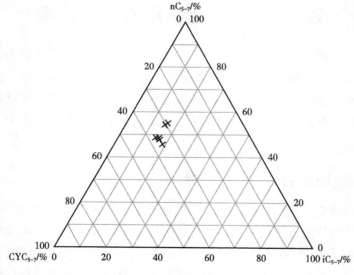

图 4-2-1　原油样品 C_4 至 C_7 轻烃馏分特征三角图

型母质的烃源岩，而富含环烷烃是陆源母质的重要特征。根据以上数据分析可以看出，C_4 至 C_7 轻烃馏分中以正构烷烃为主，含有一定的环烷烃，因此推测原油来源于腐泥型母质的烃源岩，但有一定的陆源母质烃源岩特征。

表 4-2-1　原油样品轻烃参数特征表

井号	C_4 至 C_7 轻烃含量 /%			C_7 轻烃含量 /%			K_1	K_2
	正构烷烃	环烷烃	异构烷烃	nC_7	MCYH	DMCYP		
1	47.58	35.45	16.97	57.93	31.52	10.55	1.13	0.26
2	48.36	36.99	14.65	58.01	34.16	7.83	1.09	0.20
3	54.06	30.24	15.70	63.36	29.80	6.84	1.10	0.22
4	45.55	35.58	18.87	56.83	33.14	10.02	1.06	0.25
5	47.98	36.12	15.90	57.53	33.78	8.69	1.06	0.21
6	54.68	29.09	16.23	64.09	28.42	7.49	1.09	0.24

图 4-2-2 所示为 7890A 型气相色谱仪。

图 4-2-2　7890A 型气相色谱仪

二、原油饱和烃与芳烃色谱分析技术

该技术主要原理是将原油中分离出的饱和烃、芳烃组分采用分流进样方式注入气相色谱仪的气化室，汽化后的样品随载气进入毛细柱分离，经氢火焰离子化检测器检测，由色谱工作站采集、处理数据并输出谱图及测定结果。

图 4-2-3 是六口井样品的正构烷烃碳数分布图，从图中可以看出样品的正构烷烃

分布特征接近，整体表现为后峰单峰型特征，碳数分布范围较大（nC_8 至 nC_{38}），主峰碳为 nC_{27}，nC_{27} 以前正构烷烃含量上升缓慢，nC_{27} 以后正构烷烃含量下降迅速。一般认为低碳数主峰碳指示低等水生生物来源，高碳数主峰碳指示水生和陆生植物生物来源，而高凝油主要来源于陆源高等植物角质层蜡，主峰碳为 nC_{27}、nC_{29} 或 nC_{31}，正构烷烃为 nC_{25} 至 nC_{33}。

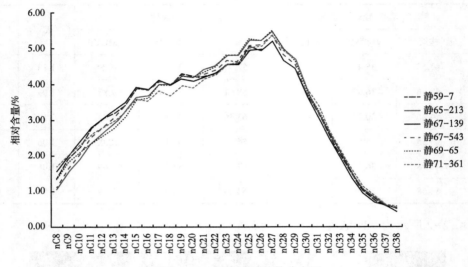

图 4-2-3　正构烷烃碳数分布图

根据表 4-2-2 可知，该地区六个样品的主峰碳均为 nC_{27}，有机质来源以陆源高等植物为主。正构烷烃的奇偶优势通常用 CPI 和 OEP 表示，当 CPI 或 OEP 明显高于 1.0 时具有奇碳优势，明显低于 1.0 时具有偶碳优势，该值可以作为反映成熟度的标志，从表 4-2-2 看出均为 1.05~1.06，已不具有奇偶优势，表明六个原油样品来为成熟烃源岩的产物。

芳烃中的萘系列化合物（萘、2-甲基萘、1-甲基萘，2-乙基萘，1-乙基萘）和菲系列化合物（菲、3-甲基菲、2-甲基菲、9-甲基菲、1-甲基菲和 7 个二甲基菲）用峰高法测定。计算甲基萘比等 6 项地球化学参数，可用于成熟度判断。

表 4-2-2　正构烷烃特征指数表

井号	深度 /m	层位	主峰碳	Pr/Ph	$\sum nC_{21-}/\sum nC_{22+}$	OEP	CPI
1	2091.0~2231.2	S_3^3	27	1.49	0.89	1.06	1.05
2	1709.9~1986.0	S_3^3	27	2.28	0.79	1.05	1.05
3	1752.9~2145.0	S_3^3	27	2.28	0.91	1.05	1.05
4	1991~2210	$S_3^3 \cdot S_3^4$	27	1.81	0.84	1.05	1.05
5	1506.8~1555.2	S_3^3	27	2.09	0.81	1.05	1.05
6	1458.1~1647.6	S_3^3	27	2.24	0.83	1.05	1.05

甲基菲成熟度参数是基于其异构体的热稳定程度而建立的，其中 3- 甲基菲和 2- 甲基菲为 β 型，9- 甲基菲和 1- 甲基菲为 a 型，由于甲基菲的空间效应，β 型显然比 a 型更稳定些。研究表明，在温度低、成熟度低时，菲会发生甲基化反应，主要生成 1- 甲基菲和 9- 甲基菲，因此成熟度较低的样品中，1- 甲基菲和 9- 甲基菲较 3- 甲基菲和 2- 甲基菲含量高些。而成熟度较高时，由于甲基官能团的重排作用，导致 a 型重排变为更稳定的 β 型。甲基菲指数数值越高，说明 β 型甲基菲含量越高，即成熟度越高。

三、原油元素及族组成特征分析技术

（一）元素组成

组成原油的元素主要是碳和氢，其次是氧、硫、氮。碳、氢元素含量一般为 96%~99%，其中碳占 83%~87%，氢占 11%~14%。其余三种元素的含量很少，仅占 0.5%~5%。此外，原油中还含有很多微量元素和非金属元素，构成了原油的灰分。

碳、氢元素含量变化与原油化学组成有密切关系，原油越重所含高分子烃就越多，相对分子质量越高，碳含量越高，氢含量越少。氧、硫、氮 3 种元素的含量变化一般与石油中非烃化合物（胶质、沥青质）有关。

目前使用的元素分析仪（图 4-2-4），是专门用于测定有机化合物中 C、H、O、N 元素。C、H、N 和 O 分成两个管路，试样在高温炉中分解后，变成欲测定的形态（CO_2、H_2O、N_2、CO），然后依次进入导热池，产生和各自浓度成比例的电子信号，信号由电位差计和积分仪分别记录，按照所得数据和标准样品得到相应值，计算各元素含量。

图 4-2-4　元素分析仪

（二）族组成特征

原油是一种复杂的混合物，根据有机物的结构和性质可以把复杂的化合物分为饱和烃、芳香烃、非烃和沥青质四个组分。所有石油都是由这 4 个族组分构成。目前对石油族组分的分离与纯化，主要采用的方法有柱层析法、棒薄层色谱法。

柱层析法是使用最多的常规分离方法。该方法用提纯后的正己烷沉淀沥青质，将除去沥青质后的溶液注入装有吸附剂（硅胶和氧化铝，使用前需在 180℃ 下活化 4h）的层析柱中，再用极性逐渐增强的溶剂分别冲洗出饱和烃、芳香烃和非烃，分离后的各个族组分通过电子天平恒重，最终求得各组分的百分含量。

棒薄层法采用 MK-6s 棒状薄层色谱分析仪（图 4-2-5），可以测定原油中饱和烃、芳香烃、非烃和沥青质四种组分的质量百分含量，进样量只需 1μL，分析速度快、重复性好。

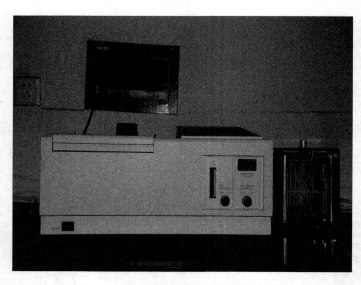

图 4-2-5　MK-6s 棒状薄层色谱分析仪

四、原油红外光谱特征分析技术

任何分子的原子都围绕其平衡位置不停地振动，它的振动频率取决于原子的质量、距离和相互间的作用力，振动频率的集成是分子独特的特性。所以当用同样频率的光线去照射某物质时，其中的分子就发生振动能级的跃迁，从低能级至高能级，再由高能级至低能级；若振动改变了分子的偶极距时，则分子将选择性地吸收各种不同频率的光线而形成吸收光谱，当用红外分光光区（$4000\sim400cm^{-1}$）的光线辐照，则产生的吸收光谱称为红外吸收光谱。

红外光谱分析是有机化合物结构鉴定的一个重要手段，现已被广泛应用于煤和烃源岩、干酪根和沥青、原油和烃类包裹体等复杂有机化合物体系的分析。是由分子中的原子或原子团振动而对特定频率的红外光产生的吸收图谱。不同频率、强度的红外谱峰可以反映官能团的结构和相对含量的高低。图 4-2-6 为傅里叶红外光谱仪。

红外光谱对于难挥发、难分解的大分子物质及官能团结构的分析有其独特的优势。例如 CH_3、CH_2、$C=O$、$C=C$、$C-O-C-OH$ 等均具有特征吸收频率，与标准谱图对照，便可以确定化合物中所含分子（光能团）的性质。

$3000cm^{-1} \sim 2800m^{-1}$ 波段主要是脂肪族烷烃中 $-CH$、$-CH_2$、$-CH_3$ 基团伸缩振动的吸收区，其中 $2930 \sim 2856m^{-1}$ 分别对应的 $-CH_2$ 反对称和对称伸缩振动，2960 和 2873 分别对应 $-CH_3$ 的反对称和对称伸缩振动，$2893m^{-1}$ 对应 $-CH$ 的伸缩振动。CH_2/CH_3、X_{inc}、X_{std} 三个参数可用来反映原油的成熟度特征，这三个参数值越小，表明原油中有机质成熟度越高。

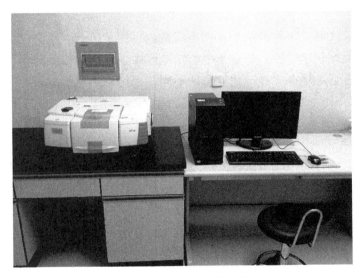

图 4-2-6　傅里叶红外光谱仪

第三节　油源对比实验技术

油源对比就是确定石油与生油岩的亲缘关系。油区常有多层含油层，为确定不同层位中油气的来源，即是否来自同一生油，通过对比研究可以搞清楚含油气盆地中石油天然气与烃源岩之间的成因关系，油气运移的方向、距离和油气次生变化，从而确定可靠的有利的油气源区，确定勘探方向指导油气勘探开发。

油源对比顾名思义就是寻找亲缘关系，一般情况下生成石油的母源必然和其排出的石油在有机质的丰度、类型、成熟度、形成环境等方面接近，如果相似不一定同源，不相似那就不存在亲缘关系，对于石油的对比通常选用从简单的物性指标密度、黏度、含蜡等等开始对比，在此常规的族组成指标，如饱和烃、芳香烃和非烃的含量等；如果这些指标不能解决问题，作为正常石油中含量占到 50%~70% 的正构烷烃的分布特征应该就有明确的对比差异，针对降解、水洗或者氧化等此生作用饱和烃色谱指标对比效果大打折扣，此时使用石油中含量很低的生物标志化合来研究油源关系会比较可靠，因为这类化合物经历漫长地质演变保持原始骨架，具有相当的抗氧化抗降解等作用，类似的指纹技术稳定碳同位素、中性含氮化合物特征，以及包裹烃生物标志特征等等都可以作为油源对比的有效方法来解决问题。

对比时，最好采用多项指标进行综合对比，并科学地确定可比性的质量要求。一般采用相似系数来表征可比性的好坏。相似系数是指对比物的同一指标的数值的比值。当相似系数大于 75% 时，即有可比性。

一、地质背景

经过多年勘探，辽河西部凹陷北部地区牛心坨地区牛心坨油层和太古界潜山已相继投入开发，但是该区域中生界稠油油源尚不清楚，运用了色谱、质谱、稳定碳同位素、中性含氮化合物等地球化学手段，研究了牛心坨地区中生界稠油油源问题，通过对比发现该区中生界稠油与古近系烃源岩地球化学特征不同，而与中生界烃源岩地球化学特征较为相近，因此认为该区中生界稠油来源于中生界，但潜力有限，勘探应该围绕古近系烃源岩开展。

西部凹陷北部区域在始新世末和渐新世初发生强烈的断裂沉降活动，沙三段末期又回升遭受剥蚀，东营时期盆地再次较大幅度的沉降，而牛心坨构造快速抬升，该区域烃源岩主要为古近系的沙三—沙四，沙一、二段—东营组埋藏较浅，且分布局限，暗色泥岩多处在生油门限之上，沙三段的沉积中心在陈家凹陷，沙四段沉降中心主要分布在牛心坨地区，中生界暗色泥岩在宋家凹陷比较发育。本区的构造特点决定了不同演化阶段不同构造部位烃源岩分布具有明显差异。

二、原油物理性质对比

原油密度、黏度、含蜡量以及胶质 + 沥青质含量等物性参数是评价原油品质的基本依据，也是区分不同来源油藏最简单的方法，对于普通油藏通过简单的物性对比可以大致加以区分归类，辽河西部凹陷北部区域原油物性差异较大，原油密度 0.88~0.96g/cm³，原油黏度 7.88~1141.88mPa·s，该区有普通原油、中等稠油以及稠油油藏，坨 32、坨 33 块中生界原油、高 18 块沙三段原油密度 0.95g/cm³ 以上黏度为 800mPa·s 左右为稠油；坨 2 块沙四段、坨 12 块太古界以及宋 1 中生界原油密度 0.87~0.9g/cm³，黏度在 8~1100mPa·s 之间物性较好属于普通原油—中等稠油。简单从原油物性数据难以对它们的母源关系加以准确梳理区分。

三、生标参数探讨

油源对比用于追踪油气层中的油气的来源，确定油气的成因。包括油气与烃源岩之间以及不同层位油气之间的对比，通过对比研究可以认识含油气盆地中石油与烃源岩之间的成因联系，油气运移的方向、距离和油气次生变化，从而进一步确定油气源区，在油气勘探开发中具有重要意义。

烃源岩中干酪根生成的油气一部分运移到储层中形成油气藏或逸散，其余部分残留在烃源岩中，其与烃源岩生成的油气有亲缘关系，在组成上也必然存在某种程度的相似性。来自同一烃源岩的油气在化学组成上具有相似性，相反，不同烃源岩生成的油气则表现出较大的差异。这便是油源对比的基本依据。

坨32、坨33 中生界原油饱和烃色谱显示部分损失正烷烃、姥鲛烷和植烷，为轻—中度的生物降解所致，而质谱分析表明其甾烷、萜烷分布完整，生物标志物可以应用于油源对比。

表 4-3-1 中给出烃源岩饱和烃色谱主要参数特征：S_3 主峰碳为单峰型，S_4、Mz 主峰碳为双峰型，S_3、Mz 平均 OEP 值为 1.1~1.3，S_4 整体平均 OEP 为 1.69~2.9，$\sum C_{21-}/\sum C_{22+}$、$Pr/C_{17}$、$Ph/C_{18}$、$Pr/Ph$ 等参数 S_3 和 Mz 相对接近，而 S_4 整体偏高。总体来说烃源岩正构烷烃从 nC_{13} 至 nC_{39} 均有分布，峰形有多种形态，其中前高双峰和后高双峰形态为主，揭示了该地区有机质物源为低等水生物与高等植物双重输入特征，而不同层位有机质分布有所差异。

表 4-3-1　牛心坨地区烃源岩色谱参数统计表

层位	主峰碳	OEP	$\sum C_{21-}/\sum C_{22+}$	Pr/C_{17}	Ph/C_{18}	Pr/Ph
S_3	C_{27}	1.33	0.42	1.21	1.2	1.29
$S_{4上}$	C_{17}、C_{23}、C_{25}	1.08~2.81	0.35~1.05	0.42~2.48	0.88~2.51	0.58~1.62
		1.69[①]	0.71[①]	1.39[①]	1.89[①]	1.01[①]
$S_{4中}$	C_{17}、C_{27}	1.64~6.09	0.35~1.57	0.68~1.99	1.24~7.65	0.43~1.25
		2.9[①]	0.89[①]	1.15[①]	2.98[①]	0.66[①]
$S_{4下}$	C_{17}、C_{23}、C_{25}、C_{27}、C_{29}	1.0~5.3	0.17~1.17	0.67~4.35	0.51~10.2	0.44~3.15
		1.978[①]	0.59[①]	1.91[①]	3.34[①]	1.17[①]
Mz	C_{17}、C_{27}	0.85~1.33	0.05~1.01	0.48~2.24	0.34~4.48	0.12~1.50
		1.12[①]	0.42[①]	0.84[①]	1.55[①]	0.86[①]

①代表平均值。

表 4-3-2 中牛心坨地区原油色谱参数统计数据就没有太大区分性，雷53 和高 1 井 S_4 段原油主峰碳为 C_{23}，坨32、宋 1 和宋 2 井 Mz 原油主峰碳为 C_{21}、C_{25}，坨 12 井 Ar 原油主峰碳为 C_{27}，新生界油层主峰碳相对靠前，而中生界油层和元古界油层总体相对靠后，在 $\sum C_{21-}/\sum C_{22+}$、$Pr/C_{17}$、$Ph/C_{18}$、$Pr/Ph$ 等原油色谱参数各层位特征上基本接近，而坨 32 块 Mz 原油饱和烃只有 OEP 参数 1.62 稍高于其他层位原油，主要是由于不同程度遭受生物降解影响所致，由此可见运用气相色谱参数对生物降解原油进行对比区分相对困难。

表 4-3-2　牛心坨地区原油色谱参数统计表

井号	层位	主峰碳	OEP	$\sum C_{21-}/\sum C_{22+}$	Pr/C$_{17}$	Ph/C$_{18}$	Pr/Ph
雷 53	S$_{4中}$	C$_{23}$	1.09	0.57	0.50	0.98	0.58
高 1	S$_{4中}$	C$_{23}$	1.12	0.52	0.54	1.68	0.37
坨 32	Mz	C$_{25}$	1.62	0.74	0.93	1.49	0.69
宋 1	Mz	C$_{21}$	1.05	0.45	0.74	0.74	0.87
宋 2	Mz	C$_{25}$	1.12	0.18	0.61	0.69	0.79
坨 12	Ar	C$_{27}$	1.15	0.30	1.14	1.84	0.70

　　针对生物降解原油的油源对比研究，通常运用具有较强抗生物降解能力的甾萜类生物标志化合物参数来对比，方可得到相对可靠的结论。西部凹陷北部地区烃源岩中甾烷系列主要由 C$_{27}$ 至 C$_{29}$ 规则甾烷组成，而 C$_{27}$ 重排甾烷和 C$_{30}$ 胆甾烷以及 C$_{21}$ 至 C$_{22}$ 孕甾烷的相对丰度较低。规则甾烷的分布特征：S$_{4下}$主要为 V—反 L 型 C$_{28}$ < C$_{27}$ < C$_{29}$，S$_{4中}$、S$_{4上}$主要为斜坡直线型 C$_{27}$ < C$_{28}$ < C$_{29}$，坨 24 井 Mz 源岩为 L 型 C$_{27}$ > C$_{29}$ > C$_{28}$。S$_4$ 和 Ar 原油中规则甾烷的分布主要以斜坡型为主说明他们可能同源。图 4-3-1 生物标志物多因素综合对比图显示中生界烃源岩与中生界原油在有机质类型、成熟度、沉积环境等众多生物标志物参数方面接近，而区别于 S$_4$ 原油，说明坨 32、坨 33 中生界烃源岩与坨 32、坨 33Mz 原油可能具有亲缘关系。

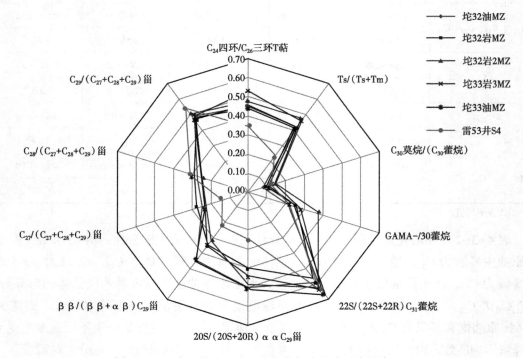

图 4-3-1　牛心坨地区油—岩生物标志物多因素综合对比

从表 4-3-3 可知：在稳定碳同位素特征方面，坨 32、坨 33 井 Mz 烃源岩饱和烃稳定碳同位素 δ¹³C 为 −29.63‰、干酪根稳定碳同位素 δ¹³C 为 −29.00‰，坨 32、坨 33 井 Mz 原油饱和烃的稳定碳同位素 δ¹³C 为 −29.68‰，其项差 −0.068‰~−0.05‰ 非常接近；而分别低于 S₄ 烃源岩饱和烃稳定碳同位素和 S₄ 烃源岩干酪根平均稳定碳同位素，其 δ¹³C 相差达 −3.18‰~−2.43‰，这说明中生界原油与牛心坨沙四段烃源岩没有母源关系，其可能来自中生界烃源岩。

表 4-3-3　牛心坨地区油—岩稳定碳同位素统计表

井 号	层位	δ¹³C /‰	平均值 /‰	样品类型
坨 4、坨 28	S₄上高升	−30.34~−24.7	−27.25	饱和烃（源岩）
坨 32、坨 33	Mz	−29.87~−29.4	−29.63	饱和烃（源岩）
坨 4、坨 28	S₄上高升	−29.7~−24.7	−26.70	干酪根
坨 33、坨 34	Mz	−29.4~−28.2	−29.00	干酪根
坨 32、坨 33	Mz	−29.95~−29.34	−29.68	饱和烃（油）

四、油源对比结论

（1）本区原油密度 0.87~0.96g/cm³，黏度 8~1100mPa·s，物性差异较大。

（2）坨 32、坨 33 块中生界稠油与宋 2 井中生界原油也具有相似的成熟度、甾萜烷分布特征等地球化学特征，有别于牛心坨沙四段烃源岩和原油，他们之间的联系有待进一步研究确认。

（3）本区沙四段原油以及太古界原油来自牛心坨凹陷沙四段烃源岩。中生界原油在稳定碳同位素、生物标记化合物综合特征方面不同于沙四段及太古界的原油，坨 32、坨 33 块中生界稠油可能来源于牛心坨洼陷中生界，但油源有限，不排除相邻区域中生界源岩共同贡献。

（4）本区沙四下段是沉降中心，泥岩较厚，生油指标较好，油气勘探应该仍然以沙四段为重点。

第四节　页岩油含油性评价实验技术

一、页岩油含油性热解分析技术

页岩油是泥页岩地层所生成的原油未能完全排出而滞留或仅经过极短距离运移而就地聚集的原地油气类型，页岩油所赋存的主体介质是曾经有过生油历史或现今仍处于生油状态的泥页岩地层，也包括其中的薄夹层。页岩油主要有游离态和吸附—互溶态 2 种赋存形式（张金川、邹才能），游离态页岩油主要赋存在裂缝及孔隙中，而吸附—互溶态页岩油主要有矿物表面吸附及干酪根吸附—互溶两种类型。其中干酪根吸附—互溶又包括干酪根表面吸附、页岩油与干酪根的非共价键吸附以及有机大分子的包络互溶等形式。

国内外页岩油勘探实践表明：泥页岩层系内以游离态赋存的组分（最容易动用部分）是最为现实的页岩油资源，但难以在实验室进行准确定量游离态的含量。这是由于一方面在样品获取过程中，游离态的轻质组分稳定性较差，较易挥发散失，其值随样品露置时间延长而降低；另一方面在传统开放式样品粉碎及仪器分析过程中由于温度升高也会导致的轻质组分不同程度的散失。因此，准确定量泥页岩层系内不同赋存状态的滞留烃的含量，能够为页岩的含油性与可动性提供有效评价参数，对页岩油勘探开发具有重要意义。

对不同赋存状态页岩油的定量研究方法主要可分为溶剂分步萃取法与加热释放法两种。其中加热释放法的原理在于不同赋存状态的页岩油具有不同的分子热挥发能力，赋存在裂缝及大孔隙中的页岩油比赋存在微孔中的油容易热释出来，小分子的化合物相对大分子的化合物容易热释出来，而游离态的化合物相对吸附态的化合物更容易热释出来。因此，可以通过设置合理的加热实验条件来对页岩体系中不同赋存状态的页岩油进行定量表征，该方法的优点在于简便易行。

传统热解方法依据 GB/T 18602—2012《岩石热解分析》进行，采用常温开放条件粉碎的样品，按照程序升温方式热解，在 300℃ 恒温 3min 获取 S1，然后以升温速率为 25℃/min 升温至 600℃ 获取 S2，并再进行氧化实验计算获取 TOC 等测试参数，其中热解 S1 表征岩石残留烃量，是已经生成的油，热解 S2 表征干酪根生烃潜量。在将传统热解用于页岩油研究时，泥页岩热解生成的 S1 组分与页岩油组分相似，很容易被极性较弱的二氯甲烷萃取出，因而被视为游离态页岩油，但源于烃源岩评价的传统岩石热解对热解 S1 参数并无质量要求；同时近年来的研究也表明，传统热解法没有考虑到样品前处理过程中游离烃轻质组分的散失情况，以此方法获取的热解 S1 并不是游离油的全部，同时热解 S2 也不完全是干酪根生烃潜量，其中混有少量的游离油与吸附油，因此无法给出泥页岩中含油量及其游离烃、束缚烃的含量。

GB/T 18602—2012《岩石热解分析》储集岩热解方法中划分了几个热释温度段和热释分析条件，如 200℃ 恒温 1min 检测 S1-1，然后以 50℃/min 升温至 350℃ 并恒温 1min 检测 S2-1，再以 50℃/min 升温至 450℃ 并恒温 1min 检测 S2-2，最后再以 50℃/min 升温至 600℃ 并恒温 1min 检测 S2-3。对于储集岩热解参数，GB/T 18602—2012《岩石热解分析》中并未定义，邹立言等将 S1-1 表征为汽油含量，S2-1 表征为煤油和柴油含量，S2-2 和 S2-3 表征为蜡质、重烃和胶质沥青质含量。对泥页岩研究而言，泥页岩体系中既有滞留烃类又有干酪根，简单定义为四种组分不适宜非常规页岩油勘探开发的应用要求，因此，热释法表征泥页岩液态滞留烃应该不同于常规生油岩和储集岩。

页岩油含油性热解分析技术在规定取样、样品放置、制备及保存条件的基础上，对样品热解分析程序及实验条件进行优化，以获取泥页岩体系中游离态页岩油量与吸附态页岩油量，开展含油性分析，为页岩油可动性及资源评价研究提供了实用的实验技术标准。

（一）样品取样及处置要求

泥页岩中滞留烃含量大，其中游离烃是最为现实和经济的资源。然而，游离烃中轻烃组分极易散失，在样品获取、制备过程中存在不同程度的散失。

通过对比实验可以看出，随着放置时间的增加，室温条件下块状样品的热解参数 S1 有明显的损失（图 4-4-1）。从图中来看，不同样品中 S1 的损失速率差异较大，这是由于样品非均质性的影响，但总体来说样品放置的前 6hS1 损失速率较高，之后逐渐趋于平缓。为此，我们定义泥页岩样品须选用新鲜钻井岩心样品，同时在平衡现场工作以及最大限度地防止轻烃散失的情况下，须控制岩心暴露在室温的时间。按照现场工作的规定流程，岩心从井底提取，完成清洗—归位—编号—测量—标定—岩心剖开一系列工作所需要的平均时间约 2h。因此，建议在现场出心后 2h 内完成岩心样品清洗、取心工作，并直接进行低温（-40℃ 以下）冷冻。

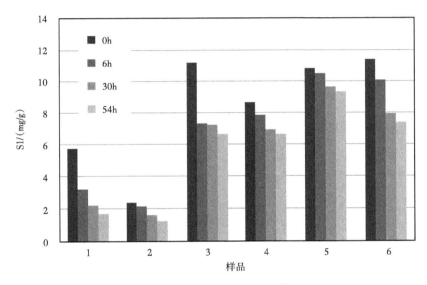

图 4-4-1　放置时间对泥页岩热解参数 S1 的影响

（二）样品制备方法及保存条件

在针对样品前处理的过程中，始终保持样品粉碎中处于 -196℃，防止粉碎加热而导致的轻烃散失，同时应保证样品粉碎后颗粒为 100~150 目。而传统的岩石热解分析中采用在常温开放条件下进行样品粉碎，对泥页岩样品中游离烃中的轻质组分造成了显著的损失。从对比实验中可以看出（图 4-4-2），在 1 号至 3 号样品中，常规碎样方式都造成了热解 S1 的损失，但损失程度存在明显差异，这可能与样品中烃类的组分及其赋存空间相关，排除样品非均质性影响外，常规碎样由于热效率造成的 S1 损失平均可达 30% 左右。为此，我们定义泥页岩样品应在密闭冷冻的条件下进行粉碎，以最大限度降低游离烃中轻质组分的散失。

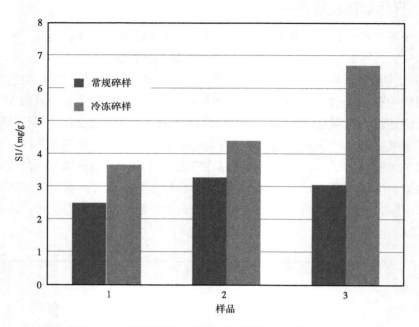

图 4-4-2　常规碎样与密闭冷冻碎样热解参数 S1 对比

（三）样品热解分析程序和实验测试结果

通过对页岩样品进行了恒速升温速率的热释烃分析也可以看出，从 100℃ 至 650℃，升温速率分别为 1℃ /min 和 25℃ /min，得到了相同的分析结果（图 4-4-3），即常规热解的 2 个峰（S1、S2）图谱演变成了 3 个峰：第一个峰大致在 100~200 ℃，第二个峰大致在 200~350℃，第三个峰大致在 350~650℃。很显然，在恒速升温模式下得到 3 个热释烃峰，具有不同的烃组分和地质含义。其中，前两个峰（100~200℃ 与 200~350℃）分别为 S1 峰和溢出到 S2 干酪根热解峰的游离烃（包含烃类与非烃）。

Abram 在进行全岩和溶剂提取后热解结果对比分析时发现（图 4-4-3），全岩热解图包含一个显著的 S1 峰（200℃ 之前）、较低 S2 肩峰（200~350℃）和较高的 S2 峰。在 200~350℃ 时出现肩峰（LST2），溶剂提取后的岩石热解结果显示肩峰（LST2）消失了，同时 S2 也明显降低，这表明肩峰（LST2）是烃源岩生成的烃类显著溢出到 S2 干酪根热解峰。为此，我们要把这一部分肩峰（LST2）划分到热解 S1 中来作为游离烃的一部分。

所以，为了准确开展泥页岩样品的含油性分析，我们重新设定了泥页岩热解的升温程序，并对实验测试结果进行了重新定义。即，程序升温至 350℃，并恒温 3min，将获取的 350℃ 以前热解的烃类总量定义为 S_f（代表页岩游离油含量）；然后以 25℃ /min 升温至 650℃ 并恒温 1min，将在 350℃ 至 650℃ 期间析出的烃类总量定义为 S_p（代表页岩束缚油量与干酪根生烃潜量的和）。分析条件见表 4-4-1。

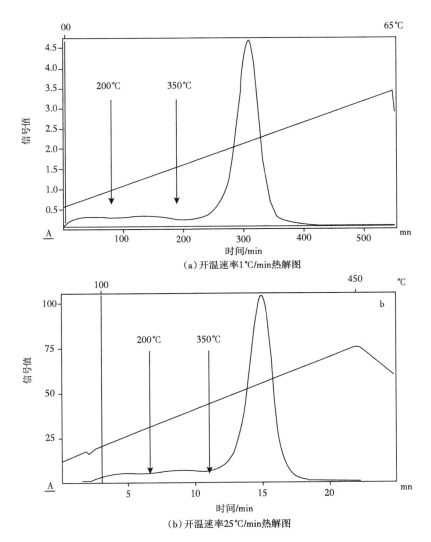

（a）开温速率1℃/min热解图

（b）开温速率25℃/min热解图

图4-4-3 泥页岩不同开温速率热解比图

表4-4-1 不同热解方法参数表

分析方法	分析参数	分析温度 /℃		升温速率 /℃ /min	恒温时间 / min
		起始	终止		
热解法	S_f	350	350	—	3
	S_p	350	600	25	1
	T_{max}	350	600	—	—
	S_r	300	600 或 800	—	3~15（可选）

续表

分析方法	分析参数	分析温度 /℃		升温速率 / ℃ /min	恒温时间 / min
		起始	终止		
四峰热解法	S_{f-1}	200	200	—	1
	S_{f-2}	200	350	25	1
	S_{p-1}	350	450	25	1
	S_{p-2}	450	600	25	1

为了证明我们划分的准确性，我们设定了 6 个相关温度段（200℃ 恒温 1min，200~275℃，275~350℃，350~400℃，400~450℃，450~600℃），采用 25℃ /min 的恒速升温模式，对 FY1 井深灰色层状含灰泥岩（FY1 — 23，3343.81m，沙三下，TOC=1.78%，S1=3.15mg/g，S2=5.12mg/g，T_{max}=445℃，MINC=5.02%）进行了不同温度段的热解色谱分析，获取了不同温度段热释烃组分特征。200℃ 热解组分主碳峰为 C_{16}，主要轻质烃类物质（由于样品保存和碎样制备，样品中部分轻烃已经损失）；200~275℃ 主碳峰为 C_{19}，显示出轻质油的特征；275~350℃ 主碳峰为 C_{25}，和一般陆相原油色谱特征相似；而 350~400℃ 的高碳数烃含量相对很高，同时出现了少量烯烃，湿气和轻烃含量明显增加，没有甲烷出现，说明这个温度段的组分主要为胶质沥青质及高分子烃类物质，主要呈吸附态，胶质沥青质热解生成了轻质烃和湿气；400~450℃ 的高碳数烃组分相对减少，同时出现大量烯烃、轻烃及湿气，是胶质沥青质热解产物，未检测到甲烷；450~600℃ 热解色谱是干酪根热降解生烃特征，出现大量甲烷、湿气、轻烃、正构烷烃和烯烃。页岩含油性热解分析方法参数符号见表 4-4-2。

表 4-4-2　岩石热解参数符号及意义

符号	含义	单位	定义
S_f	350℃检测的单位质量页岩中的烃含量	mg/g	页岩游离油含量
S_p	＞350~600℃检测的单位质量页岩中的烃含量	mg/g	页岩束缚油量与干酪根生烃潜量的和
S_{oc}	单位质量页岩有机二氧化碳含量（400℃以前）和有机一氧化碳含量（500℃以前）	mg/g	有机二氧化碳与有机一氧化碳含量之和
S_r	单位质量页岩热解后的残余有机碳含量	mg/g	残余有机碳含量
T_{max}	S_p 峰的最高点相对应的温度	℃	最高热解峰温度

二、页岩油含油性逐级抽提技术

页岩中不同赋存状态原油的分离成为当前较为关注的问题。采用极性逐渐增强的正己烷、二氯甲烷和三氯甲烷对祁连山木里煤田钻孔的含油页岩样品进行连续抽提，对各抽提物分别做族组分和定量色谱—质谱分析。研究结果表明：正己烷冷浸泡抽提物主要为页岩内自由态烃类，以饱和烃为主；而三氯甲烷索氏抽提物则主要为吸附态烃类，其中极性组分含量高，且碳数较高的正构烷烃丰度高；随溶剂极性的增加，连续抽提物生标参数 $C_{29}\alpha\alpha\alpha$ 甾烷 20S/（20S+20 R）与 C_{24} 四环萜烷 /C_{26} 三环萜烷比值逐渐增加，而 C_{21}/C_{23} 三环萜烷比值逐渐减小，但 C_{23} 三环萜烷 /C_{30} 藿烷和 C_{31} 升藿烷 22S/（22S+22 R）比值基本保持不变，另外部分参数比值则表现为无规律性的变化；尽管各种抽提物烃类组成和分子参数存在一定的差异，但各类化合物分布模式和部分参数值差异很小，表明 3 种连续抽提物（不同赋存状态的烃类）均为页岩内本源烃而非外来烃。

页岩油以游离态（含凝析态）、吸附态（干酪根、矿物颗粒）及溶解态（溶解于天然气、残余水等）等多种赋存形式存在于页岩及邻近夹层中；通常轻质油黏度较低，分子直径较小（0.5~0.9nm），因而在地下高温高压条件下易于在纳米级孔喉中流动。游离态烃类可赋存于矿物基质纳米级孔喉、页理缝、构造缝及异常压力缝和微裂缝中，吸附烃则主要存在于有机质孔、黄铁矿晶间孔、絮凝晶间孔中及有机—黏土复合物和金属—有机复合物上。通过岩心观察、薄片观察以及扫描电镜等手段，可以对页岩油气赋存状态进行静态描述。中国陆相页岩油勘探侧重点应以游离态烃类为主，在现今开发技术条件下，吸附在有机质及岩石颗粒表面的油气基本为不能获取的不可动烃。对不同赋存状态烃类的分离研究，国内外主要采取不同极性溶剂或溶剂组合对岩样进行连续抽提的方式，如甲苯、氯仿、甲醇、乙醇、丙酮等溶剂或甲苯 / 乙醇、甲苯 / 甲醇、氯仿 / 甲醇、氯仿 / 甲醇以及氯仿 / 丙酮等混合试剂。页岩既是生油岩，又是储集岩，因其较低的孔隙度和渗透率和复杂的孔隙结构，使其中烃类的赋存状态也多种多样。采用不同极性溶剂连续抽提的方式，达到不同极性溶剂对不同赋存状态烃类的脱附和分离，定量研究页岩中不同赋存状态烃类，为页岩油的勘探和开发提供新的方法与技术。

选用极性逐渐增强的正己烷、二氯甲烷和三氯甲烷对页岩进行连续冷浸泡和抽提，以达到不同极性溶剂对不同赋存状态烃类的脱附和分离的目的。采取正己烷超声波—冷浸泡的温和洗提方式，以期分离得到页岩存储孔隙空间的自由态烃类，随后二氯甲烷超声波—冷浸泡方式，一是除去未洗净的自由态烃，二是部分吸附态的油气组分可被洗脱出来，最后干燥后的粉碎样品经三氯甲烷索氏抽提，得到的抽提物主要为吸附烃。

正己烷冷浸泡。将页岩岩样碎至颗粒状，每个样品筛选适量的粒径为 1~2mm 岩石颗粒（20~100g），分别盛入已编号的三角烧瓶中，按下列步骤进行冷浸泡：（1）各三角烧瓶中分别加入等量正己烷，置于超声波震荡仪中震荡 5min，取出密封后在通风橱中静置 8h（发现正己烷浸泡液有颜色）；（2）分离岩样和浸泡液，并收集浸泡液；（3）岩样中重新加入正己烷，重复步骤（1）和（2）3 次，直至浸泡液为无色；（4）将收集的所有浸泡液用旋转蒸发仪蒸去溶剂正己烷，旋转蒸发仪的温度控制在 32℃ 左右，尽可能地减少轻组分的损失。

二氯甲烷冷浸泡。将正己烷冷抽提过的岩样置于通风橱中 5h 自然风干，分别放入已编号的三角烧瓶中，按下列步骤进行冷浸泡：（1）各三角烧瓶中分别加入等量二氯甲烷，于超声波震荡仪中震荡 5min，然后密封置于通风橱中 8~12h（发现二氯甲烷浸泡液有颜色）；（2）分离岩样和浸泡液，并收集浸泡液；（3）重复步骤（1）和（2）多次，直至浸泡液为无色。（4）将收集的所有浸泡液用旋转蒸发仪蒸去溶剂二氯甲烷。

三氯甲烷索氏抽提。将冷浸泡后的样品干燥、粉碎至 100 目，然后用三氯甲烷进行索氏抽提（72h），称量所得抽提物（EOM3）。将 3 种连续浸泡/抽提物（EOM1 至 EOM3）进行族组分分离以及色谱和色谱—质谱分析。1.2GC 和 GC-MS 分析 GC：HP7890A 气相色谱仪，HP-PONA 毛细柱，0.23mm×50m，膜厚 0.5μm，初始温度 50℃，恒温 3min，以 5℃/min 速率升温至 300℃ 后恒温 25min，氮气流速为 1.0mL/min，分流比为 20:1，进样温度 300℃，FID 检测器温度为 300℃。GC-MS：色谱柱为 HP-5MS 弹性石英毛细柱（30m×0.25mm×0.25μm），以脉冲不分流方式进样，脉冲压力为 $10.343×10^{-7}$MPa，进样器温度 300℃，He 为载气，流速 1mL/min。升温同此：初始温度 50℃，恒温 2min 后，以 3℃/min 的速率升温至 310℃，并维持恒温 18min，EI 电离方式，电离能量 70eV，采用内标法对正构烷烃和饱和烃进行定量，正构烷烃的标样为 C24D50，甾萜类标样为 5α—雄甾烷。

正己烷冷浸泡抽提物主要为含油页岩中的自由态烃类，其饱和烃最丰富，且低碳数正构烷烃、甾萜类化合物含量最高；二氯甲烷抽提物为自由烃和吸附烃的混合物，而三氯甲烷索氏抽提物主要为吸附态烃类，其极性组分含量最高，高碳数正构烷烃丰度高，但甾萜类化合物含量较低。

不同抽提物地球化学参数具有一定的差异性，随溶剂极性的增加，$C_{29}ααα$ 甾烷 20S/（20S+20R）与 C_{24} 四环萜烷/C_{26} 三环萜烷比值逐渐增加，而 C_{21}/C_{23} 三环萜烷比值逐渐减小，但 C_{23} 三环萜烷/C_{30} 藿烷和 C_{31} 升藿烷 22S/（22S+22R）比值基本保持不变；另外，部分参数比值则表现为无规律变化。

尽管不同溶剂抽提物中烃类的组成、绝对含量和部分生物标志化合物参数存在一定的差异，但部分参数值以及各类化合物的分布模式均较为相似，暗示各种抽提物均为页岩内的本源烃，而非外来烃。

三、页岩油含油饱和度分析技术

把密封瓶洗净擦干，放到烘箱内在 105℃ 恒温 2h。

把包样滤纸切成适当大小，放入烘箱内在 105℃ 恒温 0.5h。分析样品进入分析间前，密封瓶依次排好编号。按先后次序用 50mL 滴定管向密封瓶内准确加 40mL 无水乙醇，然后盖好盖，防止乙醇挥发。

（一）取样

称样前较正好天平，取样重为 20~25g，要求既快又准，经两人读后，无误再写入记录纸。

把称好的样品用烘干的包样滤纸包好，放入密封瓶并盖好盖。样品不得损失，瓶内乙醇水溶液不能外溢，外部水不得进入瓶内。并在记录纸的备注栏内写明取样日期。

把装好样品的密封瓶按先后顺序放入箱内准备送样，要求平稳安全送回室内分析。

（二）室内样品处理

把装好样品的密封瓶放到烘箱内在 60℃ 恒温 48h。依次打开电子天平及卡尔费休分析仪，在滴定杯里注入 100mL 卡尔费休实验试剂进行预滴定，待漂移值降至指定值以下，激活开始样品按钮。

（三）配置标准水溶液

用 50mL 滴定管精确地量出 40mL 无水乙醇放入 100mL 的 20 只三角烧瓶内。

准确地量取 0.2mL、0.4mL、0.6mL、0.8~4mL 的蒸馏水，分别放入盛有 40mL 无水乙醇的三角瓶中，盖好盖，用手将各三角烧瓶轻轻摇动使其瓶内溶液均匀，系列标准水溶液计算配成。

（四）标准水曲线绘制

用 1mL 注射器精确地分别取系列标准水溶液 1~20 号瓶内的乙醇水溶液 1mL 注入仪器内，每个样做平行样三次，误差要求在 C5% 以内。

标准曲线的绘制：用计算机以测定含水量作纵坐标，以已知含水量作横坐标，各点连接绘制出标准工作曲线（图 4-4-4）。

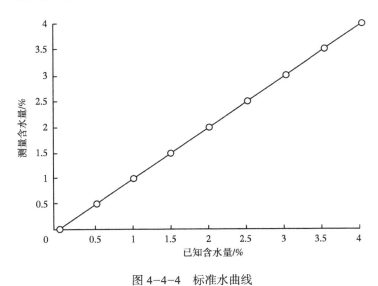

图 4-4-4　标准水曲线

（五）样品分析

把浸泡 48h 的样品按先后顺序排好，用 1mL 注射器准确地取 1mL 乙醇水溶液注入分析仪，每块样品做平行样三次，读取含水量。

含水量测定完毕后，把瓶内岩样取出干、送洗油间洗油。洗完油的样品经挥发后放入烘箱，在摄氏 105℃ 条件下恒温 4h 取出，按编号从小到大排好称干样的重量。取孔隙度样品，并按孔隙度操作规程作孔隙度和岩样密度。含水饱和度 =（水的体积 × 岩石密度）/（孔隙度 × 干样重）× 100%。

对同一样品进行重复测量时，测量结果稳定，误差比例不超过 5%。报告内容包括：样品编号、井深、岩性、样品湿重、样品干重、孔隙度、岩样密度、含水饱和度。

第五章　油藏开发渗流实验技术

油藏渗流实验参数是油藏工程研究必不可少的重要参数。本章重点介绍了油—水相对渗透率及驱油效率测定技术、注气开发物模实验技术、致密储层敏感性评价、注入水的水质指标评价、孔隙结构特征评价等实验技术、实验参数及其应用。

第一节　注水开发实验技术

油田开发中主要补能方式以注水为主，油藏中油水渗流实验参数是油田开发方案优化、动态分析、确定储层中油气水饱和度分布必不可少的重要参数。本节重点介绍了稀油油藏水驱油机理、油水相渗、注入水水质指标评价技术、实验参数及其应用。

一、水驱油机理

不同类型油藏，其水驱油机理有很大差异，主要油藏类型有两大类：孔隙型油藏和双重介质油藏，下面简要介绍这两种类型油藏的水驱油机理。

（一）孔隙型油藏水驱油机理

一般含油饱和度高于 60% 的孔隙型油藏，束缚水主要吸附在一些微细喉道表面或者盲端，油主要充满部分大孔道系统，形成很多不连续的亲水亲油过渡区域；水驱油时，注入水沿大孔道的中轴部位驱替原油，在孔道壁上有一层油膜沿壁流动。小孔道中也残留一少部分原油，随着注水过程的延续，大孔道中的油膜越来越薄，小孔道中的油也越来越少，最后形成水驱残余油。综上所述，在混合润湿油藏中水驱油的主要渗流机理：一是驱替机理，即注入水沿孔道的中轴部位驱替原油。在注入压力作用下，注入水驱动大孔道中的原油，向前流动，用水替换了原油所占据的部分空间。二是剥蚀机理，束缚水与注入水接触，得到注入水的动力后，亲油亲水过渡带向亲油一侧推进，原先亲水区域水膜向亲油区域指进，将部分油膜剥离下来。在混合润湿的油藏中，这种剥蚀机理在驱油过程中起着相当大的作用。

在以上两种机理的作用下，最终将油藏之中的原油采出。为了最大限度地提高水驱采收率。从上述机理描述中可推知，当驱替速度与剥蚀速度相等时，可以得到最好的驱油效果。但由于地层孔隙系统的非均匀性，其中流体的速度场也是非均匀的，不同孔道中的驱油速度也是随机的。而剥蚀速度与束缚水饱和度及油水界面性质有关，因此，我们只要使大部分孔道中的驱替速度与束缚水的剥蚀速度相当就可以。这个最佳驱油速度，只能结合具体的油层条件，用实验的方法求得。

（二）双重介质油藏水驱油机理

对于双重介质油藏来说，主要存在裂缝和基质孔隙两种驱替系统，注水开采过程中的主要驱油动力是注水压力梯度和毛细管力作用。对于基质系统和裂缝系统来说，这两种驱动力的作用是不同的。

对于基质系统来讲，其注水驱替对象为基质中细小孔隙及微缝、微洞中的原油，其驱油动力来自毛细管力作用的渗吸驱油和外加压力下的压力梯度驱油。但是，在双重介质油藏的实际注水开发中，裂缝系统需要的注水压力梯度很小，而基质系统需要的注水压力梯度则很大，在两者共存时，裂缝系统处于主导地位的情况下，基质系统在外加压力梯度作用下的水驱过程很难发生，它主要以毛细管力作用为主渗吸排油。因此，依靠毛细管力作用渗吸排油是双重介质油藏基质系统在水驱开发条件下的重要驱油机理。微裂缝越发育，基质与裂缝的接触面积越大，毛细管力渗吸排油的作用越强。此外，重力也可以起到一定作用，但其作用的大小主要取决于基质体的高度大小，基质体越高体积较大，重力驱替发挥主要作用；基质体体积较小，毛细管力作用发挥主要作用。

对于裂缝系统来讲，在注水采油过程中，注水压力梯度发挥了主要作用，流体符合达西定律流动条件。由于裂缝宽度远大于一般孔隙尺寸，因此其毛细管力较小，可以忽略不计；裂缝系统的油水相对渗透率曲线并非完全呈线性关系，且与基质系统的油水相对渗透率曲线有明显的不同，其束缚水饱和度和残余油饱和度都很低，驱油效率较高。在水驱过程中，驱替速度对驱油效率影响至关重要，因此，在双重介质油藏注水开发过程中，应注意控制合理的注水速度和合理的采油速度，以求取最大驱油效率。

二、油水相渗实验

实验室油水相渗理论以一维两相水驱油前缘推进理论为基本理论依据，忽略毛细管压力和重力作用，假设两相流体不互溶且不可压缩，岩样任一横截面内油水饱和度是均匀的。驱替过程中，向饱和油的岩心中注水，在水驱油过程中，油水饱和度在多孔介质中的分布是距离和时间的函数，按照模拟条件的要求，在油藏岩样上进行恒压差或恒速水驱油试验，在岩样出口端记录每种流体的产量和岩样两端的压力差随时间的变化，用"J.B.N"方法计算得到油水相对渗透率、水驱油效率，并绘制油水相对渗透率与含水饱和度关系曲线、水驱油效率与注入倍数关系曲线[1]。

（一）实验准备

1. 岩心准备

胶结程度较好的岩心可直接进行钻取。对于冷冻成型的岩心，钻取后经包封处理得到柱塞岩心。柱塞岩心的长度不小于直径的 2.5 倍。

2. 流体准备

开始测试前，先将实验用流体配置完毕，包括实验用水和实验用油；并将流体装入流程。

实验用水：参照实际地层水资料，配置相应矿化度 KCl 模拟地层水。或参照周边地层水矿化度进行地层水配置。若没有实际地层水和周边地层水资料时，采用矿化度为 80000mg/L 的标准盐水或 KCl 溶液。

标准盐水配方为 NaCl ： CaCl$_2$ ： MgCl$_2$·6H$_2$O=7 ： 0.6 ： 0.4（质量比）。

实验用油：参照地层原油黏度，按相同油水黏度比配置实验温度下的模拟油。

3. 岩心孔隙体积测定

将岩心接入抽空流程，在真空度达到 133.3Pa 后，再连续抽空 2~5h。饱和实验用水，用天平称量饱和水前后的岩心质量，则岩心孔隙体积用式（5-1-1）计算：

$$V_p = \frac{W_2 - W_1}{\rho_w} \qquad (5-1-1)$$

岩心孔隙度用式（5-1-2）计算：

$$\phi = \frac{V_p}{V_b} \times 100\% \qquad (5-1-2)$$

式中　V_p——岩心孔隙体积，cm^3；

　　　W_1——饱和水前岩心质量，g；

　　　W_2——饱和水后岩心质量，g；

　　　ρ_w——模拟地层水密度，g/cm^3；

　　　ϕ——岩心孔隙度，%；

　　　V_b——岩心总体积，cm^3。

4. 实验装置

油水相渗实验装置主要包括驱替泵、油水中间容器、管阀件、岩心夹持器等部分组成，工作温度：室温至 120℃，最高工作压力 40MPa。装置示意图如图 5-1-1 所示。

（二）实验过程

1. 束缚水条件下油相渗透率测定

将抽空饱和后岩心接入饱和油流程，设定实验温度。环（围）压高于模型入口压力 2.0~3.0MPa。模型加热到实验温度，将实验用油以恒定的低速注入岩心，进行油驱水并建立束缚水饱和度。注意入口压力变化，继续保持围压高于入口压力 2.0~3.0MPa。观察出口产液变化，直至不出水为止，逐渐提高注入速度，然后再驱替 1.0~2.0 倍孔隙体积，计算从岩心中驱替出的累计水量即为饱和油量。岩心原始含油饱和度按式（5-1-3）计算：

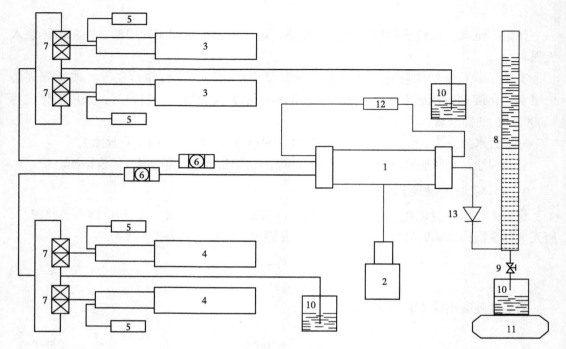

图 5-1-1　水驱油效率装置示意图

1—岩心夹持器；2—围压泵；3—水泵；4—油泵；5—压力传感器；6—过滤器；7—三通阀；
8—油水分离器；9—两通阀；10—烧杯；11—天平；12—压差传感器；13—回压阀

$$S_{oi} = \frac{V_o}{V_P} \times 100\% \qquad (5-1-3)$$

式中　S_{oi}——岩心原始含油饱和度，%；

　　　V_o——饱和油量，cm^3。

当压差曲线平稳后，记录产油量、时间、压差，计算束缚水条件下油相渗透率，作为相对渗透率曲线归一化处理时的绝对渗透率。

束缚水条件下油相渗透率按式（5-1-4）计算；

$$K_o(S_{wi}) = \frac{Q_o \mu_o L}{A \Delta p} \times 100\% \qquad (5-1-4)$$

式中　$K_o(S_{wi})$——岩心束缚水条件下油相渗透率，mD；

　　　Q_o——注入速度，cm^3/s；

　　　μ_o——实验用油黏度，$mPa \cdot s$；

　　　L——岩心长度，cm；

　　　A——岩心横截面积，cm^2；

　　　Δp——岩心两端压差，MPa。

2. 水驱油

进行水驱油前，首先要确定驱动速度。按式（5-1-5）确定水驱的驱动速度：

$$L\mu_\text{w}v \geqslant 1 \qquad (5-1-5)$$

式中　μ_w——实验温度下注入水黏度，mPa·s；

　　　v——渗流速度，cm/min。

岩心转入水驱流程进行驱油实验。在模型两端建立不小于测定油相渗透率时的压差，按恒定的驱动速度进行水驱油，同时记录时间、产油量、产液量、进出口压力、压差及温度参数。见水初期，应加密记录，随着产油量的不断下降，逐渐加长记录的时间间隔。驱替压差曲线平稳后，在大于 2.0PV 的时间间隔内收集的产液含水率大于99.5% 时，结束实验。记录产液量、时间、压差，残余油条件下水相渗透率，按式（5-1-6）计算：

$$K_\text{w}\left(S_\text{or}\right) = \frac{Q_\text{w}\mu_\text{w}L}{A\Delta p} \times 100\% \qquad (5-1-6)$$

式中　$K_\text{w}\left(S_\text{or}\right)$——残余油条件下水相渗透率，mD；

　　　Q_w——注入速度，cm³/s。

（三）油—水相对渗透率计算

非稳态测定相对渗透率的方法所需时间比稳态法少，但数学处理难度大，Buckley 和 Leverett 建立了此方法的基本理论，Welge 发展了此理论并把它用在非稳态相对渗透率方法中，Johnson 发展完善了 Welge 的工作，取得了从非稳态试验资料计算每一相流体相对渗透率的方法，通常称为 JBN 方法。JBN 方法发表以来，得到广泛的应用，同时许多学者也进一步发展了 JBN 方法，使用图解法求得相对渗透率曲线；沈平平等进一步发展了 JBN 方法，使得该计算方法不但适合恒速或恒压水驱实验，而且能适合不恒速又不恒压的实验。近年来有些学者利用最小二乘法为主的优化技术拟合实验压力和采油量方法来求出相对渗透率曲线，此方法对均质及非均质的岩心均能适用。

油—水相对渗透率的计算按式 (5-1-7) 至式（5-1-11）：

$$K_\text{ro}\left(S_\text{w}\right) = f_\text{o}\left(S_\text{w}\right) \frac{d\left[\dfrac{1}{\overline{V}_{(\text{t})}}\right]}{d\left[\dfrac{1}{I_\text{r}\overline{V}_{(\text{t})}}\right]} \qquad (5-1-7)$$

$$K_\text{rw}\left(S_\text{w}\right) = K_\text{ro}\left(S_\text{w}\right) \frac{\mu_\text{w}}{\mu_\text{o}} \cdot \frac{f_\text{w}\left(S_\text{w}\right)}{f_\text{o}\left(S_\text{w}\right)} \qquad (5-1-8)$$

$$S_\text{we} = S_\text{wi} + \overline{V}_{\text{o}(\text{t})} - f_\text{o}\left(S_\text{w}\right)\overline{V}_{(\text{t})} \qquad (5-1-9)$$

$$f_w(S_w) = \cfrac{1}{1 + \cfrac{K_{ro}}{K_{rw}} \cdot \cfrac{\mu_w}{\mu_o}} \qquad (5-1-10)$$

$$I_r = \frac{\Delta p_o}{\Delta p_t} \qquad (5-1-11)$$

式中　$K_{ro}(S_w)$——水饱和度为 S_w 时的油相相对渗透率；

$f_o(S_w)$——水饱和度为 S_w 时的含油率；

S_w——含水饱和度；

$\overline{V}_{(t)}$——无量纲累积注水量；

$\overline{V}_{o(t)}$——无量纲累积采油量；

$K_{rw}(S_w)$——水饱和度为 S_w 时的水相相对渗透率；

S_{we}——出口端含水饱和度；

S_{wi}——束缚水饱和度；

$f_w(S_w)$——水饱和度为 S_w 时的含水率；

I_r——流动能力比；

Δp_o——初始压差；

Δp_t——t 时刻压差。

三、注入水水质指标评价

对于注水开发油田，特别是低孔低渗及非均质性较强的低渗透油田来说，一旦与储层及储层流体不配伍的水注入储层后，将直接影响注水井的吸水能力，导致严重的储层伤害，最终影响注水开发的效果。因此评价注入水的水质及其与储层的配伍性是实现低渗透油藏"注好水"的重要前提。

（一）水质指标体系

注水引起油层损害的实质是造成储层渗流能力的下降。根据注水水质对储层损害机理的不同，可将其指标分为三大类：堵塞类、腐蚀类和综合类，共包括悬浮物、含油、细菌等 8 个水质指标特征参数，具体分类见表 5-1-1。

表 5-1-1　注入水水质指标分类

种类	堵塞类			腐蚀类		综合类
指标名称	悬浮物	悬浮物颗粒中值	水中含油	细菌	硫酸盐还原菌	总铁含量
					腐生菌	
					铁细菌	
					溶解氧	

（二）结垢预测

由于油田水通常矿化度较高，含有各种成分的离子，不同的水混合或回注过程中随着环境条件如温度、压力等热力学条件的变化，使原来稳定的水体系失稳，即水体中的成垢阳离子和成垢阴离子相遇，在岩石孔隙表面产生沉淀，形成无机垢，从而堵塞油层孔道。在大多数生产井和注水井中，无机垢是最主要的损害原因。如碳酸钙、硫酸钙、硫酸钡是最普遍但不容易被发现的井下堵塞情况之一。只有在管柱内结垢才会立即发现。然而理论研究表明，结垢还会在井筒以外的地层内部形成，处理这类结垢比处理管柱内结垢更难。因此必须在注水之前开展结垢机理研究，预测结垢趋势和程度，采取早期预防措施。

1. 结垢机理及影响因素 [2]

（1）碳酸盐垢。

$$Ca^{2+} + CO_3^{2-} \longrightarrow CaCO_3 \downarrow$$
$$Mg^{2+} + CO_3^{2-} \longrightarrow MgCO_3 \downarrow$$
$$Mg^{2+} + 2HCO_3^- \longrightarrow MgCO_3 \downarrow + CO_2 + H_2O$$
$$Ca^{2+} + 2HCO_3^- \longrightarrow CaCO_3 \downarrow + CO_2 + H_2O$$

碳酸盐垢在水中的溶解度随温度的升高而降低，即水温高时产生碳酸盐垢的可能性更大。水中含盐量（不包括 Ca^{2+} 和 CO_3^{2-}、HCO_3^-）越高，碳酸盐垢在水中的溶解度越大，则其结垢趋势也就越小。当水中 CO_2 的含量低于碳酸盐垢溶解平衡所需要的含量时，可逆反应右移，油田水中的碳酸盐垢则易结垢。反之，原有的碳酸盐垢则逐渐被溶解。当水中的 pH 值较高时，产生碳酸盐垢的趋势就大；反之，则不易产生。高矿化度的盐水在一定程度上对碳酸盐垢的形成有抑制作用。

（2）硫酸盐垢。

$$Ca^{2+} + SO_4^{2-} \longrightarrow CaSO_4 \downarrow$$
$$Ba^{2+} + SO_4^{2-} \longrightarrow BaSO_4 \downarrow$$
$$Sr^{2+} + SO_4^{2-} \longrightarrow SrSO_4 \downarrow$$

温度一般不影响硫酸盐垢的类型，但可影响其中 $CaSO_4$ 垢的类型。水中含盐量（不包括 Ba^{2+}、Ca^{2+}、Mg^{2+}、Sr^{2+}、SO_4^{2-}）越高，硫酸盐垢在水中的溶解度越大，则其结垢趋势也就越小。压力增加时，硫酸盐垢在水中的溶解度越大，则其结垢趋势也就越小。pH 值变化对硫酸盐垢基本上没有影响。高矿化度的盐水在一定程度上对硫酸盐垢的形成有抑制作用。

2. 结垢量预测

（1）碳酸钙垢结垢量。

按式（5-1-12）计算：

$$W = \left(m_1 + m_2 - \sqrt{(m_1 - m_2)^2 + 4K_{sp}}\right)/2 \tag{5-1-12}$$

式中　W——最大沉淀量，mol/L；

　　　m_1，m_2——二价盐 MA 的正负离子的初始浓度，mol/L；

　　　K_{sp}——碳酸钙的溶度积常数。

（2）硫酸盐垢结垢量。

按式（5-1-13）至式（5-1-15）计算：

$$K_{sp\,BaSO_4} = (m_1 - \Delta m_1)\big[X - (\Delta m_1 + \Delta m_2 + \Delta m_3)\big] \tag{5-1-13}$$

$$K_{sp\,SrSO_4} = (m_2 - \Delta m_2)\big[X - (\Delta m_1 + \Delta m_2 + \Delta m_3)\big] \tag{5-1-14}$$

$$K_{sp\,CaSO_4} = (m_3 - \Delta m_3)\big[X - (\Delta m_1 + \Delta m_2 + \Delta m_3)\big] \tag{5-1-15}$$

式中　X，m_1，m_2，m_3——SO_4^{2-}、Ba^{2+}、Sr^{2+}、Ca^{2+} 的初始浓度，mol/L；

　　　Δm_1，Δm_2，Δm_3——$BaSO_4$、$SrSO_4$、$CaSO_4$ 的沉淀量，mg。

（三）悬浮物的评价

水中的悬浮颗粒是指在水中的不溶性物质。一般包括地层颗粒（粉砂、淤泥、黏土等）、腐蚀产物（氧化铁、硫化亚铁、氢氧化铁）、细菌产物、水垢等[3]。据有关资料介绍，水中的悬浮颗粒直径小于 1/7 孔道直径时，颗粒可以随流体自由通过；当悬浮颗粒直径为孔道直径的 1/7~1/3 时，就可以形成堵塞；当悬浮颗粒直径大于 1/3 孔道直径时，会产生严重堵塞。同时，悬浮物损害地层程度的大小与悬浮物浓度还有密切关系，悬浮物浓度也是注水过程中主要的损害因素之一，是影响注水井吸水能力大小的重要指标。均质性差的油层、低渗透油藏对水质要求更高。悬浮颗粒伤害评价实验可以判断注入水中悬浮物的存在究竟是否对储层造成伤害及伤害程度。

评价实验方法：首先用地层水在临界流速以下对岩心进行驱替实验，测定不同注入量下的基础水相渗透率；其次用地层水配制不同颗粒粒径（或不同浓度）的模拟污水测定不同注入量下的岩心渗透率，比较两者渗透率的变化情况。若两者渗透率变化基本相同，说明注入水中的悬浮物基本未对储层造成伤害，即注入水与储层配伍性较好；若后者渗透率值明显小于前者，说明悬浮物堵塞了岩心部分孔隙，注入水与储层配伍性差。

颗粒粒径指标上限的确定：图 5-1-2 为某低渗透油藏空气渗透率为 6mD 岩心样品、悬浮物浓度为 1.0mg/L，颗粒粒径分别为 0.8 μm、1.5 μm 和 2.0 μm 的模拟水评价实验结果曲线。

从结果可以看出，悬浮物三种粒径的污水对岩心的伤害率分别为 4.25%、18.18% 和 38.82%。当粒径达到 2.0 μm 时，岩心伤害率明显增大，达到 38.82%。以渗透率保留率 80% 为判别标准，确定该区块注入污水中悬浮物颗粒粒径上限为不大于 1.5 μm。

悬浮颗粒浓度指标上限的确定：图 5-1-3 为某低渗透油藏空气渗透率为 10mD 岩心样品、悬浮物颗粒粒径为 1.5 μm、浓度分别为 1.0mg/L、2.0mg/L、3.0mg/L 的模拟水评价实验结果曲线。

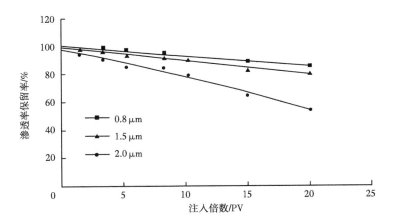

图 5-1-2　不同悬浮颗粒粒径对岩心渗透率伤害的评价曲线

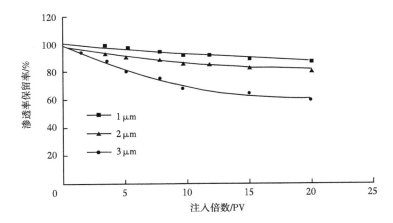

图 5-1-3　不同悬浮物浓度对岩心渗透率伤害的评价曲线

从结果可以看出，三个悬浮物浓度的污水对岩心的渗透率有不同程度伤害。当悬浮物浓度达到 3.0mg/L 时，岩心伤害率明显增大，达到 32.6%。以渗透率保留率 80% 为判别标准，确定该区块注入污水中悬浮物浓度上限为不大于 2.0mg/L。

（四）含油量的评价

油田水中含油是指在酸性条件下，水中可以被汽油或石油醚萃取出的石油类物质，称为水中含油。污水中的含油量也是注水过程中主要的地层损害因素之一，是影响注水井吸水能力大小的重要指标。均质性差的油层、低渗透油藏对水质要求更高。含油伤害评价实验可以判断注入水中油滴的存在究竟是否对储层造成伤害及伤害程度。

评价实验方法：首先用地层水在临界流速以下对岩心进行驱替实验，测定不同注入量下的基础水相渗透率；其次用地层水配制不同含油量的模拟污水测定不同注入量下的岩心渗透率，比较两者渗透率的变化情况。若两者渗透率变化基本相同，说明注入水中的细菌基本未对储层造成伤害，即注入水与储层配伍性较好；若后者渗透率值明显小于前者，说明含油堵塞了岩心部分孔隙，注入水与储层配伍性差。

污水含油量指标上限的确定：类似悬浮颗粒伤害评价的判定，以渗透率保留率80%为判别标准。

第二节　高凝油冷伤害评价实验技术

高凝油油藏是指原油凝固点高于40℃，含蜡量高于10%的轻质油藏，一般采用水驱进行开采，注水速度、温度不合理易在井筒附近形成降温带，导致原油中的蜡从原油中析出，堵塞油层孔隙，降低油层渗透率，增加流动阻力系数，严重影响油田开发效果。因此围绕"沈84-安12块是否存在冷伤害与怎么预防解决冷伤害"两个核心问题，开展水驱后地层高凝油物性、析蜡与沉积特性、不同温度流变性、水驱油及三元复合驱渗流特性、冷伤害机理等研究，形成特色高凝油冷伤害评价实验技术。

一、原油析蜡及冷伤害机理

油井在生产过程中结蜡的根本原因是油井产出的原油中含有蜡。在地层的温度和压力下，蜡一般溶在原油中。随着油从井筒上升，系统的压力下降气体从原油中逸出，并发生膨胀，吸热，导致原油温度降低；同时由于气体会把原油中的轻组分带出一部分，使原油的溶蜡能力降低；并且原油在流动过程中不断地向周围环境散热，当油温下降到原油析蜡点，原油在静止状态下，当温度下降，蜡的饱和浓度变小，在达到一定温度时，原油中的含蜡量等于或大于蜡的饱和浓度时，开始有固体蜡析出的温度时，在液态原油中析出固态石蜡结晶颗粒，原油由均质的液相转变为含有石蜡晶粒的两相系统，当温度继续降低时，蜡晶微粒便交联长大从原油中析出吸附在管壁上。

综上，原油结蜡的过程可以归纳为：（1）析蜡阶段：当温度降至析蜡点以下时，蜡以结晶形式从原油中析出；（2）蜡晶生长：温度、压力继续降低和气体析出，结晶析出的蜡聚集长大形成蜡晶体；（3）蜡晶沉积：蜡晶体沉积于管道和设备等表面上。综上，原油结蜡的过程可以归纳为：（1）析蜡阶段：当温度降至析蜡点以下时，蜡以结晶形式从原油中析出；（2）蜡晶生长：温度、压力继续降低和气体析出，结晶析出的蜡聚集长大形成蜡晶体；（3）蜡晶沉积：蜡晶体沉积于管道和设备等的表面上。

二、高凝油冷伤害评价方法及预测模型

目前析蜡量的测试方法有很多，一般有静态与动态方法之分，静态法常有偏光显微镜法、黏度法、激光法等，动态法有环道法、激光法等。每种方法各有优缺点，根据测试目的可选择不同测试方法。

（一）静态法（地面条件）

一是显微观察法。样品在实验初都先进行水浴加热至 60℃ 左右，以溶解原油中的石蜡使样品均一化。将样品摇匀后，取一滴做成玻璃夹片。在正交偏光下观察样品玻片，这样石蜡结晶才是可见的。待镜头焦距调整到位后，玻片便以 1℃/min 的速度匀速降温，摄像机同步记录整个过程，然后观察并记录下第一滴粒径大于 1 μm 的晶体在黑色背景下出现的温度，该温度即是原油中的析蜡点，该方法测定固相沉积点的优点是直观、可视化，既能观察到很小的蜡晶体，又可以观察到蜡晶体的形态，缺点是无法衡量压力对固相沉积的影响，只能对罐油进行研究。

二是黏度法。该实验方法将待测样品置于旋转黏度计测量系统中加热至其中固态蜡转变为液态均匀后，再以一定速率降温，同时开启旋转黏度计，每间隔一定温度记录剪切应力与温度对应值，将记录的黏度—温度值描述在半对数坐标图上，当温度降至曲线斜率明显改变时，继续降温测定 3~5 个点。最后将数据点绘成曲线，均质液态原油中析出蜡晶时，导致曲线开始发生转折，曲线拐点对应的温度，就可认为是含蜡原油的析蜡点。黏度法操作简单且容易进行，但这一方法通常只用于测定室压下油样的溶蜡点，并且在石蜡发生溶解的初始阶段黏度变化可能不是很明显，所以测量的精度不高，尤其当原油中含有水时更会影响到测试结果。

三是 DSC 法。差示扫描量热法可用于测定原油体系的析蜡点，也可用来测定析蜡量。当油样降低至相变热为零，即热流线与基线重合的温度，用 DSC 曲线计算得到的析蜡量就是原油的含蜡量。

（二）动态法（地层条件）

目前析蜡温度测试通常在地面脱气条件下，无法真实反映地下情况，因此建立了激光法测试析蜡温度方法，该方法利用温度—光强之间的关系，可以快速测试地面、地层条件下的析蜡温度，测试设备如图 5-2-1 所示。利用建立地下析蜡温度测试方法测试不同温度压力下析蜡关系曲线，根据实测曲线，基于激光衰减规律遵从 Beer-Lambert 定律，建立了预测析蜡量、粒径分布预测模型及方法，为冷伤害评价提供依据。

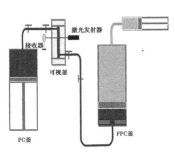
（a）激光法测试实验装置

（b）PVT仪及激光法测试实验装置

（c）高温高压可视釜

图 5-2-1 激光法测试仪器

根据建立的激光法实验装置，可以获得从 19.5MPa 至 9MPa 间不同温度下压力的析蜡量，形成了析蜡量定量图版（图 5-2-2），为现场判断析蜡情况提高依据。

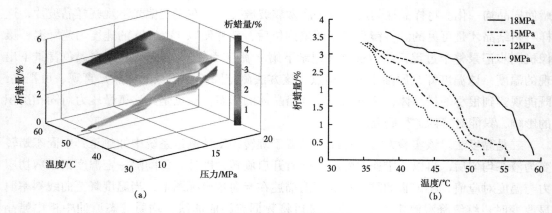

图 5-2-2　析蜡量预测模板

三、影响原油析蜡及冷伤害因素分析

（一）溶解气

溶解气的存在可以减缓蜡晶的析出、沉积或联结。地层含气原油析蜡点、凝固点比脱气原油低，冷伤害危险性降低。由图 5-2-3、图 5-2-4 可得 19.5MPa 下含气油析蜡点为 59.5℃，比地面原油（析蜡点 61.4℃）低 1.9℃。

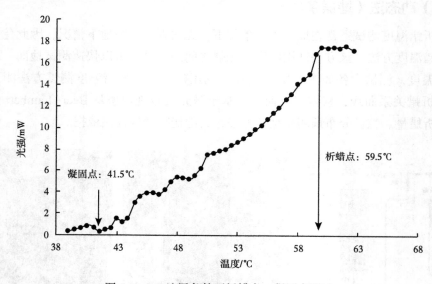

图 5-2-3　地层条件下析蜡点、凝固点测试

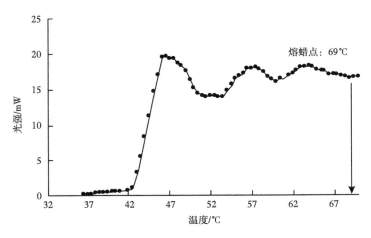

图 5-2-4　地层条件下熔蜡点测试

（二）地层压力

压力对析蜡点、凝固点均有影响，地层压力降低时析蜡点、凝固点降低。由图 5-2-5、图 5-2-6 可看出，饱和压力之上，一定范围内随压力下降，析蜡点、凝固点、熔蜡点降低；饱和压力以下，压力下降导致气体溶解度下降、析出，析蜡点、凝固点、熔蜡点升高；析蜡点在 18~12MPa 区间以 1.17℃ /MPa 降幅最大；凝固点呈现同样的变化趋势。当前地层压力 12.6MPa 下，含气原油析蜡点在 52℃ 左右，与地面原油相差 9.4℃，比原始地层压力（19.5MPa）下降 7.5℃。

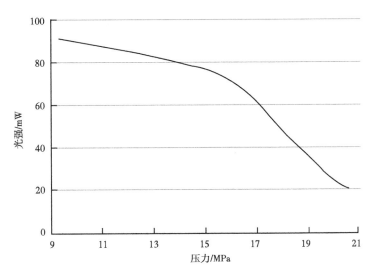

图 5-2-5　不同压力下光强变化曲线

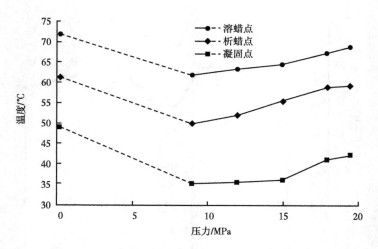

图 5-2-6　不同压力下原油析蜡、熔蜡、凝固点变化

（三）渗流速度

由图 5-2-7、图 5-2-8 可看出，含气高凝原油的视黏度，与剪切速率有关，特别是当低于析蜡点温度后，原油的黏度随剪切速率的升高而降低。因此，提高原油渗流速度，原油所受到的剪切速率增大，能有效降低高凝油的黏度和流动阻力。

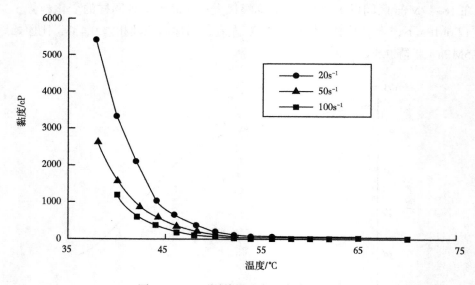

图 5-2-7　不同剪切速率黏度变化曲线

（四）原油性质

原油其他条件相同时，原油含蜡量越高，油井越容易结蜡；在同一含蜡量的原油中，含轻质成分少的原油，其中的蜡更容易析出。

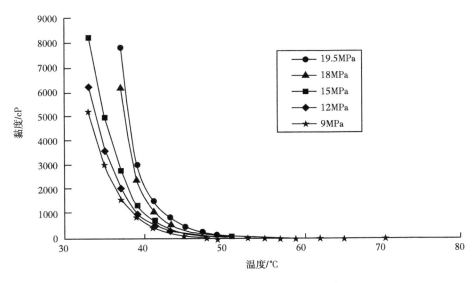

图 5-2-8 不同压力原油黏温变化曲线

（五）原油中的含盐量

原油中含有的盐虽然绝大部分溶于水中，但是悬浮于油中的部分，它们处于结晶状态，以微粒状分散在油中，为石蜡析出提供结蜡核心，促使石蜡结晶的析出，加剧结蜡过程。

（六）原油中的胶质、沥青质

随着胶质含量的增加，蜡的初始结晶温度降低。因为，胶质为表面活性物质，它可以吸附于石蜡结晶的表面，阻止结晶体的长大。沥青质是胶质的进一步聚合物，它不溶于油，是以极小的颗粒分散于油中，成为石蜡结晶的中心，对石蜡结晶起到良好的分散作用。而当胶质、沥青质同时存在时，在壁管上沉积的蜡的强度将明显增加，而不易被油流冲走。

（七）原油中的水和机械杂质

原油中的水和机械杂质对蜡的初始结晶温度影响不大，而其能作为石蜡析出的晶核，促使石蜡结晶析出，加剧了结蜡过程。由于水的比热比油大，所以含水较多的原油液流温度降低较慢；并且含水较多的原油易在输油管壁形成连续水膜，不利于蜡沉积于管壁。所以原油中油井含水量越多，采油输送过程中输油管壁结蜡程度就会有所减轻。

四、驱替过程冷伤害对驱油效果影响因素分析

为了研究驱替过程中不同因素产生的冷伤害对驱油效果影响，建立了不同类型长岩心评价冷伤害评价方法，开展了不同温度、不同类型岩心物模实验。

（一）储层温度

储层的温度对高凝油油藏水驱油效率和油水流动能力具有重要影响。随着储层温度的

降低，原油黏度的增加及孔隙和喉道附近蜡的沉积于堵塞，造成油相相对渗透率和水相相对渗透率的下降，残余油饱和度显著升高，含水上升快，两相共流区域变窄，表明岩心润湿性由水湿向油湿转变。当实验温度低于析蜡温度后，温度影响更加剧烈。

（二）注水温度

由图 5-2-9 可看出，注水温度影响非均质长岩心的采出程度。注水温度为溶蜡温度时岩心含水率至 80% 时采出程度最大；当注水温度低于析蜡温度以下 3℃ 以后，岩心采出程度明显下降。当热水驱温度达到溶蜡温度时，提高采收率效果明显。注水温度越低，注入水波及范围越低，在注入端易形成重质组分的沉积与堵塞，岩心采收率越低。因此早期采用热水驱可以扩大注入水波及范围，提高原油采收率。

（三）非均质性

实验结果对比表明，三层非均质模型的采收率低于均质模型，说明层内非均质岩心，若不改善流动剖面、扩大波及体积，单纯注热水增油效果不明显。

（四）化学驱

总体上三元复合驱注提高采收率幅度随注水温度的增加而增大，提高三元复合驱注入温度，一方面在发挥三元复合驱的同时，也有利于发挥热水驱的作用。另一方面，只有在流动剖面改善的条件下才能有效发挥热水驱的效用。换一种角度，即当低温注水形成"冷伤害"后，仅靠"热水驱"效果有限。由图 5-2-9 和图 5-2-10 可看出，水驱结束后采用聚合物驱可以进一步提高原油采收率，改善注入流体的波及范围。但三元复合驱注入温度越低，提高采收率幅度越小，因此在采用三元复合驱的同时提高注入温度有助于发挥三元复合驱的作用。

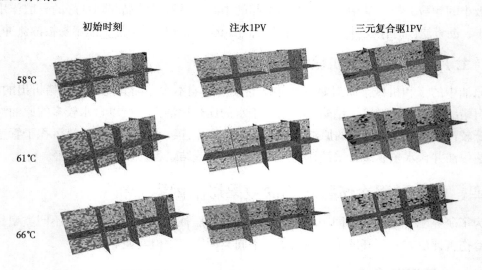

图 5-2-9　不同温度下水驱、三元复合驱不同 PV 数下含油饱和度分布

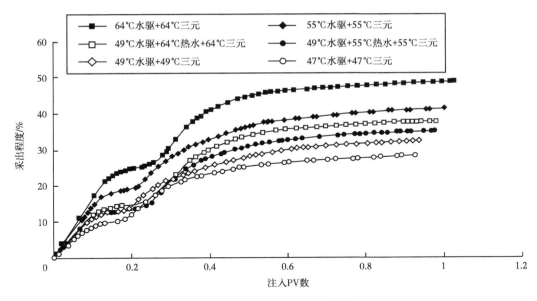

图 5-2-10　不同温度水驱 + 三元驱累计采收率

五、冷伤害程度划分及评价

高凝油是温度、压力、剪切速率敏感型原油，具有潜在的冷伤害危险性。具有的冷伤害程度应该结合原油析蜡点等物性及注水后当前地层温度综合判断。

按冷伤害影响程度分为以下三个等级：

（1）轻微：注水井吸水量变化不明显。微观上析蜡影响驱油效率及波及效率。析蜡及蜡晶沉积、微观润湿性改变引起波及系数下降。黏度上升导致驱油效率下降及波及效率下降，宏观上油藏含水上升快，"水驱特征曲线"偏离理论曲线。

（2）中等：注水井注水量明显下降，注入压力显著上升。

（3）严重：注水井注水不进去，对生产影响很大。

经分析认为，沈84—安12块高凝油经长期注水开发后，引起井筒周围地层温度下降，高凝油注冷水开发"冷伤害"主要发生在近井区，表现在其基础物性改变造成的渗流阻力增大的不利影响。从这个油藏的角度看，综合判断冷伤害程度为轻微。

第三节　注气开发实验技术

注气开发是提高低渗透油藏采收率的一种有效方式。辽河油田低渗油藏由于储层物性较差，敏感性较强，注水开发难以建立有效驱替系统，采油速度低、采出程度低，开发效果差。从理论上讲，注气开发是一种比注水更能提高低渗透油藏采收率的技术，是针对低渗透油藏的一种新的接替开发技术[4]。

一、溶解与溶胀特征分析

通过非烃气溶解与溶胀特征分析，能明确油藏在注气过程中的相态特征变化、地层原油体积系数、黏度、密度等参数的变化规律，分析气驱机理，是注气方案设计工作的基础。

（一）气体溶胀实验方法

气体的溶解能力主要用气油比来量度；气体对原油溶胀作用主要影响的是饱和油体积系数、原油密度、原油黏度等参数。通过原始地层原油、注非烃气后地层原油这些主要物性参数的变化分析，就可评价气体溶胀作用对原油性质的影响。

1. 原始地层原油主要参数分析方法

1）地层原油样品的取得

地层原油样品的取得最直接的渠道是在油井的生产部位用井下取样器获取原油样品。但是受多种因素的影响，经常取不到原始地层条件下的原油样品，常用地面脱气原油加天然气复配的方式来获得。

2）天然气饱和压力的测定

通过降压实验、加压降体积实验两个方式测定对应压力和原油体积。根据记录的数据，在以压力为 x 轴，体积变化量 ΔV 为 y 轴的直角坐标系中，分别作出两条直线，两条直线的交点即为该原油的饱和压力点，如图 5-3-1 所示。

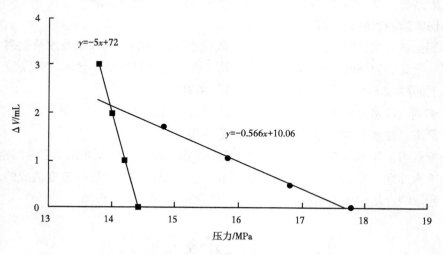

图 5-3-1　饱和压力示意图

3）溶解气油比、饱和油体积系数等参数的测定

按照参考饱和压力与地层压力设定的压力梯度，开展多级降压实验，测量排出气体体积、压力与原油体积，测量当前温度、压力下的原油黏度、密度，计算溶解气油比、饱和油体积系数等参数。

4）原油相态的分析

分析地层条件下原油样品组成，结合测定的特征参数进行相态分析软件进行相态特征模拟，得到地层原油相态图。

2. 注非烃气后原油主要参数分析方法

1）非烃气与地层原油的复配

将原油注入容器中，再向容器内注入足量的天然气，保持地层压力和温度搅拌超过24h 以上。排出多余气体，获得地层条件下的原油。再将非烃类气体在高于地层压力下注入原油中，恢复到地层压力，经过长时间搅拌，再平衡，排除多余气体，最终获得试验用复配原油。

2）复配非烃气后地层原油主要参数的测定

注非烃气后地层原油物性参数，主要包括各级压力下的溶解气油比、饱和油体积系数、原油密度、原油黏度等。测定方法参照前面原始地层原油物性分析方法。

（二）非烃气对原油物性参数的影响分析

1. 不同注入气体的气油比

气油比是地层原油中溶解气量多少的量度，气油比越大，表明原油中溶解的气越多；反之就越少。相同条件下，非烃类气体中二氧化碳溶解程度最大，烟道气次之，氮气与空气只是微溶于原油中。不同气体的气油比分析结果如图 5-3-2 所示。

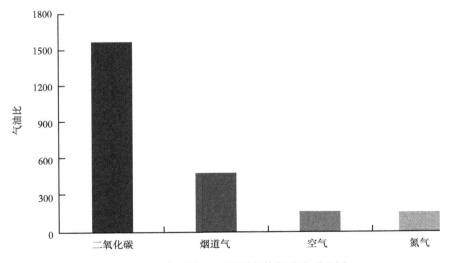

图 5-3-2　相同条件下不同气体气油比对比图

2. 注入气体对原油体积系数的影响

非烃类气体溶于原油都会使原油膨胀，体积系数变大。其中二氧化碳增幅最大。氮气与空气的影响较小。不同气体对原油体积系数影响变化规律如图 5-3-3 所示。

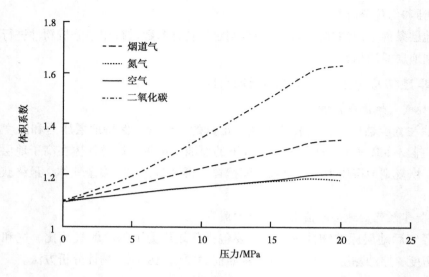

图 5-3-3　不同气体对原油体积系数影响对比图

3. 注入气体对原油黏度的影响

注入二氧化碳会使地层原油黏度大幅降低，烟道气对原油的降黏程度取决于二氧化碳分量浓度的多少。氮气、空气会使黏度小幅降低。不同气体对原油黏度影响变化规律如图 5-3-4 所示。

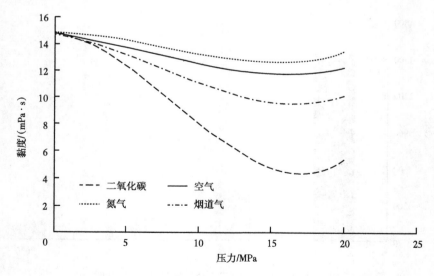

图 5-3-4　不同气体对原油体积系数影响对比图

4. 注入气体对原油密度的影响

注入非烃类气体会使原油密度降低，二氧化碳降低程度较为明显，氮气降低程度最小。不同气体对原油黏度影响变化规律如图 5-3-5 所示。

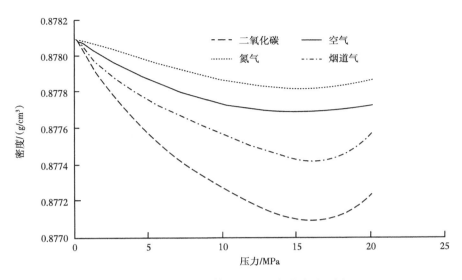

图 5-3-5　不同气体对原油黏度影响对比图

二、最小混相压力实验

最小混相压力（MMP）是油藏注气开发方案所必需的一个重要参数，是确定气驱能否实现混相的最重要标准。最小混相压力有很多种定义，理论上定义为：最小混相压力是指在油层温度下，注入气体与原油达到多级接触混相的最小限度压力；在实验方法上，Stalkup 定义为：通过一系列的驱替实验所获得的最终采收率曲线，曲线的拐点所对应的压力就是最小混相压力。MMP 的实验室测量方法可分为带观察窗的 PVT 仪法、升泡仪法和细长管实验法。本文介绍的就是细长管实验法。

细管实验是实验室测定最小混相压力的一种常用的方法[5]，它是在细管模型中进行的模拟驱替实验。它比较符合油层多孔介质中油气驱替过程的特征，并能尽可能排除不利的流度比、黏性指进、重力分异、岩性非均质等因素所带来的影响。尽管细管实验得出的驱油效率不一定与油藏采收率成比例，但得到的最小混相压力可以代表所测定的油气系统。因为只要具备混相条件，油气混相的动态相平衡过程在不同的介质中都会发生，与油藏的岩石性质无关。

（一）细长管模型设计

由于确定最小混相压力的特点是通过多次接触混相驱，而且是低密度、低黏度的流体排驱高密度、高黏度的流体。因此，油层模型设计必须满足三个条件：

（1）油层足够长，能满足经过多次接触后形成混相带和油带所需要的长度；

（2）注入 1.2PV 后波及系数要求能达到 1.0 左右，以避免波及系数对排驱的影响；

（3）细管和砂粒的直径适度，保证注入气通过横向分散作用抑制黏性指进。

（二）混相的判断方法

1. 采出程度判定法

注入 1.2 倍孔隙体积数时的采收率，一般不应低于 90%，而且实验压力大于最小混相压力后的采收率不应有明显的增加。

2. 观察法

在高压观察窗中可以观察到混相流体之间不存在明显界面，即在驱替气和其之前的油间不存在明显的界面。

（三）实验方法

1. 实验流体的选择

在最小混相压力的实验中，所用原油为某研究目标区的实际地层原油或复配原油，气体为要测定最小混相压力气体。

2. 模型饱和水

通常采用抽空饱和水的方式，或驱替的方式对细长管模型饱和地层水，记录饱和前后模型的质量，计算模型的孔隙体积、孔隙度。

3. 模型饱和油

在实验温度下向细长管中注入原油，并不断提高流速，直至细长管模型中不再出水为止，记录出水量，计算束缚水饱和度和含油饱和度。

4. 气驱油

将回压调节到实验所需的压力，按式（5-3-1）、式（5-3-2）确定注气速度，每注入 0.1PV 气体时记录模型入口压力、出口压力和出油量。在注入 1.2PV 的气体后结束驱替实验，按式（5-3-3）计算其最终驱油效率。

$$v_{st} = 0.043K\left(\frac{\mathrm{d}\rho}{\mathrm{d}\mu}\right)_{min} \tag{5-3-1}$$

式中　v_{st}——最大驱替速度，ft/s；

　　　K——渗透率，D；

　　　$\left(\dfrac{\mathrm{d}\rho}{\mathrm{d}\mu}\right)_{min}$——气—原油混合物密度对气—原油混合物黏度的最小导数，lb/ [ft³ · （mPa · s）]。

$$v_c = 2.472 \times 10^{-7} \frac{\rho_o - \rho_s}{\mu_o - \mu_s} \tag{5-3-2}$$

式中　v_c——临界驱替速度，ft/s；

　　　ρ_o，ρ_s——原油和注入气体的密度，lb/ft³；

μ_{o}，μ_{s}——原油和注入气体的黏度，$mPa \cdot s$。

$$驱油效率 = \frac{采出的原油体积 \times 体积系数}{饱和的原油体积} \times 100\% \qquad (5-3-3)$$

5. 改变回压的重复实验

将清洗干净的细长管烘干，一般要求在 6h 以上，按设计的压力梯度改变压力，然后重复上述 2~4 的实验过程，测定不同回压下的驱油效率，直至达到混相后结束实验。

6. 数据计算

根据细长管驱替实验数据，绘制累积注入 1.2PV 气体时的驱油效率与相应注气压力的关系曲线，通过驱油效率高于 90% 的混相实验点和驱油效率低于 90% 的非混相实验点各做一条线性拟合线，则两条直线的交点所对应的注气压力值即为最小混相压力。

三、长岩心实验

长岩心实验是比填砂管和细长管实验更接近于地层的实际情况的实验手段，其不排除重力分层、黏性指进、润湿性和非均质等造成的影响。该项实验能进一步验证优选出的注气开发参数适合该油藏的注气开发；在气体驱替过程中，准确确定气窜时间、驱油效率的高低，残余油饱和度的多少等。

（一）长岩心的排列方式 [6]

由于受取心技术所限，要在驱替实验中采用 50cm 或更长的储层岩心进行实验几乎是不可能的，因此常把短岩心按照一定的排列方式拼接成长岩心进行驱替实验。根据油藏储层岩石的渗透率和孔隙度，筛选出无破损且较长的岩心，经打磨、烘干、清洗等系列措施，对岩心的基本物性参数进行测试后再拼接；同时，为了消除岩心拼接处存在的空隙而引起的末端效应，将岩心端面之间用滤纸连接。

1. 岩心调和平均渗透率的计算

由于每块岩心的渗透率不相等，排列的目的就是把岩心按照一定的规律排列。将实验岩心按式（5-3-4）计算调和平均渗透率 $\bar{K}$ 。

$$\frac{L}{\bar{K}} = \frac{L_1}{K_1} + \frac{L_2}{K_2} + \cdots + \frac{L_i}{K_i} + \cdots + \frac{L_n}{K_n} = \sum_{i=1}^{n} \frac{L_i}{K_i} \qquad (5-3-4)$$

式中　L——岩心的总长度，cm；

　　　$\bar{K}$——岩心的调和平均渗透率，mD；

　　　L_i——第 i 块岩心的长度，cm；

　　　K_i——第 i 块岩心的渗透率，mD。

2. 实验岩心的排列

把所有岩心中渗透率最接近 K 的那块岩心放在出口端的第一位，然后在剩下的 $n-1$

块岩心中继续使用式（5-3-4）计算调和平均渗透率，把第二次筛选出的岩心放在出口端的第二位，以此类推，直到筛选出最后一块岩心放在进口端的第一位。

（二）实验流程

1. 模型饱和水

通常采用抽空饱和水的方式或驱替的方式，对按岩心排列顺序装填好的实验模型饱和地层水，记录饱和前后模型的质量，计算模型的孔隙体积、孔隙度。

2. 模型饱和油

在实验温度下向实验模型中注入实验原油，并不断提高流速，直至细长管模型中不再出水为止，记录出水量，计算束缚水饱和度和含油饱和度。

3. 气驱油实验

按照设计的实验方案进行。

（三）应用实例

以某低渗区块不同气水比交替驱的驱油效果评价实验为例。

1. 岩心基本参数和排列顺序

实验取某低渗区块储层的天然柱状岩心 7 块，开展长岩心实验。根据各岩心的物性参数，通过计算，长岩心模型的总长度为 46.206cm，岩心的调和平均渗透率为 9.578mD；通过饱和水计算得知其孔隙度为 11.6%。其岩心物性参数及排列顺序见表 5-3-1。

表 5-3-1 长岩心实验岩样物性参数表

岩心编号	直径 /cm	长度 /cm	空气渗透率 /mD	岩心排列顺序
1	2.556	7.648	8.653	2
2	2.562	6.912	7.857	5
3	2.442	6.962	9.776	1
4	2.558	6.524	10.417	3
5	2.560	5.452	10.874	4
6	2.556	6.520	7.530	6
7	2.568	6.188	17.448	7

2. 不同气水比交替驱的驱油效果分析

设计两组实验，一组实验为先注入 1PV 水，然后再气水交替，交替方式为 0.2PV 气 +0.1PV 水；另一组实验为先注入 1PV 水，然后再气水交替，交替方式为 0.3PV 气 +0.1PV 水；注气速度为 5mL/min（标况下），注水速度为 0.2mL/min，实验结果如图 5-3-6 和图 5-3-7 所示。

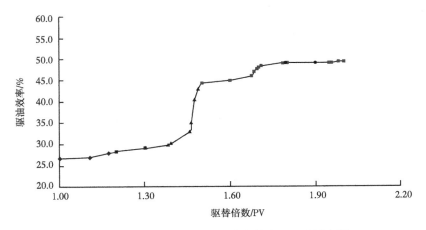

图 5-3-6　0.2PV 气 +0.1PV 水交替注入驱油效率图

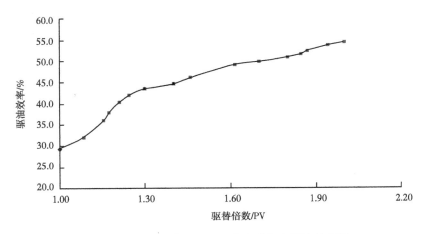

图 5-3-7　0.3PV 气 +0.1PV 水交替注入驱油效率图

由图 5-3-6 可知，1PV 水驱后，水驱油效率为 26.9%，远低于填砂管模型的水驱油效率，这是因为填砂管模型为相对均质的模型，导致水驱驱油效率高。随着后续 0.2PV 气 +0.1PV 水的气水交替驱替，长岩心模型的驱油效率最高达到 49.4%，较水驱提高 23.5%。第一个周期结束后，驱油效率仅提高 2.3%；增油高峰期则出现在第二个周期，当第二个周期的气驱结束后，驱油效率提高 15.8%，此时，气水交替的驱替倍数总和为 0.6PV。

由图 5-3-7 可知，1PV 水驱后，水驱油效率为 29.5%，也是低于填砂管模型的水驱油效率。随着后续 0.3PV 气 +0.1PV 水的气水交替驱替，长岩心模型的驱油效率最高达到 54.3%，较水驱提高 24.8%。该气水交替的增油高峰期与填砂管的规律相同，也是出现在第一个周期，驱油效率提高 15.0%；第二个周期驱油效率提高 7.3%；第三个周期进行待 0.2PV 后，驱油效率增加 0.6%。由此可见后期随着交替周期的进行，驱油效率增加梯度逐渐减小。

综合比较可知，0.2PV 气 +0.1PV 水的气水交替的增油阶段基本结束时，总注气量为 0.6PV，总注水量为 0.2PV，提高驱油效率为 22.2%。而 0.3PV 气 +0.1PV 水的气水交替驱替的增油阶段基本结束时，总注气量为 0.6PV，总注水量为 0.1PV，提高驱油效率为 22.3%。由此通过长岩心物模实验的验证可知：该低渗区块气水交替的最佳方式依然为 0.3PV 气 +0.1PV 水的气水交替驱替，总注气量为 0.6PV 为最佳。

第四节　储层敏感性评价技术

储层保护工作的一项重要内容就是敏感性评价，储层敏感性参数应用在钻井、完井、压裂、酸化以及采油等勘探开发中的各个环节，为勘探过程中对油气储层的发现和对储层的正确评价，以及在开发过程中最大限度减小储层破坏提高开发效果提供有力依据。

一、储层损害机理

油气层损害机理是指在油气井作业中油气层受到损害的原因及物理化学变化过程。不同的油气层具有不同的储集特征，发生的损害机理也不相同。可能造成油气层损害的原因很多，但主要的损害机理可归纳为以下四个方面：

（1）外来液体与储层岩石矿物不配伍造成的损害；

（2）外来液体与储层流体不配伍造成的损害；

（3）毛细现象造成的损害；

（4）固相颗粒堵塞引起的损害。

二、常规储层敏感性评价

常规储层敏感性评价主要是针对空气渗透率大于 1mD 的碎屑岩储层岩样的敏感性评价。

（一）方法原理

根据达西定律，在实验设定的条件下注入各种与地层损害有关的液体，或改变渗流条件（流速、净围压等），测定岩样的渗透率及其变化，以判断临界参数及评价实验液体及渗流条件改变对岩样渗透率的损害程度。

液体在岩样中流动时，依据达西定律计算岩样渗透率见式（5-4-1）。

$$K_1 = \frac{\mu LQ}{\Delta pA} \times 100\% \qquad (5-4-1)$$

式中　K_1——岩石液体渗透率，mD；

　　　μ——测试条件下的液体黏度，mPa·s；

　　　L——岩样长度，cm；

　　　A——岩样横截面积，cm^2；

　　　Δp——岩样两端的压差，MPa；

Q——流体在单位时间内通过岩样的体积，cm³/s。

（二）岩样的制备

柱塞样品的钻取方向应与储层液体流动方向一致，岩心制备过程应保证岩心矿物成分及孔隙结构不发生改变，岩样端面与柱面均应平整，且端面应垂直于柱面，不应有缺角等结构缺陷，直径为 2.54cm 或 3.81cm，长度不小于直径的 1.5 倍。

1. 岩样清洗

在进行敏感性流动实验前，必须把岩样中原来存在的所有流体全部清洗干净，否则会对评价结果产生影响，考虑清洗岩样孔隙中原油的溶剂及清洗方式对黏土矿物结构的影响，建议依据岩样成分按 GB/T 29172—2012《岩心分析法》的规定洗油至亲水，如果洗油前未知岩石成分，一般可采用酒精与苯的混合物清洗原油，地层水矿化度较高的岩样，需要采用甲醇等试剂进行除盐处理。

2. 岩样烘干

烘干过程要保证含黏土、含石膏的样品不能脱水，也不能改变晶体结构，烘干温度应按 GB/T 29172—2012《岩心分析法》的规定执行，如果烘干前未知岩石组分，烘干温度应控制在不高于 60℃，相对湿度控制在 40%~50% 之间，每块岩样应烘干至恒重，烘干时间不小于 48h，48h 后每 8h 称量一次，两次称量的差值小于 10mg。

3. 测定空气渗透率

按 GB/T 29172—2012《岩心分析法》的规定测定空气渗透率。

4. 岩样饱和及孔隙体积测定

将烘干后的岩样恒重，按 GB/T 29172—2012《岩心分析法》的规定抽真空饱和初始渗透率测定流体。岩样饱和应针对岩样渗透率及胶结情况，采取不同的饱和压力，加压时间不低于 4h，以保证岩样充分饱和，岩样在饱和液中浸泡至少 40h 以上，测定饱和液体后岩样的质量。按式（5-4-2）和式（5-4-3）计算岩样的有效孔隙体积和孔隙度。

$$V_\mathrm{p} = \frac{m_1 - m_0}{\rho_1} \qquad (5\text{-}4\text{-}2)$$

$$\phi = \frac{V_\mathrm{p}}{V_\mathrm{t}} \times 100\% \qquad (5\text{-}4\text{-}3)$$

式中　m_0——干岩样质量，g；

m_1——岩样饱和模拟地层水后的质量，g；

ρ_1——在测定温度下饱和流体的密度，g/cm³；

V_p——岩样有效孔隙体积，cm³；

V_t——岩样总体积，cm³；

ϕ——岩样孔隙度，%。

（三）实验流程

实验流程如图 5-4-1 所示，适用于恒速与恒压条件下的评价实验。

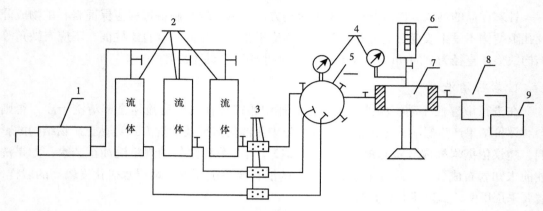

图 5-4-1　岩心流动实验流程图

1—高压驱替泵或高压气瓶；2—高压容器；3—过滤器；4—压力计；5—多通阀座；
6—环压泵；7—岩心夹持器；8—回压阀；9—出口流量计量

（四）速敏性评价

流速敏感性是指在试油、采油、注水等作业过程中，当流体在储层中流动时，由于流体流动速度变化引起储层微粒运移、堵塞孔隙喉道，造成储层岩石渗透率发生变化的现象。它主要取决于流体动力的大小，流速过大或压力波动过大都会促使微粒运移。它们将随流体运动而运移至孔喉处，要么单个颗粒堵塞孔隙要么几个颗粒架桥在孔喉处形成桥堵，并拦截后来的颗粒造成堵塞性伤害。

1. 实验流体

原则上应分别用地层原油或地层盐水作为流体来做速敏试验，以便认识不同流体流动条件下由于微粒运移造成储层渗透率发生变化的规律。考虑到地层原油以及地层盐水的获取较为困难，室内试验可用室内配制与现场流体性质接近的模拟地层水或黏度接近的精制油作为实验流体。对于地层流体资料缺失的储层可用中性煤油或 8%（质量分数）标准盐水作为实验流体。

2. 实验准备

将完全饱和的岩样装入岩心夹持器中，应使液体在岩样中的流动方向与测定气体渗透率是气体的流动方向一致，并保证在整个实验过程中不会有空气遗留在系统中，然后缓慢将围压调至 2.0MPa，检测过程中始终保持围压值大于岩心入口压力 1.5~2.0MPa。

3. 实验过程

可按照 0.1cm³/min，0.25cm³/min，0.50cm³/min，0.75cm³/min，1.0cm³/min，1.5cm³/min，2.0cm³/min，3.0cm³/min，4.0cm³/min，5.0cm³/min，6.0cm³/min 的流量，依次进行测定。也可根

据岩样空气渗透率选择合适的初测试流速和流速间隔。对于低渗透的致密岩样，当流量尚未达到 6.0cm³/min，而压力梯度已大于 2MPa/cm，可结束实验。

按规定时间间隔测量压力、流量、时间及温度，待流动状态趋于稳定后，记录检测数据，计算该盐水的渗透率。

4. 数据处理

依据达西定律计算岩样不同流体下液相渗透率，以流量（cm³/min）为横坐标，以不同流速下岩样液体渗透率与初始岩样液体渗透率比值的百分数为纵坐标，绘出流速敏感性评价实验曲线图。

由流速敏感性引起的渗透率变化率由式（5-4-4）计算：

$$D_n = \frac{|K_i - K_n|}{K_i} \times 100\% \tag{5-4-4}$$

式中 D_n——不同流速下所对应的岩样渗透率变化率；

K_n——岩样渗透率（实验中不同流速下所对应的），mD；

K_i——初始渗透率（实验中最小流速下所对应的岩样渗透率），mD。

5. 实验结论

临界流速的判定：随流速增加，岩石渗透率变化率 D_{vn} 大于 20% 时所对应的前一个点的流速即为临界流速。

速敏损害程度的确定：速敏损害率按式（5-4-5）计算。

$$D_v = \max(D_{v2}, D_{v3}, \cdots, D_{vn}) \tag{5-4-5}$$

式中 D_v——速敏损害率；

$D_{v2}, D_{v3}, \cdots, D_{vn}$——不同流速下所对应的渗透率损害率。

速敏损害程度评价指标见表 5-4-1。

表 5-4-1   速敏损害程度评价指标

渗透率损害率 / %	损害程度
$D_v \leqslant 5$	无
$5 < D_v \leqslant 30$	弱
$30 < D_v \leqslant 50$	中等偏弱
$50 < D_v \leqslant 70$	中等偏强
$D_v > 70$	强

（五）水敏性评价

水敏性是指较低矿化度的外来流体进入储层后引起黏土矿物膨胀、分散、运移而导致储层岩石渗流能力发生变化的现象。岩石的水敏性程度主要与岩石中水敏性矿物的类型和含量有关。水敏性矿物主要有蒙皂石、伊/蒙混层和伊利石。水敏性矿物含量高时水敏性就强，反之则水敏性就越弱。

1. 实验流体

初始测试流体应选择现场地层水、模拟地层水或同矿化度下的标准盐水。无地层水资料时可选择标8%（质量分数）的标准盐水作为初始测试流体。中间测试流体为1/2初始流体矿化度盐水，其获取可根据流体化学成分室内配制或用蒸馏水将现场地层水、模拟地层水或同矿化度下的标准盐水按一定比例稀释。

2. 实验准备

同速敏实验，实验的流速参考速敏实验结果。

3. 实验过程

采用初始测试流体测定岩样初始液体渗透率。测定岩样初始液体渗透率后，用中间测试流体驱替，驱替速度与初始流速保持一致，驱替10~15倍岩样孔隙体积，停止驱替，保持围压和温度不变，使中间测试流体充分与岩石矿物发生反应12h以上，将驱替泵流速调至初始流速，再用中间测试流体驱替，测定岩心渗透率；同样的方法进行蒸馏水驱替实验，并测定蒸馏水下的岩样渗透率。

4. 数据处理

依据达西定律计算岩样不同流体下液相渗透率，以系列盐水的累积注入倍数为横坐标，以对应不同盐水下的岩样渗透率与初始渗透率的比值为纵坐标，绘制水敏性评价实验曲线。

水敏损害率按式（5-4-6）计算：

$$D_w = \frac{|K_i - K_w|}{K_i} \times 100\% \qquad (5-4-6)$$

式中　D_w——水敏性损害率；

　　　K_w——水敏实验中蒸馏水所对应岩样渗透率，mD；

　　　K_i——初始渗透率（初始流体所对应岩样渗透率），mD。

5. 实验结论

水敏损害程度评价指标见表5-4-2。

（六）盐敏性评价

盐度敏感性是指一系列矿化度的注入水进入储层后引起黏土膨胀或分散、运移，使得储层岩石渗透率发生变化的现象。储层产生盐度敏感性的根本原因是储层黏土矿物对于注入水的成分、离子强度及离子类型很敏感。盐度敏感性伤害机理与水敏感性伤害机理相似，如蒙皂石、伊/蒙混层矿物与低矿化度流体接触时发生膨胀、高岭石在储层流体离子强度突变时会扩散运移等。盐度敏感性是各类油气层敏感性伤害中最常见的一种，大量的研究结果表明，对于中、强水敏地层在选择入井液时应避免低矿化度流体。但在室内研究和现场实践中，也存在高于地层水矿化度的入井液引起渗透率降低的现象，这是因为高矿化度的流体压缩黏土颗粒扩散双电层厚度，造成颗粒失稳、脱落，堵塞孔隙喉道。所以入井液矿化度的选择应针对具体情况进行评价并合理选择。因此盐度敏感性评价实验目的在于了解储层岩石在接触不同矿化度流体时渗透率发生变化的规律。

表 5-4-2 水敏损害程度评价指标

水敏损害率 / %	损害程度
$D_w \leqslant 5$	无
$5 < D_w \leqslant 30$	弱
$30 < D_w \leqslant 50$	中等偏弱
$50 < D_w \leqslant 70$	中等偏强
$70 < D_w \leqslant 90$	强
$D_w > 90$	极强

1. 实验流体

初始测试流体应选择现场地层水、模拟地层水或同矿化度下的标准盐水。无地层水资料时可选择标 8%（质量分数）的标准盐水作为初始测试流体。中间测试流体为不同矿化度盐水，其获取可根据流体化学成分室内配制或用蒸馏水将现场地层水、模拟地层水或同矿化度下的标准盐水按一定比例稀释。

2. 实验准备

同水敏实验。

3. 操作步骤

1）盐度降低实验

参考水敏感性实验结果进行选择，如果水敏感性实验最终蒸馏水下岩样渗透率的损害率不大于 20%，则无需进行盐度降低敏感性实验；如果水敏实验最终蒸馏水下岩样渗透率的损坏率大于 20%，则需进行盐度降低敏感性评价实验。盐度降低敏感性评价实验中间测试流体矿化度的选择：根据水敏感性实验中间测试流体及蒸馏水所测定的岩样渗透率结果选择实验流体矿化度，相邻两种矿化度盐水损坏率大于 20% 时加密盐度间隔。应选择不少于四种流体矿化度的盐水进行实验。

2）盐度升高实验

仅针对外来流体矿化度高于地层流体矿化度或有特殊要求的盐度敏感性评价实验时进行盐度升高敏感性实验。盐度升高敏感性实验流体矿化度的选择：根据外来流体及地层流体矿化度的差别合理选择实验流体矿化度，矿化度差别较大可适当加密测试流体矿化度。应选择不少于三种流体矿化度的盐水进行实验。

4. 数据处理

依据达西定律计算岩样不同流体下液相渗透率，以系列盐水的类型或系列盐水的累积注入倍数为横坐标，以对应不同盐水下的岩样渗透率与初始渗透率的比值为纵坐标，绘制水敏感性评价实验曲线。

岩样的渗透率变化率按公式（5-4-7）计算：

$$D_{sn} = \frac{|K_i - K_n|}{K_i} \times 100\% \tag{5-4-7}$$

式中　D_{sn}——不同类型盐水所对应的岩样渗透率变化率；

　　　K_n——岩样渗透率（实验中不同类型盐水所对应），mD；

　　　K_i——初始渗透率（水敏实验中初始流体所对应岩样渗透率），mD。

5. 实验结论

临界矿化度的确定：随着流体矿化度的变化，岩石渗透率变化率大于 20% 时所对应的前一个点的流体矿化度即为临界矿化度。

（七）酸敏性评价

储层的酸敏性是指储层岩石中的酸敏性矿物与酸液发生化学反应，产生沉淀，进而堵塞喉道，造成渗透率下降的现象。

1. 实验流体

实验用水：采用与地层水相同矿化度的氯化钾溶液，无地层水资料的可选择 8%（质量分数）氯化钾溶液作为测试流体。

实验用酸：实验酸液如无特殊要求可选择 15%HCl 或 12%HCl+3%HF，碳酸盐岩储层直接选用 15%HCl。

2. 实验准备

同水敏实验。对于碳酸盐含量较高的岩样，应模拟地层条件的压力条件并在岩心出口端加装回压控制系统。回压大小可根据油藏实际情况及 CO_2 气体在不同压力、温度条件下的溶解度情况进行选择。

3. 实验过程

用与地层水相同矿化度的氯化钾溶液测定岩样酸处理前的液体渗透率。砂岩样品反向注入 0.5~1.0 倍孔隙体积酸液，碳酸盐岩样品反向注入 1.0~1.5 倍孔隙体积 15%HCl。停止驱替关闭夹持器进出口阀门，砂岩样品与酸反应时间为 1h，碳酸盐岩样品与酸反应时间为 0.5h。酸岩反应后正向驱替与地层水相同矿化度的氯化钾溶液，测定岩样酸处理后的液体渗透率。

4. 数据处理

依据达西定律计算岩样注酸前后液相渗透率，以酸液处理岩样前后过程或酸液处理岩样前后流体累计注入倍数为横坐标，以酸液处理前后的岩样液体渗透率与初始渗透率的比值为纵坐标，绘制酸敏感性评价实验曲线。

酸敏损害率按式（5-4-8）计算：

$$D_{ac} = \frac{|K_i - K_{acd}|}{K_i} \times 100\% \qquad (5-4-8)$$

式中　D_{ac}——酸敏损害率，%；

K_i——初始渗透率（酸液处理前实验流体所对应岩样渗透率），mD；

K_{acd}——酸液处理后实验流体所对应岩样渗透率，mD。

5. 实验结论

酸敏感性实验损害程度评价指标见表5-4-3。

表5-4-3　酸敏损害程度评价指标

酸敏损害率/%	损害程度
$D_{ac} \leqslant 5$	无
$5 < D_{ac} \leqslant 30$	弱
$30 D_{ac} \leqslant 50$	中等偏弱
$50 < D_{ac} \leqslant 70$	中等偏强
$D_{ac} > 70$	强

（八）碱敏性评价

碱敏感性是指外来的碱性液体与储层中的矿物反应使其分散、脱落或生成新的沉淀或胶状物质堵塞孔隙喉道，造成储层渗透率变化的现象。

1. 实验流体

采用与地层水相同矿化度的氯化钾溶液，无地层水资料时可选择8%（质量分数）氯化钾溶液作为实验流体。用稀 HCl 或稀 NaOH 溶液调节其 pH 值，来配制不同的碱液。pH 值从7.0开始，调节氯化钾溶液的 pH 值，并按1~1.5个 pH 值单位的间隔提高碱液的 pH 值，一直到 pH 值为13.0。

2. 实验准备

同水敏实验。

3. 实验过程

用与地层水相同矿化度的氯化钾溶液测定初始渗透率。向岩样中注入已调好 pH 值的碱液，驱替 10~15 倍岩样孔隙体积，停止驱替，使碱液充分与岩石矿物发生反应 12h 以上，再用该 pH 值碱液驱替，测量液体渗透率。碱液注入顺序按由低到高进行，实验过程中实验流速保持一致。重复以上规定操作，直到 pH 值提高到 13.0 为止。

4. 数据处理

依据达西定律计算岩样不同碱液下液相渗透率，以 pH 值为横坐标，以不同 pH 值碱液测定的岩样液体渗透率与初始 pH 值碱液测定的液体渗透率的比值的百分数为纵坐标，绘制碱敏感性评价实验曲线。

由碱度引起的渗透率损害率按式（5-4-9）计算：

$$D_{\mathrm{aln}} = \frac{|K_{\mathrm{i}} - K_{\mathrm{n}}|}{K_{\mathrm{i}}} \times 100\% \qquad (5-4-9)$$

式中　D_{aln}——不同 pH 值碱液所对应的岩样渗透率损害率；

　　　K_{n}——岩样液体渗透率（不同 pH 值碱液所对应），mD；

　　　K_{i}——初始渗透率（初始 pH 值碱液所对应），mD。

5. 实验结论

临界 pH 值的判定：岩石渗透率随流体碱度变化而降低时，岩样渗透率损害率大于 20% 时所对应的前一个点的流体 pH 值为临界 pH 值。

碱敏损害率按式（5-4-10）计算：

$$D_{\mathrm{al}} = \max(D_{\mathrm{al1}}, D_{\mathrm{al2}}, \cdots, D_{\mathrm{aln}}) \qquad (5-4-10)$$

式中　D_{al}——碱敏损害率，%；

　　　D_{al1}，D_{al2}，$\cdots$，D_{aln}——不同 pH 值碱液所对应的岩样渗透率变化率。

碱敏感性实验损害程度评价指标见表 5-4-4。

表 5-4-4　碱敏损害程度评价指标

碱敏损害率 /%	损害程度
$D_{\mathrm{al}} \leqslant 5$	无
$5 < D_{\mathrm{al}} \leqslant 30$	弱
$30 < D_{\mathrm{al}} \leqslant 50$	中等偏弱
$50 < D_{\mathrm{al}} \leqslant 70$	中等偏强
$D_{\mathrm{al}} > 70$	强

三、致密储层敏感性评价

致密油藏在辽河油田已成为近年来勘探工作的重点，雷家地区、大民屯地区和大洼地区等区块显示出了巨大的勘探开发潜力。致密油气藏普遍具有低孔低渗，孔喉细小等特点，这类油藏储层承受损害能力很差，极易诱发储层损害，因此做好该类油藏的储层保护工作尤为重要。

（一）阳膨法水敏性评价

1. 实验原理

储层中岩石的水敏性主要与岩石中黏土矿物的类型和含量有关，水敏性矿物主要指黏土中的蒙皂石、伊/蒙混层等。而膨胀率和阳离子交换容量是评价水敏性黏土矿物的两个特性参数，黏土的阳离子交换容量大、膨胀率就大，水敏性就强；反之，黏土的阳离子交换容量小、膨胀率就小，水敏性就弱。因此，通过测定岩石的阳离子交换容量及膨胀率就可间接评价岩心水敏性的强弱。

2. 实验方法

取具有代表性的岩样，经洗油处理后，做黏土膨胀率测定的样品经研磨后过 0.154mm 的标准筛，做黏土阳离子交换容量测定的样品经研磨后过 0.250mm 标准筛，在 105℃ 下烘干，放入干燥器中备用。分别进行黏土阳离子交换容量和膨胀率的测定。

3. 实验数据评价

通过对辽河油田致密储层大量的实验结果统计分析，研究了储层水敏性程度与黏土阳离子交换容量和黏土膨胀率存在一定对应关系，并建立了利用阳离子交换容量和黏土膨胀率来评价储层水敏性程度数学模型。阳膨法水敏性评价图板如图 5-4-2 所示。

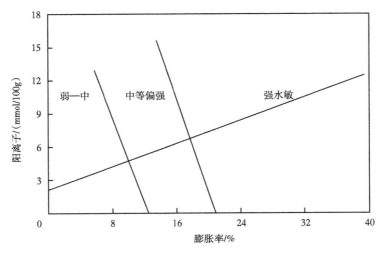

图 5-4-2　阳膨法水敏评价图版

辽河油田储层岩石阳离子交换容量和黏土膨胀率存在线性关系，以黏土膨胀率为 x 轴，阳离子交换容量为 y 轴；线性关系见式（5-4-15）。

$$y=0.227x+2.185 \qquad （5-4-11）$$

垂直于式（5-4-11）中所述的线性关系作两条直线 $y=-4.4x+55.91$ 和 $y=-4.4x+89.27$，将其划分出弱—中弱、中等偏强和强水敏 3 个区域。

黏土膨胀率值和黏土阳离子交换容量值对应数据点所落得区域表明该样品的水敏程度。

（二）絮凝法盐敏性评价

1. 实验原理

盐敏性与储层中的黏土矿物相关。黏土矿物在水中会形成胶体体系，絮凝和分散是胶体体系特有的两个相反的过程。絮凝使体系的透光率增大，分散使体系的透光率减小，故絮凝值为透光率的函数。在不同盐度的水中其絮凝值不同，且存在与盐度相对应的临界点，即临界絮凝浓度。临界絮凝浓度标志着从慢絮凝过程转变为快絮凝过程，即从渗透膨胀阶段进入水化膨胀阶段。快絮凝一旦建立，电解质浓度虽继续增加，絮凝速度基本上不再受其影响、絮凝值基本不变。对于相同的岩石样品，临界絮凝浓度与临界盐度是等价的。

当电解质浓度改变后，絮凝值的变化和岩心渗透率的变化均主要与岩样矿物在溶液中 Zeta 电位的改变相关。当电解质浓度减小时，体系絮凝值减小，相对应的岩心渗透率下降。因此可用絮凝值的变化代替渗透率的变化评价盐敏性。

絮凝法评价盐敏性的方法是通过测定岩样在序列盐度的溶液中的絮凝值，绘制盐度—絮凝值曲线，确定临界絮凝浓度，即临界盐度。

2. 实验方法

将已洗油洗盐的岩样或其他固体试样研磨、过 180 目标准筛，于 80℃ 下烘干，按 0.3g/100mL 的固液比配制试液，摇匀后放置水化 24h；将试样充分摇动，以蒸馏水作参比液，在波长 550nm 处连续测定 60min 内的透光率值；按式（5-4-12）计算絮凝值：

$$I = \left[\int_0^{60} T(t)\mathrm{d}t\right] / 60 \qquad （5-4-12）$$

式中　I——絮凝值，%；

　　　t——时间，min；

　　　$T(t)$——t 时刻的透光率值，%。

3. 结果判定

以盐度为横坐标，以絮凝值为纵坐标绘制絮凝值—盐度曲线。按从高盐度到低盐度的顺序，絮凝值变化率大于 20% 时所对应的前一个点的流体矿化度为临界絮凝浓度值，即临界盐度值。当入井流体的盐度低于临界盐度值时，将产生盐敏。

（三）致密储层压力衰减法敏感性评价

压力衰减法评价储层敏感性主要是适用与空气渗透率在 0.1mD ≤ K ≤ 1.0mD 的储层，同样是在不破坏岩石结构的情况下进行评价，但是该方法不同常规驱替法，它不需要计量岩心出口端流量，而是通过记录流体通过岩心时压力随时间变化，评价岩心渗透性和损害程度，克服了常规敏感性评价方法评价致密岩心易发生应力敏感性和试验误差大的局限。

1. 实验原理

在岩心入口端施加一定的流压，随着流体在流压作用下向岩心渗流，压力逐渐衰减，压力衰减程度与时间呈负指数关系，压力衰减指数越大，半衰期越短，压力半衰期（压力衰减到一半的时间）又与岩心渗透率具有线性关系，岩心渗透率越大半衰期越短，因此可以用压力半衰期或衰减指数绝对值评价岩心渗透性。测定不同实验流体（或酸化反应前后实验流体）对应的入口流压半衰期或衰减指数绝对值，即可评价不同实验流体对岩样渗透性的损害程度。该方法中岩样的制备、洗油、烘干、空气渗透率的测定及抽空饱和的要求均与常规储层敏感性评价方法中要求一致。

压力衰减法实验流程示意图如图 5-4-3 所示，该流程同样使用压力系统、中间容器、岩心夹持器等，它是在常规流程基础上的进一步改进，在岩心夹持器前端增加了一个微小容器，该微小容器的作用是起到一个控制流体体积的作用。

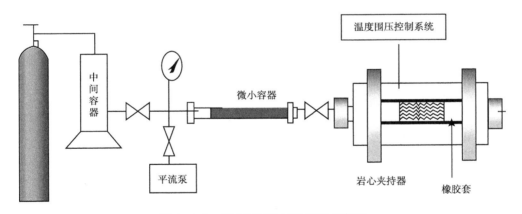

图 5-4-3　压力衰减法试验流程示意图

2. 水敏性评价

1）实验流体

初始测试流体应选择现场地层水、模拟地层水或同矿化度下的标准盐水。无地层水资料时可选择标 8%（质量分数）的标准盐水作为初始测试流体。中间测试流体为 1/2 初始流体矿化度盐水，其获取可根据流体化学成分室内配制或用蒸馏水将现场地层水、模拟地层水或同矿化度下的标准盐水按一定比例稀释。

2）实验过程

（1）准备试验流体和试验岩心，岩心抽真空和加压饱和地层水或标准盐水；

（2）将岩心装入岩心夹持器，加上围压（一般为 3MPa），用 N_2 或平流泵驱替试验流体，使岩心前端压力达到设定的初始压力（一般为 1.2MPa），停止驱替并关闭中间容器出口端阀门，采集不同时刻压力数据做好记录；

（3）当压力下降到初始压力 1/2 时，停止压力采集；

（4）用下一种试验溶液驱替岩心，使通过岩心的流体大于 2PV 后停止驱替，关闭阀门，浸泡 12h；

（5）重复（2）（3）（4）步骤，直到最后一种试验流体。

3）数据处理

水敏指数按照式（5-4-13）计算：

$$I_w = \frac{T_w - T_f}{T_w} \times 100\% \qquad (5-4-13)$$

式中　I_w——水敏指数；

　　　T_f——地层水压力半衰期，min；

　　　T_w——蒸馏水压力半衰期，min。

由于地层水、次地层水和蒸馏水试验的初始压力相同，初始流体体积也相同，因此压力半衰期和压力衰减指数都可以表明压力衰减的速率大小，水敏指数还可以按照式（5-4-14）计算：

$$I_w = \frac{E_f - E_w}{E_f} \times 100\% \qquad (5-4-14)$$

式中　I_w——水敏指数；

　　　E_f——地层水的压力衰减指数；

　　　E_w——蒸馏水的压力衰减指数。

以上两种计算方法选择其中一种即可。

4）实验结论

水敏损害程度评价指标见表 5-4-5。

表 5-4-5　水敏损害程度评价指标

水敏指数 /%	$I_w \leqslant 5$	$5 < I_w \leqslant 30$	$30 < I_w \leqslant 50$	$50 < I_w \leqslant 70$	$I_w > 70$
水敏性程度	无	弱	中等偏弱	中等偏强	强

3. 盐敏性评价

1）实验流体

初始测试流体应选择现场地层水、模拟地层水或同矿化度下的标准盐水。无地层水资料时可选择标 8%（质量分数）的标准盐水作为初始测试流体。中间测试流体为不同矿化度盐水，其获取可根据流体化学成分室内配制或用蒸馏水将现场地层水、模拟地层水或同矿化度下的标准盐水按一定比例稀释。

（1）盐度降低实验。

参考水敏感性实验结果进行选择，如果水敏感性实验最终蒸馏水下岩样渗透率的损害率不大于 20%，则无需进行盐度降低敏感性实验；如果水敏实验最终蒸馏水下岩样渗透率的损坏率大于 20%，则需进行盐度降低敏感性评价实验。盐度降低敏感性评价实验中间测试流体矿化度的选择：根据水敏感性实验中间测试流体及蒸馏水所测定的岩样渗透率结果选择实验流体矿化度，相邻两种矿化度盐水损坏率大于 20% 时加密盐度间隔。应选择不少于四种流体矿化度的盐水进行实验。

（2）盐度升高实验。

仅针对外来流体矿化度高于地层流体矿化度或有特殊要求的盐度敏感性评价实验时进行盐度升高敏感性实验。盐度升高敏感性实验流体矿化度的选择：根据外来流体及地层流体矿化度的差别合理选择实验流体矿化度，矿化度差别较大可适当加密测试流体矿化度。应选择不少于三种流体矿化度的盐水进行实验。

2）实验过程

（1）准备试验流体和试验岩心，岩心抽真空和加压饱和地层水或标准盐水；

（2）将岩心装入岩心夹持器，加上围压（一般为 3MPa），用 N_2 或平流泵驱替试验流体，使岩心前端压力达到设定的初始压力（一般为 1.2MPa），停止驱替并关闭中间容器出口端阀门，采集不同时刻压力数据做好记录；

（3）当压力下降到初始压力 1/2 时，停止压力采集；

（4）用下一种试验溶液驱替岩心，使通过岩心的流体大于 2PV 后停止驱替，关闭阀门，浸泡 12h；

（5）重复（2）（3）（4）步骤，直到最后一种试验流体做完试验。

3）数据处理

由盐度变化引起的岩样半衰期变化率按式（5-4-15）计算。

$$I_{sn} = \frac{T_n - T_i}{T_i} \times 100\% \qquad (5-4-15)$$

式中　I_{sn}——不同矿化度盐水对应的岩样半衰期变化率；

　　　T_n——岩样半衰期（不同矿化度盐水对应的），min；

　　　T_i——初始半衰期（初始流体所对应的半衰期），min。

由盐度变化引起的岩样衰减指数变化率按式（5-4-16）计算。

$$A_{sn} = \frac{E_i - E_n}{E_i} \times 100\% \qquad (5-4-16)$$

式中　A_{sn}——不同矿化度盐水对应的岩样衰减指数变化率；

　　　E_n——岩样衰减指数（不同矿化度盐水对应的）；

　　　E_i——初始衰减指数（初始流体所对应的衰减指数）。

以上两种计算方法选择其中一种即可。

4）临界盐度的判定

以系列盐水的矿化度为横坐标，以岩样不同矿化度下对应的半衰期与初始半衰期的比值或岩样初始衰减指数与不同矿化度下的衰减指数的比值为纵坐标，绘制盐度敏感性评价测定曲线。随着流体矿化度的变化，岩石半衰期变化率 I_{sn} 或衰减指数变化率 A_{sn} 大于20%时所对应的前一个点的流体矿化度即为临界矿化度。

4. 碱敏性评价

1）实验流体

采用与地层水相同矿化度的氯化钾溶液，无地层水资料时可选择8%（质量分数）氯化钾溶液作为实验流体。用稀 HCl 或稀 NaOH 溶液调节其 pH 值，来配制不同的碱液。pH 值从7.0开始，调节氯化钾溶液的 pH 值，并按 1~1.5 个 pH 值单位的间隔提高碱液的 pH 值，一直到 pH 值为13.0。

2）实验过程

（1）准备试验流体和试验岩心，岩心抽真空和加压饱和地层水或标准盐水；

（2）将岩心装入岩心夹持器，加上围压（一般为3MPa），用 N₂ 或平流泵驱替试验流体，使岩心前端压力达到设定的初始压力（一般为1.2MPa），停止驱替并关闭中间容器出口端阀门，采集不同时刻压力数据做好记录；

（3）当压力下降到初始压力的 1/2 时，停止压力采集；

（4）用下一种试验溶液驱替岩心，使通过岩心的流体大于 2PV 后停止驱替，关闭阀门，浸泡12h；

（5）重复（2）（3）（4）步骤，直到最后一种试验流体。

3）数据处理

由 pH 变化引起的岩样半衰期变化率按式（5-4-17）计算。

$$I_{aln} = \frac{T_n - T_i}{T_i} \times 100\% \qquad (5-4-17)$$

式中　I_{aln}——不同 pH 碱液对应的岩样半衰期变化率；

　　　T_n——半衰期（不同 pH 值碱液所对应的），min；

　　　T_i——初始半衰期（初始 pH 值碱液所对应的），min。

由 pH 变化引起的岩样衰减指数变化率按式（5-4-18）计算。

$$A_{aln} = \frac{E_i - E_n}{E_i} \times 100\% \qquad (5-4-18)$$

式中　A_{aln}——不同 pH 碱液对应的岩样衰减指数变化率；

　　　E_n——衰减指数（不同 pH 值碱液所对应的）；

　　　E_i——衰减指数（初始 pH 值碱液所对应的）。

以上两种计算方法均可以计算出碱敏损害指数，碱敏损害指数按照式（5-4-19）或式（5-4-20）计算。

$$I_{al}=\max（I_{al1}，I_{al2}，\cdots，I_{aln}）\qquad（5-4-19）$$

式中　I_{al}——碱敏损害指数；

　　I_{al1}，$\cdots$，I_{aln}——不同 pH 值碱液对应的岩样半衰期变化率。

$$I_{al}=\max（A_{al1}，A_{al2}，\cdots，A_{aln}）\qquad（5-4-20）$$

式中　I_{al}——碱敏损害指数；

　　A_{al1}，$\cdots$，A_{aln}——不同 pH 值碱液对应的岩样衰减指数变化率。

4）实验结论

碱敏损害程度评价指标见表 5-4-6。

表 5-4-6　碱敏损害程度评价指标

碱敏指数 /%	$I_{al}\leq 5$	$5<I_{al}\leq 30$	$30<I_{al}\leq 50$	$50<I_{al}\leq 70$	$I_{al}>70$
碱敏性程度	无	弱	中等偏弱	中等偏强	强

第五节　压裂液对储层伤害评价

辽河油田"十三五"以来新增石油探明储量以低渗、致密油藏为主，该类储层将是未来勘探的重点。低渗、致密油藏由于其岩性胶结致密、渗透率低等特点，一般需要采取压裂改造措施才能得到有效开采。然而，在压裂储层形成一定导流能力，填砂裂缝、改善流体渗流状态的同时，压裂液渗入地层会引起储层伤害，同时压裂液对储层伤害机理及伤害程度认识不清，导致储层保护措施难以确定。因此储层伤害评价是解决有效开发的重要课题之一。

一、评价体系建立

（一）低渗、致密储层伤害因素分析

一般来说，水基压裂液等外来流体进入地层孔隙介质均会引起储层渗透率降低，分析其潜在伤害因素，根据伤害部位，可分为基质伤害和裂缝伤害；根据伤害类型可划分为两大类、5 小类，大类上分为固相损害和液相损害，5 小类为敏感性伤害、水锁伤害、聚合物吸附滞留伤害、压裂液残渣堵塞伤害和不配伍结垢伤害。

（二）评价体系构建

在压裂液对储层伤害因素分析的基础上，结合相对应的室内试验手段，拟定了压裂液伤害评价流程。

1. 低渗、致密储层特征研究

利用岩石薄片、场发射扫描电镜、氮气吸附、核磁共振等手段，系统分析压裂井段储

层岩性、物性、孔隙结构、敏感性矿物及流体等特征，明确储层在压裂过程中潜在伤害机理。

（1）储层岩性特征分析：利用岩石薄片、X 射线衍射全岩分析，明确储层岩石类型和结构特征，分析岩石矿物组成，计算脆性指数。

（2）储层物性特征分析：结合岩心分析和测井解释成果，明确储层孔隙度、渗透率、饱和度等特征。

（3）储层敏感性矿物分析：利用 X 射线衍射黏土矿物、场发射扫描电镜分析，明确储层中敏感性矿物含量、类型及其产状。

（4）储层储集空间类型及结构特征分析：利用铸体薄片、场发射扫描电镜、毛细管压力曲线等方法，系统描述储层孔隙 / 裂缝类型、微观孔隙结构、孔喉大小及其连通性。

（5）储层含油性特征：明确储层原油赋存产状。

2. 储层敏感性评价

（1）五敏试验：在储层特征分析的基础上，个性化设计五敏试验，求取压裂保护的临界参数，指导配方体系调整。

（2）压力敏感性分析：通过测试压力敏感性，评价压裂对储层渗透率的影响。

3. 压裂液静态伤害评价

结合储层特征研究、敏感性评价结果，通过压裂液室内静态试验，判断压裂液是否会对储层造成伤害。

（1）破胶液评价：测定矿化度、pH 值、六项离子、破胶液黏度、破胶液残渣粒径等。

（2）与储层流体配伍性：分析压裂液与储层流体配伍性，预测是否易产生沉淀而结垢。

（3）黏土膨胀实验：评价压裂液对储层黏土矿物膨胀率影响。

4. 压裂液动态伤害评价

压裂液室内评价动态伤害的指标主要为渗透率伤害率。渗透率伤害率是表征岩心在发生伤害前后渗流能力的变化大小。通过开展基质和人工造缝天然岩心流动试验，确定压裂前后水相、油相渗流能力变化，完成压裂对水相、油相阻流伤害评价。

5. 确定压裂段主要伤害机理

结合扫描电镜、氮气吸附等方法，明确储层在压裂过程中的主要伤害机理。

6. 总结评价结果，提出储层保护建议

总结储层伤害评价结果，提出相对应的储层保护建议。

二、重点井应用实例

沈 273 井构造上位于大民屯凹陷西部陡坡带中段的平安堡断裂构造带上，沙四下亚段 I 油组是本区的主要目的层。本区储层岩性较为复杂，包括角砾岩、砂砾岩、细砂岩等。

自然产能低于商业石油产量下限，需进行储层改造。

（一）储层特征

1. 岩性特征

1）岩石类型

根据岩石薄片鉴定，目的层含油岩性主要为砾岩类和砂岩类，分选中等—差，次棱—次圆状，点—线接触、线接触为主（图 5-5-1），说明储层岩石成熟度很低，为近源型沉积。

| (a) 微观照片，单偏光25× | (b) 微观照片，正交25× |

图 5-5-1　砾岩（沈 273 井，2688.55m）

2）脆性指数

沈 273 块储层岩石脆性指数较高，计算结果见表 5-5-1。平均 68% 以上，高者可达84%，适合压裂。这也是由于沈 273 块物源主要为太古宇变质岩，刚性碎屑含量较高。

表 5-5-1　沈 273 块储层岩石脆性指数

井号	岩石类型	矿物含量 /%									脆性指数 /%
		黏土	石英	钾长石	斜长石	方解石	白云石	菱铁矿	方沸石	其他	
沈 273	砾岩	8.8	45.1	9.5	31	4.2	—	0.03	—	1.3	77
沈 281	砾岩	14.9	49.2	9.8	17.2	4	4.5	—	1.6	0.5	68
沈 273-H1 导	砂岩	6.1	49.9	9.3	30.2	2.9	—	0.6	—	1.1	84
沈 117	砂岩	7.3	44.5	9.6	32.1	5.6	0.4	0.3	—	0.2	76
沈 601	砂岩	6.4	41.4	17.5	29.4	3.7	—	0.3	—	1.5	78

2. 物性特征

根据研究区常规物性资料统计数据显示（图 5-5-2），孔隙度最小为 5.8%，最大为18.3%，平均为 9.8%；渗透率最小为 0.13mD，最大为 5.91mD，平均为 1.92mD。属特低渗、特低渗型储层。

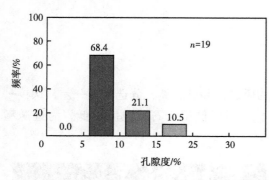 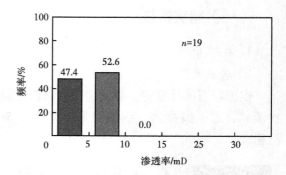

图 5-5-2　孔隙度、渗透率分布频率图

3. 敏感性矿物特征

通过扫描电镜及 X 衍射黏土分析表明（表 5-5-2、图 5-5-3），研究区目的层位黏土矿物含量一般低于 10%，平均 8.2%，主要包括伊/蒙混层、伊利石、高岭石、绿泥石。具有潜在的水敏和速敏伤害。

表 5-5-2　各井黏土矿物相对含量

井号	黏土含量，%	相对百分比 /%				
		伊/蒙混层	伊利石	高岭石	绿泥石	混层比
沈 273	8.8	44.6	9.4	17	29	24.4
沈 273-H1 导	9	24.7	8.3	43.7	23.3	25
沈 117	7.3	34.9	9.6	30.9	24.6	24.7
沈 601	6.4	23.9	7.3	54.9	14	24.3
平均	8.2	34.3	9.6	34.1	22	24.7

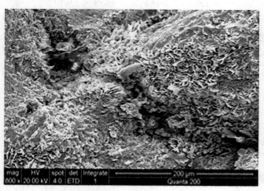 

(a) 沈273，2687.15m　　　　　　　　(b) 沈601，2402.4m

图 5-5-3　黏土矿物分布特征

4. 储集空间类型及结构特征（图 5-5-4 至图 5-5-6）

通过 17 块铸体薄片，13 块压汞数据分析，储集空间类型以残余粒间孔，贴粒缝、颗粒裂缝为主，次为溶蚀孔隙、微孔隙。最大汞饱和度多在 40%~70% 之间，最高可达 90%，退汞效率变化较大，20%~80% 之间均有分布，孔喉半径最小 0.069μm，最大 4.7μm，平均 0.529μm，孔喉半径主要分布于 0.1~1μm，均质系数多小于 0.25，属于微喉不均匀型。

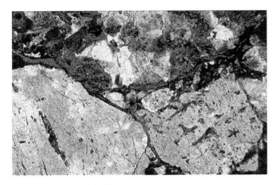 

(a) 沈273，2688.05m　　　　　　　　　　(b) 沈273-H1导，2825.81m

图 5-5-4　储集空间类型

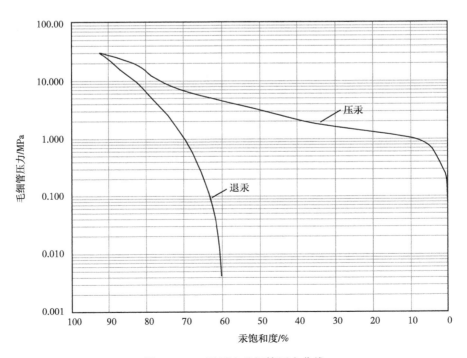

图 5-5-5　压汞法毛细管压力曲线

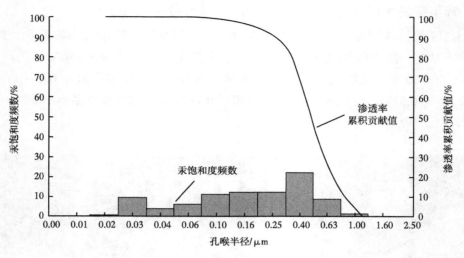

图 5-5-6　汞饱和度柱状图及渗透率贡献值积累曲线

5. 储层含油性特征

根据微观荧光含油性观测及激光共聚焦分析发现（图 5-5-7），沈 273 块沙四下亚段 I 油组储层以油质沥青为主，残余油主要赋存于残余粒间孔、贴粒缝、颗粒裂缝、填隙物微孔中，次为溶蚀微孔隙中；位于残余粒间孔及缝中荧光显示强度大，微孔中荧光显示弱。

 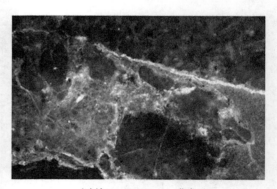

(a) 沈281，2432.02m，荧光100　　　　　　　　　(b) 沈273，2687.15m，荧光100

图 5-5-7　油赋存特征

（二）储层敏感性评价

1. 敏感性评价

对沈 273 和沈 273-H1 导井的 8 块岩心进行了水、盐、酸及碱敏性评价，评价结果见表 5-5-3。渗透率大于 1mD 岩心采用流动法进行评价，小于 1mD 岩心采用压力衰减法和阳膨法进行评价，评价结果见表 5-5-3，从评价结果可以看出，沈 273 块水敏性为中等偏弱—中等偏强，临界盐度为 5000mg/L，临界 pH 值为 8.5，酸敏性为中等偏弱。

表 5-5-3 沈 273 块敏感性评价结果

井号	井深 / m	渗透率 / mD	水敏性	临界盐度 / mg/L	碱敏性	临界碱度	酸敏性	评价方法
沈 273	2687.6	1.62	中等偏强	4000	—	—	—	流动法
	2687.3	0.406	中等偏强	4000	—	—	—	阳膨法
	2687.6	1.16	—	—	中等偏强	8.5	—	流动法
沈 273-H1 导	2825.8	0.655	中等偏弱	5000	—	—	—	压力衰减
	2825.80	0.655	中等偏弱	5000	—	—	—	阳膨法
	2826.90	0.094	中等偏弱	5000	—	—	—	阳膨法
	2825.17	1.52	—	—	中等偏弱	8.5	—	流动法
	2825.16	2.34					中等偏弱	流动法

另外，选用沈 273 井岩心开展了应力敏感性评价，评价结果如图 5-5-8 所示。渗透率伤害率为 47.3%，伤害程度为中等偏弱。

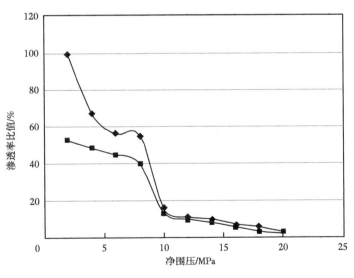

图 5-5-8 应力敏感性评价

2. 水锁效应评价

对沈 273 井岩心进行了水锁效应评价，评价结果如图 5-5-9 所示，水锁伤害率为 37.0%，水锁程度为中等偏弱。

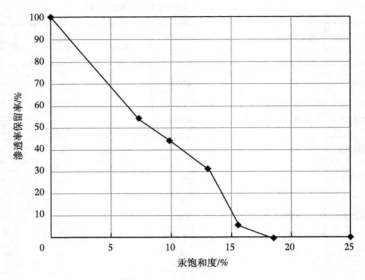

图 5-5-9　水锁效应评价曲线

（三）压裂液静态伤害评价

1. 破胶液评价

破胶液颜色为淡黄色透明溶液，黏度为 1.81mPa·s，密度 1.22g/cm³，破胶后压裂液的黏度、密度均达标。残渣粒径分布范围为 3~200μm，中值为 37μm，大于基质孔喉（0.2~2μm），两者分布范围没有交叉，残渣不会进入基质对基质产生固相伤害，但容易对裂缝产生伤害。

破胶液的矿化度为 11235mg/L（表 5-5-4），远大于临界盐度，对储层产生的盐敏性较为微弱，pH 值为 9.15，稍大于临界 pH 值，但由于储层碱敏性矿物含量较少，碱敏性危害较弱。

表 5-5-4　压裂液水质分析结果

水样名称	离子含量 / mg/L								总矿化度 / mg/L	pH 值
	$Na^+ + K^+$	Mg^{2+}	Ca^{2+}	Cl^-	SO_4^{2-}	HCO_3^-	CO_3^{2-}	OH^-		
破胶液	4399.7	4.4	37.2	6140.2	112.8	3.5	537.4	0	11235	9.15
沈 273 地层水	704	2.3	20.1	387.31		1010.88	42		2166.89	8.3

2. 与储层流体配伍性

将破胶液液与地层水按不同配比（2:1、1:1、1:2）进行混配，预测其结构趋势，结果为 $CaSO_4 \leqslant 6.1 \times 10^{-5}$，$CaCO_3 \geqslant 4.8 \times 10^{-10}$，表明破胶液与地层水不会发生 $CaSO_4$ 沉淀，但会有 $CaCO_3$ 结垢趋势。

（四）压裂液动态伤害评价

对沈273井和沈273-H1导井的2块岩心样品分别进行了基质和裂缝动态伤害评价。

1. **基质水相动态伤害评价**

该实验主要评价压裂液对储层矿物及压裂液中聚合物对渗透率的综合伤害。从评价结果（图5-5-10）可以看出，注压裂液后，基质渗透率伤害率为21.88%，属于弱伤害。

2. **裂缝油相动态伤害评价**

该实验主要评价压裂液残渣和聚合物对裂缝渗透率的综合伤害。从评价结果（图5-5-11）可以看出，注压裂液后，裂缝渗透率伤害率为36.45%，属于中等偏弱伤害。

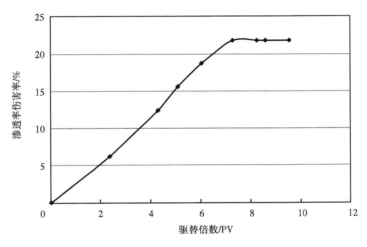

图5-5-10 基质水相动态伤害评价曲线

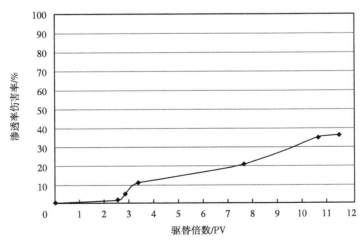

图5-5-11 裂缝油相动态伤害评价曲线

（五）伤害机理分析

压裂液与储层敏感性矿物配伍性良好，储层伤害程度低。从电镜照片（图 5-5-12）可以看出：岩心内部矿物表面干净，孔隙内部未见微粒膨胀、分散、堵塞。

图 5-5-12　注入压裂液后岩心微观结构特征

压裂液中聚合物呈致密的网状和链状。进入岩心后吸附能力较强，会有一部分聚合物吸附在岩心内部（图 5-5-13），压裂液对基质的伤害主要为聚合物吸附。

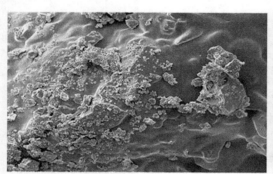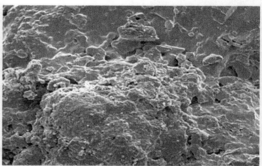

图 5-5-13　聚合物在岩心内部吸附滞留

压裂液破胶后残渣堵塞和聚合物吸附滞留是裂缝伤害的主要因素（图 5-5-14）。

图 5-5-14　裂缝面上的聚合物吸附和破胶液残渣

（六）总结

1. 评价结果

（1）压裂液矿化度为 11235mg/L，远大于临界盐度 4000~5000mg/L，对储层产生的水、盐敏伤害较为微弱，pH 值为 9.15，稍大于临界 pH 值，但由于储层碱敏性矿物含量较少，碱敏伤害较弱；储层应力敏感性及水锁效应为中等偏弱，压裂施工后仍能够形成由基质到裂缝的渗流通道。

（2）压裂液破胶情况良好，破胶液黏度满足技术要求，但破胶液残渣粒径中值较高，容易对裂缝造成堵塞，压裂液与地层水有 $CaCO_3$ 结垢趋势。

（3）压裂液对基质伤害率为 21.88%，为弱伤害；对裂缝的伤害率为 36.45%，为中等偏弱伤害。

2. 储层保护建议

（1）增强压裂液破胶性能，减少残渣量和残渣粒径。

（2）减少含 CO_3^{2-} 离子化学剂加入，避免产生 $CaCO_3$。

（3）从水质分析结果可以看出，Cl^- 和 K^+ 含量远高于地层水，为减少成本，可适当降低防膨剂 KCl 加药量或改用有机防膨剂。

第六节　岩心核磁共振分析技术

在油气田勘探开发过程中，岩石及流体物性参数在储层评价、油气资源评估等方面具有重要的价值，准确、快速地评价这些参数是至关重要的。油、气、水在核磁共振特性方面存在显著差异，核磁共振岩心分析技术因而能够进行快速、准确地识别与测量，解决了常规岩心分析测试周期长，滞后油田实际开发需要的难题，及时发挥对勘探开发的指导作用。

一、储层物性评价

储层好坏影响着油气的储集、产量与产能。因此油气勘探开发工作中的一项重要工作就是储层评价。核磁共振技术通过检测岩样孔隙内的流体量、流体类型、流体性质，以及流体与岩石孔隙固体表面之间的相互作用，来快速获得储层内的孔隙度、渗透率、油（气）饱和度、可动（束缚）流体饱和度、原油黏度、岩石润湿性等重要信息，为储层快速评价提供准确数据，进一步提高储层快速评价的可靠性。

采用 T2 谱图法可进行定性判断。T2 谱图重心向右偏移大，信号幅度包络面积较大，反映储集空间大，可动流体较多，储层物性较好；T2 谱图重心居中，信号幅度较高包络面积相对较大，反映储集空间中等，中孔中渗，储集物性中等；T2 谱图重心向左偏移，信号幅度总量不高，反映储集空间小，可动流体少，以微孔隙和小孔隙为主，储层物性差。

根据储层物性参数，建立解释图版，可定量评价储层性质。以储层物性参数的测量值为定量判断，T2谱图为定性判断，结合储层物性评价参考分类标准将储层分为五级（表5-6-1）。

表5-6-1　储层物性评价参考分类标准

孔隙度/%	渗透率/mD	束缚水饱和度/%	储层分类
<8	<0.1	>80	五类（干层）
8~12	0.1~1	65~80	四类
12~16	1~10	50~65	三类
16~20	10~100	35~50	二类
>20	>100	<35	一类

二、可动流体饱和度测量

（一）可动流体饱和度与储层物性关系

油藏储层由油、气、水三相流体所饱和，这些流体在储层多孔介质中的赋存状态可分为两类：一类为束缚流体状态；另一类为可动流体状态。对于一个储层来说，孔隙空间的束缚流体百分数越小，可动流体百分数越大，储层的渗流性能越好；反之亦然。对于高渗透储层，由于束缚流体含量相对很少，其对流体渗流能力的影响较小。对于低渗透储层而言，由于储层地质条件差，孔隙微小，比表面大，黏土含量高，孔隙内的流体受到固体表面的束缚力强，因此低渗透储层评价有必要综合考虑可动流体参数。实验表明，可动流体饱和度随孔隙度的增加而增加，随渗透率的增加而增加，可动流体百分数与低渗透油藏的开发效果有较好的相关关系。

利用核磁共振T2谱图，能够判断水相的可流动性，求取可动水饱和度及束缚水饱和度等常规岩心分析难以求取的参数。可动水饱和度参数可用于解释油水层，预测地层出水量，判断储层水淹程度，束缚水饱和度参数可用于评价有效储层或非有效储层，也可用于油层含油饱和度估算。

（二）T2截止值的确定方法

T2截止值是核磁共振测量中一项重要的参数，计算储层有效孔隙度、束缚水孔隙度和可动流体孔隙度时，准确的T2截止值是正确计算这些参数的前提。对低渗透储层岩心来说，利用可动流体T2截止值可以确定岩样渗透率和可动流体百分数等重要参数。可动流体T2截止值的确定方法主要有以下两种。

1. 离心标定法

离心标定法是对测试岩心分别进行不同离心力的离心实验，并对离心后的每一个状态进行核磁共振测量。对比不同离心力含水饱和度的大小和核磁共振 T2 谱的变化特征，确定最佳离心力及其对应的可动流体 T2 截止值。离心完成后再对岩样进行核磁共振 T2 测试。通过比较离心前后 T2 谱的变化即可确定出所分析岩样的可动流体 T2 截止值。

离心标定法是准确确定可动流体 T2 截止值的一种方法。由于采用离心标定法标定可动流体 T2 截止值时，需要首先选定离心力大小，对渗透率大于 10mD 的高、中渗样品离心力控制在 689.5kPa；对渗透率小于 10mD 的低渗样品离心力控制在 1034kPa。因此，国内外很多离心标定法文献对砂岩岩心选取离心力的大小及 T2 截止值的确定有较多报道，一般情况下，砂泥岩地层的 T2 截止值的经验值为 33ms，碳酸盐岩地层为 98ms。但由于样品所处沉积环境的不同，地层矿物含量的差异，不同地区具有不同的 T2 截止值。实际工作中，通常是对一个地区选取有代表性的一定数目的岩样进行室内分析，求得每块岩样的可动流体 T2 分布截止值，然后取其平均值作为该地区的可动流体 T2 截止值标准。

2. 经验判断法

根据室内离心标定的结果进行归类分析，把不同 T2 弛豫时间谱形态进行分类总结，建立一套适合现场快速确定可动流体 T2 截止值的经验方法。不同地区、不同岩性的岩样具有不同的 T2 弛豫时间谱，不同的 T2 弛豫时间谱，其 T2 截止值也不相同。经验判断法中常用到"半幅点"，是指幅度最高点与最低点的 1/2 处。根据砂岩不同 T2 弛豫时间谱进行总结，获得以下规律：以单峰或单峰为主的 T2 谱，主峰小于 10ms 时，T2 截止值通常位于主峰的右半幅点附近；以单峰或单峰为主的 T2 谱，主峰大于 10ms 时，T2 截止值通常位于主峰的左半幅点附近；对双峰弛豫时间 T2 谱（图 5-6-1），并且左峰小于 10ms，右峰大于 10ms 时，可动流体 T2 截止值取双峰凹点处。将左峰（小于 T2 截止值）称为不可动峰，右峰（大于 T2 截止值）称为可动峰，可动峰与不可动峰的下包面积之比即为可动与不可动流体体积之比。

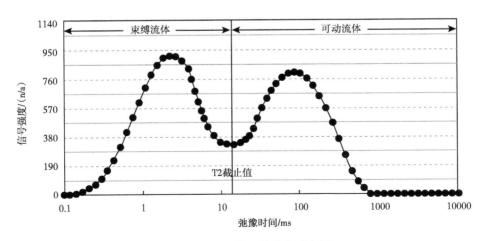

图 5-6-1 T2 截止值分布示意图

三、油水层识别

（一）储层流体的核磁共振特性

不同的储层流体核磁共振特性差别很大，如水、天然气、轻质油、中等黏度油和稠油具有非常不同的核磁共振特性，利用这一差别可以区分流体的类型和定量评价。一般而言，束缚流体的 T1 和 T2 值很小，扩散较慢（D 值小）。这是由于在小孔隙中分子运动受限引起的。可动流体的 T1、T2 和 D 值一般为中等。天然气的 T1 值很大，而 T2 值很小，呈单指数衰减。油的核磁共振特性变化很大，而且与油黏度有关，轻质油扩散快，T1 和 T2 值大，通常呈单指数衰减。当黏度增加且烃的组分变得复杂时，扩散总数减小，T1 和 T2 值减小，呈更加复杂的多指数衰减。基于孔隙流体信号独特的核磁共振特性，可以识别（某些情况下可以定量）孔隙流体的类型，对于亲水岩石，油、气、水核磁共振特性参数（T1、T2、D、含氢指数 HI）具有一定的范围（表 5-6-2）。

表 5-6-2   不同流体核磁共振特性参数范围

流体	T1/ms	T2/ms	D/（$10^{-5} cm^2/s$）	HI
水	1~500	1~5000	1. 8~7	1
油	1~4000	1~1000	0.0015~7.6	1
气	2000~5000	1~60	80~100	0.2~0.4

（二）核磁共振识别流体

尽管流体的核磁共振特性存在可变性，如果测量数据准确，仍然可以预测或识别来自不同类型的流体信号在 T2 分布上的位置，这一点为核磁共振数据解释提供了重要信息，也具有实际应用价值。识别流体有两种方法。第一种双 TW 方法，使用不同的 Tw 值，采用 T1 加权法区分轻质油和水。第二种双 TE 方法，采用不同的 TE 值，利用扩散系数加权法，在特定梯度磁场中区分稠油和水，或者区分气和液体。

1. 水和轻质油的识别

根据轻烃（天然气和轻质油）与水的纵向弛豫时间 T1 的差异识别。通常，轻烃有比较长的 T1，而水则由于与岩石孔隙表面相接处，T1 大大缩短，因而，轻烃与孔隙水完全极化所需要的时间很不同。对于孔隙中的水而言，较短的极化时间就足以使其完全磁化；而轻质油与天然气则需要较长的极化时间，才能完全磁化。所以，如果有轻烃存在，长、短极化时间得到的 T2 分布就会有明显差异。两个 T2 分布相减，水的信号就可以相互抵消，而油与气的信号则会余留在差谱中，由此识别油气，这种方法叫差谱法。差谱法只能定性，故其是一种定性识别油气方法。

2. 水和稠油的识别

根据黏度较高的油与水的扩散系数 D 的差异识别。通常，水的扩散系数比较大，而高黏度原油的扩散系数比水小。T2 弛豫时间是流体的扩散系数 D、回波间隔 TE 以及磁场梯度 G 的函数，固定 G，改变 TE，高黏度油与水的 T2 将发生不同程度的变化，水的 T2 将比高黏度油以更快的速度减小，通过合理地选择 TE，可以在 T2 分布上把水与高黏度油完全分开，比较长、短 TE 的 T2 分布，找出油、水的特征信号，由此识别流体，这种方法叫移谱法。移谱法只能定性。

3. 油水层解释

根据 T2 谱图的油、水信号谱峰面积、弛豫时间、T2 截止值可确定含油饱和度、束缚水流体饱和度、可动流体饱和度等参数。油水层解释及水淹程度的判别主要是利用含油饱和度与可动水饱和度两项参数作为参考标准（表 5-6-3）。

油层、油水同层、干层都有明显的 T2 图谱特征。油层含油饱和度高，含水少，且处于可动状态，T2 图谱表现为油信号谱峰较高，大部分油谱偏右弛豫谱偏右。当孔隙中含油、水两相时，油水两相在岩心中的各自含量和存在的状态决定了储层产油或产水。油水同层 T2 图谱表现为油信号谱峰比水层的油信号谱峰相对高，但大部分孔隙还是以可动水为主。水层含油饱和度低，T2 图谱表现为油信号量少幅度低，含水饱和度高，图谱可动流体高，但这些可动流体基本为可动水。干层束缚状态的流体多，可动流体饱和度低，含油饱和度低或没有，T2 图谱上表现为油信号很少或没有，弛豫谱偏左，显示可动流体饱和度低。

表 5-6-3　油水层解释及水淹程度判别参考标准

含油饱和度:可动水饱和度	油水层解释	水淹程度
大于 7:3	油层	未水淹
7:3~6:4	含水油层	弱水淹
6:4~4:6	油水同层	中等水淹
4:6~3:7	含油水层	强水淹
小于 3:7	水层	完全水淹

四、核磁共振在油藏评价中的应用

（一）稠油物性测量

稠油胶质、沥青质含量高，在相同体积条件下稠油中氢核的数目要小于稀油和水中的氢核数目，即视含氢指数较低。当原油黏度小于 200mPa·s 时，视含氢指数为 1，无需进行含氢指数校正；当原油黏度大于 200mPa·s 时，视含氢指数小于 1，随着原油黏度增大，视含氢指数变小 [7]，如不对稠油含氢指数进行校正，必然导致孔隙度、含油饱和度偏低。

稠油的弛豫时间短，稠油的核磁共振信号与束缚水信号位于 T2 截止值左侧，共同处于束缚区间内，常规的 T2 截止值法计算束缚水、可动流体的模型不适合于稠油储层的评价。目前采用原油修正系数校正稠油信号的方法测量稠油物性，有效地提高了测量精度。

（二）稠油 T2 谱特征

稠油的 T2 弛豫谱特征与稀油不同，其储集层的孔隙度、流体性质等信息仍可在 T2 弛豫谱上反映出。通过将岩样在锰离子水溶液中浸泡后进行二次分析，可以区分稠油、束缚水和可动水的核磁共振信号。因此，可根据 T2 弛豫谱中油、水核磁共振信号的分布来区分油水层，要求 T2 弛豫谱中油、水核磁共振信号为修正后的信号值。

一类油层的核磁共振测量表现为三高一低特点：高孔隙度、高渗透率、高含油饱和度和低可动水饱和度。油层的 T2 弛豫谱特征为：原油对应的核磁共振信号高，可动水对应的核磁共振信号弱或无，表明储层含油饱和度高，一般大于 55.0%，可动水饱和度低，一般小于 10%（图 5-6-2）。

三类油层的核磁共振测量表现为四低特点：低孔隙度、低渗透率、低含油饱和度和低可动水饱和度。差油层的 T2 弛豫谱特征为：原油对应的核磁共振信号相对较弱，可动水对应的核磁共振信号弱或无，表明储集层含油饱和度低，一般小于 55.0%，可动水饱和度低，一般小于 10%（图 5-6-3）。

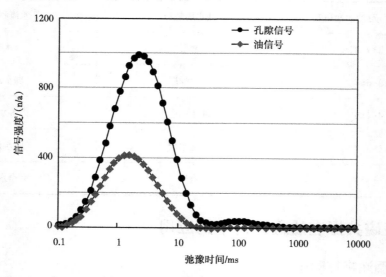

图 5-6-2　一类油层 T2 谱特征图

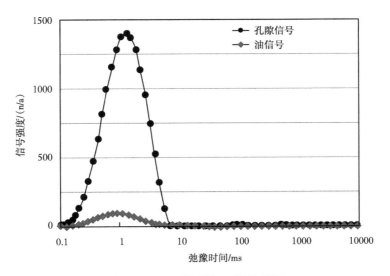

图 5-6-3 三类油层 T2 谱特征图

油水同层的核磁共振测量表现为三高一低特点：高孔隙度、高渗透率、高可动水饱和度和低含油饱和度。含水层的 T2 弛豫谱特征为：原油对应的核磁共振信号相对较弱，可动水对应的核磁共振信号较强，表明储层含油饱和度低、可动水饱和度高，一般情况下可动水饱和度大于 10%。对于水淹层，可动水饱和度越高，则水淹程度越强（图 5-6-4）。

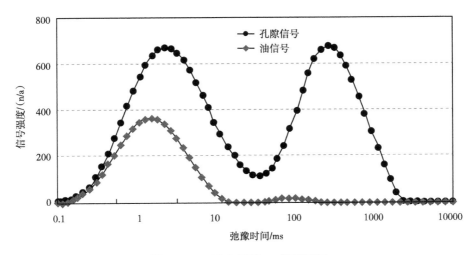

图 5-6-4 油水同层 T2 谱特征图

参 考 文 献

[1] 沈平平，等. 油层物理实验技术 [M]. 北京：石油工业出版社，1995.

[2] 肖曾利，蒲春生，等. 油田水无机结垢及预测技术研究进展 [J]. 断块油气田，2014，11（6）：76-78.

[3] 舒勇，贾耀勤，等．油田回注污水对储层损害的室内实验研究 [J]．油田化学，2003，20（2）：129-130.

[4] 李仕伦，等．注气提高石油采收率技术 [M]．成都：四川科学技术出版社，2001.

[5] El. 小斯托卡．混相驱开发油田 [M]．北京：石油工业出版社，1989.

[6] 杨正明，郭和坤，刘学伟，等．特低—超低渗油气藏特色实验技术 [M]．北京：石油工业出版社，2012.

[7] 邵志雄，丁娱娇，王庆梅，等．用核磁共振测井定量评价稠油储集层的方法 [J]．测井技术，2006，30（1）：67-71.

第六章 稀油提高采收率实验技术

提高采收率技术又称三次采油技术，是经一次采油、二次采油后，向油藏注入各种先进的驱油剂，驱替开采油藏中的残余油，提高原油采收率。三次采油比二次采油一般可提高原油采收率 10%~30%（原始石油地质储量），使最终原油采收率达到 50%~70%（原始石油地质储量）。化学驱是目前国内应用最多、较成熟的稀油提高采收率技术，经过几十年基础研究与试验，我国化学驱提高采收率技术位于世界前列，在大庆、胜利等油田已成功开展工业化推广 [1-2]。

第一节　化学驱方式与机理

化学驱是在注入水中添加各种化学剂，利用化学剂的化学特性，改善原油—水—岩石之间的物理化学性质，提高波及效率及驱油性能，从而提高原油采收率的采油方法，其包括采用单一化学剂的碱水驱、表面活性剂驱、聚合物驱等，以及在上述三种方法基础上发展起来的复合驱等。根据不同油藏的地质特点、开发现状及存在问题，需要合理选择化学驱方式。

一、驱油方式分类

化学驱技术根据使用驱油剂类型不同，主要分为聚合物驱、表面活性剂驱、碱水驱、复合驱、深部调驱和微生物驱等。

（一）碱水驱

早在 20 世纪 20 年代，人们就提出了碱水驱的方法，即在油田开发的注入水中加入一定量的碱性物质，如 NaOH、Na_2CO_3 等，在油层内与原油中的有机酸反应生成表面活性剂，以降低油水界面张力，产生乳化、润湿性反转，提高原油采收率。碱水驱主要应用于原油酸值较高的油层。因此，原油酸值一般要达到 0.2mg KOH/g 以上才能采用碱水驱；当原油酸值达到 0.5mg KOH/g 时，碱水驱成功的可能性会大大增加。碱水驱过程中，碱除了与原油中的有机酸反应外，还能与岩石相互作用造成碱耗，缩小形成低界面张力的碱浓度范围，使碱水驱过程难于控制，并易在井筒中结垢，同时碱水驱还受到地层水中二价阳离子含量的限制，使其在现场应用中成功的案例很少。

（二）表面活性剂驱

表面活性剂驱是利用表面活性剂亲水亲油的性质，大幅度降低驱替相与被驱替相之间界面张力，毛细管阻力减小使残余油易于启动；同时低界面张力也能促使原油与水相形成稳定的乳状液，增加原油在水中的分散程度，使原油被携带采出；表面活性剂在岩石表面吸附后，岩石表面润湿性变得亲水，使吸附在岩石表面的油膜被剥离采出。根据注入液中表面活性剂浓度的大小，表面活性剂驱又可分为活性水驱、胶束溶液驱和微乳液驱。从技术来看，除了一定程度上受温度和矿化度限制外，表面活性剂驱可以获得很高的采收率。但表面活性剂价格昂贵，投资成本高、风险大，是制约其应用的主要因素。随着化学分子设计及合成技术的进步，新型表面活性剂不断被研发出来，表活剂用量减少，成本降低，使其应用范围拓宽。[3-5]

（三）聚合物驱

聚合物驱是在注入水中加入水溶性聚合物，通过增加水相黏度，一方面控制水淹层段中水相流度，改善流度比，提高层内的波及效率，另一方面缩小高、低渗透率层段间水线推进速度差，调整吸水剖面，提高层间波及系数，进而提高原油采收率。目前广泛使用的聚合物是部分水解聚丙烯酰胺，但其还存在盐敏效应、化学降解、剪切降解等问题，当油层温度达到 75℃ 以上，盐敏效应增加，部分水解聚合物增黏效果变差，甚至会产生沉淀。因此，聚合物驱往往会受温度、矿化度的影响，使其在高温、高矿化度油藏中的应用受限。近些年，亦开发出了许多新型耐温、抗盐聚合物，扩大了聚合物驱的应用范围。

（四）复合驱

复合驱是将聚合物、表面活性剂、碱等不同化学剂联合使用的方法，利用复合体系具有不同化学剂驱油机理，产生协同作用，从而大幅度提高原油采收率，一般说来比单一化学剂驱提高采收率幅度高，复合驱主要包括：碱＋表面活性剂复合驱（简称碱/表二元驱）、聚合物＋碱剂复合驱（简称聚/碱二元驱）、聚合物＋表面活性剂复合驱（简称聚/表二元驱）、聚合物＋表面活性剂＋碱复合驱（简称三元驱）。

1. 碱/表二元驱

碱（NaOH、Na_2CO_3 等）与原油的某些组分发生化学反应，可以形成表面活性剂，这种就地生成的表面活性剂本身就可以起到很好的驱油效果。然而，碱水的使用取决于原油的酸值，由于一些原油的酸值较低（如大庆油田），碱与原油发生化学反应生成的表面活性物质很少，这就使得单独用表面活性剂驱或单独用碱驱，都得不到超低界面张力，驱油效果不好，达不到提高采收率的目的，这就需要考虑两者的综合效果。影响碱、表面活性剂与原油间的界面张力的主要因素是表面活性剂的结构和浓度、碱的类型和浓度、地层水的矿化度、油相的组成和性质等。采用大庆油田原油进行实验研究表明，在降低碱/表二元体系与原油间表面张力方面，存在最佳碱浓度和最佳表面活性剂浓度。

2. 聚／碱二元驱

聚／碱二元驱是在聚合物溶液中加入碱，发挥碱水增加驱油效果，同时结合聚合物的扩大波及能力，共同提高采收率。但由于碱对聚合物溶液的黏度影响非常大，导致聚合物高黏度、高黏弹等性能无法最大限度发挥，降低了聚合物的波及效率。

3. 聚／表二元驱

聚／表二元驱是一种可以充分发挥表面活性剂降低界面张力和聚合物提高波及体积协同作用来提高原油采收率的三次采油方法，聚／表二元驱既具有聚合物驱提高波及体积的功能，又具有三元复合驱提高驱油效率的作用，提高采收率介于聚合物驱和三元复合驱之间，是一种对油藏伤害小、投入产出前景好，具有发展潜力的三次采油方法，具有良好应用前景。近年来聚／表二元驱的快速发展得益于表活剂产品性能的改进以及新型表活剂产品的出现。20世纪80年代，由于受表活剂与原油界面张力不能达到超低的限制，在复合驱的研究以及矿场试验中为了提高体系的驱油效率，在体系中加入碱，形成了目前应用的碱／表活剂／聚合物三元复合驱技术，由于表活剂性能的改进，在不加入碱的条件下聚／表二元体系与原油的界面张力仍然能够达到超低，为化学驱的发展开辟了一条新的思路。

4. 三元复合驱

三元复合体系驱油是20世纪80年代初国外出现的化学采油新技术，复合体系是胶束／聚合物驱发展而来的，人们已经意识到了胶束／聚合物驱的特殊效果，但是经济因素限制了这一技术商业化推广，三元复合体系主要是为了用便宜的碱剂来代替价格昂贵的表面活性剂，以降低有效化学剂的成本，这为复合驱推广应用奠定了必要的基础。在化学剂效率方面，复合体系所需要的表活剂和助剂总量，仅为胶束／聚合物驱的1/3。在提高采收率方面，三元复合驱体系能够采出水驱剩余油的80%以上，高于一般的聚／表二元驱。大庆油田已取得了较好的应用效果，在大规模开展三元复合驱工业化应用中也出现一些问题，特别是注入碱能引起地层黏土分散、运移，导致地层渗透率下降，碱与油层流体及岩石矿物反应，可形成碱垢，如碳酸盐垢、硅铝盐垢，对地层造成伤害，会引起油井结垢，影响油井正常生产，检泵周期缩短以及采出液破乳脱水困难等一系列问题。另外，加入碱能大幅度降低聚合物的黏弹性，不利的流度比还将导致黏性指进现象，大大降低了波及体积，制约了三元驱进一步推广应用，目前以大庆油田为代表的研究团队正在开展此方面攻关研究。

二、驱油方法筛选标准

美国国家石油委员会于1984年推荐了化学驱油藏筛选标准，见表6-1-1。美国新墨西哥石油采收率研究中心 Taber 等于1997年发表了化学驱油藏筛选标准，见表6-1-2，主要考虑因素包括：原油黏度、油层渗透率及非均质性、油藏温度、地层水矿化度等。国内大庆油田研究人员起草制定了 SY/T 6575—2016《油田提高采收率方法筛选技术规范》，规定了化学驱提高采收率方法筛选技术要求，见表6-1-3。

表 6-1-1　化学驱油层筛选标准

筛选参数	聚合物驱	碱驱	表面活性剂驱
地面原油密度 / (g/cm³)	—	＞ 0.876	—
地下原油黏度 / (mPa·s)	＜ 100	＜ 90	＜ 40
油层温度 /℃	＜ 93	＜ 93	＜ 93
地层渗透率 /mD	＞ 20	＞ 20	＞ 40
地层水矿化度 / (10⁴mg/L)	＜ 10	＜ 10	＜ 10
岩石类型	砂岩或碳酸盐	砂岩	砂岩

表 6-1-2　化学驱油藏筛选标准

	筛选参数	聚合物驱	胶束/聚合物驱、ASP 复合驱、碱驱
原油参数	地下黏度 / (mPa·s)	＜ 150	＜ 35
	地面密度 / (g/cm³)	＜ 0.966	＜ 0.934
	成分组成	不严格	胶束/聚合物驱要求原油具有轻、中等组分，碱驱要求原油中含有机酸
油藏参数	含油饱和度 /%	＞ 50	＞ 50
	岩石类型	砂岩或碳酸盐岩	砂岩
	渗透率 /mD	＞ 10	＞ 10
	油层温度 /℃	＜ 93	＜ 93
	地层水矿化度 / (10⁴mg/L)	＜ 2	＜ 2
	钙镁离子含量 / (mg/L)	＜ 500	＜ 500

注：要求油藏水驱波及系数大于 50%、油层相对均质、石膏和黏土含量小。

表 6-1-3　化学驱油藏筛选指标

筛选参数	聚合物驱	表面活性剂驱	碱水驱	复合驱
岩性	碎屑岩	碎屑岩	碎屑岩	碎屑岩
油层单层有效厚度 /m	＞ 1	＞ 1	＞ 1	＞ 1
地层温度 /℃	＜ 75	＜ 80	＜ 90	＜ 75
油层渗透率 /mD	＞ 50	＞ 10	＞ 50	＞ 50
油层渗透率变异系数	0.4~0.8	＜ 0.6	＜ 0.6	0.4~0.8
原油密度 / (g/cm³)	＜ 0.90	＜ 0.90	＜ 0.90	＜ 0.90
地层原油黏度 / (mPa·s)	＜ 100	＜ 50	＜ 40	＜ 100
原油酸值 / (mgKOH/g)	—	—	＞ 2	—
地层水矿化度 / (mg/L)	＜ 10000	＜ 10000	—	＜ 10000
地层水钙镁离子含量 / (mg/L)	＜ 70	＜ 100	—	＜ 70

根据不同油藏特点及开发现状，初步确定了辽河化学驱组合方式设计（表6-1-4）。

表6-1-4 化学驱组合方式设计

油藏特点	化学驱方式		设计思路
非均质性严重、渗透率较高、采出程度低、中低温	聚合物驱		1~2段塞
非均质性较强、"双高期"、中低温	复合驱	聚/表二元驱	3~4段塞
		聚/表/碱三元复合驱	
采出程度低、原油黏度高	聚解剂驱		1段塞
复杂断块	调驱	有机铬体系	封调驱洗
		酚醛体系	
		复合调驱体系	

三、驱油作用机理

化学驱提高采收率由三个因素来决定：一是井网对油层的控制程度（E_w），二是注入液的体积波及效率（E_s），三是注入液的驱油效率（E_r），总的采收率（E）是这三个效率的乘积：

$$E = E_w E_s E_r$$

化学驱驱油作用机理复杂，不同的驱油方式，作用机理有所不同。结合现场主要应用情况，主要介绍聚合物驱、表面活性剂驱、碱水驱、聚/表二元驱、三元复合驱等作用机理。

（一）聚合物驱机理

聚合物驱主要是改善流度比，调整平面及层内、层间矛盾，其工作原理是以聚合物水溶液为驱油剂，增加注入水黏度，在注入过程中降低水侵带岩石渗透率，提高注入水的波及效率。[6]

1. 流度控制作用

聚合物溶液的流度控制作用是聚合物驱油的重要机理之一，对于均质油层，在通常水驱油条件下，由于注入水的黏度往往低于原油黏度，驱油过程中油水流度比不合理，导致采出液中含水率上升很快，过早地达到采油经济所允许的极限含水率的结果，使得实际获得的驱油效率远远小于极限驱油效率。向油层注入聚合物的结果，可使驱油过程中的油水流度比大大改善，从而延缓了采出液中的含水上升速度，使实际驱油效率更接近极限驱油效率，甚至达到极限驱油效率。

2. 调剖作用

调整吸水剖面，扩大波及体积，是聚合物提高采收率的另一项重要机理。聚合物的调剖作用在油层剖面上存在渗透率的非均质状态时发生，在通常水驱条件下往往发生注入水沿不同渗透率层段推进不均匀现象，高渗透率层段注入水推进快，低渗透率层段注入水推进慢，加上注入水的黏度往往低于原油黏度，水驱油过程中高流度流体取代低流度流体的结果，导致注入水推进不均匀的程度加剧，甚至在很多情况下会出现高渗透率层段早已被注入水所突破，而低渗透率层段注入水推进距离仍然很小的情况，致使低渗透率层段原油不能得到有效的开采。

3. 提高驱油效率作用

室内实验研究发现，聚合物驱不仅能够扩大波及体积，而且能够提高驱油效率。聚合物溶液存在着黏弹性，在水驱过程中表现了三种黏度，即本体黏度、界面黏度、拉伸黏度。在这三种黏度的共同作用下，可有效驱替以簇状、柱状、孤岛状、膜（环）状、盲状等形态滞留在孔隙介质中的残余油。本体黏度使聚合物在油层中存在阻力系数和残余阻力系数，是驱替水驱未波及剩余油和簇状残余油的主要机理。聚合物溶液本体黏度的增高，加上其弹性作用，改善了水油流度比和水驱前缘，可以驱替出水驱未波及剩余油和簇状残余油。界面黏度使聚合物溶液在多孔介质中的黏滞力增加，是驱替膜状、孤岛状残余油的主要机理。聚合物溶液与残余油之间的界面黏度远远高于注入水与残余油间的界面黏度值。拉伸黏度使聚合物溶液存在黏弹性，是驱替盲状残余油的主要机理。柔性聚合物分子在应力作用下将产生形变，其弹性又会使其恢复、收缩，因此，当具有黏弹性的柔性聚合物溶液通过多孔介质时，既存在着剪切流动，也存在着拉伸流动。特别是聚合物分子在流经孔道尺寸变化处时，聚合物分子就受到拉伸而表现出弹性。这种特性使进入盲端孔隙的聚合物溶液，具有与流动方向垂直、指向连通孔道的法向力，使得聚合物溶液能够驱出盲端中原油，提高驱油效率。

（二）表面活性剂驱机理

通过考察表面活性剂分子在油水界面的作用特征、水驱后残余油的受力情况以及表面活性剂对残余油受力状况的影响，认为表面活性剂驱主要通过以下几种机理提高原油采收率。

1. 降低油水界面张力作用

表面活性剂降低油水界面张力机理在于两个方面，一方面是表面活性剂分子具有亲水基和亲油基，亲油基与水分子之间排斥，亲油基朝上与原油分子接触、亲水基朝下与水分子接触，使向下的引力减弱，向上的引力上升，使表面活性剂分子紧密排列在油水界面，改善了界面受力不平衡的状态，降低界面张力。另一方面是由于表面活性剂分子相比水分子的体积更大，表面活性剂与水分子间的吸引力弱于水分子之间的吸引力，分子之间的吸引力减弱，使油水界面的"绷紧"状态下降，促使界面张力降低。

2. 增溶与乳化作用

在一定盐浓度范围内，表面活性剂超过一定浓度（临界胶束浓度，CMC）就产生胶束，胶束可增溶原油，因而具有较高的洗油效率，若原油增溶超过了胶束溶解度的极限，就出现界面，体系变成乳状液，根据乳状液中液珠的大小，它可通过携带机理和捕集机理提高采收率。同时，由于表面活性剂在油滴表面吸附而使油滴带有电荷，油滴不易重新黏回到地层表面，从而被活性水夹带着流向采油井。

3. 聚并形成油带作用

从地层表面洗下来的油滴越来越多，它们在向前移动时可相互碰撞，使油珠聚并成油带，油带又和更多的油珠合并，促使残余油向生产井进一步驱替。

4. 润湿反转作用

研究结果表明，驱油效率与岩石的润湿性密切相关。油湿表面导致驱油效率差，水湿表面导致驱油效率好。合适的表面活性剂，可以使原油与岩石间的润湿接触角增加，使岩石表面由油湿性向水湿性转变，从而降低油滴在岩石表面的黏附力。

5. 提高表面电荷密度作用

当驱油表面活性剂为阴离子或阴—非离子表面活性剂时，它们吸附在油滴和岩石表面上，可提高表面的电荷密度，增加油滴与岩石表面间的静电斥力，使油滴易被驱替介质带走，提高了洗油效率。

6. 改变原油的流变性作用

原油中因含有胶质、沥青质、石蜡等而具有非牛顿流体的性质，其黏度随剪切应力而变化。这是因为原油中胶质、沥青质和石蜡类高分子化合物易形成空间网状结构，在原油流动时这种结构部分破坏，破坏程度与流动速度有关。当原油静止时，恢复网状结构。重新流动时，黏度就很大。原油的这种非牛顿性质直接影响驱油效率和波及系数，使原油的采收率很低。提高这类油田的采收率需改善异常原油的流变性，降低其黏度和极限动剪切应力。而用表面活性剂水溶液驱油时，一部分表面活性剂溶入油中，吸附在沥青质点上，可以增强其溶剂化外壳的牢固性，减弱沥青质点间的相互作用，削弱原油中大分子的网状结构，从而降低原油的极限动剪切应力，提高采收率。

（三）碱水驱机理

碱水驱过程与其他三次采油过程有着很大区别，加入碱剂后，产生强烈的化学反应。

1. 降低界面张力作用

$NaOH$、Na_2CO_3 等碱剂在水中解离出来氢氧根，能与石油中的有机酸等极性组分反应生成具有活性组分的物质，活性物质聚集在油水界面，可以降低界面张力。

2. 乳化作用

碱与原油中极性组分反应产生的表活剂具有一定乳化效应，它在水界面吸附可形成水包油的乳状液，在碱含量和盐含量都降低的情况下由碱与石油酸反应生成的表面活性剂可使地层中剩余的油乳化，并被碱水携带通过地层。由于低界面张力使油乳化在碱水相，但油珠直径较大，向前移动时就被捕集，增加了水的流动阻力，即降低了水的流度增加了波及系数，提高原油采收率。

3. 润湿反转作用

由油润湿反转为水润湿，在高碱低盐的情况下碱可通过改变吸附在岩石表面的油溶性物质而解吸，恢复岩石表面的原来的亲水性，使岩石表面从油湿反转为水湿，提高了洗油效率。水湿反转为油湿，在高碱高盐的情况下，碱与石油酸反应生成的表面活性物质主要分配到油相中，并吸附在岩石表面上，使岩石表面由水湿反转为油湿。

（四）聚 / 表二元驱机理

聚 / 表二元驱其主要机理是利用聚合物的流度控制能力和表面活性剂大幅度降低油水界面张力的特性，发挥协同增效作用，达到既提高波及系数又提高驱油效率的目的。聚 / 表二元驱属于无碱体系，可以减少多价金属离子沉淀、岩石矿物溶蚀、井筒结垢、采出原油破乳困难等现象，其黏度和弹性比三元体系高很多，因此其驱油效率和波及体积有可能更大，采收率更高。可使用低分子量的聚合物，不需要加碱，减少了碱溶解岩石中的黏土而产生的地层伤害问题，具有更宽的油藏适用范围。一方面聚合物与表面活性剂可形成相互作用，使聚合物链发生构象变化，影响表面活性剂溶液的物理化学性质，使溶液的表面张力、临界胶束浓度（CMC）和聚集数等物理参数及溶液流变性、胶体分散体系的稳定性、界面吸附行为及水溶液的增溶量等均发生重大变化。另一方面聚合物与表面活性剂产生二元协同驱油作用，能将表面活性剂驱、聚合物驱的优点有机地结合起来，同时弥补二者的不足，使其达到有效地降低油水界面张力，提高驱油效率，同时又提高波及体积，最终达到提高原油采收率的预期效果，既克服了表面活性剂溶液在地层推进过程中受到各种因素的干扰，如地层水对段塞的侵入，黏性指进使前缘提前突破及表面活性剂在地层中的吸附等，又克服了聚合物驱不能改善油层的微观驱油效果的缺点。

（五）三元复合驱机理

三元复合驱油体系既具有较高的黏度又能与原油形成超低界面张力，在扩大波及范围、提高驱替效率的同时，也提高洗油效率，能改善水驱的"指进""突进"和油的"圈捕"，从而增加原油产量和提高采收率。驱油效果之所以明显优于单一化学剂驱。是因为多种化学剂具有各自的作用与优势，且相互之间能发挥协同效应。聚合物增稠和流度控制作用。发挥聚合物改善流度比和调整平面及层内、层间矛盾作用，以流度控制、调剖作用及微观驱油机理为主，不仅能够扩大波及体积，而且能够提高驱油效率。利用聚合物溶液黏弹性，发挥本体黏度、界面黏度、拉伸黏度作用。分子量越大增黏能力越强，浓度越大水解液黏度越大，驱油能力越大。

表面活性剂降低油水界面张力和提高洗油效率作用。增加毛细管准数，降低残余油饱和度，产生乳化作用，形成水包油型乳状液，改善油水两相的流度比，提高波及系数。改变岩石表面的润湿性，提高表面电荷密度，提高了洗油效率。因温度、矿化度、原油组分等油藏条件的不同，所使用的表面活性剂结构与性能也不相同。石油羧酸盐、石油磺酸盐是现在普遍采用的驱油表面活性剂，但石油磺酸盐耐温、耐盐性能比石油羧酸盐好。

碱与原油中的酸性组分反应就地生成表面活性剂作用。与外加表面活性剂协同效应更大幅度地降低油水界面张力并作为牺牲剂改变岩石表面的电性，以降低地层对表面活性剂的吸附量。

第二节 聚合物驱实验研究与应用

聚合物驱油兴起于 20 世纪 50 年代末，继美国于 1964 年率先开展了聚驱矿场试验后，加拿大、法国、英国、苏联等国家也陆续于 20 世纪 70 年代相继开展矿场试验，并且在 80 年代达到高峰，其中美国的矿场试验就高达 183 次。1972 年，我国在大庆油田首次成功开展小井距聚合物驱油试验，经过 50 年的发展，我国的聚合物驱油也得到巨大发展。现如今我国聚合物驱油已经形成完整的配套技术，并且在大庆、胜利、新疆等油田得到进一步的推广及应用，聚合物驱油已经成为我国提高采收率的重要手段之一。

聚合物驱就是把聚合物添加到注入水中提高注入水的黏度降低水相流度的一种驱油方法。对常规水驱来说，由于油层的非均质性和较高的水油流度比，水相窜流和指进现象严重。波及系数较小，聚合物驱提高原油采收率作用主要表现为：一是提高注入水的黏度，二是降低水相渗透率，三是调整吸水剖面，四是聚合物的弹性具有洗油效率。

一、聚合物理化性能评价

研究驱油用聚合物，首先要确定其基本理化性能。通过这部分研究可以筛选掉大量不符合要求的聚合物产品，为聚合物下一步复杂的性能测试提供了质量保障。针对化学驱用聚合物产品特点，确定了 11 项理化性能评价指标，并利用不同仪器建立了相应检测方法（表 6-2-1）。

表 6-2-1 曙三区聚合物驱产品理化指标参数与方法

序号	项目		技术要求	检测方法
1	固含量 /%		≥ 88	失重法
2	粒度 /%	≥ 1.00mm	≤ 5	筛网法
		≤ 0.20mm		
3	水解度		23.0~27.0	滴定法
4	特性黏数 /（mL/g）		2000~3500	外推法
5	黏均分子量		2500×10^4	外推法
6	表观黏度 /（mPa·s）		≥ 45.0	黏度法
7	过滤因子		≤ 1.5	时差法
8	水不溶物 /%		≤ 0.2	沉淀法
9	溶解时间 /min		≤ 120	黏度法
10	残余单体 /%		≤ 0.05	色谱法

（1）固含量：本项指标的主要目的是检测产品的固体含量，以保证产品实际注入数量。

（2）溶解性：本项指标的主要目的是检测产品在现场条件下的配制可行性。溶解方式主要有：清水溶解污水稀释、污水溶解污水稀释、清水溶解清水稀释；为了满足环保要求和便于现场操作，推荐使用污水溶解污水稀释方式。

（3）表观黏度：本项指标是反映聚合物溶液驱油性能的一个重要参数，主要目的是检测样品控制油水流度比和扩大波及体积的能力。

（4）过滤因子和水不溶物：检测聚合物溶液注入能力的重要指标。过滤因子和水不溶物过大则易滞留于孔喉，增大注入压力，严重时会引起地层堵塞。

（5）水解度：主要目的是检测聚合物分子中羧基含量占总酰氨基的百分数，水解度大小与聚合物的某些物理特性如吸附性、黏度的剪切稳定性以及热稳定性密切相关，尤其是在高温高盐油藏中，丙烯酰胺基会发生高温水解，产生的凝胶进一步与二价阳离子交联，该过程称为脱水收缩，因此要避免高温下的水解反应，就必须选择合适的羧基较少的（水解度低）聚丙烯酰胺。

（6）特性黏数：对高分子溶液黏度的研究有着非常重要的理论和实际意义，它不仅可用于测量高聚物的分子量，而且还可用于研究高分子在溶液中的形态、高分子链的无扰尺寸、高分子链的柔性程度以及支化高分子的支化程度等。

二、聚合物使用性能评价

聚合物在使用过程中主要是利用其增黏、高黏弹性等特点，提高化学驱过程中注入溶液的波及与驱油效率。因此，在评价聚合物使用性能过程中，主要是围绕聚合物增黏性、黏弹性等指标进行评价，包括增黏性、阻力系数、运移能力、黏弹性、黏度损失等。

（一）增黏性能

聚合物增黏性能是考察液体分子之间的内摩擦阻力，增黏能力是影响聚合物扩大波及能力，提高驱油效果的最重要的参数。不同聚合物其增黏性是不同的，有的聚合物增黏性好，有的聚合物增黏性差。一般来说在进行聚合物驱时，选择增黏性好的聚合物作为驱油剂，可以大大减少聚合物用量和降低化学剂费用。

（二）剪切流变性研究

体相流变性能（Bulk Solution Rheological Property）是驱油体系溶液的本征流变性能，是指在外力的作用下，聚合物溶液发生流动和变形的性质，它由驱油体系的组成、组分的分子结构、分子形态及分子间的相互作用及溶液介质的性质决定，是影响驱油体系驱油效果的主要因素。

（三）黏弹性能研究

聚合物是非牛顿流体，在外力作用下有瞬时形变产生，具有黏性和弹性。黏性可以扩大波及能力，弹性可以提高聚合物的驱油效率，黏弹性可以客观反映聚合物在水溶液中的结构特性，黏弹性越高，聚合物结构强度越高，溶液扩大波及能力越强，驱油性能越好。

动态黏弹性必须在聚合物溶液的线性黏弹性区域内进行，线性黏弹区域可限定为弹性模量 G' 恒定的振幅区域。若选用高振幅及随之产生的高应变和应力，就会偏离线性黏弹区域，那么用不同仪器和不同实验条件测试样品，得到的数据会有无法解释的偏差。在非线性条件下，样品被破坏到一定程度，分子或聚集体内部的瞬时键遭到破坏，产生了剪切稀释，施加的能量大部分变为热而不可逆地损耗掉。因此，进行聚合物溶液的动态实验时，必须从应变振幅扫描开始，一般采用将频率固定于 1Hz 进行应变振幅扫描。

（四）地层流动黏弹性

聚合物在地层运移过程中实际受到地层多孔介质的剪切应力方向是不变的，在这种条件下表现出的弹性行为称为聚合物的稳态黏弹性。它和聚合物在实际地层运移过程中的黏弹性关系更密切。因此测试聚合物的稳态黏弹性更能反映聚合物溶液在地层运移过程中实际的黏弹性。不同的聚合物产品具有不同的第一法向应力差和威森伯格数，整体趋势是大分子高于小分子。这两个物理参数与我们实际油藏中聚合物溶液在孔隙中驱动渗流具有直接关系，第一法向应力差和威森伯格数越大，说明聚合物渗流所需驱动力越大，具有更好的扩大波及的能力。

（五）聚合物／原油界面黏弹性

界面扩张流变性质是流体界面的重要性质之一。界面扩张性质的相关参数可以反映界面微观过程的信息，对工业实践过程有重要的指导意义。扩张模量包括弹性部分和黏性部分；相角是界面膜黏弹特性的定量表征，反映了黏性部分和弹性部分的比值，相角越低，表示表面膜弹性越强。扩张流变性是通过测量膜的界面张力（表面压）的变化而得到，界面黏弹模量定义为界面张力与界面面积相对变化的比值。通过测试常规聚合物、粉煤灰悬浮颗粒界面扩张流变学特征，考察三种聚合物的和原油作用界面膜的强度，明确三种聚合物在地层驱油过程中弹性驱油的能力。

（六）聚合物耐温抗盐性能研究

用产出水配制聚合物母液，用同样的产出水稀释进行耐温性能的测试。用不同矿化度的模拟水稀释产出水配制的母液，在地层温度下进行抗盐性能研究。考察聚合物在不同温度和不同矿化度下的黏度保持能力。

实验结果表明，随着矿化度的增加，聚合物的黏度下降主要是因为筛选的聚合物均为部分水解聚丙烯酰胺，为阴离子聚合物，也正是由于大量的阴离子弱酸盐的存在，使得高分子骨架在溶液中更加舒展。但是，当溶液中存在大量的阳离子盐，会大大降低聚合物骨架阴离子浓度，从而降低斥力作用，高分子线团团聚加剧，体系黏度损失严重。其中二价金属离子对聚合物的影响要大于一价金属离子。

（七）聚合物溶液热稳定性评价

热稳定性通常是指聚合物溶液在地下油藏岩石孔隙中，能够保持其黏度不发生热降解的性质。它对保持聚合物溶液的长期稳定性非常重要。因此考查聚合物溶液在地下的分子稳定性及其长期增稠能力是十分必要的，长期热稳定性是能否用于驱油的关键指标之一。主要包括聚合物溶液热稳定性和水解度热稳定性。

（八）剪切黏度稳定性

聚合物通过炮眼时，剪切速率高，聚合物容易断链，所以需要聚合物具有良好的抗剪切性能。使用产出水配制聚合物的母液，用同样的产出水稀释为 1500mg/L 进行剪切黏度稳定性的测试。利用毛细管模拟聚合物在地层井底附近高速剪切后黏度保留率。实验结果表明，聚合物随着高速剪切均有不同程度的黏度损失，其中大分子的黏度损失率要高于小分子，这是因为大分子聚合物具有较高的分子量，在高速剪切过程中，高分子骨架受到的剪切应力更加严重，剪切过程的动能转化为高分子势能程度也就越高，高分子易分解为较小分子，体系黏度保留率更低。

（九）吸附黏度稳定性

静吸附黏度保留率主要是考察聚合物溶液在岩石上的吸附量及对增黏性的影响。聚合物驱油过程中，由于聚合物分子与孔隙介质之间存在相互作用，会使部分聚合物分子留在孔隙介质的孔隙中和表面上，一方面降低了聚合物溶液的黏度，这是不利的一面；另一方面可使水相渗透率降低，从而降低水的流度，这是有利的一面。但从综合效果来看，吸附量大会使驱油效果变差。

（十）多次滤过

聚合物在多孔介质中渗流，对聚合物的剪切作用及在岩石中的吸附作用是同时存在的。通过多次滤过实验，综合研究聚合物这两方面的性能。通过测定聚合物在岩心运移过程中黏度的变化过程，每个聚合物过滤三次，计算聚合物的黏度保留率，从而更好地模拟聚合物在多孔介质中渗流过程中的黏度保留率。

三、聚合物产品物化性能表征

（一）聚合物热失重曲线分析

热重分析得到的是程序控制温度下物质质量与温度关系的曲线，即热重曲线（TG曲线），横坐标为温度或时间，纵坐标为质量，也可用失重百分数等其他形式表示。

由于试样质量变化的实际过程不是在某一温度下同时发生并瞬间完成的，因此热重曲线的形状不呈直角台阶状，而是形成带有过渡和倾斜区段的曲线。曲线的水平部分（即平台）表示质量是恒定的，曲线斜率发生变化的部分表示质量的变化。利用 TA 公司的TGAQ500 热失重分析仪，表征粉煤灰悬浮颗粒的热失重谱图，考察随着温度的升高产生的热失重量和热失重峰，并和常规聚合物进行对比。

（二）聚合物各元素含量

元素分析仪作为一种实验室常规仪器，可同时对有机的固体、高挥发性和敏感性物质中 C、H、N、S 元素的含量进行定量分析测定，在研究有机材料及有机化合物的元素组成等方面具有重要作用。通过元素分析仪分析，可判断聚合物合成过程中是否引入 AMPS 耐温抗盐单体。

（三）聚合物溶液微观聚集形态研究

聚合物在水溶液中存在分子间的相互缠绕，因此会形成一定的网络结构。其相互缠绕的程度和网络结构的致密程度和聚合物的性能是密切相关的。因此需要对聚合物在水溶液中的微观形貌进行观察和分析。而常规扫描电镜无法直接观察聚合物水溶液的微观结构，因为在高真空条件下，聚合物水溶液中的水分会迅速挥发，影响聚合物溶液微观形貌的观察。因此需要把冷冻蚀刻技术和扫描电镜技术相互结合，对聚合物溶液的微观形貌进行观察。图 6-2-1 为冷冻蚀刻扫描电镜。

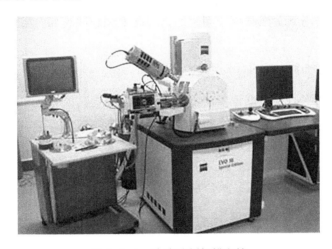

图 6-2-1　冷冻蚀刻扫描电镜

四、聚合物溶液渗流性能研究

（一）岩心渗流过程中有效视黏度

表观黏度是聚合物溶液分子之间的内摩擦阻力（图 6-2-2）。有效黏度是溶液在多孔介质渗流过程中存在的分子内摩擦及拉伸作用（图 6-2-3）。目前驱油用聚合物质量控制体系中，是以表观黏度的评价为主的质量控制体系，但大量实验结果表明，聚合物溶液表观黏度高时其驱油效果并不一定好，究其原因是有些聚合物虽然具有较高的表观黏度，但在经过多孔介质不断剪切的过程中其流动有效视黏度并不高，而聚合物在多孔介质流动的过程中有效视黏度是对聚合物驱油效果起决定性作用。

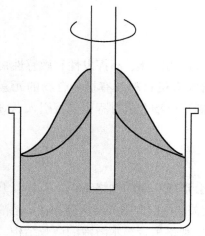

图 6-2-2　表观黏度示意图

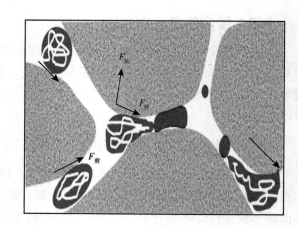

图 6-2-3　有效视黏度示意图

对于常规部分水解聚丙烯酰胺而言，聚合物有效黏度和表观黏度具有很好的对应性，这也可以从高分子在水溶液中的物理形态得到理解。由于 HPAM 不具有缔合作用，在水溶液中的黏度，均是高分子回旋半径产生的，因此表观黏度越高，溶液的多孔介质有效黏度也就越高。

（二）阻力系数和残余阻力系数

阻力系数和残余阻力系数都是描述聚合物驱过程中提高波及效率能力的重要指标。阻力系数是用来描述聚合物降低流度比的能力大小，阻力系数是水的流度与聚合物溶液的流度之比。残余阻力系数是用来表征聚合物降低渗透率的能力大小，残余阻力系数是聚合物驱前后油层水相渗透率之比。实验结果表明，阻力系数和残余阻力系数均随着聚合物的分子量的增加而增加，这也说明了，聚合物分子量越大，其调剖能力越强。

五、现场试验方案设计与应用

（一）油藏概况

曙三区为水驱 Ⅱ 类薄互层中高渗砂岩油藏，开发目的层为杜家台油层，埋深950~1700m，含油面积 19.0km²，油层有效厚度 10.6m，地质储量 2244×10^4t，标定采收率 32.8%。平均孔隙度 29.2%，平均渗透率为 879mD，变异系数 0.8，为中高孔中高渗强非均质储层，孔隙结构以高渗中喉型为主。原始地层温度 33.5~60.0℃。

该区块油品具有北稠南稀的特点，地层原油黏度 4.8~72.0 mPa·s，密度 0.8161g/cm³。地面原油性质属稀油，密度平均为 0.9036g/cm³，黏度平均 237.7mPa·s（50℃），原油族组成中饱和烃含量平均 39.95%、芳烃含量平均 17.91%、非烃含量平均 24.47%、沥青质含量平均 17.67%。胶质 + 沥青质含量平均为 30.25%，含蜡量平均为 11.2%，凝固点平均为 24.2℃。水型为 NaHCO₃，总矿化度 4795mg/L。

（二）方案设计

1. 聚合物分子量设计

1）聚合物分子量与喉道匹配研究

根据聚合物分子回旋半径与岩心孔吼半径匹配关系，如式（6-2-1）至式（6-2-3）所示，计算试验区适用的聚合物分子量上限。

$$\frac{r_{\mathrm{h}}}{r_{\mathrm{p}}}>10 \qquad (6-2-1)$$

$$r_{\mathrm{p}}=\sqrt[3]{\frac{[\eta]M}{4.22\times10^{10}}} \qquad (6-2-2)$$

$$M<\left(\frac{r_{\mathrm{h}}^{3}10^{11}}{0.884}\right)^{0.6024} \qquad (6-2-3)$$

式中　r_{h}——岩心平均孔喉半径，$\mu\mathrm{m}$；

　　　r_{p}——聚合物回旋半径，$\mu\mathrm{m}$；

　　　$[\eta]$——聚合物特性黏数，$\mathrm{dL/g}$；

　　　M——聚合物分子量。

统计分析试验区聚驱层段杜 II $_3$ 至 III $_5$ 小层对应岩心的渗透率、孔隙结构类型、平均孔吼半径及喉道均值，基于聚合物分子回旋半径与孔隙喉道半径匹配关系，考虑温度、矿化度对分子尺寸的影响，聚合物分子量设计为 2000 万（表 6-2-2）。

表 6-2-2　试验区聚合物分子量与喉道匹配研究结果

孔隙结构类型	喉道均值 /$\mu\mathrm{m}$	分子链平均尺寸 /$\mu\mathrm{m}$	聚合物分子量
高渗中喉均匀	12	1.2	3850×10^{4}
高渗中喉较均匀	8.4	0.84	3000×10^{4}
高渗中喉不均匀	7.3	0.73	2500×10^{4}
中渗中喉不均匀	3.3	0.33	2200×10^{4}
中渗细喉不均匀	2.1	0.21	1900×10^{4}

2）岩心注入性验证

统计试验区聚驱有效层段渗透率主要分布在 150mD 以上，在不同渗透率级别岩心上，开展驱替试验评价不同分子量聚合物溶液注入性能。结果表明 2500 万分子量聚合物可以顺利注入。图 6-2-4 为曙三区杜 18 块天然岩心匹配性模板。

2. 聚合物评价优选

1）理化性能评价

收集三个厂家 2500 万分子量的聚合物，对其进行了水解度、粒度、表观黏度、固含量、过滤因子共 5 项理化性能指标进行了检测评价，评价标准执行 SY/T 5862—2020《驱油用聚合物技术要求》，结果见表 6-2-3。

	2000万	1600万	2500万	2000万	2500万	2000万
0.1%	堵塞	顺利	顺利	顺利	顺利	顺利
0.15%	堵塞	顺利	顺利	顺利	顺利	顺利
0.2%	堵塞	堵塞	顺利	顺利	顺利	顺利
0.25%	堵塞	堵塞	顺利	顺利	顺利	顺利
	40mD		150mD		300mD	

图 6-2-4　曙三区杜 18 块天然岩心匹配性模板

表 6-2-3　聚合物理化指标测试结果

编号	分子量	固含量 /%	溶解时间 /h	不溶物 /%	水解度 /%	过滤因子
P-1	2582	89.26	< 2.0	0.060	23.6	1.60
P-H	2613	90.09	< 2.0	0.027	22.7	1.15
P-L	2462	90.35	< 2.0	0.029	21.0	1.11

2）聚合物增黏性

分子量为 2000 万的三种聚合物分别用回注污水配制 1000mg/L、1500mg/L、2000mg/L、2500mg/L、3000mg/L 不同浓度的溶液，在地层温度 55℃ 下，测定不同浓度溶液的增黏能力，结果如图 6-2-5 所示。结果表明，三种聚合物溶液黏度与浓度的变化关系一致，既黏度随着溶液浓度的增加而增加，浓度越大，黏度越大。

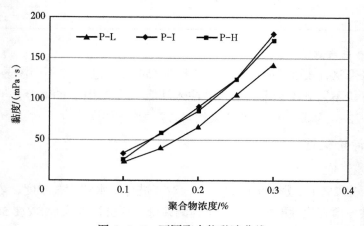

图 6-2-5　不同聚合物黏浓曲线

3）聚合物耐温性

分别用分子量为 2500 万的三种聚合物回注污水配制浓度 2000mg/L 的溶液，在 40℃、50℃、60℃、70℃ 4 个温度下，测定不同温度溶液耐温能力，结果如图 6-2-6 所示。三种聚合物溶液黏度与温度的变化关系一致，既黏度随着温度的升高而降低，温度越高，黏度越低。

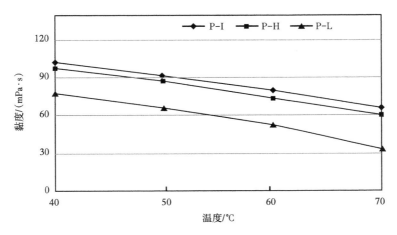

图 6-2-6　不同聚合物黏温曲线

4）聚合物热稳定性

分子量为 2500 万的三种聚合物分别用回注污水配制浓度 2000mg/L 的溶液，在温度 55℃ 下，放置 0d、5d、15d、20d、30d、60d、90d，测定放置不同时间溶液的热稳定性，结果见表 6-2-4。结果表明，90d 内表观黏度随着老化时间的延长，黏度不同程度地有所增长。

表 6-2-4　放置不同时间聚合物的黏度保留率表

聚合物	黏度保留率 /%					
	0	5d	15d	30d	60d	90d
P-1	100.0	100.3	100.9	102.0	102.5	102.5
P-H	100.0	100.5	101.9	102.5	103.5	103.5
P-L	100.0	100.8	101.5	106.3	105.9	105.0

3. 注入参数优化设计

大量的室内实验和现场经验表明，除油层条件外，驱油剂注入参数对驱油效果也有不同程度的影响。优化聚合物浓度、注入量、注入方式等注入参数。

1）浓度优化

聚合物驱替要取得比较好的效果，需满足式 (6-2-4)：

$$M = \frac{\dfrac{K_{\mathrm{p}}}{\mu_{\mathrm{p}}}}{\dfrac{K_{\mathrm{w}}}{\mu_{\mathrm{w}}} + \dfrac{K_{\mathrm{o}}}{\mu_{\mathrm{o}}}} < 1 \qquad (6\text{-}2\text{-}4)$$

式中　$\dfrac{K_{\mathrm{p}}}{\mu_{\mathrm{p}}}$——聚合物溶液流度；

$\dfrac{K_{\mathrm{w}}}{\mu_{\mathrm{w}}} + \dfrac{K_{\mathrm{o}}}{\mu_{\mathrm{o}}}$——油水混合带流度。

根据归一化相渗曲线（图 6-2-7），计算油水混合带的总流度，并汇成如图 6-2-8 所示曲线，油水混合带的总流度的最低点为 0.0433，根据公式计算聚合物在该区块地下的最低工作黏度为 23.1mPa·s。根据矿场经验，可最终确定聚合物使用浓度。

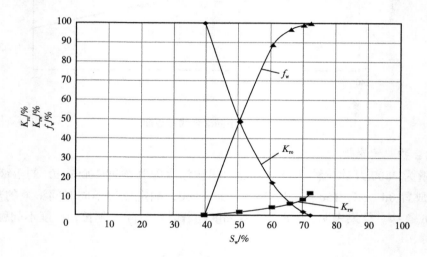

图 6-2-7　曙三区杜 18 块归一化相渗曲线

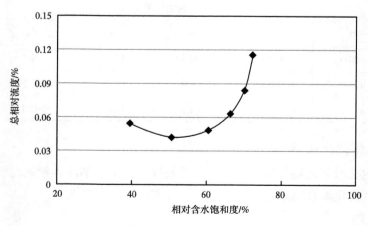

图 6-2-8　总相对流度曲线

2）注入量优化

衡量化学剂驱油效果的重要指标是化学驱比水驱提高采收率值的大小。研究表明，当其他条件相同时，驱油剂用量越大，驱油效果越好；但是当达到一定用量后，驱油剂增油量就呈下降趋势。因此，应选择最佳的化学剂用量，使得采收率提高幅度和单吨驱油剂增油量都较大（图 6-2-9）。

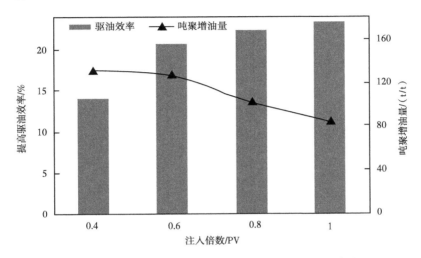

图 6-2-9　采收率提高幅度、吨聚增油量与注入量关系

3）驱油方式对比

选择聚合物溶液黏度相近、注入总量为 0.6PV，设计 3 种注入方式，2000 万、2500 万、2500 万聚合物与 1600 万聚合物交替注入（图 6-2-10）。

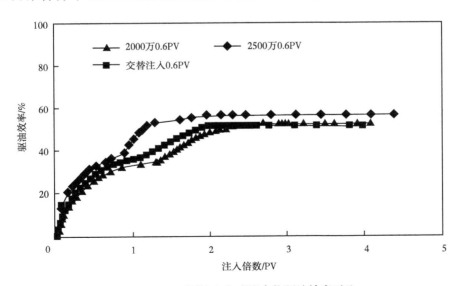

图 6-2-10　不同注入方式聚合物驱油效率对比

结果表明，聚合物溶液黏度相近、注入总量相同条件下单一分子量注入方式相对优于交替注入方式，推荐采用单一分子量段塞方式注入。

4. 驱油效果预测

通过对聚合物静态性能（包括理化性能、增黏性、耐温性、热稳定性、流变性、配伍性）评价、物理模拟动态优化评价（包括段塞注入量、注入方式优化）及驱油效率预测与评价实验，初步确定适合曙三区驱油体系，见表6-2-5。适合曙三区的聚合物为P-1、P-H、分子量为2500万、聚合物浓度1800mg/L、注入段塞0.6~1.0PV、注入方式为单一分子量注入。模拟真实油藏参数，开展驱替实验，驱油效率较水驱提高20.63%。

表6-2-5 适合曙三区杜18块的聚合物驱油体系

适合聚合物	P-1、P-H
聚合物分子量 /10^6	2500
聚合物浓度 /mg/ L	1800
注入段塞 /PV	0.6~1.0
注入方式	单一分子量注入

（三）试验情况

1. 试验井组

遵循二次开发方案的整体设计，在中部杜18井区、东部杜23井区、南部杜16井区立足二次开发部署井网，以杜II$_{8-10}$—III$_{3-5}$为驱替目的层，采用150~230m井距，整体规划聚合物驱井组54注102采，覆盖储量820×10^4t（图6-2-11）。综合考虑油藏储层条件、井网完善程度、注采能力、压力保持水平、聚合物驱潜力等因素，优先选择杜18井区主体部位有代表性的6个井组开展聚合物驱先导试验（图6-2-12）。

2. 注入情况

2017年8月在杜18井区主体部位选择6个井组开展聚合物驱先导试验，取得明显效果。截至2020年12月累积注入0.193PV。方案设计注入液黏度不低于72.2mPa·s，在试验初期受水质影响，注入黏度不达标，导致注入效果差。通过室内试验明确影响聚合物黏度的主要因素，现场通过清洗管线、更换水处理剂、加装井口过滤器等方式对水质进行处理，将工频搅拌器换为变频搅拌器，降低搅拌速度，减少物理剪切对聚合物黏度的影响。经过调整，聚合物黏度明显提升，达到方案设计要求（图6-2-13），注入效果也有了明显的改善。

图 6-2-11　曙三区化学驱规划部署图

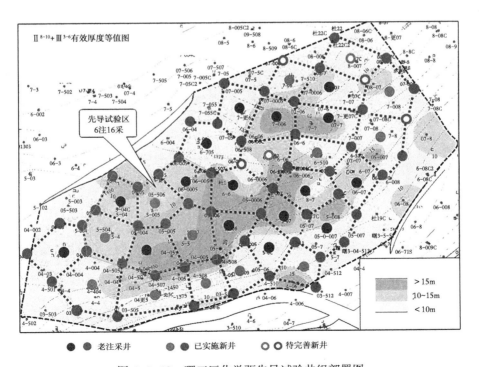

图 6-2-12　曙三区化学驱先导试验井组部署图

辽河油田地质与开发实验技术

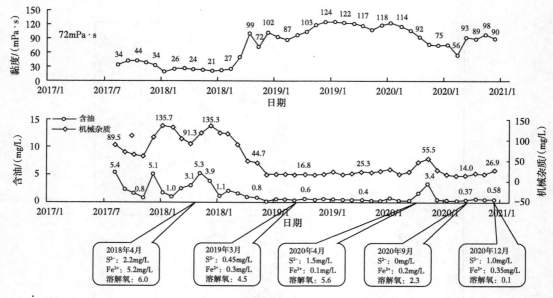

图 6-2-13　试验井组注入井口黏度变化曲线

注入液黏度达标后，注入压力逐渐提升，截至 2020 年 12 月注入压力由 10.6MPa 提高到 14MPa，并保持在 14MPa 左右（图 6-2-14），单井压力升幅在 2.2~4.7MPa。这主要是因为聚合物在注入井附近吸附捕集，增加了近井地带的渗流阻力，导致注入压力迅速上升，随着注入井附近吸附捕集的平衡，注入压力趋于平缓。试验井组阻力系数目前为 1.5 处于正常范围（图 6-2-15）。通过试验井组视吸水指数变化曲线可看出（图 6-2-16），视吸水指数与水驱相比下降了 30%~40%，聚合物在地层中起到了明显的增黏、降渗作用。

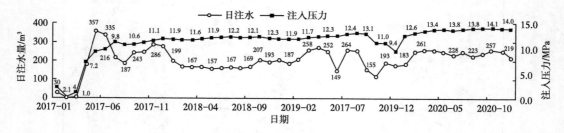

图 6-2-14　试验井组注入曲线

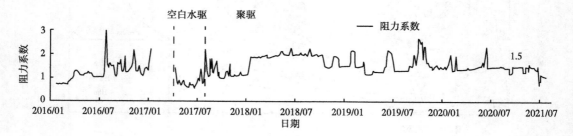

图 6-2-15　试验井组阻力系数变化曲线

234

图 6-2-16　试验井组视吸水指数变化曲线

3. 试验效果

截至 2020 年 12 月，试验井组目前油井日产液 208.5t，日产油 49.2t，含水 76.1%，累计注采比 1.15。与转驱前相比，试验井组日产油由 18t 上升到 49.2t；综合含水由 92.2% 下降至 76%，阶段累产油 3.98×10⁴t，较继续水驱对比阶段增油 2.45×10⁴t，采出程度 32.2%（图 6-2-17）。

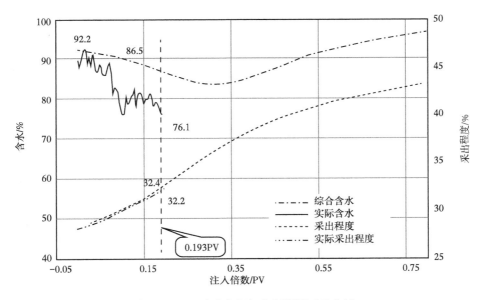

图 6-2-17　试验井组与方案预测对比曲线

第三节　聚 / 表二元驱实验研究与应用

聚 / 表二元驱是聚合物、三元复合驱后一项大幅度提高采收率技术，兼有较强的流度控制能力与洗油能力，具有提高采收率高、无碱性、工艺简单、绿色环保等优势。

一、聚合物筛选与评价

聚 / 表二元驱用聚合物的性能要求与聚合物驱基本一致，包括：理化性能指标与使用性能指标，理化性能指标包含固含量、粒度、水解度、黏均分子量、特性黏数、表观黏度、过滤因子、水不溶物、溶解速度、残余单体和外观等 11 项参数，使用性能主要表现为聚合物在使用过程中增黏、驱油等特点，提高化学驱过程中注入溶液的波及与驱油效率，主要是围绕黏性、黏弹性等指标进行评价，包括：增黏性、阻力系数与残余阻力系数、运移能力、黏弹性、黏度损失、驱油效率等指标参数。

二、表活剂筛选与评价

（一）理化性能

化学剂理化性能直接影响其使用性能，是评价化学剂优劣的基本评价要求。针对化学驱用表活剂产品特点，确定了 9 项理化性能指标，包括：界面张力、pH 值、溶解性等，利用不同仪器建立了相应评价方法，针对油藏地质特点化学驱用表活剂产品理化指标参数与方法。通过表活剂理化性能评价，不但准确掌握表活剂产品质量情况及变化特点，而且为进一步使用性能评价及产品筛选奠定重要认识。

（二）使用性能

表活剂在使用过程中主要是利用其高界面活性、润湿性等特点，提高化学驱过程中注入溶液的洗油效率。因此，在评价表活剂使用性能过程中，主要是围绕界面性等指标进行评价，包括：界面张力、CMC 值、乳化能力等。

1. 界面张力

界面张力也叫液体的表面张力，就是液体与液体间的作用张力，恒温恒压下增加单位界面面积时的体系自由能的增量，称之为界面张力，起源于界面两侧的分子对界面上的分子的吸引力不同。在化学驱研究过程中，评价驱油配方与地层中原油间的界面张力意义非常重要。实验室通常引进界面张力仪，建立旋转滴法测试油水间界面张力的批评方法，实现了软件自动控制拍照、保存图片、计算界面张力值、显示出测值，而无须人工干涉，从而有效避免了人为因素对测值的影响。建立了随时间、转速、温度变化而变化的界面张力值，并把所有测值直接导出为 EXCEL 文档实时显示测值曲线图。

通常的油水间界面张力约 30mN/m，若加入表活剂，则油水间低界面张力可降至超低（小于 10^{-2} mN/m）。通过界面张力评价测试，对比了不同表活剂对特定区块原油的作用，发现不同类型、产品的表活剂降低油水界面张力能力不同，作用时间也不同（图 6-3-1），为筛选适用的表活剂提供直接判断依据。

2. 临界胶束浓度（CMC）评价

表面活性剂分子在溶剂中缔合形成胶束的最低浓度即为临界胶束浓度（CMC），临界胶束浓度是衡量表活剂性能的一个重要指标，溶液在 CMC 浓度以上，形成的胶团可以增溶有机物（原油），且数目越多，增溶能力越强，提高采收率越有利。建立体系临界胶束浓度评价技术准确评价表活剂 CMC 值，为配方中表活剂浓度优化提供依据。

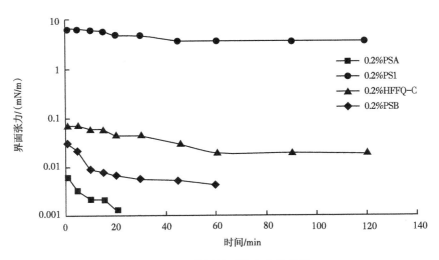

图 6-3-1　单剂界面张力变化曲线

3. 乳化性能评价

乳化是化学驱重要驱油机理之一，乳化能力可以用乳化综合指数表示，它是表活剂综合乳化性能的量度（表6-3-1），由乳化力和乳化稳定性决定。乳化力是指乳化相中萃取出油的量与被乳化油的总量的质量百分比，以分水率表示乳化稳定性能的优劣。

乳化力：

$$f_e = \frac{W}{W_0} \times 100\% = \frac{cV\dfrac{50}{10}}{m\dfrac{10}{10+10}} \times 100\% \qquad (6-3-1)$$

乳化稳定性：

$$S_w = (V_1/V_2) \times 100\%$$
$$S_{te} = (1-S_w) \qquad (6-3-2)$$

综合乳化系数：

$$S_{ei} = \sqrt{f_e S_{te}} \qquad (6-3-3)$$

表 6-3-1　乳化综合指数等级

Se 等级	强	较强	中等	弱	差
对应数值	100~75	74~50	49~30	29~15	14~0
评价	乳化综合指数在 30 以上认为乳化性能较好				

4. 配伍性评价

为了保证表活剂与其他溶液间具有良好的配伍性，保证体系在地层中能够充分发挥作用，需要评价配伍性。通过引进稳定性分析仪，建立评价体系透射光吸收值和沉降速率评价方法（图 6-3-2），表征体系稳定性，从而判断表面活性剂的配伍性。稳定性好的表活剂溶液不同部位透光率应小于 5%，沉降速度为 0。

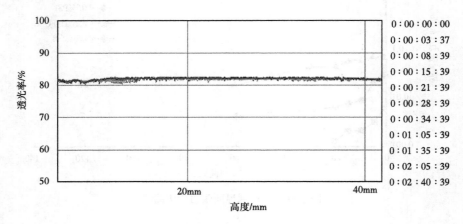

图 6-3-2　表活剂透光率变化曲线

5. 表活剂浓度检测

由于采出液成分复杂，常规方法无法检测采出液中表活剂浓度，因此，研制了用于分析检测锦 16 块二元驱用表面活性剂产品的专用气相色谱分析柱，建立了气相色谱法检测方法，可与干扰物质进行有效分离，能够准确、灵敏、快速地检测辽河锦 16 块复合驱注入体系中表活剂浓度（图 6-3-3），该法线性范围为 2~100mg/L，最小检出量为 2mg/L，完成一次分析仅需 20min[7-10]。

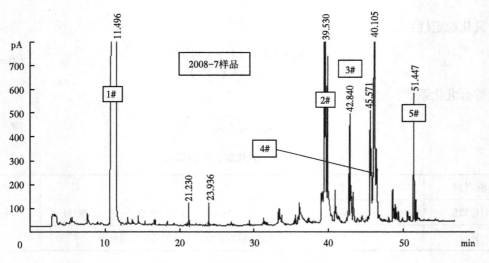

图 6-3-3　表活剂特征峰色谱图

三、聚/表二元驱配方性能评价

聚/表二元复合驱是利用聚合物、表活剂进行复配，形成的复合驱油配方，通过化学剂各自优势，发挥扩大波及体积与提高洗油效率的作用。因此，在评价复合驱油体系时，除了掌握各自单剂使用性能，还要开展复合体系综合性能评价，包括：界面活性、吸附性、热稳定性等。

（一）界面活性

界面活性是复合驱关键指标之一，决定着复合驱的驱油效率。界面活性主要通过油水间界面张力反映出来，通常只是以单点、曲线形式表现出来，但无法体现复合体系中不同化学剂对界面张力的影响大小。因此，实验室建立了界面活性图评价技术，通过二维图形式体现出表活剂、聚合物或碱对整个复合体系界面张力影响，同时有利于确定各化学剂最佳使用浓度范围。评价二元驱界面活性时实验发现，在高黏体系下界面张力与体系黏度呈正相关性，不能真正反映体系界面活性，影响二元驱用表面活性剂筛选与评价结果。室内通过大量实验验证，建立了剪切评价高黏体系界面活性评价方法，以准确客观评价高黏体系界面活性（图6-3-4）。

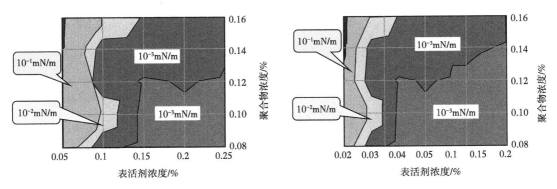

图6-3-4　体系剪切前后界面活性图对比

（二）吸附性能

复合体系注入地层后，与地层水、地下原油、岩石等接触，势必要产生吸附滞留现象，限制了复合体系发挥应用。研究发现岩石表面的吸附造成表面活性剂在地层中损失严重，直接影响了复合驱驱油效率，因此必须研究复合体系在岩石上的吸附损失程度。通过实验研究，建立了复合体系单次吸附与多次吸附评价方法。

1. 单次吸附

配制浓度为1200mg/L的复合驱溶液200mL，将设计量目标地层油砂加入聚合物溶液，搅拌均匀，溶液放置24h后，开始测量界面张力和黏度，评价单次吸附结果（表6-3-2）。

表 6-3-2　单次吸附结果

时间 界面张力 / 黏度		复合体系	表面活性剂 11 液固比为 20:1	表面活性剂 11 液固比为 60:1	大庆非离子活性剂 液固比为 20:1	大庆非离子活性剂 液固比为 60:1
界面张力 / mN/m	2d	7.33×10^{-3}	7.21×10^{-3}	7.34×10^{-3}	1.35×10^{-2}	1.37×10^{-2}
	7d	7.30×10^{-3}	1.34×10^{-2}	1.02×10^{-2}	3.56×10^{-2}	1.95×10^{-2}
	15d	7.29×10^{-3}	7.07×10^{-3}	7.34×10^{-3}	6.59×10^{-2}	5.06×10^{-2}
	30d	6.69×10^{-3}	6.73×10^{-3}	7.12×10^{-3}	1.32×10^{-2}	2.23×10^{-2}
黏度 / mPa·s	2d	97.5	99.3	98.5	96.6	93.8
	7d	94.2	94.5	93.7	78.1	71.3
	15d	92.6	89.3	87.6	64.3	55.4
	30d	91.5	81.6	79.8	52.2	48.8

从表 6-3-2 可以看出，该区块油砂的吸附作用对复合体系黏度性质影响较大，但对界面张力性质影响不大。

2. 多次吸附

在化学配方体系注入地层的过程中，随配方体系的向前推移，配方不断接触到新的岩心，在岩心表面发生新的吸附，为模拟该过程建立了多次吸附实验方法。

实验过程：分别称取 20g、15g、10g、5g 洗油烘干岩心于不同玻璃瓶内，依次放入 200mL、150mL、100mL、50mL 0.12% 聚合物 P5，搅匀后在地层温度（55℃）下放置，每天定时摇动，吸附 4d 后，进行多次吸附实验。

（1）第一次吸附实验：倒出 20g 岩心瓶中的 200mL 0.12% 聚合物 P5 溶液，准确加入 200g 配方体系，固液比为 1:10，充分摇匀。放入 55℃ 烘箱中，24h 时将溶液倒出备用，同时测定界面张力、黏度。

（2）第二次吸附实验：倒出 15g 岩心瓶中的 150mL 0.12% 聚合物 P5 溶液，准确加入 150g 第一次吸附实验倒出的溶液，固液比为 1:10，充分摇匀。放入 55℃ 烘箱中，24h 时将溶液倒出备用，同时测定界面张力、黏度。

（3）第三次吸附实验：倒出 10g 岩心瓶中的 100mL 0.12% 聚合物 P5 溶液，准确加入 100g 第二次吸附实验倒出的溶液，固液比为 1:10，充分摇匀。放入 55℃ 烘箱中，24h 时将溶液倒出备用，同时测定界面张力、黏度。

（4）第四次吸附实验：倒出 5g 岩心瓶中的 50mL 0.12% 聚合物 P5 溶液，准确加入 50g 第三次吸附实验倒出的溶液，固液比为 1:10，充分摇匀。放入 55℃ 烘箱中，24h 时将溶液倒出，测定界面张力和黏度。.

（三）热稳定性

复合驱油体系在地层中长时间运移，在地层温度作用下，体系性能容易发生变化。室内通过利用恒温箱模拟地层温度，对驱油体系进行长期黏度、界面张力等指标进行评价。用模拟水配制复合驱配方溶液，首先测定初始条件下表观黏度与界面张力。然后将溶液装到安瓿瓶中，将安瓿瓶连接在抽真空装置上，抽空至 13.3Pa 后，充入氮气，当安瓿瓶中气压达到大气压后，用火焰封隔安瓿瓶口，在油藏温度条件下保存，放置一段时间后，拿出并将安瓿瓶口切开，测溶液表观黏度与界面张力，与初期测定值进行对比，计算黏度保留率，评价溶液热稳定性能（表 6-3-3）。

表 6-3-3　二元复合体系黏度与原油间界面张力长期稳定性评价

复合体系 （0.12%P+0.2%S）	体系黏度 /（mPa·s）		黏度保留率 / %	体系与原油之间界面张力 /（mN/m）	
	初始	15d		初始	15d
1#P	87.7	82.1	98.09	10^{-3}	10^{-3}
5#P	99.5	78.0	78.39	10^{-3}	10^{-2}

四、物理模拟研究

合理的注入参数与注入方式是确保驱油体系发挥作用的重要影响因素，驱油效果预测可以为油藏工程方案编制及指标预测提供依据。化学驱物理模拟实验是确定合理的注入参数、注入方式及驱油效果预测的重要手段之一。为了更好地开展物模实验，需针对不同实验目的研制不同类型的物理模型，并开展相关实验，优化注入参数、注入方式并对优化后的驱油体系进行驱油效果评价。

（一）物理模型

在室内筛选配方体系的过程中，需要使用物理模型优化注入参数，预测驱油效果。室内常用的物理模型主要有一维物理模型（人造柱状均质物理模型、管式填充模型、环氧树脂浇注物理模型）、二维物理模型（平面非均质物理模型、纵向层内非均质物理模型）、微观可视模型，以及研究院自主研制的稠油增产化学剂评价二维物理模型。

1. 线性物理模型

1）人造柱状均质物理模型

常见的标准柱状岩心规格为 ϕ25mm×100mm，该种岩心孔隙体积较小，大约 12mL，饱和油量则更小，大约 8mL，驱油实验过程较短，可用于化学剂浓度和注入量等注入参数的筛选。

2）管式填充物理模型

目前室内常用的填砂管的规格为$\phi 2.5cm \times$（$15 \sim 100$）cm。该岩心是将天然岩心填装进填砂管中，然后用橡皮锤敲击震动压实的方法制成的。可用单管使用进行实验，也可多管并联。在实验中可使用该岩心进行驱油效果的预测。

3）环氧树脂浇注物理模型

在实际的室内物理模拟实验中，常用环氧树脂浇注的物理模型。这种岩心可分为均质岩心和非均质岩心。均质岩心是指整个岩心的渗透率是一致的，非均质岩心是指根据需要制作的各层渗透率满足不同变异系数的多层岩心，分层制作，模拟储层韵律分布，可用于驱油效率，驱油剂段塞组合等注入参数的筛选。

2. 平面物理模型

在实际研究中，常需要考虑井网部署等方面，涉及一注多采或多注多采，需优化井网井距；或者在实验中需要监测压力场，含油饱和度，这时就需要更大尺寸的岩心。在岩心上布设传感器，可测定岩心的含油饱和度（图6-3-5），研究剩余油分布规律。在岩心上布设压力传感器，可测定岩心压力场变化（图6-3-6），研究驱油过程中压力变化。

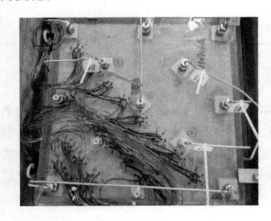

图6-3-5　平面模型（饱和度）

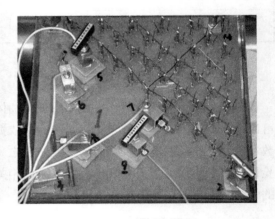

图6-3-6　平面模型（压力场）

3. 微观驱油模型

微观物理模拟试验技术是在孔隙级水平上对不同驱油体系的驱油过程进行动态分析，对剩余油的形成机理进行分类研究和定量解释。其技术优势有两点：一是模型和驱替条件的可重复性，能保证试验结果具有可对比性；二是可定量化，能定量计算驱油体系的驱油效率、波及系数和采收率。在化学驱方面，它是研究不同驱油体系微观驱油机理的重要手段。利用此项技术，既可以验证对驱油机理的各种设想，又可帮助研究各种提高石油采收率方法。

4. 化学剂评价二维物理模型

化学剂评价二维物理模型是辽河油田勘探开发研究院自主研制的物理模型（图6-3-

7），模型依据相似原理设计，依据现代最新技术，借助于计算机技术、传感器技术、图像采集技术、新材料、新工艺等科研成果，根据油藏埋藏深、油品类型多样的特点，研究在较高的温度压力条件下采用成型的二维物理模型或者填砂进行多种化学驱方式（聚驱、调驱、复合驱、多介质复合开采等）＋多种化学剂、高低注入压力的物理模拟研究。

本装置中二维比例模型多样化：模型主要由 400mm×400mm×60mm/8MPa 高压模型、1000mm×600mm×40mm/3MPa 低压模型组成，其中 400mm×400mm×60mm 模型主体内可安装岩板模型，岩板模型尺寸为：300mm×300mm×45mm，耐压 8MPa，也可安装二维可视模型尺寸为：400mm×400mm×40mm，耐压 0.3MPa。

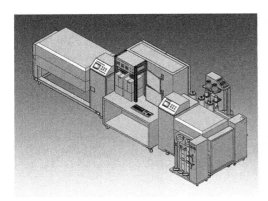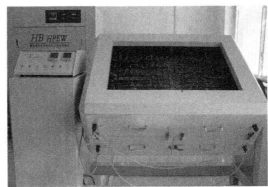

图 6-3-7　化学剂评价二维物理模型

（二）驱油效果评价

根据区块地质、油藏条件筛选出化学驱配方体系后，需要预测该配方体系的驱油效果，为开发指标预测提供参数。目前室内研究中可通过系列物理模型进行化学驱油体系驱油效果评价，同时对饱和度场、压力场进行量化评价。

1. 驱油效率评价

经过静态性能评价，注入参数优化等实验，最终确定最优的驱油体系，需对配方体系进行驱油效果评价。室内实验中一般采用天然岩心填充单管或多管填砂模型评价驱油效果，渗透率模拟储层真实渗透率，同时由于采用天然岩心进行实验，模型具有与真实储层一致的矿物组成，可在一定程度上模拟储层对驱油体系的吸附性，驱替效果更接近真实驱油效果。

2. 含油饱和度场监测

室内为了解驱油剂注入地下后的使用情况，需要对驱油效果进行预测。由于在驱替过程中，整个驱油体系的动态特征是无法直接进行计量，需要一个间接的数据进行描述。通过资料调研可知，通常储集油气层的基质是不导电的，而岩石中的水溶解了盐分，盐在水中电离出正、负离子，在电场的作用下，离子运动，从而形成电流。盐浓度越大，导电率越大，电阻率越小。因此，驱替过程中含油饱和度可由电阻率进行量化，分析化学驱过程中的动态特征，预测驱油效果（图6-3-8）。利用饱和度监测仪绘制的化学驱过程中的饱和度云图。从图中可以看出，化学驱前，水驱虽然波及中、高渗储层，但储层含油饱和度依然较高，仍有未被波及的剩余油，而低渗层含油饱和度很高，几乎未被波及；化学驱后，高、中、低渗储层的含油饱和度均明显下降，中、高渗层剩余油被驱出，启动了低渗层。在实验中通过含油饱和度云图不仅可以直观地看出化学驱前后储层的对比情况，还可以观察驱替过程中的动态特征，这也有效地预测了驱油效果。

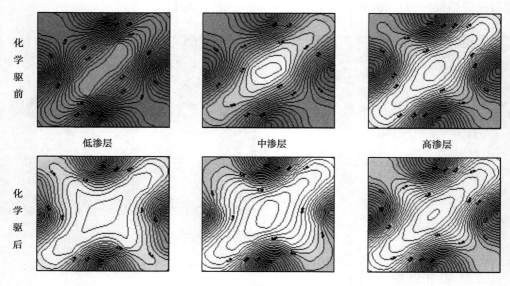

图6-3-8　化学驱前后含油饱和度场对比

3.压力场监测

前面提到的平面物理模型不仅可以设置含油饱和度监测点还可设置压力监测点。通过对驱替过程中压力的监测，可对比出化学驱前后不同点地层压力上升幅度，分析化学驱油剂推进方向及地下压力场变化，判断是否实现深部液流转向，进而可分析出驱油剂是否有效封堵高渗层。

在实验过程中，需要在平面岩心上布置压力监测点，就可以在驱替过程中读取不同位置、不同时间的压力，绘制压力曲线，进而分析化学剂推进过程中压力的变化规律。根据测压点读取的压力值分析流体运动方向，根据地层压力增加的幅度，可直观地评价高渗地层的封堵情况，判断化学驱油体系是否有效地封堵了高渗地层，实现了液流转向。

（三）微观驱油机理

利用微观模型可对根据真实储层孔隙结构类型制作的玻璃模型进行化学驱油体系对不同类型残余油作用机理研究，拓展了化学驱物理模拟手段，可真实描述储层孔隙中不同化学剂对残余油驱替作用，为化学驱方式、化学剂筛选及微观驱油机理研究奠定了基础。

1. 砂岩地层的孔隙结构类型

根据砂岩岩心的铸体薄片分析结果（图 6-3-9）表明，砂岩地层的孔隙主要为原生粒间孔 [图 6-3-9（a）]，其次为粒内溶孔和粒间扩大孔 [图 6-3-9（b）]。孔隙分布总体均匀 [图 6-3-9（a）]，也可能因填隙物堵塞而使孔隙分布不均 [图 6-3-9（c）]，但孔隙间连通性好。

(a)粒间孔，分布较均匀　　　　(b)粒间扩大孔，长石粒内裂隙孔　　　(c)孔隙分布不均，填隙物堵塞孔隙

图 6-3-9　孔隙结构类型

2. 水驱后残余油类型

微观水驱油实验表明，水驱 20PV 以后，还有 40%~50% 油作为残余油滞留在模型内。对于亲油岩心，在注入水波及的范围内，这些油主要以盲端状、柱状、膜状以及簇状的形式，被束缚于孔隙网络中（图 6-3-10）。

其中残余油以柱状和簇状残余油为主，簇状残余油实质是水驱后被细小喉道包围起来、包含数个孔隙喉道在内的大油块；膜状残余油位于孔隙和喉道的内壁，具有相当高流动阻力；盲端处的残余油相当于一端封闭或一端极不易流动的柱状残余油。

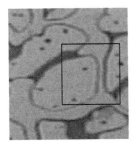 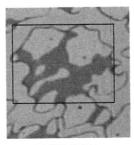 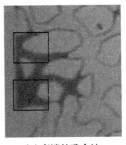 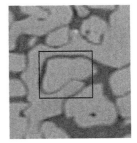

(a)柱状残余油　　　　(b)簇状残余油　　　　(c)盲端处残余油　　　　(d)膜状残余油

图 6-3-10　水驱后不同形式的残余油

3. 聚 / 表二元驱对水驱后残余油的启动和运移

1）残余油的启动

表面活性剂 / 聚合物复合体系驱启动了大量的簇类残余油、柱类残余油、盲端类残余油和膜状残余油，启动的方式主要是通过将残余油拉成油滴（O/W 乳状液）和拉成油丝

两种方式（图 6-3-11 和图 6-3-12）。

由于表面活性剂／聚合物复合体系既具有聚合物的黏弹特性，又具有表面活性剂的低界面张力，所以残余油在表面活性剂／聚合物复合体系的作用下，界面容易发生变形，在表面活性剂／聚合物复合体系黏弹性的作用下，流速发生变化，进而产生微观力作用于前端聚集的油滴，由此重复残余油被拉断形成一个个油滴，重复此过程至剩余的残余油被驱替干净为止。残余油通过这种方式形成了大量的油滴，很容易被驱替液携带运移。

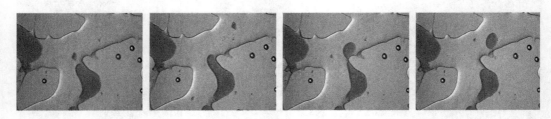

图 6-3-11   残余油拉成油滴的过程

如图 6-3-12（a）中的箭头方向为二元体系的流动方向，可以看出，在表面活性剂／聚合物复合体系的作用下，残余油前端逐渐发生变形，形成了一个尖端，如图 6-3-12（c）中箭头所示，尖端继续被拉长形成一条油丝，油丝被拉长的同时，油丝前端又被拉断，形成一滴滴的小油滴，通过这种方式残余油最终被驱替干净，如图 6-3-12（h）所示。通过这种方式形成的小油滴直径远小于流动通道尺寸，所以小油滴可以通过岩心中的任意一个通道，最终被驱替出岩心。

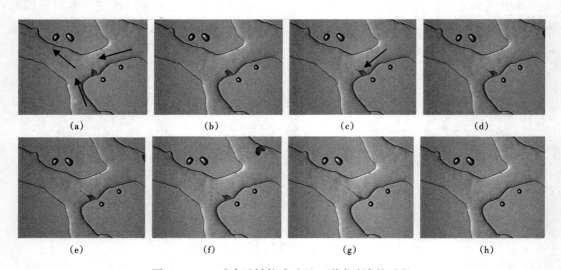

图 6-3-12   残余油被拉成油丝、形成油滴的过程

2）残余油滴的运移

残余油被启动后会随着驱替液继续向下游运移，在运移的过程中可能会断裂成更小的油滴或被拉成油丝形成小油滴，该油滴会通过以下 2 种形式形成更小的油滴。

（1）通过狭窄流道时断裂成几个油滴。

由图 6-3-13 可以看出，在通过狭窄流道时，油滴前端被拉长变细，黏弹性二元体系通过该流道时变化，从而产生微观力作用于油滴。当变细的油滴前端通过狭窄流道后，这时的残余油形成一个"哑铃"的形状，中间较细，很容易被拉断形成小油滴，重复此过程至剩余的油滴可以通过狭窄流道为止。图 6-3-13 中的油滴前端共断裂成 2 个油滴后通过孔道。

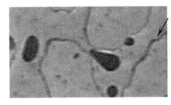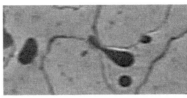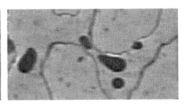

图 6-3-13　油滴通过狭窄流道的过程

（2）油滴在运移的过程中还可能发生聚并。

如图 6-3-14 所示箭头所指的两个油滴，在运移的过程中逐渐紧贴到一起，然后迅速聚并到一起，形成一个油滴继续向前运移。

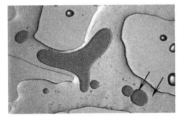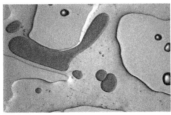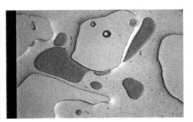

图 6-3-14　油滴聚并过程

4. 聚/表二元驱仿真驱油实验

图 6-3-15 为岩心全景驱油效果图。由图可见，水驱后还有大量原油滞留在孔隙中，而二元体系无论是对水驱未波及的连续油区，还是对束缚在孔隙中几类残余油（柱状、膜状、簇状）都具有很好的效果。体现了二元驱较好的波及效率和洗油效率。与三元体系驱替水驱后残余油的岩心全景驱油效果图相比，注入水在大孔道中的推进速度明显高于小孔道，当注入水到达出口边的大流道后，小流道中的油被圈闭，而不能被驱替。三元体系扩大波及体系的能力不是很强，但能够将波及区内的残余油驱出。

无碱二元体系和驱油效果明显好于 ASP 三元体系，这是由于无碱二元体系的黏弹性大于三元体系，扩大波及体积的能力强于三元体系，而在驱油效率方面，两种体系均可以将波及区内的残余油驱出。

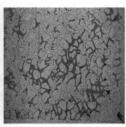

（a）水驱后残余油　　　　　　　　　　　　　（b）二元驱后残余油

图 6-3-15　二元复合驱效果图

五、聚/表二元驱方案设计与现场应用

（一）油藏概况

1. 油藏基本情况

锦 16 块兴隆台油层油藏埋深 1255~1460m，含油面积 6.0km²，石油地质储量 3985×10⁴t，平均油层厚度 55.8m，孔隙度 31.1%，空气渗透率 3442mD，为高孔高渗厚层块状稀油油藏，地层原油密度为 0.8425~0.8785g/cm³，原油黏度 14.0mPa·s，体积系数 1.089，饱和压力 12.71MPa，原始气油比为 42m³/t。地层水水型为 $NaHCO_3$ 型，矿化度为 2467.2mg/L。

2. 开发中存在的问题

开发过程中存在以下三个方面的问题：一是油藏处于高含水、高采出的"双高期"，剩余油高度零散，继续水驱开发潜力小；二是由于纵向注入水波及体积大，动用程度相对均匀，水驱油效率高；三是油层厚度大，胶结程度差，长期注水开发加剧了层间、层内非均质性。根据油藏情况及存在问题，开展聚/表复合驱试验，大幅度提高原油采收率。

（二）配方体系方案设计

1. 聚合物筛选与评价

1）聚合物阻力系数评价

对收集的 7 种聚合物产品进行阻力系数、残余阻力系数测定与评价，实验条件为聚合物浓度为 1200mg/L，试验装置为物理模拟岩心驱替装置。

结果表明：聚合物 P2 的阻力系数与残余阻力系数明显高于其他 6 种聚合物，在多孔介质中传输和运移能力较弱。不利于驱油体系效果的发挥。

2）聚合物溶液增黏性能评价

考察聚合物性能优劣的一个重要指标就是聚合物溶液的增黏性，针对除 P2 外的 6 种聚合物开展了浓度与黏度关系变化实验，结果如图 6-3-16 所示，结果表明，随着聚合物浓度增高，溶液黏度明显增大，并且分子量高的聚合物溶液黏度较高。

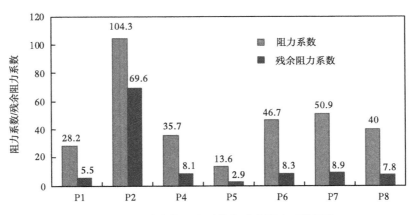

图 6-3-16　聚合物阻力系数与残余阻力系数评价

3）聚合物分子量与锦 16 块孔隙结构匹配关系研究

聚合物分子量越高，分子回旋半径越大，非均质油层变差部位易堵塞。因此，必须选择与地层孔隙结构相匹配的聚合物。即评价聚合物分子回旋半径与孔隙结构的关系，见表 6-3-4。由此可见，为了满足二元驱体系同时进行特高渗大孔细喉和大孔中喉两种类型储层，分子量不能太高，聚合物分子量在（2500~3000）×10⁴ 之间较为合适。6 种聚合物中 P6、P7 的分子量为（3200~3500）×10⁴，不适于该块注入。

表 6-3-4　聚锦 16 块储层与聚合物分子量配伍关系

孔隙结构类型	ϕ/%	K/mD	岩心孔喉半径 /μm	聚合物分子量 /10⁴
特高渗大孔细喉较均匀—均匀型	31.7	2193	8.8898	＜ 2500
特高渗大孔中喉不均匀型	31.6	6393	16.9407	＜ 3000

2. 表面活性剂筛选与评价

对 6 种表面活性剂从 9 个指标评价其理化性质，指标见表 6-3-5。界面张力从表 6-3-6 可以看出，在 0.2% 浓度下，除 4#、6# 界面张力达不到超低界面张力外，其他 4 种表活剂均能达到超低界面张力，其中 1# 表面活性剂抗稀释能力较强，在浓度为 0.05% 情况下，与油水界面张力还能达到超低。

3. 二元体系优选评价

1）二元体系与原油之间界面张力影响因素

在评价二元体系与原油之间界面张力时，发现表活剂单剂能够降低油水界面张力达到超低，但该表活剂加入聚合物溶液后，界面张力均上升一个数量级。因此，研究了体系黏度对油水界面张力影响实验，将浓度为 0.2% 的表活剂加入不同浓度的聚合物溶液中，测量相应黏度对应的界面张力值（表 6-3-6），由表可以看出，随着聚合物浓度的增高，界面张力逐渐增加，在体系黏度为 50mPa·s 左右时出现界面张力上升拐点。

表 6-3-5　欢喜岭油田化学驱用表活剂产品理化指标参数与方法

序号	项目	指标	检测方法
1	界面张力 /（mN/m）	＜ 1.0×10^{-2}	旋转滴法
2	有效物含量 /%	≥ 50.0	色谱法
3	pH 值	7.0~8.0	电位法
4	游离碱含量 /（mg/g）	0.2	滴定法
5	溶解性：透射光强度变化 /%	溶解 1h 后，≤ 5	透光度法
6	闪点 /℃	≥ 60	闭口杯法
7	环保性	产品中不含 OP、NP	色谱法
8	流动性：原液黏度 /（mPa·s）	≤ 280	黏度法
9	外观	淡黄色黏稠液体	观察法

表 6-3-6　1#/P1 二元体系黏度与界面张力之间关系

聚合物浓度 /（mg/L）	黏度 /（mPa·s）	界面张力平衡值 /（mN/m）	界面张力最低值 /（mN/m）
600	23.6	3.37×10^{-3}	3.37×10^{-3}
800	36.6	3.39×10^{-3}	3.39×10^{-3}
1000	55.2	1.19×10^{-2}	6.83×10^{-3}
1200	89.1	3.09×10^{-2}	3.09×10^{-2}
1400	116.3	1.11×10^{-2}	1.11×10^{-2}

2）二元体系稳定性评价

利用稳定性分析仪对地层温度下放置 30d 的 1# 和 5# 表活剂二元体系进行了稳定性评价，实验温度 55℃。结果表明二元体系放置 30d 后，透射光吸收值波动范围在 5% 之内，体系沉降速度为 0，表明两种表活剂二元体系稳定性均好。

表 6-3-7 是 1# 和 5# 表活剂组成二元体系稳定性实验结果，结果表明：1# 二元体系无论在体系增黏性还是界面性均优于 5# 二元体系。

3）吸附性能评价

实验结果表明：1# 和 5# 二元体系经过吸附 60d 后，黏度变化趋势一致，但 1# 表活剂界面张力经过吸附 60d 后，仍然稳定在 10^{-3} mN/m 数量级；5# 表活剂在浓度 0.2% 时经过吸附后，界面张力在 $1.0~10^{-1}$ mN/m 数量级，没有达到筛选表活剂评价标准——在 0.2% 浓度下界面张力达到 10^{-3} mN/m 数量级及以下。

4. 注入参数优化

大量的室内实验和现场经验表明，除油层条件外，驱油剂注入参数对驱油效果也有不同程度的影响。通过利用上述系列物理模型开展室内物理模拟实验可优化驱油剂中聚合物相对分子质量、化学剂浓度、注入量、转注时机、段塞尺寸及组合等注入参数。

表 6-3-7　二元体系黏度与原油间界面张力长期稳定性评价

二元体系 （0.12%P+0.2%S）	体系黏度 /（mPa·s）		黏度保留率 %	体系与原油之间界面张力 /（mN/m）	
	初始	60d		初始	60d
1#P	87.7	52.6	60.1	10^{-3}	10^{-3}
5#P	99.5	61.5	61.2	10^{-3}	> 1

1）聚合物浓度优选

固定表活剂浓度 0.2%，段塞尺寸 0.38PV，聚合物浓度分别为 1200mg/L、1400mg/L、1600 mg/L、1800 mg/L、2000mg/L 时开展二元体系驱油实验，实验结果表明，驱油效率随聚合物浓度的增加而提高，二元驱比水驱提高驱油效率最高为 25.0%。从表 6-3-8 可见，当聚合物浓度为 1600mg/L 时，二元驱驱油效率提高幅度最大，可提高驱油效率 22.4%，因此，聚合物浓度优选为 1400~1600mg/L。

表 6-3-8　聚合物浓度优选

方案	聚合物浓度 /（mg/L）	体系黏度 /（mPa·s）	界面张力 /（mN/m）	提高驱油效率 /%
2	1200	65.4	1.18×10^{-3}	17.5
3	1400	95.3	1.27×10^{-3}	19.8
4	1600	140.3	2.35×10^{-3}	22.4
5	1800	163.6	3.46×10^{-3}	23.9
6	2000	171.4	2.86×10^{-3}	25.0

在方案研究过程中，经常采用另一种方法确定聚合物浓度。利用油藏相渗曲线结合流度比的方法，具体过程见本章第二节第三部分内容。

2）表活剂浓度优选

固定聚合物浓度 1600mg/L，段塞尺寸 0.38PV 不变，改变表活剂浓度分别为 0.05%、0.08%、0.1%、0.2%、0.3% 开展驱油实验，实验结果表明，二元体系的驱油效率随表活剂浓度的增大而提高，考虑表活剂的吸附及地下水的稀释，表活剂的浓度确定为 0.2%~0.3%。

表 6-3-9　二元驱油体系表活剂浓度优选

方案	表活剂浓度 /%	黏度 /（mPa·s）	界面张力 /（mN/m）	提高驱油效率 /%
3	0.05	143.0	8.96×10^{-3}	20.5
4	0.08	142.1	9.58×10^{-3}	21.1
5	0.1	141.3	2.79×10^{-3}	21.5
6	0.2	140.3	2.35×10^{-3}	22.4
7	0.3	139.9	1.95×10^{-3}	22.9

3）段塞尺寸优选

聚合物浓度 0.16%、表活剂浓度 0.2% 保持不变，改变段塞尺寸分别为 0.19PV、0.38PV、0.57PV、0.76PV 开展驱油实验。

驱油效率随段塞尺寸的增大而提高，相应的驱油效率为 15.5%、22.4%、26.8%、29.9%（图 6-3-17）。段塞尺寸为 0.57PV 最佳，因此，确定注入段塞为 0.5~0.7PV。

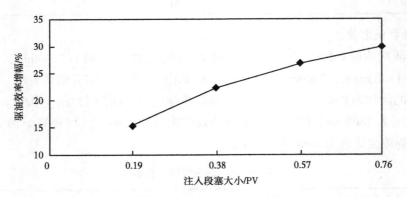

图 6-3-17　二元体系段塞尺寸优选曲线

5. 最佳注入配方确定

根据上述综合研究结果，锦 16 块注入配方体系设计四段塞式注入，分别为前置段塞、二元主段塞、二元副段塞和保护段塞，总注入量为 0.75PV，具体详见表 6-3-10。

表 6-3-10　注入配方体系设计表

注入段塞	组成	性能		注入体积 /PV
		黏度 /（mPa·s）	界面张力 /（mN/m）	
前置段塞	0.25%P3000	318.6	—	0.04
二元主段塞	0.16%P+0.2%S	122.3	$< 10^{-2}$	0.35
二元副段塞	0.16%P+0.15%S	121.2	$< 10^{-2}$	0.2
保护段塞	0.14%P	97.0	—	0.1
合计				0.69

6. 驱油效率预测

优选出聚合物浓度、表活剂浓度、段塞尺寸和最佳驱油体系后，对最佳二元驱与聚合物驱、弱碱三元驱驱油效果对比实验（表 6-3-11）。采用人造非均质模型和天然油砂非均质模型两种，驱油效率结果为聚合物驱人造非均质模型是 20.5%、天然油砂非均质模型是 19.0%；最佳二元驱人造非均质模型是 26.8%，天然油砂非均质模型是 25.5%；弱碱三元驱人造非均质模型 24.7%，天然油砂非均质模型是 24.3%。当弱碱三元驱聚合物浓度为 2500 mg/L 时，体系黏度是 143.3 mPa·s，与聚合物驱、最佳二元驱基本相同，段塞尺寸、表活剂浓度、碱浓度保持不变，弱碱三元驱提高驱油效率结果为人造非均质模型 28.2%，天然油砂非均质模型是27.2%。从结果可知，黏度相同时弱碱三元驱提高驱油效率高于二元驱，考虑经济成本和稳定性，二元驱仍是最佳体系。

表6-3-11 不同驱油体系比水驱提高驱油效率效果对比

驱替方式	条件	配方组成	体系黏度/mPa·s	提高驱油效率/%（非均质模型）	
				人造	天然油砂
聚驱		Cp=1600mg/L，0.57PV	146.7	20.5	19.0
二元	同浓度	Cp=1600mg/L，Cs=0.2%，0.57PV	142.1	26.8	25.5
三元		Cp=1600mg/L，Cs=0.2%，CA=0.4%，0.57PV	71.4	24.7	24.3
三元	同黏度	Cp=2500mg/L，Cs=0.2%，CA=0.4%，0.57PV	143.3	28.2	27.2

（三）现场实施及效果

1. 工业化试验区简介

工业化试验区含油面积1.28km^2，石油地质储量298×10^{4}t，有效渗透率750mD，油层温度55℃，地层原油黏度14.3mPa·s，原油酸值1.2mg/g，地层水矿化度2467mg/L，水驱标定采收率51.1%，采出程度49.9%，采油速度0.77%，综合含水96.7%，共设计了24注35采开展无碱二元驱工业化试验。

工业化试验配方采用了前置聚合物段塞（0.1PV，聚合物浓度为0.25%）+二元复合驱主段塞[0.35PV×（0.16%P+0.2%S）]+二元复合驱副段塞[0.2PV×（0.16%P+0.15%S）]+后续聚合物保护段塞（0.1PV，聚合物浓度为0.14%），四段塞式注入，总注入量0.75PV。设计的主体二元配方具有高黏弹性、高界面活性、高驱油性能的"三高"特点，预计可提高采收率15.5%。配方首次成功设计出高黏弹性、高界面活性的无碱二元配方体系，在黏度达到120mPa·s时二元体系界面张力仍能达到超低（10^{-3}数量级），持续保持与地层和原油的高配伍性，并建立起系统的研制与评价方法。

2. 注入情况

工业化试验区于2008年8月开始空白水驱，2011年4月进入前置段塞，同年12月转入主段塞，因实施效果好于预期，延长主段塞注入至2018年4月，累计注入主段塞0.9PV；2019年8月，在完成副段塞注入的情况下，试验区仍有较大盈利空间，调整设计增加副段塞注入至0.4PV，截止到2020年12月，完成副段塞注入0.3PV，累计注入1.3PV。

3. 试验效果

聚/表复合驱工业化试验自转驱以来取得了显著的效果，日产油由原趋势20t上升到最高353t，年产油达到9.8×10^{4}t（图6-3-18），综合含水由94.5%下降到最低82.1%，截止到2020年12月，累计增油72.58×10^{4}t，预计提高采收率21%。

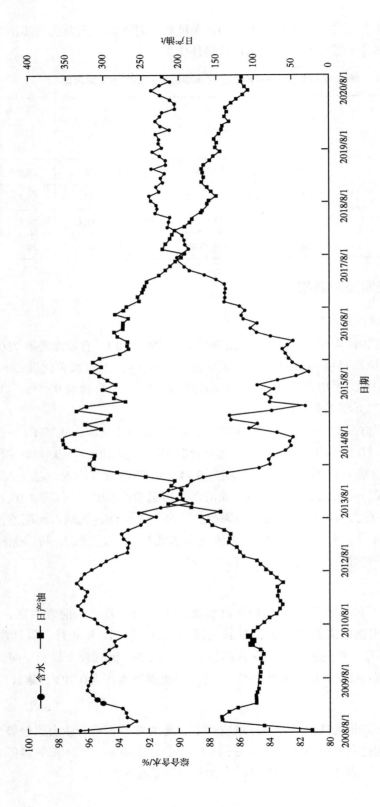

图6-3-18　锦16块聚表复合驱工业化试验区开发曲线

第四节　三元复合驱实验研究与应用

三元复合驱技术是将碱、表面活性剂、聚合物通过一定比例混合后注入地层，利用不同化学剂驱油机理，产生协同作用，从而大幅度提高原油采收率。1976 年，由美国学者首次提出三元复合驱方法，20 世纪 80 年代后期，我国在前期研究的基础上开发出针对高酸值原油的 ASP 复合驱技术，并先后在克拉玛依、大庆等油田进行了较大规模的先导性矿场试验。大庆油田矿场试验表明，聚合物驱比水驱提高原油采收率 10% 以上，而三元复合驱可比水驱提高原油采收率 20% 以上。三元配方评价从表活剂与碱协调作用入手，以高界面活性、高驱油性、中等偏强乳化性能、低储层伤害性等为主要指标。在聚表二元复合驱的评价技术上，新建了碱剂选择、碱浓度优化、碱与表活剂协同作用、碱对储层伤害等多项评价技术。

一、聚合物性能评价

（一）理化性能评价

聚合物理化性能直接影响其使用性能，是评价聚合物质量优劣的基本评价要求。针对化学驱用聚合物产品特点，确定了 11 项理化性能指标，包括：固含量、粒度、水解度等，利用不同仪器建立了相应评价方法。通过聚合物理化性能评价，不但准确掌握聚合物产品质量情况及变化特点，而且为进一步使用性能评价及产品筛选奠定重要认识。

（二）使用性能评价

聚合物在使用过程中主要是利用其增黏、高黏弹性等特点，提高化学驱过程中注入溶液的波及与驱油效率。因此，在评价聚合物使用性能过程中，主要是围绕黏性、黏弹性等指标进行评价，包括：增黏性、阻力系数、运移能力、黏弹性、黏度损失等（表 6-4-1）。具体评价方法参见本章第二节。

表 6-4-1　聚合物产品理化指标参数与方法

序号	指标项目		沈 84 块—安 12 块	检测方法
1	固含量 /%		> 88.0	失重法
2	粒度（%）	≥ 1.00mm	< 5.0	筛网法
		≤ 0.20mm		
3	水解度 /%（摩尔分数）		23.0~27.0	滴定法
4	黏均分子量 /10^6		12~16	外推法
5	特性黏数 /（dL/g）		> 1756	外推法

续表

序号	指标项目	沈 84 块—安 12 块	检测方法
6	表观黏度 /（mPa·s）	＞ 40.0	黏度法
7	过滤因子	＜ 2.0	时差法
8	水不溶物 /%	＜ 0.2%	沉淀法
9	溶解速度 /h	＜ 2.0	黏度法
10	残余单体 /%	＜ 0.05	色谱法
11	外观	白色粉末	观察法

二、表面活性剂性能评价

（一）理化性能评价

表面活性剂理化性能直接影响其使用性能，是评价优劣的基本评价要求。针对化学驱用表活剂产品特点，确定了 11 项理化性能指标，包括：界面张力、pH 值、溶解性等，利用不同仪器建立了相应评价方法。通过表活剂理化性能评价，不但准确掌握表活剂产品质量情况及变化特点，而且为进一步使用性能评价及产品筛选奠定重要认识。

表 6-4-2　化学驱用表活剂产品理化指标参数与方法（沈 84 块—安 12 块）

序号	项　目	指标	检测方法
1	界面张力 /（mN/m）	＜ 1.0×10^{-2}	旋转滴法
2	有效物含量 /%	≥ 50.0	色谱法
3	pH 值	7.0~8.0	电位法
4	游离碱含量 /（mg/g）	＜ 0.2	滴定法
5	溶解性：透射光强度变化 /%	溶解 1h 后，≤ 5	透光度法
6	闪点 /℃	≥ 60	闭口杯法
7	环保性	产品中不含 OP、NP	色谱法
8	流动性：原液黏度 /（mPa·s）	≤ 500	黏度法
9	洗油效率 /%	＞ 30	体积法
10	乳化系数	0.4~0.8	背散射光法
11	密度 /（g/cm³）	1.0~1.2	密度计法

（二）使用性能评价

表活剂在使用过程中主要是利用其高界面活性、润湿性等特点，提高化学驱过程中注入溶液的洗油效率。因此，在评价表活剂使用性能过程中，主要是围绕界面性等指标进行评价，包括：界面张力、CMC 值、乳化能力、与聚合物配伍性等。

三、碱剂选择与协同作用研究

（一）碱剂种类选择

不同类型的碱对驱油效果影响是不同的，目前公认的碱的作用有以下几种：（1）降低油水界面张力进而提高采收率；（2）碱与原油酸性物质发生反应产生乳化，进而控制流度，提高采收率；（3）碱可以加速聚合物水解，提高聚合物黏度，进而提高波及能力；（4）碱与地下钙镁离子反应保护聚合物、表活剂，降低消耗。

碱根据种类可以分为三大类，第一类无机碱，主要包括氢氧化钠、碳酸钠、磷酸钠等，是目前三元复合驱最常用的碱剂，三元弱碱复合驱主要使用碳酸钠，三元强碱复合驱主要使用氢氧化钠。第二类有机碱，主要是醇胺类物质，常见的有乙醇胺等，有机碱由于其特殊性质，一般不会对体系黏度造成影响。第三类为复碱，即无机碱与有机碱复合体系，该体系兼有无机碱与有机碱特点。本文中主要以碳酸钠为研究对象。

（二）碱剂浓度优化

碱浓度的优化主要从界面张力和黏度下降为指标，界面张力以降低到超低界面张力的转折点，黏度以下降率不超过70%为最大点，综合考虑确定合适的浓度。由图6-4-1可看出，随着碱浓度升高，界面张力逐渐降低、体系黏度保留率也逐渐降低，考虑到三元驱中波及、洗油贡献比，碱浓度不宜过高。

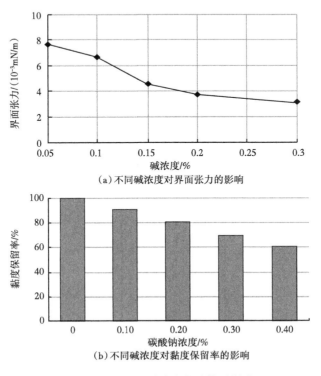

(a) 不同碱浓度对界面张力的影响

(b) 不同碱浓度对黏度保留率的影响

图6-4-1　不同碱浓度对体系影响

（三）碱对储层伤害评价

以地层水为空白样品的碱伤害实验，以碱伤害率为评价指标，碱伤害率小于 30%，属于弱伤害。研究不同注入方式、不同碱浓度对储层伤害程度，认为碱浓度小于 0.30%，伤害程度较小，注入方式采用间歇注入伤害程度较低（图 6-4-2）。

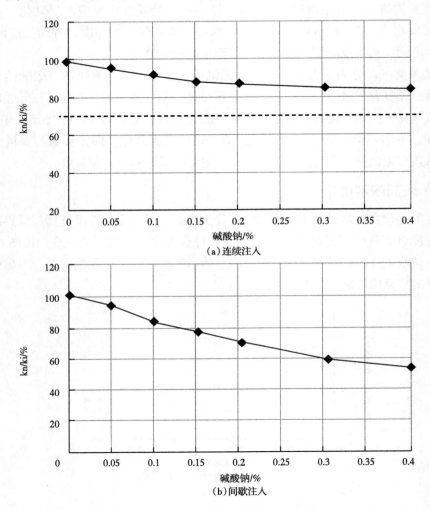

图 6-4-2　不同浓度碳酸钠对储层伤害影响

（四）碱与表活剂协同作用

1. 降低界面张力的协同作用

单独碱降低界面张力的能力有限，仅仅达到了 10^{-1} mN/m 数量级；而单独表活剂只能勉强把界面张力降低到 10^{-2} mN/m 数量级；但是当两者复配后，即使表活剂浓度、碱浓度很低，界面张力就可达 10^{-3} mN/m 数量级，表现出了很好的加合作用（表 6-4-3）。

表 6-4-3　碱、表活剂及复配体系界面张力

碳酸钠浓度 /%	PS-LF 表活剂浓度 /%	界面张力 /（mN/m）
0	0.20	0.0975
0	0.30	0.0914
0.2	0	1.36
0.4	0	1.16
0.6	0	1.036
0.05	0.05	0.00965
0.10	0.10	0.00736

产生这种现象的原因：一是油、水相接触后，碱快速扩散到界面，与原油中有机酸等组分发生快速反应，生成表活剂，与外加表活剂之间的协同效应大大降低界面张力；二是碱作为一种"盐"可大幅度压缩双电子层，迫使更多的表活剂分子进入油—水界面，从而增加界面层中表活剂浓度，拓宽表活剂的活性范围。

2. 增强乳化能力的协同作用

单独低浓度弱碱基本不产生乳化，油水分离速度快；单独的表活剂乳化能力要比碱强；碱可与表活剂产生协同作用，乳化作用增强，乳化系数可达 90% 以上（表 6-4-4）。

表 6-4-4　不同体系乳化能力评价

体系	乳化系数（2h）/%	乳化系数（24h）/%
0.2%Na$_2$CO$_3$	15	5
1.2%Na$_2$CO$_3$	35	8
0.2%PS-LF+0.2%Na$_2$CO$_3$	90	18.5
0.2%PS-LF	78	12.5

3. 降低复合体系黏度的作用

碱与表活剂复配产生的作用不一定都是有利的，由于碱的加入，复合体系不论是初始黏度、最终黏度保留率都有所下降，随着碱浓度的增加，趋势越来越强烈，黏度保留率越来越低。

四、三元复合体系性能评价

三元复合驱油体系是在聚合物、表活剂、碱等化学剂基础上，进行复配形成的驱油配方，通过各种化学剂各自优势，发挥扩大波及体及与提高洗油效率的作用。因此，在评价复合驱油体系时，除了掌握各自单剂使用性能，还要开展复合体系综合性能评价，包括：

界面活性、吸附性、洗油性能、热稳定性等。

（一）活性窗口浓度评价

界面性能对三元复合驱效果至关重要。单独界面张力只能反映单个体系界面能力，通常采用活性图来展示整个复合体系界面能力。以沈84块—安12块活性图看，浓度窗口范围较宽，聚合物在0~2200mg/L，表活剂在500~3000mg/L，碱浓度在500~6000mg/L 范围内，界面张力可达超低，对后续配方调整提供了空间（图6-4-3和图6-4-4）。

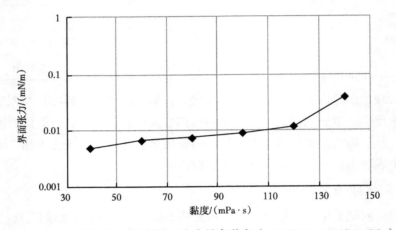

图6-4-3　三元体系达到超低界面张力最高黏度（0.20%LF+0.20%Na$_2$CO$_3$）

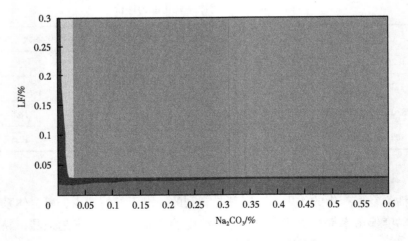

图6-4-4　PS-LF与碳酸钠复配后活性图

（二）乳化能力评价

乳化是化学驱重要驱油机理之一，乳化能力可以用乳化系数表示，它是表活剂综合乳化性能的量度。乳化系数＝（$V_{乳化后原油}$－$V_{乳化前原油}$）/$V_{乳化前原油}$。结果表明单独低浓度弱碱基本不产生乳化，油水分离速度快；单独的表活剂乳化能力要比碱强；碱可与表活剂产生协同作用，乳化作用增强，乳化系数可达 90% 以上，比表活剂提高了 12%。但是 24h 体系基本也能完全脱水，不影响后续的处理（表 6-4-5）。

（三）吸附能力评价

三元复合驱过程中，化学剂会发生吸附损耗。如果化学剂在油层岩石上吸附速度过快，将导致驱油体配组分配比损失，导致性能发生变化，最终降低三元体系驱油效率。目前吸附大小可以通过吸附量和吸附次数两种方式表示，三元复合体系中的表面活性剂由于组分较为复杂，通常采用吸附次数来表征吸附大小。

根据辽河油田实际情况，采用 80~100 目天然岩心，按照固液比 1:9 对三元复合体系进行多次吸附实验。例如图 6-4-5 中三元体系（0.20%P+0.20%PS-LF+0.20%Na$_2$CO$_3$）吸附 5 次后界面张力仍能达到超低。

表 6-4-5　不同体系乳化能力评价

体系	乳化系数（2h）/%	乳化系数（24h）/%
0.2%Na$_2$CO$_3$	15	5
1.2% Na$_2$CO$_3$	35	8
0.2%PS-LF+0.2% Na$_2$CO$_3$	90	18.5
0.2%PS-LF	78	12.5

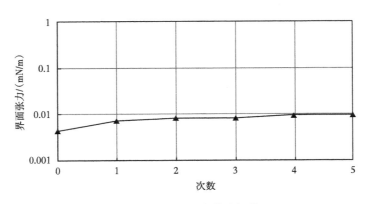

图 6-4-5　抗吸附能力评价

（四）洗油能力评价

洗油能力是指静态条件下复合体系从油砂表面剥离原油的能力，其反映的是三元体系在原油 / 石英砂固液界面上的作用。根据辽河油田实际情况，采用 80~100 目天然岩心，按照油砂比 1:7 老化油砂 2 天。按照油砂与三元体系 1:2 质量比进行洗油能力测试。例如图 6-4-6 中 PS-LF 三元体系较 PS2 三元体系洗油能力强。

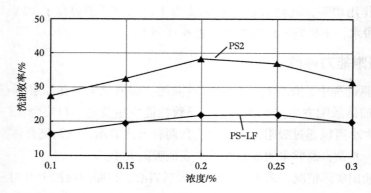

图 6-4-6　三元复合驱配方洗油能力变化曲线

（五）驱油能力评价

驱油能力评价方面创建了多种岩心物理模拟系统，包括：一维天然柱状岩心、人造环氧树脂浇铸均质和非均质长岩心，二维平面非均质岩心及三维高温高压三维物理模拟岩心，用于注入参数优化、注入方式优化、驱油效果评价及动态生产特征描述。

以沈 84 块—安 12 块为例，设计三段塞组合方式，注入量共计 1.0PV，前置段塞和保护段塞各 0.10PV，主段塞 0.80PV，采用平均渗透率 450mD（100mD/400mD/890mD）三层非均质胶结岩心，配方采用 0.20%P+0.20%PS-LF+0.20%Na$_2$CO$_3$ 进行驱油效率预测。由图 6-4-7 可看出，推荐的配方和段塞组合方式驱油效率较高，三层非均质岩心驱油效率提高 32.7%。

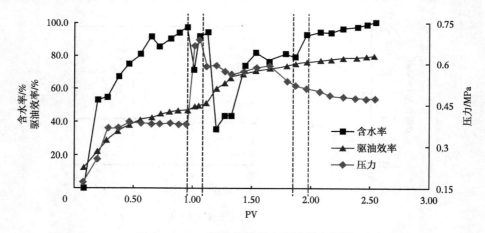

图 6-4-7　三层非均质岩心驱油效率预测

五、三元复合驱方案设计与现场应用

沈 84 块—安 12 块化学驱先导试验区（图 6-4-8）的 22 个井组分别处在三个封闭独立的断块，分别为沈 84 断块（化学驱井组 5 个）、静 67-59 断块（化学驱井组 11 个）、静 69-363 断块（化学驱井组 6 个）。为了验证化学驱注采能力，系统评价三元复合配方体系性能，深入研究三元复合驱开发规律及该类型油藏化学驱调控手段，验证注采系统、设备的可靠性，积累现场实施经验，为后续扩大实施提供依据。因此，在先导试验区选择了断块封闭、面积较小、油层厚度、水淹状况等各方面条件适中的沈 84 断块 5 个井组进行化学驱试验。

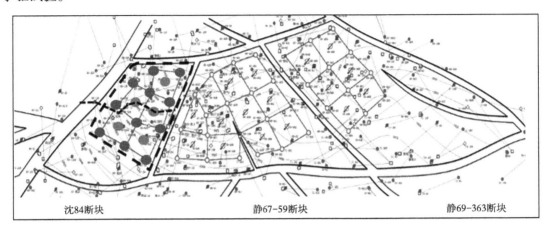

图 6-4-8　沈 84 块—安 12 块化学驱先导试验区部署图

（一）地质简况

沈 84 断块构造相对整装、油层发育。油藏埋深 1500~2000m，纵向上油层主要发育于 S33Ⅲ~S34Ⅱ，平面上油层叠加连片，平均有效厚度为 78.2m。沈 84 断块化学驱井网内油层连通性好，沈 84 块油层连通系数为 78.7%。地层水矿化度一般为 1000~4000mg/L，埋深越深矿化度越高，水型为 $NaHCO_3$ 型。原始地层温度 62~78℃，地温梯度 3℃/100m，原始地层压力 19.5MPa，压力系数 1.017，属于正常的温度压力系统。

截至化学驱实施前，沈 84 断块油井 38 口，开井 30 口，日产油 41.4t，日产水 635.5m³，含水 93.9%，累产油 84.2×10⁴t，累产水 331.7×10⁴m³，采油速度 0.46%，采出程度 29.6%。水井 15 口，开井 12 口，累注水 480×10⁴m³，日注水 1321m³。化学驱首驱段（S_3^4Ⅱ油组）累产油 25.1×10⁴t，采出程度 35.6%。

（二）化学驱方案设计

沈 84 块—安 12 块油品属高凝油，具有高含蜡量（36.2%）、高凝固点（47℃）的特点，化学驱配方筛选难度较大。为了筛选出适合高凝油的高界面活性、高稳定性且可大幅提高驱油效率的配方，开展了聚合物、表活剂单剂筛选、助剂筛选、碱与表活剂协同效应评价、复合体系配方吸附、乳化等性能评价及注入参数优化等工作，确定了低浓度弱碱三元配方体系。该配方具有浓度窗口范围宽、抗吸附性能好等优点。

室内通过真实岩心、填砂管岩心、三层非均质岩心等确定注入体系及段塞组合，最终确定了试验区化学驱最佳配方，室内驱油效率在水驱基础提高 30% 以上，配方体系见表 6-4-6。

表 6-4-6　先导 5 井组配方体系设计表

项目	前置段塞	主段塞	保护段塞
配方体系	0.25%P	0.20%P+0.20%S+0.20% Na$_2$CO$_3$	0.10%P
注入量 /PV	0.10	0.80	0.10

油藏工作设计方面沈 84 块—安 12 块化学驱试验 5 注 11 采井组动用储量 57.5×10^{4}t，采用 120m 井距五点法井网，弱碱三元体系三段塞注入，注入速度 0.15PV/a，提高采收率 20.7%。

（三）实施进展及效果

自 2018 年底 5 井组试验陆续转注水，完成空白水驱、调剖，2019 年 12 月 23 日开始转注聚合物，进入前置段塞阶段，注聚后注入井压力上升，单井注入压力提高 4~6MPa，平均注入压力由转驱前 9.9MPa 提高到 15.1MPa，提升 5.2MPa。吸聚剖面明显改善，吸聚厚度比例 74.9%，较注聚前提高 15.4%。井组含水下降明显，产量上升，截至 2020 年 12 月底，化学驱油井 11 口、开井 11 口，目前日产液 154.1t、日产油 17.0t、含水 89.0%，对比实施前日产油上升 7.7t，含水下降 4.8%，井区北部 3 个连续注入井组 5 口油井见效明显，阶段增油 2458t（图 6-4-9）。

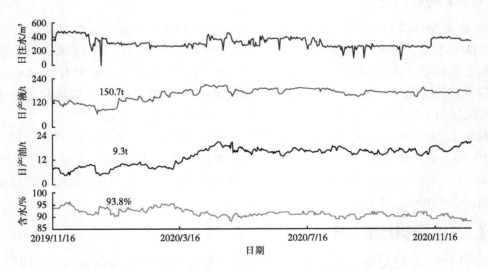

图 6-4-9　沈 84 块—安 12 块 5 井组先导试验井组生产曲线

第五节　深部调驱实验研究与应用

深部调驱技术是在调剖堵水基础上，结合聚合物驱特点而提出来的一项新技术。弱凝胶将传统的凝胶堵水调剖与聚合物驱的特点综合于一体，既可以在油藏深部调整和改善地层非均质性，达到油藏流体深部改向的目的，从而扩大波及体积；同时弱凝胶又能够作为驱替相改善水驱油不利的流度比，提高注入水的扫描效率。弱凝胶调驱技术中的"调"主要通过对油藏进行大剂量深部处理，弱凝胶的调剖作用体现在弱凝胶的大分子可以改善油藏平面和纵向上的非均质性，达到调整吸水剖面和油藏渗透率级差，改变后续流体的流向，扩大波及体积。弱凝胶的"驱"主要通过增加水相黏度，改善水驱油流度比，提高波及效率，最终达到增加水驱采收率的目的。

一、深部调驱体系研制

深部调驱体系主要以凝胶类为主，其中常用的是弱凝胶体系，弱凝胶交联体系主要有 Al（Ⅲ）、Cr（Ⅲ）和有机酚醛等类别，其中 Al（Ⅲ）与 Cr（Ⅲ）主要和聚丙烯酰胺分子的羧酸基团作用，有机酚醛类与聚合物分子的酰胺基团反应。

（一）调驱用聚合物

弱凝胶使用的聚合物有天然和人工合成的两大类聚合物，天然聚合物是从自然界的植物及其种子通过微生物发酵而得到，如纤维素、生物聚合物黄胞胶等。人工合成聚合物是用化学原料经工厂生产而合成的，如部分水解的聚丙烯酰胺等，目前最常用的是部分水解聚丙烯酰胺和生物聚合物黄胞胶两种，由于生物聚合物黄胞胶价格比较昂贵，除了高矿化度和高剪切油藏使用外，一般都使用部分水解聚丙烯酰胺作为弱凝胶调驱用聚合物，但是，在恶劣的油藏（高温、高矿化度）条件下，使用的聚合物有丙烯酰胺共聚物和疏水缔合共聚物。

（二）调驱用交联剂

部分水解聚丙烯酰胺（HPAM）分子中可参与交联的官能团为酰胺基和羧基，依据交联 HPAM 形成价键的形式不同，交联剂可以分为螯合型交联剂和共价键型交联剂。交联反应有离子键交联、配位键交联、极性共价键交联。

1. 金属离子交联剂

目前 HPAM 凝胶中使用的有机金属离子交联剂有 Al（Ⅲ）、Cr（Ⅲ）、Ti（Ⅳ）、Zr（Ⅳ）等，上述有机金属离子主要和聚丙烯酰胺分子的羧酸基团作用，由于羧基带负电，氧原子上有孤对电子、多核羟桥络离子带有很高的正电荷及高价金属离子容易形成配位键等特点，因此多核羟桥络离子与 HPAM 的羧基形成配位键产生交联，高价离子对聚丙烯酰胺的交联反应大体分为三个步骤：

（1）高价离子水合物的水解聚合：水合金属离子通过水解聚合生成为多核羟桥络离子和氢离子；

（2）聚丙烯酰胺中的羧基电离成为羧酸根和氢离子；

（3）聚丙烯酰胺通过羧酸根与多核羟桥络离子反应和交联。

2. 有机酚醛交联剂

有机酚醛类交联剂与聚合物分子中的酰胺基团反应形成凝胶，该类交联体系中醛可以直接与聚丙烯酰胺发生羟甲基化反应进行交联，还可以首先生成羟甲基酚，再与聚丙烯酰胺交联。交联反应过程包括三种：

（1）甲醛与 HPAM 的反应；

（2）甲醛、酚与 HPAM 的反应；

（3）乌洛托品、间苯二酚与 HPAM 的反应。

（三）调驱体系适用条件

不同调驱体系具有不同的适用条件：有机铬凝胶体系适宜温度为 30~70℃、pH 值 6~9、矿化度＜20000mg/L、渗透率高、中、低；酚醛凝胶体系最佳温度 70~120℃、pH 值 5~8、矿化度＜20000mg/L、渗透率高、中、低；复合离子凝胶体系适合温度 50~120℃、pH 值小于 9、矿化度＜20000mg/L、渗透率高、中、低；体膨颗粒复合凝胶体系不受温度、pH 值限制、矿化度＜110000mg/L；可动微凝胶 SMG 适合温度 120℃、不受 pH 值限制、矿化度＜20000mg/L、渗透率高、中、低；胶态分散凝胶体系较佳温度 30~90℃、pH 值 5~8、矿化度＜20000mg/L、渗透率中、低，见表 6-5-1。

从表 6-5-1 可知：有机铬凝胶调驱体系温度低于 80℃ 时，成胶性及稳定性好；温度高于 80℃，破胶快，稳定性不好。酚醛凝胶体系温度低于 70℃ 时，体系成胶时间相对较长、凝胶强度弱；温度高于 70℃，成胶效果时间缩短，稳定性好。

表 6-5-1　不同调驱体系适用条件

条件	有机铬凝胶体系	酚醛凝胶体系	复合离子凝胶体系	体膨颗粒复合凝胶体系	SMG	胶态分散凝胶体系
温度/℃	30~70	70~120	50~120	不受限	120	30~90
pH 值	6~9	5~8	小于 9	不受限	不受限	5~8
矿化度/（mg/L）	＜20000	＜20000	＜20000	＜110000	＜200000	＜20000

注：原油黏度：胶态分散凝胶 1.1~40mPa·s，其他体系小于 200mPa·s。

有机铬凝胶调驱体系：pH 值为 6~9 体系可以成胶，在 7~8 时成胶效果好、稳定性强。酚醛凝胶调驱体系 pH 值在 6~7 之间成胶效果好，见表 6-5-2。

表 6-5-2　适合辽河特点的配方体系普适性研究

项目	油藏温度为 30~60℃		油藏温度为 60~80℃			油藏温度为 80~90℃		油藏温度为 90~120℃
渗透率	中、低	高、中、低	中、低	高、中、低	高、中、低	中、低	高、中、低	高、中、低
pH 值	5~8	6~9	5~8	6~9	5~8.5	5~8	5~8.5	5~8.5
地下原油黏度/mPa·s	1.1~40	＜200	1.1~40	＜200	＜200	1.1~40	＜200	＜200
适合调驱体系	LPS	有机铬	LPS	有机铬	酚醛	LPS	酚醛	酚醛

二、调驱剂性能影响研究

调驱剂性能主要受聚合物性质（包括种类、相对分子质量、水解度、浓度）、交联剂性质（包括种类、配比、浓度、老化时间）、聚交比、温度、矿化度、pH 值、剪切程度等多方面因素的影响。

（一）聚合物分子量与浓度影响

相对分子质量越大，越有利于形成弱凝胶、成胶速度越快、形成弱凝胶所需的最低聚合物浓度越小。在相同条件下，相对分子质量越高的聚丙烯酰胺形成的弱凝胶的强度越大。聚合物交联时存在一个临界浓度，聚合物浓度低于该值时因黏度增加很小，可以认为基本不成胶，当聚合物浓度高于该值时，聚合物与交联剂反应后会使体系黏度显著增加，并且聚合物浓度越高，体系交联速度越快，弱凝胶黏度越大。

（二）交联剂浓度影响

在聚合物浓度一定时，随着交联剂浓度的增加，成胶速度加快，形成凝胶的强度增加，当交联剂的浓度增加到一定程度后，成胶速度太快，且形成的弱凝胶的稳定性变差，过度交联引起凝胶脱水收缩。

（三）聚交比影响

最佳聚交比取决于聚合物的种类、聚合物的浓度及油藏条件，当聚合物与交联剂的浓度比值小时，体系成胶速度快，凝胶强度增加，凝胶稳定性差，易脱水。二者浓度比低，交联剂用量大，增加了弱凝胶大剂量深部调驱的成本，当聚交比较高时，形成的弱凝胶强度较低或根本不成胶，达不到设计的要求。

（四）温度影响

温度升高，一方面体系成胶速度加快，成胶强度增加，但是温度太高时，成胶速度过快，成胶时间不易控制；另一方面聚合物在高温下易发生热氧化而降解，同时会缓慢水解，水解反应在含有金属离子（特别是一价金属离子）的水中会变快，水解度变大，非常易于金属离子作用而生成沉淀，超过一定温度条件，凝胶易脱水破胶。

（五）剪切影响

通过搅拌器对聚合物溶液进行高速搅拌、剪切，黏度保留率越低，剪切后凝胶溶液的成胶时间越长，凝胶黏度越低，当黏度保留率为 60% 时，剪切后的凝胶溶液成胶性能远远低于未剪切的凝胶溶液，因此现场施工时，要尽可能减少剪切对弱凝胶性能的影响。

（六）水质影响

现场配制调驱剂受注入水影响较大，水质中影响深部调驱效果的主要因素有：矿化度、pH 值、铁离子、S^{2-} 等。以海 1 块调驱剂配制用水进行基础分析，配制模拟水；以现场用配方（0.20%P+0.15%NJ-4）进行实验，考察水质中各因素对体系成胶强度的影响程度。

1. 矿化度对成胶效果的影响

经过对辽河油田开展调驱的 9 座联合站 2009—2013 年的水质普查结果可知，辽河油田注入水的矿化度变化范围为 676.8~6863mg/L，变化范围较广。而矿化度对调驱体系强度的影响主要是由于水中离子对聚合物分子链的影响在矿化度较低时，由于聚合物分子链比较舒展，不利于交联剂和聚合物上的多个羧基发生交联反应，对体系强度不利；矿化度适宜时，聚合物分子链适当卷曲，增加了交联剂与两个羧基交联的机会，体系强度增加。

图 6-5-1 为不同矿化度下凝胶体系的热稳定性曲线，表 6-5-3 为不同矿化度模拟水配制的调驱体系在第 10d 和第 15d 黏度的下降率。从图 6-5-1 中可以看出随着矿化度不断增加，体系黏度呈现先增加后下降的趋势；表 6-5-3 的数据表明：当配制水矿化度超过 10000mg/L 时，凝胶体系黏度下降率才随着矿化度的增加而增加。这说明凝胶对矿化度有一个最佳的适用范围。与前面的普查结果相对比，可以发现在此范围内，成胶效果基本上不受影响，推荐限制浓度＜ 7000mg/L。

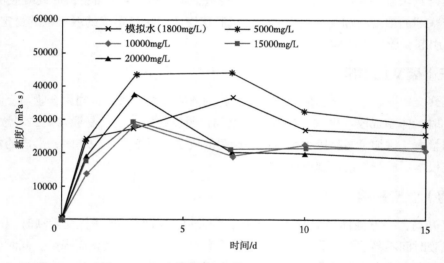

图 6-5-1　矿化度对调驱体系成胶效果的影响

表 6-5-3　矿化度对调驱体系成胶效果的影响

项目	浓度 /（mg/L）	黏度下降率 /%	
		10d	15d
数值	5000	+20.4	+12.2
	10000	−17.7	−19.0
	15000	−20.0	−15.5
	20000	−30.0	−28.7

2. 硫含量对成胶效果的影响

硫离子是影响调驱体系成胶性能的重要因素。实验中采用向模拟水中加入 Na_2S 来调节硫离子浓度。图 6-5-2 为不同硫离子浓度下调驱体系的热稳定曲线，表 6-5-4 为不同硫离子浓度的模拟水配制的调驱体系在第 10d 和第 15d 黏度的下降率。从图 6-5-2 中可以看出，当硫离子浓度增加时，体系黏度呈下降趋势。

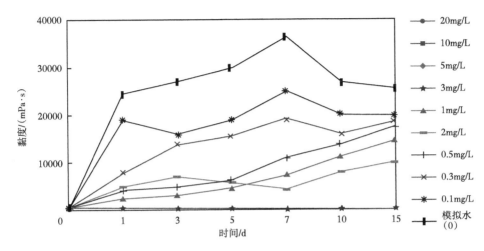

图 6-5-2　硫离子对调驱体系成胶效果的影响

从表 6-5-4 中可知，当硫含量大于 0.3mg/L 时，凝胶强度明显下降，第 10 天时黏度下降率为 40.3%，严重影响凝胶成胶效果，当硫离子浓度大于 2.0mg/L 时，体系基本不成胶。根据普查结果，硫离子的浓度范围在 0~5mg/L 之间，在此范围内，成胶强度会受到严重影响。因此推荐限制浓度小于 0.3mg/L。

表 6-5-4　硫离子对调驱体系成胶效果的影响

项目	浓度 /（mg/L）	黏度下降率 /%	
		10d	15d
数值	0.1	−24.9	−23.0
	0.3	−40.3	−27.2
	0.5	−48.9	−31.6
	1.0	−57.9	−42.4
	2.0	−70.9	−60.9
	＞ 2.0	−99.9	−99.9

3. 铁离子对成胶效果的影响

回注水从联合站出来经管道运送到井口，沿程管线存在腐蚀生锈的情况，因此井口水质中总铁含量会高于联合站出水中的总铁含量;随着水质在管道中运移距离的增加,总铁含量会增加,从而导致一些远端井口水质的总铁含量非常高。因此,铁离子含量是影响凝胶强度的一个关键因素。图 6-5-3 为不同铁离子浓度下调驱体系的热稳定曲线,表 6-5-5 为不同铁离子浓度的模拟水配制的调驱体系在第 10d 和第 15d 黏度的下降率。

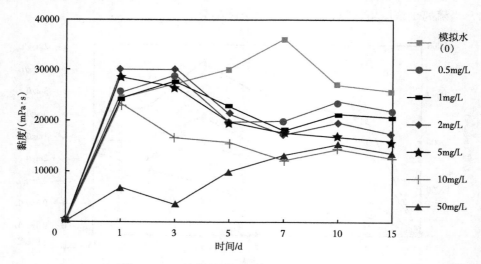

图 6-5-3　铁离子对调驱体系成胶效果的影响

从图 6-5-3 中可以看出随着总铁浓度增加,凝胶强度呈现逐渐下降的趋势。由表 6-5-5 中数据可知,当铁离子含量大于 2mg/L 的时候,15d 时体系黏度下降超过 30%。水质普查结果铁离子含量为 0~0.62mg/L,但井口处水质中含铁量会增加,因此推荐限制浓度小于 2mg/L。

表 6-5-5　铁离子对调驱体系成胶效果的影响

项目	浓度/（mg/L）	黏度下降率/%	
		10d	15d
数值	0.5	−11.8	−15.5
	1	−24.5	−18.9
	2	−27.4	−31.6
	5	−37.2	−48.2
	10	−46.0	−58.2
	50	−42.4	−57.2

4. pH 值对成胶效果的影响

pH 值也是影响凝胶性能的重要因素之一,不同 pH 值下,不同凝胶体系成胶效果不同,当 pH 值较低时,溶液中存在大量氢离子,强烈地吸附于羧酸根上,聚合物基团和分子链间的电性斥力大大降低，聚合物分子卷曲，溶液黏度极低，难于形成弱凝胶；在高矿化度下很难调整为高 pH 值，因阳离子易产生沉淀，导致聚合物溶液发生絮凝。

图 6-5-4 为不同 pH 值下调驱体系的热稳定曲线，表 6-5-6 为不同 pH 值的模拟水配制的调驱体系在第 10d 和第 15d 黏度的下降率。

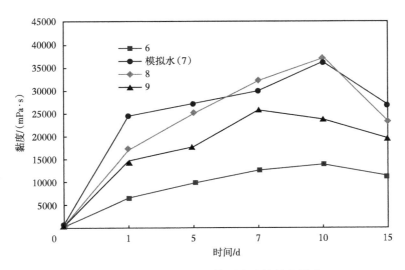

图 6-5-4　pH 值对调驱体系成胶效果的影响

表 6-5-6　pH 值对调驱体系成胶效果的影响

影响因素	浓度 /（mg/L）	黏度下降率 /%	
		10d	15d
pH 值	6	−62.2	−58.2
	8	+1.8	−13.9
	9	−35.3	−27.4

从图 6-5-4 中可以看出，随着 pH 值增加，凝胶体系成胶强度呈现先上升后下降的趋势，当 pH 值在 7.0~9.0 时对凝胶成胶的强度基本上影响不大。普查结果为水质的 pH 值为 7.35~8.5，在此范围内 pH 值对凝胶成胶的影响不大。

三、深部调驱体系个性化设计

（一）深部调驱油藏特征

1. 油藏温度

辽河油田注水油藏按温度分为低温系列 30~50℃、中温系列 50~70℃、高温系列 70~110℃（表 6-5-7）。

表 6-5-7　根据温度划分的油藏类型

区块	深度 /m	温度 /℃	油藏类型
清 5、海 1、海 31	800~2200（浅—中层）	30~70	低温—中温油藏
龙 10、曙 266	2000~2200、2900~3400（中—深层）	60~105	中温—高温
牛 12、曙二区莲花	1500~1700、2900~3200（中—深层）	50~105	中温—高温
欢 2-7-13、牛心坨	2900~3700（深层）	90~110	高温

2. 流体性质

对辽河油区部分注水联合站水质的 6 项离子、总矿化度、pH 值、水型等进行分析，按流体性质进行分类，结果见表 6-5-8。分析的各区块矿化度在 2000~5000mg/L，pH 值为 7~8。

表 6-5-8　辽河油区部分注水联合站水质分析结果

序号	联合站	$Na^+ + K^+$	Mg^{2+}	Ca^{2+}	Cl^-	SO_4^{2-}	HCO_3^-	CO_3^{2-}	总矿化度 /mg/L	pH 值	水型
1	包一联	1296	14.3	23.6	304	113	2479	213	4444	8.00	$NaHCO_3$
2	法一联	838	4.8	15.7	304	28.2	1115	304	2611	7.88	$NaHCO_3$
3	高一联	1620	11.9	27.5	1217	65.9	1828	213	4985	7.59	$NaHCO_3$
4	海一联	665	14.3	27.5	268	75.3	682	335	2068	7.74	$NaHCO_3$
5	欢二联	941	11.9	35.4	447	28.2	1549	152	3167	7.81	$NaHCO_3$
6	龙一联	1167	7.1	27.5	483	47.1	1394	457	3584	7.86	$NaHCO_3$
7	牛一联	745	2.4	39.3	286	28.2	960	304	2367	7.74	$NaHCO_3$
8	沈二联	909	0	39.3	375	18.8	1425	213	2982	7.57	$NaHCO_3$
9	曙一联	1227	11.9	15.7	555	65.9	1642	335	3854	7.86	$NaHCO_3$
10	兴一联	1185	28.6	35.4	572	18.8	1828	274	3944	7.82	$NaHCO_3$

辽河油田注水油藏按温度（低温 30~50℃、中温 50~70℃、高温 70~110℃）和流体性质（矿化度 2000~5000mg/L，pH 值 7~8）的分类，结合不同的调驱体系的特点、适用条件，确定出适合不同类型油藏的配方体系见表 6-5-9。油藏温度低于 70℃，常选用有机铬交联剂；油藏温度低高于 70℃，常选用酚醛交联剂。

表 6-5-9　辽河油田部分调驱区块适用的配方体系

序号	区块	地层 μ/ mPa·s	地层水矿化度/ mg/L	pH 值	温度/ ℃	较适合调驱系列
1	龙 11 块	16.1	4409	7.86	60	有机铬
2	牛 12 块	＜0.5	3405~6059	7.74	78~104	酚醛 LPS
3	曙 266 块	2.56	6145.4	7.86	78.7	酚醛、LPS
4	曙 4714 块	18.47	3747.9	7.89	75	酚醛、LPS
5	海 1 块	82.5	2921.05	7.74	70	有机铬、酚醛，不适合 LPS
6	沈 84 块—安 12 块	0.5~6.1	2220.3	7.57	70	有机铬、酚醛、LPS
7	沈 67 块	0.87	1998~4237	7.11	69	有机铬、酚醛、LPS
8	包 14 块	25（50℃）	6056	8.5	36.7	有机铬
9	海 31 块	96	2494.5	7	70	有机铬、酚醛
10	清 5 块	19.5	1750~1978	7.7	59.4	有机铬

3. 孔渗结构

根据储层渗透率及孔隙结构，确定配方体系强度及体膨颗粒粒径：储层渗透率及孔隙结构，决定了配方体系的强度，因此，开展了不同凝胶强度与不同渗透率匹配关系的实验，结果见表 6-5-10 和图 6-5-5。根据实验得到的凝胶强度与渗透率的匹配关系，在配方筛选中，根据具体区块的储层渗透率及孔隙结构，可直接确定凝胶体系的强度范围。

表 6-5-10　不同凝胶强度与不同渗透率的匹配关系

实验室物模岩心特征		匹配的凝胶强度/ mPa·s
岩心渗透率级差	岩心最高渗透率/mD	
3~20	1000	2000
3~30	1500	3000
5~50	2000	5000
6~60	3000	6000

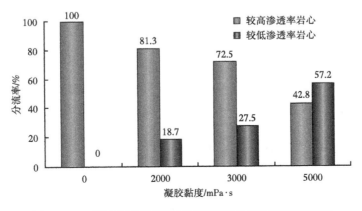

图 6-5-5　不同凝胶强度与不同渗透率的匹配关系柱状图

注水老油田不同类型油藏储层孔隙结构类型分布存在较大差异见表 6-5-11，从此表中可知，储层孔隙结构类型以细喉为主，应选择合适的体膨颗粒粒径，使注入体系强度与注入能力匹配。

表 6-5-11　不同类型油藏辽河坳陷古近系碎屑岩储层孔隙数据表

凹陷	油田	层位	平均孔隙/μm	最大孔隙/μm	配位数	孔喉比	调驱区块
西部凹陷	海外河	马圈子	110.30	290.31	2.15	6.78	海1、海31
	大洼	马圈子	126.70	300.55	2.40	6.66	清5
	欢喜岭	大凌河	90.80	388.86	2.65	12.75	欢2-7-13
	曙光	杜家台	115.29	385.91	2.10	12.80	曙266
	牛心坨	牛心坨	92.18	241.04	1.96	55.73	牛心坨
东部凹陷	牛居	兴隆台	108.80	428.60	2.15	37.00	牛12
	青龙台	沙三段	128.30	387.70	2.95	15.10	龙10、龙11
大民屯凹陷	静安堡	沙三下亚段	171.29	500.73	2.00	29.13	沈84—安12
	大民屯	沙三下亚段	93.10	380.50	3.20	20.15	沈67、法101
		沙三下亚段	101.44	359.90	2.00	29.13	

（二）体系优化组合

对于高采出程度、非均质性强，具有优势通道、中孔高渗、中高温的油藏，采用先注高强度体膨颗粒凝胶强化体系、再注中等强度有机铬凝胶主体系、再注驱油体系的配方组合；对于中采出程度、非均质性强，有裂缝、低孔低渗、低温的油藏，采用先注中低强度有机铬凝胶主体系、再注高强度体膨颗粒凝胶强化体系、再注中低强度有机铬凝胶主体系的配方组合。

根据油藏特点有针对性地设计调驱配方与组合体系：

（1）针对普通稠油油藏研发了可动凝胶调驱体系；

（2）针对高温油藏研发了高温树脂凝胶调驱体系；

（3）针对存在优势通道、非均质性强油藏研发了可动凝胶携带体膨颗粒调驱体系；

（4）针对高采出程度油藏研发了可动凝胶＋驱油剂复合调驱技术。

四、深部调驱现场试验应用

（一）海 1 块深部调驱试验情况

海外河油田构造上位于辽河断陷盆地中央隆起的南部倾没带，含油面积 13.1km²，地

质储量 4117×10^4t，主要生产层位为东营组东二、东三段，油层平均有效厚度 15.4m。海 1 断块构造上位于海外河油田构造的南端，为多层叠加于古潜山之上的披覆断鼻构造，含油面积 5.9km²，石油地质储量 1227×10^4t。该断块油水关系复杂，共有 9 套油气水组合，为构造控制的层状边底水油藏和构造岩性油藏。开发目的层为东营组。该地层沉积环境为三角洲前缘沉积体系，主要以水下分流河道为主。储层砂体分布受沉积相控制，顺水流方向砂体连续性好，横向连续性差，叠加砂体厚度大，分布面积广，储层非均质性强。储层物性较好，平均孔隙度为 29.1%，平均渗透率为 633mD。原油具有高密度、高黏度、低含蜡量和低凝固点等特点，地层原油密度（20℃）为 0.8640 g/cm³，地面原油密度（20℃）为 0.961 g/cm³，地层原油黏度（50℃）为 82.3mPa.s，脱气原油黏度（50℃）为 303.3mPa·s，凝固点为 9.75℃，含蜡量为 3.01%，胶质、沥青质含量为 37.83%，原油酸值 0.23mgKOH/mg 原油，地层水矿化度为 1914.4mg/L，钙镁离子含量小于 50 mg/L，水型为 $NaHCO_3$ 型。

（二）开发现状

海外河油田于 1989 年 6 月正式投入开发，1990 年 6 月开始在海 1 块实施注水开发，截至 2004 年 5 底，海 1 块共有油井 106 口，开 102 口，日产油 514 t/d，平均单井日产油 5.0 t/d，日产液 33.3 t/d，综合含水 84.87%。累产油 355.7 $\times 10^4$ t，累产水 748.2 $\times 10^4$ m³，采油速度 1.53%，采出程度 28.99%，可采储量采油速度 4.06%，可采储量采出程度 76.99%。注水井 41 口，开 38 口，日注水 18703m³/d，平均单井注入 49 m³/d，累积注水 741.32 $\times 10^4$m³，注采比 0.64，累积注采比 0.67，地下亏空 362.8 $\times 10^4$m³。

（三）主要问题

一是含油井段长（200~400m，最长 1000m）、层数多（10 个油层组、41 个砂岩组、88 个小层）、油水关系复杂、油稠，进一步细分层注水、提高水驱动用程度难度大。

二是加密调整潜力小，产能接替困难，经过多年的加密调整，平均井距均达到 120~175m，进一步加密调整的潜力已十分有限。另外，调补层措施潜力越来越小，效果越来越差。2003 年同 1999 年相比，措施年增油量由 13.63 $\times 10^4$t 减少到 4.84 $\times 10^4$t，调补层措施工作量由 141 井次减少到 46 井次，年增油量由 12.21 $\times 10^4$t 减少到 1.51 $\times 10^4$t。

三是在长期注水开发过程中，水油流度比高，储层非均质性强（变异系数平均在 0.85 以上），造成注水井纵向吸水不均衡。

（四）方案设计与现场试验

1. 深部调驱方案设计

根据油藏及流体特点，筛选确定了凝胶配方体系，完成注入方案设计，主要内容见表 6-5-12。

表 6-5-12　海 1 块深部调驱注入参数设计

注入方式	组成	性能参数 / mPa·s	注入量		单井注入量 / m³
			m³	PV	
前置段塞	0.25% P + 0.1% J1	28900	8000	0.004	2667
主段塞	0.2% P + 0.1% J1	8000	96000	0.007	32000
保护段塞	0.1% P + 0.1% J1	1480	16000	0.043	5333
—	小计	—	120000	0.054	—
驱油段塞	0.25%	$2×10^{-4}$①	100000	0.046	33333
合计		—	220000	0.1	—

①单位为 mN/m。

2. 现场实施与认识

实际注入量略低于方案设计量（表 6-5-13）。

表 6-5-13　海 1 块深部调驱方案设计与实际注入参数对比

配方	方案设计		实际注入		
	注入量 / m³	注入倍数 / PV	累计注入量 / m³	累计注入倍数 / PV	占方案设计比例 / %
凝胶	120000	0.054	114722	0.052	96.3
驱油剂	100000	0.046	35577	0.016	34.8

1）注入压力上升

调驱井组平均注入压力由 8.0MPa 升至 12.2MPa，上升 4.2MPa（图 6-5-6）。

2）吸水剖面明显改善

通过对注入井吸水剖面测试，发现注入化学剂后吸水剖面发生变化，高渗层吸水率明显降低（图 6-5-7、图 6-5-8 及表 6-5-14、表 6-5-15）。

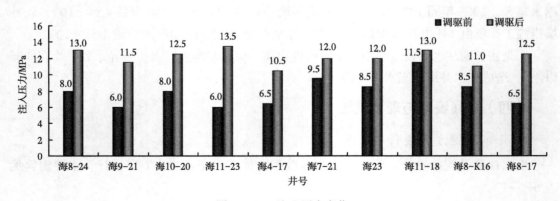

图 6-5-6　注入压力变化

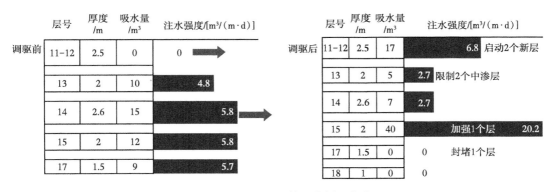

图 6-5-7　海 9-21 井吸水剖面变化

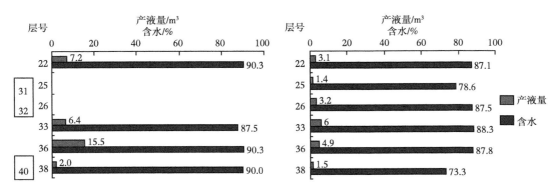

图 6-5-8　海 9-25 井调驱前后产液剖面变化

表 6-5-14　调驱注入井注剂前后各层动用变化情况统计表

分类	层数 / 个	厚度 /m	厚度占总厚度比例 /%	吸水量变化 /m³
启动	7	17	20.6	+67
封堵	9	20.3	24.6	−80
限制	5	12.4	15.0	−47

表 6-5-15　海 1 块部分井组剖面改善程度统计表

井号	强吸水层吸水量 /m³		弱吸水层吸水量 /m³		剖面改善程度 η/%
	注凝胶前 Q_1	注凝胶后 Q_3	注凝胶前 Q_2	注凝胶后 Q_4	
海 10-20	39.96	26.44	5.74	58.19	93.47
海 11-23	43	30.99	7	48.86	89.67

井号	强吸水层吸水量 /m³		弱吸水层吸水量 /m³		剖面改善程度 η/%
	注凝胶前 Q1	注凝胶后 Q3	注凝胶前 Q2	注凝胶后 Q4	
海 9-21	12.37	6.89	25.19	62.84	77.67
海 8-24	60.18	16	9.36	34	92.68
海 4-17	29.5	6.59	3	9.52	92.96
合计	185.01	86.91	50.29	213.41	88.93

3）高渗层的渗透性明显降低

霍尔曲线中调驱段斜率明显高于水驱段斜率，说明弱凝胶有效降低了高渗层的渗透性（图 6-5-9）。

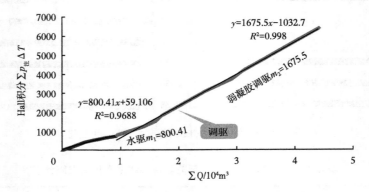

图 6-5-9　海 1 块先导试验 5 井组霍尔曲线

4）增油降水效果明显，自然递减率明显下降

试验区块开井数从 35 口上升到 43 口，见效井数 28 口，日产液从 1026.7 吨上升到 1069.8 吨，日产油从 117.4t 上升到 163.2t，含水从 88.6% 下降到 84.7%。调驱井组累计增油 29975.2t。调驱后，海 1 块自然递减率下降 8.2%，10 井组 38 口油井自然递减率下降 24.4%，目前为 -5.3%。

参 考 文 献

[1] 杨承志. 化学驱提高采收率原理 [M]. 北京：石油工业出版社，1994.

[2] 杨承志，韩大匡. 化学驱油理论与实践 [M]. 北京：石油工业出版社，1996.

[3] 赵国玺，朱步瑶. 表面活性剂作用原理 [M]. 北京：这个轻工业出版社，2003.

[4] 肖进新，赵振国. 表面活性剂应用原理 [M]. 北京：化学工业出版社，2003.

[5] 沈钟，赵振国，王果庭. 胶体与表面化学 [M]. 北京：化学工业出版社，2004.

[6] 胡博仲，刘恒，等 . 聚合物驱采用工程 [M]. 北京：石油工业出版社，1995.

[7] 林梅钦，高树棠，刘璞 . 大庆原油中活性组分的分离与分析 [J]. 油田化学，1998，15（1）：67-69.

[8] 管红霞，蒋生祥，赵亮，等 . 大庆原油中界面活性组分研究 [J]. 油田化学，2002，19（4）：358-361.

[9] 刘文业 . 聚合物驱油井产出液中聚合物浓度的准确测定方法 [J]. 油气地质与采收率 . 2006.3（1）：58-62.

[10] 张忠勋，沈全福，等 . 聚合物驱多学科油藏研究与应用 [M]. 北京：石油工业出版社，2014.

第七章　注蒸汽热采实验技术

稠油由于原油黏度高、流动阻力大，因此采用常规技术难以经济有效地开发。注蒸汽热采是开采稠油的一项有效技术。结合辽河油田稠油油藏自身特点和注蒸汽开发方式多元化的需求，经过多年的探索与实验，辽河油田形成了较为完善的蒸汽吞吐、蒸汽驱、SAGD 等注蒸汽热采实验技术，为认识稠油注蒸汽热采开采机理、优化油藏开发方案、指导现场合理实施等奠定基础。

第一节　稠油油藏热物性参数测定技术

在注蒸汽（热水）开采稠油过程中，热载体进入油层后将释放热量，油藏岩石、流体的温度将升高，盖底层同时受热并产生热量损失，当油藏系统达到热量平衡状态时，有效热效应的大小（油藏温升程度、受热范围、泄油区弹性能量等）都需要根据油藏岩石及流体的导热系数、比热容、热膨胀系数、热扩散系数等数据经过计算才能够得到。由此可见，注蒸汽（热水）条件下的油藏岩石、油、水的热物性参数是热采工艺设计、开发方案编制及油藏工程研究中必不可少的基础参数。

一、导热系数测定

热量从物体中温度较高的部分传递到温度较低的部分，或者从温度较高的物体传递到与之接触的温度较低的另一物体的过程称为导热，又称为热传导。导热系数是表征物质导热能力大小的物理量，数值上等于在单位温度梯度作用下物体内所产生的热流密度。导热系数亦称为导热率，用 λ 表示。国际单位中，导热系数的单位为 W/(m·K)，常用的还有 W/(m·℃)。

导热系数的测定方法很多。常用的方法有稳态与非稳态、纵向热流和径向热流、绝对法和比较法等。对于稠油油藏储层岩石及流体，大多采用非稳态法。瞬态热丝法、探针法均属于非稳态法，其优点为热丝置于样品中央，热损失小，测试时间短，温升小，自然对流、热辐射和边界影响可以忽略，测试精度较高[1]。

（一）原理

将热线置于被测试样中且与被测试样紧密接触，初始时热线与试样处于热平衡。若给热线通以恒定电流，则热线和试样的温度都将升高，温升速率与试样的热导率有关。因此，通过测量试样的温升速率即可求得试样的热导率。

对于被测体系，若初始温度分布均匀，热线的半径与其长度的比值足够小并与周围试样紧密接触，试样各向物性相同，试样的特征尺寸（半径或厚度）与热线或探针半径的比值足够大。则依据非稳态导热理论模型，被测试样的热导率可用式 (7-1-1) 表示：

$$\lambda = \frac{q}{4\pi} \cdot \frac{d(\ln \tau)}{dt} \tag{7-1-1}$$

式中　λ——试样热导率，W/（m·℃）；

　　　q——热线单位长度上加热功率，W/m；

　　　τ——热线通电加热时间，s；

　　　t——试样测点温度，℃。

（二）仪器

1. 瞬态热丝法

导热系数测定装置由样品恒温单元、测控单元、加压单元和计算机组成，可进行室温至 300℃、压力 0.1~12MPa 条件下成型岩心、松散岩心、原油及不同含油水饱和度岩心的导热系数测定。

2. 热阻法

LAMBDA 型液体导热测定仪由主机、样品恒温器、计算机、样品池及探头组成，可进行室温至 400℃、压力 0.1~3.5MPa 条件下原油的导热系数测定。

二、比热容测定

热容量，简称热容，就是使某一系统温度升高（或降低）1℃ 所吸收（或放出）的热量，也可以说对某一系统所供给的热能 ΔQ 与这个系统相应的温度变化 ΔT 的比。在国际单位中，热容量的单位是 J/K，常用的单位还有 J/℃。

比热容（质量热容）：单位质量的某种物质温度升高（或降低）1℃ 时所吸收（或放出）的热量，叫作这种物质的比热容。也就是某一物质的热容量和这物质的质量的比。国际单位中，比热容的单位是 J/（kg·K），常用的单位还有 J/（g·℃）。

比热容是反映物质的吸热（或放热）本领大小的物理量，它是物质的一种属性。任何物质都有自己的比热容，即使是同种物质，由于所处物态不同，比热容也不相同。

（一）稳态绝热量热法

1. 原理

将一定质量的试样装入量热计样品容器中，使之恒定到所需的测试温度。在绝热条件下，通入一定量的电能 Q_e，使试样产生一定的温升 Δt。此时，准确测量出电能 Q_e、温升 Δt，则试样的比热容可按式 (7-1-2) 求出：

$$C_p = \frac{\dfrac{Q_e}{\Delta t} - H_o}{m} \tag{7-1-2}$$

式中　C_p——试样的比热容，J/（g·℃）；

　　　Q_e——通入的电能，J；

　　　Δt——试样温升，℃；

　　　m——试样质量，g；

　　　H_o——量热计空白热容量，J/℃。

2. 仪器

比热容测定装置主要由量热计主体、测量单元、压力给定单元、真空单元、绝热控制单元、数据处理单元组成，可进行室温至300℃、压力0.1~12MPa条件下洗油岩心、原油、水及不同含水饱和度岩心的比热容测定。

（二）差示扫描量热法（DSC）

1. 原理

通过对已知比热容的标准样品与未知比热容的待测样品的测量结果作比较，能够计算未知样品的比热容值。即在升温速率一定的情况下，扣除基线后的DSC绝对信号大小与样品热容（比热容和质量乘积）成正比关系。试样的比热容可由得出：

$$C_p = C_{p(std)} \cdot \left[(DSC_{sam} - DSC_{bsl}) / m_{sam} \right] / \left[(DSC_{std} - DSC_{bsl}) / m_{std} \right] \qquad （7-1-3）$$

式中　C_p——样品的比热容，J/（g·℃）；

　　　$C_{p(std)}$——标样的比热容，J/（g·℃）；

　　　DSC_{sam}——样品测量的DSC信号，μV；

　　　DSC_{bsl}——基线测量的DSC信号，μV；

　　　DSC_{std}——标样测量的DSC信号，μV；

　　　m_{sam}——样品质量，g；

　　　m_{std}——标样质量，g。

2. 仪器

差示扫描量热仪主要由测量单元、控制单元、气体控制单元和数据采集处理单元组成，可进行室温至600℃、压力0.1~15MPa条件下岩石（油砂）、原油的比热容测量。也可测定原油的总放热量，求取氧化反应动力学参数（活化能、频率因子），分析特定温度条件下原油的热稳定性等。

三、热膨胀系数测定

热膨胀是物体由于温度改变而有胀缩现象，有线膨胀系数、面膨胀系数和体膨胀系数。其中线膨胀系数是指固态物质当温度改变1℃时，其某一方向上长度的变化和它在20℃（即标准实验室环境）时长度的比值，单位是1/℃。

（一）原理

样品放置在可控温的炉体中，在程序升温（线性升温、降温、恒温及其组合等）过程中，使用位移传感器连续测量样品的长度变化即可获得热膨胀变化量。

$$a_{\mathrm{L}} = \frac{\Delta L}{L_0 (t_2 - t_1)} \qquad (7-1-4)$$

式中　a_{L}——试样的线膨胀系数，$1/℃$；

ΔL——试样温度从 t_1 升到 t_2 时的膨胀量，cm；

L_0——试样在 t_1 的长度，cm；

t_1——试样加热前的温度，℃；

t_2——试样加热后的温度，℃。

（二）仪器

热膨胀仪主要由主机、炉体、控制器、电源箱、恒温水浴及数据处理组成。可进行室温至 1550℃ 条件下成型岩心、松散岩心等热膨胀系数测定，也可进行金属材料、陶瓷、釉料、耐火材料的线膨胀系数、玻璃化转变温度等测定。

四、热扩散系数测定

热扩散系数是表征物质在加热或冷却时，各部分温度趋于一致的能力。在数值上等于材料的导热系数与比热容和密度乘积的比值，在国际单位中，热扩散系数的单位是 m^2/s。

热扩散系数越大，表示物体内部温度趋于一致的能力越高，因此也称热扩散率。从温度的角度看，热扩散系数越大，材料中温度变化传播得越迅速。可见热扩散系数也是材料传播温度变化能力大小的指标，因而有导温系数之称。

（一）原理

在一定温度下，由激光源发射光脉冲均匀照射在样品下表面，使试样均匀加热，通过红外检测器连续测量样品上表面的温升过程，得到温升和时间的关系曲线，应用数学模型对理论曲线和试验温度上升曲线进行计算修正，从而测出样品的热扩散系数。

$$\alpha = 0.1388 \frac{L}{t_{0.5}} \qquad (7-1-5)$$

式中　α——热扩散系数，cm^2/s；

L——样品的厚度，cm；

$t_{0.5}$——后表面温度上升 50% 的时间，s。

（二）仪器

热扩散系数测定仪主要由主机、炉体、激光器、测量单元、电源控制器、气体控制器、恒温冷却水浴、数据处理单元等组成。可进行室温至 1250℃ 条件下成型岩心、松散岩心、液体的热扩散系数测定，测量范围：0.01~1000mm²/s。依据测得的热扩散系数和已知比热容数值，可计算导热系数。

五、油藏岩石及流体的热物性参数变化规律

（一）比热容特征

1. 岩石比热容特征

随着温度的升高，岩石的比热容升高，如图7-1-1所示。比热容的变化范围较小，在室温至300℃范围内，油层、底层、盖层、夹层岩石的比热容为0.56~1.18J/（g·℃）。油层岩石的比热容略高，盖层、底层、夹层岩石的比热容没有明显的差别。

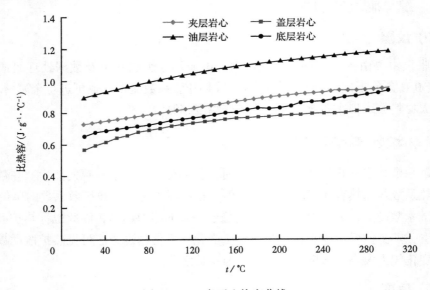

图7-1-1　岩石比热容曲线

2. 流体比热容特征

稀油、稠油的比热容随着温度的升高而升高，并且在数值上较为接近，如图7-1-2所示。在室温至300℃范围内，稀油和稠油的比热容为1.5~2.5J/（g·℃），变化范围较大。高凝油比热容曲线与稀油和稠油有着较大的差别，在80℃前高凝油的比热容曲线有一个明显的尖峰。分析认为：高凝油含蜡较高，常温下基本呈固态。随着温度的升高，原油中的蜡吸热逐渐融化而呈液体状态，因此比热容曲线出现一个明显的吸热峰。当蜡溶解完后，其比热容值随着温度的升高而升高。水的比热容明显大于原油的比热容，随着温度的升高，水的比热容升高（在饱和压力条件下）。在室温至300℃范围内，比热容变化范围为4.1~5.7J/（g·℃）。

一般情况下（液体样品在相态不变的情况下），物质的比热容随着温度的升高而升高。水的比热容最大、稠油次之、岩石的比热容最小。

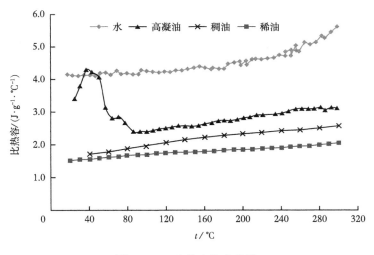

图 7-1-2 流体比热容曲线

（二）导热系数特征

1. 岩石导热系数特征

随着温度升高，岩石导热系数变化不同，如图 7-1-3 所示。导热系数较大（大于 1）时，随着温度的升高而降低；导热系数较小（小于 1）时，随着温度的升高而升高。饱和油水岩心的导热系数较大，在室温至 300℃ 范围内导热系数为 2.75~2.10W/（m·℃）。稠油油层岩心一般较为松散，因此其导热系数较小，并且随着温度的升高变化较小，在室温至 300℃ 范围内导热系数为 0.73~0.94W/（m·℃）；底层、盖层岩石（泥岩）的导热系数较大，且随着温度的升高而降低（图 7-1-4）。在室温至 300℃ 范围内导热系数为 2.06~1.75W/（m·℃）。

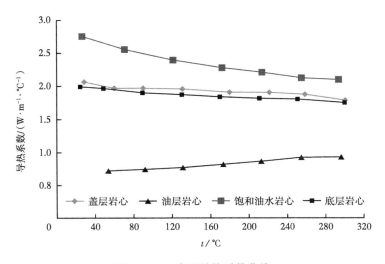

图 7-1-3 岩石导热系数曲线

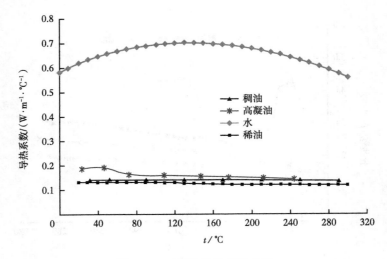

图 7-1-4　流体导热系数曲线

2. 流体导热系数特征

稠油、稀油的导热系数相差不大，并且随着温度的升高而降低，如图 7-1-4 所示。在室温至 300℃ 范围内，稀油、稠油的导热系数在 0.15~0.12W/（m·℃）的范围内变化，变化范围很小；而高凝油的导热系数曲线与稀油、稠油的导热系数曲线有较大的差别，在 80℃ 前高凝油的导热系数曲线有一个明显的尖峰。分析认为：高凝油含蜡较高，在常温下基本呈固态，导热系数也较大。随着温度的升高，原油中的蜡吸热逐渐融化，直至呈液体状态，因此使得导热系数曲线出现一个明显的吸热峰。当蜡溶解完后，导热系数随着温度的升高而降低。

水的导热系数明显大于原油的导热系数，随着温度的升高，水的导热系数变化呈现先升高后下降的规律。在室温至 300℃ 范围内，导热系数为 0.62~0.56 W/（m·℃）。

对于油藏岩石、油、水体系而言，饱和油水岩心（特别是含水较高时）、底层、盖层岩石的导热系数较大，油层岩石次之，油、水的导热系较小。在流体中，水的导热系数较大。

物质的热传导机理比较复杂，因此，复杂体系的导热系数不宜用简单的加合原理来描述。干岩心呈多孔状态，孔隙空间充满的是空气，而空气的导热系数要比固体、液体的导热系数小得多，因此干岩心的导热系数较小一些。干岩心密度越大、孔隙度越小，导热系数越大。当岩心饱和油、水时，孔隙空间中的空气被油水所取代，因此饱和油、水岩心的导热系数大于干岩心的导热系数。

（三）热膨胀系数特征

成型岩心的热膨胀系数测定结果如图 7-1-5 所示。随着温度的升高，热膨胀系数曲线呈升高、降低、处于平缓的趋势，可分为三个特征段。

第一特征段：常温 ~400℃ 范围内，随着温度的升高热膨胀系数升高，热膨胀系数范围为 5.0×10^{-6}~30×10^{-6}℃$^{-1}$，不同样品的热膨胀系数比较接近。

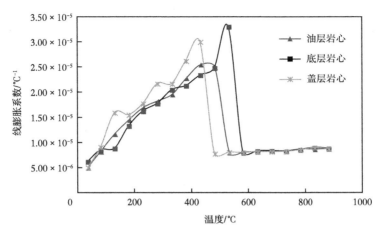

图 7-1-5　岩石热膨胀系数曲线

第二特征段：温度 400~600℃，随着温度的升高热膨胀系数降低，且降低的幅度较大，热膨胀系数范围为 $30 \times 10^{-6} \sim 8.0 \times 10^{-6} ℃^{-1}$。不同样品热膨胀系数降低的初始温度不同，分别为 430℃、480℃、530℃。

第三特征段：温度在 600℃ 以上，随着温度的升高热膨胀系数升高，热膨胀系数范围为 $7.8 \times 10^{-6} \sim 8.8 \times 10^{-6} ℃^{-1}$，不同样品的热膨胀系数比较接近。

成型岩心热膨胀的变化曲线有一个明显的特征，当温度在 400~600℃ 时随着温度的升高热膨胀系数急剧降低，发生这种变化的原因是岩石中的黏土矿物失去结晶水导致。

（四）热扩散系数特征

1. 岩石热扩散系数特征

随着温度的升高，岩石热扩散系数降低，如图 7-1-6 所示。在室温至 800℃ 范围内，热扩散系数变化范围在 0.012~0.004cm²/s。岩石胶结程度好、致密，热扩散系数略大一些。

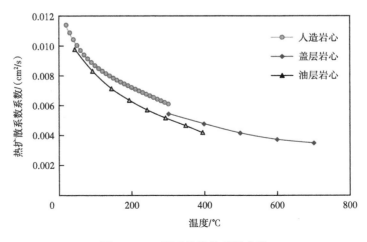

图 7-1-6　岩石热扩散系数曲线

2. 流体热扩散系数特征

随着温度的升高，原油的热扩散系数降低，变化范围在 $9.0 \times 10^{-4} \sim 4.0 \times 10^{-4} \mathrm{cm}^2/\mathrm{s}$，如图 7-1-7 所示。随着温度的升高，水的热扩散系数略有升高，然后降低，变化范围在 $1.65 \sim 1.0 \mathrm{cm}^2/\mathrm{s}$。

通过对比，水的热扩散系数远大于岩石、原油的热扩散系数。

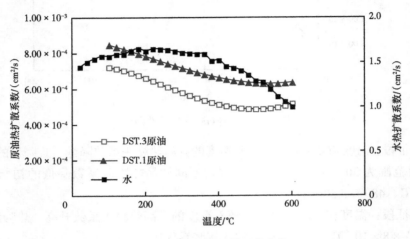

图 7-1-7　流体热扩散系数曲线

第二节　稠油油藏高温相对渗透率及驱油效率测定

相对渗透率曲线是研究多项渗流的基础，在油田开发方案优化、动态分析、确定储层中油气水饱和度分布都是必不可少的重要参数。测定方法主要有直接测定法和间接测定法。直接测定法包括稳态法和非稳态法两大类，间接测定方法有毛细管力曲线法、矿场资料计算法和经验公式计算法。

稳态法是选择一系列水油比，分别将某一水油比的油和水以一定速度注入岩心，直到压差不变且出口端产出的水油比与注入时相同，记录平衡时的压差，即可用达西定律计算出该水油比所对应的油—水相对渗透率。稳态法的特点是结果经典，实验周期长、资料整理简单，适合理论研究和岩性复杂、油水黏度比低的相对渗透率曲线测定。

非稳态法是在选定的注水速度（或压差）下，连续不断地从模型入口注入，在模型出口收集产出液并记录油、水的产量。模型内部的油（水）饱和度分布是时间和距离的函数。非稳态测定相对渗透率的方法所需时间比稳态法少，比较易于实现。因此目前多采用此方法测定油—水、油—蒸汽相对渗透率曲线。

相对渗透率是指有效渗透率与绝对渗透率的比值，它是衡量某一种流体通过岩石能力大小的指标。相对渗透率不仅与岩石本身属性有关，还反映了流体性质及油、气、水在岩石中的分布和它们三者的相互作用。为了应用方便，常将渗透率无因次化，便于对比各相流动阻力比例的大小。有效渗透率是指当岩石孔隙内存在两种以上流体时，岩石对其中某一种流体的通过能力大小。研究表明，同一岩石的有效渗透率之合总是小于该岩石的绝对渗透率，这是因为多相流体在同一渗流孔道中共同流动会产生互相干扰，不仅要克服黏滞阻力，还要克服毛细管力、附着力和由于液阻现象增加的附加阻力。

油、汽、水的相对渗透率分别表示为：

$$K_{ro} = K_o / K_a \qquad\qquad (7-2-1)$$

$$K_{rw} = K_w / K_a \qquad\qquad (7-2-2)$$

$$K_{rs} = K_s / K_a \qquad\qquad (7-2-3)$$

式中　K_{ro}——油相相对渗透率；

K_o——油相渗透率，mD；

K_a——绝对渗透率，mD；

K_{rw}——水相相对渗透率；

K_w——水相渗透率，mD；

K_{rs}——蒸汽相相对渗透率；

K_s——蒸汽相渗透率，mD。

作为分母的绝对渗透率通常取三者之一：（1）空气渗透率 K_a；（2）100% 饱和地层水时测得的渗透率 K；（3）束缚水饱和度下油相渗透率 K_o（S_{wi}）。目前的通行做法是取 K_o（S_{wi}）。

一、油—蒸汽（油—水）相对渗透率测定方法

（一）实验原理

以一维两相水驱油的基本理论为依据，描述稠油油藏的岩心在热水驱（蒸汽驱）过程中饱和度在多孔介质中的分布随距离和时间而变化的函数关系。按模拟条件的要求，在岩心模型上进行恒速的热水驱油（蒸汽驱油）实验，记录模型的出口端两相流体的产量和模型两端压差随时间的变化。用 JBN 法或最优化历史拟合的数值模拟方法整理计算实验数据，得到油—水（油—蒸汽）的相对渗透率与含水（液相）饱和度的关系曲线。

（二）实验装置

高温油—水（蒸汽）相对渗透率测定实验装置由注入单元、岩心模型单元、产出单元、数据采集与控制单元组成，流程示意图如图 7-2-1 所示。

采用油藏天然岩心，用油藏实际原油饱和岩心，采用水蒸气驱动，用最优化的历史拟合数值模拟方法获得蒸汽—油、热水—油相对渗透率曲线。岩心直径 2.54cm、3.80cm，长度 7~25cm 可调，最高工作温度 350℃，最高工作压力 30MPa。

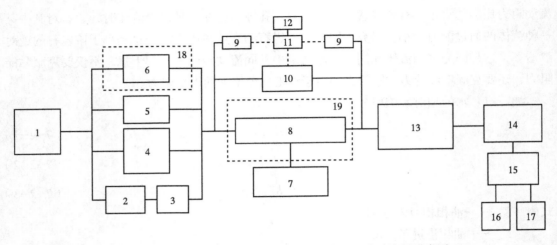

图 7-2-1　高温油—水（蒸汽）相对渗透率测得实验流程示意图

1—高压计量泵；2—气源；3—加湿砂管；4—蒸汽发生器；5—水容器；6—油容器；7—围压跟踪装置；
8—柱塞岩心或填砂模型；9—压力传感器；10—差压传感器；11—数据采集模块；12—微机；13—加热／冷凝器；
14—回压阀；15—气液分离装置；16—液样收集器；17—气体流量计；18—低温恒温箱；19—高温恒温箱

（三）实验程序

1. 岩心准备

胶结程度较好的岩心可直接进行钻取。对于冷冻成型的岩心，钻取后经包封处理得到柱塞岩心。柱塞岩心的长度不小于直径的 2.5 倍。

松散岩心制备成填砂模型，装填有干装法和湿装法。干装法是将干松散岩心分成若干等份陆续装入，并夯实。湿装法将松散岩心分成若干等份与实验用水同时加入，且始终保持水面高于砂面，并夯实。应满足的要求如下：

（1）岩心粒径分布与目的油层相近；

（2）孔隙度、渗透率与目的油层相近；

（3）模型长度与直径的比不小于 3；

（4）填砂模型两端应放置孔径为 0.045mm 不锈钢筛网。

2. 岩心孔隙体积测定

将岩心（模型）接入抽空流程，在真空度达到 133.3Pa 后，再连续抽空 2~5h。饱和实验用水，用天平称量饱和水前后的岩心（模型）的质量，则岩心孔隙体积用式（7-2-4）计算：

$$V_p = \frac{W_2 - W_1}{\rho_w} - V_c \eqno(7-2-4)$$

岩心孔隙度计算公式：

$$\phi = \frac{V_p}{V_b} \times 100\% \eqno(7-2-5)$$

式中　V_p——岩心孔隙体积，cm^3；

　　　W_1——饱和水前岩心（模型）质量，g；

　　　W_2——饱和水后岩心（模型）质量，g；

　　　ρ_w——模拟地层水密度，g/cm^3；

　　　V_c——模型两端死体积，cm^3；

　　　ϕ——岩心孔隙度，%；

　　　V_b——岩心总体积，cm^3。

3. 束缚水条件下油相渗透率测定

将模型接入饱和油流程，根据实验温度设置出口回压和环压。回压应高于该温度下水的饱和压力 0.3~1.0MPa，环（围）压应高于模型入口压力 2.0~3.0MPa。模型加热到实验温度，将实验用油以恒定的低速注入岩心，进行油驱水建立束缚水。采用柱塞岩心时注意入口压力的变化，并保持围压高于入口压力 2.0~3.0MPa。观察出口产液变化，直至不出水为止，逐渐提高注入速度，然后再驱替 1.0~2.0 倍孔隙体积，计算从岩心中驱替出的累计水量即为饱和油量。

岩心原始含油饱和度计算见式（7-2-6）：

$$S_{oi} = \frac{V_o}{V_p} \times 100\%$$

（7-2-6）

式中　S_{oi}——岩心原始含油饱和度，%；

　　　V_o——饱和油量，cm^3；

　　　V_p——岩心的孔隙体积，cm^3。

当压差曲线平稳后，记录产油量、时间、压差，计算束缚水条件下油相渗透率，作为相对渗透率曲线归一化处理时的绝对渗透率。

束缚水条件下油相渗透率按式 (7-2-7) 计算：

$$K_o\left(S_{wi}\right) = \frac{Q_o\mu_o L}{A\Delta p} \times 100\%$$

（7-2-7）

式中　$K_o(S_{wi})$——岩心束缚水条件下油相渗透率，mD；

　　　Q_o——注入速度，cm^3/s；

　　　μ_o——实验用油黏度，$mPa \cdot s$；

　　　L——岩心长度，cm；

　　　A——岩心横截面积，cm^2；

　　　Δp——岩心两端压差，MPa。

4. 蒸汽（热水）驱油

按式 (7-2-8) 确定热水驱的驱动速度：

$$L\mu_w v \geqslant 1$$

（7-2-8）

式中 L——岩心长度，cm；

μ_w——实验温度下注入水黏度，mPa·s；

v——渗流速度，cm/min。

按式（7-2-9）确定蒸汽驱的驱动速度：

$$v \geqslant 2V_p \qquad\qquad (7-2-9)$$

式中 v——每分钟注入蒸汽的体积，cm³/min；

V_p——岩心的孔隙体积，cm³。

将模型转入热水驱（蒸汽驱）流程进行驱油实验。热水驱时，出口回压不需改变；蒸汽驱时，调整回压使之略低于该温度下水的饱和压力，确保整个驱替过程为蒸汽驱。在模型两端建立不小于测定油相渗透率时的压差，按确定的驱动速度进行热水（蒸汽）驱，同时记录时间、产油量、产液量、进出口压力、压差及温度参数。见水初期，应加密记录，随着产油量的不断下降，逐渐加长记录的时间间隔。驱替压差曲线平稳后，在大于 2.0PV 的时间间隔内收集的产液含水率大于 99.5% 时，结束实验。记录产液量、时间、压差，残余油条件下水相渗透率，按式（7-2-10）计算：

$$K_w(S_{or}) = \frac{Q_w \mu_w L}{A \Delta p} \times 100\% \qquad\qquad (7-2-10)$$

式中 $K_w(S_{or})$——残余油条件下水相渗透率，mD；

Q_w——注入速度，cm³/s；

μ_w——实验用水黏度，mPa·s；

L——岩心长度，cm；

A——岩心横截面积，cm²；

Δp——岩心两端压差，MPa。

蒸汽驱残余油条件下汽相渗透率按式(7-2-11)计算：

$$K_s(S_{or}) = \frac{Q_s \mu_s L}{A \Delta p} \times 100\% \qquad\qquad (7-2-11)$$

式中 $K_s(S_{or})$——残余油条件下蒸汽相渗透率，mD；

Q_s——注入速度，cm³/s；

μ_s——蒸汽黏度，mPa·s；

L——岩心长度，cm；

A——岩心横截面积，cm²；

Δp——岩心两端压差，MPa。

（四）油—蒸汽（油—水）相对渗透率计算

1.JBN 方法

非稳态测定相对渗透率的方法所需时间比稳态法少，但数学处理难度大，Buckley 和

Leverett 建立了此方法的基本理论，Welge 发展了此理论并把它用在非稳态相对渗透率方法中，Johnson 发展完善了 Welge 的工作，取得了从非稳态试验资料计算每一相流体相对渗透率的方法，通常称为 JBN 方法。JBN 方法发表以来，得到广泛的应用，同时许多学者也进一步发展了 JBN 方法，使用图解法求得相对渗透率曲线；沈平平等进一步发展了 JBN 方法，使得该计算方法不但适合恒速或恒压水驱实验，而且能适合不恒速又不恒压的实验。近年来有些学者利用最小二乘法为主的优化技术拟合实验压力和采油量方法来求出相对渗透率曲线，此方法对均质及非均质的岩心均能适用。

2. 最优化历史拟合的数值模拟方法

稠油油藏原油黏度高，岩石颗粒胶结疏松，给相对渗透率的测定带来相当大的困难。在试验过程中无水期短，微粒运移造成油水产量、压力波动等，难以得到理想的数据。根据渗流力学及最优化理论，给出了描述岩心内部油、水（蒸汽）两相渗流的数学模型，在模型中有一组待定参数，只要待定参数一旦被确定，即可得到反映岩心特性的相对渗透率曲线。计算时，先给定一组待定参数值，再用数值方法求解热水驱（蒸汽驱）岩心内部渗流方程，并计算岩心出口端的累积产油量和压差。待定参数是可调的，可预先给定一个初值，利用约束变尺度法求解最优化问题，使计算的累积产油量和压差与实验计量值相差最小，从而确定一组唯一的待定参数，得到的相对渗透率曲线也是唯一的。

二、驱油效率测定方法

驱油效率是由驱替介质所驱替出的原油体积与波及范围内的总含油体积之比，它表征某一驱替介质的微观驱油能力。驱油效率有两种测定方法，即恒温驱替法和非恒温驱替法。恒温驱替是指注入介质的温度与岩心温度相同的驱替过程。非恒温驱替是指注入高温热流体的温度不同于岩心温度（岩心初始温度一般为油藏温度）的驱替过程。

（一）实验原理

以一维两相水驱油的基本理论为依据，描述稠油油藏岩心在热水驱（蒸汽驱）过程中，由驱替介质所驱替出的原油体积与总含油体积之比和注入孔隙体积倍数的关系。按模拟条件要求，在岩心模型上进行不同驱替条件的热水驱油（蒸汽驱油）实验，记录模型出口端两相流体的产量和模型两端压差的变化，得到驱油效率与注入孔隙体积倍数的关系曲线。

（二）实验程序

1. 恒温驱替

恒温驱替的驱油效率测定方法与相对渗透率测定方法基本相同，不同之处如下：

（1）建立初始含油饱和度。驱油效率测定时，初始含油饱和度按油藏给定的初始含油饱和度建立，不必达到束缚水条件。

（2）测定残余油条件下水相渗透率。驱油效率测定不必测定并记录残余油条件下水相渗透率数据。

（3）记录参数。驱油效率测定驱替过程中不必记录岩心两端压差数据。

2. 非恒温驱替

非恒温驱替的驱油效率测定方法与恒温驱替的测定方法基本相同，不同之处如下：

（1）岩心长度。岩心长度与直径比应不小于 10。

（2）初始含油饱和度。岩心一般在油藏温度下，建立初始油藏含油饱和度。

（3）热水（蒸汽）驱替。岩心初始条件为油藏温度，注入热水（蒸汽）的温度高于岩心温度，岩心内部沿长度方向为非恒温状态。

三、稠油高温相对渗透率曲线特征

（一）热水驱相对渗透率曲线特征

不同温度热水驱相对曲线具有以下规律：油相相对渗透率随含水饱和度的增加而下降，水相相对渗透率随着含水饱和度的增加而增加。束缚水饱和度均大于 20%，交点饱和度均大于 50%，表明岩石亲水特征。随着温度的升高，油相相对渗透率下降变缓，水相相对渗透率上升速度变快，油水两项共渗范围变宽，曲线形态变好并且向右偏移，如图 7-2-2 所示。

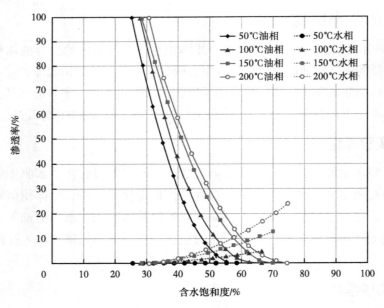

图 7-2-2　不同温度热水驱相对渗透率曲线

不同温度热水驱的油相渗透率下降的幅度不同。50℃ 热水驱的油相渗透率随着含水饱和度的增加几乎是直线下降，而 200℃ 热水驱的油相渗透率下降趋势比 50℃ 缓和得多。

随着温度的升高，束缚水饱和度增加，残余油饱和度降低，油—水两相交点相对渗透率逐渐升高，残余油饱和度条件下的水相端点渗透率升高。这些参数的变化说明储层结构及流体渗流特征发生了变化。S_{or}的减少主要与孔隙比表面积减少有关，孔隙度越大，小孔隙所占比表面积越小，必然导致S_{or}降低。$K_{rw}(S_{or})$增大则说明储层的综合渗流能力有所增加。

（二）蒸汽驱相对渗透率曲线特征

不同温度蒸汽驱相对渗透率曲线有如下规律：油相相对渗透率随液相饱和度的降低而下降，蒸汽相相对渗透率随着液相饱和度的降低而增加。油—蒸汽两相交点液相饱和度较高，均大于65％。随着温度的升高，油—汽相对渗透率曲线整体上向左偏移。随着温度升高，油—蒸汽两相交点液相饱和度略有降低，油—蒸汽两相共渗范围变宽，油—蒸汽两相交点相对渗透率逐渐升高，残余油条件下蒸汽相端点相对渗透率升高，如图7-2-3所示。

不同温度蒸汽驱的油相渗透率下降的幅度不同。200℃蒸汽驱的油相渗透率随着液相饱和度的降低接近于直线下降，而300℃蒸汽驱的油相渗透率下降趋势比200℃缓和。

随着温度的升高，束缚水饱和度有所升高。束缚水饱和度升高的原因主要是由于温度升高，岩石表面更趋于水湿，岩石亲水性能增强。随着温度的升高残余油饱和度明显降低。

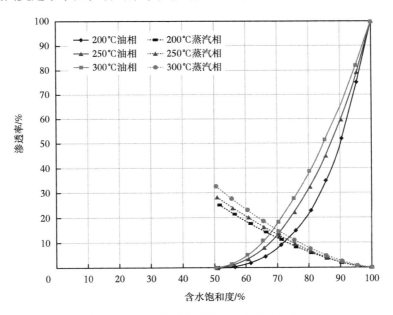

图7-2-3 不同温度蒸汽驱相对渗透率曲线

四、稠油高温驱油效率特征

（一）热水驱驱油效率特征

不同温度（50℃、100℃、150℃、200℃）热水驱的驱油效率规律如下：随着注入倍数的增加，驱油效率逐渐增加。特别是注水初期，随着注水量增加，驱油效率迅速升高。随着注水温度的升高，热水驱的各阶段及最终驱油效率均有所提高，如图7-2-4所示。

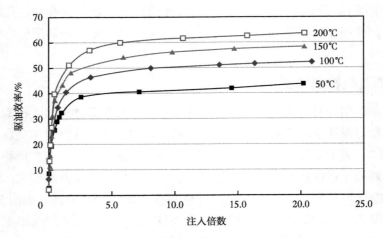

图 7-2-4　不同温度热水驱驱油效率曲线

热水驱的温度不同驱油效率增加幅度不同。100℃ 热水驱的最终驱油效率比 50℃ 热水驱的最终驱油效率提高了 8.79%，150℃ 热水驱的最终驱油效率比 100℃ 热水驱的最终驱油效率提高了 5.82%，200℃ 热水驱的最终驱油效率比 150℃ 热水驱的最终驱油效率提高了 5.36%。分析认为：随着温度的升高，稠油黏度降低，驱替相与被驱替相（原油）的流度比降低，被驱替相（原油）流动能力增强，也可以说流度比的变化对驱油效率有较大影响。但温度高于 100℃ 后，稠油黏度降低幅度越来越小，因此最终驱油效率的增加幅度变小。

热水驱与常规注水相比，除了增加地层能量以外，主要是通过加热油层，使油、水的黏度降低，由于原油的黏度降低幅度要远远大于水黏度的降低幅度，所以，油水的流度比 $[M=(K_{o}\mu_{w}/K_{w}\mu_{o})]$ 也随之大幅度降低（岩石受热膨胀影响较小，渗透率变化忽略不计），油相的流动能力提高。

油层温度升高还能使原油膨胀，原油膨胀作用可以增加地层的能量，提高了油水的流动能力，有利于油井生产。

（二）蒸汽驱驱油效率特征

不同温度（200℃、250℃、300℃）蒸汽驱的驱油效率曲线具有如下规律：随着注入倍数的增加，驱油效率逐渐增加。特别是注蒸汽初期，随着注汽量增加，驱油效率迅速升高。随着注汽温度的升高，蒸汽驱的各阶段及最终驱油效率均有所提高，如图 7-2-5 所示。蒸汽驱的温度不同驱油效率增加幅度不同。250℃ 蒸汽驱的最终驱油效率比 200℃ 提高了 7.72%，300℃ 蒸汽驱的最终驱油效率比 250℃ 提高了 4.43%。

随着温度的升高，热水驱和蒸汽驱的驱油效率均有所提高，蒸汽驱的驱油效果好于热水驱。与 200℃ 热水驱相比，200℃、250℃、300℃ 蒸汽驱的驱油效率分别提高了 1.08%、8.80%、13.23%，说明 250℃ 以上蒸汽驱驱油效果较好。分析认为：稠油中的胶质、沥青质含量较高，在原始饱和状态下，原油中的极性分子吸附在岩石表面，岩石趋于亲油状态。温度较高时，这些极性分子逐渐解吸，岩石亲水性增加，更多的水膜吸附在孔壁上或占据较小孔道，蒸汽产生"剥蚀"效应，降低参与油饱和度，提高驱油效率。

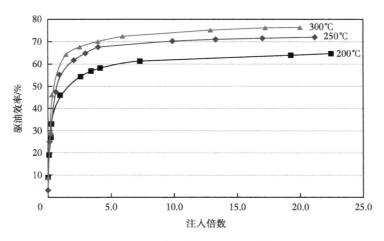

图 7-2-5　不同温度蒸汽驱驱油效率曲线

第三节　注蒸汽热采比例物理模拟技术

　　物理模拟研究在油藏工程中扮演着重要的角色，直接服务于基本数据测量、基本现象观察和机理研究以及开发方案的试验和优选。油藏物理模拟可以分为"基本机理研究模型"和"按比例相似模型"两类。模拟油藏的一个单元或一个过程的物理模型可以是不按比例的、部分按比例的或者完全按比例的。不论是否按比例，物理模型研究对于透彻理解一个过程的机理都起着极大的作用。机理研究试验模型的结果，可以通过数值模拟扩展到油田预测。按比例模拟试验，可以用某次试验观测的各种机理的相关影响，去模拟油田原型期望的有关现象，并通过对试验结果的合理解释，预测油田的性能。

　　按比例相似模型是根据相似性原理设计出来的。在模型设计、试验操作、数据处理以及用试验结果来解释油藏原型等的各个研究阶段都离不开相似理论的指导。按比例相似模型与油田原型之间在长度比、力比、速度比以及温差比等方面，都具有相同的数值。

　　对于一个复杂的系统，要实现全部相似准则都相等是不可能的。如果要坚持"完全相等"，那就意味着要使模型与原型完全相同，这就失去了进行模拟研究的意义了。通常的做法是不追求所有的相似准则在模型和原型里对应相等，而是确保最重要的那些相似准则相等，次要的放宽。这就是说，对最重要影响最大的因素一定要模拟，这就抓住了事物的本质。当然对于相似准则的如何取舍依赖于研究人员的工程实践经验，分清主次加以判断。

一、相似理论

　　相似准则是说明自然界和工程科学中各种相似现象、相似原理的学说。它的理论基础是相似三定理，其实用意义在于指导模型的设计及其有关试验数据的处理和推广。相似准则的作用必须从理论上说明：

（1）相似现象具有什么性质；

（2）研究结果如何推广到所有相似的现象中去；

（3）满足什么条件才能实现现象相似。

要满足这些条件，必须在模拟实验基本原则的基础上，依据相似三定理来进行分析和推导。

（一）相似三定理

1. 相似第一定理

相似第一定理（相似正定理）是 1848 年由法国 J.Bertrand 建立的。表述为"对相似的现象，其相似指标的数值相同"。这是对相似性质的一种概括，也是现象相似的必然结果。

相似指标是一个无量纲的综合数群，它反映出现象相似的数量特征及其过程的内在联系。相似指标表示原型与模型内各基本物理量之间满足的比例关系。对相似的现象，原型与模型的相似指标是相等的。

2. 相似第二定理

相似第二定理（π 定理）是 1914 年由美国 Buckingham 建立的。表述为"约束两相似现象的基本物理方程可以用量纲分析的方法转换成用相似指标方程来表达的新方程，即转换成 π 方程。两个相似系统的 π 方程必须相同"。

如果所研究的现象中，还没有找到描述它的方程，但对该现象的物理量是清楚的，则可通过量纲分析运用 π 定理来确定相似指标。但是模型实验结果能否正确推广，关键又在于是否正确选择了与现象有关的物理量。

3. 相似第三定理

相似第三定理（相似逆定理）是 1930 年由苏联 M.B.KUPNHYEB 建立的，表述为"对于同一物理现象，如果单值量相似，而且由单值量所组成的相似指标在数值上相等，则现象相似"。

单值量是指单值条件中的物理量，而单值条件又是将一个个现象从同类现象中区分开来，亦即将现象群中的通解转变为特解的具体条件。单值条件包括几何条件（空间条件）、介质条件（物理条件）、边界条件和初始条件（时间条件）。现象的各种物理量，实质都是从单值条件引导出来的。

物理模型是现场采油在试验室中的再现，它是将原型的几何条件、物理条件、定解条件等，按一定比例转化到模型上，然后又将模型的试验结果按相同比例转回原型。此过程所依据的理论是相似理论。

（二）无因次方程

设某现象包括 n 个物理量 x_1，x_2，…，其中前 k 个是自变量，后 $m=（n-k）$ 个是因变量。为了求解这 m 个因变量，需要 m 个描述现象的方程：

$$D_i\left(x_1,x_2,\cdots,x_n\right)=0 \quad (i=1,2,\cdots,m) \tag{7-3-1}$$

将每个物理量（x_1，x_2，$\cdots$，x_n）分别除以它们各自的同类量（即因次相同的特征量），可得 n 个无因次单个变量（X_1，X_2，$\cdots$，X_n），其中：

$$X_1=\frac{x_1}{a_1}, \quad X_2=\frac{x_2}{a_2}, \quad \cdots, \quad X_n=\frac{x_n}{a_n} \tag{7-3-2}$$

根据 π 定理，可以将包含 m 个方程的方程（7-3-2）转化为无因次方程组：

$$\phi_i\left(X_1,X_2,\cdots,X_k,\pi_1,\pi_2,\cdots\pi_{n-k}\right)=0 \quad (i=1,2,\cdots,m) \tag{7-3-3}$$

其中包括 k 个无因次单变量，和这些单个无因次变量组成的 $n-k$ 个无因次组合变量：

$$\pi_j=\pi_j\left(X_1,X_2,\cdots,X_k\right) \quad (j=1,2,\cdots,n-k) \tag{7-3-4}$$

（三）π 定理

如果方程 $f\left(x_1,x_2,\cdots,x_n\right)$ 是一个完全方程，也是联系 n 个量 x_1，x_2，$\cdots$，x_n 的唯一方程，它共有 k 个独立量纲，则方程 $F(\pi_1,\pi_2,\cdots\pi_{n-k})$ 完全等价于所给的方程（其中 π_i 是 $n-k$ 个 x_1，x_2 等的无因次组合）。

（四）相似原理

为使模型与原型相似，需使由单值性物理量组成的相似准则数必须与对应原型的相似准则数相等，即

$$\pi_{模}=\pi_{原}$$

这就是相似原理。

（五）油藏物理模拟相似准则

找出一个过程的相似准则的方法，从本质上就是应用相似理论对于描述过程的数学表达式或者包括这些过程的变量进行相似分析的过程。一般有两种方法，从描述过程的数学表达式（即方程）入手进行分析的方法称方程分析法；对包括过程所有变量进行分析的方法称因次分析法。注蒸汽热采相似准则主要有蒸汽吞吐、蒸汽驱、SAGD。

1. 蒸汽吞吐

蒸汽吞吐也叫蒸汽循环，Niko 和 Troost 于 1977 年发表了蒸汽吞吐的相似准则数组，见表 7-3-1[2]。作者使用了一个与孔隙介质相串联的水力模拟容器，巧妙地解决了模拟油的可压缩性的难题，试验结果成功地模拟了油田原型，是成功的模拟试验。

T.W.J.Frauenfeld 和 K.D.Kimber 等人为了设计和制造蒸汽吞吐物理模型，设计试验了几个部分标配的物理模型，每个模型使用不同的机理进行配比，并把模拟的结果与原型的试验结果进行了对比，结果证明 Pujol 和 Boberg 模型对蒸汽吞吐的模拟效果代表性更好。

表 7-3-1　蒸汽吞吐相似准则

时间	$r(t) = r(L^2)$
湿蒸汽注入的质量流速	$r(i_{mvcs}) = r(L/C_{vc})$
蒸汽干度	$r(f_s) = r\left(\dfrac{C_{vo}\Delta T}{\Delta H_s}\right)$
渗透率	$r(K) = r\left(\dfrac{\mu_s\Delta T}{\rho_s\Delta H_s}\right) / r(L)$
油黏度	$r(\mu_o) = r\left(\dfrac{\mu_s\Delta T}{\rho_s\Delta H_s}\right)$
采油速度	$r(q_o) = r(L)$
压力降	$r(\Delta P) = r(L)$

2. 蒸汽驱

蒸汽驱相似准则是目前研究最成熟应用最广泛的相似准则。蒸汽驱比例模型按压力可以分为高压和低压（包括真空）两大类。

Pujol 和 Boberg 提出的蒸汽驱按比例模拟相似准则数组，主要被用于高压模型[3]。Kimber 等发展了一种考虑在蒸汽驱中使用添加剂的相似准则数，与典型的高压模型不同之处在于，新的准则数组允许在模型中使用与原型相同的孔隙介质[4]。表 7-3-2 为蒸汽驱高压准则数组。

$$r = \frac{原始模型中的参数值}{比例模型中的参数值}$$

真空模型相似准则数组由 Stegemeier，Volek 和 Laumbach 提出的。经过工程判断，减少了相似准则个数，从而使模型与原型之间在蒸汽干度、压力、温度、注入量、油黏度、初始油饱和度、渗透率、几何尺寸和时间等许多参数上都可以按比例相似。Doscher 等人使用的相似准则与 Stegemeier 的准则相类似，不同之处在于：用油藏的热容来代替 Stegemeier 的流体和岩石热容。Singhal 相似准则的不同点在于：使用了按比例流度，而不是渗透率。清华大学的相似准则数有两个改进之处：一个是使用渗透率与油相相对渗透率的乘积来代替渗透率；另外一个是在蒸汽带和初始温度带两处，分别使用不同的相似准则，确定在蒸汽温度和地层温度两个端点温度之间的模型用油黏度。经研究发现，以模拟温度与水—水蒸气压力温度关系的最小偏差为判据，可以选择真空模型的最佳参数搭配，从而在保证温度—压力模拟的前提下，放宽了模型温度最低为 3℃ 左右的限制。

表 7-3-2 蒸汽驱高压准则数组

编号	相似准则数	物理意义	模化参量
1	$\dfrac{L_y}{L_x}, \dfrac{L_z}{L_x}$	几何尺寸之比	长度
2	ϕ	油藏倾角	油藏倾角
3	$S_o, S_w, S_s, \varPhi, k_{ro}, k_{rw}, k_{rs}$	油藏地质参数	油藏结构
4	$\dfrac{\rho_o}{\rho_R}, \dfrac{\rho_w}{\rho_R}, \dfrac{\rho_s}{\rho_R}, \dfrac{\mu_o}{\mu_s}, \dfrac{\mu_o}{\mu_w}, \dfrac{C_o}{C_R}, \dfrac{C_w}{C_R}$ $\dfrac{\rho_{rr}C_{rr}}{\rho_R C_R}, \dfrac{\rho_c C_c}{\rho_R C_R}, \dfrac{\lambda_w}{\lambda_o}, \dfrac{\lambda_{rr}}{\lambda_o}, \dfrac{\lambda_c}{\lambda_o}$	物性参数	物性参数
5	$J = \dfrac{p_c}{\sigma\cos\theta}\sqrt{\dfrac{k}{\phi}}$	毛细管压力与界面张力之比	毛细管压力
6	$\dfrac{k\Delta p}{\nu L_x \mu_w}$	驱动力与黏性力之比	注采压差
7	$\dfrac{k\Delta\rho g}{\nu \mu_o}$	重力与黏性力之比	渗透率
8	$\dfrac{\alpha_o}{V L_x}$	导热和对流之比	速度
9	$\dfrac{L_v}{C_r\left(T_j - T_r\right)}$	汽化潜热和油藏储能之比	注入量

注：C_r 为质量比热的数值，J/（kg·K）；g 为重力加速度的数值，m/s^2；J 为 Leverett J 函数（表征渗透率与毛细管压力的函数）的数值；k 为渗透率的数值，D；k_r 为相对渗透率的数值；L_v 为单位质量汽化潜热的数值，J/kg；L_x 为 x 向的特征长度的数值，m；L_y 为 y 向的特征长度的数值，m；L_z 为 z 向的特征长度的数值，m；Δp 为压力的数值，Pa；p_c 为毛细管压力的数值，Pa；S 为饱和度的数值；T 为温度的数值，K 或℃；ν 为速度的数值，m/s；μ 为动力黏度的数值，N·s/m^2；α 为热扩散率的数值，m^2/s；ρ 为密度的数值，kg/m^3；$\varPhi$ 为孔隙度的数值；ϕ 为倾角的数值，（°）；σ 为界面张力的数值，N/m；λ 为导热系数的数值，W/（m·K）；下标 c 为盖岩层或底岩层；下标 j 为相，如油、汽、水；下标 o 为油 / 油相；下标 r 为油藏储层；下标 rr 为油藏岩石；下标 R 为用来得到无量纲参数的参考量；下标 s 为蒸汽；下标 w 为水 / 水相。

3. 蒸汽辅助重力泄油

Butler、Mcnab 及 Lo 等于 1979 年研究了双水平井蒸汽辅助重力泄油机理，并率先发表了系统的 Lindrain 理论。1981 年，Butler 和 Stephens 发表了改进的 Tandrain 理论。其后，Butler 研究小组又发表多篇文章，论述了 SAGD 机理及物理模拟新方法。1989 年，在 Chung 和 Butler 共同发表的文章中，系统阐述了 SAGD 物理模拟试验所使用的相似准则。1992 年，Reis 提出了 SAGD 的线性模型理论。1994 年至 1997 年期间，Butler 系统总结了物理模拟、数值模拟和现场先导试验的研究成果和经验，最终形成了包括机理研究和预测理论在内的 SAGD 理论体系，至今所有关于 SAGD 的理论研究都采用或基于这一理论体系[5]。表 7-3-3 为蒸汽辅助重力泄油准则数组。

表 7-3-3　蒸汽辅助重力泄油准则数组

编号	相似准则数	物理意义	模化参量
1	$\dfrac{w}{h}, \dfrac{w}{L}$	几何尺寸之比	长度
2	ϕ	油藏倾角	油藏倾角
3	$S_o, S_w, S_s, \Phi, k_{ro}, k_{rw}, k_{rs}$	油藏地质参数	油藏结构
4	$\dfrac{\rho_0}{\rho_R}, \dfrac{\rho_w}{\rho_R}, \dfrac{\rho_s}{\rho_R}, \dfrac{\mu_o}{\mu_s}, \dfrac{\mu_o}{\mu_w}, \dfrac{C_o}{C_R}, \dfrac{C_w}{C_R}$ $\dfrac{\rho_{rr}C_{rr}}{\rho_R C_R}, \dfrac{\rho_c C_c}{\rho_R C_R}, \dfrac{\lambda_w}{\lambda_o}, \dfrac{\lambda_{rr}}{\lambda_o}, \dfrac{\lambda_c}{\lambda_o}$	物性参数	物性参数
5	$\dfrac{\alpha t}{h^2}$	F_o 傅里叶数，非稳态导热的无量纲时间	时间
6	$\sqrt{\dfrac{kgh}{\alpha \Delta S_o m v_s}}$	B_3 准则数，无量纲生产时间 与非稳态导热无量纲时间之比	渗透率
7	$\dfrac{i_s t}{\phi \Delta S \rho L^3}$	注汽量与可动油量之比	注汽速度

注：C 为质量比热的数值，J/（kg·K）；g 为重力加速度的数值，m/s²；h 为有效泄油高度的数值，m；i 为注汽质量流速的数值，kg/s；k 为渗透率的数值，D；k_r 为相对渗透率的数值；L 为水平井长度，m；m 为原油黏温特征参数；S 为饱和度的数值；ΔS_o 为可动油饱和度的数值；t 为时间的数值，s；v 为速度的数值，m/s；w 为水平井井距的数值，m；μ 为动力黏度的数值，N·s/m²；υ 为运动黏度的数值，m²/s；α 为热扩散率的数值，m²/s；ρ 为密度的数值，kg/m³；Φ 为孔隙度的数值；ϕ 为倾角的数值，（°）；λ 为导热系数的数值，W/（m·K）；下标 c 为盖岩层或底岩层；下标 o 为油/油相；下标 rr 为油藏岩石；下标 R 为用来得到无量纲参数的参考量；下标 s 为蒸汽；下标 w 为水/水相。

二、比例物理模拟实验装置

目前已发展的各种比例物理模型，可分为二维比例模型和三维比例模型两种。按其运行压力的不同，可分为：高压模型（运行压力大于 0.3MPa）、低压模型（运行压力为 0.1~0.3MPa）和真空模型（运行压力小于 0.1MPa）三种。由于模型及其运行的压力不同，在试验设备及相应选取的相似准则上也有所区别。

（一）二维物理模拟装置

二维物理模拟装置是一种物理模拟油藏的工具，它的一个线度较其他两个线度要小得多，也就是说实际上模型呈薄板状。模型的特点是：第一，模型扁薄，可以做成透明，具有可视性，通过肉眼、摄影或摄像可直接观察或记录物理过程，同时也能用仪器测量；第二，模型可以进行按比例的或不按比例的模拟试验，因此研究范围广泛；第三，模型结构较简单，使用灵活，可以是低压或高压的。

目前二维物理模拟装置主要应用于以下研究领域：

（1）油藏的层状韵律、倾角、底水等对开采效果影响试验研究；

（2）油藏平面非均质性、沉积相带、地层倾角等对开采效果影响研究；

（3）注汽热采过程中油层纵向剖面与平面温度场、饱和度场变化的可视化研究。

（二）三维比例物理模拟装置

1. 真空模型

真空模型是在 70 年代后期发展起来的，它使用与原型不同的流体和孔隙介质，也可以在与原型不同的压力、温度下进行试验，较好地模拟了饱和蒸汽压力和温度的平衡条件（即 Clausius–Claperyron 关系式）。

真空模型的代表是南加利福尼亚大学的 Doscher 和壳牌公司的 Stegmeier 以及清华大学所建立的模型。他们的模型井距都在 1m 以下，模拟压力低于大气压力，最高温度在 100℃ 以下。由于真空模型在低于原型的温度、压力下进行试验，从而建造费用低，操作方便。

2. 低压模型

低压比例模型使模型孔隙介质和流体尽可能与原型接近，并实现真空模型蒸汽压力和温度按比例模化，以及根据蒸汽前缘前后压力梯度比选择模拟油黏度等条件，它可以充分地吸取真空模型的优点，又在一定程度上体现了高压模型的特点。

低压模型的代表是罗和辛格霍尔，其模型井距只有 0.6m，温度低于 120℃，模拟压力接近 0.2MPa。辽河油田 20 世纪 90 年代初期研制的蒸汽驱低压比例物理模型主要技术指标如下：

（1）模型最大井距 1m，最小井距 0.35m，油层最大厚度 0.2m，可模拟蒸汽驱开采过程中五点、九点井网的 1/8、1/4、1/2 注采单元。

（2）模型最高工作温度 150℃，最高运行压力 0.3MPa。

3. 高压模型

同真空模型、低压模型相比，建立完善的高压模型面临温度、压力高，设备规模、技术难度和投资规模过大的问题。辽河油田为满足稠油转换开发方式研究的需求，自行设计研制了一套多功能高温高压热采三维比例物理模型，技术指标如下：

（1）井网：九点、五点、七点井网的 1 个注采单元；

（2）井网模型尺寸：500mm × 500mm × 560mm；

（3）最高工作温度 350℃，最高工作压力 15MPa。

三、实验技术要求

（一）试验准备

（1）确定油藏基础数据及工艺条件，根据模型类型和研究内容选择相似准则；

（2）设计相似比例模型，确定相似因子，然后根据油藏原型参数，计算实验参数；

（3）确定模型砂的种类和粒度组成，配制模型砂，测定模型砂的渗透率和热物性参数；

（4）根据实验参数要求配制模型油和模拟水，测定模型油的黏温数据。

（二）制备模型

（1）根据油藏参数选择井网方式；

（2）将模拟井、热电偶、压力传感器等布置到实验方案设计位置；

（3）将模型内壁涂上高温胶，与模型砂胶结，防止实验流体沿模型边界窜流；

（4）将模型砂均匀填入模型，边填装边振动，使模型砂紧密装填；

（5）将氮气注入模型，在注汽压力下密封试压。

（三）饱和水

（1）将二氧化碳注入模型，置换出空气，连接抽真空系统抽真空，达到真空要求；

（2）将饱和水在负压下吸入模型，记录饱和水的体积，计算模型孔隙度。

（四）饱和油

可采用下述两种方法获取饱和油：

（1）根据计算的模型含油饱和度，将油、水以相当于油藏饱和度的比例混合注入模型，当模型产出口收集的油水比例和注入端的油水比例接近时（误差小于1%），为达到饱和油的要求；

（2）将模型油由井孔注入模型，由其他井孔或泄流孔收集产出液，切换饱和油入口，直到各收集孔连续出油不出水或含油率达到99.9%为止。

（五）建立模型初始温度场

通过向模型本体传热或饱和热油直接加热模型本体，将模型本体加热到实验设计初始温度，初始温度场应均匀，各测点温度差不大于1℃。

（六）驱替实验

（1）通过过热蒸汽与恒温水配制实验要求的蒸汽干度，调节过热蒸汽与恒温水的流量；

（2）设置注汽参数，包括注汽压力、温度、速度等；

（3）蒸汽与水混合进入旁路，混合均匀后关闭旁路，打开模型井进口，进行驱替实验；

（4）设置采样时间，采集模型温度、压力数据及产液量；

（5）根据试验要求，确定试验的结束。试验结束后，模型泄压、降温，再对模型进行清理，将油水分离并计量油水产量。

（七）实验数据整理

（1）记录每个时间段的注汽量、产液量以及分离后的油水产量，计算累积注汽量、累积油气比、采出程度及最终采收率；

（2）根据实验研究的具体内容，将产油量、采出程度、累积油气比、含水率等数据与蒸汽注入孔隙体积或注汽时间关系绘制成实验曲线；

（3）将实验中不同阶段的温度、压力数据处理成温度场、压力场。

第四节　热采储层伤害评价实验技术

生产实践表明，钻开油层后的整个生产过程都容易产生油层伤害，热力采油法开采稠油油层也不例外。随着大量高温热流体的注入，打破了地层中原有的平衡体系，注入地层的热水或热蒸汽使原有的储层发生了多种变化，这些变化可以使储层的产能降低，甚至完全丧失产油能力。储层一旦发生伤害，补救是很困难的，甚至是无法补救的。因此，探索热力采油带来的油层伤害规律和伤害原因已经成为热采稠油储层开发中不可缺少的重要环节。

一、热采储层伤害的类型

稠油热采储层变化研究发现，高温流体的注入在储层内部引起固相（岩石）、液相（油、水）、气相之间的强烈的物理、化学和地球化学作用。尤其是水与岩石的作用，会引起储层岩石的润湿性、孔隙结构、渗流喉道的物理几何形状的改变，进而影响储层内流体油—水、油—汽的渗流规律。综合稠油热采储层伤害的特征，将产生伤害的类型归纳为以下几种类型。

（一）矿物溶解

储层岩石的主要组分是石英、长石、岩屑、黏土矿物及少量的碳酸盐胶结物，在高温、高 pH 注入蒸汽条件下，储层中原有的固、液平衡体系被打破，都将不同程度地发生溶解，溶出物主要是 SiO_2。

1. 骨架矿物的溶解

矿物的溶解主要以石英、长石为主。在溶解的过程中，SiO_2 等成分不是均匀地从矿物的表面溶出，而是从矿物颗粒的薄弱区域如长石的节理、微裂隙，石英的晶族间隙开始溶解。因此，溶解过程中还伴随着类似"机械"型破碎，使矿物由表及里碎裂化。这一方面增加了易溶蚀的细粒矿物，另一方面又增加了因溶解而形成的新微粒，随着流体的迁移堵塞孔隙。

（1）石英：石英具有很强的溶解性，其变化主要受温度和 pH 值的影响。在相同的温度下，随 pH 值的增加溶解量增大。在相同的 pH 值条件下，温度从 $100\sim200℃$ 呈增加的趋势，但到 $300℃$ 以后，溶解量变为缓慢降低，这与溶解饱和、矿物转化形成新生矿物有关。

（2）长石：长石的溶解特点是随着温度和 pH 值升高而增加。在 pH 值小于 11 及温度在 $150℃$ 以下时，溶解量比较小，且变化缓慢。溶出物主要是 SiO_2，其次是 Al_2O_3、K_2O、CaO、Fe_2O_3、MgO 等。

2. 黏土矿物的溶解

黏土矿物是含 Na^+、K^+、Ca^{2+}、Mg^{2+}、Fe^{2+} 等离子的硅铝酸盐矿物，具有层状结构、极大的比表面积和自由能，含有大量的吸附水、层间水和结构水，化学性质活泼，尤其是注蒸汽条件下发生水化反应的最敏感成分。在高温、高 pH 值条件下，有很强的溶解性能，主要溶出成分是 SiO_2，占 76.1%；其次是 CaO、K_2O、Al_2O_3、FeO、MgO 等，占 10% 以下。

（二）矿物转化

1. 长石

在注蒸汽的突变地层环境中，当注入蒸汽富含 K^+，并且随着蒸汽的大量注入，地层水中 HCO_3^- 含量大幅度降低，使得长石向黏土矿物转化。在水解、水合作用下对长石发生选择性蚀变，碱性元素溶于水中而被带走，长石蚀变为黏土矿物。

$$5KAlSi_3O_3+4(HCO_3)^-+4H^++16H_2O \longrightarrow KAl_5Si_7O_{20}(OH)_4+8H_4SiO_4+4KHCO_3$$
钾长石 　　　　　　　　　　　　　　　　　伊利石

$$CaAlSi_2O_8+2(HCO_3)^-+5H_2O \longrightarrow Al_2Si_2O_5(OH)_4+Ca(HCO_3)_2+3H_2O+O^{2-}$$
钙长石 　　　　　　　　　　　　　　　高岭石

$$2NaAlSi_3O_8+2(HCO_3)^-+H_2O \longrightarrow Al_2Si_2O_5(OH)_4+2NaHCO_3+2SiO_2·nH_2O$$
钠长石 　　　　　　　　　　　　　　高岭石

2. 高岭石

高岭石的化学式为 $Al_2Si_2O_5(OH)_4$。高岭石在纯水中即可发生溶解，溶解后 Al 和 Si 进入溶液，使液相中二元素的含量升高。高岭石是碱性条件下最不稳定的矿物，随着温度及溶液 pH 值的升高而使溶解加剧。

pH 值 $=9$、$T=150℃$ 就开始溶解。溶解过程中，同时出现新的矿物相，生成蒙皂石、钠沸石。

pH 值 $=9$、$T=250℃$：$2Na^+ +$ 高岭石 $+H_2SiO_4=$ 蒙皂石 $+H_2O+H^+$。

pH 值 ≥ 10、$T \geq 250℃$：$2Na^+ +$ 高岭石 $+2H_2SiO_4=2$ 方沸石 $+2H_2O+2H^+$。

3. 蒙皂石

蒙皂石的化学成分变化较大，常见的有含 Na 较多的钠蒙皂石 $Na_2Al_{14}Si_{22}O_{63}(OH)_6$ 和含 Ca 较多的钙蒙皂石 $CaAl_{14}Si_{22}O_{63}(OH)_6$。温度在 $200℃$ 以下时，蒙皂石的溶解虽然发生，其反应微弱。随着温度和 pH 值的增加，蒙皂石的溶解反应加剧。

在石英大量溶解，富 Na^+ 的介质中，蒙皂石转变为方沸石。

在富 Na^+ 介质中，Na^+ 易与蒙皂石中的 Ca^{2+}、Mg^{2+}、K^+ 发生交换，使蒙皂石 Na 基化生成 Na 蒙皂石。

富 K^+ 条件下：蒙皂石→伊 / 蒙混层→伊利石。

4. 伊利石

伊利石是一种相对稳定矿物，尤其是在温度 ≤ 250℃ 的富 Na^+ 介质中很稳定，不易溶解和转变。在温度 ≥ 250℃、pH ≥ 11、富 Na^+ 或富 K^+ 的溶液中（钾长石溶解提供 K^+ 的情况下），伊利石出现增减变化，且以增加为主。

富 K^+ 条件下：蒙皂石→伊 / 蒙混层→伊利石。

富 Na^+ 缺 K^+ 条件下：伊利石 $+Na^+$（Ca^{2+}、Mg^{2+}）$+$ 石英 $+H_2O$ →蒙皂石 $+K^+$。

（三）黏土膨胀

黏土矿物在地层中普遍存在，主要有高岭石、蒙皂石、伊利石、绿泥石。蒙皂石具有极强的遇水膨胀特性，在注蒸汽条件下，其膨胀率一般在 50% ~800%。在稠油热采储层变化中，一般蒙皂石的含量总是增加的趋势，高岭石含量减少的同时伊 / 蒙混层的含量显著增加，混层比增大。特别是注蒸汽条件下，溶液中富含 Na^+，Na^+ 易与蒙皂石中的 Ca^{2+}、Mg^{2+}、K^+ 发生交换，使蒙皂石 Na 基化，使得其膨胀量增大。蒙皂石矿物的膨胀，一是使大孔喉变小，小孔喉中断；二是使附在颗粒表面的泥质松懈、碎裂，产生微粒，堵塞孔喉或堆积于大孔隙中，使大孔隙减少和毛细管根数增加，渗流阻力增大，直接影响开发效果。

（四）岩石物性及孔隙结构的变化

在稠油热采过程中，储层岩石骨架矿物、黏土矿物发生不同程度的溶解、沉淀结垢和新矿物相的生成，都对储层带来不同程度的伤害，这些伤害表现为储层物性和孔隙结构的变化。

1. 孔隙结构的变化

孔隙结构的变化主要表现为两个方面：一是孔喉变细，大孔喉变小和减少，中小孔喉增多；二是孔隙体积增大，毛细管根数增多。研究发现，某稠油热采油层经蒸汽驱后储层的孔隙结构参数均发生了较大变化。由图 7-4-1 和表 7-4-1 可见，孔隙半径平均缩小 12.8%，最大孔喉半径平均缩小 46.9%，最小孔喉半径平均缩小 18.1%，面孔率有所增加。孔喉半径分布曲线向左偏移，表明大孔道变为中小孔道，中小孔道数量增多。毛细管根数分别增多了 24.8%、52.8%。但是，孔喉半径大于 15μm 的大孔喉体积和毛细管根数却分别减少了 68.4%、67.8%；而小于 5μm 的小孔喉体积和毛细管根数分别增加了 47.3%、61.9%。这些变化均可造成储层渗透率的伤害。

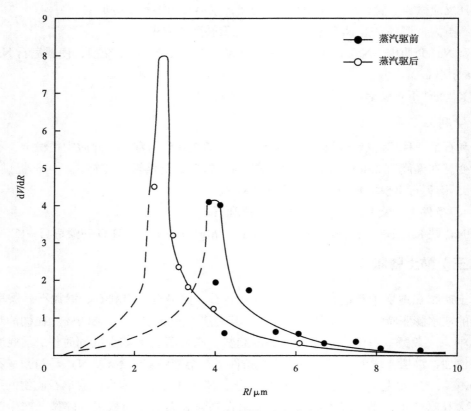

图 7-4-1　孔喉半径分布曲线

表 7-4-1　蒸汽驱前后孔隙结构变化

项　目	试验前	试验后	变　化
渗透率 /mD	1397	1240	-11.2
平均孔喉半径 /m	5.37	4.68	-12.8
最大孔喉半径 /m	39.85	21.16	-46.9
最小孔喉半径 /m	3.53	2.89	-18.1
面孔率 /%	27.39	29.13	+6.35

2. 岩石物性的变化

大量实验表明，在热采条件下，影响储层孔渗特征的因素比较复杂，总的变化规律是随着蒸汽（热水）的进入，储层的孔渗条件变差，其中岩石渗透率的变化更加明显，见表 7-4-2。而且岩石渗透率的变化与流体的温度和 pH 值密切相关，随着注入流体温度升高或 pH 值增加，对岩石渗透率的伤害也随之加大，见表 7-4-3。

表 7-4-2 蒸汽驱前后渗透率变化表

岩 性	渗透率 /mD			百分数 /%
	试验前	试验后	差值	
含细砾中砂岩	1.893	1.647	−0.246	−13.0
含砾粉细砂岩	0.552	0.734	+0.182	+33.0
中—细粒砂岩	1.061	0.936	−0.125	−11.8
中—细粒砂岩	1.275	1.215	−0.060	−4.70
细粒砂岩	2.039	1.980	−0.059	−2.90
中—细粒砂岩	1.564	0.930	−0.634	−40.5
平 均	1.397	1.240	−0.157	−14.6

表 7-4-3 岩石物性与温度、pH 值关系表

孔渗变化	pH 值为 13	pH 值为 11	pH 值为 9	温度为 350℃	温度为 250℃	温度为 150℃
渗透率 /D	−0.263	−0.097	−0.091	−0.290	−0.117	−0.044
孔隙度 /%	−1.0	−0.9	−1.1	−0.63	−1.27	−1.23

（五）微粒运移

流体在储层中流动时，如果流速（压差）过大，会使砂岩孔隙中的松散物或松散地附着在骨架颗粒表面的小微粒脱落，随着流体发生移动，在孔道中形成"桥堵"或"帚状"堆积而阻拦流体的流动。黏土矿物中的高岭石和伊利石常呈书页状或假六方晶体的叠加堆积，其表面积很大，附着于孔隙壁部，比较疏松且易于移动，容易产生微粒运移型的储层伤害。

（六）出砂

矿物的溶解总是发生在颗粒的边缘，使得颗粒变小，细小颗粒及微粒增多。同时溶解使储层更加松懈，容易造成储层岩石的坍塌，从而产生许多新的矿物微粒，这些微粒随着油流流向井筒，造成油井出砂。

（七）乳化作用

注蒸汽过程中，蒸汽腔内的蒸汽流速和比容较大，蒸汽腔前缘的蒸汽由于冷凝而释放热量，产生扰动效应，发生乳化作用，形成水包油或油包水乳状液。对于稠油乳状液体系而言，在一定含水率范围内，黏度呈现升高的趋势，并且某一含水时，原油乳状液的黏度会产生异常。原油黏度的这种突变，极大地增加了流动阻力，即产生了液阻伤害。

（八）结垢

在热采过程中，当温度、压力、水的离子组成及含盐度、油气水三相之间的平衡关系以及动力学条件等发生变化时，地层水的 pH 值、离子组成、溶解气含量等均会发生相应的变化，从而改变某些难溶盐在水中的溶解度，当水中低溶解的盐类达到过饱和状态时，就会形成某些难溶的沉淀，沉淀物在水中呈悬浮状态或在地层岩石的表面附着而形成结垢。

热采条件下，由于石英、长石、高岭石等的溶解，体系中存在大量的 Ca^{2+}、Mg^{2+}、Fe^{2+} 离子，注入蒸汽冷凝水为 $NaHCO_3$ 型，能够提供足够的 O_3^{2-} 离子，与之发生化学反应生成碳酸盐矿物。

$$Ca^{2+}+CO_3^{2-}\longrightarrow CaCO_3$$
$$Fe^{2+}+CO_3^{2-}\longrightarrow FeCO_3$$
$$2CaCO_3+MgSO_4+2H_2O\longrightarrow CaMg(CO_3)_2+CaSO_4\cdot 2H_2O$$
$$\text{方解石} \qquad\qquad\qquad \text{白云石}$$

（九）原油性质的变化

在稠油热采过程中，随着蒸汽吞吐轮次的增加，油层压力大幅度下降，或随着蒸汽驱时间的增长，原油在长期的高温作用下，原油组分会发生变化，如正构烷烃减少，芳烃、非烃（胶质、沥青质）的相对含量增加。原油组分的这种变化表现在物理性质上为密度、黏度增大，原油初馏点升高，原油的流动能力变差。

二、稠油热采储层变化研究

热采储层伤害评价试验是一套系统的岩心、水、原油分析实验，它包括岩石物性分析、岩石学分析、水质分析、原油有机地球化学分析，以及为评价热采储层伤害而进行的岩心静、动态模拟实验五大类。图 7-4-2 给出了热采储层伤害系统评价实验项目和程序，这些实验是评价热采储层伤害的基础，下面分类介绍进行这些实验的具体方法。

（一）岩石物性的测定

1.孔隙度的测定

岩石孔隙度用于衡量储集岩孔隙性好坏和孔隙的发育程度。在岩心分析中，实验室测定两种孔隙度：总孔隙度和有效孔隙度。最常用的是有效孔隙度，有效孔隙度的测定方法有水银体积泵法、液体饱和吊称法、液体饱和法、气体体积法。

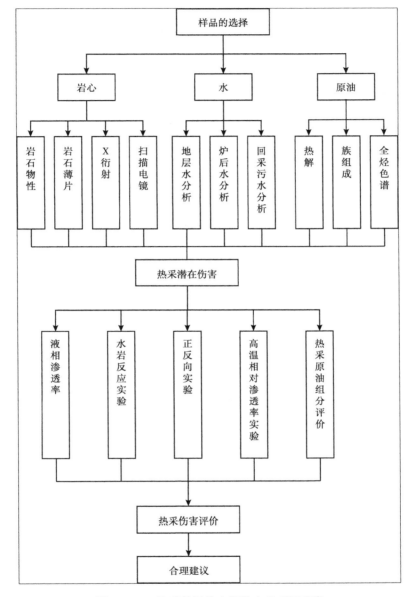

图 7-4-2 热采储层伤害评价实验项目程序

在流动实验中，一般采用液体饱和法测定岩石的孔隙度。

2. 渗透率的测定

实验室测定岩石渗透率仍为直接测量法，目前普遍采用的方法有空气渗透率法和流量管法。为适应油井流动状态和研究裂缝性储层渗透率的需要，还发展了径向渗透率测定法和全直径岩心渗透率测定法。

流动实验中，一般采用液相渗透率作为评价岩石渗透率的指标。具体做法是：用单相且不与岩心发生化学反应的液体以恒速或恒压的方式通过岩心，恒速法即维持流过岩心的流量不变，岩心两端的压差随着渗透率的变化而变化，压力源采用恒速泵；恒压法即维持岩心两端压差不变，流过岩心的流量随着渗透率的变化而变化，压力源采用高压气源。

（二）岩石学分析

1. 岩石薄片鉴定

将岩石薄片置于偏光显微镜下，可获得岩石的碎屑成分类型、含量、成分定名；碎屑颗粒大小、分选、含量、结构定名；填隙物成分类型、含量、定名。碎屑颗粒接触关系、胶结类型，孔隙类型、含量、面孔率定量统计等相关信息。同时，在岩石薄片中能直接观察到矿物的标型特征，自生矿物的结晶程度、生成顺序、碎屑颗粒与胶结物的相互关系。

2.X 衍射分析

X 衍射分析在稠油砂岩样品中主要用于全岩定量分析和黏土矿物定量分析。主要原理是砂岩样品中各矿物相能独立地产生衍射，其衍射强度随某一物相在样品中含量增加而提高。

X 衍射定量分析在稠油样品中主要用于定量测定出样品中石英、（K、Na、Ca 等）长石、方解石、黄铁矿、菱铁矿、磁铁矿、白云石、浊沸石、方沸石等含量及黏土总量。

X 衍射黏土定量分析在稠油样品中主要用来鉴定黏土矿物种类及相对含量。黏土矿物种类包括（K、Na、Ca）蒙皂石、绿泥石、高岭石、伊利石、白云母、伊/蒙混层、绿/蒙混层、混层比等。

3. 扫描电镜分析

岩石样品的扫描电镜分析是在扫描电子显微镜下，利用结晶学、矿物学原理对岩石样品进行微观分析和研究。在稠油热采储层伤害评价中，主要解决以下问题：

（1）矿物交代共生关系研究，由于扫描电子显微镜分辨率高，可以很好地观察矿物的转变关系和交代共生关系，如黏土矿物转化关系，绿泥石、石英、高岭石和碳酸盐矿物的结晶次序及组合关系等。

（2）孔隙特别是微孔隙特征研究，微孔是指偏光显微镜下无法观察的细小孔隙。偏光显微镜下无法观察微孔形态和特点，应用电子显微镜可以观察到 1 μm 以下的微小孔隙；扫描电子显微镜观察铸体样，具有三维空间的效果。

（三）水质分析

水质分析包括地层水、炉后水、回采污水中的离子成分分析，由于热采储层伤害的特殊性，水质分析只采取常规主要离子成分分析是不够的，这里给出水质分析的要求：

阳离子：Na^+、K^+、Ca^{2+}、Mg^{2+}、Fe^{2+}、Al^{3+}、Ba^{2+}；

阴离子：Cl^-、SO_4^{2-}、HCO_3^-、CO_3^{2-}、F^-、OH^-；

其他：SiO_2、pH 值、总矿化度、水型。

（四）原油物理化学性质分析

1. 岩石热解分析

热解分析是模拟烃源岩中有机质的热演化生烃作用，以高温热解定量检测烃源岩生成的烃量，根据生烃量的多少来定量评价烃源岩。在热采储层伤害评价中，对热作用后的含油岩心进行岩石热解分析，得到岩心中的自由烃、热解烃、有机氧、总有机碳和热解烃峰顶温度等参数。

2. 族组成的分析

取一定量稠油样品，用己烷沉淀分离出沥青质组分，然后将可溶物通过硅胶氧化铝吸附住，采用不同极性的溶剂，依次分离溶液中的饱和烃、芳香烃和胶质组分，以计算各组分的百分含量。

3. 全烃色谱分析

饱和烃通过气相色谱分析，确定样品由所含最低碳数到最高碳数正构烷烃的范围和含量。

（五）热采储层伤害评价实验

1. 液相渗透率测定实验

稠油热采时，注入热流体和岩石之间发生一系列的物理化学作用，造成储层矿物的溶解、沉淀、蚀变和热液组分的改变，这些变化最终将反映在储层岩石渗透率的变化上。因此，测定热作用前后岩石液相渗透率，可以直接反映储层伤害程度。具体做法是：

（1）岩心经洗油、烘干后，测定空气渗透率，抽空饱和地层水，测定孔隙度。然后将岩心装入模型中，在油藏温度下，用地层水驱替测定液相渗透率。

（2）注入模拟的炉后水，升高模型的温度至实验温度，在不同的系统压力下，模拟不同的热作用时间。

（3）将岩心模型降温至油藏温度，用地层水驱替测定液相渗透率。对比分析热作用前后的液相渗透率，评价岩心渗透率的变化。

2. 水—岩反应实验

稠油热采时，通常将高温、高 pH 值的热液注入油层，随着大量的热液注入，油层的温度升高使稠油黏度降低，提高原油流动能力进而提高原油采收率。但注入的流体势必与储层中岩石矿物发生作用，即所谓的水—岩反应。

水—岩反应是一个复杂的物理、化学、力学过程，随着温度、作用时间、压力等条件的变化，岩石及流体在相间及相内作用将发生一系列的变化。要了解这些变化的作用过程和发生变化的原因，进而提出合理的对策，采用物理模拟方法是最好的方法之一。

物理模拟虽然是最直接、最可靠的方法，但是物理模拟要消耗大量的人力、物力和资金，而且花费大量的时间。为弥补这一不足，较好地综合反映这些因素对储层的敏感性，可同时开展热采条件下水—岩石反应的热力学与化学动力学数值模拟研究，采用物理模拟与数值模拟相结合的办法对热采储层伤害进行评价，评价程序如图 7-4-3 所示。

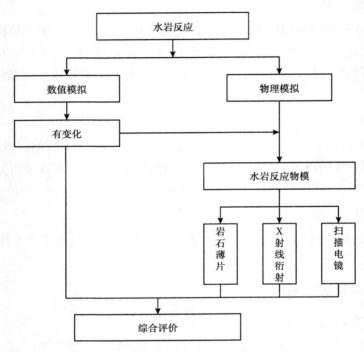

图 7-4-3　水—岩反应实验程序

1）物理模拟

（1）将岩心（根据研究目的的不同，可以采用松散洗油岩心，亦可以采用标准单矿物或用标准矿物复配）装入模型，饱和地层水。

（2）注入模拟的炉后水，升高模型的温度至实验温度，在不同的系统压力下，模拟不同的热作用时间。

（3）模拟过程中根据热作用时间设计在线录取水样的时间间隔，在线取得水样，然后进行水质分析，得到水质的变化，分析矿物的溶解。

（4）模拟试验结束后，将岩石样品进行扫描电镜、X 射线衍射全岩、X 射线衍射黏土和岩石薄片分析，评价矿物的溶解及新矿物的生成。

2）数值模拟

许多地球化学过程，都涉及流体和岩石间的相互作用。早在 20 世纪 60 年代，地质学家们为模拟这一过程，提出了模拟地球化学过程中水—岩反应的反应路径（Reaction Path）模型。反应路径模型是一个纯化学反应模型，因而它有很大的局限性，尤其许多实际的地球化学过程中存在流体的流动，因此，传统的反应路径模型就显得无能为力。为此，地质学家们又开始把对多孔介质中的渗流理论、物质传递、热量传递等方面的理论的研究和化学反应方面的研究结合起来，建立了物质迁移—化学反应耦合模型。

总的说来，这一模型的基本理论是基于两大定律：质量守恒定律和能量守恒定律。涉及的方程有连续性方程、达西定律、溶质守恒方程、质量作用定律、反应速率方程及能量守恒方程等，因其推导过程烦琐，这里不一一列出。

热采储层数值模拟系统是从稠油热采过程中水—岩相互作用的基本原理出发，采用流体流动—化学反应耦合模型，对整个稠油热采过程中水—岩相互作用机制进行动态模拟。

数值模拟计算需要输入的数据主要包括开采方式（蒸汽吞吐、蒸汽驱、热水驱）、地层参数、岩石参数、流体参数和注采参数等，经模拟计算后，可给出储层在不同热采条件下水—岩反应与质量迁移的趋势，即给出如下结果：

（1）组分—时间变化图及相应数据；

（2）组分—pH 值变化图及相应数据；

（3）组分—温度变化图及相应数据；

（4）质量迁移图及相应数据；

（5）温度变化图及相应数据；

（6）孔隙度变化图及相应数据；

（7）渗透率变化图及相应数据。

3. 正反向实验

正反向流动实验是检测岩样中是否产生微粒运移伤害的又一种实验方法。它是在一块岩心上，用某种相同的流体和流速做正（初始）、反向流动，并测量岩样渗透率的变化情况。

由于岩石矿物成分和结构的非均匀性，往往使储层表现的敏感性更加复杂。任何敏感性危害最终都是导致渗透率的降低。例如，当黏土膨胀和颗粒运移都可能存在时，如何进一步区分引起伤害的主要原因，这就需要做一些反向流动试验，测定反向流动渗透率，这对于检测微粒运移引起的伤害是很有效的方法。这项试验是在流体以恒速正向流动达一定孔隙体积倍数的量后，改变流动方向，继续测定反向流动渗透率随流过量的变化。如果反向流动后渗透率有回升现象，而随着流过量增加渗透率又逐渐下降，则表示岩心中已经产生了微粒运移。如果反向流动渗透率仍然不变或者继续下降，则说明影响渗透率的主要原因不是微粒运移。这是因为：当突然改变流体流动方向时，可移动的微粒也随之作反向的机械位移，使部分已经被颗粒堵塞了的喉道暂时开放，岩石的渗透率随之回升。但是，随着流过量的增加，可移动微粒又会在新的部位重新堆积而再次堵塞喉道，岩石渗透率又继续下降。

4. 高温相对渗透率实验

水与岩石的作用，最终会引起储层岩石的润湿性、孔隙结构、渗流喉道的物理几何形状的改变，进而影响储层内油—水、油—汽的渗流规律。为了定量评价这种影响的程度，开展热作用前后的油—水、油—汽相对渗透率、驱油效率实验是非常必要的。具体做法是：

（1）将制备好的岩样抽空饱和水，测定孔隙体积。然后在设定的温度下用地层油驱水，建立束缚水饱和度并测定束缚水条件下的油相渗透率。进行热水、蒸汽驱油实验，记录产油量、产液量、压差等，计算出热作用前的油—水、油—汽相对渗透率曲线 / 驱油效率曲线。

（2）注入模拟的炉后水 3.0~5.0 倍孔隙体积，在热作用前的实验温度、压力下，按设定的热作用时间模拟储层的水—岩反应。

（3）模拟热作用时间到达后，再用地层油驱水，建立束缚水饱和度并测定束缚水条件下的油相渗透率。进行热水、蒸汽驱油实验，记录产油量、产液量、压差等，计算出热作用后的油—水、油—汽相对渗透率曲线 / 驱油效率曲线。

对比热作用前后的相对渗透率曲线、驱油效率曲线，可以定量地认识热作用对油—水、油—汽的渗流规律的伤害程度。

5. 热采原油组分评价实验

向地层中连续注入高温的蒸汽，油层温度将升高，原油黏度下降，稠油的流动能力显著改善，这是蒸汽驱开采的主要机理之一。但也不是温度越高驱油效果越好，大多数稠油当温度高于 150℃ 时黏度已经很小，单纯的提高温度，水与油的流度比也不会再有较大的改善，而水—岩反应实验表明：当温度高于 150℃ 时，矿物的溶解等会加剧，即对储层的伤害加剧。同时，热采条件对各原油组分的作用效果不尽相同，如何选择合理的热采条件，对于提高热采稠油开发效果是非常重要的。因此，开展热采原油组分评价实验，对热作用后岩石中的原油进行岩石热解、原油全烃色谱和族组分等项分析，从有机地球化学的角度揭示热采条件对原油各组分的作用效果，为优选热采条件提供依据。具体做法是：

（1）将储层新鲜含油岩心装入模型，升高模型的温度至实验温度；

（2）以较小的速度注入模拟的炉后水，压力为温度对应的饱和压力，驱替到设定的时间，模拟储层的水—油—岩作用；

（3）模拟试验结束后，将含油的固相样品分别进行岩石热解、族组成、原油全烃色谱等有机地球化学分析。

总之，热采储层伤害评价问题的研究进一步揭示了热采条件下稠油油藏储层的变化和其产生的原因，也是近年来稠油热采开发研究中的一个重要课题。

第五节　蒸汽吞吐物理模拟研究

蒸汽吞吐是辽河油区最主要、最成熟的稠油热采方式。经过多年的蒸汽吞吐，辽河稠油绝大部分热采稠油区块已进入蒸汽吞吐中后期，开采矛盾日益加剧。针对蒸汽吞吐开发中后期效果变差这一状况，国内在寻求下步方式转换的有效接替技术的同时，有意识或无意识地开展了很多包括组合式吞吐在内的减缓蒸汽吞吐递减趋势的现场试验。组合式蒸汽吞吐的特点是其操作方式为在蒸汽吞吐开发单元中，多口井按优选设计的排列组合进行有序蒸汽吞吐的方式。因此，为分析组合式蒸汽吞吐开采技术的机理，开展了室内实验研究。

试验区块选自洼 38 块 S₃ 油层洼 38-36-33 井组。试验用油取自洼 38-36-34 井原油，采用高温高压三维比例物理模型，模拟反九点井网 1/4 注采单元，参数见表 7-5-1。

表 7-5-1　模型参数表

序号	参数名称	原型值	模型值
1	平均有效厚度 /m	47.0	0.34
2	孔隙度 /%	24.0	37.2
3	渗透率 /D	1.36	190
4	地面脱气原油黏度 (50℃)/（mPa·s）	7784	7784
5	油层温度 /℃	58	58
6	含油饱和度 /%	50.0	55.3
7	油层压力 /MPa	2.0	2.0
8	直井井距 /m	70	0.50

一、常规吞吐物理模拟

常规继续吞吐试验是指在洼 38 块目前油层开采条件下，继续吞吐达到经济极限条件时的物理模拟试验。常规继续吞吐物理模拟试验一方面可以预测继续吞吐的潜力，同时可与其他热采方式作对比。注采工艺参数见表 7-5-2。

表 7-5-2　常规继续吞吐注采参数表

序号	参数名称	原型值	模型值
1	单井周期注汽速度 /（m³/d）	300	22①
2	注汽温度 /℃	315	315
3	注汽干度 /%	55	60

①单位为 L/h。

随着吞吐周期数的增加，周期产油量、周期平均单井日产油、油汽比、周期间提高采收率幅度呈下降的趋势，见表 7-5-3。从图 7-5-1 中可看出，单井常规继续吞吐由于单井加热半径有限，井间留有大量的未动用的剩余油区，温场发育不均衡，难以获得较高的原油采收率。试验结果表明，常规继续吞吐 7 个周期，累计提高采收率 5.48%，累计油汽比 0.158。

表 7-5-3　常规继续吞吐试验数据表

生产周期	1	2	3	4	5	6	7
注汽量 /mL	728	800	876	912	912	912	912
周期产油 /mL	191	172	151	135	117	101	92
油汽比	0.262	0.215	0.172	0.148	0.128	0.111	0.101
平均单井日产油 /（t/d）	2.87	2.69	2.45	2.36	2.20	1.98	1.84
周期提高采收率 /%	1.09	0.983	0.863	0.771	0.669	0.577	0.526

二、同注同采物理模拟

多井集团注汽整体吞吐是把平面上相邻、射孔层位相互对应、汽窜发生频繁的部分油井作为一个井组，集中注汽，集中生产，以改善油层动用效果的一种方法。集团注汽包括同注同采、行间错开、井间错开等多种组合方式。根据数值模拟的最优化结果，着重开展了同注同采方式的物理模拟研究工作。同注同采注采参数见表 7-5-4。

表 7-5-4　同注同采注采参数表

序号	参数名称	原型值	模型值
1	单井周期注汽速度 /（m³/d）	160	12.0①
2	注汽温度 /℃	300	300
3	注汽干度 /%	45	55

①单位为 L/h。

随着同注同采周期数的增加，周期产油量、周期平均单井日产油、油汽比、周期间提高采收率幅度呈下降的趋势，见表 7-5-5。同注同采 4 个周期，累计提高采收率 6.81%，累计油汽比 0.348，比常规继续吞吐提高采收率 1.33%。同注同采相对常规继续吞吐虽改善了温度场分布，但井间未动用的剩余油区仍很大，难以大幅度提高采收率。

表 7-5-5　同注同采注采试验数据表

生产周期	1	2	3	4
注汽量 /mL	800	840	876	912
周期产油 /mL	328	308	295	261
油汽比	0.410	0.367	0.337	0.286
平均单井日产油 /（t/d）	3.77	3.65	3.43	3.18
周期提高采收率 /%	1.87	1.76	1.69	1.49

对比图 7-5-1、图 7-5-2 可以看出，同注同采由于利用多井集中注汽、同时焖井，集中建立温度场，注入热量相对集中，油层升温幅度大，有利于注入热量向油层中未动用区域扩散，增大了热交换面积，且温度场较常规吞吐更为均衡，热交换更充分。机理分析如下：

 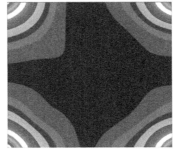 

图 7-5-1 常规继续吞吐温场　　　图 7-5-2 同注同采温场　　　图 7-5-3 一注多采温场

（1）多井整体吞吐能有效地抑制汽窜，减少由于汽窜造成的热损失。随吞吐轮次的增加，油井中汽窜通道不断形成，导致井间汽窜不断加剧，严重制约吞吐效果。采用多井整体吞吐时，由于多井同注、同焖，有效抑制了汽窜的发生，使注入蒸汽的热利用率大幅度提高。

（2）多井整体注汽时，注入热量相对集中，油层升温幅度大。由于采用多炉同注、同焖，有利于注入热量向油层中未动用区域扩散，增大了热交换面积；集中建立地下温度场，使热交换更充分。

（3）多井整体吞吐时，通过不断变换注汽顺序，使驱油方向发生改变。由于井组内整体压力场发生变化，油汽运移规律也随之发生变化，变孤立的单井点油气运移为井组内整体的油汽运移，不断地变换注汽顺序，使驱油方向增多，驱油效率增加，开发效果变好。

三、一注多采物理模拟

一注多采是把射孔层位相互对应、热连通程度或汽窜程度高、采出程度相对较高的一个或几个井组作为一个开发单元，中心注气井在某一阶段时间内集中连续注汽，周边采油井常规或吞吐引效生产，来改善油层动用效果的一种方法。注采工艺参数见表 7-5-6。

随着一注多采周期数的增加，周期产油量、周期平均单井日产油、周期间提高采收率幅度呈下降的趋势，见表 7-5-7。一注多采累计吞吐 5 个周期，累计提高采收率 9.63%，累计油汽比 0.285。一注多采比常规继续吞吐提高采收率 4.15%，比同注同采提高采收率 2.82%。

表 7-5-6 一注多采注采参数表

序号	参数名称	原型值	模型值
1	中心井注汽速度 /（m³/d）	160	12[①]
2	中心井注汽温度 /℃	300	300
3	中心井注汽时间 /d	200	14.7[②]
4	中心井注汽干度 /%	45	60
5	周围单井周期注汽速度 /（m³/d）	220	16[①]
6	周围单井注汽温度（井底）/℃	300	300
7	周围单井注汽干度 /%	50	60

①单位为 L/h。

②单位为 min。

表 7-5-7　一注多采试验数据表

生产周期	1	2	3	4	5
注汽量 /mL	728	764	800	840	876
周期产油 /mL	375	358	328	317	308
平均单井日产 /（t/d）	4.05	3.81	3.70	3.56	3.36
周期提高采收率 /%	2.14	2.05	1.87	1.81	1.76

由图 7-5-3 看出，一注多采主要原理为利用中心注汽井阶段性连续集中注汽，提高注入蒸汽的热利用率，补充地层能量，有效驱替井间剩余油，具体分析如下：

（1）一注多采的周边采油井由于采取常规或吞吐引效，具有同注同采类似驱油特征；

（2）中心注汽井在某一阶段时间内连续集中注汽，扩大了常规吞吐阶段的加热范围，有利于井间剩余油的有效动用；

（3）已形成的汽窜通道引窜加热蒸汽经过的油层，变防止汽窜为利用汽窜，提高了蒸汽热量利用率，高温区范围逐渐扩大，为下步转蒸汽驱提供依据。

同注同采、一注多采均可以改善模拟区域温度分布，使平面上各井动用得更加均衡，有利于形成井间热连通，为下步转蒸汽驱和 SAGD，实现平面上的有效驱动创造了条件。

四、小结

（1）组合式蒸汽吞吐是吞吐中后期有效改善开发效果、延缓递减的一种技术手段。

（2）同注同采由于利用多井集中注汽、同时焖井，有利于注入热量向油层中未动用区域扩散，增大了热交换面积，温度场较常规吞吐更为均衡，热交换更充分。

（3）一注多采通过中心注汽井阶段性连续集中注汽，不仅补充地层能量，同时还具有蒸汽驱的作用，扩大了常规吞吐阶段加热范围，把加热的原油驱向采油井，有效地扩大了井间剩余油的动用程度。而且，由于周围井实行同注同采，还具有多井整体吞吐的作用。

（4）洼 38 块试验结果表明：一注多采优于同注同采，优于常规继续吞吐。

第六节　蒸汽驱物理模拟研究

一、中深层普通稠油蒸汽驱物理模拟研究

齐 40 块是辽河油区欢喜岭油田的主力开发区块之一。该块油藏埋深达 625~1050m，属中深层稠油油藏，为配合中深层普通稠油油藏开发研究，室内开展了齐 40 块蒸汽驱驱油效率评价和原油蒸汽蒸馏率测定实验，目的在于研究齐 40 块油藏内部蒸汽和原油运动规律，认识温度、压力、注汽速度、含油饱和度及储层渗透率对蒸汽蒸馏率的影响，定量

评价齐40块蒸汽蒸馏作用对原油采收率的贡献，为蒸汽驱机理认识、效果评价提供技术
保障。

（一）驱油效果评价

使用一维管式模型开展实验，岩心为油藏洗油岩心，实验用油为齐40块脱水原油。

1. 蒸汽带

蒸汽带主要代表了油层顶部和平面蒸汽波及范围内的区域。根据齐40块现场先导试
验情况，蒸汽带温度范围在240~280℃。因此，蒸汽带驱油效率评价试验温度选为240℃
和280℃，试验结果如图7-6-1所示。

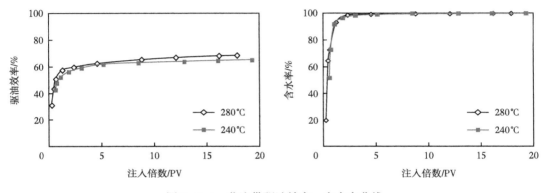

图7-6-1　蒸汽带驱油效率、含水率曲线

实验表明，蒸汽带的驱油效率是比较高的，240℃和280℃蒸汽驱的最终驱油效率分
别达到65.6%和69.2%。蒸汽带产油量主要集中在开始阶段。240℃蒸汽驱时，蒸汽注入
量为0.600PV时，驱油效率为43.1%；蒸汽注入量为1.09PV时，驱油效率为52.6%，含
水已达91.9%。而280℃蒸汽驱时，蒸汽注入量为0.633PV时，驱油效率为51.3%；蒸汽
注入量为1.25PV时，驱油效率已高达58.0%，含水为93.3%。

280℃蒸汽驱时，蒸汽注入量由1.25PV增加到17.8PV时，驱油效率增加了11.2%，
含水率由93.3%增至99.9%；240℃蒸汽驱蒸汽注入量由1.09PV增到19.2PV时，驱油效
率增加了13.0%，含水率由91.9%增至99.9%。提高温度能够改善蒸汽驱的效果，蒸汽
温度由240℃升高到280℃时，驱油效率提高了3.6%。

2. 蒸汽—热水混合带

蒸汽热水混合带主要代表了中部油层和平面上蒸汽—热水过渡带。根据齐40块现场
先导试验情况，蒸汽—热水混合带温度范围在200~220℃。因此，蒸汽—热水过渡带驱油
效率评价试验的注入蒸汽温度选为200℃和220℃，试验结果如图7-6-2所示。

在蒸汽—热水混合带里，200℃和220℃蒸汽驱的驱油效率分别是42.6%和44.1%，
220℃比220℃的最终驱油效率提高了1.5%。200℃和220℃蒸汽驱时在分别注入
0.635PV和0.532PV蒸汽后，含水率已分别高到92.7%和90.0%，而相应的驱油效率只有

25.6%和27.1%，较同阶段的蒸汽带驱油效率低得多。

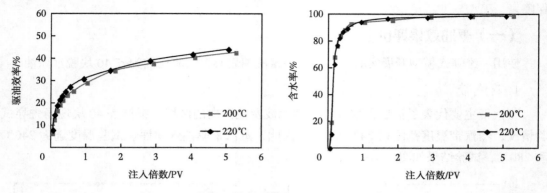

图7-6-2 蒸汽—热水混合带驱油效率、含水率曲线

3. 热水带

根据齐40块现场先导试验情况，热水带温度范围在60~200℃。因此，热水带驱油效率试验选择的注入热水温度为60℃、100℃、160℃、200℃，结果如图7-6-3所示。

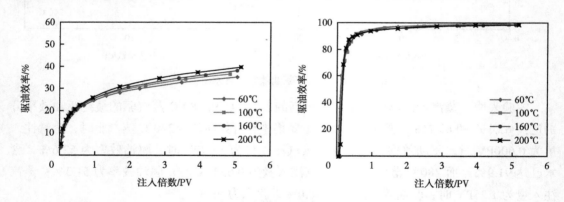

图7-6-3 热水带驱油效率、含水率曲线

在热水带中，不同温度的热水驱驱油效率是不一样的。最低的为60℃热水驱，其他依次为100℃、160℃和200℃。其分别在注入0.470PV、0.512PV、0.409PV、0.413PV的热水后含水率分别达到91.1%、92.2%、89.8%、89.5%，相应的驱油效率只有20.3%、22.1%、20.4%、20.7%。同蒸汽—热水混合带比，无论最终驱油效率还是阶段驱油效率都较低。

总之，由于不同区带的作用温度及作用机理的不同，导致这三个温度带的驱油效果明显不同。蒸汽带由于温度高，能形成真正意义上的蒸汽驱，所以蒸汽带的驱油效率高，280℃高达69.2%。蒸汽—热水混合带由于带区温度低及热损失等导致没有完全形成蒸汽驱，所以驱油效率较蒸汽带低，220℃时的驱油效率为44.1%。而热水带则完全以热水驱为主，由于整个带区温度低，热损失大，油水黏度比高，所以驱油效率最低，最高温度为200℃时，驱油效率为39.8%。因此从这三个作用带的驱油效率评价可以看出，如何扩大蒸汽腔的波及系数是改善蒸汽驱的一个重要方法。

（二）渗流特征评价

在常规注水开发中，多相流体的渗流特征主要取决于孔隙的几何形状、岩石的润湿性、流体分布及饱和度的变化历程。但是，在高温条件下，尤其是在向油层注入热水、蒸汽后，影响相对渗透率的因素发生了很大的变化。为了认识齐40块油水、油蒸汽渗流特征，进行了不同温度条件下的热水、蒸汽驱高温相对渗透率试验。

1. 油相渗透率的变化

油相渗透率明显降低，都小于绝对渗透率。引起渗透率主要变化的原因是由于注入的热水（蒸汽）引起岩石微粒的运移、岩石颗粒的热膨胀，导致渗透率不能恢复到原来的状态。

2. 束缚水饱和度的变化

随着温度的升高，束缚水饱和度明显增大，如图7-6-4所示。稠油中的沥青质、胶质等极性物质在低温时吸附在油水界面及岩石颗粒的表面上，以液膜、固态膜的形式存在。随着温度的升高，这些极性物质逐渐解除吸附，使油水界面张力减小，润湿性变为强亲水，导致束缚水饱和度增加。

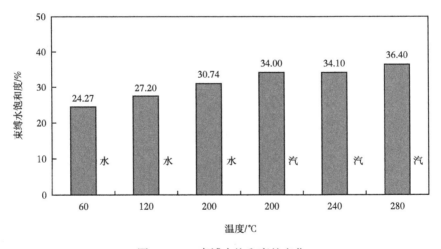

图7-6-4　束缚水饱和度的变化

3. 残余油饱和度的变化

随着温度的升高，残余油饱和度降低，如图7-6-5所示。主要原因是由于稠油的黏度对温度的影响极为敏感，升温降黏改善了流动能力，使油水黏度比大幅下降，从而导致水驱效率增加，残余油饱和度降低。

4. 相对渗透率曲线的变化

热水驱的相对渗透率曲线可以看出：60℃热水驱的油相相对渗透率随着含水饱和度的增加下降较快，几乎呈直线下降的趋势，油水两相共渗范围较窄，油水两相交点较低，反映出油水黏度比较大。随着温度的升高，热水驱的油相相对渗透率随含水饱和度的增加下降变缓，油水两相共渗范围变宽，油水两相的交点也有所升高，如图7-6-6所示。

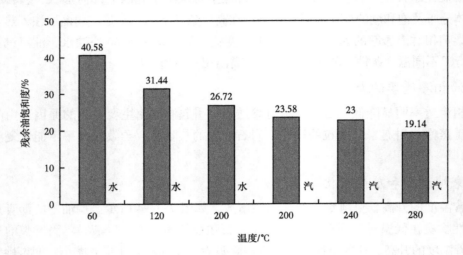

图 7-6-5　残余油饱和度的变化

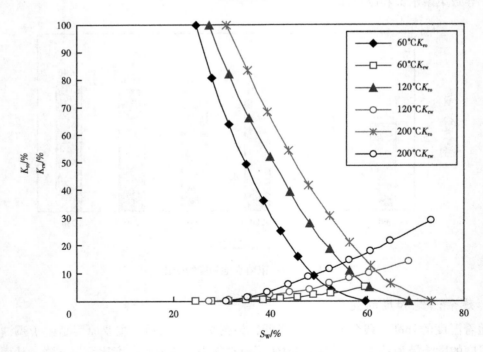

图 7-6-6　水驱相对渗透率曲线

　　由蒸汽驱的相对渗透率曲线可以看出：200℃蒸汽驱的油相相对渗透率随液相饱和度的降低下降较快，曲线形态较差。随着温度的升高，蒸汽驱的油相相对渗透率随液相饱和度的降低下降变缓，油—汽两相交点也有所升高，但油—汽两相共渗范围差别不大，如图7-6-7所示。

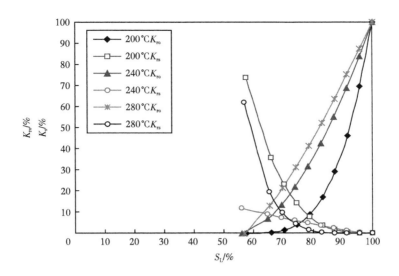

图 7-6-7　蒸汽驱相对渗透率曲线

总之，齐 40 块储层渗流有以下特点：

（1）随着温度的升高，岩石的表面性质趋于强水湿；

（2）随着温度的升高，束缚水饱和度升高，残余油饱和度有所降低；

（3）热水驱的油—水相对渗透率曲线随着温度的升高，相对渗透率曲线向右偏移，且 200℃ 热水驱的相对渗透率曲线形态较好，油水两相共渗的范围也较宽；

（4）蒸汽驱的油—汽相对渗透率曲线随着温度的升高，曲线形态变好，且油—汽两相交点也有所升高；

（5）提高温度，对降低残余油、改善驱油条件更为有利。

（三）蒸汽蒸馏率分析

原油的蒸汽蒸馏作用是稠油注蒸汽开采获得较高采收率的重要理论之一。Wilman 等估计，对不同的油藏，当温度达到 270℃ 时，蒸汽驱采收率中原油的蒸汽蒸馏机理的贡献可达 5% ~19%。Farouq Ali 估计，蒸汽蒸馏作用占整个稠油蒸汽驱采收率的 5% ~10%，而相同的机理，对一些较轻的稠油油藏，采收率高达 60%。Voiek 和 Prgor 报道了蒸汽蒸馏驱油田现场试验，蒸汽驱扫过的区域，残余油饱和度低于 8%。

原油蒸汽蒸馏率与 V_w/V_{oi} 的关系曲线可以用于估算蒸汽驱过程中地下产生溶剂带的大小。通过室内蒸汽蒸馏实验的结果可以估计蒸汽驱过程中油藏中可用于蒸馏的原油量（V_{oi}）和所需要的蒸汽量（V_w 为蒸汽冷凝水的量）。当估算出这些数据后，蒸汽驱过程中溶剂带的大小将很容易确定，可以辅助蒸汽驱的设计。

1. 实验装置

蒸汽蒸馏模拟装置由蒸馏室、蒸汽注入系统、流体收集系统等组成，如图 7-6-8 所示。蒸汽蒸馏室中可以直接填充油田实际油砂或人造岩心。模拟油田现场实际的孔隙度和渗透率，填装岩心的孔隙度、渗透率及饱和度的测量方法和岩心驱替实验方法是一致的。

辽河油田地质与开发实验技术

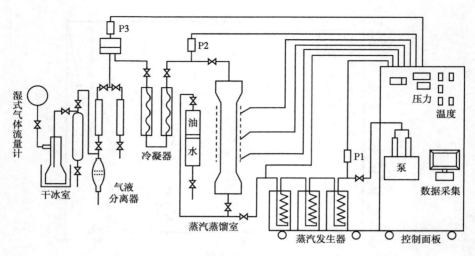

图 7-6-8　蒸汽蒸馏率模拟装置示意图

2. 渗透率的影响

原油在多孔介质中储集,而油层在纵向和平面上通常是非均质的。岩石孔隙的结构及连通性可能会对原油蒸汽蒸馏率造成一定的影响。为此,针对齐 40 块的原油,分别测定了 3 个渗透率级别岩心在 150℃、200℃、250℃、300℃下原油蒸馏率,实验结果如图 7-6-9 所示。

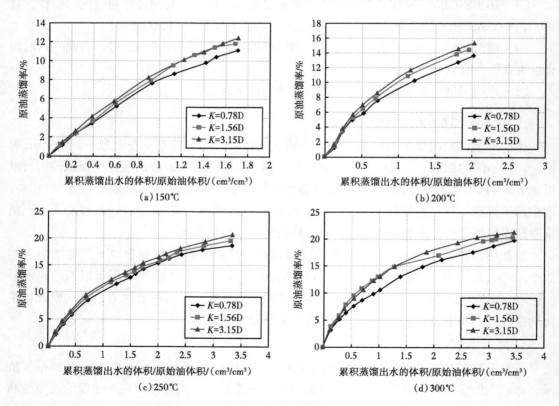

图 7-6-9　不同温度、不同渗透率的蒸汽蒸馏率

在实验温度压力一定，同一种原油的蒸汽蒸馏率随渗透率的增大略有增加，但增加的幅度不大。在相同温度下，测定的三种渗透率之间最大相差 2.0%。这是由于：一方面蒸汽的蒸馏作用引起油—水、油—岩石的界面张力大幅度下降，增加了驱油的机会。另一方面，实验中使用的人造岩心，虽然渗透率和孔隙度存在差别，但连通性都很好，几乎不存在死孔隙。

3. 岩心含油饱和度的影响

油藏中的流体通常包括油、气和水三相。对于稠油油藏来说，由于含天然气较少，一般认为只有油和水两相。注蒸汽开采时，注入的蒸汽将加热油藏岩石、原油和水，而油藏中油、水的饱和度的不同可能会对原油蒸馏作用机理产生影响。

图 7-6-10 为原油在 250℃ 条件下、实际岩心砂（K=1.56mD）含油饱和度分别为 40%、50%、60% 和 70% 时的蒸汽蒸馏曲线。可以看出：岩心中油饱和度对原油的蒸馏率有一些影响，饱和度从 40% 增加到 70%，原油的蒸馏率增加了 3.0%。岩心中原油的蒸馏率随含水量的增多而减少，其原因是岩心中水的存在，抑制了原油中轻质组分的汽化。高含油饱和度时，油层中水相对较少，这有利于原油中轻质组分的汽化。即油层中水的存在抑制了原油轻质组分从液相转化到汽相的汽化速度。

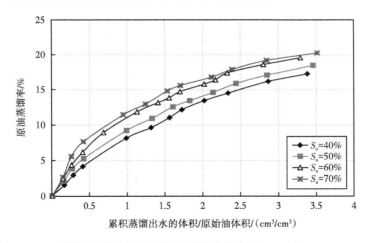

图 7-6-10　不同含油饱和度时原油的蒸汽蒸馏率（T=250℃、K=1.56mD）

4. 实验温度的影响

稠油注蒸汽开采的重要机理之一是加热降黏作用，研究认为：仅就降黏机理而言，注入的蒸汽温度并非越高越好，注入的蒸汽只要使地层原油成为牛顿流体，符合达西渗流条件就可以了。而对于稠油注蒸汽开采的另一重要机理—蒸汽蒸馏作用，注入的蒸汽温度对蒸汽蒸馏作用是蒸汽温度越高、蒸汽干度越高，蒸汽的蒸馏作用会更显著。

图 7-6-11 为原油在 150℃、200℃、250℃ 和 300℃ 饱和条件的蒸汽蒸馏曲线，由此可见：饱和条件下当温度从 150℃ 升到 200℃、250℃、300℃ 时，原油蒸馏率分别提高 2.6%、7.8% 和 12.7%。即随着蒸汽温度提高，原油的蒸馏率是逐渐增加。这是因为在饱

和压力条件下，随着温度的升高，湿饱和蒸汽的热焓也增加。

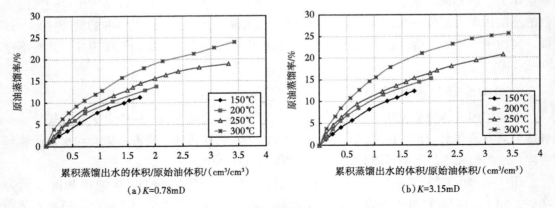

（a）K=0.78mD　　　　　　　　　　（b）K=3.15mD

图 7-6-11　不同温度时原油的蒸汽蒸馏率

5. 系统压力的影响

系统压力对原油蒸馏率的影响实验就是测定在不同的系统压力下，将水蒸气都加热到 300℃ 时，测定原油的蒸馏率。300℃ 蒸汽温度的饱和蒸汽压为 8.583MPa，当蒸汽加热到 300℃ 而系统压力低于 8.583MPa 时的蒸汽称为过热蒸汽。

图 7-6-12 给出了温度为 300℃，压力分别为 1.0MPa、2.0MPa、4.0MPa、6.0MPa 和 8.55MPa 时原油的蒸汽蒸馏曲线。结果表明：在相同温度（300℃）下，原油的蒸馏率分别为：39.4%、36.8%、32.4%、27.4% 和 24.5%。与饱和条件（8.55MPa）相比，随着蒸汽压力的降低蒸馏率分别提高 2.9%、7.9%、11.3% 和 14.9%。因为在相同温度条件下，随着蒸汽压力的降低，湿饱和蒸汽逐渐变为过热蒸汽，而过热蒸汽的热焓值要远远大于湿饱和蒸汽的热焓值。

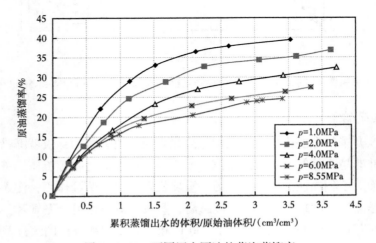

图 7-6-12　不同压力原油的蒸汽蒸馏率

6. 注入速度的影响

注蒸汽开采的现场操作中，存在一个最佳注汽速度。如果条件允许，提高注汽速度，有利于提高井底蒸汽干度，也有利于注蒸汽开采蒸汽蒸馏机理的作用。但是，在干度相同的条件下，蒸汽注入速度对原油蒸汽蒸馏率有何影响也是一个值得关注的问题。

注汽速度对原油蒸汽蒸馏率影响的实验采用渗透率为 1.602mD 的油藏岩心、在 250℃ 和 3.95MPa 条件下，分别选择了 2.0mL/min、5.0mL/min、10.0mL/min 和 15.0mL/min（CWE）等四种注汽速度，结果如图 7-6-13 所示。从实验结果看：四种注入速度的原油蒸汽蒸馏率最大相差为 0.8%，显然，蒸汽的注入速度对原油的蒸馏率没有影响。

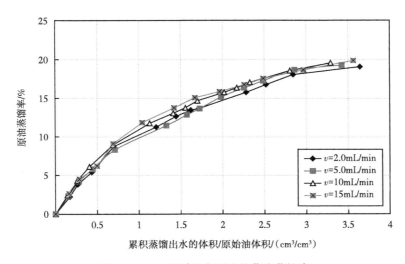

图 7-6-13　不同速度原油的蒸汽蒸馏率

7. 实验用油和实验温度的影响

辽河油区原油的黏度范围变化较大，有轻油、普通稠油、特稠油、超稠油和高凝油等，不同类型的原油具有不同的性质。不仅表现在黏度上的差异，还表现在初馏点及馏分上的不同。蒸汽蒸馏作用是稠油注蒸汽开采的重要机理之一，原油的蒸汽蒸馏率是蒸汽蒸馏机理的具体体现，不同原油蒸汽蒸馏率的差异直接反映了蒸汽蒸馏机理的贡献大小。通过测定有代表性的稠油的蒸馏率，来寻找原油的蒸汽蒸馏率与原油黏度的关系。

图 7-6-14 为不同区块的六种原油在 150℃、200℃、250℃ 和 300℃ 四个饱和温度条件下的蒸汽蒸馏率。可以看出：对于同一原油，随着温度的增加，原油的蒸汽蒸馏率增加。

在相同温度下，不同原油的蒸汽蒸馏率差异较大。一般来说，原油的蒸汽蒸馏率会随其黏度的增大而减少，尤其是在较低温度（150℃）下，黏度较小的原油（374 mPa·s、2143 mPa·s、2451 mPa·s），其蒸汽蒸馏率都大于 10%，而黏度较大的原油（5603 mPa·s、、18950 mPa·s、56761 mPa·s），其蒸汽蒸馏率都小于10%，甚至没有蒸馏率（初馏点大于 150℃）。可以看出：原油的黏度与原油的蒸汽蒸馏率的关系不明显。

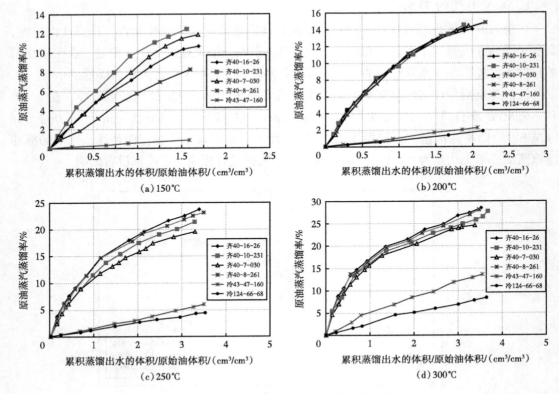

图 7-6-14　不同黏度时原油的蒸汽蒸馏率

8. 小结

通过对不同黏度的原油在不同条件下的蒸汽蒸馏率的测定，获得以下认识：

（1）在一定的渗透率范围内，多孔介质的渗透率对原油的蒸汽蒸馏率影响不明显，渗透率从 0.78mD 增大到 3.15mD，原油蒸馏率增加 2.0%；

（2）油层含油饱和度对原油的蒸馏率有一定的影响，含油饱和度从 40% 增加到 70%，原油的蒸馏率增加了 3.0%；

（3）在饱和蒸汽压力条件下，随着温度的升高，原油的蒸馏率增大。原油在温度从 150℃ 升到 200℃、250℃、300℃ 时，原油的蒸馏率分别提高了 2.2%、7.4% 和 12.3%；

（4）在其他条件相同的情况下，蒸汽的注入速度对原油的蒸馏率没有影响，四种注入速度的原油蒸汽蒸馏率最大仅相差 0.8%；

（5）蒸汽压力对原油的蒸汽蒸馏率存在较大影响，当温度为 300℃，其他条件相同的情况下，蒸汽压力分别为 1.0 MPa、2.0 MPa、4.0 MPa、6.0 MPa 和 8.55 MPa 时，齐 40-7-030 井原油的蒸汽蒸馏率分别为：39.4%、36.8%、32.4%、27.4% 和 24.5%；

（6）对辽河油区 6 种不同黏度（374 mPa·s、2143 mPa·s、2451 mPa·s、5603 mPa·s、18950 mPa·s、56761 mPa·s）的原油蒸馏率测定结果表明：原油的蒸馏率和其自身性质有关，与原油的黏度关系不明显。

二、水平井蒸汽驱物理模拟研究

洼 70 块为高孔、高渗的薄层特稠油油藏，20℃ 原油密度为 0.994 g/cm³，50℃ 地面脱气原油黏度为 28440mPa·s。洼 70 块水平井吞吐开发取得良好的效果，随着水平井吞吐轮次的不断增加，产量递减快，生产效果变差，井间剩余油难以动用，继续吞吐开发效果及经济效益逐步变差，亟待开发方式的转换。对于油层厚度 10~14m 的特稠油油藏，如能够采用水平井蒸汽驱技术提高薄层油藏采收率，对油田的长远发展具有十分重要的意义。

（一）模型建立

依据蒸汽驱相似理论，结合洼 70 块油藏的特点，建立了三维比例物理模型，模拟原型的 1/2 个注采单元，主要参数模化结果见表 7-6-1。

表 7-6-1　水平井蒸汽驱物理模型主要参数比例模化

参数	原型	模型
油层厚度 /m	11.5	0.08
孔隙度 /%	27.4	30
渗透率 /D	1.4805	362
含油饱和度 /%	65	65
黏度（50℃）/（mPa·s）	7.2×10^4	3610
注汽井水平段长度 /m	230	0.265
生产井水平段长度 /m	300	0.265
注汽井距离油层底界距离 /m	9	0.053
生产井距离油层底界距离 /m	4.5	0.026
注采井距 /m	75	0.265

（二）实验结果分析

1. 水平井蒸汽驱驱油机理

结合温度场和流体饱和度特征，可将水平井蒸汽驱分为 4 个相带：

（1）蒸汽带：蒸汽带汽、液两相共存，汽相包括高温水蒸气和汽化的烃类轻组分，液相包括液水和液烃。驱油机理主要是蒸汽动力驱，其次是热降黏和烃类轻组分汽化及高温蒸馏作用形成的混相驱。

（2）热凝析液带（可分为溶剂墙和热水墙）：凝析带以液相为主（包括液烃、凝结后的饱和热水和油层内的原生水），温度仍很高，上游端达到或接近饱和温度，下游端明显低于饱和温度。驱油机理以热降黏热膨胀为主。

（3）冷凝析液带：该带温度下降较快，含油饱和度更高。其驱油机理以热降黏、热膨胀和热水动力驱为主。

（4）油藏流体带：热流体经过较长距离运移，在与地层热交换后，温度基本降到油层初始温度或吞吐末期温度。驱油机理则以常规水驱为主。

2. 水平井蒸汽驱的阶段划分

通过实验过程分析，将水平井蒸汽驱大体分为 4 个阶段，如图 7-6-15 所示。

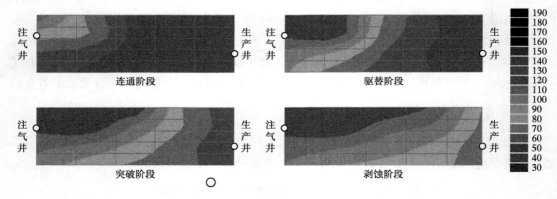

图 7-6-15　水平井蒸汽驱温场图

（1）连通阶段。在该阶段，注汽井和采油井间形成一个热的连通场，为进入驱替阶段做好准备。注汽初期蒸汽向注入水平井的上方超覆，很快到达油层顶部，同时由于水平井的生产，蒸汽腔向水平井方向拓展。

（2）驱替阶段。该阶段产量稳中有升，是整个水平井蒸汽驱的主产阶段。蒸汽腔在蒸汽超覆和水平生产井的作用下，明显地向水平生产井方向扩展，同时纵向上下压。蒸汽腔通过热传导作用将周围油藏加热，原油黏度降低，流动能力增加，由于蒸汽与原油间的密度差，使得蒸汽向上运动，原油在重力作用下沿汽腔与原油交界面向下流动，与界面处蒸汽凝结水一起采出。

（3）突破阶段。随着蒸汽腔向生产井的推进，蒸汽从某点进入水平生产井，产油迅速递减，高含水大量蒸汽产出，该阶段时间相对比较短。

（4）剥蚀阶段。蒸汽突破后，蒸汽腔逐渐向突破通道周围扩展，对突破通道油层进行剥蚀，驱替周围油层，以维持一定产量。

3. 水平井蒸汽驱生产特征

连通阶段：油井生产动态表现为"两升一降"，即温度上升，产液量、含水率明显上升，日产油量下降。由于吞吐阶段水平井周围有一定的冷凝水存在，产出液含水率初期较高后逐渐降低，随着蒸汽的注入，产油量上升，含水率逐渐下降。

驱替阶段：随着注汽量的增加，油层能量和热量得到很好的补充，原油流动能力得以提高，原油产量上升，生产井进入高产阶段。生产动态特征表现为"三升一降"，即温度上升、产油量上升、产液量上升，含水率明显下降，如图 7-6-16 所示。

突破阶段：蒸汽突破的主要表现为产液的同时伴有蒸汽产出。该阶段，蒸汽驱前缘突破油井，油汽流动阻力迅速下降，蒸汽注入压力急剧降低。由于蒸汽的流动能力远远超过原油的流动能力，使得产油量下降，油汽比降低，含水率迅速升高。

剥蚀阶段：蒸汽驱突破阶段，产油量有一个明显的下降过程。突破后，产油量有一个小幅度的回升，这是进入水平井蒸汽驱剥蚀阶段的标志。

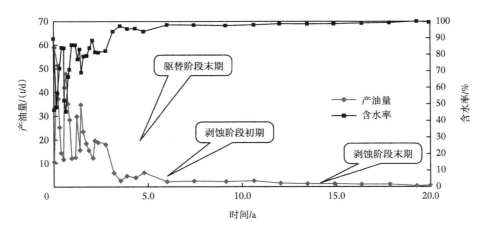

图 7-6-16　水平井蒸汽驱生产动态曲线

4. 注汽速度的影响因素分析

水平井蒸汽驱开采的实际过程中，存在一个最佳注汽速度。提高注汽速度，有利于提高井底蒸汽干度，但速度太大，会提早发生汽窜。

1）注汽速度对生产时间的影响

分别选择了三个注汽速度：100t/d、120t/d、140t/d，考察注汽速度对生产动态的影响。从图 7-6-17 可以看出，随注汽速度的增大，生产时间逐渐缩短。

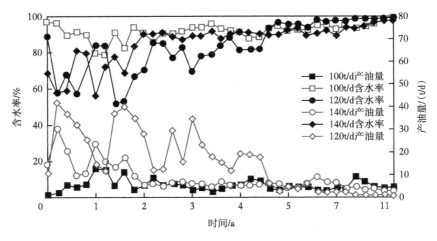

图 7-6-17　不同注汽速度的产油量和含水率曲线

2）注汽速度对油汽比的影响

不同注汽速度下的油汽比结果如图 7-6-18 所示。可以看出，当注汽速度为 100~120t/d，油汽比变化很大，是经济开发敏感阶段。当注汽速度处于 120~140t/d 时，油汽比有所下降。从油汽比指标考虑，水平井蒸汽驱方式开采的注汽速度 120t/d 左右为最佳。

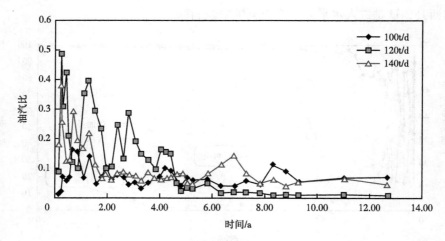

图 7-6-18　不同注汽速度的油汽比曲线

3）注汽速度对采收率的影响

不同注汽速度方案的采收率曲线如图7-6-19所示。可以看出，随着注汽速度的增大，生产时间逐渐缩短。注汽速度为100~120t/d，采收率增加很快，是较为敏感的范围。当注汽速度为120~140t/d，采收率几乎不变。与油汽比指标评价结果一致，注汽速度为120t/d左右较为适宜。

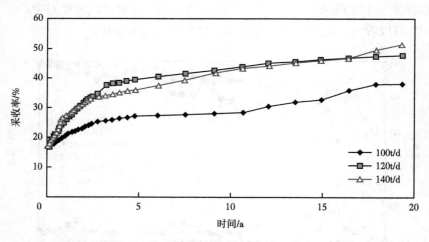

图 7-6-19　不同注汽速度下的采收率曲线

5.汽窜的后期调整

水平井蒸汽驱开发过程中一旦发生汽窜，应关闭采油井，可采用间歇注汽方式继续开发。间歇注汽方式主要是利用蒸汽驱阶段留在地层中的大量热以及地层的自我调节，剩余油重新分布，为再进行蒸汽驱形成一个新的、较为有利的饱和度场。实验结果表明，发生汽窜后，先焖井0.5a，再进行水平井蒸汽驱，3年的采收率可增加6.11%，并且含水率先呈下降趋势，而后迅速上升，采出程度增加缓慢，如图7-6-20所示。

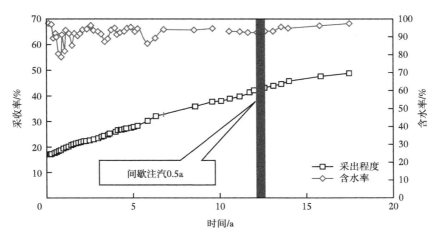

图 7-6-20　调整后的采收率和含水率曲线

（三）小结

（1）水平井蒸汽驱按驱油机理，可分为 4 个阶段，即连通阶段、驱替阶段、突破阶段和剥蚀阶段。水平井蒸汽驱驱替阶段，形成 4 个不同温度和不同流体饱和度的区带：蒸汽带、热凝析液带、冷凝析液带和油藏流体带。

（2）综合注汽速度对采收率、油汽比、生产时间的影响，注汽速度 120t/d 左右最佳。

（3）蒸汽突破后可采用间歇注汽方式开发。利用蒸汽驱阶段留在地层中的大量热以及地层的自我调节，剩余油重新分布，为再次蒸汽驱形成一个新的、较为有利的饱和度场。

三、重力泄水辅助蒸汽驱物理模拟研究

洼 59 块经过多年的蒸汽吞吐开发，油藏压力低，周期产量下降快，吞吐阶段采出程度有限，油藏埋藏深，原油黏度高，超过蒸汽驱、SAGD 筛选界限，开发方式转换难度大。针对以上问题提出了"直井—双水平井组合重力泄水辅助蒸汽驱"的开发方式。它是在油层上下各部署 1 口水平井，井组周围部署直井，形成立体井网结构；通过油层上部水平井进行注汽，油层下部水平井进行排液，周围直井进行采油[6]。为了给油藏开发设计、现场方案的实施提供可靠技术支持，开展了室内比例物理模拟实验，探索直井—双水平井组合重力泄水辅助蒸汽驱的驱油机理、生产特征及注汽速度对开发效果的影响。

（一）实验模型与方法

1. 油藏参数比例模化

针对洼 59 块油藏特征，依据相似原理，重点考虑几何相似、物性相似、力学相似和注采参数相似进行油藏参数比例模化，得到的模型参数见表 7-6-2。

表 7-6-2   油藏参数与模型参数

参数	原型	模型	参数	原型	模型
油层厚度 /m	56	28×10^{-2}	目前油层温度 /℃	60	25
直井井距 /m	100	50×10^{-2}	50℃原油黏度 /(mPa·s)	194037	11170
水平井垂向距离 /m	20	10×10^{-2}	初始含油饱和度 /%	67	83
直井射孔段 /m	20	10×10^{-2}	注汽温度 /℃	240	160
孔隙度 /%	24	36.0	注汽干度 /%	70	70
渗透率 /D	3.09	254	注汽速度 /(t/d)	300	35[①]
目前油层压力 /MPa	3.0	0.6	几何相似比	200	1

①单位为 mL/min。

2. 实验模型

比例模型模拟油藏原型 1 个井距单元，油藏原型结构如图 7-6-21（a）所示。模型中布置两口水平井，两口直井。双水平井位于中间垂向距离为 10cm。两口直井位于模型两边，直井井间距为 50cm，在正对上水平井上下各 10cm 射孔。上水平井为注汽井，下水平井和两口直井为生产井，模型结构如图 7-6-21（b）所示。

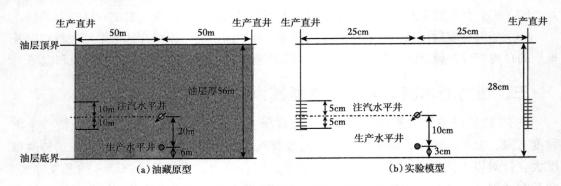

图 7-6-21   油藏原型及实验模型结构示意图

3. 实验过程

首先饱和水、再饱和油，这是建立模型的初始条件。其次分别进行直井、水平井吞吐预热，建立热联通。然后采用上水平井注汽、下水平井及直井生产，模拟重力泄水辅助蒸汽驱的过程。实验过程采用微机连续采集温度和压力数据，并采集瞬时产油量、产水量。

（二）实验结果分析

1. 蒸汽腔发育及生产特征

直井—双水平井组合重力泄水辅助蒸汽驱的温场发育过程如图 7-6-22 所示。蒸汽腔形成后，水平井注汽井上方及对应的两口直井射孔段方向蒸汽扩展较快。蒸汽腔到达油层顶部后向下扩展，到达直井射孔井段后蒸汽突破。

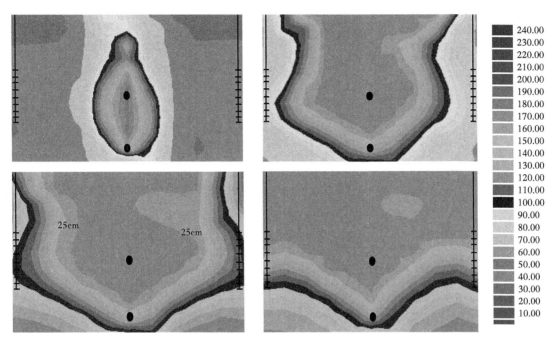

图 7-6-22　蒸汽腔发育过程温度场图

随着实验的推进，水平生产井含水率上升快且产液量高，是排水的主要通道，直井含水率上升的慢，是原油生产的主要通道。由此可以将直井—双水平井组合重力泄水辅助蒸汽驱的生产特征概括为水平生产井产水为主，直井产油为主。直井—双水平井组合重力泄水辅助蒸汽驱的产油量、产液量、含水率变化曲线分别如图 7-6-23、图 7-6-24、图 7-6-25 所示。

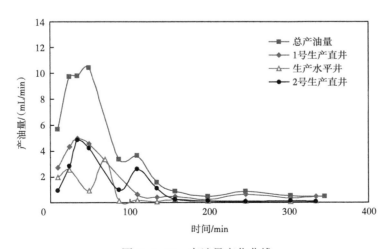

图 7-6-23　产油量变化曲线

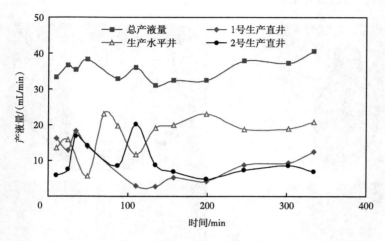

图 7-6-24　产液量变化曲线

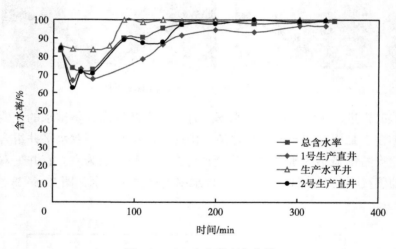

图 7-6-25　含水率变化曲线

2. 驱油机理及泄水通道的建立

部署在油层上部的水平井在注汽过程中，加热油层，降低原油黏度，形成蒸汽腔。在注汽水平井上方，被加热的原油及蒸汽冷凝液沿着气液界面向下运动形成斜面泄油，到达直井射孔段位置时，在注汽水平井和直井间的压差作用下，形成蒸汽平面驱替，原油在生产直井产出。在注汽水平井下方，原油及蒸汽冷凝液在重力和注汽水平井和水平生产井间的微压差作用下向下移动，在水平生产井产出。由于水平生产井的排液作用，降低了油层压力，提高蒸汽干度，扩大蒸汽波及体积，从而提高采出程度。

水平井吞吐将水平井附近的原油采出，同时井间形成热联通，为泄水通道的建立创造了基础。转为重力泄水辅助蒸汽驱时，蒸汽腔周围的原油被加热，与冷凝水向下运动。由于水黏度远小于油黏度，水受到黏滞阻力远小于油受到的黏滞力，所以水滴向下运动较油滴快，在直井和下水平井的拖拽作用下，形成了较多的油在直井产出，较多的水在下部的生产水平井产出，建立泄水通道。

3. 注汽速度对开发效果的影响

不同注汽速度的实验结果见表 7-6-3。注汽速度 250t/d 的采出程度为 66.92%，注汽速度 300t/d 的采出程度为 71.78%，相差 4.86%，可见适当提高注汽速度可提高采出程度。分析认为，适当加大注汽速度，单位时间内注入油层的热量增加，汽腔扩展范围更大，使得波及体积增加，从而提高采出程度。

表 7-6-3　不同注汽速度的结果对比

序号	注汽速度 /（t/d）	吞吐阶段采出程度 /%	驱替阶段采出程度 /%	总采出程度 /%
1	300	12.15	59.63	71.78
2	250	9.89	57.03	66.92

4. 重力泄水辅助蒸汽驱后期调控措施

从温度场发育过程可以看出油层下部动用情况差，为了进一步提高采出程度，在实验中后期，含水率为 95% 以上时调整注采关系。关闭上部注汽水平井，下部的生产水平井改为注汽水平井，直井的射孔井段改为油层的中下部射孔。

调整注采关系前后的温度场如图 7-6-26 所示，含水率变化如图 7-6-27 所示。调整注采关系后的油层下部得到了进一步动用，蒸汽的波及体积增加；产油量上升，含水率下降到 90% 左右，总采出程度为 77.44%，与注汽速度 300t/d 的总采出程度相比采出程度提高了 5.66%。

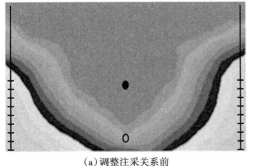
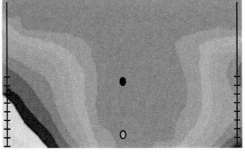

（a）调整注采关系前　　　　　　　　　　　　　（b）调整注采关系后

图 7-6-26　调整注采关系前后温场图对比

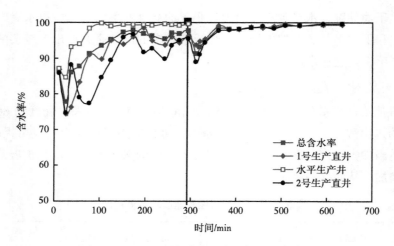

图 7-6-27　调整注采关系前后的含水率曲线

（三）小结

（1）直井—双水平井组合重力泄水辅助蒸汽驱是深层厚层稠油蒸汽吞吐后进一步提高采收率的一种有效接替方式，物模实验采出程度可达 70%。

（2）直井—双水平井组合重力泄水辅助蒸汽驱的驱油机理为部署在油层上部的水平井在注汽过程中，加热油层，降低原油黏度，形成蒸汽平面驱替，并将原油驱替至生产井；而油层下部冷凝液受重力作用下沉，由排液井及时产出，从而建立起泄水通道，扩大蒸汽波及体积，提高采出程度。

（3）由于被加热后的油水黏度差较大，水受到黏滞阻力更小，在重力和驱动力的作用下，水向下流动速度相对快，较多由下水平井产出，从而在水平井间形成了泄水通道。

（4）注汽速度对直井—双水平井组合重力泄水辅助蒸汽驱的采出程度有一定影响。当蒸汽腔下降到直井射孔段形成蒸汽突破时，应及时调整注采关系，可进一步提高采出程度。

第七节　SAGD 物理模拟研究

一、直平组合 SAGD 物理模拟研究

杜 84 块馆陶油层为一巨厚的块状边顶底水超稠油油藏。埋藏深度 530~560m，50℃ 原油黏度 23.191×10^4mPa·s，原始地层压力 6.0~6.5MPa，油层温度 28~32℃。2000 年投入蒸汽吞吐开发，随着吞吐周期的增加，暴露出的问题比较多。为改善开发效果，馆陶油层开展了 SAGD 先导试验，布井方式是利用现有直井，选择了直井与水平井组合的形式。在这套布井组合中，注汽直井位于距离水平井较远的侧上方，与 SAGD 常规布井方式有差异。为确保杜 84 块现有布井方式的 SAGD 先导试验取得较好效果，开展了相关的室内机理研究和

效果预测，为油藏工程的开发设计、现场合理实施提供可靠的依据。

（一）模型建立

1. 相似准则的选取

杜 84 馆陶油藏直平组合 SAGD 包含直井吞吐、直井与水平井同时吞吐以及转 SAGD 三个过程，布井方式决定了 SAGD 过程中有蒸汽驱替作用存在。从蒸汽驱油基本原理出发，依据相似理论用数学方程描述整个驱油的过程，建立了蒸汽吞吐、蒸汽驱、SAGD 联动相似理论，推导了包含蒸汽吞吐、蒸汽驱替及 SAGD 全过程的主要相似准则，见表 7-7-1。

表 7-7-1　吞吐转 SAGD 物理模拟相似准则

相似准则数	模化参量	相似准则数	模化参量
$\dfrac{L_m}{L_f} = R$	几何相似比	$\dfrac{q_m}{q_f} = R \dfrac{\alpha_{om}}{\alpha_{of}} \dfrac{\phi_m}{\phi_f}$	注入率
$\dfrac{\Delta P_m}{\Delta P_f} = R \dfrac{\Delta \rho_m}{\Delta \rho_f}$	生产压差	$\dfrac{\left(\dfrac{K}{\mu_o}\right)_m}{\left(\dfrac{K}{\mu_o}\right)_f} = \dfrac{1}{R} \dfrac{\alpha_{om}}{\alpha_{of}} \dfrac{\Delta \rho_f}{\Delta \rho_m}$	流度
$\dfrac{t_m}{t_f} = R^2 \dfrac{\alpha_{of}}{\alpha_{om}}$	时间	$\left(\dfrac{Kgh}{\alpha_e \phi \Delta S_e v_o}\right)_m = \left(\dfrac{Kgh}{\alpha_e \phi \Delta S_e v_e}\right)_f$	SAGD 准数

2. 高温高压比例物理模拟系统的建立

在总结分析稠油蒸汽吞吐开发特点及吞吐后转换开发方式研究成果的基础上，针对辽河油田稠油区块的地质特征，根据相似准则和杜 84 块馆陶油藏实际地质和工艺参数，得到了物理模型的模化参数，见表 7-7-2 和图 7-7-1。

表 7-7-2　杜 84 块馆陶油藏参数比例模化

参数名称	原型值	模型值
直井井距 /m	70	0.365
原始地层压力 /MPa	6.5	6.5
地层温度 /℃	32	32
蒸汽腔原油黏度（233℃）/(mPa·s)	18.58	11.15
渗透率 /mD	5539	570000
生产时间 /d	25.5	1[①]
注汽温度 /℃	233	233
注汽速度 /(t/d)	120	6.5[②]

①单位为 min。

②单位为 L/h。

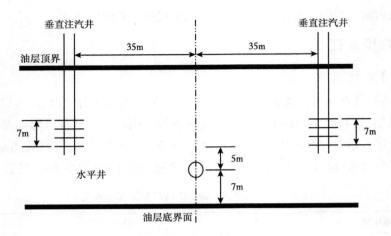

图 7-7-1 SAGD 模拟选择的油藏原型尺寸

（二）实验结果与分析

1. 蒸汽腔的形成和发育过程

1）汽腔形成

从实验现象看，注汽初期直井注入的蒸汽向射孔井段上方超覆，同时由于水平井的生产，蒸汽腔向水平井方向拓展。随着注汽量的增加，汽腔向水平井方向扩展趋势越来越明显，纵向上表现为上窄下宽，水平井对蒸汽腔的拖拽作用明显，具有明显的蒸汽驱的特点，在驱油机理上应以蒸汽驱替作用为主，如图 7-7-2 所示。

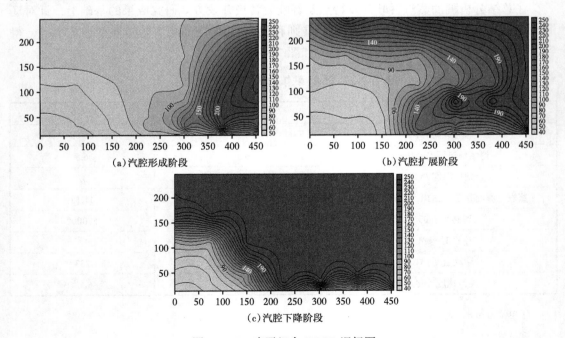

图 7-7-2 直平组合 SAGD 温场图

2）汽腔扩展

高温蒸汽接近水平井后，随着蒸汽的继续注入，蒸汽腔向上扩展明显。当蒸汽超覆到油层顶界时，蒸汽腔开始横向扩展。

在蒸汽腔扩展阶段，蒸汽腔通过热传导作用将周围油藏加热。蒸汽区和冷油区之间界面附近的原油通过传导而被加热，原油黏度大大降低，流动能力大大增加。由于蒸汽与受热后能流动的原油间的密度差，使得蒸汽向上运动，蒸汽区周围油层中的原油由于重力作用而沿汽腔与原油交界面向下流动，并且在汽腔底部通过驱动作用到达水平生产井，与界面处蒸汽凝结水一起从油藏被采出。

随着流体从模型中被驱替出来，蒸汽流进去占据了采出的原油和蒸汽凝析液的体积，取代了原油，形成了蒸汽/水/油界面并不断向油层远处推进。随着蒸汽不断注入油藏，重力泄油引起蒸汽腔的连续扩大，有更多的热油和凝析液被采出来。

蒸汽腔内整个泄油方式有两种，首先是垂向泄油（即顶部泄油），蒸汽垂直向上运动并加热顶部原油，在重力势差作用下，直接流向底部；其次是侧向泄油（即斜面泄油），蒸汽在上升的同时，热量也会向侧面传递，加热侧部，使蒸汽腔逐渐向侧向发展，侧部流动呈斜面状，加热的原油沿斜面依靠重力向下流动。在整个蒸汽腔的建立和扩展过程中，垂向泄油与斜面泄油同时存在。

在蒸汽腔扩展阶段，随着蒸汽的连续注入，水平井产出液温度始终未达到蒸汽温度，即蒸汽没有从水平井突破。

3）汽腔下降

随着蒸汽注入量的继续增大，蒸汽腔开始慢慢向下发育。最后蒸汽腔几乎充满水平井上方油藏，当蒸汽突破到水平井时，产出液含水率迅速升高，达到95%以上，并伴随有蒸汽排出，产油量明显降低，SAGD结束。

2. 生产阶段划分

结合温场发育及产油量、含水率等试验数据，将直井与水平井组合SAGD过程分为四个阶段：吞吐预热阶段、汽腔形成阶段、汽腔扩展阶段和汽腔下降阶段，如图7-7-3所示。

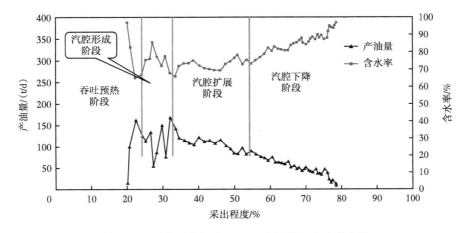

图7-7-3　直平井组合SAGD产油量、含水率曲线

1）吞吐预热阶段

吞吐预热阶段是通过直井与水平井共同吞吐达到油藏升温降压的目的。当吞吐预热结束后，注采井间连通温度达80℃，压力3MPa，采出程度15.29%。注入的蒸汽向射孔井段上部超覆，射孔井段上部油层动用较好，下部的油层基本上未动用。

2）汽腔形成阶段

SAGD汽腔形成阶段的主要生产特点是含水率快速下降，由初期的96.5%下降到64.4%，然后又上升到85.1%左右，该阶段的采出程度为7.39%。这一阶段注入的蒸汽向水平井方向扩展明显，汽腔形态为上窄下宽，具有明显的蒸汽驱的特点。汽腔形成阶段是蒸汽驱替与重力泄油的复合作用。

3）汽腔扩展阶段

当蒸汽超覆到油层顶界时，蒸汽腔开始横向扩展。该阶段蒸汽腔向水平井方向的驱替作用减弱，主要以重力泄油为主，汽腔扩展阶段含水率由85.1%降低到60%~70%，并且相对稳定，该阶段采出程度为18.80%。

4）汽腔下降阶段

当蒸汽腔在油藏顶部横向扩展到模型边界时，蒸汽腔开始慢慢向下发育，进入汽腔下降阶段。汽腔下降阶段以重力泄油为主，含水率由70%逐渐上升至90%左右，阶段采出程度为32.31%。

二、双水平井 SAGD 物理模拟研究

杜84块兴VI组油层属于块状底水油藏，油层埋深680~780m，油层厚度40m，平均孔隙度30%，平均渗透率1.92D，原始含油饱和度70%，兴VI组原油黏度（50℃）为168150mPa·s，属于超稠油，地层原始压力7.35MPa，地层温度34.7℃。

（一）油藏原型的比例模化

试验参数是根据相似准则来确定的。选取水平井长度350m的最高注汽速率为350 m³/d，这样模拟单元70m水平段的注汽速率应为70 m³/d。选用现场原油，操作温度和压力也与现场保持一致。根据相似准则得出主要模型参数，见表7-7-3，布井方式如图7-7-4所示。

表 7-7-3　物理模型参数表

参数	油田原型		室内模型	
	单位	数值	单位	数值
油层厚度	m	40.00	cm	26.00
孔隙度	%	30.0	%	39.06
有效渗透率	D	1.92	D	243.7
水平段长度	m	70.00	cm	45.50

续表

参数	油田原型		室内模型	
	单位	数值	单位	数值
汽腔操作温度	℃	233.69	℃	233.69
相似系数"B3"	—	11.71	—	11.71
蒸汽注入速率	m³/d	350	mL/min	260
双水平井垂直距离	m	5.00	cm	3.25
下水平井距油层底界垂直距离	m	2.00	cm	1.30

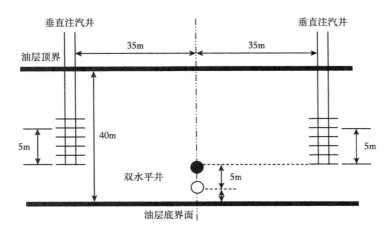

图 7-7-4 双水平井 SAGD 布井示意图

（二）实验结果与分析

1. 蒸汽腔的形成和发育过程

1）汽腔上升

当上水平井开始注汽时，蒸汽在超覆作用下向油藏上方发展，并且纵向上升速度明显高于横向扩展速度（图 7-7-5）。

2）汽腔扩展

当蒸汽腔达到油藏顶部，蒸汽腔开始横向扩展，形成一个上宽下窄"倒三角形"的蒸汽腔。蒸汽腔通过热传导作用将周围油藏加热，原油黏度迅速降低。蒸汽区周围油层中的原油由于重力作用而沿汽腔与原油交界面向下流动进入水平生产井，与界面处蒸汽凝结水一起从油藏被采出。

3）汽腔下降

当蒸汽腔横向扩展至油层顶部两侧边界时，随着蒸汽的继续注入，蒸汽腔开始缓慢向下发展。最后下水平生产井上方基本都被蒸汽腔充满，水平生产井有蒸汽突破，产油量急剧下降，含水率高达 98% 以上，SAGD 过程结束。

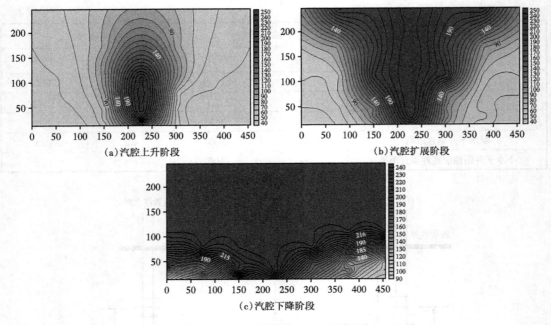

（a）汽腔上升阶段　　　　　　　　　（b）汽腔扩展阶段

（c）汽腔下降阶段

图 7-7-5　双水平井 SAGD 温场图

2. 生产阶段划分

结合温场发育及产油量、含水率等试验数据，将双水平井组合 SAGD 过程分为四个阶段：吞吐预热阶段、汽腔上升阶段、汽腔扩展阶段和汽腔下降阶段，如图 7-7-6 所示。

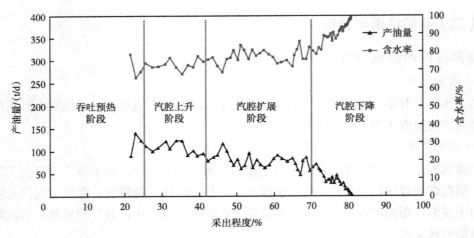

图 7-7-6　双水平井组合 SAGD 产油量、含水率曲线

1）吞吐预热阶段

吞吐预热阶段是通过双水平井共同吞吐达到热连通的目的。当吞吐预热阶段结束后，水平井井间连通温度达 80℃，压力 3MPa，采出程度 20.27%。

2）汽腔上升阶段

汽腔上升阶段蒸汽在超覆作用下向油藏上方发展，并且纵向上升速度明显高于横向扩展速度，直至汽腔超覆到油层顶界。汽腔上升阶段作用机理为重力泄油，含水率由吞吐末期的80%下降至71.3%，阶段采出程度为15.12%。

3）汽腔扩展阶段

当蒸汽超覆到油层顶界后，开始横向扩展直至油层顶部两侧边界，形成一个上宽下窄"倒三角形"的蒸汽腔，加热降黏后的原油在重力作用下，流向水平生产井。汽腔扩展阶段的含水率主要在70%左右波动，阶段采出程度为25.50%。

4）汽腔下降阶段

当蒸汽腔横向扩展至油层顶部两侧边界时，随着蒸汽的继续注入，蒸汽腔开始缓慢向下发展，进入汽腔下降阶段，汽腔下降阶段的含水率由70%逐渐上升至90%左右，阶段采出程度为19.61%。

三、驱泄复合 SAGD 物理模拟研究

辽河杜84块兴VI组油藏SAGD先导试验取得了较好的效果，由于兴VI组油藏部分区域存在泥岩隔夹层，影响了SAGD阶段蒸汽腔的扩展范围。为改善SAGD的开采效果，提出了驱替和泄油复合开采方式，简称驱泄复合SAGD。通过室内物理模拟实验，认识了驱泄复合SAGD开采机理，评价了隔夹层大小、射孔井段等对驱泄复合SAGD效果的影响。

（一）模型建立

依据相似准则，结合杜84兴VI组油藏特点，建立了二维比例物理模型。布井方式为直井—水平井组合方式，模拟油藏原型1个井距单元，如图7-7-7所示，主要参数见表7-7-4。

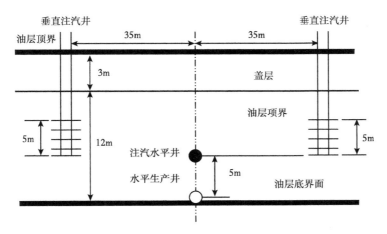

图 7-7-7 油藏原型结构示意图

表 7-7-4　驱泄复合 SAGD 主要参数表

参数	原型		模型	
	单位	数值	单位	数值
油层厚度	m	40.00	cm	28.60
孔隙度	%	30.0	%	39.06
初始含油饱和度	%	70.0	%	89.94
有效渗透率	D	1.92	D	431.8
直井井距	m	70.00	cm	50.00
水平段长度	m	70.00	cm	3.80

（二）实验结果分析

1. 蒸汽腔形成和发育特征

在水平井和直井共同蒸汽吞吐过程中，井间温度不断升高，当水平井和直井之间达到了热连通温度后，转为 SAGD 方式开采。由于蒸汽的超覆特性，没有隔层阻挡的一侧，蒸汽腔很快发育到油藏顶部，汽腔到达油藏顶部后横向扩展缓慢（随着蒸汽腔的扩展，重力作用越来越弱）；右侧由于有隔层阻挡，蒸汽向上超覆到隔层之后不再上升，汽腔只能横向扩展或下降，如图 7-7-8 所示。当蒸汽腔形成之后开始稳定的重力泄油，蒸汽没有很快下

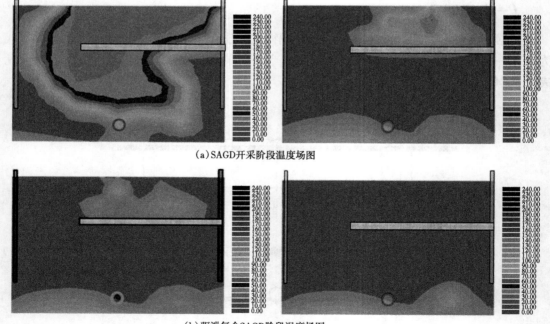

（a）SAGD开采阶段温度场图

（b）驱泄复合SAGD阶段温度场图

图 7-7-8　驱泄复合温度场发育过程

降到生产井结束生产，而是绕过隔层波及隔夹层上部的部分油藏，但隔层上部仍然有大部分油藏不能被蒸汽波及。转为驱泄复合 SAGD 后，因为转换了注采方式，采取了远离隔层的直井参与生产，靠近隔层的直井继续注汽，并且将该直井在隔层上方部分射孔注汽，由于注采关系的调整，在隔层上方形成了蒸汽驱，下方是重力泄油方式，隔层上方的储量得以有效动用。

2. 隔层长度对开发效果的影响

分别开展了隔层长度为井距的 2/3、1/3 和 1/2 的实验，分析了隔层长度对驱泄复合 SAGD 效果的影响，结果见表 7-7-5。

表 7-7-5   隔层长度对驱泄复合 SAGD 效果的影响

序号	实验条件			采出程度 /%			
	隔层长度（井距）	生产直井上方	转驱时机 /%（含水）	吞吐 +SAGD	增加幅度	驱泄复合阶段	总采出程度
1	2/3	射孔	90	58.20	—	20.73	78.93
2	1/2	射孔	90	67.46	9.26	10.34	77.80
3	1/3	射孔	90	77.27	10.81	0.26	77.53

从总采出程度来看，驱泄复合开采过程中隔层对开发效果影响不大。不同长度的隔层实验采出程度介于 77.53%~78.93%。但隔层长度对不同阶段的采出程度影响较大，隔层长度越长驱泄复合阶段采出程度越高，效果越为明显。

3. 射孔井段对开发效果的影响

实验评价了参与生产直井射孔位置对开发效果的影响。在隔层上部直井段不射孔的方式下，隔层上部被加热的原油和蒸汽冷凝液会绕过隔层依靠重力与下部被加热的流体一起依靠重力泄到水平生产井，采出程度为 76.40%；在隔层上部直井段射孔的情况下，隔层上部的原油被加热后，一部分被驱替到垂直生产井，一部分绕过隔层依靠重力泄到了水平生产井中，采出程度为 78.93%。参与生产的直井在隔层上部射孔与否对最终采出程度的影响不大。

4. 转驱时机

通过对隔层长度为全井距 2/3、转驱时机分别为含水 98% 和 90% 的两组实验分析（表 7-7-6），含水相对低时转驱泄复合 SAGD 开发效果好，能够有效减少注汽量。

表 7-7-6   驱泄复合 SAGD 转驱时机实验结果

实验条件			采出程度 /%		注汽量 /mL	减少注汽量 /%
隔层长度（井距）	生产直井上方	转驱时机 /%（含水）	吞吐 +SAGD	总采出程度		
2/3	射孔	98	70.39	76.90	11830	—
2/3	射孔	90	58.20	78.93	9412	20.44

5. 生产特征

从图 7-7-9 看出，在 SAGD 阶段产量出现了高峰之后逐渐下降，当转入驱泄复合 SAGD 后，由于隔层上方储量得以动用，含水率曲线出现了下降，产油量曲线出现了二次峰值。

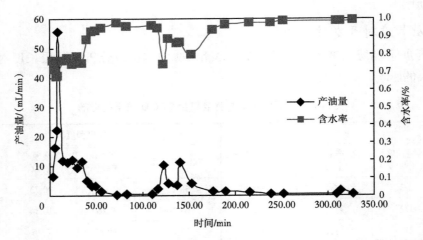

图 7-7-9 驱泄复合 SAGD 生产动态曲线

参 考 文 献

[1] 张方礼，刘其成，刘宝良，等 . 稠油开发实验技术与应用 [M]. 北京：石油工业出版社，2007.

[2] H.Niko，P.J.P.M. Troost，Experimental Investigation of Steam Soaking In a Depletion-Type Reservoir[J]. Pet. Tech.，1971:1006-1014.

[3] L.Pujol，T.C. Boberg. Scaling Accuracy of Laboratory Steam Flooding Models[C]. SPE 4191，1972.

[4] Kimber. New Scaling Criteria and Their Relative Merits for Steam Recovery Experiments[C]. Presented at the 37th ATM of the PS of CIM，1986.

[5] Butler R.M. Thermal Recovery of Oil and Bitumen[C]. Prentice Hall，Englewood Cliffs，1991.

[6] 徐经 . 欢 127 西块重力泄水辅助蒸汽驱试验可行性研究 [J]. 石油地质与工程，2013，27（3）：124-128.

第八章 非烃气辅助热采实验技术

非烃气辅助热采是在稠油注蒸汽开采过程中，伴注一定比例非凝结性气体（N_2、CO_2、空气、烟道气等）的提高采收率新技术。由于注入了非烃气，其驱油机理更为复杂。常规蒸汽吞吐、蒸汽驱、SAGD 物理模拟方法无法准确模拟气—汽复合驱实验过程，通过建立非烃气辅助热采物理模拟实验技术，开展相关室内实验研究，可为认识非烃气辅助热采机理、优化油藏开发方案、指导现场合理实施等奠定基础。

第一节 非烃气辅助热采相似理论

由于非烃气辅助热采驱油机理及数学模型比单一蒸汽驱、SAGD 更为复杂，在注蒸汽热采相似理论的基础上，用数学方程描述了蒸汽、气体、原油、水与油层岩石之间的综合物理化学作用及体系压力—温度变化规律，建立了非烃气辅助热采相似理论，经过适应性分析确定了物理模拟相似准则。

一、非烃气辅助热采渗流数学模型

非烃气辅助热采过程中，由于多了非烃气组分，其数学模型与蒸汽驱方式不同。对于一个油藏来说，当有多相流体在孔隙介质内同时流动时，多相流体要受到重力、毛细管力及黏滞力的作用，而且在某两相之间要发生质量交换。因此，数学模型要想很好地描述油藏中流体流动的规律，就必须要考虑上述这些力及相间的质量交换的影响。同时，建立数学模型时还应该考虑油藏的非均质性及油藏的几何形状等。

用来描述一个实际油藏流体流动规律的数学模型应包括以下几个部分：

（1）描述油层内流体流动规律的连续性方程；

（2）描述流体物理化学性质变化的状态方程；

（3）定解条件，包括边界条件和初始条件。

（一）基本假设

油藏中的流体流动过程按油、气、水三相流处理；在驱油过程中，水可以由蒸汽凝结或转化成蒸汽相；油相是不挥发的，蒸汽分馏效应（油中释放出的气体质量）可忽略不计；渗流介质假设为多孔介质且各向同性；不考虑岩石的压缩性和热膨胀作用；在油藏的任一小单元体中达到热平衡和相平衡；忽略由于分子扩散与热扩散引起的传质传热；相比于热能，忽略驱油过程中动能及黏性力作功；流体流动满足达西定律。

（二）数学模型

1. 质量守恒方程

（1）油相的质量守恒方程：

$$\nabla\left[\rho_o\frac{KK_{ro}}{\mu_0}(\nabla p_o-\rho_o g\nabla Z)\right]-q_o=\frac{\partial}{\partial t}(\rho_o S_o\phi)\qquad（8-1-1）$$

（2）水相的质量守恒方程：

$$\nabla\left[\rho_w\frac{KK_{nw}}{\mu_w}(\nabla p_w-\rho_w g\nabla Z)+\rho_s\frac{KK_{rs}}{\mu_s}(\nabla p_s-\rho_s g\nabla Z)\right]$$

$$-q_w+q_s=\frac{\partial}{\partial t}(\rho_w S_w\phi+\rho_s S_s\phi)\qquad（8-1-2）$$

（3）非烃气体的质量守恒方程：

$$\nabla\left(\rho_g\frac{KK_{gg}}{\mu_g}(\nabla p_g-\rho_g g\nabla Z)\right)+q_g=\frac{\partial}{\partial t}(\rho_g S_g\phi)\qquad（8-1-3）$$

式中　q_o，q_w——单位时间内，地层条件下单位岩石体积中采出油和水的质量，g/（s·cm³）（注入为+，采出为-）；

　　　q_s，q_g——单位时间内，地层条件下单位岩石体积中注入蒸汽和非烃气体的质量，（注入为+，采出为-）；

　　　ρ_o，ρ_w，ρ_s，ρ_g——油、水、蒸汽和气的密度，kg/m³；

　　　S_o，S_w，S_s，S_g——油、水、蒸汽和气的饱和度；

　　　K_{ro}，K_{rw}，K_{rs}，K_{rg}——油、水、水蒸气和气的相对渗透率；

　　　ϕ——油层孔隙度。

2. 能量平衡方程

$$\nabla(\lambda_R\nabla T)+\nabla\left[\rho_o C_o T\frac{KK_{ro}}{\mu_o}(\nabla p_o-\rho_o g\nabla Z)\right]+\nabla\left[\rho_w C_w T\frac{KK_{nw}}{\mu_w}(\nabla p_w-\rho_w g\nabla Z)\right]$$

$$+\nabla\left[\rho_s(L_v+C_w\Delta T)\frac{KK_{rs}}{\mu_s}(\nabla p_s-\rho_s g\nabla Z)\right]+\nabla\left[\rho_g C_g T\frac{KK_{rg}}{\mu_g}(\nabla p_g-\rho_g g\nabla Z)\right]$$

$$+Q_H-Q_L=\frac{\partial}{\partial t}\left[(1-\phi)(\rho C)_R T+\phi(\rho_o C_o S_o T+\rho_w C_w S_w T+\rho_g C_g S_g T)\right]$$

$$+\frac{\partial}{\partial t}\left[\phi\rho_s S_s(L_v+C_w\Delta T)\right]$$

$$（8-1-4）$$

式中　Q_L——单位时间内、单位体积中与顶底层损失有关的能量，kJ/（m³·h）；

　　　Q_H——单位时间内、单位油层体积中输入输出的能量，kJ/（m³·h）；

　　　λ_R——油层岩石导热系数，kJ/（m³·℃）；

C——定热比容；

L_v——汽化潜热；

ΔT——饱和蒸汽温度与油藏温度之差；

$(\rho C)_R$——地层岩石的热容，kJ/（$m^3 \cdot °C$）。

3. 约束方程

（1）饱和度方程：

$$S_o + S_w + S_s + S_g = 1 \tag{8-1-5}$$

（2）热力学平衡下的克拉贝龙—克劳修斯（Clausius-Clapeyron）方程：

$$p_s = p_s(T_s) \tag{8-1-6}$$

式中　p_s——饱和蒸汽压力，10^{-1}MPa；

T_s——饱和蒸汽温度，$°C$。

4. 初始及边界条件

（1）边界上质量流量为零：

$$\rho_i v_{in} = -\rho_i \frac{KK_{ri}}{\mu_i}(\nabla_n p_i - \rho_i g \nabla_n Z) = 0 \quad (i = o,w,s,g) \tag{8-1-7}$$

式中　n——垂直于边界的方向。

（2）物理模型周围边界与油层岩石之间连续传热：

$$\lambda_R \nabla_n T_R \big|^{lb} = \lambda \nabla_n T \big|^{lb} \tag{8-1-8}$$

式中　lb——物理模型周围边界。

（3）盖底岩层与油层岩石之间连续传热：

$$\lambda_R \nabla_n T_R \big|^{ub} = \lambda_c \nabla_n T_c \big|^{ub}, \text{且 } T_c(t,X,Y,Z \to \pm\infty) = T_i \tag{8-1-9}$$

式中　ub——上下盖底层边界。

（4）盖底岩层中能量守恒方程：

$$\rho_c C_c \nabla T = \nabla \cdot (\lambda_c \nabla T) \tag{8-1-10}$$

式中　ρ_c——盖底层岩石密度，kg/m^3；

C_c——盖底层岩石比热，kJ/（$m^3 \cdot °C$）；

λ_c——盖底层岩石导热系数，kJ/（$m^3 \cdot °C$）。

（5）注入井质量注入率：

$$W_{inj} = \pi D \int_0^H \sum_j \rho_j \frac{KK_{rj}}{\mu_j}(\nabla p_j - \rho_j g \nabla Z)dz \quad (j = w,s,g) \tag{8-1-11}$$

式中　D——井径，m。

（6）注入井能量注入率：

$$\bar{E} = \pi D \int_0^H \left[\rho_w v_w C_w \Delta T + \rho_s v_s \left(L_v + C_w \Delta T \right) + \rho_g v_g C_g \Delta T \right] \mathrm{d}z \tag{8-1-12}$$

（7）生产井质量流量。

油相：

$$Q_o = \pi D \int_0^H \rho_o \frac{KK_{r_o}}{\mu_o} \left(\nabla p_o - \rho_o g \nabla Z \right) \mathrm{d}z \tag{8-1-13}$$

水和蒸汽相：

$$Q_w = \pi D \int_0^H \left[\rho_w v_w + \rho_s v_s \right] \mathrm{d}z \tag{8-1-14}$$

5. 初始条件

$$t = t_i \text{ 时}, W_j = 0, \bar{E} = 0, Q_o = 0 \tag{8-1-15}$$

$$S_j\left(t, X, Y, Z\right)\big|_{t=t_i} = S_{ji}\left(X, Y, Z\right) \quad \left(j = o, w, s, g\right) \tag{8-1-16}$$

$$p_j\left(t, X, Y, Z\right)\big|_{t=t_i} = p_i\left(X, Y, Z\right) \tag{8-1-17}$$

$$T_j\left(t, X, Y, Z\right)\big|_{t=t_i} = T_i\left(X, Y, Z\right) \tag{8-1-18}$$

二、非烃气辅助热采相似准则

根据非烃气辅助热采开采方式的数学描述，将长度参量的特征量统一为 L，应用方程分析方法推导出 29 个相似准则数，构成非烃气辅助热采的完整相似准则数群。

$$\pi_1 = \frac{p_o}{\rho_o gL}, \pi_2 = \frac{p_w}{\rho_w gL}, \pi_3 = \frac{p_s}{\rho_s gL}, \pi_4 = \frac{p_g}{\rho_g gL}, \pi_5 = \frac{\rho_w S_w}{\rho_o S_o}, \pi_6 = \frac{\rho_s S_s}{\rho_o S_o}, \pi_7 = \frac{\rho_g S_g}{\rho_o S_o},$$

$$\pi_8 = \frac{KK_{ro}\rho_o gt}{\phi S_o \mu_o L}, \pi_9 = \frac{KK_{rw}\rho_w gt}{\phi S_w \mu_w L}, \pi_{10} = \frac{KK_{rs}\rho_s gt}{\phi S_s \mu_s L}, \pi_{11} = \frac{KK_{rg}\rho_g gt}{\phi S_g \mu_g L},$$

$$\pi_{12} = \frac{p_o KK_{ro}t}{\phi S_o \mu_o L^2}, \pi_{13} = \frac{p_w KK_{rw}t}{\phi S_w \mu_w L^2}, \pi_{14} = \frac{p_s KK_{rs}t}{\phi S_s \mu_s L^2}, \pi_{15} = \frac{p_g KK_{rg}t}{\phi S_g \mu_g L^2}, \pi_{16} = \frac{\phi_R \rho_{wR} S_{wR} C_{wR}}{\left(\rho C\right)_{RR}},$$

$$\pi_{17} = \frac{\rho_o C_o}{\rho_R C_R}, \pi_{18} = \frac{\rho_w C_w}{\rho_R C_R}, \pi_{19} = \frac{\rho_g C_g}{\rho_R C_R}, \pi_{20} = \frac{\rho_c C_c}{\rho_R C_R}, \pi_{21} = \frac{xL_v + C_w \Delta T}{C_w \Delta T},$$

$$\pi_{22} = \frac{\lambda_R t}{\rho_o C_o L^2}, \pi_{23} = \frac{\lambda_R t}{\rho_w C_w L^2}, \pi_{24} = \frac{\lambda_R t}{\rho_g C_g L^2}, \pi_{25} = \frac{\lambda_c t}{\rho_c C_c L^2}, \pi_{26} = \frac{W_{ijj}t}{\phi S_w \rho_w L^3},$$

$$\pi_{27} = \frac{W_{inj}t}{\phi S_s \rho_s L^3}, \pi_{28} = \frac{W_{inj}t}{\phi S_g \rho_g L^3}, \pi_{29} = \frac{\rho_{sR} v_{sR}}{\rho_{gR} v_{gR}}$$

根据相似理论，物理模型与油藏原型相似的基本要求是满足相似三定理，由此导出模型和原型要满足几何相似、流体与岩石物性参数相似、模型与原型具有相似的初始条件和边界条件。但由于油藏和油田生产的复杂性，要用全部推导出来的相似准则完全按比例来设计物理模型是做不到的。因此，物理模拟的关键是分析研究油藏的具体问题，确定并在模拟中实现那些起着主导和决定作用的相似准则数，忽略次要的相似准则数，在一定程度上比较真实地反映流体渗流规律、能量传递规律。在保证重要的因素与机理相似的条件下，结合工程上的判断，按照简化处理原则，对上述 29 个相似准则重新整理、归纳并选择出 4 个主要相似准则数作为非烃气辅助热采比例物理模拟的相似准则，见表 8-1-1。

表 8-1-1　非烃气辅助热采物理模拟主要相似准则

相似准则数	物理意义	模拟参量
$\pi_1 = \dfrac{\rho_g v_g}{\rho_s v_s}$	非烃气体与蒸汽质量流度之比	非烃气体与蒸汽注入比值
$\pi_2 = \dfrac{K \rho_o g t}{\phi \Delta S \mu_o L}$	用加以修正的达西公式	渗透率
$\pi_3 = \dfrac{\lambda_R t}{\rho_R C_R \phi \Delta S L^2}$	盖底层中热量传播时间与加热油层时间之比	生产时间
$\pi_4 = \dfrac{W_{inj} t}{\phi \Delta S \rho_s L^3}$	流动量与存储量之比	蒸汽注入速率

第二节　非烃气辅助蒸汽驱实验研究

一、非烃气辅助蒸汽驱技术发展现状

通过对国内外相关的文献资料进行检索，在注入蒸汽的过程中加入非烃气体可以有效提高采收率。注入气体种类主要包括是二氧化碳、氮气和空气，主要作用机理是降低原油黏度和增加原油体积系数。

（1）1997 年，F. Giimrah 对蒸汽复合气驱进行了实验研究。结果表明，蒸汽复合 CO_2 比单纯蒸汽驱或者单纯 CO_2 驱采收率高，最多能提高 20 多个百分点。CO_2 的添加量存在一个最优值，过多或者过少效果都不理想。驱油机理主要有降低稠油黏度、蒸馏作用以及 CO_2 气驱。

（2）1998 年，J. H. Benard 等对蒸汽复合 CO_2 驱进行了模拟实验。结果表明，蒸汽温度越高，驱油效果越好。蒸汽驱突破之前，原油中轻组分首先蒸馏采出，蒸汽突破之后，重质组分才被采出。添加 CO_2 能够起到萃取原油轻质组分的作用。

（3）2004 年，Bagci A.S 等通过一维和三维模型模拟了多介质组合蒸汽驱替过程。实验结果表明，复合驱效果比单纯蒸汽驱效果好，并且确定了最优的 CO_2 注入量，一维条件下最优的 CO_2/ 蒸汽比为 9.4，三维条件下最优的 CO_2/ 蒸汽比为 8.7，添加 CO_2 气体可以提高蒸汽利用率和波及系数。

（4）2006 年，Stanislaw Nagy 等对稀油油藏注 CO_2 开采进行了研究。结果表明，注 CO_2 增产增注是可行的方法，CO_2 溶解可以使原油膨胀，体积系数增大，压力超过一定范围后，还可以形成混相驱，提高原油采收率。

（5）2009 年，Tayfun Babadagli 等对土耳其 Bati Raman 区块 CO_2 驱后开展蒸汽驱进行了可行性分析。研究表明，从长远来讲 CO_2 驱后期进行蒸汽驱是经济合理的。通过历史拟合发现垂向渗透率高的区块适合采用此方案，蒸汽加热油层，使稠油黏度降低，温度升高 CO_2 从稠油中释放出来起到溶解气驱的作用，从而使稠油从下部水平井采出。

（6）罗瑞兰等对辽河冷家堡油田蒸汽吞吐后期转 CO_2 吞吐进行了数值模拟可行性研究。结果表明，对于超稠油油藏，蒸汽吞吐 2 个周期以后进行 CO_2 吞吐效果最好。

（7）2005 年，沈德煌等对蒸汽吞吐后转气体辅助方式进行了物理模拟实验。气体在原油中溶解可以引起原油体积膨胀，有效降低原油黏度，可以较大幅度地降低残余油饱和度，改善油水相对渗透率。从现场试验结果来看，添加气体整体上延长了生产周期，能改善蒸汽吞吐效果，增油效果比较理想。

（8）2006 年，张小波等对辽河油田杜 84 块二氧化碳吞吐、蒸汽—CO_2—助剂辅助吞吐进行了数值模拟。研究表明，在实际应用中注入 CO_2 体积一般不应大于 0.2PV。得到合适的注入压力、注入量以及施工工艺。最终证实了蒸汽—CO_2—助剂辅助吞吐可以缩短采油周期，提高回采水率，起到增油效果。

（9）2007 年，欧阳传湘等对辽河油田曙一区超稠油进行了三元复合吞吐室内模拟实验研究。结果表明，气体加入可以有效改善蒸汽吞吐效果，CO_2 与蒸汽注入量比值为 1∶5 时效果最好。

（10）2008 年，蒲丽萍等对新疆浅层超稠油油藏蒸汽吞吐加注气体进行了数模研究。结果表明，蒸汽吞吐过程中加注 CO_2 增油效果显著，并且相同条件下，在注蒸汽一段时间后加注 CO_2 效果最优。对比发现，相同条件下，CO_2 降黏效果比 N_2 好，增油效果更佳。

（11）2010 年，黄伟强等对克拉玛依油田蒸汽复合吞吐提高采收率进行了物理和数学模拟。实验筛选出蒸汽助剂，利用驱油模型评价了复合吞吐驱油效果，用数学方法优化了注入方式及参数。

二、实验方案设计

（一）油藏地质特征与开发现状

齐 40 块蒸汽驱开发目的层为莲花油层，油藏埋深 625~1050m，孔隙度平均 31.5%，渗透率平均 2062mD，属于高孔、高渗储层。含油层较发育，单井有效厚度最大达 92.4m，平均油层厚度 37.7m，50℃脱气原油黏度 2639mPa·s，为中—厚层状普通稠油油藏。

齐 40 块投入开发以来，经历了 3 次井网加密调整，井距由开发初期的 200m 先后加密为 141m、100m、70m。1998 年 4 个井组开展蒸汽驱先导试验，2003 年扩大为 7 个井组，2006 年主体部位转驱 65 个井组，2007 年外围转驱 74 个井组，到 2008 年全块 149 个井组转蒸汽驱，实现了齐 40 块蒸汽驱工业化实施。齐 40 块蒸汽驱在经历了热连通、驱替和突破阶段后，目前处于蒸汽剥蚀调整阶段，平面和纵向上动用差异较大，产量递减加快，亟待探索改善汽驱效果的技术对策。

非烃气辅助蒸汽驱是在注入蒸汽的同时加入非烃类气体，以蒸汽加热降黏作用为主，辅以气体溶解降黏、膨胀增压等作用为补充的一种提高采收率方式。由于非烃类气体种类多，气体、蒸汽、油水和岩石的多组分作用机理复杂，有必要开展室内物理模拟实验，认识驱油机理，预测开发效果，优化注入参数，为开发方案设计和现场动态调控提供技术支持。

针对蒸汽驱现状和存在的问题，确定了以下的实验研究内容：

（1）非烃类气体对原油性质影响；

（2）非烃类气体辅助蒸汽驱注入参数优化；

（3）注空气氧化特征分析；

（4）非烃类气体辅助蒸汽驱的生产特征。

（二）实验方案

1. 气体与原油作用 PVT 实验

将配制的地层条件下的原油进行多级脱气实验，测得相应条件下的原油的体积系数、气油比、原油密度、原油黏度，认识融入气体对原油高压物性的影响。

2. 注入参数优化实验

开展不同注入介质（空气、氮气、烟道气）、不同汽气比（1:1、1:3、3:1）、不同注入方式（连续注入和段塞注入）和不同注入温度（150℃、230℃、280℃）的物模实验。

3. 注空气氧化特征分析

开展温度为 150℃、230℃和 280℃，压力为 0.1MPa、1MPa、3MPa、6MPa 条件下原油氧化放热量实验，认识空气辅助蒸汽驱过程中空气与原油氧化放热特征。

4. 非烃气辅助蒸汽驱生产特征

利用注气辅助物理模拟装置开展非烃气辅助蒸汽驱比例物理模拟实验，认识蒸汽腔发育和生产特征。

1）油藏参数比例模化

根据齐 40 块油藏地质参数，利用蒸汽驱物理模拟相似准则，比例模化模型参数，见表 8-2-1。

表 8-2-1　油藏与模型参数

参数	原型	模型
油层厚度 /m	23.6	0.236
直井井距 /m	70	0.70
50℃原油黏度 /（mPa·s）	2639	2639
孔隙度 /%	31.5	37.5
渗透率 /mD	2060	206000
油层压力 /MPa	4.0	1.0
初始含油饱和度 /%	75.0	74.9
几何相似比	100	1

2）模型建立

依据研究内容和模型参数，建立了 1 个井距单元比例物理模型，如图 8-2-1 所示。

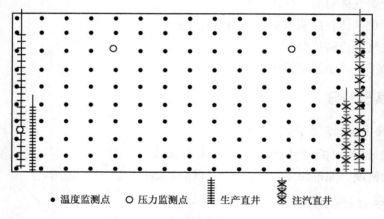

● 温度监测点　○ 压力监测点　┃┃ 生产直井　✕✕ 注汽直井

图 8-2-1　实验模型结构示意图

在模型中布设 1 口注汽直井、1 口生产直井，直井的射孔井段不同，用于分析调整射孔井段对蒸汽腔发育的影响。模型中纵向布设 10 行，横向布设 15 列，共计 150 个温度测点，用于监测蒸汽腔的横向和纵向温度发育情况。在模型中布设 4 个压力测点，包括注采井和油层中上部，用于记录注采过程中压力变化。

利用比例模型开展了蒸汽驱、氮气辅助蒸汽驱物理模拟实验，对比分析有无气体辅助二种蒸汽驱情况的温度场变化和生产特征，以及气体对蒸汽腔纵向和横向扩展的影响。

三、气体与原油作用 PVT 实验

将一定量原油加入高压物性分析仪中，在地层温度和压力条件下，测得原油饱和压力及溶液气油比，如果测得饱和压力与地层原油实际饱和压力不符，则相应调整设备中原油的溶解气量，直到和油藏实际饱和压力一致。将配制好的地层原油进行 PV 关系及一次脱气实验，在高于饱和压力下一次脱气至地面压力，测定原油的 PVT 参数，结果见表 8-2-2。

表 8-2-2　复配原油 PVT 分析数据表

气体种类	原始饱和压力 /MPa	地层原油黏度 /mPa·s	体积系数	压缩系数 /MPa^{-1}	收缩率 /%	一次脱气气油比 /m^3/t	气体平均溶解系数 /MPa^{-1}	地层原油密度 /g/cm^3
氮气	15.7	856.3	1.0684	100.95×10^{-5}	6.404	8.320	0.5323	0.9204
二氧化碳	18.4	335.5	1.2297	80.95×10^{-5}	18.677	78.98	4.422	0.9162

（一）注气量对原油物性的影响

CO_2、N_2 与地层原油混合后原油物性将会发生变化，随着注入气量的增加，地层原油饱和压力随之增大，地层原油的体积系数、溶解气油比增加、黏度降低，并且注气量越大，地层原油性质变化越大。如 CO_2 驱注气压力为 10MPa 时，黏度 571.6 mPa·s，气油比 48.0 m^3/t。注气压力为 18.4MPa 时，黏度为 307.0mPa·s，气油比 77.4m^3/t。注气压力增加，注气量加大，原油中溶解气量明显增加，原油黏度降低，有利于地层油流动，提高原油采收率。

（二）气体种类对原油物性的影响

CO_2、N_2 气体对原油性质的影响具有相同的规律，即注入气体后地层原油饱和压力、体系系数、气油比增加，地层原油黏度降低。其中 CO_2 比 N_2 对原油性质影响更大，如 CO_2 驱注气压力为 14MPa 时，体积系数 1.2112，气油比 63.5 m^3/t，原油黏度 441.3 mPa·s，而 N_2 驱注气压力为 14MPa 时，体积系数 1.0538，气油比 7.8m^3/t，原油黏度 821.6mPa·s。所以在相同条件下，注入 CO_2，原油黏度下降、地层原油体积膨胀幅度远大于注入 N_2 情况，更有利于降低残余油饱和度。

地层原油物性变化程度取决于油中溶解气量的多少，而气体在原油中的溶解量与油气的界面张力有关，CO_2 与油的界面张力远大于 N_2 与油的界面张力，按照化学成分相似相溶原理，CO_2 在地层原油中溶解度大于 N_2 的溶解度。

四、非烃气注入参数优化

（一）气体种类优选

对比评价了氮气、烟道气和空气 3 种非烃气体。实验结果表明，非烃类气体辅助蒸汽驱可以有效提高驱油效率，结果详见表 8-2-3。其中，烟道气辅助蒸汽驱驱油效果最好，最终驱油效率 78.57%，较蒸汽驱提高 11.45%。分析认为在非烃类气体辅助蒸汽驱中，非烃类气体的主要作用为降低原油黏度，提高原油体积系数。原油黏度降低可以改善原油流动性，降低流度比；原油体积系数增加，体积膨胀能力增强，增加地层能量。

表 8-2-3　不同注入介质对驱油效率的影响

序号	驱替方式	驱油效率 /%	驱油效率增幅 /%
1	蒸汽驱	68.12	—
2	空气辅助蒸汽驱	75.59	7.47
3	氮气辅助蒸汽驱	72.83	4.71
4	烟道气辅助蒸汽驱	79.57	11.45

（二）汽气比例优化

表 8-2-4 是不同汽气比例的驱油效率实验结果。汽气比为 3∶1 的蒸汽驱驱油效果最好，与蒸汽驱方式相比驱油效率提高 7.47%。非烃气辅助蒸汽驱以注入蒸汽加热降黏的机理为主，而注入气体溶解原油黏度和体积膨胀的作用为补充，汽气比太小，不利于改善流度比和提高驱油效率。蒸汽和空气存在一个较佳配比，根据实验结果，蒸汽和空气的比例为 3∶1 时驱油效果最好。

表 8-2-4　不同汽气比蒸汽驱驱油效率

序号	驱替方式	驱油效率 /%	驱油效率增幅 /%
1	蒸汽驱	68.12	—
2	汽气比 3∶1	75.59	7.47
3	汽气比 1∶1	73.10	4.98
4	汽气比 1∶3	70.29	2.17

图 8-2-2 是不同汽气比例的含水率曲线。从图中可以看出，在蒸汽驱过程中注入气体可以有效降低含水率，最多可以降低近 20%，但不同汽气比对含水率曲线影响较大。汽气比为 1∶1 和 3∶1 含水降低效果较为明显，汽气比为 1∶3 的实验含水降低的时间短且幅度小。分析认为气体溶解于稠油中，可以有效降低原油黏度，增强原油流动性，减小油水流度比，降低含水率。但是如果汽气比太小，注入蒸汽量过小，带入油层热量不够，原油黏度降低幅度小，气体会过早突破，含水率下降幅度小且时间短。

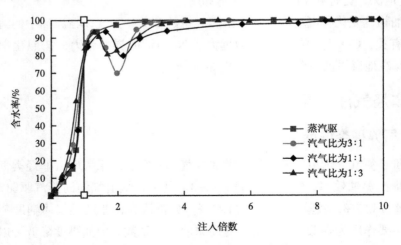

图 8-2-2　不同汽气比实验含水率曲线

（三）注入方式优化

从不同注入方式的实验结果可以看出（表 8-2-5），汽气连续注入方式驱油效果最好，比单纯蒸汽驱提高驱油效率 4.89%。不同交替时间方案相比，7.5min 交替时间方案的驱油效果较其他方案略好。分析认为交替时间太短，单次空气注入量少，不能有效地改善原油性质，驱油效果不佳，而交替时间太长会使得蒸汽供给不够，加热降黏作用差。

表 8-2-5 不同注入方式实验驱油效率

序号	驱替方式	驱油效率 /%	驱油效率增幅 /%
1	蒸汽驱	68.12	—
2	交替时间 5min	69.28	1.16
3	交替时间 7.5min	71.60	3.48
4	交替时间 15min	70.02	1.90
5	连续注入	73.10	4.89

交替注入方式含水曲线呈现波浪状变化（图 8-2-3）。注入蒸汽含水略有下降，注空气时含水再上升。分析认为单纯注入空气可以影响一部分蒸汽没有波及的原油，一定程度上改善原油物性，但并不能使原油大量产出；再次注入蒸汽，在驱替压差的作用下，产液量增加，已经得到物性改善的原油随着产出液产出，形成注空气产出液量少含水高而注蒸汽产出液量多含水低的生产特征。

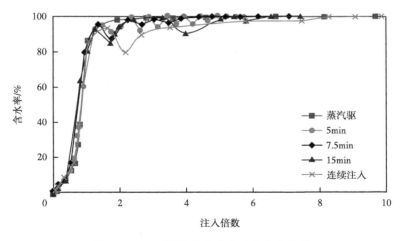

图 8-2-3 不同注入方式实验含水率曲线

（四）注入温度影响

不同注入温度蒸汽驱和蒸汽 + 空气复合驱的驱油实验结果见表 8-2-6。结果表明，二种方式驱油效率均随着温度的升高而增大，相同温度下，复合驱方式驱油效率大于蒸汽驱的，随着温度的升高复合驱较蒸汽驱驱油效率提高幅度减小。

辽河油田地质与开发实验技术

表 8-2-6　不同注入温度对驱油效率的影响

序号	温度 /℃	蒸汽驱驱油效率 /%	（蒸汽＋空气驱）驱油效率 /%	驱油效率提高值 /%
1	150	61.28	69.98	8.70
2	230	68.12	75.59	7.47
3	280	71.93	78.43	6.40

开展温度为 150℃、230℃ 和 280℃ 氧化反应实验。结果表明，空气与原油发生低温氧化反应放出热量。图 8-2-4 和图 8-2-5 分别为氧化放热量随温度和压力变化曲线，随温度升高放热量增加，压力增加低温氧化放热峰前移。在理想条件下，150℃ 氧化放热可以提高模型温度 0.38℃，230℃ 可以提高温度 2.74℃，280℃ 可以提高温度 9.32℃，实验结果见表 8-2-7。

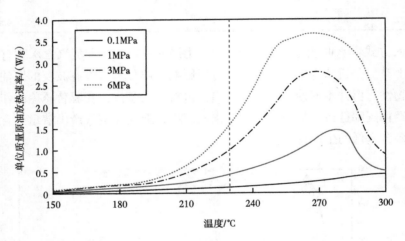

图 8-2-4　原油放热特性与温度关系曲线

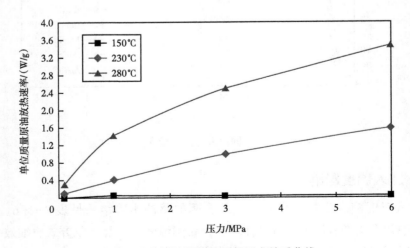

图 8-2-5　原油放热特性与压力关系曲线

表 8-2-7　原油氧化放热量计算

温度 /℃	150	230	280
注汽速率 / （mL/min）	3	3	3
汽化潜热 / （J/g）	2114.1	1813	1543.1
放热速率 / （W/g）	0.152	0.785	3.463
反应放热功率 / W	2.663	13.738	60.603
提升蒸汽干度 /% （一定干度蒸汽）	2.52	15.15	78.55
提高模型温度 /℃	0.38	2.74	9.32

五、非烃气辅助蒸汽驱驱替特征

（一）时机优化

蒸汽驱含水率达到 80% 和 90% 转氮气辅助蒸汽驱实验结果见表 8-2-8。含水率 90% 时转驱采出程度较高，较含水 80% 转驱提高 3.58%。分析认为，由于蒸汽超覆作用，在含水较高时，油层上部原油大部分被采出。转为氮气辅助蒸汽驱后，注入气体占据油层上部，增加蒸汽向下扩展能力，扩大蒸汽波及体积。

表 8-2-8　不同注气时机驱油效率对比

序号	驱替方式	汽气比	转驱时机	采出程度 /%	增幅 /%
1	蒸汽驱	—	—	65.38	—
2	氮气辅助蒸汽驱	3∶1	含水率 80%	67.70	2.32
3	氮气辅助蒸汽驱	3∶1	含水率 90%	71.28	5.90

（二）生产特征

从非烃气辅助蒸汽驱和蒸汽驱产油量、含水率曲线以及采出程度、油气比曲线可以看出（图 8-2-6 和图 8-2-7），转非烃气辅助蒸汽驱后，产油量增加，较蒸汽驱增加 40%；含水率上升幅度减缓，较蒸汽驱减小 5%；油气比明显提高，比蒸汽驱提高了 0.02；采出程度较蒸汽驱提高了 5.90%。

（三）波及特征

通过对比相同时刻蒸汽驱和气体辅助蒸汽驱温度场（图 8-2-8），在蒸汽驱过程中复合注入氮气，可以有效减缓蒸汽向上超覆速度，加快蒸汽横向扩展速度。气体注入油层后由于重力分异会聚集在油层上部，由于气体的导热系数远小于固体和液体，气体在油层上部起到隔热作用，同时由于气体与原油作用后，原油黏度减小，流度比也减小，动用了原来不能动用的孔道，提高了蒸汽驱波及体积。

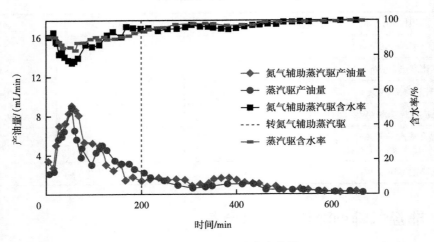

图 8-2-6 产油量 / 含水率曲线

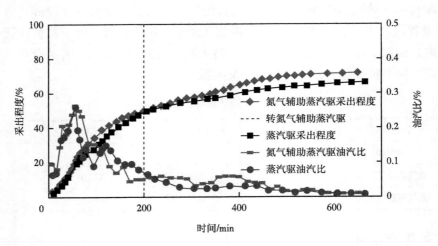

图 8-2-7 采出程度 / 油汽比曲线

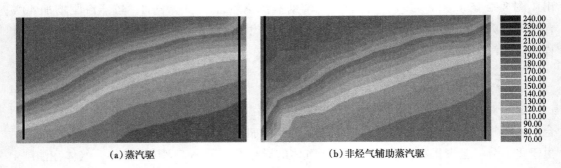

（a）蒸汽驱　　　　　　　　　　　　　　（b）非烃气辅助蒸汽驱

图 8-2-8 相同时间蒸汽驱和非烃气辅助蒸汽驱温场

非烃气辅助蒸汽驱和蒸汽驱后期，生产井的生产井段由原来的全井段调整为中下段，非烃气辅助蒸汽驱的蒸汽波及范围明显大于蒸汽驱（图8-2-9）。分析认为，生产井改为中下部射孔，由于密度差异注入的气体聚集于油层上部，一方面由于气体的导热系数小，气体在油层上部起到隔热的作用，减少了蒸汽腔的热损失；另一方面气体在油层上部，增加了蒸汽向下的渗流能力，从而扩大了蒸汽的波及体积。

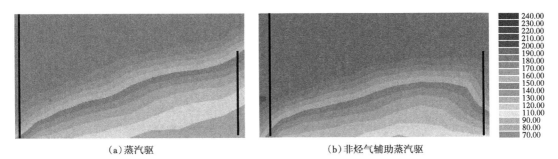

(a)蒸汽驱　　　　　　　　　　　　　(b)非烃气辅助蒸汽驱

图8-2-9　蒸汽驱和非烃气辅助蒸汽驱后期温场对比

六、小结

（1）在蒸汽驱后期，采取非烃气辅助方式可进一步提高驱油效率。烟道气辅助蒸汽驱的驱油效果好于空气辅助蒸汽驱的，空气辅助蒸汽驱的驱油效果高于氮气辅助蒸汽驱的。

（2）非烃气辅助蒸汽驱较佳。注入方式为气体连续注入，汽气比例为3:1，气体类型为烟道气。

（3）氮气辅助蒸汽驱可以有效减缓蒸汽向上超覆速度，加快蒸汽横向扩展速度，扩大蒸汽波及体积，提高采出程度。

第三节　非烃气辅助 SAGD 实验研究

SAGD 是利用注入蒸汽的汽化潜热加热地层，在油藏中形成高温蒸汽腔，原油和蒸汽凝结水依靠以重力为主要驱动力的方式从位于下面的水平生产井采出。为维持蒸汽腔的发育和扩展，需要连续不断地注入高干度蒸汽。当 SAGD 进入开发中后期，蒸汽腔体积变大并扩展到油层顶部，向盖层的热损失增加。为维持稳定的汽腔压力和温度，需要的蒸汽注入速率越来越大，而产量逐步递减，蒸汽热效率和油汽比也越来越低。传统 SAGD 技术由于能耗高，往往只适用于油层相对较厚、物性较好的油藏。

为降低向盖层的热损失、提高蒸汽热效率，90 年代中后期 Butler 提出了蒸汽加非烃气体 SAGP（Steam and Gas Push）技术[1-2]。非烃气体由于来源广、成本低，地面处理和回收工艺相对简单的特点，在现场得到了积极试验和商业化推广。为认识非烃气辅助SAGD 各生产阶段规律和开采机理，预测现场开发效果，为油藏工程的开发设计、现场合理实施提供技术支持，开展了非烃气辅助 SAGD 实验研究。

一、物理模拟实验方案设计与模型建立

杜 84 块水平井和直井组合开发方式决定了非烃气辅助 SAGD 的机理更趋复杂，即油流动的动力不仅是重力，还有蒸汽和气体驱动力的存在。除需要认识非烃气与原油高压物性特征外，在蒸汽吞吐转非烃气辅助 SAGD 实验中，还需要考虑模拟蒸汽吞吐、蒸汽驱、SAGD、气体驱动的全过程联动，研究不同注入方式、不同注入时机、盖层温度等对非烃气辅助 SAGD 效果的影响，描述超非烃气辅助 SAGD 的开发过程，认识各生产阶段特征和开采机理。

选择杜 84 块兴 Ⅵ 组油藏直—平组合 SAGD 油藏纵剖面作为模拟单元，模拟直井井距 70m，油层厚度 33.7m，如图 8-3-1 所示。

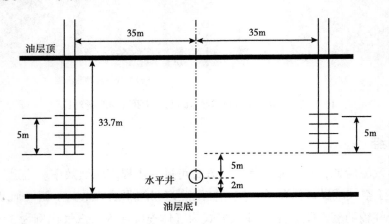

图 8-3-1　非烃气辅助 SAGD 油藏剖面布井示意图

通过收集杜 84 块兴 Ⅵ 组地质参数，并进行相似计算，将油藏参数折算为实验室参数，见表 8-3-1 和表 8-3-2。

表 8-3-1　杜 84 块兴 Ⅵ 组油藏参数比例模化

名称	原型	模型
油层厚度 /m	33.7	0.241
孔隙度 /%	30	36.5
渗透率 /mD	1062	207000
直井井距 /m	70	0.50
黏度指数 "m"	3.77	3.77
直井射孔段长度 /m	5.00	0.0357
水平井距油层底界垂直距离 /m	2.00	0.0143
相似系数 B3	11.71	11.71
原始油层温度 /℃	34.7	21.0
初始含油饱和度 /%	63	70
蒸汽注入速率 / (m³/d)	70	30[①]
几何相似系数	140	1

①单位为 mL/min。

表 8-3-2　模拟油藏注蒸汽和气体参数

方式	注汽温度 /℃	注汽压力 / MPa	蒸汽干度	注汽速度 / mL/min	注气速度 / cm³/min	注气方式
SAGD	233	3.0	0.9	30	—	—
氮气辅助 SAGD	165	0.6	0.9	27	180	段塞 4 个月
烟道气辅助 SAGD	233	3.0	0.9	27	180	连续

按照比例模化结果，结合实际地质特征，考虑比例物理模拟的特点，建立了一套大型多功能高温高压热采二维比例物理模拟系统。

二、非烃气与地层原油高压物性实验研究

非烃气辅助 SAGD 开发时，大量气体溶于原油中，使得原油高压物性发生变化。非烃气与地层原油高压物性实验是认识注非烃气后原油高压物性变化规律及非烃气辅助 SAGD 机理的重要手段。

实验用油为杜 84 块平 44 井现场原油，50℃下原油黏度为 82904mPa·s，100℃下黏度为 1316.4mPa·s。从族组成看（表 8-3-3），饱和烃、芳烃含量低，非烃、沥青含量高，非烃 + 沥青质含量 67.47%。

表 8-3-3　平 44 井原油族组成分析

组分	饱和烃 /%	芳烃 /%	非烃 /%	沥青质 /%
含量	9.22	23.31	32.44	35.03

（一）地层原油高压物性参数

将配置好的地层原油进行 PV 关系及一次脱气实验，在高于饱和压力下一次脱气至地面压力，测定原油的 PVT 参数见表 8-3-4。

表 8-3-4　平 44 井原油注烟道气一次脱气数据

原始饱和压力 / MPa	地层油黏度 / mPa·s	体积系数	压缩系数 / 10⁻⁵MPa⁻¹	收缩率 / %	一次脱气气油比 / m³/t	气体平均溶解系数 / MPa⁻¹	地层原油密度 / g/cm³
10.2	92.0	1.2112	53.85	17.490	21.2	1.1720	0.8876

（二）地层原油高压物性多级脱气及黏度

将完成单级脱气后原油进行多级脱气即衰竭压力实验，测得相应原油物性参数：各级衰竭压力下原油的体积系数、气油比、原油密度、原油黏度。

图 8-3-2 是地层原油注入烟道气后，气油比、体积系数、原油密度、黏度与压力的关系曲线。从曲线中可以看出，随着注入气量的增加，地层原油的饱和压力随之增大，地层原油的体积系数、溶解气油比增加，密度、黏度降低，并且注气量越大，地层原油高压物性变化越大。注气压力增加，注气量加大，原油中溶解气量明显加大，原油黏度降低，有利于地层油流动，同时地层原油膨胀，如烟道气驱注气压力为 10.2MPa 时，体积系数为 1.0915，即地层原油膨胀 1.0915 倍，有利于降低残余油饱和度，提高原油采收率。

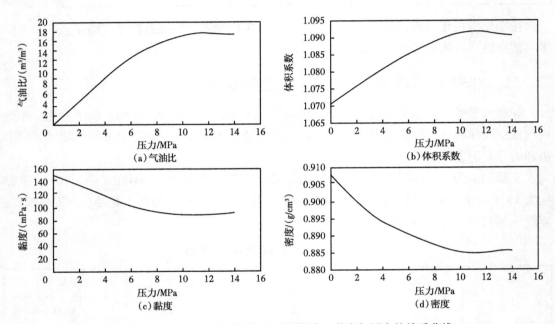

图 8-3-2　气油比、体积系数、原油密度、黏度与压力的关系曲线

SAGD 过程中，汽腔压力 3~4MPa。PVT 实验中压力为 3MPa 时，溶解气油比为 6.8m³/m³，此时体积系数为 1.0783，地层原油体积膨胀 7.83%，地层原油体积膨胀，增加了原油的弹性能量，有利于驱油。烟道气中的 CO_2 溶解于原油后，能降低原油黏度，并且随着 CO_2 分压增大，降黏效果变好。150℃、3MPa 下，溶解烟道气后地层油黏度由 142.9mPa·s（地面脱气）降低到 127.6mPa·s，降黏率 10.7%。

三、非烃气辅助 SAGD 温场变化规律

实验结果表明，在蒸汽腔波及过程中，注入的气体减缓了蒸汽超覆，横向扩展速度加快，蒸汽腔体积扩大。注入气体导致蒸汽腔内温度略有降低，汽腔温度低于单纯 SAGD 汽腔温度，且注入气量越大，汽腔温度降低幅度越大。

非烃气辅助 SAGD 蒸汽腔发育分为汽腔形成、汽腔扩展、汽腔下降三个阶段，如图 8-3-3 和图 8-3-4 所示。

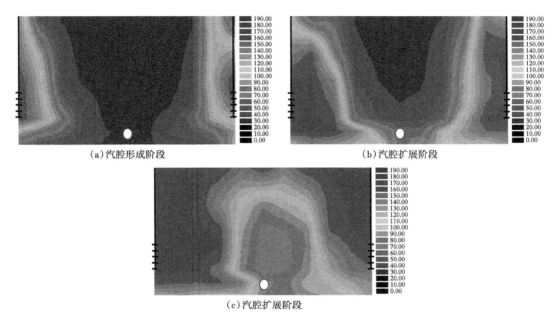

图 8-3-3　氮气辅助 SAGD 温度场（段塞式注入）

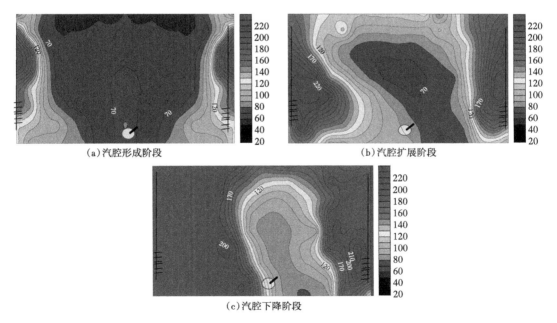

图 8-3-4　烟道气辅助 SAGD 温度场（连续式注入）

（一）蒸汽腔形成阶段

注汽初期，由直井注入的蒸汽向射孔井段上方超覆，同时由于水平井生产，其周围地层压力下降，蒸汽腔向水平井方向拓展。纵向上表现为上窄下宽，水平井对蒸汽腔的拖拽作用明显，具有蒸汽驱特点，驱油机理上以蒸汽驱替作用为主。

（二）蒸汽腔扩展阶段

该阶段蒸汽腔继续向上和横向扩展，水平井上方的冷油区呈"倒三角形"。随着非烃气体的注入，蒸汽腔向上超覆速度减缓，横向扩展速度加快，蒸汽腔体积扩大，有利于提高井间剩余储量的动用程度。此阶段以斜面泄油、顶面泄油和气体驱动为主，重力泄油有利于气体在油藏顶部聚集，同时气体的聚集又加快了泄油速度。气体的分压作用，降低了蒸汽腔压力，也降低了饱和蒸汽温度。

（三）蒸汽腔下降阶段

当蒸汽腔横向扩展至油层顶部两侧边界时，随着混合气/汽的连续注入，蒸汽腔逐步向下扩展，水平生产井上部冷油区越来越小。随着生产过程的延续，有大量蒸汽和氮气从水平生产井同时采出，含水率迅速升高。

SAGD过程中，由于大量注入蒸汽，蒸汽腔一直处于较高温度，温度波动小。而非烃气辅助SAGD过程中，由于降低了蒸汽注入速率，同时注入了非烃气体，导致了蒸汽腔温度降低（图8-3-5）。氮气段塞式注入，导致汽腔温度波动大，注入气体后汽腔温度降低明显，停止注气后，温度逐渐回升。曲线呈波浪形，温度梯度明显；气体连续注入注气后平均温度降低30~40℃。

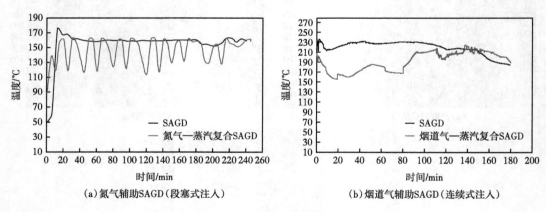

（a）氮气辅助SAGD（段塞式注入）　　　　（b）烟道气辅助SAGD（连续式注入）

图 8-3-5　非烃气辅助 SAGD 蒸汽腔温度变化

四、非烃气辅助 SAGD 生产特征

根据生产特点结合温场发育特征将非烃气辅助 SAGD 生产划分为三个阶段，即蒸汽腔上升阶段、蒸汽腔扩展阶段和蒸汽腔下降阶段。氮气、烟道气辅助 SAGD 开发产油量、含水率曲线如图 8-3-6 和图 8-3-7 所示。

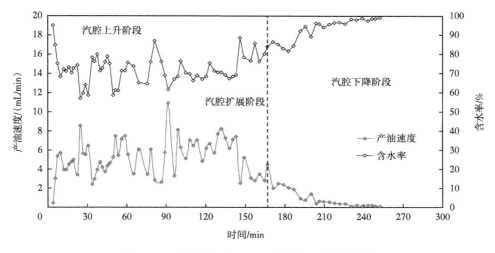

图 8-3-6 氮气辅助 SAGD 产油量、含水率曲线

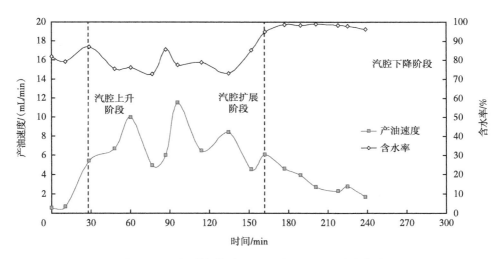

图 8-3-7 烟道气辅助 SAGD 产油量、含水率曲线

（一）汽腔上升阶段

此阶段为吞吐预热转入非烃气辅助 SAGD 初期，注入井注入大量蒸汽，在注入井上方形成蒸汽腔，阶段含水迅速下降，产油速度加快。氮气辅助 SAGD 蒸汽腔形成阶段含水率由 95% 下降到 70% 左右，产油速度由 0.48mL/min 升高至 8.63mL/min；阶段采出程度为 7.5%，阶段累积油汽比 0.05；烟道气辅助 SAGD 含水率由 87% 降至 75%，产油速度由 0.67mL/min 升高至 6.7mL/min，该阶段采出程度为 6.7%，累积油汽比 0.09。

（二）汽腔扩展阶段

该阶段由于汽腔逐步向上部和侧面扩展，原油在气体驱动力和自身重力作用下沿顶面和侧面下泄进入生产井，是最主要的产油期。

氮气辅助 SAGD 产油速度由 2.87mL/min 升至最高 11.02mL/min，平均为 5.41 mL/min，含水率平均为 72.5%，累积油汽比 0.28，阶段采出程度 37.5%；烟道气辅助 SAGD 产油速度 4.6mL/min 升高至最高 11.5mL/min，平均 7.0mL/min，累积油汽比 0.31，阶段采出程度 39.3%。

（三）汽腔下降阶段

蒸汽腔到油藏顶部后，逐渐向下扩展，产油速度逐渐降低，含水升高。后期蒸汽和气体从生产井大量采出，含水率升高至 98%，实验结束。

氮气辅助 SAGD 产油速度由 2.07mL/min 降低至 0.14mL/min，平均 0.89 mL/min；阶段油汽比 0.07，采出程度 4.9%；烟道气辅助 SAGD 产油量 4.5mL/min 降低至 0.7mL/min，平均 1.6 mL/min，油汽比 0.10，采出程度 4.3%。

表 8-3-5 是不同方式下的采出程度，非烃气辅助 SAGD 采出程度较高，阶段采出程度可达 49.9%~50.3%，总采出程度 70.8%~72.8%，累积油汽比较 SAGD 提高 0.05~0.08。

表 8-3-5　不同方式的采出程度

方式	采出程度 /%		
	吞吐阶段	SAGD 或非烃气辅助 SAGD 阶段	总采出程度
SAGD	23.4	46.3	69.7
氮气辅助 SAGD	22.9	49.9	72.8
烟道气辅助 SAGD	20.5	50.3	70.8

五、非烃气辅助 SAGD 机理分析

（一）气体聚集带减少热损失

SAGD 过程中，由于蒸汽超覆作用，蒸汽腔与盖层直接接触，大量热量损失到盖层中。而在非烃气辅助 SAGD 开发中，气体在蒸汽腔上部聚集形成了气体聚集带，温度相对低的聚集带起到了隔挡作用，从而减少了向盖层的热量损失。

（二）压力保持

在 SAGD 开采过程中，蒸汽腔的温度只有靠源源不断的高温蒸汽注入才能达到饱和蒸汽温度，蒸汽腔整体的压力才能保持稳定；当蒸汽腔的温度降低蒸汽就会凝结，压力随之降低。在非烃气辅助 SAGD 过程中，由于有气体的存在，对维持汽腔压力起到了很好作用，并节约了蒸汽的使用量。

（三）能量分布和驱油机理

在 SAGD 开采方式中，潜热是由蒸汽携带，通过热传导、对流和蒸汽凝结等方式放

热，并且蒸汽凝结后压力即消失。在非烃气辅助 SAGD 中，除了蒸汽的放热之外，非烃气体也可以传放热，但是它的传放热能力要远远低于蒸汽，非烃气体向上聚集没有把大量的热量携带到汽腔上方，但却增大了汽腔上方的压力，为向下泄油提供了动力。

（四）气体的指进

非烃气辅助 SAGD 中添加的非烃气体具有的指进作用有利于提高蒸汽前缘的流动能力。

（五）提高原油流动能力

原油溶解气体后体积膨胀，密度、黏度降低，原油流动能力增强。

参 考 文 献

[1] Butler R.M. The Steam and Gas Push（SAGP）[C]. the Petroleum Society's 48th Annual Technical Meeting，1997.

[2] Jiang Q. ，Butler R. M. Development of the Steam and Gas Push（SAGP）process [J] .The Journal of Canadian Petroleum Technology ，1996，35（10）：126-128.

第九章　稠油火驱实验技术

火烧油层是提高原油采收率的重要方法[1-5]之一，具有油藏适应范围广、物源充足、成本低、采收率高的巨大优势。辽河油田先后在杜66、高3-6-18等区块开火烧油层先导试验，取得了较好的成果。但火烧油层机理复杂、方案设计及现场试验暴露问题突出，迫切需室内实验提供相应的措施与技术支持。本文有针对性对火烧油层相似准则、燃烧基础参数、比例模拟实验、燃烧状态判识等技术难点进行攻关研究，在短短几年内实现了"从无到有、从简单到复杂过程物理模拟实验"的重大跨越，可以为火烧油层油藏工程方案的编制、设计、现场合理实施，提供可靠的技术支持。

第一节　火烧油层相似理论

火烧油层比例物理模拟实验的依据是火烧油层相似理论[6-8]，没有相似理论，就无法开展模拟现场实际情况的物理模拟实验。国外学者 Binder[9]、Garon[10] 等建立的火驱物理相似准则简化了火烧条件，重点考虑几何和时间相似、流态相似以及重力相似，没有考虑燃烧反应动力学参数等。火烧油层最重要的过程是燃烧反应，针对火烧油层机理及燃烧的复杂性，建立了以燃料转化率为主线的火烧油层四相七组分燃烧动力学表达式及相似准则[11-12]，为火烧油层物理模拟、数值模拟研究及准确地认识火烧油层驱油机理提供了可靠的理论依据。

一、燃烧动力学表达式的建立

稠油组分复杂，在火烧油层过程中反应众多，对此进行如下假设：

（1）原油组分划分为四相七组分，即：油相，包括轻质油（LH）、重质油（HH）；气相，包括 O_2、CO_2、惰性气体；水相为 H_2O；固相为焦炭。

（2）将燃烧过程简化为 2 步 4 个化学反应。首先原油受热分解为轻质油、重质油、焦炭等各种烃类化合物，然后各烃类化合物在有氧条件下发生氧化反应。

火烧油层燃烧过程中，将燃料转化率 α 指标引入 Arrhenius 公式中。

原油热解反应动力学方程：

$$r_{cf} = A_{cf} e^{(-E_{cf}/RT)} \left(\phi \alpha_{cf} \Delta S \bar{S}_o \rho_o \omega_{oHH} \right) \tag{9-1-1}$$

轻质油组分氧化反应动力学方程：

$$r_{LH} = A_{LH} e^{(-E_{LH}/RT)} \left(y_{gx} \right) \left(p_o + p_{cog} \right) \left(\phi \alpha_{LH} \Delta S \bar{S}_o \rho_o \omega_{oLH} \right) \tag{9-1-2}$$

重质油组分氧化反应动力学方程：

$$r_{HH} = A_{HH} e^{(-E_{HH}/RT)} \left(y_{gx} \right) \left(p_o + p_{cog} \right) \left(\phi \alpha_{HH} \Delta S \overline{S}_o \rho_o \omega_{oHH} \right) \qquad (9-1-3)$$

焦炭组分氧化反应动力学方程：

$$r_{co} = A_{co} e^{(-E_{co}/RT)} \left(y_{gx} \right) \left(p_o + p_{cog} \right) \left(\phi \alpha_{co} \Delta S \overline{S}_o \rho_o \omega_{oHH} \right) \qquad (9-1-4)$$

式中　α_{cf}——原油热解反应的燃料转化率，%；

α_{LH}，α_{HH}，α_{co}——轻质油、重质油、焦炭燃烧反应的燃料转化率，%；

A_{LH}，A_{HH}——轻质油、重质油组分速率公式中的 Arrhenius 常数，1/s；

A_{cf}，A_{co}——焦炭生成与氧化速率公式中的 Arrhenius 常数，1/s；

E_{LH}——轻质油氧化的活化能，kJ/mol；

E_{HH}——重质油氧化的活化能，kJ/mol；

E_{cf}——形成焦炭的活化能，kJ/mol；

E_{co}——焦炭氧化的活化能，kJ/mol；

R——通用气体常数，J/（mol·k），数值为 8.314J/（mol·k）；

T——温度，K；

y_{gx}——气相中氧气摩尔分数，%；

p_o——油相的分压力，Pa；

p_{cog}——焦炭的分压力，Pa；

ϕ——多孔介质孔隙度，%；

S——含油饱和度，%；

ρ_o——原油密度，g/cm³；

ω_{ij}——i 相中 j 组分质量分数，%。

二、火烧油层数学模型的建立

根据达西定律、质量守恒与能量守恒定律，结合燃烧动力学表达式，建立描述火烧油层中原油四相七组分的运动、传质、传热过程的数学模型。

（一）运动方程

在火烧油层过程中，大部分原油主要靠高温热源、混相或非混相驱等综合驱动力作用下在多孔介质发生运移，在运移过程中遵循 Darcy's 定律：

$$q_i = -\frac{K_i}{\mu_i} \left(\nabla p_i + \rho_i g \nabla z \right) \quad (i = \text{g, o, w})$$

$$V_i = \frac{q_i}{\phi \Delta S \overline{S}_i} \quad (i = \text{g,o,w})$$

$$(9-1-5)$$

式中 q_i——通过单位多孔介质横截面的流量，kg/s；

       p_i——i 相下的压力，Pa；

       K_i——i 相的有效渗透率；

       μ_i——相 i 黏度，Pa·s；

       g——重力加速度，m/s^2；

       z——油藏标高，m；

       V_i——气、油和水的峰面移动速度，m/s。

（二）质量守恒方程

气相：

$$\frac{\partial}{\partial t}\left(\phi\Delta\bar{S}_g\rho_g\omega_{gx} + \phi\Delta S\bar{S}_g\rho_g\omega_{gN} + \phi\Delta S\bar{S}_g\rho_g\omega_{CO_2}\right) =$$

$$\mathrm{div}\left[\frac{\rho_g K_g\omega_{gx}}{\mu_g}\left(\nabla p_g + \rho_g g\nabla z\right) + \frac{\rho_g K_g\omega_{gN}}{\mu_g}\left(\nabla p_g + \rho_g g\nabla z\right) + \frac{\rho_g K_g\omega_{gCO}}{\mu_g}\left(\nabla p_g + \rho_g g\nabla z\right)\right]$$

$$-\left(s_5 r_{LH} + s_8 r_{HH} + s_{11}r_{co}\right) + s_4 r_{cf} + \left(s_6 r_{LH} + s_9 r_{HH} + s_{12}r_{co}\right)$$

$$\text{（9-1-6）}$$

水相：

$$\frac{\partial}{\partial t}\left(\phi\Delta S\bar{S}_w\rho_w\omega_{ww}\right) = \mathrm{div}\left[\frac{\rho_w K_w\omega_{ww}}{\mu_w}\left(\nabla p_w + \rho_w g\nabla z\right)\right] + \left(s_7 r_{LH} + s_{10}r_{HH} + s_{13}r_{co}\right) \quad \text{（9-1-7）}$$

油相：

$$\frac{\partial}{\partial t}\left(\phi\Delta S\bar{S}_o\rho_o\omega_{oLH} + \phi\Delta S\bar{S}_o\rho_o\omega_{oHH}\right)$$

$$= \mathrm{div}\left[\frac{\rho_o K_o\omega_{oLH}}{\mu_o}\left(\nabla p_o + \rho_o g\nabla z\right) + \frac{\rho_o K_0\omega_{oHH}}{\mu_o}\left(\nabla p_o + \rho_o g\nabla z\right)\right] \quad \text{（9-1-8）}$$

$$+\left(s_1 r_{cf} - r_{LH}\right) + \left(s_2 r_{cf} - r_{HH}\right)$$

焦炭：

$$s_3 r_{cf} - r_{co} = \alpha_f\frac{\partial}{\partial t}\left(n_{co}\right) \quad \text{（9-1-9）}$$

式中 t——时间，s；

       ρ_i——相 i 密度，kg/m^3。

（三）能量守恒方程

与注蒸汽热采不同，火烧油层数学模型中能量不仅仅是物质间的传递，还有燃烧反应的自身释放的热量。

$$\phi\frac{\partial}{\partial t}\left(u_g\Delta S\overline{S}_g\rho_g + u_w\Delta S\overline{S}_w\rho_w + u_o\Delta S\overline{S}_o\rho_o\right) + (1-\phi)\frac{\partial}{\partial t}\rho_r u_r + \phi\frac{\partial}{\partial t}\left(n_{co}u_c\right)$$

$$= \text{div}\left(\lambda_r\nabla T\right) + \text{div}\left[\frac{\rho_g h_g K_g}{\mu_g}\left(\nabla p_g + \rho_g g\nabla z\right)\right] + \text{div}\left[\frac{\rho_w h_w K_w}{\mu_w}\left(\nabla p_w + \rho_w g\nabla z\right)\right] \quad\text{（9-1-10）}$$

$$+ \text{div}\left[\frac{\rho_o h_o K_o}{\mu_o}\left(\nabla_o + \rho_o g\nabla z\right)\right] + \left(H_{w,b}r_b + H_{w,d}r_d + H_{LH}r_{LH} + H_{HH}r_{HH} + H_{co}r_{co} + H_{cf}r_{cf}\right)$$

$$\mu_g = \sum_i \omega_{gi}c_{vi}\left(T - T_0\right)\quad\left(i = O_2, CO_2, N_2\right)$$

$$h_g = \sum_i \omega_{gi}c_{pi}\left(T - T_0\right)\quad\left(i = O_2, CO_2, N_2\right)$$

$$\mu_w = \omega_w c_{vw}\left(T - T_0\right)$$

$$h_w = \sum_i \omega_w c_{pw}\left(T - T_0\right)$$

$$\mu_o = \sum_i \omega_{oi}c_{vi}\left(T - T_0\right)\quad\left(i = LH, HH\right)$$

$$h_o = \sum_i \omega_{oi}c_{pi}\left(T - T_0\right)\quad\left(i = LH, HH\right)$$

$$\mu_r = c_{vt}\left(T - T_0\right)$$

式中　μ_g——气相的比内能，kJ/kg；

$\quad\quad h_g$——气相的比焓，kJ/kg；

$\quad\quad \mu_w$——水相的比内能，kJ/kg；

$\quad\quad h_w$——水相的比焓，kJ/kg；

$\quad\quad \mu_o$——油相的比内能，kJ/kg；

$\quad\quad h_o$——油相的比焓，kJ/kg；

$\quad\quad \mu_c$——焦炭的比内能，kJ/kg；

$\quad\quad n_{co}$——焦炭的浓度，kg/m^3；

$\quad\quad \mu_r$——岩石的比内能，kJ/kg；

$\quad\quad \mu_i$——相 i 的比内能，kJ/kg；

$\quad\quad h_i$——相 i 的比焓，kJ/kg；

$\quad\quad c_{pi}$——组分 i 的比定压热容，kJ/(kg·K)；

$\quad\quad c_{vi}$——组分 i 的比定容热容，kJ/(kg·K)；

$\quad\quad \lambda_r$——焦炭的热导率，W/(m·K)。

（四）定解条件

初始条件：地层油压、温度、油和水饱和度的初始参数：

$$p_o\left(0, x_1, x_2, x_3\right) = p_{oi}\left(0, x_1, x_2, x_3\right) \quad\text{（9-1-11）}$$

$$T\left(0, x_1, x_2, x_3\right) = T_{oi}\left(0, x_1, x_2, x_3\right) \quad\quad （9-1-12）$$

$$S_o\left(0, x_1, x_2, x_3\right) = S_{oi}\left(0, x_1, x_2, x_3\right) \quad\quad （9-1-13）$$

$$S_w\left(0, x_1, x_2, x_3\right) = S_{wi}\left(0, x_1, x_2, x_3\right) \quad\quad （9-1-14）$$

边界条件：流过单位上下边界（盖层和底层）的质量流量为零，则：

$$\rho_o v_{on} = -\frac{\overline{\overline{k}}_o \rho_o}{\mu_o}\left(\nabla p_{on} + \rho_o g \nabla_n z\right) = 0 \quad\quad （9-1-15）$$

$$\rho_g v_{gn} = -\frac{\overline{\overline{k}}_g \rho_g}{\mu_g}\left(\nabla p_{gn} + \rho_g g \nabla_n z\right) = 0 \quad\quad （9-1-16）$$

$$\rho_w v_{wn} = -\frac{\overline{\overline{k}}_w \rho_w}{\mu_w}\left(\nabla p_{wn} + \rho_w g \nabla_n z\right) = 0 \quad\quad （9-1-17）$$

三、火烧油层相似准则的推导及适应性分析

根据检验分析原理，对上述各式进行无因次化，按量纲分析法进行简化，处理掉不独立的相似准则，可得到独立简化的几何、物性参数、力学、燃烧动力学参数、注采参数 5 大方面相似准则数，见表 9-1-1。

表 9-1-1　火烧油层比例物理模拟主要相似准则数

相似准数（例）	物理意义	对应参数
$\dfrac{L}{x_{1R}}$	几何相似	井网、井距、油层厚度、射孔井段
$\dfrac{k\Delta\rho g t}{\phi\Delta \overline{\overline{SS}}\mu L}$　$\dfrac{k\Delta\rho g t}{\phi\Delta S\mu L}$	物性参数相似	饱和度、渗透率、孔隙度
$\dfrac{\Delta\rho g L}{\Delta p}$	力学相似	重力、驱动力、黏滞力、毛细管力、弥散传质
$\dfrac{\lambda_r t}{(1-\phi)\rho_r C_{vr} L^2}$	燃烧动力学参数相似	地层温度、热物性参数、反应动力学参数、燃料转化率、热焓值、气体质量分数、反应速率、火线推进速率
$\dfrac{W_g t}{\phi\Delta \overline{\overline{SS}}\rho L^3}$	注采参数相似	注入速率、反应时间、渗流速率、产出量与速度

物理模拟的关键是针对油藏条件，抓住主要矛盾，确定并在模拟中实现起主导和决定性作用的相似准则数，在一定程度上真实地反映火烧油层作用规律与变化特征。分别选取了三种不同实验条件进行了典型的适应性分析，给出了有针对性的火烧油层物理模拟过程中需要满足的主要相似准数。

实验条件 1：火烧油层一维实验，能够满足的相似准则数是：

$$\frac{L}{x_{1R}}, \frac{k_{wR}\mu_{gR}}{k_{gR}\mu_{wR}}, \frac{p_p}{p_{gR}}, \frac{r_{LHR}}{r_{coR}}, \omega_{rHHR}, \frac{V_{oR}}{V_{gR}}, \frac{W_{poR}\mu_{oR}}{k_{gR}\rho_{oR} p_{oR} x_{1R}} \quad\quad （9-1-18）$$

一般用于燃烧管一维实验，仅满足在长度 L false 方向的准数，不满足宽度与厚度的准数，重力与弥散力的作用没有模拟。由于在一维方向上对流，反应速率有关的项不能准确模拟。另外，取决于质量扩散效应及含有蒸汽比率的相似准数没有准确模拟，因此，该准则不适用于湿式燃烧实验。

实验条件 2：火烧油层比例模拟实验，能够满足的相似准则数是：

$$\frac{L}{x_{1R}}, \frac{k_{wR}\mu_{gR}}{k_{gR}\mu_{wR}}, \frac{\overline{S}_{wR}}{\overline{S}_{gR}}, \frac{p_p}{p_{gR}}, \frac{\alpha_{fc}n_{cR}}{t_R r_{coR}}, \frac{\alpha_{rR}t_R}{(1-\phi_R)x_{1R}^2}, \frac{H_{HHR}r_{HHR}}{H_{LHR}r_{LHR}}, \frac{\alpha_{cR}}{\alpha_{rR}}, \frac{T_{iR}}{T_R}, \frac{r_{cfR}}{r_{coR}},$$
$$\omega_{rHHR}, \frac{\phi_R \Delta S_R \overline{S}_{gR} V_{gR}\mu_{gR}x_{1R}}{k_{gR}p_{gR}}, \frac{V_{wR}}{V_{gR}}, \frac{\alpha_{fR}V_{rR}}{V_{gR}}, \frac{W_{poR}\mu_{oR}}{k_{gR}\rho_{oR}p_{oR}x_{1R}} \qquad (9-1-19)$$

用于开展比例物理模拟，可以准确地模拟火驱过程中毛细管力、质量扩散速率与黏性力的比。绝对压力对反应速率影响极大，其中当绝对压力相同时，模型与原型的反应速率相同；当绝对压力不同时，模型与原型的反应速率不同，因此，与反应速率有关的项能否准确模拟主要取决绝对压力是否相同。

实验条件 3：有催化剂加快反应速率的比例物理模拟，能够满足的相似准则数是：

$$\frac{L}{x_{1R}}, \phi_R, \frac{k_{wR}\mu_{gR}}{k_{gR}\mu_{wR}}, \frac{\overline{S}_{wR}}{\overline{S}_{gR}}, \frac{p_{oR}}{p_{gR}}, \frac{p_p}{p_{gR}}, \frac{W_{wp}}{W_{gp}}, \frac{\alpha_{fc}n_{cR}}{t_R r_{coR}}, \frac{\alpha_{rR}t_R}{(1-\phi_R)x_{1R}^2}, \frac{H_{HHR}r_{HHR}}{H_{LHR}r_{LHR}},$$
$$\frac{H_{coR}r_{coR}}{H_{LHR}r_{LHR}}, \frac{H_{cfR}r_{cfR}}{H_{LHR}r_{LHR}}, \frac{\alpha_{cR}}{\alpha_{rR}}, \frac{T_{iR}}{T_R}, \frac{r_{LHR}}{r_{coR}}, \frac{r_{cfR}}{r_{coR}}, \frac{r_{HHR}}{r_{coR}}, \omega_{rHHR}, \omega_{rcoR}, \qquad (9-1-20)$$
$$\frac{\phi_R \Delta S_R \overline{S}_{gR} V_{gR}\mu_{gR}x_{1R}}{k_{gR}p_{gR}}, \frac{V_{oR}}{V_{gR}}, \frac{V_{wR}}{V_{gR}}, \frac{\alpha_{fR}V_{rR}}{V_{gR}}, \frac{W_{poR}\mu_{oR}}{k_{gR}\rho_{oR}p_{oR}x_{1R}}$$

通过不同压降来模拟非均质条件下重力火驱，可以使用磨碎的天然油砂或模拟油砂，但须保证的条件是模型的渗透性与原型的相关性。催化剂用于改变反应速率，通过与反应速率相关的相似准数来实现相似性。

第二节 燃烧基础参数测定技术

火烧油层的驱油效果与地层、原油性质、注空气的通风强度、点火温度和燃烧温度等因素都有密切的联系，因此在决定对某油藏实施火烧油层现场试验之前，有必要开展原油的燃烧基础参数测定实验[13-17]，认识原油的燃烧基础参数特征，为现场试验提供技术支持，降低现场试验的成本与风险。

一、实验原理

火烧油层燃烧反应为 $C_xH_y+O_2 \longrightarrow CO_2+CO+H_2O$，在火烧油层实验的某一燃烧区间内，对注入空气中的 O_2 和产出气体中的 O_2、CO_2 及 CO 含量进行连续测定，将测定的气体量代入反应式中即可求出该燃烧区间燃料 C_xH_y 中 C_x 和 H_y 的含量。然后根据该燃烧区间的体积、C_x 的含量、H_y 的含量、通风强度、燃烧时间和模型油砂的初始条件，可分别求取视 H/C 原子比、燃料消耗量、燃料消耗率、空气消耗量、氧气利用率、空气油比、燃烧前缘推进速度和火烧油层驱油效率等基础参数。

二、实验装置

实验装置有两种，燃烧釜模型、火烧油层一维模型。

燃烧釜模型用来确定焦炭含量与通风强度、含油饱和度、孔隙度、注气压力等参数的关系，分析原油的自燃温度、影响原油的燃料生成量的因素。燃烧釜模型示意图如图 9-2-1 所示，最高工作压力为 50MPa，最高温度为 1000℃。

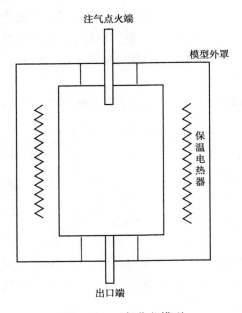

图 9-2-1　氧化釜模型

火烧油层一维模型用来测定油藏的燃料消耗量、燃料的视氢碳原子比、空气耗量等燃烧特性，评定燃烧前缘推进速度、燃烧过程的稳定性。火烧油层一维模型示意图如图 9-2-2 所示，最高工作压力 3MPa，最高工作温度 900℃。

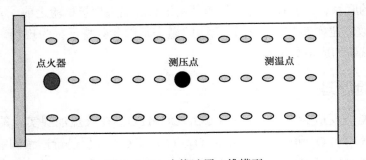

图 9-2-2　火烧油层一维模型

三、实验方法

（1）实验准备。实验用油应先在低于 80℃ 温度下进行过滤，在低于 120℃ 温度下进行脱水，含水低于 0.5% 为合格。实验用水可采用实际地层水或者按地层水分析资料配制。实验用油砂可采用天然油砂或模拟油砂。将选用的原油与石英砂按一定比例混合均匀，使含油饱和度达到实验设计值，即为模拟油砂。

（2）建立模型。将天然油砂或模拟油砂装入模型内并捣实，安装端盖，连接实验流程，并测试气密性。

（3）建立初始温度场。通过模型本体外部的加热装置使模型达到实验设计初始温度；模型初始温度场应均匀一致，各温度测点值相差小于 2℃。

（4）点火。启动点火系统和注气系统，点火温度设定值应在门槛温度 20℃ 以上，按较低的速度持续注入空气。

（5）燃烧实验。按实验设计的空气流量持续注入空气，实时监测并记录空气注入压力、空气流量、模型各测温点温度和尾气中各组分数据，分阶段收集产出油（液）。

（6）燃烧结束后仍继续通风，使模型本体的温度降至室温；拆开模型，取出已燃砂、结焦砂、未燃油砂，分别计量其体积和质量。

四、燃烧基础参数计算

火烧油层燃烧基础参数包括：门槛温度、视 H/C 原子比、燃料消耗量、燃料消耗率、空气消耗量、氧气利用率、累计空气油比、阶段空气油比、燃烧前缘推进速度、火烧油层驱油效率。

（1）门槛温度：门槛温度是在连续恒速注入空气条件下，能在 1h 内使油砂点燃的最低点火温度，是火烧油层现场试验点火阶段加热器功率及其加热时间设计的最重要参数。在模型中段选择一系列温度测点进行数据分析，绘制温度与时间的关系曲线及对应的温度变化速率与时间的关系曲线，如图 9-2-3 所示。由图 9-2-3 分析可以发现，在油砂被点

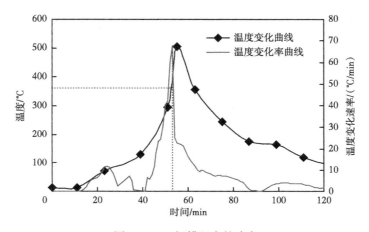

图 9-2-3　门槛温度的确定

燃之前，油砂主要靠热传导传热，升温速率相对稳定且缓慢。在油砂被点燃后，燃烧将会产生大量的热量，燃烧带处的局部范围内热量会产生聚集，温升速率会急剧上升，随着火线的向前移动，温升速率开始下降。因此油砂点燃的瞬间温升速率出现极大值，在与其对应温度—时间关系曲线上可求得门槛温度值。

受组分的影响，不同区块的原油门槛温度相差很大（350~600℃），是设计火烧现场点火阶段加热器功率及其加热时间的一个重要参数。分析认为，火烧油层的燃料主要为原油中的重质组分经裂解反应而产生的焦炭，原油黏度越大，其含有的重质组分结构也越复杂，发生裂解需要更高的温度，因此其门槛温度也越高。

（2）视 H/C 原子比：亦称为当量氢碳原子比。之所以称为"视"或"当量"氢碳原子比，是因为只考虑高温氧化（燃烧）反应，不考虑低温氧化反应，不考虑油层内矿物质和水的化学反应（例如黄铁矿、硫酸盐和碳酸盐在高温下可能分解，并且与低温氧化形成的酸性产物发生反应），即认为氧与有机燃料的反应，结果生成 CO、CO_2 和 H_2O 等基本反应产物。实际并非如此，因此由高温氧化反应的化学计算式只是近似地反映了包括氧、碳和氢的反应，称为"视"或"当量"H/C 原子比。

$$R_{H/C} = \frac{4V_{O_2}''}{V_{CO_2} + V_{CO}}$$ （9-2-1）

式中　$R_{H/C}$——视 H/C 原子比数值；

V_{O_2}''——t_1 到 t_2 时间内与燃料中氢元素发生反应的氧气在标准状况下的体积数值，L；

V_{CO_2}——t_1 到 t_2 时间内燃烧生成的 CO_2 在标准状况下的体积数值，L；

V_{CO}——t_1 到 t_2 时间段内燃烧生成的 CO 在标准状况下的体积数值，L。

有人认为，燃料消耗量的 H/C 原子比（X 值）是燃烧过程进行情况的函数，或者说它表征氧化模式。已燃区内或已燃区附近很少留下含炭残渣或者没有含炭残渣的地方，表示发生高温氧化反应，燃烧产物中 CO、CO_2 含量多，X 值相当低，当低温反应的作用增大，X 的值增大。一般当 $X < 3$ 时，可视为高温氧化反应，当 $X > 3$ 时，视为低温氧化反应。

（3）燃料消耗量：在设定通风强度下燃烧带扫过单位体积油砂消耗的燃料质量。是影响火烧油层成功与否的最重要因素。所谓的燃料并不是原油，而是原油蒸馏和热裂解后沉淀在岩石中的砂粒上可用来燃烧的富含炭残渣。燃料消耗量的大小用每单位油层容积中存留的燃料量表率，SI 制单位为 kg/m³，英制单位为 lb/ft³，一般用实验室的燃烧管试验测定。

$$l_f = \frac{m_{C_x} + m_{H_y}}{V_{S_1S_2}}$$ （9-2-2）

$$m_{H_y} = \frac{M_H \left(V_{O_2} - V_{O_2}' - V_{CO_2} - 0.5V_{CO} \right)}{5600}, m_{C_x} = \frac{V_{CO_2} + V_{CO}}{22400}$$ （9-2-3）

式中　l_f——燃料消耗量数值，kg/m³；

$V_{S_1S_2}$——S_1 与 S_2 之间岩心体积数值，m³；

m_{C_x}——t_1 到 t_2 时间段内消耗燃料 C_xH_y 中 C_x 的质量数值，kg；

m_{H_y}——t_1 到 t_2 时间段内消耗燃料 C_xH_y 中 H_x 的质量数值，kg；

m_H——氢原子摩尔质量，g/mol；

V_{O_2}——t_1 到 t_2 时间内通过燃烧带的氧气在标准状况下的体积，L；

V'_{O_2}——t_1 到 t_2 时间内通过燃烧带的未被消耗的氧气在标准状况下体积，L。

大量的实验室试验结果表明，燃料消耗量变化范围为 13~45kg/m³（0.8~2.8 lb/ft³），随着氢碳原子比（H/C）的增大而减小，随原油密度增大而增大，随原油黏度增大而增大。对于湿式燃烧，燃料消耗量随水与空气比增大而减小。稠油的燃料消耗量高是它的一个明显的缺点，同时也会使得燃烧一定体积油层所需的空气量增大。这一缺点由稠油油藏中高的含油饱和度所补偿。燃料消耗量高对维持油层内燃烧极为有利，这也是火烧油层大部分用于稠油开采的原因之一。

燃烧消耗量通常是指高温氧化反应消耗掉的燃料，即氧和沉积在岩石中砂粒上富炭残渣之间的反应，结果生产 CO_2、CO、H_2O 等基本的反应产物，反应使燃料中除去碳。要产生这种反应的稳定较高，虽然不能指出一个明确的温度，但大量各种原油的燃烧试验表明，650 ℉（343℃）可以认为是比较公认的数值，称之为最小的有效燃烧温度，低于该温度时，就会有一部分消耗的氧气与原油起反应，生产羧酸、乙醛、甲酮、乙醇和过氧化酸物等氧化有机化合物，而不产生 CO 和 CO_2，伯格等把它们称之为低温氧化产物。因此，燃料消耗量可以利用燃烧管试验中排出气体的成分来求出，根据是高温氧化反应的化学计算。

（4）燃料消耗率：燃烧带扫过油藏单元体积中消耗燃料的质量占该单元体积地质储量质量的百分比。

$$R_f = \frac{m_{C_x} + m_{H_y}}{V_{S_1S_2}\phi S_o \rho_o} \quad (9-2-4)$$

式中 R_f——燃料消耗率；

ϕ——储层孔隙度；

S_o——初始状态含油饱和度；

ρ_o——原油密度数值，kg/m³。

（5）空气消耗量：燃烧带扫过单位体积油砂消耗的空气在标准状况下的体积。对于干式燃烧，其空气消耗量一般在 120~360 m³（ST）/m³。重质油的空气消耗量为 175~360 m³（ST）/m³。轻质油的空气消耗量为 120~175 m³（ST）/m³。

$$l_{air} = \frac{V_{air}}{V_{S_1S_2}} \quad (9-2-5)$$

式中 λ_{air}——空气消耗量数值，m³/m³；

V_{air}——t_1 到 t_2 时间段内累计通过燃烧面的空气在标准状况下体积数值，m³。

空气注入速度取决于对油层燃烧速度的要求。在一定的燃烧速度下，空气注入速度与火线距离是成正比的，而油层燃烧过程中火线距离是不断扩大的。因此，火烧油层方案设计时是根据正常的燃烧速度范围，采取分阶段选用平均通风强度为基础的方法，来确定各个阶段恒定的空气注入速度。如此，由于各阶段的空气注入速度保持不变，其燃烧速度和通风强度则随着火线距离的增加而逐渐下降，降至维持油层稳定燃烧的极限值时，再增加空气注入速度，并使其恒定，转入到后一燃烧阶段，由此类推，直到井网停止燃烧。

（6）氧气利用率：通过燃烧带消耗掉的氧气在标准状况下的体积占总注入氧气在标准状况下体积的百分比。

$$R_{O_2} = \frac{V_{O_2} - V'_{O_2}}{V_{O_2}} \tag{9-2-6}$$

式中　R_{O_2}——氧气利用率，%。

（7）累计空气油比：整个火烧油层驱油过程中累计注入空气在标准状况下体积量与累计采出原油质量的比值。

$$AOR_t = \frac{V_{airt}}{m_{oilt}} \tag{9-2-7}$$

式中　AOR_t——整个实验过程累计空气油比数值，m^3/t；

V_{airt}——整个实验过程累计注入空气在标准状况下的体积数值，L；

m_{oilt}——整个实验过程累计产油量的质量数值，kg。

（8）阶段空气油比：火烧油层驱油过程中某个阶段累计注入空气在标准状况下体积量与该阶段采出原油质量的比值。

$$AOR_s = \frac{V_{airs}}{V_{S_1S_2}\phi S_{oi}\rho_{oi} - m_{C_x} - m_{H_y}} \tag{9-2-8}$$

式中　AOR_s——t_1 到 t_2 时间段内阶段空气油比数值，m^3/t；

$V_{S_1S_2}$——t_1 到 t_2 时间段内累计注入空气在标准状况下的体积数值，L。

（9）燃烧前缘推进速度：燃烧前缘在单位时间内推进的距离。

$$v = \frac{L_{S_1S_2}}{t_1 - t_2} \tag{9-2-9}$$

式中　v——火线推进速度数值，mm/h；

$L_{S_1S_2}$——S_1 与 S_2 之间的距离数值，mm。

（10）火烧油层驱油效率：从燃烧带扫过的油藏单元体积中被驱替出的那部分石油储量质量占该单元体积地质储量质量的百分数。

$$E_D = 1 - R_f \tag{9-2-10}$$

式中　E_D——火烧油层驱油效率数值。

第三节　氧化动力学分析技术

动力学（Dynamics）是经典力学的一门分支，主要研究运动的变化与造成这变化的各种因素。换句话说，动力学主要研究的是力对于物体运动的影响。热分析动力学是应用热分析技术研究物质的物理性质和化学反应的速率和机理的一种方法，从而获得相应反应的动力学参数和机理函数。基元反应碰撞理论认为，化学反应的发生，是反应物中活化分子之间碰撞的结果。把能够发生有效碰撞的分子叫作活化分子，同时把活化分子所多出的那部分能量称作活化能（activation energy），即非活化分子转变为活化分子所需吸收的能量。这个理论解释了温度、活化能对化学反应速率的影响。例如：低温时，活化分子少，有效碰撞少，化学反应速率就低；高温时，活化分子多，有效碰撞多，化学反应速率就高。

Arrhenius 公式在化学动力学的发展过程中所起的作用非常重要，特别是他所提出的活化分子的活化能的概念，在反应速率理论的研究中起了很大的作用。

一、实验原理

火烧油层过程中稠油氧化反应速率遵循阿伦尼乌斯方程[18-19]，其氧化速率可表示为：

$$d\alpha / dt = A\exp(-E / RT) f(\alpha) P_{O_2} \tag{9-3-1}$$

式中　α——反应样品的转化率；

　　　t——反应样品的反应时间，s；

　　　A——反应样品的频率因子；

　　　E——该反应的活化能，J/mol；

　　　R——气体常数，$J \cdot mol^{-1} \cdot K^{-1}$，数值为 $8.314 J \cdot mol^{-1} \cdot K^{-1}$；

　　　T——反应的热力学温度，K；

　　　$f(\alpha)$——反应样品转化率的函数；

　　　P_{O_2}——反应气氛中的氧气分压力，Pa。

二、实验设备

原油氧化动力学分析的设备有热重分析仪、差示扫描量热仪、绝热加速量热仪、氧弹量热仪等。

热重分析仪（TG）温度范围为 0~1100℃，升温速率 0~25℃/min，压力范围为 0~1000psi，主要用于分析不同类型原油在不同温度条件下物理蒸馏与化学反应规律以及氧化反应动力学及反应机理研究。

差示扫描量热仪（DSC）温度范围为室温至 600℃，升温速率 0~50℃/min，压力范围为 0~15MPa，主要用于获得氧化反应动力学参数（活化能、频率因子）、划分原油的不同反应区间、计算原油不同反应区间的吸放热量、分析特定温度条件下原油的热稳定性、分析不同气氛条件下原油的热稳定性—氧化稳定性及测定油砂、岩心等的比热容等。

加速绝热量热仪（ARC）温度范围为室温至 500℃，控温精度为 0.025℃，放热检测灵敏度为 0.01℃/min。样品室为球形，有效容积为 75mL。压力范围为 0~13.6MPa，压力精度为 ±0.1% FS，压力跟踪极值为 68MPa/min。主要用于绝热条件下测定原油的门槛温度；放热反应过程中温度与时间的关系；放热反应过程中升温速率与温度、时间的关系；

反应系统内，压力变化速率与温度、时间的关系；绝热、恒温条件下，反应达到最快速率所需要的时间；测定反应动力学参数。

氧弹量热仪是用于固体和液体样品的热值测量。将 1g 的固体或液体样品称量后放入坩埚中，将坩埚置于不锈钢的容器（氧弹）中。往燃烧容器/氧弹中充满 30bar 压力的氧气（3.5 级：理论纯度 99.95%）。样品在氧弹内通过点火丝和棉线引燃。在燃烧过程中坩埚的中心温度可达 1200℃，同时氧弹内的压力上升。在此条件下，所有的有机物燃烧并氧化，氢生成水，碳生成二氧化碳，样品中的硫将氧化成 SO_2、SO_3，并溶于水，释放出一定的热量（硫酸生成热），空气中的氮气在高压富氧的条件下，会有少量被氧化生产 NO_2，溶于水释放出一定热量（硝酸生成热），在容器中（内桶 IV）充满水，使水环绕在氧弹的周边，燃烧时产生的热量会传给氧弹周边的水。为确保燃烧产生的热量不会从系统传到外界和外界的热量不会传进系统里（室温变化），使用另一个容器（外桶 OV）作为隔热的装置，依据不同的测定原理和外筒温度控制，测定可以分为绝热模式和等温模式。

三、实验方法

（一）测定过程与技术要求

（1）样品制备：样品可为天然油砂和模拟油砂。对于天然油砂，需研磨至肉眼可见范围内均匀，并将研磨后的油砂颗粒置于鼓风干燥箱中，在 120℃ 下恒温 1h，然后取出搅拌至均匀。对于模拟油砂，需将原油过滤除杂、脱水，然后与石英砂（分析纯 SiO_2，粒径在 100~400 目范围内）按 1:9 质量比混合，在不高于 120℃ 的温度下恒温 1h，然后取出搅拌至均匀。

（2）测定背景曲线：接通气源，气体流量符合仪器要求范围。在 50℃ 下将空样品容器放入加热装置内，调零。以恒定升温速率 β（℃/min）从 50℃ 加热至 700℃ 得到背景曲线。

（3）装样：将仪器降温至 50℃ 以下时，将空样品容器置于加热装置中，调零。然后取出样品容器，将试样放入样品容器中，然后再将样品容器放入加热装置内。

（4）测定热重、DSC 曲线：以上述的升温速率 β（℃/min）从 50℃ 加热至 700℃，得到试样质量、放热量随时间、温度的变化曲线。

（5）测定不同升温速率热重、DSC、ARC 等热分析曲线：以不同的升温速率重复上述实验步骤。应至少进行四次不同升温速率（升温速率在 1~10℃/min 范围内选定）的试样质量、放热量与温度、时间的变化曲线。

（二）氧化动力学参数计算

1. 等转化率法

通过升温速率范围内的中间值 β_0 试验的 DTG 曲线，选取温度大于 350℃ 的高温氧化反应峰的峰温 T_0，并通过 β_0 升温速率试验的数据计算出 T_0 对应的特征转化率 α_0。

某一时刻 t 所对应的转化率 $\alpha(t)$ 按下式计算：

$$\alpha(t) = \frac{m_0 - m(t)}{m_0 - m_t}$$ （9-3-2）

式中　$\alpha(t)$——时刻 t 所对应的转化率；

$\quad\quad m(t)$——时刻 t 的试样质量，mg；

$\quad\quad m_0$——试样的初始质量，mg；

$\quad\quad m_t$——反应完成后的试样质量，mg。

确定不同升温速率试验特征转化率 α_0 所对应的特征温度 T（K）。以 $1/T$ 为横坐标，$\lg\beta$ 为纵坐标作图，为一直线，其斜率为特征转化率对应的活化能。

计算活化能：

$$E = -2.19R\frac{\mathrm{d}\lg\beta}{\mathrm{d}(1/T_\alpha)}$$ （9-3-3）

计算指前因子：

$$A = 4.7\times10^{-5}\beta_0 E\frac{e^{\frac{E}{RT_0}}}{RT_0^2}$$ （9-3-4）

2. 积分法

设升温速率为 β，$\beta=\mathrm{d}T/\mathrm{d}t$（单位为 K/s），将该式代入阿伦尼乌斯方程可以转换为：

$$\frac{\mathrm{d}\alpha}{\mathrm{d}T/\beta} = A\cdot\exp\left(-\frac{E}{RT}\right)f(\alpha)$$ （9-3-5）

式（9-3-5）可变换为：

$$\frac{\mathrm{d}\alpha}{f(\alpha)} = \frac{1}{\beta}A\cdot\exp\left(-\frac{E}{RT}\right)\mathrm{d}T$$ （9-3-6）

式（9-3-6）两边进行积分，可得：

$$\int_0^\alpha\frac{\mathrm{d}\alpha}{f(\alpha)} = G(\alpha) = \frac{A}{\beta}\int_{T_0}^T\exp\left(-\frac{E}{RT}\right)\mathrm{d}T$$ （9-3-7）

T_0 为开始反应的温度，通常忽略不计，则式（9-3-7）可变换为：

$$G(\alpha) \approx \frac{A}{\beta}\int_0^T\exp\left(-\frac{E}{RT}\right)\mathrm{d}T = \frac{AE}{\beta R}p(x)$$ （9-3-8）

其中，$x = \dfrac{E}{RT}$，$p(x) = \dfrac{e^{-x}}{x^2}\left(1 - \dfrac{2!}{x} + \dfrac{3!}{x^2} - \dfrac{4!}{x^3} + \cdots\right)$。

对 $p(x)$ 展开后，近似取前两项得：

$$G(\alpha) = \frac{ART^2}{\beta E}\left(1 - \frac{2RT}{E}\right)\exp\left(-\frac{E}{RT}\right)$$ （9-3-9）

对于一般的反应温度区和大部分的值，$\dfrac{E}{RT} \gg 1$，$1 - \dfrac{2RT}{E} \approx 1$ 则：

$$G(\alpha) = \frac{ART^2}{\beta E} \exp\left(-\frac{E}{RT}\right) \tag{9-3-10}$$

式（9-3-10）两边除以 T^2，并取自然对数得：

$$\ln\left[\frac{G(\alpha)}{T^2}\right] = \ln\left[\frac{-\ln(1-\alpha)}{T^2}\right] = \ln\left(\frac{AR}{\beta E}\right) - \frac{E}{RT} \tag{9-3-11}$$

方程式（9-3-11）中的 $\ln\left[\dfrac{-\ln(1-\alpha)}{T^2}\right]$ 对 $\dfrac{1}{T}$ 作图应得一直线，其斜率为 $-E/R$，截距中包含指前因子 A。按实验数据和计算结果间的最佳拟合原则确定正确的反应机理，求取反应动力学参数。

3. 微分法

$$\frac{\mathrm{d}\alpha}{\mathrm{d}t} = A \cdot \exp\left(-\frac{E}{RT}\right) f(\alpha) \rightarrow \frac{\mathrm{d}\alpha}{\mathrm{d}t \cdot f(\alpha)} = A \cdot \exp\left(-\frac{E}{RT}\right)$$

$$\rightarrow \ln\left[\frac{\mathrm{d}\alpha}{f(\alpha)\mathrm{d}t}\right] = \ln A - \frac{E}{RT}$$

假设反应是简单反应，其动力学机理为 $f(\alpha) = (1-\alpha)^n$，n 为反应级数，选择正确的表达式 $f(\alpha)$（即合理的反应级数 n），上述方程式中的 $\ln\left[\dfrac{\mathrm{d}\alpha}{f(\alpha)\mathrm{d}t}\right]$ 对 $1/T$ 作图，应得到一直线，其斜率为 $-E/R$，截距为 $\ln A$。

微分法的优点在于简单、直观、方便，但是在数据处理过程中要使用到 DTG 曲线的数值，此曲线非常容易受外界各种因素的影响，如实验过程中载气的瞬间不平稳、热重天平实验台的轻微震动等，这些因素都将导致 TG 曲线有一个微量的变化，DTG 曲线随之有较大的波动，$\dfrac{\mathrm{d}\alpha}{\mathrm{d}t}$ 的测定与试样量、升温速率和程序升温速率的线形好坏有关。因此微分法得到的实验数据易失真。

第四节　火烧油层物理模拟技术

火烧油层也称就地火烧、火驱，是指从一口井连续注入含氧介质，与地层内的原油发生氧化反应，产生热量和气体，驱动地层内的原油向生产井流动并采出的提高原油采收率技术，具有油藏适应范围广、物源充足、成本低、采收率高的优势。由于火烧油层技术的驱油机理十分复杂，在实际开发过程中存在着地层燃烧状态难以判识、火线调控难度大等技术难点。因此，为了准确认识火烧油层开采机理，优化油藏开发方案，指导现场合理实施，在室内建立了系列配套的物理模拟技术，针对火烧油层开采过程中的难点问题，开展了大量的火烧油层室内实验研究工作。

一、火烧油层比例物理模拟相似准则

根据质量守恒方程、运动方程、能量守恒方程对火驱过程进行数学描述，给出合适的边界条件及初始条件，建立火烧油层燃烧动力学模型，推导出相似准则群，得到一套包括几何相似、油藏物性参数相似、力学相似、注采参数相似等模型控制参数，在此基础上设计建立与油藏原型相似的物理模型。进行火烧油层驱油物理模拟实验，将实验数据及实验现象整理分析，揭示火烧油层驱油机理，认识油藏内部燃烧前缘扩展、油水运移及产出规律，指导油田开发生产。

（一）相似准则的推导

根据质量守恒方程、运动方程、能量守恒方程对火烧油层过程进行数学描述，并给出合适的边界条件及初始条件，应用气固两相界面反应动力学模型，建立火烧油层燃烧动力学模型，推导出相似准则群，从中得出相应的相似准则。

（二）相似准则的选择

1.几何相似满足要求

（1）比例物理模型尺寸与油藏原型几何条件按比例进行模化；

（2）井网结构应按同比例进行模化。

2.油藏物性参数相似满足要求

（1）根据研究目的，比例物理模型的渗透率按相似比例进行模化或按油藏原型；

（2）比例物理模型的含油饱和度与油藏原型相似；

（3）实验用油应选取目标区块原油。

3.力学相似满足要求

比例物理模型中主要力学参数如驱动力、重力等相似与模拟火烧油层方式相对应。

4.注采参数相似满足要求

（1）比例物理模型中时间应与油藏原型按比例进行模化；

（2）比例物理模型中空气注入量应与油藏原型按比例进行模化；

（3）比例物理模型中油水产出量应与油藏原型按比例进行模化。

二、物理模拟实验装置

火烧油层比例物理模拟实验装置由注入系统、模型本体、点火系统、数据采集与处理系统、尾气在线监测系统和安全防护（排风）系统六部分组成，最高工作压力15MPa，最高工作温度1000℃。模型本体与注采井具有保温隔热结构，实现1000℃高温条件下模型隔热。盖、底层厚度经过计算确定，与油藏传热传质相近。高压舱与模型压力采用自动跟踪技术，确保模型内外压差稳定不超差，保证模型与高压舱安全运行。图9-4-1是模型装置示意图。

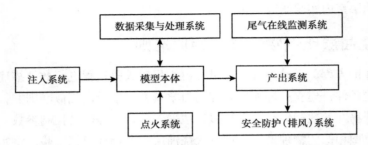

图 9-4-1　火烧油层比例物理模拟实验装置示意图

根据火烧油层实验特点，明确了注气、点火、数据采集、尾气监测与产出流体等 7 部分功能系统，规范了各系统技术指标，统一了各组成设备控制精度（表 9-4-1）。

模型主要功能如下：

（1）可模拟九点、五点、七点、行列等不同井网火烧油层模拟实验。

（2）可模拟直井—水平井组合、多分支井等不同井型火烧油层模拟实验。

（3）可开展干式燃烧、湿式燃烧及火驱 + 蒸汽复合驱等多方式模拟实验。

（4）可开展油藏地质参数（包括油层厚度、渗透率、含油饱和度、孔隙度、油黏度、储层非均质、地层倾角等）、注采工艺参数（包括注气温度、注气速度、点火温度、射孔井段、射孔位置等）对火烧油层开采效果影响研究。

（5）平面、纵向火烧油层温度场、压力场的再现。

（6）获取从点火井到采油井火烧前缘带的变化、油气性质变化、生产动态特征。

表 9-4-1　实验模型组成系统及技术要求

方案设计内容	技术要求
注入系统	（1）空气杂质含量 ≤ 0.5%； （2）压力应大于方案设计压力的 20%； （3）气体压力控制精度等级 ±0.5% FS； （4）气体流量控制精度等级 ±0.5% FS
模型本体	在设计压力条件下 10 h 压力降 ≤ 5%
电点火系统	（1）工作温度不小于 500℃； （2）最高工作温度下稳定工作时间 ≥ 10h
数据采集与处理系统	（1）温度传感器量程 0~1000℃，不确定度等级 ±2℃； （2）压力传感器不确定度等级 ±0.25%FS； （3）数据采集系统最小数据采集时间间隔 1s
尾气在线监测系统	（1）可在线实时监测 CO、CO_2、N_2、O_2、H_2S 等； （2）监测不确定度等级 ±0.5%FS
产出系统	（1）产出流体温度 ≤ 150℃； （2）压力不确定度等级 ±0.5% FS； （3）气液分离器耐压 ≥ 0.1MPa； （4）电子天平不确定度等级 ±1mg
安全防护（排风）系统	（1）排风能力为每小时内实验室空间体积的 2 倍以上； （2）实验室配备硫化氢气体报警器

三、实验技术要求

（一）实验方案设计

根据实验目的，确定相似比例因子，收集油藏原型的油层厚度与倾角、温度与压力、孔隙度、渗透率、含油饱和度、地层原油黏度与密度、井网与井距及射孔位置等基础数据及注气速度、注气压力等注采参数（表9-4-2）。

表9-4-2 实验方案设计内容及技术要求

组成系统	技术要求
注入系统	（1）收集油藏原型基础数据及注采参数； （2）依据相似准则，确定相似比例因子； （3）进行比例模化，并按数值修约要求确定实验参数
模型设计	（1）确定模拟井的位置，其直径不可按几何比例缩小； （2）确定油层物性参数、模型砂、油品及实验温度和实验压力； （3）确定盖底层等厚度，具体参见盖底层等效厚度的计算公式
监测方案设计	（1）温度测量在横向、纵向应大于5列； （2）内部压力通过布置压力导管连接至压力传感器测量； （3）最大注气速率应处于气体流量控制器量程的1/3~2/3； （4）产出流体监测分在线监测与取样检测
操控参数设计	（1）按SY/T 6898—2012《火烧油层基础参数测定方法》设计原油的点火温度； （2）根据该区块原油燃烧基础参数设计通风强度

（二）建立模型

明确实验用油、砂、水的技术指标，提出了干装法、湿装法和油拌砂装填法3种油层装填方法，规范了油砂装填的流程及密封性测试要求（表9-4-3）。

表9-4-3 模型建立过程及技术要求

模型建立过程	技术要求
材料准备	（1）实验用油：含水率≤0.5%，测定黏温特性曲线； （2）实验用砂：100~105℃条件烘5~8h后放入干燥器备用； （3）实验用水：可采用实际地层水或者按地层水分析资料配制
模型本体装填	（1）模型井与模型壁面间距离≥5mm，外部应防砂处理； （2）点火器控温传感器应与加热模块紧密接触； （3）盖底层装填时，保持层面应平整； （4）温度、压力测点进入模型方向应与注气方向不同； （5）油砂层装填可采用干装法、湿装法和油拌砂装填法
气密性测试	（1）模型盖板安装到模型上，螺栓应对角分别上紧； （2）用氮气对进行密封性测试，压力大于方案设计压力的20%； （3）压力稳定后，1h内压力降应≤0.05MPa

（三）实验操作过程

规范了实验步骤及注意事项，统一了点火、过程调控等技术指标，明确了温度场、压力场、尾气、产出流体等资料录取要求，提出了根据燃烧状态实施调整注气的调整措施（表9-4-4）。

表9-4-4　实验操作过程及技术要求

实验操作过程	技术要求
建立油藏初始条件	（1）模型初始温度场应均匀一致，各温度测点值相差＜2℃； （2）设置出口压力，对模型本体进行注气升压，直至达到实验压力
建立注采井间连通	（1）以0.5~1L/min的速度注氮气，建立注气井与生产井的连通性； （2）生产井产气量与注气井注气量一致且模型压力保持不变时，即建立了连通
电点火操作	（1）开启电点火器电源，设定点火温度，以1~5L/min的速度注入空气； （2）点火器附近测点温度大于点火温度20℃，即成功点火
火线过程调控	（1）温度场监测：根据温度场分布，分析燃烧状态与波及状况； （2）压力监测：确保实验压力不超过模型安全设计压力； （3）注气调控：适时调整注气速率，确保火线持续稳定推进； （4）产出液收集：实验产出尾气、产出液取样次数不小于5次
模型灭火	（1）实验结束后注氮气灭火，直至最高温度低于200℃停注氮气； （2）关闭模型外部的加热装置，使模型本体温度降至室温

（四）试验结果处理

提出了产出液油水分离方法及计量要求，确定了产出流体物理化学性质分析项目，明确了温度场、压力场、区带饱和度分析等场图与生产动态曲线处理要求，规范了实验报告格式（表9-4-5）。

表9-4-5　实验结果处理过程及技术要求

实验结果处理过程	技术要求
采出液分离与计量	（1）采出液分离方法：重力分层法（＜90℃）、加热离心法（温度＜90℃）； （2）采出液油水计量：应将每个时间段采出液分离后的油水体积分别记录
采出流体物理化学性质分析	（1）采出气组分分析：O_2、N_2、CO、CO_2、烯烃、烷烃、H_2、硫化物等组分； （2）采出油性质分析：密度、黏度、族组分、有机元素、全烃色谱等项目； （3）采出水性质分析：总铁、硫化物、pH值、SiO_2、矿化度、硬度等项目
场图与曲线处理	（1）温度场图：温度数据经插值算法处理后形成温度场； （2）压力场图：压力数据经插值算法处理后形成压力场； （3）区带饱和度：实验结束24h内，分层、拍照和取样，用热失重法测试含油饱和度； （4）注入动态曲线：标准状况下记录气体流速及累计流量，绘制与时间的关系曲线； （5）生产动态曲线：绘制产油量、产液量、含水率、采出程度与时间的关系曲线
实验报告	（1）实验报告封面格式； （2）实验报告首页格式； （3）实验报告图表格式

第五节　燃烧状态判识技术

在实施火烧油层开采过程中，地层燃烧状态判识是动态调控的基础。目前火驱燃烧状态判识的方法主要有尾气组分分析法、观察井温度监测法、现场取心分析法和数值模拟研究法。

尾气组分分析法是通过对火驱生产井产出尾气成分与浓度进行分析，当 CO_2 浓度超过12%，视 HC 原子比为 1~3，氧气利用率大于85% 即可认为达到高温氧化条件。

观察井可以连续监测储层温度变化，但由于火线随着气体注入不断移动，而井位是固定的，所以观察井监测只能反映某个时段内的燃烧状况。

取心井分析是最直接、最有说服力的燃烧状态判识方法，通过对取心井样品个性化设计分析方案，根据储层微观性质变化、含油饱和度信息可以有效地分析火线波及与燃烧情况，但取心井成本高，周期长。

数值模拟研究法是以现场实测数据为基础，建立较为合理的数学模型进行模拟计算，并以相应历史数据进行捏合，预测火线的波及情况与燃烧状态。

以上判识方法在方案设计与现场实施中都发挥了有效的作用。通过火驱室内实验与流体分析技术相结合，形成了氧气转化率和原油指纹对比分析方法，进一步丰富了火驱燃烧状态判识技术。

一、氧气转化率

尾气组分是最直接的储层燃烧状态判识的方法，常用的分析指标有 CO_2 浓度、氧气利用率、视 HC 原子比（表9-5-1）。其中，O_2 利用率是描述 O_2 参与氧化反应程度的参数，表达式为

$$Y = 1 - \frac{79c(O_2)}{21c(N_2)} \tag{9-5-1}$$

式中　Y——氧气利用率，%；

$c(O_2)$——尾气中氧气的浓度，%；

$c(N_2)$——尾气中氮气的浓度，%。

该参数只能反映注入的氧气参与反应的程度，并不能界定参与反应的具体类型，因为在低温氧化条件下，氧气与原油主要发生加氧反应，导致氧原子与碳氢化合物分子连接，生成羧酸、醛、酮、醇或过氧化物和水，中间化合物进一步被氧化形成过氧化物。

在此基础上，提出了氧气转化率参数，即分析火烧油层过程中参与高温氧化反应的氧气生成 CO_2 和 CO 的程度，其表达式为

$$Y' = \frac{c(CO_2) + c(CO)}{21 - \frac{79c(O_2)}{c(N_2)}} \tag{9-5-2}$$

式中 　$c(CO_2)$——尾气中 CO_2 的浓度，%；

　　$c(CO)$——尾气中 CO 的浓度，%。

表 9-5-1　不同温度条件下氧化反应产出尾气组分及评价指标

实验温度/℃	尾气组分浓度/%					评价指标/%		
	CO_2	CO	O_2	N_2	H_2	视 HC 原子比	氧气利用率	氧气转化率
20	—	—	21	79	—		0	0
100	0.424	0.01	14.46	85.01	—	58.13	36.03	5.21
150	2.060	0.67	2.63	94.62	0.01	29.37	89.56	12.13
200	3.800	0.97	2.48	92.70	0.04	15.11	89.95	21.33
250	4.040	1.21	2.39	92.09	0.03	13.30	90.26	23.75
300	8.680	0.40	2.25	87.70	0.11	5.45	90.35	43.11
500	12.290	3.42	2.03	81.62	1.33	1.47	90.41	82.11

二、原油指纹对比分析

火烧油层过程中，在不同反应条件下，原油性质也随之发生不同的变化。为此，以高低温氧化、裂解反应室内实验为基础，以流体分析为技术手段，抓住微小变化，建立原油指纹对比分析方法。

（一）低温氧化反应判识

在原油的低温氧化阶段，一般认为是原油中某些碳氢化合物，特别是饱和的碳氢化合物，首先被氧化成中间化合物，如醛、酮、醇等，随着反应过程的进行，之前生成的中间化合物进一步被氧化形成过氧化物，最后，过氧化物通过脱羧基的作用产生胶质、沥青质以及 CO_2 气体等，如图 9-5-1 所示。

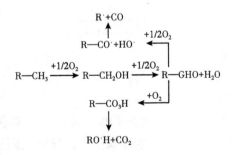

图 9-5-1　原油低温氧化反应机理示意图

原油发生低温氧化其基本分子结构没有明显变化，只是分子支链、侧链的分子基团发生稍微改变，在物理化学性质上的具体表现特征为：

（1）随氧化温度增加，稠油的密度、分子量和甲苯不溶物含量逐渐增加，黏度呈现出先迅速增大后逐渐减小的趋势，总效果是氧化后稠油黏度比氧化前大很多。

（2）随氧化温度增加，饱和烃含量逐渐减少，芳烃含量显著降低，沥青质含量逐渐增加，胶质含量先增加后减少；氧含量先增加后减少，H/C 原子比逐渐减少。

（3）红外光谱分析发现随氧化温度增加，稠油氧化程度增大。

（4）气体产物中 H_2、CO、CO_2 的含量逐渐增加，CO/CO_2 摩尔含量的比值先增大后减小，H_2/CO 摩尔含量的比值呈现出增大的趋势。

（二）高温氧化反应判识

在火烧油层过程中，一般经历预热—点燃—形成稳定燃烧—衰减—熄灭五个阶段。在稳定燃烧阶段，原油组分分子键断裂与氧发生的化学反应为高温氧化反应，反应产物为气体氧化物和水。

经历高温氧化后，原油性质得到改善，如黏度、密度明显下降；在族组分上，稠油火烧后饱和烃和芳烃的总含量明显增加，非烃和沥青质总含量减少；在分子结构上，均出现了丰富的低碳数系列正构烷烃和异构烃。大分子结构甾烷、萜烷等环烷烃相对含量明显降低，峰型由原来的后峰型变为前峰型，原油结构主要是以低碳数的直链正构烃为主，支链异构链烷烃含量也增加。

另外，从火烧后的芳烃色质菲系列质量色谱图中发现了蒽化合物的存在，原始地层中烃源岩在还原环境下演化有机质中不含此类物质，它的存在是原油在氧化环境下经历高温裂解作用的结果，是反映原油受热程度的重要的化合物。事实上从原油火烧前后菲系列色质分析谱图上确实发现了蒽的存在，这也反映原油经历高温裂解的过程。另外在菲系列色质图 9-5-2 也可以看出，随着苯环的烷基取代基的增加，在原油火烧过程中含量逐渐降低，到四甲基菲系列基本消失，反映苯环侧链烷基断裂是原油裂解的主要反应形式。

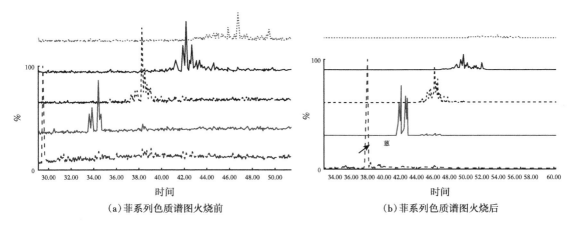

(a) 菲系列色质谱图火烧前   (b) 菲系列色质谱图火烧后

图 9-5-2 高温氧化试验芳烃色质图

原油在地层中经过长期演化，化学结构中只含有饱和烃、环烷烃以及芳香烃，迄今为止在天然石油中尚未发现有不饱和烃。而火烧油层的高温作用，部分原油发生热裂解反应，该反应遵循自由基反应机理，会产生烯烃等不饱和烃，因此可以将改质后的不饱和烃含量作为一个特征性质，判断火烧油层过程中的热裂解情况。

三、加氧程度

火驱过程中氧化反应是最主要的化学反应，除了产生 CO_2、CO 等气体外，还生成羧酸、醛、酮、醇或过氧化物。不同频率、强度红外光谱可反映不同分子官能团结构和相对含量。在红外光谱中 $1700cm^{-1}$ 表征 $-C=O$ 羰基团的伸展振动锋，$1600cm^{-1}$ 表征芳烃骨架 $C=C$ 双键的振动吸收峰，通常选用 $1700cm^{-1}$ 频带吸收强度的变化程度反映原油氧化程度，但由于实际测量时样品涂膜浓度很难一致，故采用官能团吸收强度比值比较法——加氧程度指标（A1700/A1600）描述火驱过程中原油氧化程度。7 个实验样品的加氧程度变化见表 9-5-2。

表 9-5-2　火驱不同区带样品加氧程度指标变化

原样及取样编号	取样位置	最高温度 /℃	加氧程度
原样	—	20	0.655
1	已燃区	666.7	
2		518.6	
3	火线区	508.6	1.521
4		435.7	1.341
5	结焦带	386.2	1.018
6	未波及区	114.3	0.560
7		95.7	0.663

由表 9-5-2 可知：火驱已燃区内岩心几乎看不到原油，含油饱和度小于 2%[12]，原油无法抽提；在未波及区内，岩心经历的最高温度仅为 114.3℃，原油的加氧程度与原始状态基本一致，即在较低温度内（150℃ 以下）原油氧化反应很微弱；在火线与结焦带内，其温度一般均高于 350℃，原油的加氧程度指标可达到 1.521，是未波及区的 2 倍以上，原油氧化反应极为剧烈，即当原油加氧程度高于原始状态 2 倍时，可认为处于高温氧化阶段。

四、主峰碳与轻重比

火驱过程中另一重要反应是裂解反应，即在高温作用下原油中重质组分分子键被破坏、分裂成 2 个或多个小分子链轻质组分，宏观表现为原油密度、黏度不同程度降低，微观主要表现为原油短分子链正构烷烃增多（图 9-5-3）。火驱前原油全烃色谱中主峰碳（全烃色谱峰中质量分数最大的正构烷烃碳数）为 C_{25}，呈后锋型分布，火驱后产出原油的全烃色谱中出现了丰富的低碳数系列正构烷烃和异构烃，主峰碳变为 C_{13}。即火驱后的低分子烃类主要来源于原油中高分子化合物的裂解反应。全烃色谱很直观地展示了火驱前后原油正构烷烃分子分布，仍无法定量反映火驱改质效果，结合有机地球化学分析技术，提出了主峰碳和轻重比（$\sum C_{21-}/\sum C_{22+}$）2项火驱燃烧状态判识指标。

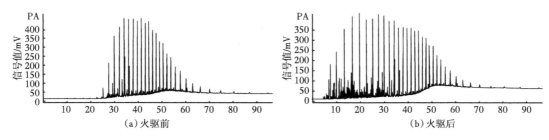

图 9-5-3　火驱前后原油全烃色谱对比

表 9-5-3 为实验过程中 7 个样品的主峰碳、轻重比数值。由表 9-5-3 可知，火线区内（3 号、4 号），原油主峰碳前移，由 25 降至 13，轻质组分增多，轻重比由 0.77 增至 1.53，即温度越高，原油改质效果越好；在结焦带内因焦炭不断生成，原油聚合导致重质组分不断增多，其主峰碳后移，轻重比降低；在未波及区内，由于温度较低，各种反应都很微弱，原油分子链结构没有太大改变，即主峰碳、轻重比指标与原始条件一致。

表 9-5-3　火驱不同区带样品主峰碳、轻重比指标

取样编号	取样位置	最高温度 /℃	主峰碳	轻重比
原样	—	20	25	0.77
1	已燃区	666.7	—	—
2		518.6	—	—
3	火线区	508.6	13	1.80
4		435.7	13	1.53
5	结焦带	386.2	29	0.63
6	未波及区	114.3	25	0.77
7		95.7	25	0.77

第六节　薄互层火烧油层物理模拟研究

一、概况

杜 66 块构造上位于辽河断陷盆地西部凹陷西斜坡中段曙光油田西北部，开发目的层为古近系沙河街组沙四上段杜家台油层。地层倾角一般为 5°~10°。储层岩性主要为含砾砂

岩及不等粒砂岩，分选中等偏差，孔隙度平均为 20.7%，渗透率平均为 920.6mD，储层物性较好，为中高孔、中高渗储层。油层产状主要为薄—中厚层状，单井厚度一般 13~40m，平均 25m，油藏类型为层状边水油藏。20℃原油密度为 0.9001~0.9504g/cm³，50℃时地面脱气原油黏度为 325~2846mPa·s。

杜 66 块于 1985 年采用正方形井网 200m 井距投入开发，经过二次加密调整目前井距为 100m。2005 年 6 月开展了面积井网多层火驱先导试验，火驱后油井开井率由 23.5% 提高至 87.5%，单井日产油由 0.7t/d 上升至 3.2t/d，地层压力由 1.3MPa 升高至 3MPa，年产油量有所回升，可达 20×10⁴t，其中火驱产量占区块产量的 80%，取得了较好的效果。

随着杜 66 块火驱先导试验规模不断扩大，受到储层非均质的影响，层间燃烧状态存在差异、火线波及不均匀、燃烧状态难以判识等问题。为揭示多层火驱开发机理，认识多层火驱火线波及特征，确定影响火驱效果的主控因素，有必要开展杜 66 块火驱物理模拟研究。

二、实验方案设计

（一）研究内容

针对现场试验存在的技术难题，根据杜 66 块油藏地质特征及开发现状，利用火烧油层物理模拟技术开展一系列相关室内实验研究，主要研究内容为：

（1）火烧油层燃烧区带特征；

（2）油层厚度适应性分析；

（3）含油饱和度界限分析；

（4）火驱增压机理；

（5）原油氧化动力学特征分析。

（二）实验方案

1. 火烧油层燃烧区带特征实验方案

利用自行研制的火烧油层一维模型研究火驱过程中从注入井到生产井不同位置的温度场、压力场、含油饱和度分布规律。

2. 油层厚度适应性分析实验方案

根据杜 66 区块油藏地质特征，选择有代表性的一注一采模拟单元，注气井与生产井之间距离为 105m，注气井为下半部射孔，生产井整个油层段全部射孔。采用火烧油层比例物理模拟模型分别开展油层厚度为 10m、20m、30m、40m、60m 的二维比例模拟实验，探索火烧油层厚度适应性。

依据火烧油层相似准则，对目标区块进行油藏地质、工艺参数的比例模化，详见表 9-6-1。

表 9-6-1　原型与模型参数

参数	原型	模型
几何相似比	210	1
油层厚度 /m	10、20、30、40、60	0.05、0.10、0.15、0.20、0.30
直井井距 /m	105	0.50
孔隙度 /%	18.1	30.0
渗透率 /D	1.376	1.376
含油饱和度 /%	65	65
油层压力 /MPa	1	1
注气强度 /[m³/（m·d）]	400	400

3. 含油饱和度技术界限分析实验方案

探索可以实施火驱开发的最低含油饱和度，采用火烧油层一维模型开展 5 组含油饱和度分别为 10%、15%、20%、30%、60% 的火烧油层室内实验，实验点火温度均为 500℃，实验回压 0.8MPa，通风强度为 64Nm³/（m²·d）。通过观察实验过程中温度场监测数据分析不同含油饱和度下火线形成与拓展特征，据此探索含油饱和度技术界限。

4. 火驱增压机理分析实验方案

为了探索火驱过程中低温氧化、裂解、高温氧化等不同反应对压力的影响，综合静态氧化实验、火烧油层一维实验与比例模拟实验，结合产出流体分析技术，认识火驱过程产出尾气、温度与压力的变化关系，分析火线、油墙等对压力的影响，探索火驱过程中增压机理。

5. 原油氧化动力学特征分析实验方案

通过热分析技术开展原油氧化动力学特征分析研究。反应气氛为空气，以不同的升温速率（1K/min、1.5K/min、3K/min、5K/min、7K/min、9K/min）从室温连续加热至600℃，得出不同升温速率下温度与热失重关系曲线。通过阿伦尼乌斯方程对 5 条曲线进行分析，划分不同反应的温度区间，并计算温度区间内的氧化动力学参数。

三、火驱油层燃烧区带特征

根据温度及实验后岩心分析结果，火烧油层区带从注气井至生产井方向可分为：已燃区、燃烧前缘、结焦带、凝结区、油墙及原始油区。图 9-6-1 为火烧油层区带分布特征。

已燃区：岩心中几乎看不到原油，含油饱和度＜2%，岩心孔隙为注入空气所饱和，砂粒温度较高，滞留大量的燃烧反应热。由于空气在多孔介质中的渗流阻力非常小，故在实验过程中几乎测量不到压力降落。该区域空气腔中的压力基本与注气井底压力保持一致，压力梯度很小。由于没有原油参与氧化反应，在该区域氧气浓度为注入浓度。

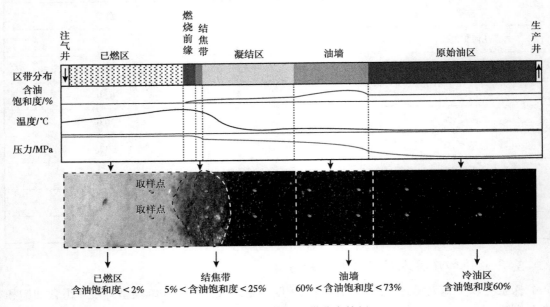

图 9-6-1　火烧油层区带分布特征

燃烧前缘：即燃烧区，亦称为火墙，是发生高温氧化反应（燃烧）的主要区域。在该区域内氧化反应最为剧烈，氧气饱和度迅速下降。区内温度最高，一般都在 400℃ 以上，在实验过程中最高达到 900℃，在该区域边界温度变化最为剧烈，温度梯度最大。

结焦带：在燃烧带前缘一个小范围内，有结焦现象，在这个范围内灭火后的岩心呈现坚固的硬块，含油饱和度为 5%~15%，该区域为燃烧前缘提供燃料，温度仅次于火墙，主要以裂解反应为主，即重质烃裂解成油焦（焦炭）和气态烃，油焦沉积在砂粒上，维持火线前缘持续不断向前移动，气态烃和过热蒸汽在燃烧前缘前面移动，是火烧油层的一个主要驱油机理。

油墙：位于结焦带之前，油墙的主要成分为高温裂解生成的轻质原油，混合着未发生明显化学变化的原始地层原油，也包含着燃烧生成的水、二氧化碳以及空气中的氮气。由于这个区域含油饱和度高，含气饱和度相对较低，具有较大的渗流阻力。该区温度则逐渐接近原始地层温度。

冷油区：位于油墙的下游，含油饱和度基本上没有变化。与其他补充地层能量的开采方式不同，火驱过程中自始至终都有烟道存在。烟道主要作用在于将火烧油层过程中产生的二氧化碳等气体排出地层，否则当二氧化碳的浓度达到一定程度就会导致中途灭火。从这个角度讲，剩余油区是受蒸汽和烟道气驱扫形成的。

四、油层厚度适应性分析

开展了 5 组不同油层厚度（10m、20m、30m、40m、60m）的火烧油层比例模拟实验，图 9-6-2 给出了不同油层厚度火线波及温场图。实验结果表明，油层厚度对点火不存在影响，即均可实现高温氧化，在油层厚度为 10m、20m 模拟实验中火线可以波及大部分区域，但随着油层厚度增大，火线在拓展过程中受气体超覆现象影响明显，以一定倾角的形式向生产井推进，且火线波及区域减少，特别是油层厚度为 60m 的模拟实验，火线最终在油层顶部发生突进，大部分油层并没有被波及，因此其采出程度很低。10~60m 不同油层厚度火驱实验的采出程度依次为 85.17%、64.7%、61.7%、45.6%、21.4%。因此通过火驱室内实验探索认为火驱油层厚度上限为 20m。

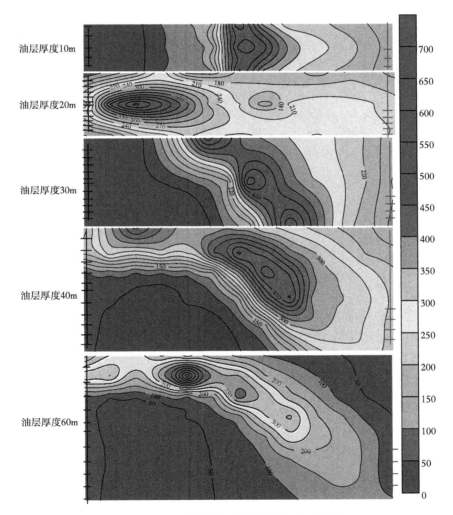

图 9-6-2　不同油层厚度直井火驱温度场图

针对油层厚度较大储层火线波及效果差的问题，在实验中进行了适当的调整，即当火线接近生产井时，通过对射孔井段进行调整，引导火线向未波及的区域拓展，可以扩大火线的波及范围，以油层厚度 60m 为例，调整后，采出程度由 21.4% 提高至 59.97%。

五、含油饱和度界限分析

在室内共开展了 5 组含油饱和度分别为 10%、15%、20%、30%、60% 的火烧油层模拟实验，图 9-6-3 是不同含油饱和度火驱实验岩心轴向燃烧最高温度监测结果。注气井处点火器温度均可达设定值 500℃，在含油饱和度为 10% 条件下，轴向温度逐渐降低，表明在该条件下难以形成有效向前推进的火线；当含油饱和度大于 15% 时，其轴向燃烧峰值温度为 550~650℃，对模型产出气体进行在线监测，其中 CO_2 含量为 9%~11%，O_2 含量为 2.21%，从燃烧判识指标分析，视 H/C 原子比为 1.213，氧气利用率为 91.47%，氧气转化率达到了 87.57%，即实现了高温氧化燃烧，形成了向前稳定推进的火线。不同含油饱和度火烧油层模拟实验表明，实施火烧油层开发的含油饱和度下限为 15%。

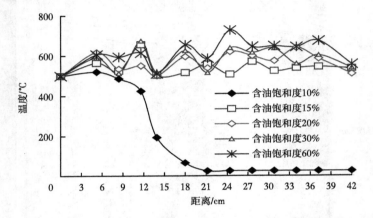

图 9-6-3　不同含油饱和度岩心轴向燃烧最高温度分布曲线

通过含油饱和度为 60% 和 20% 两组实验燃烧温度对比分析可以看出，含油饱和度为 20% 时燃烧最高温度较含油饱和度为 60% 时一直较低，平均低了 50~100℃（图 9-6-4）。这说明含油饱和度为 20% 时可以保持稳定燃烧，但是与含油饱和度为 60% 条件相比，可以燃烧的燃料相对较少，导致整个燃烧过程中燃烧温度一直相对保持较低状态。

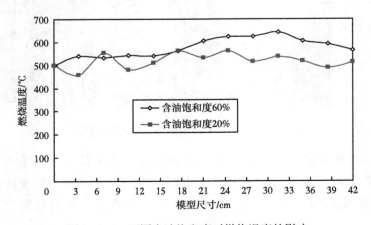

图 9-6-4　不同含油饱和度对燃烧温度的影响

六、火驱增压机理

火烧油层过程中对压力产生影响的主要有低温氧化、热膨胀、裂解以及高温氧化形成的结焦带与油墙。其中低温氧化由于发生加氧反应（即更多的氧与原油反应生成醇、醛、酮等含油基团），仅生成少量的CO_2、CO气体，气体总量减少，因此低温氧化会产生减压的效果；热膨胀为物理变化，即气体受热膨胀，由于火烧油层高温作用，热膨胀产生增压效果；裂解反应一般发生在300℃以上温度，在该温度条件下，大分子原油组分发生键断裂产生气态物质，如甲烷、氢气等，因此也会产生增压效果；高温氧化形成的结焦带特别致密，降低了储层的有效渗透率，引起压力升高；当油墙形成并不断移动过程中，含油饱和度逐渐增大，堵塞了燃烧尾气的通道，降低了气相渗透率，造成了压力升高。

在火驱过程中压力受多个因素影响，热裂解与高温氧化为压力升高的占主导作用。井间压力分布从注入井向生产井逐渐降低。总体趋势是压力随着火线与油墙向前推进而增加，当油墙推进至生产井时又开始降低，如图9-6-5所示。当油墙接近生产井时，即油墙运移过程产生的阻力开始减小，井间压力开始下降。

压力与产量同步升高，受井距位置影响，压力峰值先于产量峰值。油墙前缘接近生产井，压力出现峰值；火线接近生产井，产量出现峰值。

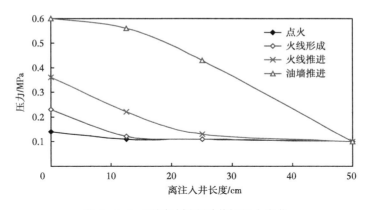

图9-6-5 不同时刻注采井间压力变化

七、原油氧化动力学特征分析

稠油在空气气氛中，主要发生氧化、裂解反应，其中高温氧化剧烈表现为燃烧裂解反应，整个过程同时伴随部分缩合反应。可以把稠油在空气气氛中随温度的升高划分为四个阶段进行讨论，如图9-6-6所示。

第一阶段为挥发蒸馏阶段（＜190℃），主要表现为物理变化，DSC曲线表明没有吸放热反应发生。TG曲线显示20~90℃段主要发生水分、轻组分的挥发与浮重波动影响；90~190℃段是轻质组分挥发为主的蒸馏阶段。

第二阶段为低温氧化阶段（190~300℃），空气气氛表观活化能平均值为25.689kJ/mol，频率因子为$10s^{-1}$。该段主要为低温氧化反应，长链烃（C＞18）断裂形成短链（C

＞6)，自由基以及轻组分，由于氧气的存在而形成过氧化物，过氧化物的分解放出大量热量进一步促进断链，一般认为此过程不发生燃烧反应，又因为断链的能量正比于组分分子量和沸点，因而活化能较低。

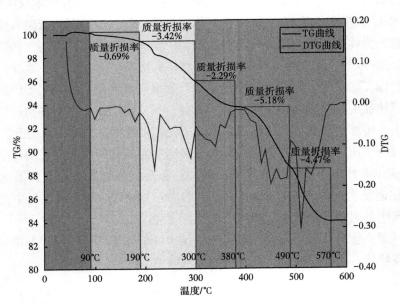

图 9-6-6　稠油不同反应区间划分

第三阶段为燃料沉积阶段（300~420℃），空气气氛表观活化能平均值为 114.415kJ/mol，频率因子为 $10^7 s^{-1}$。随着温度的继续升高，稠油中稠环大分子强键和环链断裂小分子烃类，发生氧化产生的二氧化碳、水分等进入气相而失重，强键的破坏需要的能量高，该段主要为胶质发生氧化，放出热量不高，故而活化能大。指前因子也较大，在一定程度上补偿了由于高活化能对反应速率的影响。

第四阶段为高温氧化燃烧阶段（420~570℃），该段的空气气氛表观活化能平均值为 196.23kJ/mol，频率因子为 $10^{11} s^{-1}$。达到燃点后沥青质胶质等重组分发生剧烈的燃烧反应，放出大量热量，促进碳氢、碳氧键断裂成小分子如醇、酚等，进一步加剧燃烧反应。当温度达到 570℃ 后，质量热流量接近为 0，TG/DTG 曲线均接近水平，说明氧化燃烧反应停止。

由于原油组分复杂，仔细划分反应过程很困难，通常归纳为以下几种反应：

重质油受热裂解——→轻质油 + 焦炭

$(0.375x-0.5)C_{24}H_3 \longrightarrow C_{12}H_2 + (C_9H)_x$（$x$ 为焦炭缩合度，尚不确定）

轻质油 + 氧气燃烧——→水 + 惰性气体 + 能量

$C_{12}H_2 + 11.5O_2 \longrightarrow H_2O + 10CO_2 + 2CO + Q$（$Q$ 为热量）

重质油 + 氧气燃烧——→水 + 惰性气体 + 能量

$C_{24}H_3 + 22.75O_2 \longrightarrow 1.5H_2O + 20CO_2 + 4CO + Q$

焦炭 + 氧气燃烧——→水 + 惰性气体 + 能量

$$(C_9H)_x + 8.5xO_2 \longrightarrow 0.5xH_2O + 7.5xCO_2 + 1.5xCO + Q$$

以上研究给出了稠油可能的化学组成，并对各过程的反应动力学进行分析，给出了稠油的裂解反应机理，可以为油藏数值模拟提供可靠的参数依据。

八、结论与认识

（1）稠油火驱过程中，从注入井到生产井，可将火驱储层划分为5个区带：已燃区、燃烧前缘、结焦带、油墙、冷油区。

（2）不同油层厚度火驱实验结果表明，当油层厚度小于20m，随着厚度增大，采出程度较好，当油层厚度大于20m，火线易从油层上部窜流，采出程度变差，因此建议火驱油层开采的厚度上限为20m，当发生窜流时，进行适当的调控措施可扩大火线的波及范围，提高采出程度。

（3）不同含油饱和度火烧油层模拟实验表明，实施火烧油层开发的含油饱和度下限为15%。

（4）火烧油层过程中油墙的形成是产生增压作用最主要原因。主要规律为压力与产量同步升高，压力峰值先于产量峰值。油墙前缘接近生产井，压力出现峰值；火线接近生产井，产量出现峰值。

（5）划分了稠油火驱不同反应的温度区间，给出了不同反应的化学方程式并计算相应的氧化动力学参数。

第七节　重力火驱物理模拟实验研究

一、项目概况

常规火烧油层是利用直井进行注气点火和生产，在整个火驱生产过程中驱替的原油需要运移整个井距的距离且在到达生产井之前一直处于温度较低的下游地区。这种长距离驱替往往伴随许多问题，如气体超覆导致的燃烧不均匀、地层非均质造成的氧气过早突破等。因此提出了直井注气、水平生产井采油的火烧油层新技术——重力火驱，即直井注气、水平井生产，点火后燃烧前缘沿着水平井移动，可流动的原油在重力作用下直接进入水平生产井。稳定的高温氧化反应可形成移动油带直到水平井脚跟部。其技术关键在于缩小了反应区和生产井的距离，是反应产物和流动的原油与生产井通过重力和井底压差直接连通，有利于形成稳定火烧反应带。

曙1—38—32块位于辽河断陷西部凹陷西斜坡中段，高点埋深875m，构造面积0.18km²，地层倾角5°~12°。研究目的层为新生界古近系沙河街组沙三中段大凌河油层。该油层厚度较大，油藏埋深一般875~1015m，单井油层有效厚度一般42~70m，平均61.4m，油层平均孔隙度为28%，水平渗透率为1500mD，垂直渗透率为800mD，50℃条件下原油黏度为65557mPa·s。该块平均单井吞吐9.7周期，含油饱和度为50%左右，采出程度 16.3%，在蒸汽吞吐开发过程中存在的主要问题：储层非均质性强，井间汽窜严重；油井进入吞吐高周期，产量低，油汽比低；井况差，油井套损严重。由于黏度大，埋藏深，超出了蒸汽驱、SAGD 开发技术界限，而重力火驱是中深层、深层吞吐后期特超稠油油藏有效接替方式之一。

2012 年 1 月曙 1-38-32 块重力火驱先导试验井组点火，水平井脚尖测温 723℃，阶段累油 1296t，正常生产阶段空气油比 996Nm³/t，取得一定的驱油效果，重力火驱试验初见成效，但该技术目前还处于探索阶段，对发挥重力火驱作用与优势，探索调控策略，避免井筒原油结焦、水平生产井温度过高、气体窜流等难点认识还不十分清楚，针对以上问题，利用自主研制的大型火烧油层比例模拟实验装置，从室内实验角度对火驱辅助重力泄油技术进行了分析研究。

二、实验方案设计

（一）研究内容

为了更好地发挥重力火驱技术优势、规避技术风险、探索调控策略，重力火驱物理模拟实验的主要研究内容为：

（1）重力火驱稳定泄油分析；

（2）重力火驱生产特征分析；

（3）重力火驱风险调控分析。

（二）实验方案

1. 重力火驱稳定泄油分析实验方案

开展曙 1-38-32 块超稠油火烧油层一维实验，分析其燃烧稳定性并测定燃烧基础参数。

利用自主研制的火烧油层比例物理模拟模型开展探讨热连通、泄油通道、水平井筒保护等三维比例模拟实验，探索重力火驱的稳定泄油条件。

选取重力火驱相似准则，比例模化目标区块油藏物性参数、几何参数及注采参数等，见表 9-7-1。模型井网布置采用直井注气，水平井开采的 VIHP 模式，如图 9-7-1 所示。

表 9-7-1 重力火驱比例模化参数

参数	原型参数 /m	模型参数 /cm
油层厚度	50	30
水平井段长度	200	120
直井射孔长度	20	12
直井底端距水平井距离	25	15
排气井距水平井间距	35	21

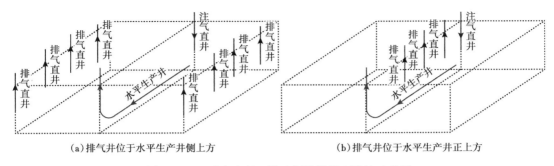

（a）排气井位于水平生产井侧上方　　　　　　（b）排气井位于水平生产井正上方

图 9-7-1　重力火驱三维比例模拟模型结构示意图

实验开始时，先分别在注气井、生产井进行适当轮次的蒸汽吞吐进行预热，作为两井间的热连通道的主要措施。

点火成功后，通过调节注气强度观察火线拓展特征，探索不同泄油通道方式与倾向的相关研究。

观察水平井段温度变化，采取适当的控制措施，避免水平井温度过高导致的火线窜流。

2. 重力火驱生产特征分析实验方案

根据实验过程收集的产出液，建立不同时刻的采油曲线和采收率曲线，认识重力火驱的生产曲线规律，进一步结合注气速度、火线波及特征、产出流体物化性质等相关技术手段，对重力火驱生产阶段进行划分，总结分析生产特征。

3. 重力火驱风险调控分析实验方案

（1）开展 2 组有无排气井的模拟实验，分析排气井的作用，并探索开启排气井的时机和调节排气井排气量作用，关注排气井的排气量与火线形态之间的关系，进一步探索注、采、排之间的关系。

（2）开展 4 组有无水平井注水蒸气的模拟实验，分析水平井注水蒸气的作用，关注水平井附近温度变化，探索水平井注水蒸气的时机，调节水蒸气的注入量，控制井筒附近温度处于合适范围。

（3）开展 2 组不同射孔位置的模拟实验，分析射孔位置对重力火驱火线的影响，并探索有效的泄油方式。

三、重力火驱稳定泄油分析

（一）初始温度场的建立

通过垂直注气井点火并连续注气，在注气井附近、水平井上方形成可流动油区，但由于两者之间存在一定距离，原油下泄过程中又因温度降低致使黏度增大，原油聚集、停滞，形成含油饱和度高的区域，堵塞了气体通道，抑制了高温氧化反应进行，甚至可引起熄火等严重后果。

因此，在点火操作之前，注气井与水平生产井之间必须要形成有效的热连通，即建立初始温度场。以注蒸汽方式将注气井、排气井、水平井之间的温度升至原油黏温曲线拐点温度以上形成热连通，为后续点火、燃烧产生的尾气建立初始烟气通道，且保证下泄至水平井的原油及时采出。

在转注空气时，垂直井射孔位置应位于油层中上部，这样点火后形成燃烧区域有利于火线的形成和拓展。此阶段因燃烧区域小，注气量不宜过大，在靠近垂直井的油层顶部形成碗形火腔是火驱辅助重力泄油重要基础。蒸汽吞吐建立井间热连通，形成初始温度场，如图 9-7-2 所示。

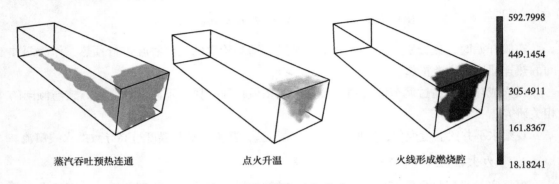

蒸汽吞吐预热连通　　　　点火升温　　　　火线形成燃烧腔

图 9-7-2　初始温度场的建立

（二）泄油通道的建立

火线在注气井与水平井压差作用下沿着先前建立的热通道向生产井处发展，同时受气体超覆影响，火线也向上方、侧上方扩展，但向生产井拓展的趋势明显。受压差与气体超覆共同作用，火线与水平井呈一定角度的斜面，该斜面即是原油下泄的主要通道。所以保证泄油通道始终处于火线的前方且与水平井呈 110°~135°，是实现火驱辅助泄油稳定推进的关键。燃烧腔形态和泄油斜面如图 9-7-3 所示。

燃烧腔的立体形态　　　　　　　燃烧腔数字化形态

图 9-7-3　燃烧腔的立体形态和数字化形态

如果没有建立有效的泄油通道，燃烧尾气随着可流动原油及冷凝水灯高温流体以气、液两相形式一起进入水平井内。使水平井段的温度升高，当温度升高到一定程度，将导致燃烧尾气中剩余氧气与井筒内的原油发生高温氧化反应，引起火线窜流。一旦火线从水平井段突破，就会造成火线波及范围无法继续拓展，形成大量的死油区，影响火驱效果。另外，水平井内燃烧放出的热量在周围聚集、温度迅速升高，最终可导致水平井段被烧毁。

（三）水平井筒外结焦封堵

实现重力火驱稳定推进还要保证已燃区内火线下方与水平井筒上方要形成一层结焦带，防止注入的气体因短路效应直接进入水平井内。当水平井井段某处温度达到200℃时，意味火线前缘已经接近水平井，此时应以连续注入的方式注入150~200℃水蒸气，在水平井上方形成水蒸气带，火线前缘（温度一般高于450℃）与水蒸气相抵，温度迅速下降，无法维持高温氧化所需要的温度，火线前缘推进受到抑制，结焦带亦在水平井周围进一步发育，进而在水平井筒上方形成一层致密层，如图9-7-4所示，封堵了气体进入水平井的通道，促使火线沿着水平井向前拓展。

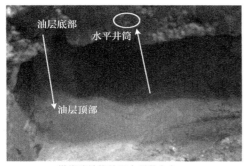
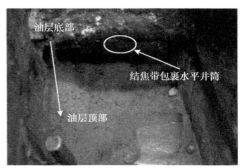

图 9-7-4　燃烧腔及结焦带形态

四、重力火驱生产特征分析

根据注气速度、火线波及特征、产出流体物化性质与重力火驱生产特征关系，重力火驱生产阶段可划分为：预热阶段、点火阶段、火线拓展阶段、火线调控阶段、气驱阶段。如图9-7-5和图9-7-6所示。

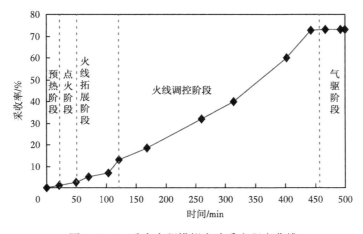

图 9-7-5　重力火驱模拟实验采出程度曲线

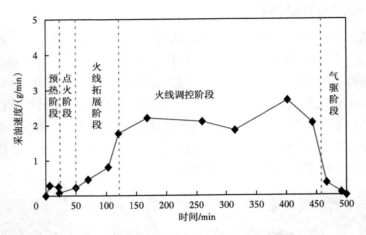

图 9-7-6　重力火驱模拟实验采油速度曲线

预热阶段：注气直井、排气井、水平井井间注水蒸气进行热连通，井间区域连通温度应高于原油黏温曲线拐点温度，如图 9-7-7 所示。

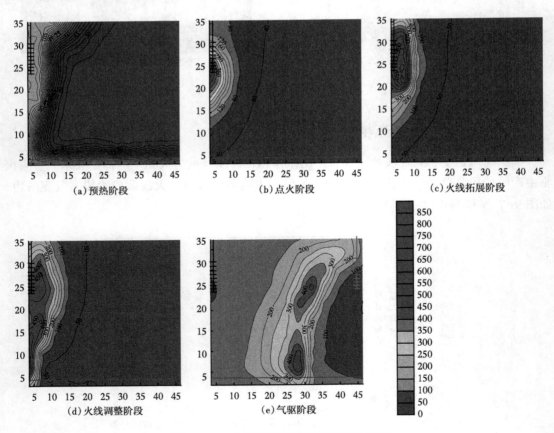

图 9-7-7　不同生产阶段温度场变化特征

（1）点火阶段：点火温度应高于门槛温度50℃以上。阶梯式逐步提升注气速率，根据排气井、水平井尾气组分及注气井温度监测等手段，判定火线是否形成。

（2）火线拓展阶段：随着火线不断拓展，为了保证通风强度，应进一步提高注气速率。该阶段由于形成稳定泄油通道，产油速率迅速。

（3）火线调整阶段：水平井脚尖处温度控制其不高于260℃。若达到该值，意味着火线接近水平井，应进行适当调整，即需要采取水平井注水蒸气、采排气量优化等措施。在该阶段，产油速率比较稳定，高温氧化占主导作用，原油品质明显改善。

（4）气驱阶段：当最后一排气井井底温度高于260℃。为了防止火线突破排气井，应逐步降低注气速率或注氮气灭火。在该阶段，产油速率下降，低温氧化所占比重有所增大。

五、重力火驱风险调控分析

从室内物理模拟实验看，重力火驱过程中面临燃烧前缘沿水平井的突进、低温氧化原油胶结、原油下泄引起二次燃烧现象等技术风险。为了形成稳定的泄油条件并避免火线突破水平生产井，实现重力火驱泄油过程的稳火与控火，探索了注气井射孔位置、排气井和水平井注水蒸气三种调控方法。

（一）注气井射孔位置的选择

实验压紧了注气井射孔位置分别在油层中部和上1/3处两种情况，如图9-7-8所示。实验结果表明：火线首先由注气井射孔位置处形成，受气体超覆影响，火线会向上拓展至油藏顶部。若射孔位置位于油藏中部，部分可流动油区位置将处于火线的上方、侧上方，原油在重力作用下会与火线相向而行，甚至穿过火线流经已燃区，发生二次燃烧现象。经计算当射孔位置处于油藏中部时，二次燃烧现象消耗的原油占火线波及区域原始储量的8.16%，当射孔位置处于油藏上1/3时，二次燃烧消耗仅为3.2%。由此可见，二次燃烧现象在火驱辅助重力泄油中不可避免，但是可以将注气井射孔井段调整至油藏上部，使受火线波及影响的可流动油区内原油沿着斜面下泄，尽量避免流入已燃区域，进而可以减少二次燃烧现象对原油的消耗量。

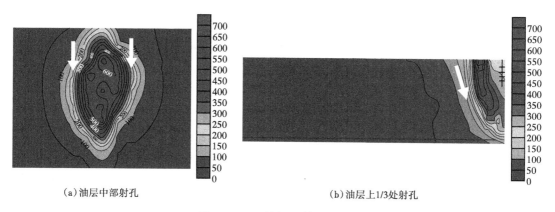

（a）油层中部射孔　　　　　　　　　　　　　（b）油层上1/3处射孔

图9-7-8　油层不同射孔位置

（二）排气井调控

在重力火驱开发中，受井网影响，燃烧产生的尾气只能通过从水平井排出，极易引起火线沿着尾气通道产生窜流的后果。实验过程中排气井的开启对火线有横向拽拉作用，抑制了火线向水平生产井的拓展，有利于扩大火线波及范围，如图9-7-9所示。

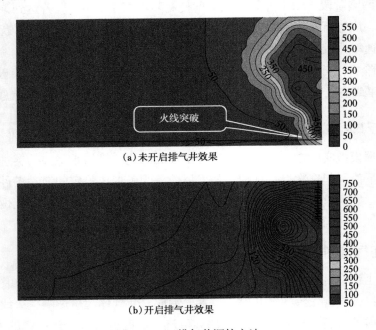

(a)未开启排气井效果

(b)开启排气井效果

图9-7-9　排气井调控方法

排气井的开启时机很重要，若火线突破生产井再开启排气井，后期调整难度、风险更大。根据实验结果，建议在点火成功后即开启排气井，这样有利于火线呈斜面状态推进。排气井的井底温度不应超过260℃，当高于该温度时，关闭该排气井，随即开启下一口排气井。否则会导致尾气与少量产出油在排气井井筒内燃烧，烧毁井筒；还会在排气井的周围形成结焦带，阻塞下一口排气井工作时的气体通道。

（三）水平井注蒸汽

水平井注水蒸气是防止火线突破水平井的有效措施之一，如图9-7-10所示。当水平井井段某处温度达到200℃以上时，意味火线前缘已经接近水平井。实验结果表明当水平井井底温度达到260℃时，水平井上方9cm处温度已达到500℃以上，此时向水平井筒内连续注入150~200℃蒸汽，能在水平井上方形成水蒸气带，保证气液界面位于水平井上方3~5cm，可防止火线突破生产井，形成一层结焦带并包裹水平井筒，避免火线窜流，保护水平井段。图9-7-11为实验过程中水平井平面温场图，可以看出通过该措施实施没有发生火线突破现象。另外，150~200℃的水蒸气对水平井有循环预热作用，可以使下泄至井筒的原油黏度降低，具有良好的流动性，有利于原油顺利举升采出。

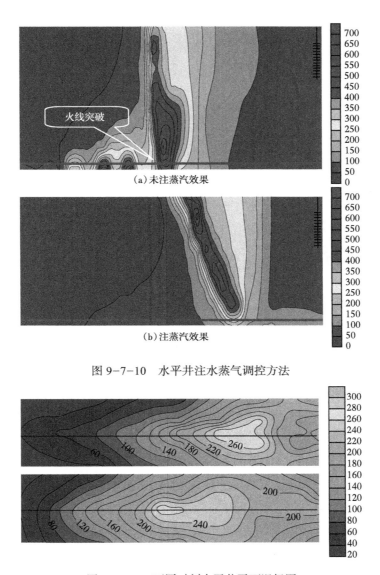

图 9-7-10　水平井注水蒸气调控方法

图 9-7-11　不同时刻水平井平面温场图

（四）注采排关系优化

保持注气强度不变，探索 1/4、3/7、1/1 和 7/3 不同采排比对重力火驱的影响，如图 9-7-12 所示。实验表明，采排比为 1/4 和 3/7 时火线发育良好，前者还要更优于后者，采排比为 1/1 和 7/3 时火线出现萎缩，不足以维持实验继续进行。结果说明，排气井的排气量应大于水平井的采气量。

在保证火线平稳推进的前提下，通过调节注气强度（分别为 30L/min、50L/min、70L/min）探索了不同注气强度下采排之间的关系对重力火驱效果的影响，如图 9-7-13 所示。采排比同样为 3/7，随着注气强度增大可以提高火线的推进速率，但要控制好采排关系：在保持排气量大于采气量时，随着注气强度的增加，应适当减少水平井的采气量。

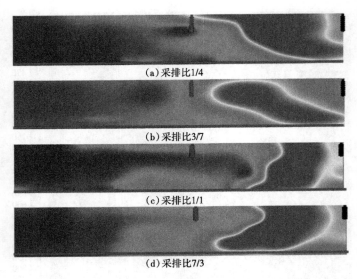

(a) 采排比1/4

(b) 采排比3/7

(c) 采排比1/1

(d) 采排比7/3

图 9-7-12　相同注气强度下采排关系

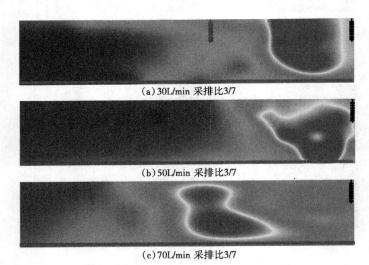

(a) 30L/min 采排比3/7

(b) 50L/min 采排比3/7

(c) 70L/min 采排比3/7

图 9-7-13　不同注气强度下采排关系

六、结论与认识

（1）重力火驱稳定泄油需要满足 3 个条件：热连通建立烟气通道、高温氧化提供持续热源、燃烧前缘形成有效形态。

（2）根据注气速度、火线波及特征、产出流体物化性质与重力火驱生产特征关系，划分了重力火驱生产阶段：预热阶段、点火阶段、火线拓展阶段、火线调控阶段、气驱阶段。

（3）为保证重力火驱燃烧前缘沿水平井的推进，探索了 4 种调控策略：排气井牵引火线、水平井注蒸汽、点火井射孔位置位于油层上部、排气井排气水平井产液的采排关系。

第八节　厚层稠油油藏直平组合立体火驱实验研究

一、项目概况

G块油层埋深 1540~1890m，油层厚度平均 96m，50℃ 脱气原油黏度 3100~4000mPa·s，属于典型厚层块状普通稠油油藏。其火驱开发模式采用常规直井高部位线性驱，先后经历先导试验、扩大试验、规模调整三个阶段，阶段累增油 35.68×10⁴t，见到初步效果。但在整个火驱生产过程中驱替的原油需要运移整个井距的距离且在到达生产井之前一直处于温度较低的下游地区，这种长距离驱替往往伴随许多问题，如气体超覆导致的燃烧不均匀、火线超覆严重地层非均质造成的氧气过早突破等。为进一步改善燃烧状体、提高油层火线波及，一些专家学者提出了直井注气、位于井距之间的水平井采油的火烧油层新技术—直平组合火驱（直井与水平井在空间位置相互垂直，区别于 THAI 火驱），具有驱替泄油复合，水平井纵向牵引火线，促进燃烧腔横线连通，提高采收率作用机理的技术优势。

该技术目前还处于探索阶段，虽然有矿场试验，也取得一定的驱油效果，但对直平组合火驱作用机理、实施过程主控因素、潜在风险调控等难点认识还不十分清楚，针对以上问题，利用自主研制的大型火烧油层比例模拟实验装置，从室内实验角度对直平组合火驱技术进行了分析研究。

二、实验方案设计

（一）实验准备

直平组合火驱三维比例模拟实验准备工作包括：

（1）物理模拟实验方案设计：围绕厚层稠油油藏直平组合火驱是否可行、如何实现牵引火线等目的，设计实验方案，如图 9-8-1 所示。

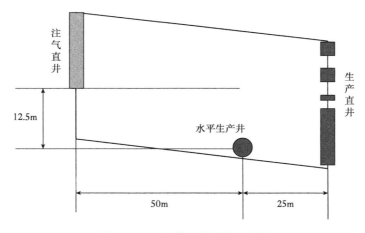

图 9-8-1　油藏工程井网示意图

（2）物理模型的比例模化：根据目标区块油藏地质特征，选取合理的相似准则，设计室内实验所需的孔隙度、渗透率、饱和度等特征参数及井网结构与相关尺寸，见表9-8-1。

表9-8-1　直平组合火驱三维比例模拟实验模化参数

参数	原型参数/m	模型参数/cm
注气井与水平井平面距离	50	53.3
注气井与生产直井平面距离	75	80
油层厚度	25	25.6
注气井射孔层段	12	12.8
生产直井射孔层段	25	25.6

（3）模型装填：在模型相应位置处布置注气井、水平生产井、直井生产井及点火器，排布适当数量的温度、压力测点，以捕获火线的展布规律；模型装填所需的实验用油选择G块超稠油，实验用砂采用石英砂，将原油与石英砂按一定比例混合配制，得到与油藏相同含油饱和度的人工油砂。

（二）火驱实验

首先，分别在注气井、生产井进行适当轮次的蒸汽吞吐进行预热，建立两井间的热连通道，当井间温度达到了实验用油的拐点温度时预热阶段结束。启动点火器，开始低速注空气、低温预热，主要目的是防止在油层未被点燃之前先行氧化结焦；直到注气井周围一定区域的温度达到原油燃烧的门槛温度时，然后逐渐加大空气注入速率，实现层内点火。当火线形成后，根据实时监测模型系统各关键节点的温度、压力、流量信号及尾气组分变化，调整注气强度，保证火线稳定推进；当实验达到预期目标时，向模型内注入氮气进行灭火、降温，实验结束。

三、直平组合火驱作用机理

图9-8-2为模拟油层厚度25m常规直井火驱物理模拟实验后模型实物照片，从图中可以看出，当油层厚度较大时火线在形成后受生产驱替压差及气体因密度造成的超覆作用双重影响，向上方及侧上方扩展趋势明显，当火线达到油层中部时最终在顶部窜流，导致火线波及体积主要在油层上部，其波及系数仅为48.71%，其采出程度为51.3%。图9-8-3为模拟油层厚度25m地层倾角15°直平组合火驱物理模拟实验后实物照片，在注气井和生产井中间引入水平生产井，受底部水平井的拽拉作用部分克服了气体超覆影响，火线呈一定倾角稳定拓展，为稳定泄油提高了移动热源，加热下方的原油形成可流动油区，在重力作用下下泄至水平井，整体波及效果比较理想，其波及系数达到71.5%，结焦带波及16.48%，未波及区域多集中注气井与水平井之间的油层下部区域，火驱的波及程度较常规直井火驱大幅提升，直平组合火驱采出程度可达74.9%，其中水平井对采出程度的贡献率为87.1%。上述两组比例模拟实验结果表明直平组合火驱中的水平井具有"牵引火线扩波及、驱替泄油提动用"作用机理。

图 9-8-2　模拟油层厚度 25m 常规直井火驱实验后模型照片

图 9-8-3　模拟油层厚度 25m 直平组合火驱实验后模型照片

在常规直井火驱中油墙是指原油从上游被驱替出来汇聚成的高饱和度区域，主要包括高温蒸馏和裂解形成的轻质油、未明显反应的地层原油、燃烧生成的水、二氧化碳以及空气中的氮气。火驱过程中油墙运移需满足 2 个条件：一是上游原油受热聚集导致含油饱和度增大形成油墙，二是下游原油在驱动力作用下可流动。在直平组合火驱作用机理则无法形成油墙，如图 9-8-4 所示。图 9-8-4 为开展的另一组直平组合火驱比例模拟实验，对

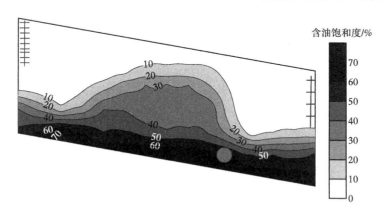

图 9-8-4　实验后含油饱和度分布图

实验后岩心进行取样测定剩余油饱和度。在火线下方至水平井处剩余饱和度由 10% 逐渐增至 50%，均低于初始含油饱和度为 60%。主要原因是受火线高温作用，被加热的原油流动性逐渐改善，无法形成油墙（高于处于含油饱和度区域）聚集，在重力作用下泄至水平井，这点与 THAI 火驱作用机理类似。

四、直平组合火驱过程主控因素分析

（一）持续稳定高温燃烧条件

门槛温度是设计火烧现场点火阶段加热器功率及其加热时间的一个重要参数，受组分的影响，不同区块的原油门槛温度相差很大。在人工点火条件下，G块脱水原油门槛温度为350℃，燃料消耗量为29.1kg/m³，稳定燃烧温度450℃以上，因此在设计点火温度参数时一定高于门槛温度50℃以上，这样更有利于实现高温燃烧。在火线推进过程中一定要持续增加注气速率，有利于补充地层能量和保持较好的燃烧状态，如图9-8-5所示。

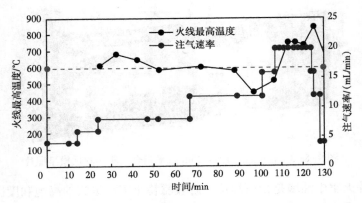

图9-8-5　注气速度对火线最高温度影响

（二）井间热连通建立烟气通道

原油黏度随温度变化规律一致，均随体系温度增加呈减小趋势变化。低温时随温度增加原油黏度迅速降低，当温度超过一定值以后，随温度增加黏度减小幅度变得平缓。根据稠油拐点温度计算方法，将G块原油实测黏温曲线绘制在半对数坐标系中，交点坐标即为拐点温度。该点就是稠油的流变特性由黏塑性流体转向拟塑性流体的初始温度，如图9-8-6所示，该原油拐点温度为68℃。

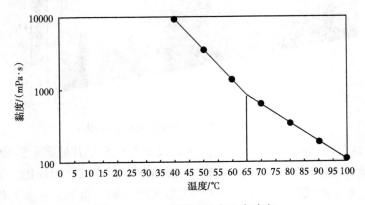

图9-8-6　G块原油拐点温度确定

　　直平组合火驱通过垂直注气井点火并连续注气，可流动油区在水平井上方已经形成，但由于两者之间存在一定距离，原油下泄过程中又因温度降低致使黏度增大，原油聚集、停滞，形成含油饱和度高的区域，堵塞了气体通道，抑制了高温氧化反应进行，甚至可引起熄火等严重后果。

　　因此，在点火操作之前，注气井与生产井之间必须要形成可流动油区，即建立初始温度场，使油层温度达到原油拐点温度。进行二维物理模拟实验时，首先进行吞吐，直井、水平井分别吞吐 6 轮次，形成有效地井间热连通，整个油层温度高于 68℃（图 9-8-7），原油具有流动性，井间含油饱和度降低（图 9-8-8），建立烟气通道，为点火注气形成了连通通道。

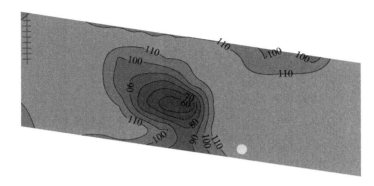

图 9-8-7　吞吐阶段温度场分布图

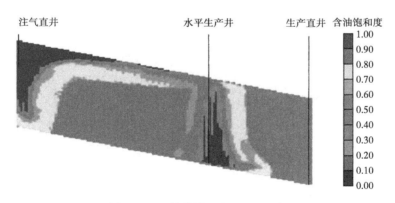

图 9-8-8　数值模拟含油饱和度场

（三）初始燃烧腔的培育

　　火驱具有推土机效应，所以火驱前期燃烧腔的培育，对后期火线拓展有很重要的影响。在点火升温过程中，火线沿着热连通形成的通道逐渐形成燃烧腔，如图 9-8-9 所示。火驱初期燃烧腔体积较少，注气强度过大易降低燃烧腔温度，影响燃烧稳定性。培育燃烧腔的建议：（1）点火成功后点火器持续加热、补充热量；（2）较低注气强度、保证高温燃烧。

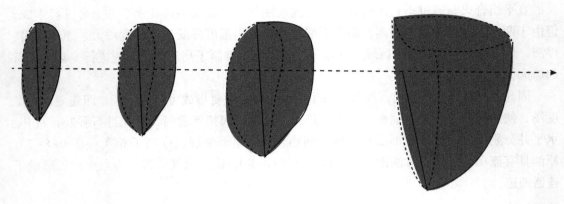

图 9-8-9　燃烧腔发育示意图

（四）直井生产井开启时机

在实验过程温场变化中可以看出，水平井在直平组合火驱时，能够有效地牵引火线，当火线接近生产井时，一旦火线从水平井段突破，就会造成火线波及范围无法继续拓展，形成大量的死油区。另外，水平井内燃烧放出的热量在周围聚集、温度迅速升高，最终可导致水平井段被烧毁。为避免火线串流至水平生产井，此时应提前开启直井生产井、双井协调生产。图 9-8-10 为开启直井生产井前后的温度场对比图，当开启直井生产井后火线向水平井突进的趋势变缓，并沿着油层顶部逐渐向直井拓展，避免出现水平井烧毁的极端现象。

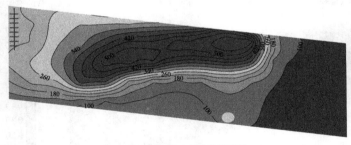

（a）开启直井生产井前温度场

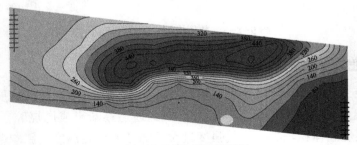

（b）开启直井生产井后温度场

图 9-8-10　直井开启前后温场变化图

五、直平组合火驱生产特征

根据直平组合火驱的整个火驱过程，一般可划分为热连通、火线形成、热效驱替、驱泄复合等四个阶段。通过对实验后产出流体进行分析得出直平组合火驱生产特征曲线，如图9-8-11所示。其中热效驱替与驱泄复合是主要的生产阶段，产量贡献率分别为17%~20%、32%~35%，最终采出程度可达74.9%。

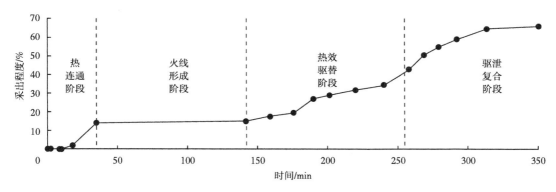

图 9-8-11　直平组合火驱生产特征曲线

六、直平组合火驱调控策略

在火驱过程中，为了保证油层始终处于高温燃烧状态，要随着火驱燃烧半径增加，实时调整注气强度。通过调整火驱过程注气来实现火线稳定推进形成有效的驱泄界面，并且注气也不易过大，如果注气过大，火线容易窜流生产井，造成实验失败，需要根据生产井的井底温度与压力相应的调整注气强度。

在火线推进过程中，生产井井底温度出现2个阶梯，如图9-8-12所示：第一阶段为

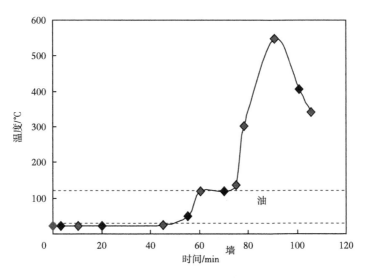

图 9-8-12　火驱实验过程中生产井温度变化

地层温度，其温度升高主要受烟道气携热所致，升温缓慢；第二阶段为井底压力对应的饱和蒸汽温度，当处于该阶段时，意味着生产井处于火驱区带的饱和蒸汽凝结区，此后，温度迅速升高。当温度接近井底压力对应的饱和蒸汽温度时，意味着火线接近生产井。生产井的调控可以根据以上的方法来作为调整注气强度的依据。

在直平组合火驱过程中，重点需对热效驱替、驱泄复合两个阶段进行调控。

（一）热效驱替阶段调控

直平组合火驱点火成功后，油层形成稳定燃烧的火线向前推进，进入热效驱替阶段。此阶段，随着火线波及区域的增大应继续增大注气速率，如图 9-8-13 中阴影区域所示，并监测生产井产出尾气，运用燃烧状态判识指标对尾气进行分析，确保调整注气后火线能够保持稳定持续燃烧。

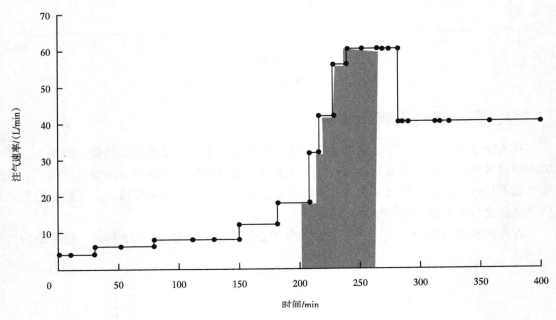

图 9-8-13　直平组合火驱实验过程注气调控

（二）驱泄复合阶段调控

直平组合火驱过程中，随时监测水平井井底温度，当水平井井底温度达到饱和蒸汽温度（井底压力对应）、且温升速率急剧增大时，开启直井生产井，进入直平生产阶段。直井、水平井生产阶段，为避免火线窜流直井与水平井，注气速率不应继续增加，根据井底温度，适当降低注气速率（图 9-8-14）。调整注气的过程中，实时调整水平生产井与直井生产井产量，直井生产井以排气为主、水平生产井以产液为主。直平组合火驱过程中直平生产阶段，主要以调整注气和生产井产量两种调控措施配合，牵引火线实现波及最大（图 9-8-15）。

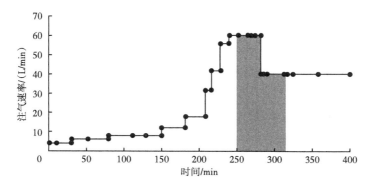

图 9-8-14　直平组合火驱实验过程注气调控

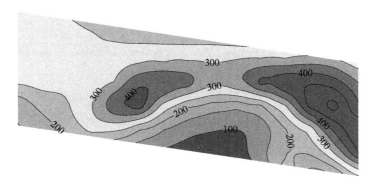

图 9-8-15　直平生产阶段温场发育过程温场图

七、结论与认识

（1）水平井具有牵引火线扩波及、驱替泄油提动用的作用机理，水平井实现了向油层下方牵引火线，提高火驱波及程度。火线波及 71.5%，结焦带波及 16.48%，未波及区域多集中注气井与水平井之间的油层下部区域。

（2）明确了直平组合火驱过程的主控因素：持续稳定的高温燃烧条件、井间热连通建立烟气通道、初始燃烧腔的培育、直井生产井的开启时机。

（3）直平组合火驱一般可划分为热连通、火线形成、热效驱替、驱泄复合等四个阶段。其中热效驱替与驱泄复合是主要的生产阶段，产量贡献率分别为 17%~20%、32%~35%，最终采出程度可达 74.9%，水平井采出程度总贡献率为 70%。

（4）建立了井底温度预测火线相对位置的方法，初步探索了调整注气强度和生产井产量两种调控措施，两者相互配合，牵引火线实现波及最大化。

参 考 文 献

[1] 张方礼. 火烧油层技术综述 [J]. 特种油气藏，2011，18（6）：1-5.

[2] 张方礼，刘其成，刘宝良，等. 稠油开发实验技术与应用 [M]. 北京：石油工业出版社，2007：1-6.

[3] 龚姚进.厚层块状稠油油藏平面火驱技术研究与实践 [J].特种油气藏，2012，19（3）：58−62.

[4] 王弥康，张毅，黄善波，等.火烧油层热力采油 [M].东营：石油大学出版社，1998：9−18.

[5] 张敬华，杨双虎，王庆林.火烧油层 [M].北京：石油工业出版社，2000：6−7.

[6] 李之光.相似与模化 [M].北京：国防工业出版社，1982：522−533.

[7] 沈自求.相似理论的实质 [J].大连工学院学报，1982，21（3）：75−80.

[8] 李少池，沈德煌，王艳辉.火烧油层物理模拟的研究 [J].石油勘探与开发，1997，24（2）：73−79.

[9] Binder，G.G.，et al. Scaled−Model Test of In−Situ Combustion in Mossive Unconsolidated Sands[C].Proc.，Seventh World Pet.，1967.

[10] Garon，A.M.，et al. A Laboratory Investigation of Sweep During Oxygen and Air Fireflooding[C]. SPE 12676，1986.

[11] COATSR，LORIMERS，IVORYJ.Experimental and Numerical Simulations of Top Down in−situ Combustion Process[C].SPE 30295，1995.

[12] BURGER J G, et al. Laboratory Research on Wet Combustion[J].Journal of Petroleum Technology，1993，25（10）：1130−1136.

[13] 杨俊印.火烧油层（干式燃烧）室内实验研究 [J].特种油气藏，2011，18（6）：96−99.

[14] 关文龙，蔡文斌，王世虎，等.郑 408 块火烧油层物理模拟研究 [J].石油大学学报（自然科学版），2005，29（5）：58−61.

[15] 杨德伟，王世虎，王弥康，等.火烧油层的室内实验研究 [J].石油大学学报：自然科学版，2003，27（2）：51−54.

[16] 胡荣祖，高胜利，赵凤起，等.热分析动力学 [M].北京：科学出版社，2008.

[17] Ursenbach，M.G.，Moore，R. G. and Mehta，S.A. Air Injection in Heavy Oil Reservoirs − A Process Whose Time Has Come（Again）[J]. Journal of Canadian Petroleum Technology，2010，49（1）：46−54.

[18] 张方礼，刘其成，赵庆辉，等.火烧油层燃烧反应数学模型研究 [J].特种油气藏，2012，19（5）：55−59.

[19] 刘其成，程海清，张勇，等.火烧油层物理模拟相似原理研究 [J].特种油气藏，2013，20（1）：111−114.

第十章　稠油复合改质降黏实验技术

向稠油油层注入高温蒸汽的热力开采方式是最广泛、最有效的开采技术。以前多数专家只注意高温蒸汽与稠油之间的物理变化，而没有注意到油层水与热的综合作用和油层矿物对采出油性质的影响。相关研究结果表明[1-6]，水蒸气、油层矿物的综合作用可以加速稠油的水热裂解反应，使采出油的性质得到改善。如果在注入蒸汽中加入合适的改质催化剂，可使稠油与水蒸气之间的水热裂解反应进行得更完全，达到对稠油改质降黏有利于开采的目的。

第一节　注蒸汽热采条件下稠油改质催化体系的制备与评价

一、多相催化和均相催化

化学催化可分为多相催化和均相催化两大类。

多相催化又称为非均相催化是指催化剂和反应物处于不同相中，催化反应在界面上进行。多相催化相间组合方式多为催化剂为固体，反应物为气体、液体或气体加液体；或催化剂为液体，反应物为气体。多相催化反应中，最重要的是使用固体催化剂体系，在反应体系中固体催化剂只能以表面与反应物接触，而固体相内部则不起作用，反应物分子必须从反应物体相移到固体催化剂表面上才能发生催化作用，存在着相际间传递阻力，这使得多相催化过程的反应动力学更为复杂。

当催化剂与反应物处于同一相，没有界面存在时，其催化体系称为均相催化体系。均相催化体系的催化剂，可包括酸、碱催化剂和可溶性过渡金属化合物催化剂两大类，此外还有一些如 I_2、NO 等少数非金属分子催化剂。均相催化剂是以分子或离子水平独立起作用的，活性中心性质比较均一，催化反应动力学方程一般比较简单。均相催化由于催化剂和反应物和产物混合均匀，催化效率高。

二、注蒸汽热采条件下稠油井下催化改质体系的制备

（一）油溶性催化剂有机分子骨架的筛选

在井下改质反应中为了使过渡金属离子溶于油相中，使其充分与原油混合，从而实现

均相催化，所筛选的有机分子骨架必须有以下特征：

（1）有机分子骨架部分亲油性适当，一方面要使有机金属化合物溶入油相，另一方面井下改质反应结束后，有机过渡金属化合物的 HLB 值要控制在 8~13，在碱性条件下与其他表面活性剂一起起到乳化剂的作用，使反应后的产物在降温过程中形成 O/W 型乳液。

（2）有机分子具有足够的热稳定性。保证在 200~300℃ 的条件下不分解，并且保留在油相中。

（3）既要考虑稠油水热裂解反应催化剂性能的要求，也要考虑尽量使催化剂成本低廉。

根据上述条件选取油酸根作为过渡金属阳离子的阴离子。油酸：$CH_3（CH_2）_7CH=CHCOOH$，沸点：286℃，密度：0.8905，碘值：89.87。柠檬酸、环烷酸、乙酰丙酮作为过渡金属阳离子的阴离子。

（二）油溶性催化剂过渡金属离子的筛选

根据 Hyne，Clark 及相关研究成果，通常某些金属对裂解改质反应具有催化作用，这些金属可能是以离子、氧化物、硫化物、有机金属化合物及有机弱酸盐等形式起催化作用。

分别以 Co^{2+}、Mo^{6+}、Fe^{2+}、Ni^{2+}、Al^{3+}、Mn^{2+} 和 Cu^{2+} 的油酸盐作为稠油改质的催化剂。在 240℃ 和 24h 的反应条件下，通过室内模拟实验考察常见金属油酸盐的催化作用。首先，按照催化剂与稠油质量比计，质量浓度为 0.5% 的浓度添加催化剂，评价各催化剂的降黏效果，结果见表 10-1-1。

表 10-1-1 不同金属化合物对稠油黏度的影响

金属种类	杜 84 超稠油	
	黏度（80℃）/（mPa·s）	降黏率 /%
未处理	15984	—
H_2O（无催化剂）	9154	42.73
Fe（Ⅱ）	2508	77.85
Co（Ⅱ）	2368	85.18
Mo（Ⅵ）	2041	87.23
Zn（Ⅱ）	5367	66.42
Ni（Ⅱ）	2177	86.38
Al（Ⅲ）	3283	79.46
Mn（Ⅱ）	3160	80.23
Cu（Ⅱ）	5406	66.18

就降黏效果而言，添加金属油酸盐对稠油改质反应有明显的催化作用，催化改质处理后稠油黏度比只用水进行处理的稠油黏度降低明显。但是，不同金属化合物对稠油的改质反应具有不同的催化作用，其中 Co^{2+}、Mo^{6+}、Ni^{2+} 的油酸盐对稠油的催化降黏效果都比较好。虽然 Mo^{6+} 油酸盐催化效果好，但是价格昂贵。基于此，选用过渡金属阳离子镍和钴来制备催化剂。

（三）油溶性改质主催化剂的制备

1. [（NiO_2）（acac）$_2$] 催化剂的制备

称量一定量结晶过渡金属镍盐与 50g 去离子水混合配成镍盐含量为 9.1% 的溶液，并加入带有搅拌、回流冷凝器以及加热装置的反应器中。将 3.5gNaOH 溶于 50g 去离子水中配成 NaOH 含量为 6.5% 的溶液，并与镍盐溶液混合生成氢氧化镍沉淀。沉淀反应完成后，反应混合物的 pH 值为 8.25。2g 乙酰丙酮与上述沉淀反应混合物混合，在 800r/min 的搅拌速度下升温至回流温度反应 10h，生成浅蓝色的乙酰丙酮镍晶体。降温后将反应混合物抽滤并对沉淀进行充分洗涤，最后于 40℃ 真空干燥得到 11.7g 产品。

2. [（CoO_2）（acac）$_2$] 催化剂的制备

称量一定量结晶钴盐与一定量去离子水混合配成浓度为 16.7% 的结晶过渡金属盐溶液，并加入带有搅拌与加热装置的反应器中；将 3.5gNaOH 溶于 50g 去离子水中配成 NaOH 含量为 6.5% 的溶液，加入反应器中与结晶过渡金属钴盐溶液混合生成氢氧化钴沉淀，沉淀反应完成后，反应混合物的 pH 值为 8；将 25.2g 乙酰丙酮加入反应器与上述沉淀反应混合物混合，在 800r/min 的搅拌速度下升温至回流温度反应 3h，生成桃红色的乙酰丙酮钴晶体。降温后将反应混合物抽滤并对沉淀进行充分洗涤，最后于 40℃ 真空干燥得到 11.7g 产品。

3. 环烷酸盐催化剂的制备

取环烷酸 50mL，加入浓度为 1mol/L 的 NaOH，调节溶液的 pH 值为 9~12。加入一定量的过渡金属钴盐、镍盐溶液，在 80℃ 水浴中搅拌反应 4h。反应完成后，加入适量的醇类溶剂，转入分液漏斗中，静置后分层，取上层油状液体，根据需要挥发掉全部或部分溶剂，从而制得环烷酸盐催化剂。

4. 柠檬酸盐催化剂的制备

取一定量的无机过渡金属钴盐、镍盐溶液，溶解在 8mL 水中，向金属盐溶液中加入 50g 柠檬酸，在室温下搅拌 2h 得胶体溶液，用胶体溶液体积 10 倍的乙醇（浓度大于 95%）稀释后，超声波震荡 2h 即得分散柠檬酸盐胶体溶液。

5. 油酸盐催化剂的制备

将无机过渡金属钴盐、镍盐溶液溶于蒸馏水中，碱性条件下加入油酸，搅拌并加热共沸 30min，至油相变为红褐色的油状液体，用分液漏斗将水相和油相分离。将定量的油溶性催化剂充分燃烧为相应的金属氧化物，用 0.1mol/L HCl 溶解，用紫外分光光度计比色法测得油溶性催化剂中含镍、钴 23.9%（质量分数）和 24.8%（质量分数）。

与前人研究的稠油改质催化剂相比，通过上述方法制备的金属有机化合物催化剂具有诸多方面的差别。至今，文献中报道的此类催化剂可以大致分为以下四类：（1）过渡金属盐水溶液；（2）高分散的过渡金属盐颗粒；（3）过渡金属盐的乳化液；（4）油溶性过渡金属配合物。在注蒸汽热采的油藏条件下，应用上述四类催化剂进行稠油催化改质时存在某些限制性因素。

对于过渡金属盐水溶液而言，由于注蒸汽油藏内流体通常呈碱性，注入地层中的过渡金属离子遇碱会生成相应的氢氧化物而沉淀在油藏的底部，降低了催化效率。

$$M^{n+} + nOH^- \longrightarrow M(OH)_n \downarrow$$

高分散的过渡金属盐颗粒催化剂存在以下不足：一是流体的冲刷与堆积作用，降低了催化剂的分散度；二是随时间的增长，油藏流体携带的无机矿物将在催化剂表面沉积。这些都会影响催化剂的催化效果。

过渡金属盐的油溶性可以提高催化剂注入初期催化剂与稠油的混合程度，但在油藏温度提高到 200~300℃ 后，此时的催化效率大大降低。

以乙酰丙酮为配体的油溶性过渡金属配合物具有油溶性，可以与油相充分混合：

$$2 \left[\underset{H_3C}{\overset{O}{\parallel}} \underset{CH_2}{\quad} \underset{CH_3}{\overset{O}{\parallel}} \right] + M \longrightarrow$$

但是此类化合物遇水分解，在蒸汽注入后过渡金属离子还是会沉积，影响催化效果。

可见，在注蒸汽条件下，催化剂对稠油催化改质降黏反应的催化效率主要取决于：催化剂与稠油能否充分接触；催化剂的热稳定性和化学稳定性。

研制的油溶性过渡金属化合物环烷酸钴、环烷酸镍、柠檬酸钴和柠檬酸镍溶于稠油，不溶于水且遇水不分解，具有良好的热稳定性，满足注蒸汽条件下稠油催化改质降黏反应的需要。

（四）催化剂与地层水配伍性实验

在地层条件下将催化剂与稳定剂乳化和地层水混合的配伍实验，其过程是分别将催化剂、杜 84 区块地层水配制一定浓度为 0.3% 的溶液，用分光光度计在 450nm 下测定其吸光度，然后每隔一段时间测定一次吸光度，如果催化剂与地层水不配伍，则溶液中有沉淀或浑浊物出现，吸光度增加。表 10-1-2 为乳化催化剂地层水配伍性试验结果。

结果表明，所检测的催化剂乳状液吸光度基本没有发生变化，说明催化剂与杜 84 区块地层水配伍性良好。

表 10-1-2　乳化催化剂地层水配伍性试验结果

油田/区块	催化剂	吸光度/A			
		空白	第一天	第二天	第三天
杜84	[（NiO_2）（acac）_2]	1.54	1.61	1.54	1.50
	[（CoO_2）（acac）_2]		1.64	1.58	1.56
	环烷酸镍		1.74	1.68	1.62
	环烷酸钴		1.75	1.63	1.61
	柠檬酸镍		1.77	1.65	1.64
	柠檬酸钴		1.80	1.67	1.63
	油酸钴		1.78	1.70	1.65
	油酸镍		1.86	1.81	1.80

（五）催化剂折光率测定

用阿贝型折光仪测定液体有机催化剂折光率。折光率测定原理，光线自一种透明介质进入另一透明介质时，由于两种介质的密度不同，光的进行速度发生变化，即发生折射现象，一般折光率系指光线在空气中进行的速度与供试品中进行速度的比值。根据折射定律，折光率是光线入射角的正弦与折角的正弦的比值，即 $n=\sin i/\sin r$。式中 n 为折光率，$\sin i$ 为光线入射角的正弦，$\sin r$ 为折射角的正弦。测定结果见表 10-1-3。

表 10-1-3　不同种类催化剂折光率

催化剂	[（NiO_2）（acac）_2]	[（CoO_2）（acac）_2]	环烷酸镍	环烷酸钴
折光率	1.4728	1.4359	1.5290	1.4770
催化剂	柠檬酸镍	柠檬酸钴	油酸镍	油酸钴
折光率	1.3987	1.3919	1.4584	1.4516

三、稠油改质催化体系性能的评价

研究得到的催化体系，在注蒸汽热采的油藏条件下，对催化改质反应的具体作用效果如何，对稠油性质有哪些改善，发挥催化作用的适宜温度和总投药量如何，这些问题都有待深入研究，因此需对其性能进行系统评价。

实验装置的主体部件是一个容积 250mL 的电磁搅拌高压反应釜。该反应釜是一种间歇式反应器，可供多种物质在高压（25MPa）和中温（350℃）范围内进行化学反应之用。反应釜的釜体、釜盖采用整段不锈钢（1Cr18Ni9Ti）加工制成，具有较好的耐腐蚀性能，且釜体与釜盖装配紧密。采用无垫片的圆弧面与锥面线接触密封形式，依靠接触面的高精度和高光洁度，以实现反应釜的高压密封。釜体外，装有桶形的炉芯，加热电阻丝串联其中，其端头自下部穿出通至接线插座，与数显温度调节仪相连。高压反应釜上，配有压力表、热电偶、气相取样阀及液相取样阀等部件，便于随时掌握釜内物质化学反应的情况。

（一）催化剂种类对催化改质稠油降黏率影响

采用的是同一种反应条件对上述制备的催化剂进行评价，即催化剂加入量为 0.5%（与稠油比质量分数）、加水量为 30%（与稠油质量比）、反应温度 240℃、反应时间 48h。反应后测定油品降黏率、硫含量、族组成的变化，以此来评价催化剂的催化性能。测定结果见表 10-1-4。

表 10-1-4　催化剂评价结果

催化剂	降黏率 /%	硫含量 /%	族组成 /%			
			饱和烃	芳香烃	胶质	沥青质
$[(NiO_2)(acac)_2]$	76.12	0.34	26.28	28.39	32.28	13.05
$[(CoO_2)(acac)_2]$	77.51	0.38	28.25	30.56	30.19	11
NiNaph	87.35	0.21	31.35	36.27	25.42	6.96
CoNaph	84.16	0.22	30.76	34.32	26.05	8.87
柠檬酸镍	88.29	0.19	30.34	33.53	28.04	8.09
柠檬酸钴	87.46	0.23	32.59	37.18	24.55	5.68
油酸镍	86.38	0.37	27.83	29.27	31.42	11.48
油酸钴	85.18	0.32	26.52	29.15	30.48	13.85

注：80℃ 时测定黏度。

从表 10-1-4 中可以看出，柠檬酸盐和环烷酸盐催化剂对辽河超稠油具有很好的降黏效果，而且从微观角度看，超稠油的硫含量降低显著，由反应前 0.96% 下降至 0.4% 以下。胶质、沥青质含量下降明显，由反应前 40.64%、19.55% 分别下降到 33.0%、14.0% 以下。因此，选择环烷酸钴（CoNaph）、环烷酸镍（NiNaph）、柠檬酸钴、柠檬酸镍作为实验用催化剂。

（二）反应温度对催化改质稠油降黏率影响

蒸汽吞吐开采稠油时，虽然井口注入的蒸汽温度高达 300℃，但是由于油藏的热损失以及地层的非均质等因素，地层中近井地带的温度一般只能达到 200℃ 左右，因此，在实验中选择实验温度在 180~300℃，以使研究结果有利于现场的实际操作和应用。

选择环烷酸钴（CoNaph）、环烷酸镍（NiNaph）、柠檬酸钴、柠檬酸镍为催化剂进行实验，实验条件为油 / 水 =100:30；催化剂占稠油质量分数为 0.5%（质量分数），反应时间 24h。在其他条件不变的前提下，改变反应温度，待反应完成后，分析稠油降黏率随温度的变化，实验结果如图 10-1-1 至图 10-1-4 所示。

在不加催化剂的情况下随着反应温度的升高，降黏率迅速增大，当反应温度到达240℃ 以后，其降黏率变化很小。而加入油溶性体系催化剂，由于其催化作用，要比不

加催化剂的情况降黏幅度更高，而且在温度超过 200℃ 降黏率就迅速增大，当温度超过
240℃ 以上时，降黏率增大的幅度减缓。

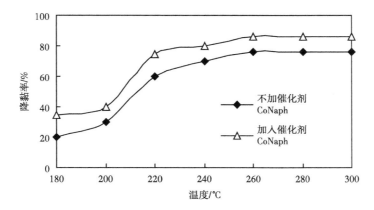

图 10-1-1　加入环烷酸钴（CoNaph）的反应温度与稠油降黏率关系

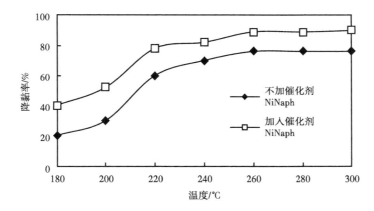

图 10-1-2　加入环烷酸镍（NiNaph）的反应温度与降黏率关系

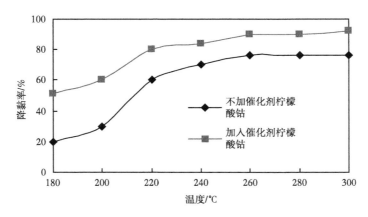

图 10-1-3　加入柠檬酸钴的反应温度与降黏率关系

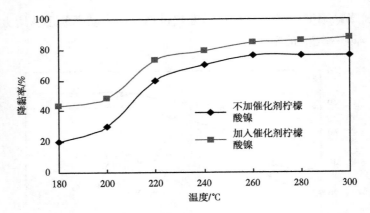

图 10-1-4　加入柠檬酸镍的反应温度与降粘率关系

（三）催化剂加入量与稠油降黏率的关系

选择环烷酸钴（CoNaph）、环烷酸镍（NiNaph）、柠檬酸钴、柠檬酸镍为催化剂进行实验，油/水 =100:30，反应温度 240℃，反应时间 24h。其他条件不变前提下，改变催化剂加入量，待反应完成后，分析稠油降黏率随催化剂加入的变化，实验结果如图 10-1-5 至图 10-1-8 所示。

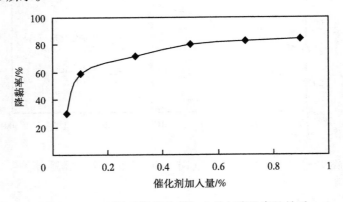

图 10-1-5　环烷酸钴催化剂加入量与降黏率的关系

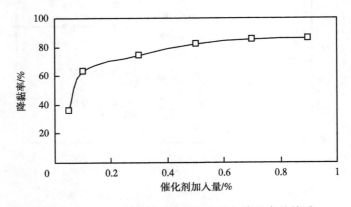

图 10-1-6　环烷酸镍催化剂加入量与降黏率的关系

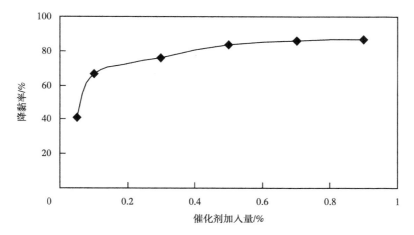

图 10-1-7　柠檬酸钴催化剂加入量与降黏率的关系

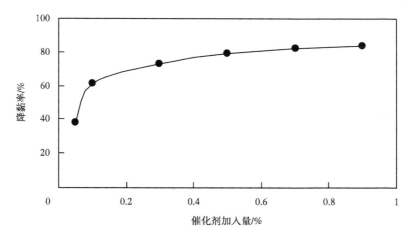

图 10-1-8　柠檬酸镍催化剂加入量与降黏率的关系

由图 10-1-5 至图 10-1-8 可见，随着催化剂的加入量增大，稠油降黏率增加，当油溶性催化剂加入量超过 0.5%，稠油降黏率增加的幅度很小。相对于文献中报道的 4%~5%（质量分数）的加入量，本研究中的催化剂用量较小；同时也说明了在均相催化中催化剂和反应物可以充分接触使得催化剂活性和效率高。

（四）油层矿物的催化作用

油层矿物主要是由黏土矿物和非黏土矿物组成。非黏土矿物主要包括石英及无机盐岩，黏土矿物是由硅氧和铝氧化物组成。在水蒸气的作用下，具有一定的 B 酸或 L 酸性。由于晶格的取代作用，油层矿物表面大多带负电荷，它们可吸附催化剂金属阳离子，使油层矿物具有常规催化剂载体的作用。

无机盐矿物成分是相当复杂的，其中含有很多金属化合物。其中某些化合物如 Ni、

V、Fe 和 Mo 等，对水热裂解反应具有催化作用。

稠油发生水热裂解反应的结果，导致了稠油中的饱和烃、芳香烃含量增加，胶质、沥青质含量减少，以及组成中杂原子如 S、O 和 N 含量的降低，稠油的平均分子量降低，从根本上降低了稠油的黏度，提高了稠油的产量和质量。

对如何利用油层矿物的作用，加速稠油水热裂解反应，就地催化降黏开采稠油，国内外学者进行了较为深入的研究。Belgrave 等在研究稠油水热裂解反应动力学时指出，油层矿物在 CO_2 和 H_2S 的产生中起到重要作用。Hyne 等在研究稠油与水蒸气的作用时，也发现了某些存在于稠油中的金属离子、矿物和油层砂对稠油组成的变化起到了催化作用。Monin 等在研究了 Athabasca 等四种稠油在矿物基质体系中的热裂解行为，结果表明，在油层矿物的存在下，稠油经水热裂解反应后，可产生大量的轻烃气体、CO_2、H_2S，同时沥青质、胶质的含量降低，稠油的黏度大幅度下降，这表明了油层矿物对稠油水热裂解反应有催化作用。他们的研究还发现，不同的矿物对稠油水热裂解反应的催化能力是不同的，这为水热裂解就地催化降黏开采稠油技术的现场实施提供了有用的信息。

1. 实验过程

把稠油放入高温高压反应釜中，加入 30% 的水和 10%（占稠油的质量百分数）上述油层矿物，在 240℃ 的条件下反应 24h，反应完成后收集并分析气体组成，分析油样的组成变化。

2. 油层矿物对稠油改质反应的影响

（1）稠油组成变化分析。

按照稠油族组分分析方法，对反应后的 SARA 进行了分析。并假定油层矿物在反应过程中的质量不变，因此在计算沥青含量时应扣除实验中加入的油层矿物的量。实验结果见表 10-1-5。从表中可以看出，加入油层矿物后，稠油中的饱和烃和芳香烃增加，胶质和沥青质下降，这说明油层矿物的存在，对稠油的改质反应具有催化作用。同时，在加有油层矿物、催化剂的改质反应中，饱和烃、芳香烃的含量进一步增加，而胶质、沥青质的含量进一步降低，这表明，在改质反应中，油层矿物和催化剂对稠油的催化改质反应具有协同作用。

表 10-1-5 不同条件稠油族组成分析结果

反应体系	饱和烃（A）/%	芳香烃（S）/%	胶质（R）/%	沥青质（A）/%
未处理稠油	19.4	20.7	40.04	19.86
稠油 + 水	24.32	25.52	34.58	15.58
稠油 + 水 + 油层矿物	25.48	28.17	31.26	15.09
稠油 + 水 + 催化剂	30.42	36.51	25.81	7.26
稠油 + 水 + 催化剂 + 油层矿物	31.09	37.22	25.64	6.05

注：反应温度为 240℃，反应时间为 24h，加水量 30%，催化剂加入质量分数为 0.5%。

（2）不同反应条件下稠油的黏度变化。

对反应前后的稠油，在 80℃ 下用旋转黏度计测定其黏度，测定结果见表 10-1-6。从表中可以看出，稠油经过加入水和油层矿物反应后，黏度分别下降了 20.7% 和 35.6%，这说明了油层矿物对稠油的水热裂反应有催化作用。加入催化剂之后，稠油黏度下降更明显。说明油层矿物和催化剂发生协同作用共同改质稠油。

表 10-1-6　不同条件稠油族组成分析结果

反应体系	反应前黏度 /（Pa·s）	反应后黏度 /（Pa·s）	降黏率 /%
未处理稠油		19.8	0
稠油 + 水		15.7	20.7
稠油 + 水 + 油层矿物	19.8	12.75	35.6
稠油 + 水 + 催化剂		2.51	87.3
稠油 + 水 + 催化剂 + 油层矿物		2.36	88.1

注：反应温度为 240℃，反应时间为 24h，加水量 30%，催化剂加入质量分数为 0.5%。

（3）不同反应条件下稠油平均分子量的变化。

以吡啶为溶剂，在 45℃ 下用 VPO 法测定稠油和反应前后沥青质的平均分子量，测定结果见表 10-1-7。

表 10-1-7　稠油平均分子量测定结果

反应体系	反应前稠油平均分子量	反应后稠油平均分子量
未处理稠油		648
稠油 + 水		615
稠油 + 水 + 油层矿物	648	586
稠油 + 水 + 催化剂		456
稠油 + 水 + 催化剂 + 油层矿物		432

从表中可以看出，稠油经简单的热解后其平均分子量变化不大，而经水热裂解反应后，稠油的分子量从 648 降低到 615，而加入油层矿物后降低到 586，这说明在蒸汽处理过程中油层矿物对稠油的水热裂解反应有促进作用。而当有催化剂存在的情况下，经水热裂解反应后，稠油的平均分子量从原始的 648 降低到 456，当催化剂、油层矿物共存的情况下，稠油的平均分子量降低到了 432。这进一步说明了油层矿物对稠油的水热裂解反应有催化作用。

同时，从反应后稠油中分离出的沥青质的分子量测定结果表明，稠油经热解后，其沥青的分子量增加，而经水热裂解后有所降低，加入油层矿物和催化剂后，沥青质的平均分子量大大降低。

（五）反应时间对催化改质稠油降粘率影响

选择柠檬酸钴为催化剂进行实验，实验条件为油 / 水 =100∶30；催化剂占稠油质量分数为 0.5%（质量分数），在其他条件不变的情况下，改变反应时间和反应温度，以降黏率作为催化剂性能评价指标，对辽河稠油进行催化裂解反应，反应结果见表 10-1-8。

表 10-1-8　反应时间对稠油降粘率的影响

反应温度 /℃	不同反应时间降黏率 /%			
	12h	24h	48h	72h
160	12.6	37.8	43.9	44.7
180	33.8	66.3	68.3	69.8
200	42.9	75.4	77.1	80.4
220	48.6	80.5	82.2	83.9
240	54.2	87.3	89.2	89.9
260	56.8	88.4	89.9	90.1
280	57.1	88.7	90.2	90.4
300	58.2	89.1	90.3	90.6

可以看出，稠油反应 24h 以后，其降黏率达到最大，超过 24h 以后，其降黏率增加较缓慢。

（六）加水量对催化改质稠油降黏率影响

选择柠檬酸钴为催化剂进行实验，实验条件为催化剂加入量为稠油质量的 0.5%（质量分数），反应时间为 24h，在其他条件不变的情况下，改变反应时间和反应温度，以降黏率作为催化剂性能评价指标，对辽河稠油进行催化裂解反应，反应结果见表 10-1-9。

表 10-1-9　加水量对稠油降黏率的影响

加水量 /%	不同反应温度下降黏度 /%							
	160℃	180℃	200℃	220℃	240℃	260℃	280℃	300℃
0	12.8	13.2	24.3	34.4	49.7	52.8	55.8	56.2
10	23.5	33.7	44.6	55	69.1	71.3	72.6	72.9
30	37.8	66.3	75.4	80.5	87.3	88.4	88.7	89.1
50	31.4	47.8	50.3	61.4	73.2	78.5	80.7	81.8
70	29.7	43.2	47.8	58.5	67.1	67.8	68.2	68.4
90	27.8	38.7	44.2	55.4	64.6	65.8	66.7	66.9

结果表明随着加水量逐渐增加，稠油降黏率是逐渐增加，当加水量达到30%时，反应后稠油降黏率达到最大，随着加水量继续增加，反应后稠油降黏率呈下降趋势；不同温度，反应后降黏率不同，温度升高，降黏率增大。

通过上述实验可知，采用研制的催化体系，稠油催化改质降黏反应的最佳条件是：反应温度为240℃；催化体系加入量为0.5%（质量分数）；反应时间24h；油/水=100∶30。

（七）催化剂对辽河稠油 SARA 含量变化的影响

为了考察反应前后稠油SARA组成的变化，选择环烷酸钴（CoNaph）、环烷酸镍（NiNaph）、柠檬酸钴、柠檬酸镍为催化剂进行实验，在240℃条件下反应24h（油/水=100∶30），待改质降黏反应结束后，从反应釜中取出稠油，按四组分法分析稠油的SARA组成变化，结果如图10-1-9所示。

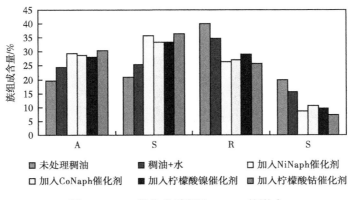

图 10-1-9　催化改质稠油 SARA 的影响

由图10-1-9中可以看出，稠油经过催化改质降黏后，饱和烃和芳香烃含量增多，胶质及沥青质含量减少；轻质组分明显增多，重质组分明显减少。这表明稠油催化改质降黏反应中，可能有一部分环烷烃发生芳构化反应，生成芳香烃，也有可能胶质和沥青质分子结构中稠合的芳香核边缘正构的和异构的烷基侧链从稠合的芳香核上脱落下来，生成小分子的烷烃，亦有可能胶质和沥青质大分子结构中连接两个稠合的芳香核的烷基链发生断裂，使胶质和沥青质减少，芳香烃增加。众所周知，少量低分子量组分的产生可以对稠油的黏度产生惊人的影响，这是稠油黏度降低的一个原因。

（八）反应前后稠油结构变化

在稠油分子的化学结构分析中，红外光谱图是最常用的方法之一，它在确定芳香环的结构、侧链长度及数量等方面有着广泛的应用，与稠油分子结构有关的红外吸收特征可概括为以下几个方面。

1. 饱和烃

饱和烃的红外光谱吸收可分为两大类，一类是C—H的振动，另一类是C—C骨架的振动，C—H 的弯曲振动峰对分子的构型（甲基、亚甲基和次甲基的相对数量、支键的取代位置及分支程度）有很大的指导意义。C—C 骨架振动的吸收位置对决定分子的构型也有一定的意义。

2. 芳香烃

芳香环的 C—H 键和 C≡C 键在红外区有许多特征吸收峰。一般根据 $3030cm^{-1}$ 的伸缩振动吸收峰和 $1600\sim1500cm^{-1}$ 骨架振动吸收峰，可以证明芳香环的存在。在 $1500\sim1480cm^{-1}$ 和 $1610\sim1590cm^{-1}$ 区的两个吸收峰是鉴别有无芳香环存在的重要标志。

3. 羰基化合物

羰基的伸缩振动吸收峰在 $1725cm^{-1}$ 及 $1690cm^{-1}$ 处是一强峰而且非常明显。由于它的位置与邻接的基团有密切的关系，所以在结构分析中非常有用。

醛和酮的 C≡O 吸收峰位置差不多，但 C—H 的伸缩振动吸收峰有较大的差别。醛类在 $2820cm^{-1}$ 和 $2720cm^{-1}$ 处有两个特征吸收峰。

4. 反应前后样品的红外光谱分析

从图 10-1-10 和图 10-1-11 红外谱图可以看出，在 $2850cm^{-1}$ 及 $2920cm^{-1}$ 附近处的强吸收峰是环烷与链烷亚甲基 C—H 的伸缩振动吸收峰，$1707cm^{-1}$ 是开链 C≡O 结构的特征吸收峰，$1700cm^{-1}$ 和 $1600cm^{-1}$ 附近还有芳烃共轭双键 C≡C 骨架振动的贡献，$1457cm^{-1}$ 和 $1376cm^{-1}$ 附近的强吸收峰是 C—CH_3 的不对称键和—CH_2—对称键引起的，$869cm^{-1}$、$812cm^{-1}$ 和 $745cm^{-1}$ 的吸收峰表示芳香核上 C—H 的面外变形振动吸收，它反映了芳核上芳氢的振动。而在 $720cm^{-1}$ 至 $730cm^{-1}$ 处的吸收则与长链烷基（CH_2）n（$n \geqslant 3$）的弯曲振动有关。

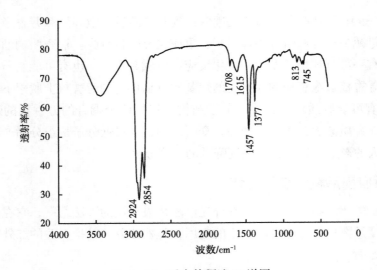

10-1-10　反应前稠油 IR 谱图

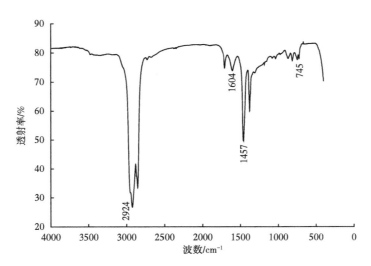

图 10-1-11　反应后催化改质降黏稠油 IR 谱图

从图 10-1-11 反应后催化改质降黏稠油 IR 谱图可以看出，稠油经过催化改质降黏反应后，在 1707cm^{-1} 附近吸收峰减弱，说明样品在反应过程中发生了脱羧作用；而在 1614cm^{-1} 附近处的吸收峰增强，说明反应后样品的芳环数减少，这是由于稠油中含有较多的杂原子，如 S、O 和 N，这些杂原子主要位于稠油中的稠环结构中，它们在水热裂解过程中，发生了加氢和脱杂原子的作用，从而造成了总环数的减少。这也可以从其吸收峰的位置得到证实，因为在共轨双键的芳香环中，共轨数越多，吸收越向波长较长的方向扩散。

（九）反应前后稠油分子量变化

采用渗透压测定法（VOP）测定稠油的平均分子量。为了考察反应前后稠油分子量的变化，选择效果较好的柠檬酸钴作为催化剂进行实验，在 240℃ 条件下，反应 24h（油 / 水 =100∶30），待改质降黏反应结束后，从反应釜中取出稠油，按渗透压测定法（VOP）分析稠油的平均分子量变化，结果见表 10-1-10。

表 10-1-10　催化改质降黏前后稠油元素分析结果

项目	C/%（质量分数）	H/%（质量分数）	N/%（质量分数）	S/%（质量分数）	O/%（质量分数）	H/C/（mol/mol）	平均分子量
反应前	86.1	10.3	1.09	0.96	0.9	1.43	648
反应后	87.4	11.6	1.03	0.26	0.83	1.59	456

表 10-1-10 汇总了催化改质降黏前后稠油的元素分析和平均分子量测定结果。与反应前稠油相比，反应后稠油的元素组成和分子量都有较大的变化。元素组成上硫含量有较

大的降低，氧含量减少。催化改质降黏反应后稠油油样的平均分子量降低明显，这种变化说明在水热裂解反应的条件下，稠油黏度的降低不仅是由于稠油分子间范德华力减弱的原因，而且也是由于稠油分子中相当大的分子发生了断裂。

元素分析的结果表明，稠油经催化改质降黏反应之后 H/C 提高，而杂原子与碳的比值却下降。H/C 是稠油经过催化改质降黏反应实现改质的重要影响参数，H/C 比升高是稠油质量改进的标志，因为有了更多的含 H 轻组分。这表明催化剂对于稠油的催化改质反应有良好的催化效果，可使蒸汽吞吐条件下稠油的品质得到改善。

考察改质反应前后，稠油中杂原子含量的变化规律，发现催化剂存在，稠油中的硫原子含量都随着反应温度的升高而下降。这种下降可能是由于硫以 H_2S 的形式逸出。交联形成大分子结构的硫键发生断裂，使稠油降解为小分子是黏度下降的一个重要原因。催化剂的存在提高了稠油改质降黏反应的脱硫程度，O 含量下降，主要原因是稠油催化改质反应中生成羧酸等含氧化合物热解可以放出 CO_2 气体，减小稠油中的 O 含量。稠油中的氮含量随反应温度的升高而降低，但降低的幅度较小，这可能是因为体系中的氮主要存在于吡咯和吡啶等杂环结构中，此类结构相当稳定，其中的含 N 键是不易断裂的。

四、改质催化剂热稳定性的评价

用于热采的催化剂要求具有一定的抗高温性能，基于此，采用差热分析的方法定性地评价了所研制催化体系的热稳定性。

准确称取 0.1g a $-Al_2O_3$ 和 0.1g 待测样品分别置于两个铂金坩埚中，将这两个铂金坩埚分别放置在差热分析仪中热电偶的参比端和待测端，升温速度控制在 $10\text{℃}/min$，在 $20\sim300\text{℃}$ 范围内测量。差热分析谱图如图 10-1-12 至图 10-1-15 所示。

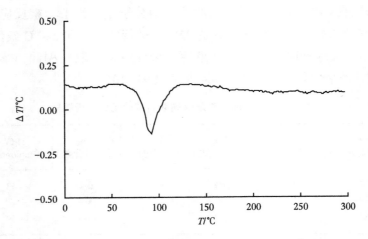

图 10-1-12　环烷酸镍催化剂体系的差热分析谱图

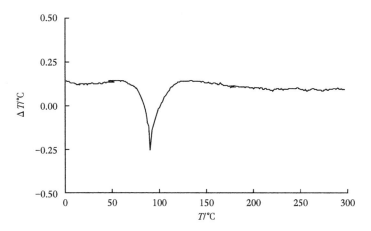

图 10-1-13　环烷酸钴催化剂体系的差热分析谱图

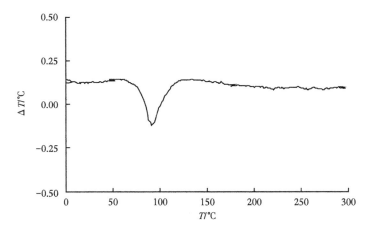

图 10-1-14　柠檬酸镍催化剂体系的差热分析谱图

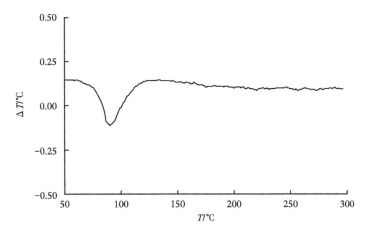

图 10-1-15　柠檬酸钴催化剂体系的差热分析谱图

由图10-1-12和图10-1-15可以看出，催化体系只是在98℃附近出现了汽化吸热峰，在其他温度范围内没有明显吸热和放热现象，证明该催化体系未发生化学变化。差热分析证明，该体系具有良好的热稳定性，所以在注蒸汽热采的整个过程中都能够稳定发挥其催化作用。

第二节 沥青质和胶质在注蒸汽热采条件下的供氢催化改质

一、沥青质和胶质的化学结构

稠油胶质和沥青质含量高是其高黏度的根本原因，所以着重研究它们的化学结构特征和在注汽热采条件下的降解机理具有重要的意义。

（一）沥青质和胶质的化学结构模型

已有很多研究描述过胶质和沥青质的分子结构，但要弄清胶质和沥青质的分子结构是非常困难的，至今还没有一个明确结论。胶质和沥青质都是由数目众多的结构各异非烃化合物组成的复杂混合物，对于它们不可能从单体化合物的角度来进行分析，只能从平均分子结构的角度加以研究。正是由于胶质和沥青质本身的复杂性和分析手段的局限性，至今在分子水平上对胶质和沥青质的化学结构了解得并不多。实际上，努力寻找一个确切的胶质和沥青质平均结构模型通常是不太可能的，而且这样的平均结构模型的意义并不大。如果能够测定沥青质的官能团，结合分子量、烷基侧链和芳香度等一系列基本的平均结构参数，便可提供一种可行的沥青质结构分析方法。同时沥青质的官能团类型和分子聚集状态也是不容忽视的。

目前通常是基于沥青质的"平均结构"这样的假设而进行研究，研究结果表明沥青质包含一个大的带有一些杂原子（S、O和N）和烷基链及氢化芳环的多核稠环芳香系中心。

较早提出胶质和沥青质结构模型主要是根据X射线衍射、红外光谱、核磁共振、热解等单项的分析结果。由于所取样品的复杂多样性和分析方法的不一致，得出的模型也有所不同。

胶质和沥青质分子的基本结构都是以多个芳香环组成的稠合芳香环系为核心，其环数有多有少，而胶质和沥青质之间的差别主要是核中芳环的缩合程度不同，胶质的缩合程度约为2，沥青质为5左右。由于芳香环系中的碳原子是以 π 键相连形成一个具有大 π 键的平面结构，所以也称为芳香盘。稠合芳香环之间由不太长的脂肪基桥联—$(CH_2)_n$—结起来，也有含氧或硫的官能团键，如C=O、—O—C=O—、—O—、—S—及—S—S—等。同时，在芳香环系的周围连接有若干个环烷环，芳香环和环烷环上都还带有若干个长度不一的正构的或异构的烷基侧链，其链长相应为C_1至C_{40}。这些支链结构可能发生卷曲、盘绕，构成了沥青质分子在油藏体系中的三维空间结构。芳香环与环烷环之间存在着 C$_{10}$ 至 C$_{30}$ 的正构多亚甲基桥。图 10-2-1 和图 10-2-2 给出了较为典型的胶质和沥青质的分子模型。不同油田不同区块沥青质和胶质的化学组成有很大差异，但是其基本的结构单元的化学结构大同小异。

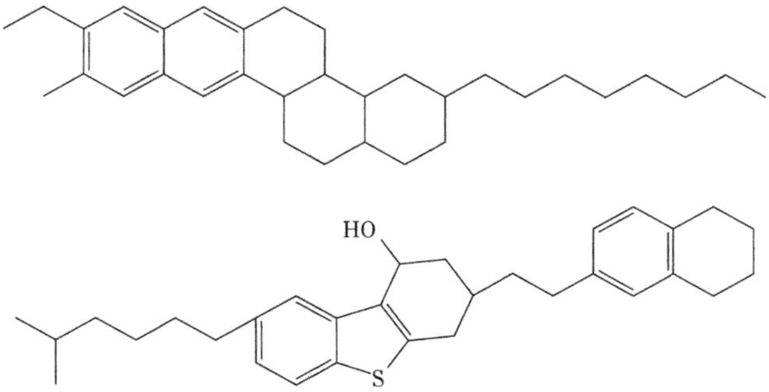

图 10-2-1　胶质的化学结构模型

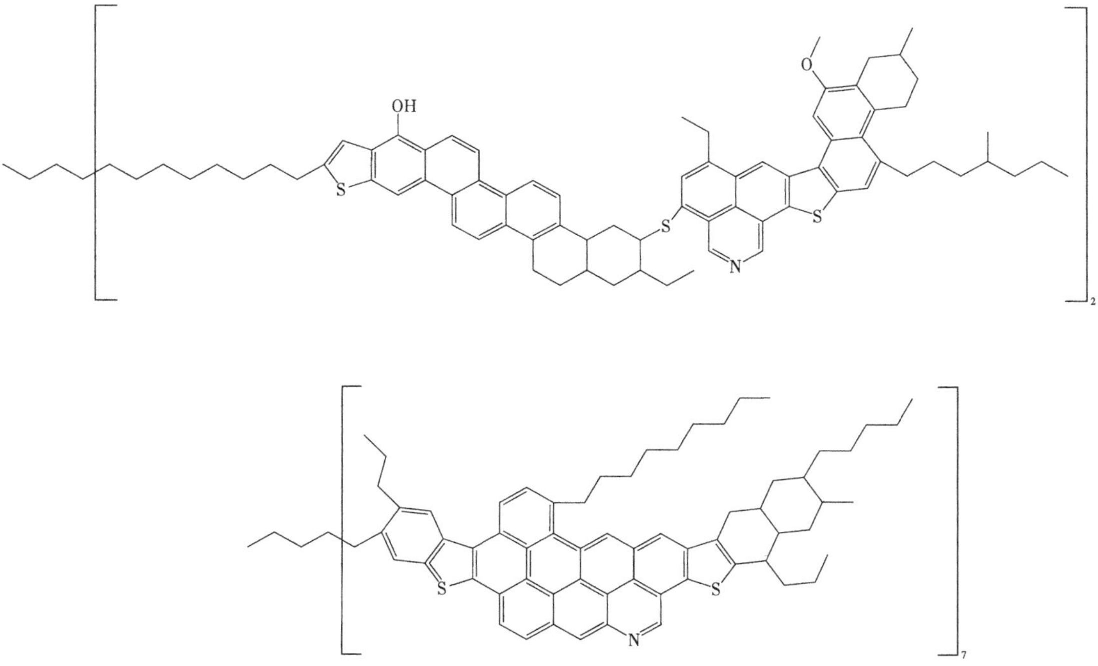

图 10-2-2　沥青质的化学结构模型

（二）胶质和沥青质的主要化合物类型

胶质中主要化合物是含有 S、O 和 N 原子的杂环和羧酸类化合物。杂原子所形成的极性基团还决定着稠油及其组分的许多重要性质。众所周知，含 N、S 或 O 的极性化合物可作为表面活性剂，降低油水之间的界面张力。皂类和脂肪酸在这方面的表面活性是特别明显的。各类杂原子化合物的百分数与极性组分引起的润湿性变化量之间存在相关性。极性组分中 N/S 化合物的含量是评价稠油润湿性的重要依据。

氢键是稠油中沥青质和胶质分子聚集的重要方式，稠油的黏度主要取决于其分子量和形成氢键的程度，将氢键的相互作用破坏，可以使稠油分子量减小，降低黏度。杂原子在氢键的形成中起着重要作用，杂原子形成的酚基、醇基和吡咯基是氢键中氢的给予体，而碱性氮、芳香环和羧基则是氢的受体。因此，杂原子键的变化对稠油的黏度有一定的影响。

毫无疑问，无论是由于杂原子在热作用下的易断裂使稠油中大分子物质转化为小分子物质，还是由于杂原子化合物对稠油润湿性、油水界面张力及稠油中氢键等的影响，杂原子化合物在稠油催化改质降黏过程中必然起着至关重要的作用。

沥青质的杂原子官能团分布是复杂的，例如硫可能存在于苯并噻吩、二苯并噻吩和环烷苯并噻吩中，也可能存在于高度缩合的噻吩类化合物中，还可能存在于包括烃—烃硫化物，烃—芳基硫化物和芳基—芳基硫化物中。即沥青质中含有硫化物和亚砜类同系物等含硫化合物，还含有脂族硫化物和噻吩。氮以许多杂环类型存在，如咔唑类和卟啉类。氧可以羧基、酚基和羰基形式存在。羧酸类同系物为：正链烷酸、分支链烷酸、三环萜酸、不饱和三环萜酸、烷化的蒽羧酸、烷化的二苯并噻吩羧酸、烷化的羟基芴酮。酮类同系物有烷化芴酮类、烷化苯并芴酮类和烷化苯并萘并芴酮类；醇类中有烷化二羟基菲类、烷基芴醇类、烷基苯并芴类和烷基二苯并芴醇类。胶质和沥青质中的硫化物是萜类硫化物、正烷基取代五元和六元环硫醚类化合物的混合物。经加氢脱硫，这些硫化物会转化为一系列正构烷烃。同样，在热解油分的单环芳香分中发现的噻吩和苯并噻吩类也有相似类型的结构。由此可以推断这些含硫化合物经催化降解处理后，可实现稠油沥青质加氢脱硫并生成烷烃。当然，胶质中类似的硫化物、噻吩和硫醚等化合物也是如此。

如杂原子在芳香环的侧链上，则易于热解产生引发烃类裂解的自由基，促进稠油热解；如若其在大共轭芳香环上，则可经 π—π 共轭和氢键作用增进芳香片层间的作用力，促进沥青质分子间的缔合。若沥青质分子芳香片较大，则芳香片层间 π—π 共轭作用加强，从而促进芳香片层缔合，添加芳香类溶剂或供氢剂可抑制其缔合。稠油中重金属可能起络合中心的作用，促使沥青质分子的络合。同时，这些金属可能在催化改质降黏反应中起作用。

胶质和沥青质不溶于直链烷烃一方面是由于沥青质具有较高的分子量，另一方面是由于含有较多的苯环和杂原子，通过次价键力聚集在一起，形成了分子量更高的分子聚集体。因此分子量是表征沥青质组分的一个最基本的参数。溶解能力强的溶剂可有效地破坏由于次价键力作用产生的分子聚集，溶解沥青质。

稠油沥青质中还含有有机自由基和芳香环缩合芳香核的离子基。其中有机自由基浓度较高，其数量级可达 $10^{17} \sim 10^{18}$ 自由基 / 每克沥青质（与分子结构有关）。这些自由基对沥青质裂解生成轻组分、聚合、生成中间相和焦炭有重要影响，因此对稠油催化改质反应有重要意义。在较高的温度下，这些稳定的自由基可变得在化学上很活泼，会与硫化物和芳香物发生电荷转移和加成反应及其他引发聚合的反应。有机自由基与沥青质的芳香部分相缔合作用会由于芳香结构的离域作用或未成对电子处的空间障碍而得以稳定。沥青质中自由基的浓度和分子量随沥青质组分分子量的增大而增大，自由基（即高度缩合的大芳香系）的浓度是比较低的。

国外曾在 300℃（近似蒸汽驱的温度）条件下用低温热解法研究了 Athabasca 稠油沥青质 GPC 组分生成聚合物的倾向，结果表明：当分子中芳香碳数增多时，生成稳定自由基的可能性增大，反应活性增强；各组分生成聚合物的倾向是随其分子量的增大而增大的；热处理也会导致某些解聚而生成较轻的组分，这也是稠油改质降解反应一个可能的作用；低分子量组分可能由于其供氢能力，而消除了自由基的聚合倾向，对生成聚合物具有抑制作用。供氢剂及就地生成的氢可抑制沥青质中自由基的聚合反应，促进其裂解反应。这些结果对认识分析稠油催化降解反应是非常重要的。

二、胶质和沥青质提取

胶质和沥青质提取步骤为：

（1）准确称取一定量原油，放于恒重的磨口锥形瓶中，按每克试样加约 20mL 正己烷，在加热板上回流 1h 左右，冷却后放置暗处约 8h。

（2）用定量滤纸过滤出沉淀物，用两层滤纸包好，放于索氏提取器中进行抽提，至抽提液无色为止。

（3）取出滤纸，刮下沉淀物，在真空烘箱中除去溶剂，得到有金属光泽的沥青质，干燥待用。

（4）取提取沥青质后的母液放于锥形瓶中，加入活性氧化铝（氧化铝与原油的质量比是 2:1），搅拌后静止 3h。倒出上层清液，将吸附有胶质的氧化铝用苯、苯 + 乙醇（体积比 1:1）分别冲洗，冲洗液转移到同一锥形瓶中，在电炉上将大部分溶剂蒸出后，残留液放入真空烘箱中除去剩下的溶剂，可以得到胶质。

三、胶质和沥青质在注蒸汽热采条件下的催化改质

辽河稠油与 Hyne 等研究的沥青砂中的含硫量（5.0%）（质量分数）相差较大，他们称之为水热裂解反应主要是指在水热条件下 C-S 的断裂，从而使稠油部分降解。我国稠油由于其中的含硫量较低，通常在 0.5%（质量分数）左右，在如此低的硫含量的稠油中，能否发生降解反应，是决定我国稠油开采是否能利用催化剂及其助剂改质反应，就地降低稠油黏度，实现降黏开采的关键。为此，在室内针对辽河稠油中起关键作用的沥青质和胶质进行了一系列的实验，以验证辽河稠油沥青质和胶质在注汽条件下催化降解的可能性，并在此基础上考察各种反应条件对稠油催化降解反应的影响，为催化降黏开采稠油提供理论依据。

（一）胶质和沥青质催化改质实验

按上述方法从辽河稠油中分离胶质和沥青质。分别取 20g 辽河原油沥青质、胶质、6mL 油层水和质量分数为 0.5%（以沥青质和胶质的质量计）选择柠檬酸钴催化剂放置于

高压反应釜中，在不同的反应温度下，反应 24h。反应结束后温度降至室温，分离水相、油相和胶质和沥青质。反应装置与流程如图 10-2-3 所示。以下不做特殊说明，均使用柠檬酸钴作为催化剂，利用甲酸作为供氢体。

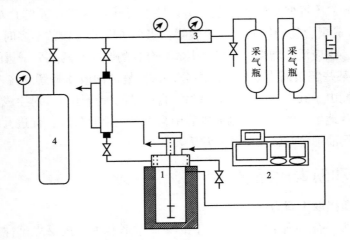

图 10-2-3　实验装置与流程

1—高压反应釜；2—控温仪；3—压力调节器；4—氮气瓶

（二）胶质和沥青质催化改质降解率

反应结束后，按下式计算胶质和沥青质的降解率：

$$P = \frac{W_0 - W}{W_0} \times 100\%$$

式中　P——转化率；

　　　W_0，W——反应前后胶质和沥青质的质量。

在不同的温度下胶质和沥青质的降解率如图 10-2-4 和图 10-2-5 所示。

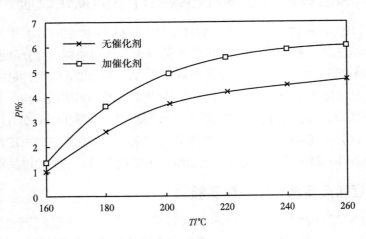

图 10-2-4　催化条件下胶质降解率与温度的关系

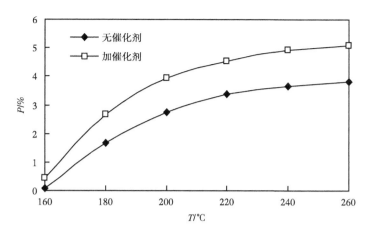

图 10-2-5 催化条件下沥青质降解率与温度的关系

从图 10-2-4 与图 10-2-5 可以看到催化剂的催化作用是明显的。随着温度升高，胶质和沥青质的降解率逐渐提高，当温度达到 240℃ 胶质和沥青质的转化率升高不明显。这说明由于催化剂可以降低反应温度，使在较高温度下发生的反应在较低温度下能够发生，从而提高了胶质和沥青质的转化率。当然，反应的温度越高胶质和沥青质的降解率越高。

从胶质和沥青质催化改质反应产物中分离出轻组分（含饱和分与芳香分），对其中 100~250℃ 馏分进行了气相色谱全烃分析（图 10-2-6 和图 10-2-7）。

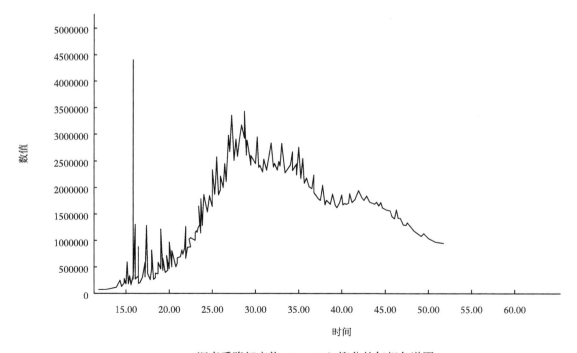

10-2-6 沥青质降解产物 100~200℃ 馏分的气相色谱图

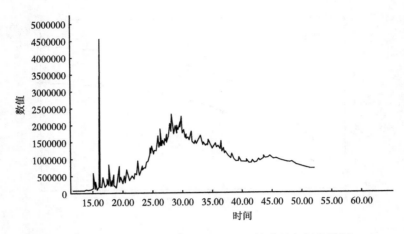

图 10-2-7　胶质降解产物 100~200℃馏分的气相色谱图

由表 10-2-1 和表 10-2-2 中的数据可以看到，在注汽条件下胶质和沥青质可以实现部分催化降解。在反应产物中 100~250℃ 馏分中检出的 C_7 至 C_{19} 的轻烃源于胶质和沥青质的降解。胶质模型分子比沥青质模型分子在结构上松弛，烷基侧链比例较高，更易降解。

表 10-2-1　胶质催化降解反应产物中轻组分的碳数分布

组分	C_7	C_8	C_9	C_{10}	C_{11}	C_{12}	C_{13}	C_{14}	C_{15}	C_{16}	C_{17}
质量分数 /%	5.11	5.81	6.97	10.33	10.57	11.84	14.36	14.11	8.65	7.33	4.95

表 10-2-2　沥青质催化降解反应产物 100~250℃馏分的碳数分布

组分	C_7	C_8	C_9	C_{10}	C_{11}	C_{12}	C_{13}	C_{14}	C_{15}	C_{16}	C_{17}
质量分数 /%	4.3	7.09	7.13	9.41	9.63	10.60	12.55	14.01	11.14	8.39	5.68

（三）胶质和沥青质供氢催化改质降解率

分别取 20g 辽河原油沥青质、胶质、6mL 油层水和质量分数为 0.5%（以沥青质和胶质的质量计）柠檬酸钴催化剂及加入 7%（以沥青质和胶质的质量计）供氢体甲酸，放置于高压反应釜中，在不同的反应温度下，反应 24h。反应结束后温度降至室温，分离水相、油相、胶质和沥青质。供氢催化条件下胶质降解率与温度的关系如图 10-2-8 所示，供氢催化条件下沥青质降解率与温度的关系如图 10-2-9 所示。

从图 10-2-8 与图 10-2-9 可以看到加入供氢体后，催化剂的催化作用是明显的。随着温度升高，240℃ 胶质和沥青质的降解率增大；当温度超过 240℃ 以后，胶质和沥青质降解率不明显。当加入催化剂后，胶质、沥青质降解率明显比不加催化剂要高，供氢体加入之后，胶质、沥青质降解率影响更显著。这说明由于催化剂可以降低反应温度，使在较高温度下发生的反应在较低温度下发生，从而提高了二者的转化率。

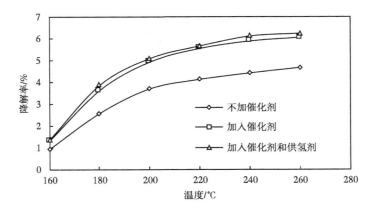

图 10-2-8　供氢催化条件下胶质降解率与温度的关系

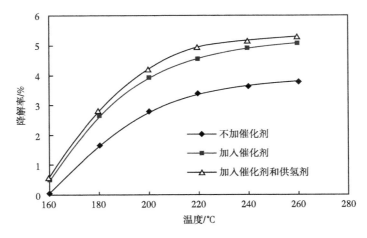

图 10-2-9　供氢催化条件下沥青质降解率与温度的关系

（四）胶质和沥青质供氢催化反应前后样品的红外光谱分析

沥青质催化改质前、催化改制后、加入供氢体后的红外光谱分析如图 10-2-10、图 10-2-11、图 10-2-12 所示。胶质催化改质前、催化改制后、加入供氢体后的红外光谱分析如图 10-2-13、图 10-2-14、图 10-2-15 所示。

由图 10-2-10 至图 10-2-15 可知，供氢催化反应后胶质在 $1621.04cm^{-1}$ 及 $1587.49cm^{-1}$ 处的峰消失，说明胶质组分中不饱和 C=C 发生了加氢反应，沥青质与胶质在 $2925cm^{-1}$ 及 $2855cm^{-1}$ 附近处存在吸收峰，说明有烷烃及环烷烃—CH_3、—CH_2—存在，这也可从 $1456cm^{-1}$ 和 $1372cm^{-1}$ 附近的吸收峰得到证实，同时在 $735cm^{-1}$、$690cm^{-1}$ 处有吸收峰，表明 $(CH_2)_n$ 值大于 4，说明了沥青质与胶质分子的支链主要以长链烷基及环烷基的形式存在，在水热裂解催化的作用下，发生了侧链的脱烷基作用，可以从烷烃及环烷烃—CH_3、—CH_2—吸收峰的减弱及 $900\sim650cm^{-1}$ 对称—C—CH_3 吸收峰的减少得到验证。这些都说明稠油中部分重质组分的支链断裂为小分子，减弱了分子间的作用力，降低了稠油的黏度，从而在一定程度上改善了稠油的品质。

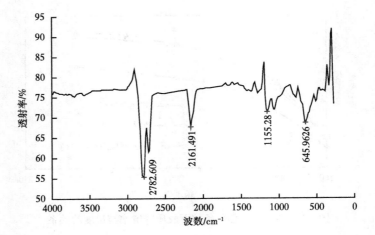

图 10-2-10　催化改质反应前沥青质 IR 图

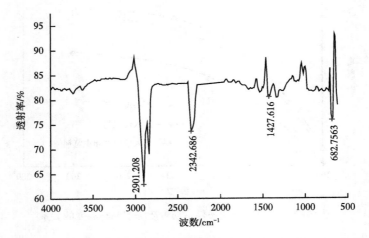

图 10-2-11　催化改质反应后沥青质 IR 图

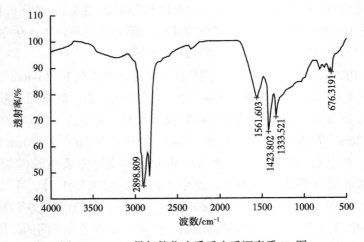

图 10-2-12　供氢催化改质反应后沥青质 IR 图

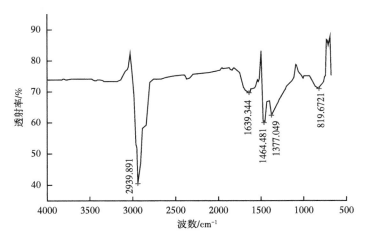

图 10-2-13 催化改质反应前胶质 IR 图

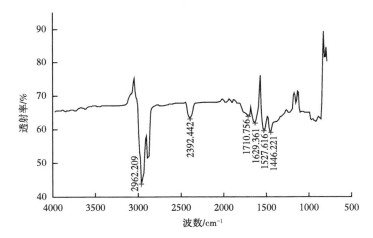

图 10-2-14 催化改质反应后胶质 IR 图

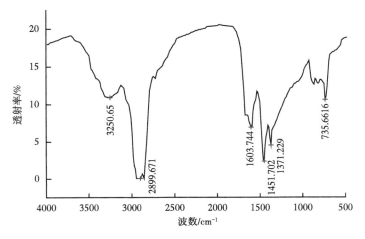

图 10-2-15 供氢催化反应后胶质 IR 图

在 868cm^{-1} 附近出现了芳核的 C—H 键面外弯曲振动吸收峰，可能是与芳核相连的键发生了加氢裂解。而 1608cm^{-1} 处共轭多烯的 C=C 键伸缩振动吸收峰变弱，也说明不饱和共轭结构减少，进一步验证了不饱和烃的减少。

（五）胶质和沥青质的供氢催化反应前后元素变化

表 10-2-3 为反应前后胶质和沥青质的元素分析情况，可以看出，与反应前相比，胶质和沥青质经过催化反应后，硫元素含量下降，H/C 升高；加入供氢体甲酸后，硫元素含量进一步下降，H/C 进一步提高，说明加入供氢体有利于胶质和沥青质的改质。

表 10-2-3 反应前后胶质和沥青质的元素分析

含量	胶质			沥青质		
	反应前	催化反应后	供氢催化反应后	反应前	催化反应后	供氢催化反应后
C 含量 /%（质量分数）	79.80	84.3	84.5	79.70	83.6	83.8
H 含量 /%（质量分数）	8.65	12.58	12.96	8.18	11.7	12.03
S 含量 /%（质量分数）	1.69	0.79	0.73	4.30	2.21	2.08
N 含量 /%（质量分数）	0.63	0.62	0.61	1.17	1.15	1.15
O 含量 /%（质量分数）	1.90	1.71	1.20	2.06	1.87	0.94

注：T=240℃，t=24h。

四、胶质和沥青质的供氢催化改质机理

有机化合物共价键断裂、加氢和自由基参与的氢转移等反应是研究胶质和沥青质降解反应时需要关注的基本反应。胶质和沥青质及其相关模型化合物的降解反应主要是通过共价键的断裂而进行的。在非催化热解过程中，稠油中较弱的共价键较容易断裂。稠油中有机化合物的分子种类繁多，大多数分子的结构中含有的共价键也多种多样。

胶质和沥青质中 S 主要以桥链硫醚和镶嵌在稠环芳烃中的噻吩的形式存在。在高温下桥链硫醚 C—S 键的断裂较为容易，并且对于沥青质分子量的降低有贡献。而镶嵌在稠环芳烃中的噻吩 C—S 键的断裂由于共轭结构和位阻的原因相对而言更困难得多，而且即使镶嵌在稠环芳烃中的噻吩中 S 的脱除对于沥青质的相对分子质量的降低也没有多大贡献。由于在辽河稠油沥青质中硫含量较低，在催化改质反应中脱 S 对于胶质和沥青质相对分子质量的降低作用并不大。

另外，胶质和沥青质中的脂肪结构有很大一部分是与稠环相连的，稠环本身对于热十分稳定，但是受稠环共轭系统的影响 α 位 C—C 键能得到加强，而 β 位的 C—C 键键

能受到明显虚弱，γ 位因远离已不受影响。这种 β 位效应是大分子热解机理的一项重要规律。

一般来说随着稠环系统环数与缩合度的增加，系统的共振能也增加，这种 β 位效应有所增加。S、O 和 N 等杂环芳烃也有这种作用，虽然环中增加了这些电负性原子，但是杂环的效应并未有所增加。当芳环上侧链越长时，侧链越不稳定；芳环数越多，侧链也越不稳定；缩合多环芳烃的环数越多，其热稳定性越大。但芳环非常坚固，不易断裂。它能形成比较稳定的芳香环自由基。

正烷基取代芳烃热解时的 β 断裂效应，已为许多模型化合物实验结果所证实，例如正十五烷基苯的热解产物主要为甲苯与十四基烯和苯乙烯与十三烷。类似的模型化合物正十二烷基芘在热解过程中也表现出相同的机理如图 10-2-16 所示。

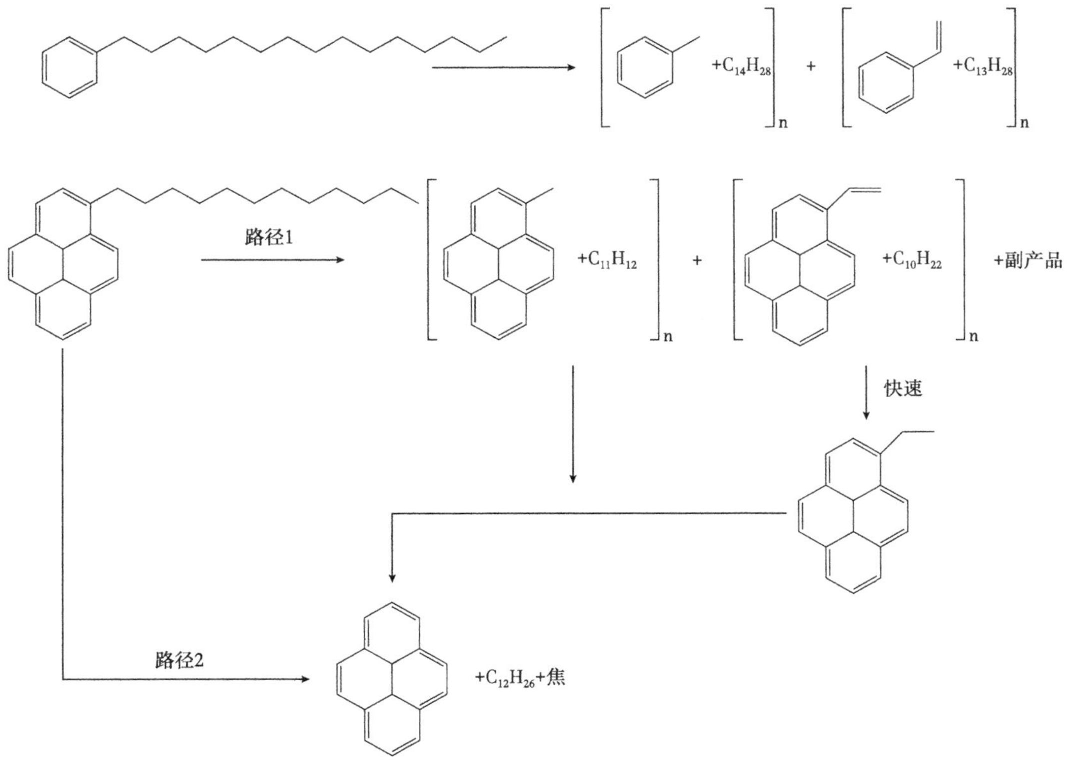

图 10-2-16 胶质和沥青质模型化合物的热解反应路径

除上述反应途径外，特别是在反应系统中存在氢原子的还原氛围下，一些烷基芳烃的中的苯环 α 位上发生本位取代（ipso substitution）反应：该反应不经过烯烃作为中间体。随着反应程度（温度、时间）的加深，反应逐渐向第二途径转化。正十五烷基苯和正十二烷基芘的本位取代反应机理如图 10-2-17 所示。

在胶质和沥青质降解反应中，氢的产生主要来自于以下几个方面。

（1）高温汽相 H_2O 和脱硫生成的 H_2S 产生自由基：

$$H_2O \longrightarrow H\cdot + HO\cdot$$

$$H_2S \longrightarrow H\cdot + HS\cdot$$

（2）胶质和沥青质的某些结构单元脱氢与降解产生的自由基生成氢自由基：

$$H_2 + R\cdot \longrightarrow H\cdot + R$$

（3）芳香基团化合物降解反应产生的自由基生成分子自由基：

$$RH + R'\cdot \longrightarrow RH\cdot + R'$$

（4）胶质和沥青质中含氧化合物降解反应中产生了 CO，CO 与水蒸气发生水煤气变换反应，有水参与的水煤气转换（WGSR）是胶质和沥青质的降解过程中的一个最重要反应。在所处的温度下高效地产生氢气：

$$H_2O（g）+ CO（g）\Longrightarrow H_2（g）+ CO_2（g）$$

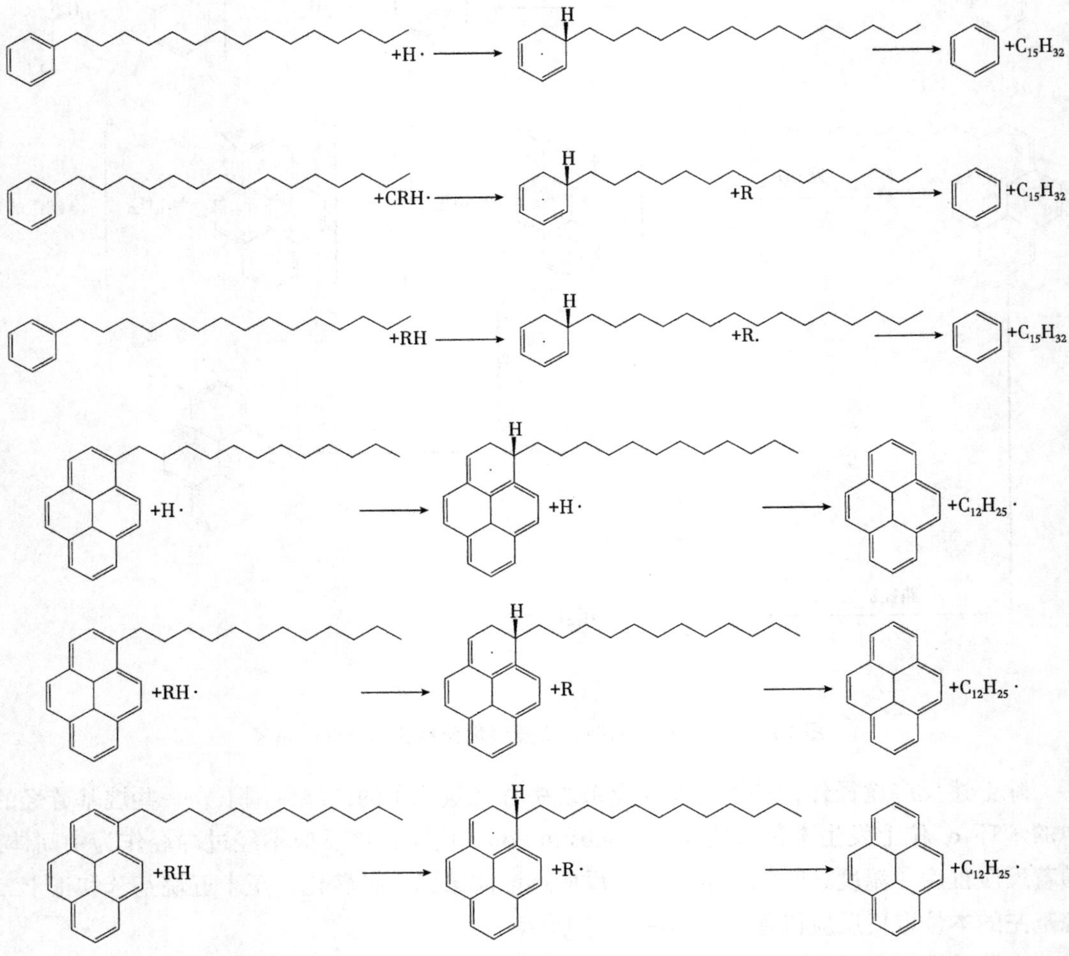

图 10-2-17　胶质和沥青质模型化合物的本位取代反应路径

胶质和沥青质的反应路径应以第二个路径为主。一般认为胶质和沥青质分子中的基本单元是缩合的稠环芳烃片层，环上及环与环之间有丰富的脂肪性结构单元，短链 C_1 至 C_{40}，长链到 C_{40}。这些支链可能发生卷曲、盘绕，构成沥青分子在油藏中的三维空间结构。桥链和侧链脂肪单元的断裂对于胶质和沥青质分子量的降低起着主要作用。这种结构单元的断裂不仅使大分子变小，也使沥青质三维结构发生改变，减少了卷曲与盘绕的程度，但是少量的胶质和沥青质的降解对于稠油整体性质的影响是巨大的，可有效地降低整体稠油黏度。胶质比沥青质更易降解，这与前面的分子结构模型假设是一致的。

但是，与胶质和沥青质加氢改质所需要的氢气量相比，在降解过程中自身所产生的氢气量是有限的，尤其是在较低的温度条件下。加入适量的供氢体，无疑加强了胶质和沥青质降解的效果。

过渡金属吸附在胶质表面和孔隙中，由于离子所产生的静电场作用，胶质中的极性键（C—O，C—N，C—S 等）和稠环芳烃发生动态极化，这种动态的诱导效应逐步向极性键和稠环芳烃相邻的 C—C 键传递，进而引起了 C—C 键电子云的变化，增加了 C—C 键的极性从而使 C—C 键断裂容易进行。

还有人认为，氢的存在会抑制缩合反应，这样就延迟了沥青质相的沉积。关于氢对缩合反应的延迟机理，目前还不完全清楚，大体可能有两方面作用：一方面，从热力学上看，氢的存在能抑制环烷—芳香结构脱氢为多环芳香结构的反应；另一方面，氢的存在提供了由重组分向轻组分转化所需的氢。

至于氢是如何被活化的，至今尚无定论，有以下几种可能性：

（1）在液相中具有足够能量的自由基撞击溶入的氢分子，而使 H–H 键活化；

（2）稠油分解产生的 H_2S 可能起某种催化作用；

（3）胶质和沥青质中的镍和钒部分脱出，其硫化物使氢活化；

（4）稠油中的多环芳香结构极易加氢为环烷—芳香结构，进而起供氢剂作用。

但是，也有的学者认为氢的存在并没有抑制缩合反应，仅是使缩合产物更容易分解而已。

由于供氢体甲酸分子中的活泼氢易于与自由基结合，同时还由于稀释效应，使体系中的自由基浓度下降，进而使缩合反应减缓。与此同时，供氢体对自由基的裂解反应也有所抑制。

第三节　甲酸在稠油催化改质反应中自由基消除作用研究

稠油中的胶质和沥青质在催化改质反应中，发生部分裂解形成自由基，这些自由基可能自发聚合生成大分子化合物，而且在注蒸汽条件下容易诱发自由基聚合反应。为了抑制自由基聚合反应，前人在研究稠油催化改质反应时，一般采用供氢剂。供氢剂在稠油改质反应中的作用主要是提供活性氢原子、消除自由基。例如，环烷基芳烃（如四氢萘、十氢萘等），在注蒸汽加热条件下，便可释放出活性氢原子，有效地与反应生成的自由基中间体结合，抑制了聚合反应。Ovalles 等报道了利用四氢化萘作为供氢体，以天然矿物质为催化剂，与水混合，在 280~315℃ 下反应至少 24h。实验结果表明，与原油相比，改质后油品的 API 度增加了 4°，黏度降低了 50%，沥青质质量分数约减少 8%；由于四氢化萘价格昂贵，不适于大规模工业化应用。因此，开发一种廉价易得、现场适用的活性物质来代替四氢萘等昂贵的供氢剂，才有可能在油田现场工业化应用。

本节选择成本相对低廉的有机供氢体甲酸作为研究对象。通过脱除沥青质及加氢作用使得原油得以改质降黏。

一、利用甲酸消除稠油中的自由基

Chakma 等报道了 Athabasca 沥青加氢裂化时添加 1，2，3，4- 四氢化萘可同时抑制焦炭和气体的形成。Kubo 报道了在使用供氢溶剂和催化剂的条件下，加氢裂化阿拉伯重质减压渣油的结果。反应分为两段，即裂化和加氢。1994 年，Hisano 报道了烃类加氢裂化时加入液体（或气体）硫化物（特别是硫化氢、硫醇等）作为具有自由基促进作用和供氢作用于一体的添加剂，达到既促进改质反应又阻止所不希望的聚合反应。

在水热裂解反应过程中存在如下水煤气反应（WGSR）：

$$H_2O（g）+CO（g）\Longrightarrow H_2（g）+CO_2（g）$$

反应产生了一定量的 H_2，可以消除部分自由基，但由于它们的量少，还不足以完全消除稠油中的自由基。因此，在反应体系中加入供氢体是解决这一问题的有效方法之一。

二、甲酸在稠油改质反应中消除自由基作用研究

甲酸既有羧基又有醛基，所以能表现出羧酸和醛两方面的性质。按照族组成层析分析方法，对加入供氢体甲酸催化改质反应前后稠油的族组成（SARA）进行了分析，实验结果见表 10-3-1。从表中可以看出，随着加入供氢体质量分数的增大，稠油中饱和烃、芳香烃质量分数增加，胶质和沥青质质量分数减少。通过对比可以看出，加入催化剂经过水热裂解反应后稠油饱和烃、芳香烃含量增大，分别从反应前的 24.32%、36.89% 增加到 26.12%、38.08%。与反应前稠油油样相比，胶质、沥青质含量降低了 2%、0.99%。加入不同质量分数的供氢体催化水热裂解后，稠油饱和烃和芳香烃含量增大，胶质、沥青质含量降低较为明显，当加入质量分数为 7% 的供氢体时，与反应前稠油油样相比，饱和烃、芳香烃分别增加了 6.8%、4.37%，而胶质和沥青质分别下降了 6.15% 和 5.02%。这说明稠油经过供氢催化水热裂解反应，轻组分增多，重组分明显下降。同时也表明，供氢催化水热裂解反应中，有一部分环烷烃芳构化为芳香烃，胶质和沥青质分子结构中稠合的芳香环上的长烷基链发生断裂生成小分子的烃，及连接两个芳香环或者一个芳香环与一个环烷环环系之间的烷基桥发生了断裂，使胶质和沥青质含量减小，芳香烃含量增加。这也是供氢水热裂解反应后稠油黏度下降的一个主要原因。

表 10-3-1　加入不同质量分数供氢体稠油催化改质降黏族组成分析

供氢体质量分数 /%		原始稠油	0	1	3	5	7
反应后 SARA 含量 /%（质量分数）	饱和烃	19.4	30.42	30.92	31.41	32.38	33.03
	芳香烃	20.7	36.51	37.68	38.62	39.87	40.26
	胶质	40.04	25.81	24.48	23.89	23.24	23.12
	沥青质	19.86	7.26	6.92	6.08	4.51	3.59
硫含量 /%（质量分数）			0.96	0.23	0.206	0.184	0.162	0.103

对于稠油中硫含量，随着加入供氢体质量分数的增大，逐渐下降。当加入质量分数为 7% 供氢体时，稠油中硫含量下降明显，与催化水热裂解反应相比，稠油中硫含量下降了 0.2623%。

在催化改质反应体系中，如图 10-3-1 所示，由于稠油大分子中各类化学键断裂，反应体系中出现大量自由基（R·），汽相中存在水煤气平衡，即：

$$CO（g）+ H_2O（g）\xLongequal{\quad\quad} CO_2（g）+ H_2（g）\qquad（10\text{-}3\text{-}1）$$

反应系统中的中间产物会发生反应为：

$$R· + H_2 \xLongequal{\quad\quad} RH + H·\qquad（10\text{-}3\text{-}2）$$

$$R + H· \xLongequal{\quad\quad} RH\qquad（10\text{-}3\text{-}3）$$

$$R· + R'· \xLongequal{\quad\quad} R\text{-}R'\qquad（10\text{-}3\text{-}4）$$

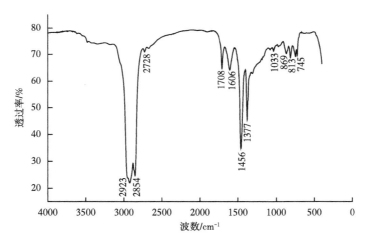

图 10-3-1　供氢催化改质降黏后稠油红外光谱图

式（10-3-2）和式（10-3-3）消除了由供氢催化改质产生的自由基（R·），使大分子碎片变成的相对分子质量的小分子，有利于稠油黏度的降低；而式（10-3-4）则使大分子碎片重新聚合成相对分子量高的大分子，不利于稠油降黏。由于在反应体系中稠油的产气量有限，所以没有足够的 H_2 来消除水热裂解产生的自由基。在高温下甲酸可因热解而给出苄基自由基和 H·。从而有效地抑制反应式（10-3-4）的进行。刘永建等人用四氢化萘为助剂进行辽河稠油催化改质降黏取得了类似的结果。但四氢化萘供氢的化学反应机理与甲酸不同：其反应机理主要是依靠在高温下四氢化萘脱氢产生的活性氢分子来消除井下降解产生的自由基；而甲酸是通过在高温下产生的苄基自由基和氢自由基来消除稠油改质产生的自由基。在没有甲酸或四氢化萘作为添加剂的条件下，无论有无催化剂的存在，井下改质反应结束后样品的降黏率会有一定程度的下降，即黏度回升，这是因为反应产生的长链自由基重新聚合所致。

在相对低的温度（240℃）条件下甲酸消除自由基的效果要比四氢化萘的效果更佳，而且在经济成本上甲酸要比四氢化萘低得多。在较高的温度 240~350℃ 四氢化萘的效果更好，可能的原因是在较低的温度下，四氢化萘的脱氢反应受到抑制所致。稠油改质反应前后族组成的变化见表 10-3-2。结果表明：经过催化井下降解反应之后胶质和沥青质含量下降而饱和分和芳香分的质量分数则上升。加入甲酸以后这种变化的趋势更大，这主要是甲酸产生的自由基在反应过程中消除自由基的结果，质量分数为 7% 甲酸的稀释作用不足以使稠油的族组成产生如此大的改变。

表 10-3-2　稠油催化改质反应后族组成的变化

类别	饱和分 /%	芳香分 /%	胶质 /%	沥青质 /%
稠油 + 催化剂	30.42	36.51	25.81	7.26
稠油 + 催化剂 +7%（质量分数）的甲酸	33.03	40.26	23.12	3.59

表 10-3-3 的结果表明，经历井下改质反应之后 H/C 提高，而杂原子与碳的比值却下降。加入甲酸以后并不影响催化井下改质的稠油中各种键的断裂，而是在断裂之后消除自由基。

表 10-3-3　稠油催化改质反应过程中元素组成的改变

类别	H/C	O/C	S/C	N/C
反应前稠油	1.54	0.015	0.06	0.04
稠油 + 催化剂	1.57	0.012	0.02	0.03
稠油 + 催化剂 + 甲酸	1.57	0.012	0.02	0.03

稠油改质反应前后稠油平均相对分子质量变化见表 10-3-4，结果表明改质后分子量明显降低。

表 10-3-4　反应前后稠油平均相对分子量的变化

类别	稠油平均相对分子量	沥青质平均相对分子量
反应前稠油	980	4157
稠油 + 催化剂	685	2742
稠油 + 催化剂 + 甲酸	467	2694

三、甲酸作用下的稠油催化改质反应机理

催化水热裂解改质过程中，供氢体的加入不仅可以很大程度改善稠油的黏度，还可起到溶剂作用稀释烃类大分子自由基，减少自由基的碰撞机会，而且可以抑制稠油聚合生焦，有利于稠油中 C-S 键的断裂，使水热裂解反应向加氢脱硫的方向进行，使稠油中的

饱和烃、芳香烃含量增加，胶质、沥青质质量分数降低，从而导致稠油黏度的降低。供氢体还可提供活性氢原子，推迟或阻止第二液相的形成，有效抑制水热裂解反应缩合生焦。

实验过程中所用的甲酸作为供氢体，宏观上分别是经过脱水反应生成 CO 和 H_2O 和脱氢反应生成 CO_2 和 H_2 完成的，微观上供氢体甲酸在高温高压下，通过自由基机理进行的，初始的甲酸经过水热反应得到自由基，这些产生的自由基大部分参与氢转移反应。

在水热裂解反应过程可以脱羧生成 CO，发生水气转换反应（WGSR）。反应釜中的供氢体甲酸的一些分解产物 CO 有助于使水气转换反应（WGSR）向正反应方向移动生成更大量的 CO_2 和 H_2，并将更多的氢加入稠油中，满足加氢脱硫反应的需要，而 CO_2 的产生有利于改善稠油黏度，强化采油。

作为催化改质反应物的供氢体是催化水热裂解催化改质的重要因素，供氢体对稠油改质的技术得到了验证。Ceasar Ovalles 在文献中总结了供氢体四氢萘与超稠油井下改质反应方程表示如下：

当无供氢体时，水热裂解产生的活性链将发生如下反应，因此，使水热裂解反应后的稠油黏度回升。

$$AS \cdot + AS \cdot \longrightarrow AS - AS$$

一般认为，氢的存在会抑制缩合反应，这样就延迟了沥青质相的沉积。关于氢对缩合反应的抑制机理，可能有两方而作用，一方面从热力学上看，氢的存在能抑制环烷—芳香结构脱氢为多环芳香结构的反应；另一方面氢的存在提供了由重组分向轻组分转化所需的氢。

在高温高压的条件下，加入有机过渡金属盐可以催化水热裂解反应，可能是通过金属离子与 S 原子的结合，从而活化了结合部位与水分子发生的作用。金属离子很好地水解，有助于把作为供氢体上的氢及水分子带到反应的位置。同时过渡金属离子可以加快这种稠油改进剂—氢气的产生。

第四节　稠油催化改质室内动态模拟实验研究

一、稠油催化改质采油模拟实验

（一）催化改质驱替实验设备

稠油催化改质降解反应动态实验装置如图 10-4-1 所示，主要有如下设备：

（1）微量泵；

（2）双联自控恒温箱，温度范围为 0~300℃；

（3）热鼓风机，温度范围为 0~330℃；

（4）中间容器、压力表、阀门等。

所有这些部件均用内径 3mm 的不锈钢管相连接。

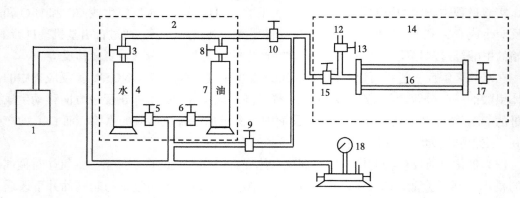

图 10-4-1　稠油供氢催化改质动态实验装置图

1—微量泵；2—热鼓风机；3，5，6，8，9，10，13，15，17—阀门；4，7—中间容器；12—放样口；
14—自控恒温箱；16—人造岩心；18—压力表

（二）催化改质驱替实验过程

驱替实验是在图 10-4-1 所示的装置中进行。它是由一个内径为 5cm、两个容积为 1000cm³ 的活塞泵，通过一个螺旋形的不锈钢管和岩心夹持器相连接，这个钢管在恒温箱外用加热套进行预热。这个螺旋管有足够的长度来保证流体在进入驱替管中前和恒温箱达到热平衡。装置的其余部分由注入泵、水罐和用来测量注入流体体积的测量器、回压阀、气体取样阀、流压计、热电偶及相连用的不锈钢管线和配件组成。

首先按给定油藏参数用干净砂粒制成岩心，这些岩心与地层砂组分一致，并用甲酸提取、用热空气烘干和过滤等处理。人造岩心先用水饱和，以确定其孔隙度和渗透率，然后用原油驱替到残余油饱和度。将饱和的岩心放入恒温箱中和系统相连，然后加热到 240℃。将定量的加入或不加入催化剂的水、稠油分别放入两个注入罐内，开启回压阀到所需要的值后，打开加热套，开始将罐中的物质注入驱替岩心中，在另一罐中收集驱替流出的流体。

当第一罐中的所有流体已全部通过岩心夹持器后，再以相反的方向将收集的流体注入岩心夹持器，如此重复多次循环，并从取样阀中收集气相样品并测量从注入罐和驱替管中得到的处理过的稠油的黏度。

表 10-4-1 给出了被驱替岩心的组成。

表 10-4-1　实验用岩心组成

组成 /%（质量分数）	1#	2#
水	3.0	8.3
稠油	19.2	8.6
砂	77.8	83.1

实验用稠油性质：黏度（50℃）为 186000mPa·s，分子量为 648，H/C 比为 1.50，硫含量（质量分数）为 0.96%，Ni 含量为 32.5mg/L，V 含量为 0.6mg/L。

在动态实验中，不同部分的流体可能和驱替管中砂子的接触时间不同。在本文中假定整个反应时间是流体在岩心夹持器中的停留时间（处理时对所有流体取平均值）。因此，在注入一个孔隙体积后，位于岩心的出口处的流体的接触时间为 0，而位于注入口处的流体的停留时间等于驱替一个孔隙体积流体所需要的时间。考虑取值平均要求，则最初饱和岩心的平均反应时间为流体流经一个孔隙体积所需要的时间的一半。反应时间或停留时间由下式给出：

$$T_c = \frac{V_t}{V_{IC}} \cdot \frac{V_P}{q}$$

（10-4-1）

式中　T_c——反应时间；

　　　V_t——注入的总体积；

　　　V_{IC}——注入缸中液体体积；

　　　V_p——驱替岩心的孔隙体积；

　　　q——注入速率。

（三）催化改质驱替实验结果与讨论

首先研究了在无砂存在下稠油的反应活性及反应时间、水和过渡金属盐络合物的影响。测定了各种情况下产出气体的体积、气体组成和稠油黏度，结果见表 10-4-2 至表 10-4-5。

表 10-4-2　实验过程中的产气量

序号	反应体系	产气量 /mL			50℃时的黏度比		
		1d	2d	3d	1d	2d	3d
1	稠油	0	0	0	1.00	1.0	1.0
2	稠油 + 水	5	13	18	0.98	1.0	1.0
3	稠油 + 水 + 催化剂	7	17	24	0.80	0.6	0.4

注：测试条件为 T 为 240℃；反应时间 1~3d；100g 稠油；30% 水；0.5% 催化剂。

从表 10-4-2 可以看出，单纯的稠油不能产生气体且黏度实际上也保持不变。这意味着在温度（240℃）条件下稠油的改质降黏作用是很小的。然而在存在水时，反应系统中有气体产生，产生的量随反应时间而稳定增加，表明其催化改质反应开始发生。加入催化剂会使放出气体的量有明显的增加且维持黏度比变化不大。

表 10-4-3 中的数据表明气相主要由 CO_2 和少量的 H_2、轻烃组成，而没有迹象表明有 CO 和 H_2S 存在。表 10-4-4、表 10-4-5 给出了在反应时间 1d，有砂子存在时催化改质反应的实验结果。结果表明只要有少量的砂子存在，在热作用下产生少量的 CO_2，加入水时

产生的量增加了近3倍（实验4、实验6），稠油、水和砂子（实验2、实验6）产生的气体的总量为175cm³，三种混合物（实验7）产生的气体量为200cm³，使用催化剂后可使产气量增加到283cm³，且保持较低的黏度比，这表明催化剂加速了稠油的催化改质反应。

表10-4-6和表10-4-7给出了用人工砂及天然岩心碎屑制作的两类岩心的驱替实验结果。可以看出，两种岩心的实验结果相似（实验9和10为人工砂，实验11、实验12和实验13为天然岩心）。表明本实验制作的人工砂岩心组成与天然岩心组成基本一致。

表10-4-3　实验过程中产生气体的种类

序号	时间 /d	气体组成 /（mg/mol）				
		H_2	CO_2	CO	H_2S	H/C
2	1	0.0	3.6	0.0	6.0	5.7
	2	0.0	54.8	0.0	8.2	6.4
	3	0.2	60.7	0.3	11.4	13.7
3	1	2.0	9.4	8.2	12.3	3.6
	2	11.4	77.0	50.6	18.5	4.1
	3	12.3	87.2	60.7	21.6	5.3

表10-4-4　动态模拟试验实验结果

序号	反应体系组成	产气量 /mL	50℃时的黏度比
2	稠油 + 水	53	0.7
4	稠油	45	1.0
5	砂 + 稠油	60	0.9
6	砂 + 水	122	——
7	水 + 砂 + 稠油	200	0.6
8	水 + 砂 + 稠油 + 催化剂	283	0.4

注：测试条件为 T 为240℃；反应时间为3d；100g稠油；30% 水；0.5% 催化剂。

表10-4-5 产气分析结果

序号	气体组成 /（mg/mol）				
	H_2	CO_2	CO	H_2S	HC
4	0.2	100	56	126	2.2
5	1.0	90	44	95	3.8
6	4.0	95	47	101	1.0
7	8.5	88	43	89	3.4
8	23.6	73.4	38	82	2.0

表 10-4-6　稠油井下改质实验结果

序号	反应体系组成	产气量 /（mL）	50℃时的黏度比
9	76 克砂 +10 克稠油 +24 克水	53	0.9
10	100 克砂 +21 克水	60	0.7
11	100 砂 +21 克水（含催化剂）	200	0.6
12	100 砂 +25 克水	100	1.0
13	水 + 砂 + 稠油 + 催化剂	283	0.4

注：测试条件为 T 为 240℃；反应时间为 3d；100g 稠油；0.5% 催化剂。

表 10-4-7　产气分析结果

序号	气体组成 /（mg/mol）				
	H_2	CO_2	CO	H_2S	HC
10	13	83	45	106	4.0
11	16	79	47	124	5.6
12	13.5	86	52	99	0.8
13	25	73	59	78	2.0

在这些实验中，还研究了驱替过程中催化剂浓度、蒸汽流过岩心的时间对杜 67 井稠油改质反应活性的影响，结果见表 10-4-8。

表 10-4-8　动态实验产气量及其组成

催化剂用量 /%	反应时间 / min	气体体积 / mL	气体组成 /%（摩尔分数）			
			H_2	CO_2	H_2S	CO
0.00	21.4	< 50	—	—	—	—
	38.6	149	4.77	43.5	0.14	2.41
	137.1	< 50	—	—	—	—
0.10	21.4	< 50	—	—	—	—
	38.6	39	3.56	58.8		3.35
	137.4	< 50	—	—	—	—
0.20	21.4	23	11.0	57.4		0.81
	68.8	30				
	109.3	50	4.75	39.1	—	—
0.50	17.4	< 50	—	—	—	—
	47.3	920	39.7	5.12	0.24	
	63.1	4332	30.1	4.22	0.21	
1.00	28.7	5400	7.30	1.20	0.18	

由表 10-4-8 可知，在低催化剂浓度下产生的气体体积和组成与静态实验相似，在高催化剂浓度下气体组成中 H_2、H_2S 和烃的产量迅速增加。

二、稠油催化改质蒸汽吞吐采油模拟实验

（一）吞吐实验过程

空白实验中，先用微量泵将 200℃ 蒸汽从蒸汽管线注入用油样饱和的岩心中。当压力达到 17MPa 时，关掉蒸汽管线，停止注入蒸汽。使整个体系保持在 17MPa 下，放置 3h 后，打开注入端阀门 15 及放样口阀门 13，油样会在自身压力的作用下从注入端流出，即模拟蒸汽作用下吞吐过程的一个周期。记录下驱出油量，即相当于一个吞吐轮次的采油量，按照上述过程，重复进行五次，即相当于吞吐五个周期。对每次驱出的油样，测量其在 50℃ 下的黏度，从而可求得黏度比（50℃ 条件下，驱出油与原始油样的黏度比值）。

对于加有催化剂的体系，多了一个添加药剂的过程。先用微量泵将 0.3PV 的催化剂 B 溶液顶替到用油样饱和的岩心中，再通过蒸汽管线注入 200℃ 的蒸汽。当压力达到 17MPa 时，关掉蒸汽管线，停止注入蒸汽。使整个体系保持在 17MPa 下，放置 3h 后，打开注入端的阀门，记录下驱出油量及驱出油的黏度，也重复进行五次。

（二）吞吐实验结果及分析

动态实验中主要是评价催化剂对稠油的降黏效果以及对采收率大小的影响，因而实验中计算出各轮次的稠油采收率：

$$\eta_i = \frac{V_{oi}}{V_p S_{oi}}$$

式中　η_i——各轮次的稠油采收率；

　　　V_{oi}——各轮次的驱出油量，mL；

　　　V_p——人造岩心的孔隙体积，mL；

　　　S_{oi}——初始油饱和度。

经过上述实验步骤进行三组实验之后，对数据进行处理，为便于评价各实验的降黏效果及采收率，将其汇总为表 10-4-9。

表 10-4-9　吞吐实验数据

吞吐轮次	未加催化剂			加催化剂		
	驱出油体积 /mL	采收率 /%	黏度比	驱出油体积 /mL	采收率 /%	黏度比
一	2.86	3.812	0.532	6.25	8.341	0.237
二	1.77	2.363	0.563	3.21	4.278	0.124
三	1.40	1.865	0.617	2.30	3.065	0.153
四	0.78	1.043	0.645	0.93	1.235	0.187
五	0.47	0.636	0.676	0.53	0.713	0.256
最终		9.719			17.632	

由表 10-4-9 中采收率数据可绘出各组实验的吞吐轮次数与采收率的关系曲线，如图 10-4-2 所示。各组实验中，随着吞吐轮次数的增加，采收率逐次减小，这与实际的蒸汽吞吐情况是相符的。比较三组实验的采收率数据，可看出加催化剂的采收率数据均明显高于不加催化剂的采收率，这表明加入催化剂后确实能够提高稠油的各轮次采收率及最终采收率，这一结果与静态实验的结果是相符的。

由表 10-4-9 中黏度比数据可绘出各组实验的吞吐轮次数与黏度比的关系曲线，如图 10-4-3 所示。在未加催化剂的空白实验中，随着吞吐轮次数的增加，黏度比逐次增加。而在加催化剂的实验中则出现了先下降后上升的现象，这可能是由于以下原因引起的：一是药剂注入过程中在岩心的注入端发生了吸附作用；二是由于岩心出口端封闭，药剂注入过程中，主要集中在岩心的前半部分，岩心的后半部分基本上没有药剂。第一轮次时，驱替出的油样主要是位于岩心后半部分的，这一部分由于药剂量很少，因而催化剂作用效果不太明显；第二轮次时，催化剂基本上在整个岩心中分布，催化剂接近完全发挥作用，因而降黏效果最好；轮次数再增加，由于催化剂基本上已被排出，因而黏度比又有所增加。

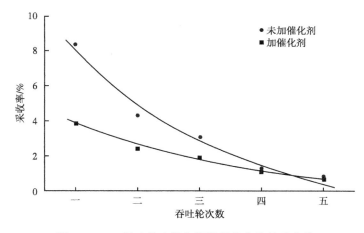

图 10-4-2　吞吐轮次数与周期采收率的关系曲线

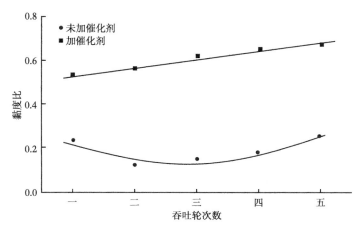

图 10-4-3　吞吐轮次数与黏度比的关系曲线

动态实验的反应时间比静态反应时间短，而降黏效果更佳，这表明与静态实验相比，砂（地层矿物）对反应也有促进作用。

第五节 稠油催化改质工艺设计及现场实施技术

通过室内实验研究证明稠油催化改质降黏是有效的新技术，现场应用是检验该技术向油田实际应用转化中必不可少的关键环节，只有在进行了一定规模的现场应用实验后才能证明该技术能否在油田进行推广和应用。因此本文在充分的室内实验的基础上，进行了现场应用实验方案的设计及现场试验，检验该项技术的效果。

一、选井条件

吸气剖面均衡、吸汽好的油藏，催化剂和供氢剂能随蒸汽进入到油层深部，对实施稠油催化改质降黏有利。

油层矿物的粒度、比表面、孔隙度、渗透率、热容和导热系数对实施结果都有影响。一般砂岩的导热系数比较高，对实施效果有利；如果储层物性条件较好，为中—高孔隙度、高渗透率，含油饱和度中等，油层孔隙度大，渗透率一般为 0.5~2.0D，对现场实施十分有利。

如果上下层的层内非均质性差异较大，各单砂层间渗透率非均质性很强、层系间非均质性更强，则应选择射孔层数相对较少的实验井。

稠油储层由于近源近岸、快速堆积及微相变化使储层非均质性强，成岩变化不均衡，形成了以粒间孔为主的复杂的孔隙体系，属大孔、细喉、孔喉分布不均匀类型。现场实施中应依据孔喉分布、平均孔宽、最大连通孔喉半径、均质系数等参数选择合适的稠油储层，以便催化剂和供氢剂能够顺利通过孔隙通道。

对于非均质性的油层中，注入的蒸汽和催化剂和供氢剂易沿汽窜单层突进，影响助剂注入的采收率。针对汽窜的井应进行先期堵窜，这样才能保证实施效果。

二、催化剂供氢体注入方式

稠油复合改质降黏驱油体系注入方式不同，则实验的成功率高低也不同，注入方式的选择对稠油复合改质降黏蒸汽驱技术的应用至关重要。对实验井的地质和生产等资料进行充分调研和深入的分析，正确选择稠油催化改质体系的注入方式，是保证稠油催化改质热采技术成功应用的关键。稠油催化改质体系及其应用条件见表 10-5-1。

拟采用的药剂溶液体系注入方式主要有前置液式、段塞式和点滴式三种方法。其中前置液式是在注蒸汽前，先将助剂以前置液的方式注入油层，然后进行蒸汽驱。而段塞式是将助剂根据需要分段注入油层。点滴式注入方式是伴随着蒸汽将助剂连续注入油层，应该具有理论上更好的效果，因为它可以实现药剂在地下均匀分布。

表 10-5-1　稠油催化改质体系及其应用条件

药剂的注入方式	适用条件
前置液式	地层压力高，地层均质性好，注汽条件差，可避免加入的化学助剂之间的不配伍性
段塞式	地层非均质性强，地层压力低，注汽条件好，可避免加入的化学助剂之间的不配伍性
点滴式	地层压力低，注汽条件好的地层

三、施工方案设计

（一）施工前的准备工作

施工前的准备工作关系到施工的成功和顺利与否。首先必须认真地采集实验井地质和上周期注汽及生产数据，从备选井中选择最优实验井。根据不同的施工工艺，结合现场实际设计施工方案。并对有些参数进行室内实验研究，从而为现场施工提供指导。

1. 实验区块地质资料收集与分析

取得实验区块地质资料，根据油藏岩性、物性、流体性质、井深、油层厚度和温度等方面的数据，初步分析现场实验中可能遇到的问题和可能达到的效果。并在不改变蒸汽的注入参数的情况下合理添加催化剂和供氢体。

2. 助剂配方调整

取得实验井的油样、水样和岩样，进行室内模拟实验，助剂的配方进行必要的调整，并将室内实验确定的药剂量放大为现场施工时的剂量，计算好注入液体的体积、浓度、密度和酸碱度。同时考察油层矿物和地层水与助剂体系的配伍性。此外体系是否易燃易爆和腐蚀等安全方面因素也要重点考虑。

3. 助剂配制

根据需要混合配制或分别配制，配制时需要考虑对容器有无特殊要求，要注意安全，药剂混合要均匀，必要时考虑使用温水配制，做好计量和取样分析工作。

最后，拟订现场施工设计书，请现场专家对设计书的可行性进行评审，根据评审的意见，修正并完善设计。

（二）现场施工程序

1. 施工参数设计

1）药剂溶液参数设计

$$V_a = \pi r^2 h\phi(1 - S_o - S_w) \qquad (10-5-1)$$

式中　V_a——注汽量，m^3；

　　　r——蒸汽和药液处理半径，m；

ϕ——油层孔隙度，%；

S_o——含油饱和度，%；

S_w——含水饱和度，%。

2）药剂用量确定

$$Q = h\phi\pi r^2 c \qquad （10-5-2）$$

式中　Q——药剂用量，m^3；

ϕ——油层孔隙度，%；

h——油层有效厚度，m；

r——药液处理半径，m；

c——药剂使用浓度，%。

2. 注入方式

选择前置液式，开油管阀门，关套管阀门，从注汽管柱正向注入药液。

3. 施工程序

1）施工前准备

（1）下注汽管柱，装好井口装置及压力表，保持井口阀门灵活好用；

（2）采油单位于施工前一天通知实验方做好施工准备；

（3）实验方施工前一天准备并配制药液；

（4）施工当天，罐车到指定配液地点拉药；

（5）由采油单位有关部门负责协调、配合，由实验方组织现场施工。

2）注液施工程序

（1）根据油井场地位置摆好施工车辆，联结地面施工管线流程；

（2）开油管阀门，关套管阀门，启动泵车试压 15 MPa 合格后，正挤药液；

（3）施工后 4h 后，转入正常注汽。

3）施工注意事项及要求

（1）施工人员要戴好劳动保护用品，注意自身安全；

（2）施工时严格按设计程序及参数操作，施工人员要听从指挥，不得违规作业；

（3）施工压力不得超过 15MPa；

（4）施工中注意观察各项参数的变化，发现异常现象要及时向指挥人员报告；

（5）施工中注意防止污染环境；

（6）施工时要准确录取各项施工参数；

（7）注入药剂后，根据注汽作业设计要求完成注汽量；

（8）注汽结束后，在设计的焖井时间后开井生产。

4. 实验前后数据采集要求

实验前由采油单位提供实验井的基础数据（包括钻井数据、地质数据及油气显示综合表）和吞吐生产数据。并由实验方取实验前油样进行分析，以便实验后作效果比较。实验后在采油单位的配合下，由实验方按一定时间点采集油样，进行黏度测定和分析；同时采集生产数据，观察生产变化情况，评价实验效果。

四、现场试验

在曙光油田选择杜 67 井、曙 1-32-41 井进行稠油改质现场实验。现场施工时，先注入 400m³ 蒸汽以预热地层，后注入催化剂溶液约 30m³，接着注入 1800~2000m³ 蒸汽，蒸汽注完后关井 1 周，然后开井生产。实验结果见表 10-5-2 和表 10-5-3。

从表 10-5-2 和表 10-5-3 可以看出，经过稠油改质处理后，两口井累计增油 977.9t，在生产 1 个月后，杜 67 井的原油黏度由处理前的 660.0Pa·s 降低到 276.7Pa·s，黏度降低了 58%；曙 1-32-41 井的黏度从 367.4Pa·s 降到 117.6Pa·s，黏度降低 68%，取得了较好的实验效果，实现了稠油改质降黏开采的目的。

表 10-5-2　杜 67 井和曙 1-32-41 井生产数据统计

井号	t/d	N_{PO}	Wp	R_{IP}	Q_0/t
杜 67	58	825	546.2	0.413	616.8
曙 1-32-41	130	2041	701.0	0.887	361.1

表 10-5-3　杜 67 井和曙 1-32-41 井黏度测定结果

井号	t/d	$\mu_{前}/(Pa \cdot s)$	$\mu_{后}/(Pa \cdot s)$	$\Delta\mu/\%$
杜 67	3	660.0	6.8	99
	13		89.6	86
	18		116.0	83
	23		128.0	81
	28		226.7	66
	30		276.2	58
	43		341.0	48
曙 1-32-41	5	367.4	0.9	99
	10		3.7	99
	15		60.4	84
	20		92.5	75
	30		117.6	68
	44		133.0	64
	95		248.0	33

参 考 文 献

[1] Hepler L，G.AOSTRA. 油砂、沥青砂、重质油手册 [M]，梁文杰，译 . 北京：石油大学出版社，1992，37–54.

[2] Clark P D. Hyne J B. Steam–Oil Chemical Reactions：Mechanisms for the Aquathermolysis of Heavy Oils[J]. AOSTRA Journal of Research，1990，6（1）：53–64.

[3] Clark P D. Hyne J B. Studies on the Chemical Reactions of Heavy Oils under Steam Stimulation Condition [J]. AOSTRA Journal of Research，1990，6（1）：29–39.

[4] 范洪富，刘永建，赵晓非 . 井下降黏开采稠油技术研究 [J]. 石油与天然气化工，2001，30（1）：39–40.

[5] 范洪富，刘永建，杨付林 . 地下水热催化降黏开采稠油新技术研究 [J]. 油田化学，2001，18（1）：13–16.

[6] 范洪富，刘永建，赵晓非 . 稠油在水蒸气作用下组成变化研究 [J]. 燃料化学学报，2001，29（3）：269–272.

第十一章 井筒传热模拟实验技术

国内外实践证明，在注蒸汽开采稠油时，由于蒸汽流经井筒到达井底过程中干度损失严重，造成蒸汽热利用率低、注汽成本高、经济效益差，并且随着现场注蒸汽井热注轮次和时间的增加，套管多次经受高温、高压作用而损坏严重。尤其对于深井注汽，井筒隔热技术更是决定注蒸汽开采效果的关键技术之一。因此，优化与评价井筒隔热技术，确定其技术的可行性、影响因素和适用范围，才能为现场实施井筒隔热提供技术参数，从而以最佳的隔热技术服务于实践，达到提高注汽热利用率，延长套管使用寿命，降低注汽成本的目的。

井筒、井筒内流体及地层的热物性参数是由压力、温度和物质组成等多参数共同确定的状态量，不同的注汽工况导致环空中流体的状态处于动态变化中。针对环空中流体换热效果的不确定性，仅用理论计算来确定井筒隔热效果的研究手段是不充分的，而以井筒传热理论为基础建立的井筒传热物理模型的可靠性必须经过理论验证，达到设计指标后，才能保证其模拟结果具有科学性。

由上述分析可知，虽然影响井筒热损失的因素是多方面的，然而，对于一口投产的稠油热采油井而言，想通过调整固井方案和井身管柱方案来控热损失的可行性是极小的，因此，如何提高油套管环空隔热效果便成为人们关注的焦点。利用室内物理模拟和数值模拟技术研究井筒传热问题，正是实现这一目标的最好途径。

第一节 井筒传热数学模型

一、注汽井筒传热基础理论

在实际生产过程中，井筒中的热损失不可能达到稳定状态。正如雷米和威尔特所指的那样，当热损失是时间的单调减小函数时，称之为准稳态。在连续注汽状态下，井筒中温场只能达到准稳态。

注汽井筒结构如图 11-1-1 和图 11-1-2 所示，井筒周围为固相岩石环境。

模型的边界条件较复杂，实际研究过程中，为得到井筒温度近似的分布曲线，假设：

（1）忽略摩擦引起的压降；

（2）地层热损失是径向的；

（3）不考虑温度、压力沿井筒方向的变化，井筒及地层径向的热传导方程可表示为 [1]：

$$\frac{1}{r}\left(\frac{\partial}{\partial r} r\lambda \frac{\partial T}{\partial r}\right) + Q_i = M\frac{\partial T}{\partial t} \quad\quad （11-1-1）$$

式中　T——温度，℃；

　　　t——时间，s；

　　　r——距井筒中心的径向距离，m；

　　　λ——等效导热系数，W/（m·℃）；

　　　M——地层的热容，J/（m³·℃）；

　　　Q_i——内热源/汇的热流密度，W/m³。

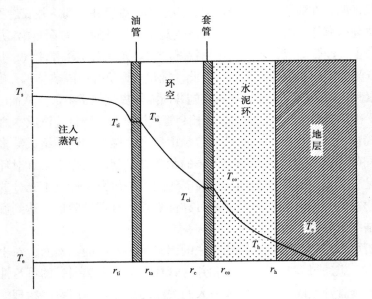

图 11-1-1　光油管注汽井筒结构及径向温度分布示意图

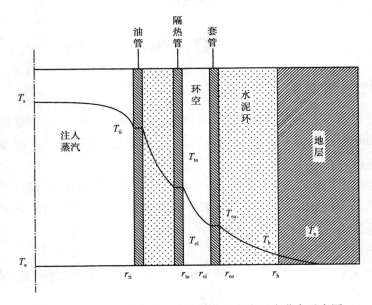

图 11-1-2　同心油管注汽井筒结构及径向温度分布示意图

从式（11-1-1）分析，沿井筒径向是一个变量 M、λ 的导热问题。需要说明的是，上式只是表示地层中的热传导方程，而环空中除存在着热传导外，还存在着自然对流传热与辐射传热，所以首先需要对环空处定义一个等效导热系数，式（11-1-1）中的导热系数即为等效导热系数。

在环空中存在着三种传热方式：热传导、热辐射及热对流。这三种传热方式所传导的热量在不同的情况下所占的比重是不同的。可将这三种传热方式的作用综合起来，定义为等效导热系数，来表征三种传热方式的综合效果。

（一）对流换热系数

热传导及自然对流的综合作用可以用对流换热系数来表征：

$$h_{c} = \frac{0.049 \lambda_{a} \left(GrPr \right)^{1/3} Pr^{0.074}}{r_{4} \ln \dfrac{r_{ci}}{r_{4}}}$$

（11-1-2）

其中无因次常数：

$$Pr = \frac{C_{a} \mu_{a}}{\lambda_{s}}$$

$$Gr = \frac{\left(r_{ci} - r_{4} \right)^{3} g \rho_{a}^{2} \beta_{a} \left(T_{4} - T_{ci} \right)}{\mu_{a}^{2}}$$

式中　Pr——普朗特常数；

Gr——格拉晓夫常数；

λ_{a}——环空流体导热系数，W/（m·℃）；

C_{a}——环空流体比热容，J/（kg·℃）；

μ_{a}——环空流体黏度，Pa·s；

ρ_{a}——环空流体密度，kg/m³；

β_{a}——环空流体热膨胀系数，1/℃；

g——重力加速度，g=9.8m/s²。

（二）辐射换热系数

环空辐射换热系数由式（11-1-3）表示：

$$h_{r} = \sigma \omega \left(T_{4}^{2} + T_{ci}^{2} \right) \left(T_{4} + T_{ci} \right)$$

（11-1-3）

式中　σ——斯蒂芬—波尔兹曼常数，W/（m²·K），σ 为 5.673×10^{-8} W/（m²·K）；

ω——套管黑度；

T_{4}——隔热管外壁温度，K；

T_{ci}——套管温度，K。

（三）等效导热系数

环空等效导热系数表示为：

$$\lambda_{e} = \left(h_{c} + h_{r}\right)_{r_{ci}} \ln \frac{r_{e}}{r_{c}} \qquad (11-1-4)$$

（四）能量守恒方程的差分离散

对井筒及地层的能量守恒方程采用有限差分法进行求解[2-4]，由于需要求出井筒每一层中的温度分布，所以对油管、绝热层、隔热管、井筒环空、套管、水泥层以及地层都进行了比较密集的网格划分，特别是因为隔热管和环空的热阻较大，对地层的温度分布具有决定性的影响，所以对这两层的网格划分尤其稠密，并且每一层径向网格的划分都采用对数不均匀网格。对方程（11-1-1）进行差分离散为：

$$\frac{1}{r_{i}} \frac{1}{r_{i+1}^{1} - 1 - i - 1} \left(r_{i+1}^{1} \lambda_{i+1}^{1} \frac{T_{i+1}^{n+1} - T_{i}^{n+1}}{r_{i+1} - r_{i}} - r_{i-1}^{1} \lambda_{i-\frac{1}{1}} \frac{T_{i-1}^{n+1} - T_{i}^{n+1}}{r_{i-1} - r_{i}} \right) = M_{i} \frac{T_{i}^{n+1} - T_{i}^{n}}{\Delta t} \qquad (11-1-5)$$

对式（11-1-5）中的 $\lambda_{i\pm\frac{1}{1}}$ 取值，采用加权平均方法取相邻网格的平均值，而对于网格边界采用下面方法进行取值，以保证差分方程真正符合能量守恒的条件。

$$r_{i+1}^{1} = \frac{r_{i+1} - r_{i}}{\ln \dfrac{r_{i+1}}{r_{i}}}$$

经过整理差分方程可写为：

$$A_{i+1} T_{i+1}^{n+1} + A_{i} T_{i}^{n+1} + A_{i-1} T_{i-1}^{n+1} = M_{i} \frac{V_{i}}{\Delta t} T_{i}^{n}$$

式中：

$$A_{i+1} = \frac{r_{i+\frac{1}{1}} \lambda_{i+\frac{1}{1}}}{r_{i+1} - r_{i}}$$

$$A_{i-1} = \frac{r_{i-\frac{1}{1}} \lambda_{i-\frac{1}{1}}}{r_{i} - r_{i-1}}$$

$$A_{i} = -\left(A_{i+1} + A_{i-1} + M_{i} \frac{V_{i}}{\Delta t} \right)$$

$$V_{i} = \frac{1}{2} \left(r_{i+\frac{1}{2}}^{2} - r_{i-\frac{1}{2}}^{2} \right)$$

由此，可以获得井筒径向温度场分布及井筒总传热系数等。

二、注汽井筒热损失的计算

注蒸汽过程中，井筒中径向热流量 Q_{s}，即由油管柱径向流向井筒周围地层的热流量，就是井筒热损失量。目前，热采稠油的井筒结构多采用两种类型：一种是光油管井筒结构，另一种是隔热油管井筒结构。两种井筒结构及径向温度分布如图 11-1-1 和图 11-1-2 所示，其中环空是气体或液体。井筒热损失的径向传热是由油管中心到水泥环外缘的一维稳定传热和水泥环外缘到地层之间的一维不稳定传热量两部分组成。

（一）油管中心到水泥环外缘传热

根据传热学原理，在稳定热流状态下，井筒单元径向热流量 Q_s 与油管中蒸汽温度 T_s 与套管外水泥环外缘温度 T_h 的差值成正比，也与该单元长度 L 的注入油管外表面积成正比。即井筒径向传热的热流速度方程：

$$Q_s = 2\pi r_{to} U_{to} (T_s - T_h) \Delta L \tag{11-1-6}$$

式中 U_{to} 是由油管外表面至水泥环外表面间的总传热系数，U_{to} 的倒数即是总热阻。

式（11-1-6）是在稳定热流情况下的方程式。实际上，在注蒸汽井筒条件下热是不稳定流，径向热流速度随注入时间延长是在变化着的。此时可根据 Ramey 的近似公式计算：

$$Q_s = \frac{2\pi K_e (T_h - T_e)}{f(t)} \Delta L \tag{11-1-7}$$

式中 $f(t)$——时间函数；

T_h——水泥环外缘温度；

T_e——地层原始温度；

K_e——地层导热系数。

通过井筒油管壁、套管壁及水泥环的热流是以热传导方式发生的。根据多层圆筒壁传热原理，通过每个圆筒壁的热流速度与圆筒壁介质中的温度梯度成正比，此比例常数 K_h 就是介质的导热系数。因此，在井筒径向系统中，径向热流速度为：

$$Q_s = 2\pi K_h \frac{dT}{dr} \Delta L \tag{11-1-8}$$

对式（11-1-8）积分就得出通过油管壁的热流速度为：

$$Q_s = \frac{2\pi K_{tub} (T_{ti} - T_{to}) \Delta L}{\ln \frac{r_{to}}{r_{ti}}} \tag{11-1-9}$$

通过套管壁的热流速度为：

$$Q_s = \frac{2\pi K_{cas} (T_{ci} - T_{co}) \Delta L}{\ln \frac{r_{co}}{r_{ci}}} \tag{11-1-10}$$

通过水泥环的热流速度为：

$$Q_s = \frac{2\pi K_{cem} \left(T_{co} - T_h \right) \Delta L}{\ln \dfrac{r_h}{r_{co}}} \qquad (11-1-11)$$

在油套管环空中存在三种传热方式：热传导、热辐射及热对流。为方便起见，将环空中的传热速率称作传热系数 h_c（自然对流及传导热）及 h_r（辐射热）之和。则通过环空的热流速度为 Q_s 与油管外表面积（$2\pi r_{to}\Delta L$）及油管外壁与套管内壁温度差（$T_{to}-T_{ci}$）成正比，即：

$$Q_s = 2\pi r_{to} \left(h_c + h_r \right)\left(T_{to} - T_{ci} \right)\Delta L \qquad (11-1-12)$$

由整个井筒传热系统的温度变化可得出：

$$T_s - T_h = \left(T_s - T_{ti} \right) + \left(T_{ti} - T_{to} \right) + \left(T_{to} - T_{ci} \right) + \left(T_{ci} - T_{co} \right) + \left(T_{co} - T_h \right) \qquad (11-1-13)$$

假定在任何具体时间，井筒中的径向热流是稳定的，则式（11-1-9）、式（11-1-10）、式（11-1-11）、式（11-1-12）中的 Q_s 值相等。将这些公式中的对应温差代入式（11-1-13），得出：

$$T_s - T_h = \frac{Q_s}{2\pi \Delta L}\left[\frac{1}{r_{ti}h_f} + \frac{\ln \dfrac{r_{to}}{r_{ti}}}{K_{tub}} + \frac{1}{h_c + h_r} + \frac{\ln \dfrac{r_{co}}{r_{ci}}}{K_{cas}} + \frac{\ln \dfrac{r_h}{r_{co}}}{K_{cem}} \right] \qquad (11-1-14)$$

与式（11-1-6）比较，则得出各种井筒结构条件下的总传热系数。

（1）当井筒中仅有光油管，下端有封隔器，油套环空为液体或气体时，总传热系数 U_{to} 由下式计算：

$$U_{to} = \left[\frac{r_{to}}{r_{ti}h_f} + \frac{r_{to}\ln \dfrac{r_{to}}{r_{ti}}}{K_{tub}} + \frac{1}{h_c + h_r} + \frac{r_{to}\ln \dfrac{r_{co}}{r_{ci}}}{K_{cas}} + \frac{r_{to}\ln \dfrac{r_h}{r_{co}}}{K_{cem}} \right]^{-1} \qquad (11-1-15)$$

上式括号内各项分别为油管内壁强迫对流传热热阻、油管壁热阻、环空液体或气体的热阻、套管壁热阻及水泥环的热阻。

由于油管内热水及蒸汽的强迫对流传热系数 h_f，也称水膜传热系数，及钢材的导热系数 K_{tub}、K_{cas} 都很大，因此它们的热阻很小，可以忽略不计。上式可以简化为：

$$U_{to} = \left[\frac{1}{h_c + h_r} + \frac{r_{to}\ln \dfrac{r_h}{r_{co}}}{K_{cem}} \right]^{-1} \qquad (11-1-16)$$

（2）当井筒中油管柱是双层隔热管，下端有封隔器，环空是液体或气体时，总传热系数为：

$$U_{to} = \left[\frac{r_{to}}{r_{ti}h_f} + \frac{r_{to}\ln\frac{r_{to}}{r_{ti}}}{K_{tub}} + \frac{r_{to}\ln\frac{r_i}{r_{to}}}{K_{ins}} + \frac{1}{r_i\left(h_c' + h_r'\right)} + \frac{r_{to}\ln\frac{r_{co}}{r_{ci}}}{K_{cas}} + \frac{r_{to}\ln\frac{r_h}{r_{co}}}{K_{cem}} \right]^{-1} \quad (11-1-17)$$

括号内第三项是隔热管的热阻，这一项对总传热系数的影响最大。其余同式（11-1-17）。同样，可以简化为：

$$U_{to} = \left[\frac{r_{to}\ln\frac{r_i}{r_{to}}}{K_{ins}} + \frac{1}{r_i\left(h_c' + h_r'\right)} + \frac{r_{to}\ln\frac{r_h}{r_{co}}}{K_{cem}} \right]^{-1} \quad (11-1-18)$$

以上各式中，h_c、h_c' 代表环空中液体或气体的热传递及自然对流的传热系数，h_r、h_r' 代表辐射热传递系数。

（二）水泥环外缘到地层的传热

由于这部分传热属于非稳态，热传导随时间变化。传导到地层的热量开始大，随着注汽的进行，地层温度增加，温差减小，热损失降低。地层中的不稳定导热表示为：

$$\Delta Q_z = 2\pi K_e \frac{T_w - T_e}{f(t)} \Delta z$$

其中：

$$f(t) = 0.982\left(1 + 1.81\frac{\sqrt{\alpha t}}{r_w}\right)$$

$$T_e = T_m + az$$

式中　K_e——地层导热系数，W/（m·℃）；

$f(t)$——无因次地层导热时间系数；

T_e——初始地层温度，℃；

T_m——地表恒温层温度，℃；

a——地温梯度，℃/m；

z——井深，m；

α——地层热扩散系数，m²/h；

t——注汽时间，h。

三、井筒隔热基础理论

从上述井筒传热方程中可以得到如下结论：

（1）在注蒸汽过程中，由油管柱外壁通过隔热管、环空及套管、水泥环向井筒周围地层散热的径向热量（即井筒热损失）是连续散热过程，它的值除正比于温度差及井筒长度外，也取决于隔热管的热阻、环空流体的热阻及水泥环热阻。井筒总传热系数越小，井筒热损失量越低。

（2）提高井筒径向各截面的热阻，就可降低总传热系数。实际上，对于一口油井，固井工艺一定，各项管材热阻一定，地层热阻也比较小。因此降低井筒热损失的最有效的途径主要有：一是采用高热阻（即低导热系数）的隔热管；二是降低环空流体的导热系数。

（3）环空散热包括环空流体的对流热、传导热及注入管外壁的辐射热。如果环空是干燥气体（氮气、干蒸汽），其传导热极小，主要是热对流及极小的辐射热，但总的环空传热系数很低；如果环空是水，则对流热是主导的，传导热很大，总的环空传热系数很大；如果封隔器失效，环空进入高温蒸汽，井筒热损失会剧增，套管温度升高，将导致恶劣的后果。因此，环空隔热技术非常重要。

（4）隔热油管在使用中的真空度降低，使井筒总传热系数增大，加快了套管老化速度。这也是井筒隔热中需要注意的问题。

第二节　井筒传热物理模型

井筒传热物理模型由热量注入系统、井筒模型本体、环空流体注入系统、模拟地温系统、数据采集与处理系统和其他辅助系统等构成，如图 11-2-1 所示。

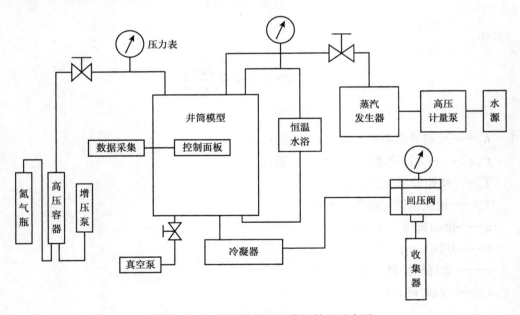

图 11-2-1　井筒传热物理模拟装置示意图

一、井筒模型本体

井筒模型本体是以导热基本定律——傅里叶定律为基础，在稳态柱坐标条件下测量圆筒状物体导热系数的原理设计的。进行物理模拟时一般需要：几何相似；一定的力学相似；热力学相似。因此，井筒传热物理模型设计首先是遵循相似理论，同时进行必要的传热学计算[5-7]。

（一）从油管中心到水泥环外缘径向尺寸

该实验的核心是观察井筒径向热量传递，即井筒径向传热系数的变化，从传热理论上看径向传热系数主要与各层材料和径向尺寸有关。

物理模拟的关键是比例建模，保证几何相似和模拟物理量成比例。现场实际井筒长度与直径比很大，要保证模型的几何相似，首先要求特征尺寸比要相等。如果模拟整个井筒长度，这样建立的模型在保持合适的长度前提下，直径就太小，不可能实现室内的物理模拟。

考虑到该实验的主要目的是评价隔热效果，要达到此目的，只要保证模型中部确有一段稳定温场存在，这样所测套管温度就具有代表性，可以实现研究目标。

模型径向按 1:1 的比例模拟注汽井筒结构。中心油管管径尺寸、隔热管管径尺寸及套管管径尺寸与实际注汽井管径尺寸相同。管材材质均为 N80，在同心油管与油套管环空内注入试验流体，两端予以密封。套管外有固结的固井水泥环，水泥环配料采用现场使用的材料。

（二）模拟地层热阻与模型径向尺寸的确定

地层相对于单个井筒来说是无限大的，不可能实现几何相似，在物理模拟中一般用石英砂来模拟地层，它的径向尺寸和模拟温度通过数值计算来确定。

在模型中，模拟地层的主要目的是模拟地层热阻，实际注蒸汽过程中，地层传热是不稳定的，当水泥环外缘温度一定时，随着时间的变化，地层中同一位置的温度逐渐升高，径向温升前缘逐渐前进，导热热阻逐渐增加。地层热阻随时间变化的关系是：

$$R_{et} = -\frac{1}{4\pi K_e} E_i\left(-\frac{r^2}{4\alpha\tau}\right) \qquad (11-2-1)$$

式中　R_{et}——随时间变化的地层热阻，（m·℃）/W；

　　　r——水泥环的外半径，m；

　　　τ——加热（或冷却）作用的时间，s；

　　　E_i——指数积分函数。

模型中石英砂与外界的导热热阻为：

$$R_{mt} = \frac{1}{2\pi K_m}\ln\frac{d_2}{d_1} \qquad (11-2-2)$$

式中　R_{mt}——石英砂导热热阻，（m·℃）/W；

　　　K_m——石英砂导热系数，W/m·℃；

　　　d_2，d_1——石英砂环内、外直径，m。

则从注汽开始后的某一时刻，地层热阻的数值变化到相当于模拟石英砂的热阻值是必然的。显然，要得到相应于不同注汽条件（注汽温度、注汽时间）的井筒传热工况，就需要不同的石英砂厚度，而在实际操作中随时变化石英砂厚度是不现实的。

应用式（11-2-1）和式（11-2-2）可以获得不同石英砂厚度时的热阻和地层热阻。

从计算结果可以看出，随着注汽时间的延长，地层热阻是逐渐增加的，而石英砂在一定状态下，随着厚度的增加，热阻也增加。选择径向填充石英砂厚度，相当于注蒸汽15d的地层热阻，就可以满足研究需要。

（三）井筒模型本体纵向尺寸

从理论上讲，模拟井段纵向传热可以忽略，即认为井筒温度不随长度变化。为此设计要求井筒物理模型纵向的热损失相对于径向热损失可以忽略，通过在井筒模型上下端部做绝热层控制散热来达到要求。但考虑到实际做不到完全的绝热，必然在井筒上下端部有不稳定的一段温场，那么，要保证有效段存在，模型应越长越好。

在实际注汽过程中，蒸汽在内油管的进出端入口效应和末端效应是明显存在着的。为计算方便，将其近似作为一维问题，分层段迭代求解。假设各层的外表面的过余温度θ与该截面上的集总过余温度θ_b之间存在如下关系：

$$\frac{\theta_b}{\theta} = \frac{t_b - t_\infty}{t - t_\infty} = p \tag{11-2-3}$$

假设在某一段内p值不变，则$\mathrm{d}\theta_b = p\mathrm{d}\theta$。而各层圆筒壁的轴向热传导根据集总过余温度$\theta_b$来计算，对所取出分析段的$\mathrm{d}x$长一段微元体可写出热量平衡关系如下：

$$Q_x + K_{L1}(t_e - t_\infty)\mathrm{d}x = K_{L2}(t - t_\infty)\mathrm{d}x + Q_{x+\mathrm{d}x} \tag{11-2-4}$$

$$Q_x - Q_{x+d}x = KFP\frac{\mathrm{d}^2\theta_b}{\mathrm{d}x^2}\mathrm{d}x = KFP\frac{\mathrm{d}^2\theta}{\mathrm{d}x^2}\mathrm{d}x \tag{11-2-5}$$

整理得出：

$$\frac{\mathrm{d}^2\theta}{\mathrm{d}x^2} - A\theta = -B \tag{11-2-6}$$

$$A = \frac{K_{L1} + K_{L2}}{KFP} \tag{11-2-7}$$

$$B = \frac{K_{L1}(t_e - t_\infty)}{KFP} = \frac{K_L\theta e_1}{KFP} \tag{11-2-8}$$

边界条件为：

当$x=0$时，$\theta = t_0 - t_\infty$，控制该处t_0，当稳定传热时，油管壁温度稳定；

当$x=L$时，$-K \cdot F\dfrac{\mathrm{d}\theta}{\mathrm{d}x} = \alpha\theta$，在此边界条件下，方程（11-2-6）的通解为：

$$\theta = \frac{[\sqrt{A}\,\mathrm{ch}\sqrt{A}(L-X) + H\,\mathrm{sh}\sqrt{A}(L-X)](\theta_0 - B/A) - \dfrac{HB}{A}\mathrm{sh}\sqrt{A}X}{\sqrt{A}\,\mathrm{ch}\sqrt{A}L + H\,\mathrm{sh}\sqrt{A}L} \tag{11-2-9}$$

$$\theta = t - t_\infty$$

$$\theta_b = t_b - t_\infty$$

$$H = \alpha / K$$

式中　t——温度，℃；

　　　t_∞——环境温度，℃；

　　　K——导热系数，kcal/（m·h·℃）；

　　　F——导热截面面积，m^2；

　　　X——沿井筒轴向距离（0~L），m；

　　　H—— 相对换热系数；

　　　sh——双曲正弦函数；

　　　ch——双曲余弦函数。

需要说明的是：由于末端对流传热的影响比较明显，θ_e不是常数，B 也不是。但末端影响只是在紧靠末端的一段区域比较明显，而在另外的近中间区间则不明显，在此区域内，B 可视为常数，而散热较严重的末端区域，则将其分为若干段，逐段进行迭代计算，以求得沿纵向各层温度分布。利用注蒸汽井温度场分析软件，进行温度分布的初步理论计算，获取稳定温场长度。这样模型本体纵向长度应大于稳定温场长度。

由于实际井筒较长，地温梯度必然对井筒传热有影响。针对不同井深所引起的温度变化，可以通过调节注入热量来模拟不同井深处的井筒温度变化，从而达到较科学地模拟现场实际，实现热力学相似。

（四）绝热密封系统

由于井筒模型模拟的是一段井筒长度，这样同心油管之间、油管与套管环空之间上下端部都是敞口状态，对两种井筒模型物理模拟试验，要求油、套管环空充入不同压力的试验流体。对同心油管模型还应考虑隔热油管的真空度。此外井筒模型整体又要求同心，这就提出了一项关键技术：环空隔热密封技术。材料力学试验研究表明：在油管通入高温蒸汽时，由于油、套管各部分温度相差较大，因此，油、套管各自的伸长量也相差较大，而温度下降后，内外油管又缩回原状。要保持该环空端部的绝热、密封，首先要解决动态密封问题。这就要求该密封部件不仅是非金属，还要有一定的刚性。

（五）加热温控系统

设计井筒模型可以采用两种加热系统。一种是直接注蒸汽加热整个井筒，该加热系统是通过蒸汽发生器和回压阀来共同控制井筒最终达到的温度；另一种是通过在油管内充填导热油，由电加热管和温控表来控制井筒温度，从而实现热量供给的热力学相似。

二、模拟地层温度系统

该系统包括两部分：一是在石英砂层的外部安装循环水套，利用恒温水浴进行模拟地层的加热与恒温，同时对模型起到保温的目的；二是在整个模型的外壳内衬附统一的保温材料进行隔热，以减少模型的热量损失。从而实现模拟地层温度的热力相似。

三、 数据采集处理系统

模型内部安装温度测量元件，外部配备数据采集系统。在油管、隔热管、套管和水泥环外壁与模拟地层中不同半径处的上中下位置均安装热电偶以测量各点温度变化，各测点温度通过计算机自动采集。

四、热量注入系统

热量注入系统一种可以由高压计量泵和蒸汽发生器组成；另一种可以是电加热系统，即通过在油管内充填导热油，由电加热管和温控表来控制井筒温度。

五、环空流体注入系统

环空试验流体可以采用高压容器和增压泵注入。

六、 辅助系统

辅助系统主要包括：系统的抽空、冷凝和恒压等。

第三节 注蒸汽井筒氮气隔热技术实验研究

一、氮气隔热井筒传热物理模型的建立

氮气隔热井筒传热物理模型的设计是以导热基本定律——傅里叶定律为基础，遵循相似理论，需要满足几何相似、一定的力学相似和热力学相似。

（一）模型本体的基本结构

1. 井筒结构

除油套管环空外，整个注汽井筒从油管内壁到水泥环外缘的径向传热以导热为主，为保证物理模型的井筒径向传热与注汽井筒相似，应保证径向热阻相似。

井筒中蒸汽向周围地层岩石传热必须克服油管、油管隔热层、油套管环空、套管、水泥环等产生的热阻。这些热阻相互串联，除油套环空外，其他部分均为导热传热，径向导热热阻主要与材料和几何尺寸有关，各部分导热热阻差别很大，使井筒径向温度呈非线性分布。为保证井筒模型与实际注汽井筒热力相似，模型所采用的管材、隔热材料、水泥及其径向尺寸均与实际井筒相同。具体数据见表 11-3-1。

2. 模拟地层径向尺寸

地层相对于单个井筒来说是无限大的，无法实现几何相似。在物理模拟中用石英砂来

模拟地层，它的径向尺寸通过数值计算来确定。从计算结果可以看出，随着注汽时间的延长，地层热阻是逐渐增加着的，而石英砂在一定状态下，随着厚度的增加，热阻也增加，选择相当于注蒸汽15d的地层热阻，模拟地层的石英砂厚度为40mm就可以满足研究需要。

表 11-3-1　井筒径向尺寸

模型	内油管 /mm		隔热管 /mm		套管 /mm		水泥环 /mm
	内径	外径	内径	外径	内径	外径	外径
同心油管	62.0	73.02	100.5	114.30	161.7	177.8	247.8
光油管	76.0	88.90	—	—			

3. 井筒本体纵向尺寸

从理论上讲，模型上下为绝热层，则模拟井段纵向传热可以忽略，即认为井筒温度不随长度变化。实际上完全绝热是做不到的，要保证有效段存在，模型越长越好，但由于室内有具体空间条件的限制，因此，设计的井筒物理模型要保证模拟井筒中有一定长度的稳定温度场。利用沿井筒方向温度分布方程式，以模型两端处于对流边界为前提，进行温度分布的理论计算，计算结果如图 11-3-1 所示。可见：模型纵向长度为 1.5m 时，计算稳定温场长度达 1m 以上。如果模型两端加以保温，稳定温场还会延长。由于实际井深较长，地温梯度必然对井筒传热有影响。针对不同井深所引起的温度变化，可以通过调节注入热量来模拟不同井深处变化的井筒温度，从而实现了热力相似。因此，设计井筒长度为 1.5m。

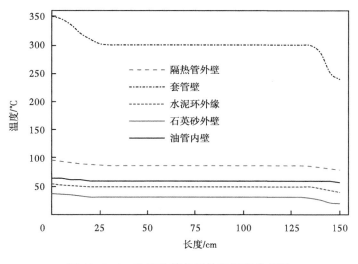

图 11-3-1　注汽井筒各层轴向温度分布图

模型本体包括光油管井筒模型和同心油管井筒模型，示意图如图 11-3-2 和图 11-3-3 所示。

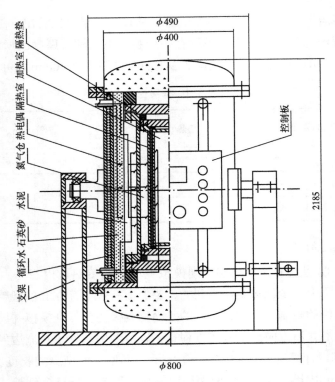

图 11-3-2 氮气隔热井筒传热同心油管物理模型

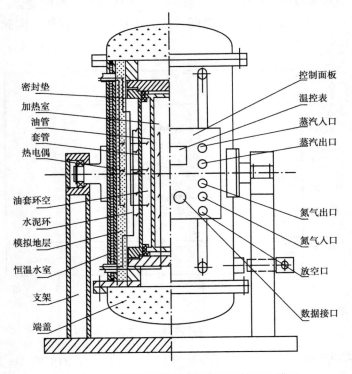

图 11-3-3 氮气隔热井筒传热光油管物理模型

（二）氮气隔热井筒传热模拟实验系统

整个模拟实验系统由热量注入系统、氮气隔热井筒传热模型本体、注氮系统、模拟地温系统、数据采集与处理系统和其他辅助系统等构成：

（1）热量注入系统由高压计量泵和蒸汽发生器组成；（2）模型本体包括同心油管井筒模型和光油管井筒模型，模型耐温350℃，耐压20MPa；（3）注氮系统包括氮气源、高压容器和增压泵；（4）模拟地温系统由两台恒温循环水浴组成；（5）数据采集由硬件（热偶、计算机、信号转换器）和软件（即时采集软件、温场显示及数据处理软件）组成，在油管、隔热油管、套管和水泥环外壁与模拟地层中八个不同半径处的上中下位置均安装有热电偶以测量各点温度变化，形成纵向分五层、径向分八列的温度监测系统，各测点温度通过计算机自动采集；（6）辅助系统包括：抽空系统、冷凝系统、恒压系统等。

二、物理模拟实验方案设计

井筒传热物理模拟研究的宗旨是评价同心油管、光油管井筒油套管环空充填氮气的隔热效果。

（一）同心油管井筒传热物理模拟方案

目的：评价在油套环空不连通条件下，同心油管的隔热管与套管间环空充填氮气隔热的效果，物理模拟实验方案见表11-3-2。

表 11-3-2　同心油管井筒传热物理模拟方案

空间	内油管	外油管与套管间环空
充填介质	一定流速的动态干饱和蒸汽	氮气
注汽（气）温度 /℃	200、270、300、320、350	室温
介质压力 /MPa	1.6、5、8、11.2、16.5	
监测参数	径向不同半径处温度变化	

（二）光油管井筒传热物理模拟实验方案

目的：评价不使用隔热管，仅仅利用氮气隔热，油套环空不连通条件下，光油管模型的油套管间环空充氮气隔热的效果，物理模拟方案见表11-3-3。

表 11-3-3　光油管井筒传热物理模拟方案

空间	油管	油管与套管间环空
充填介质	一定流速的动态干饱和蒸汽	氮气
注汽（气）温度 /℃	200、270、300、320、350	室温
介质压力 /MPa	1.6、5、8、11.2、16.5	
监测参数	径向不同半径处温度变化	

（三）不同注氮压力条件下井筒传热物理模拟实验方案

目的：评价在同一注汽温度条件下，油套管环空注入不同压力的氮气情况下，井筒模型中氮气隔热效果，物理模拟方案见表 11-3-4。

表 11-3-4 不同注氮压力井筒传热物理模拟方案

井筒模型	油管注蒸汽温度 /℃	油套管环空充填氮气压力 /MPa
同心油管	200	0.1
		1.6
		5
光油管	200	0.1
		1.6
		5

（四）注汽油管与油套管环空连通情况下井筒传热物理模拟方案

目的：模拟现场注汽油管与油套管环空连通时，套管所受的影响。

设计方案：在同心油管井筒传热模型的油管内注入一定温度、压力的饱和蒸汽，在油套管环空内注入一定量氮气，氮气压力低于蒸汽压力，测定套管温度及整个井筒温场分布。

（五）同心油管间不同真空度下井筒传热物理模拟实验方案

目的：评价内油管与隔热油管间真空度对井筒隔热效果的影响。

方案：在同心油管井筒传热模型的油管内注入相同温度、压力的饱和蒸汽，内油管与隔热油管间环空分别抽真空和不抽真空，分别测定套管温度及整个井筒温场分布。

三、同心油管井筒氮气隔热效果评价

（一）不同注汽温度下氮气隔热效果评价

在内油管环空与油套管环空绝热密封前提下，油管内注入不同温度蒸汽，油套管环空注入氮气，注氮压力等于蒸汽温度的所对应的饱和压力，分别测得不同注汽温度条件下井筒不同半径、不同截面处温度值，井筒温度随半径分布变化曲线如图 11-3-4 所示，不同注汽温度（对应不同注氮压力）条件下套管温度变化关系如图 11-3-5 所示。

实验结果表明：

（1）整个同心油管井筒传热以同心油管间的隔热层为隔热支柱，在此截面处温度的下降梯度非常大，温度曲线下降的斜率最大。而在隔热层以外的区域温度变化较小，温度下降梯度较小，整个井筒隔热效果较好。

（2）随注汽温度的升高，对应注氮压力增加，套管壁温度有所上升，井筒总传热系数增加，但上升幅度较缓。即使注汽温度达到 350℃，对应注氮气压力达到 16MPa 以上，套管温度仍在 120℃ 范围以内。

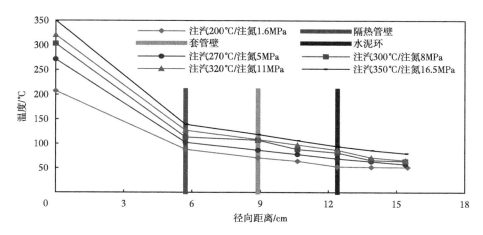

图 11-3-4　同心油管不同注汽温度条件下氮气隔热井筒温场分布图

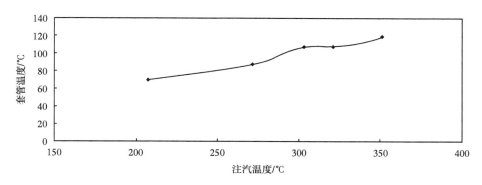

图 11-3-5　同心油管模型不同注汽温度下套管温度变化

（二）不同注氮压力条件下氮气隔热效果评价

在同一注汽温度下进行了环空注入不同压力的井筒传热模拟实验研究。井筒径向温度随径向距离、注氮压力变化曲线如图 11-3-6 所示，套管温度随注氮压力变化关系如图 11-3-7 所示。

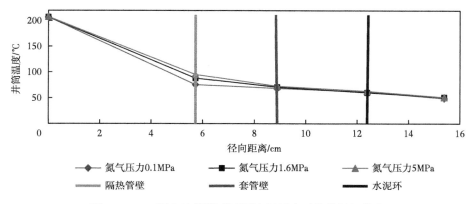

图 11-3-6　同心油管模型不同注氮压力下井筒温场分布

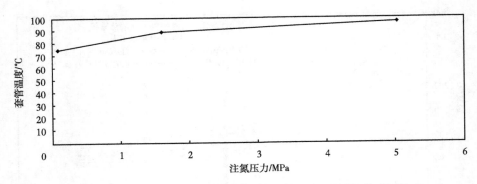

图 11-3-7　同心油管模型不同注氮压力下套管温度变化

（三）同心油管间不同真空度工况下井筒隔热效果评价

在注汽温度为 300℃、隔热油管间不抽真空和真空度为 6×10^{-2} Pa 工况下，分别测定同心油管模型井筒温场分布，不同半径处井筒温度分布对比曲线如图 11-3-8 所示。

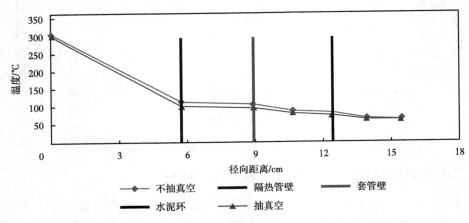

图 11-3-8　同一注汽温度、隔热油管间不同真空度条件下井筒温度分布

由监测结果看出，相同注汽条件下，抽真空后隔热管外壁温度及套管壁温度均降低了 10℃ 以上，井筒总传热系数降低了 21.89%，表明同心油管间真空度对整个井筒隔热效果影响较大。抽真空情况下，隔热层热阻加大，隔热管隔热效果增强。现场隔热油管真空度的降低，隔热效果变差，会引起井筒径向热流量增加，径向热损失加大，蒸汽有效热利用率降低。

（四）注汽油管与套管环空连通工况下氮气隔热效果评价

现场实际注汽井筒的油套管环空是相互连通的。虽然注汽时有的井有高温封隔器存在，但油套管环空窜流是常事。由此开展了油套管环空连通情况下氮气隔热效果评价的实验。评价实验方法简述如下：

（1）油套管环空持续注入氮气，分别恒压 4MPa 和 6MPa 两种状态。

（2）向油管连续注入蒸汽，通过回压控制注汽压力和蒸汽状态，直到注汽压力达到 5 MPa，持续注汽保持井筒温场稳定。

（3）随时监测井筒温场变化。

同心油管井筒传热模型注蒸汽温度270℃，注汽压力保持在 5 MPa，从最终监测出的井筒温场分布可以看出：在注汽油管与套管环空连通情况时，注氮压力为 4MPa 和 6MPa 时对应套管壁温度分别达到86.6℃ 和 171.867℃。将相同注汽工况下环空连通与不连通即情况下井筒温场进行对比，如图 11-3-9 和图 11-3-10 所示。

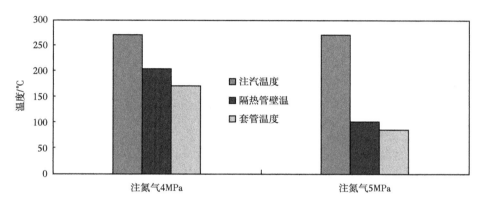

图 11-3-9　同心油管模型（注汽温度 270℃）油套管环空不同工况时井筒温度对比

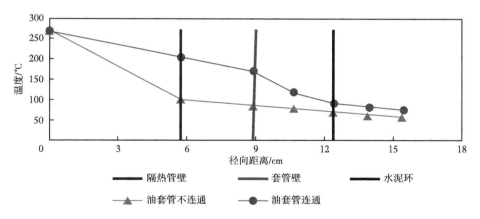

图 11-3-10　同心管模型注汽压力 5MPa 环空不同注氮压力井筒温度对比

从实验过程中的现象和监测结果中，得到了如下认识：

（1）当油套环空不连通时，同心油管模型中隔热管起主导隔热作用。

（2）当油套管环空连通时，出现两种状况。

一种状况是：当油套管环空注氮气压力低于油管内注汽压力时，蒸汽将逐渐窜进套管环空，从监测结果曲线中可以看出此时井筒温场分布曲线形状与光油管注汽井筒模型温场分布曲线形状相似，说明隔热管已经不起作用，此时油套管环空对流换热能力增强，环空有效导热系数急剧增加，使套管温度急剧上升，对套管伤害力极大。

另一种状况是：通过持续向套管环空注入压力高于注汽压力的氮气，保证环空氮气的压力高于油管内注汽压力，此时油套管环空虽然连通，但氮气的存在保证了蒸汽不能窜入套管环空，这不仅可以有效地抑制蒸汽强制对流换热，起到保护套管作用，体现出氮气的隔热功效，还有利于现场敞套管注汽工艺的实现。

四、光油管井筒隔热效果评价

（一）不同注汽温度下氮气隔热效果评价

油管与油套管环空不连通的前提下，油管内注入不同温度的饱和蒸汽，油套管环空注入与蒸汽温度相对应的饱和压力的氮气，测得井筒温场在井筒不同半径处分布如图 11-3-11 所示。

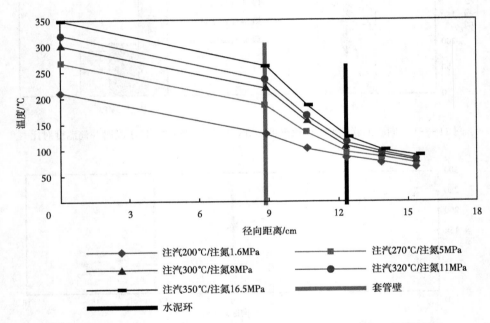

图 11-3-11　光心油管模型不同注汽温度条件下氮气隔热井筒温场分布图

不同注汽温度（对应不同注氮压力）条件下套管温度变化如图 11-3-12 所示。针对测得井筒温场分布，计算出不同工况下井筒总传热系数见表 11-3-5。

从实验结果可以看出：

（1）整个光油管井筒传热模型温场从油管中心到地层几乎呈直线的下降趋势。温度曲线在每一个截面下降梯度虽不相同，但径向没有突出的大热阻截面存在；

（2）在光油管条件下，由于失去隔热管的隔热作用，油管壁处的环空温度接近注汽温度，氮气与油管壁间辐射及对流换热增强，环空温度上升较快，套管环空等效导热系数增大，套管壁温度普遍较高，套管温度上升很快；

（3）随注汽温度的升高，对应注氮压力增加，套管壁温度上升，井筒总传热系数增加，井筒径向散热量增加；

（4）环空注氮气隔热条件下，内油管注入 300℃ 饱和蒸汽、注氮压力达到 8MPa 时，套管处温度已经达到 220℃ 以上。

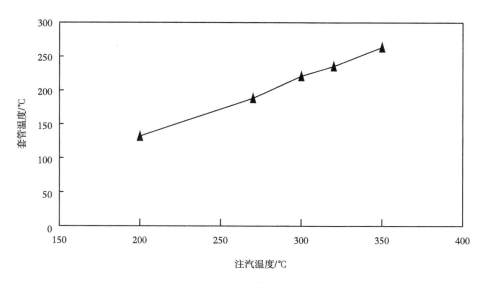

图 11-3-12　光油管模型不同注汽温度下套管温度变化

表 11-3-5　井筒总传热系数

注汽温度 /℃	200	200	270	300	320	350
注氮压力 /MPa	0	1.6	5.0	8.0	11.2	16.5
井筒总传热系数 / 10^{-3}kJ/（h·cm^2·℃）	7.312	8.091	8.551	9.392	9.748	10.267

（二）不同注氮压力条件下氮气隔热效果评价

在 200℃ 注汽温度下，进行了环空注入不同压力的氮气井筒传热模拟实验，实验结果如图 11-3-13 和图 11-3-14 所示。由结果对比图可以看出，随氮气压力的升高，环空温度升高，套管温度也随之升高。分析认为：

（1）环空辐射换热系数与温度的三次方成正比，在相同注汽压力条件下，随着环空压力和温度的升高，环空辐射换热系数升高；

（2）对流换热系数与温度、压力的关系比较复杂，随温度的升高，氮气密度升高，黏度降低，对流换热系数升高，从而环空等效导热系数升高；

（3）当压力升高时，氮气黏度随压力变化较小，而密度随压力的增加而增加，导致等效导热系数的升高。

三者共同作用使环空热交换增强，温度升高，最终导致套管壁温度的升高。

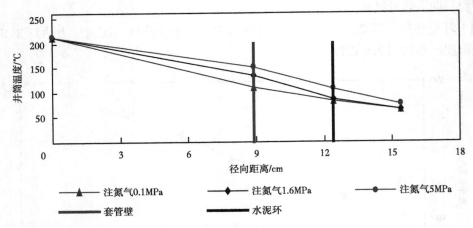

图 11-3-13　不同注氮压力下井筒温场分布

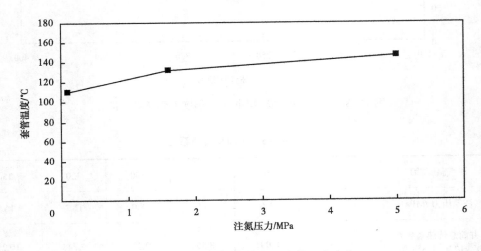

图 11-3-14　不同注氮压力下套管温度变化

五、两种井筒氮气隔热效果评价

（一）相同注汽温度工况下隔热效果对比

将相同注汽温度（环空对应相应的注氮压力）条件下两个井筒模型的温场分布绘制在同一图上，如图 11-3-15 所示。可以看出：

（1）两种井筒模型温度场分布曲线形状差别较大，同心油管模型温场分布呈迅速下降，然后立即趋于平缓，而光油管井筒模型温场分布从油管到套管下降幅度较小。

（2）同心油管的氮气隔热效果明显好于光油管氮气隔热效果。隔热管的存在，大大地降低井筒径向热量损失，有效地防止套管受热应力损害。

（3）在相同注汽温度（环空对应相应的注氮压力）条件下，光油管井筒模型的套管壁温度远高于同心油管井筒模型的套管温度。在 270℃ 注汽工况下，同心油管模型井筒的套管壁温度为 86.563℃，而光油管井筒模型的套管温度为 188.279 ℃；当注汽温度为 300℃时，同心油管模型井筒的套管壁温度为 105.686℃，而光油管井筒模型的套管壁温度达到220.941℃。

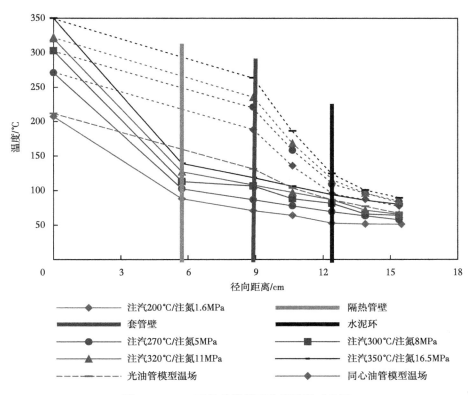

图 11-3-15　两种井筒模型井筒温场对比图

（二）不同注氮压力工况下隔热效果对比

将同一注汽温度、相同注氮压力条件下两个井筒模型的温场分布绘制在同一图上，可以看出：

（1）无论有无隔热管的存在，随压力增高，套管温度都将升高。但有隔热油管时，套管温度受注氮压力影响较小，升高幅度较小；

（2）没有隔热管隔热条件下，套管温度随注氮气压力的升高，上升幅度较大。

总之，通过对同心油管、光油管井筒模型不同注汽温度、不同注氮压力工况下隔热效果的对比，得到如下认识：

（1）同心油管注氮气隔热效果要明显好于光油管注氮气隔热效果。隔热管的存在，大大地降低井筒径向热量损失，有效地防止套管受热应力损害；

（2）光油管注汽工况下，即使有氮气隔热，当内油管注入 300℃ 饱和蒸汽时，套管处温度仍可以达到 220℃ 以上；

（3）在相同注汽温度条件下，随环空注氮压力增高，套管温度都将升高。光油管模型套管温度上升幅度较大，但有隔热油管时，套管温度受注氮压力影响较小。

参 考 文 献

[1] 刘文章 . 稠油注蒸汽热采工程 [M] . 北京：石油工业出版社，1996

[2] 孔祥谦 . 有限元法在传热学中的应用 [M] . 北京：科学出版社，1986.

[3] 张允真，张兆银 . 注蒸汽井的温度场及其套管的热应力 [J] . 石油钻采工艺，1992，14（4）：59-63.

[4] 张立新 . 注蒸汽热采井井筒温度场应力场分析及套损防治 [D] . 北京：石油大学石油天然气工程学院，2000.

[5] HASAR A R and KABIR C S. Aspects of Wellbore Heat Transfer During Twophase Flow[C] . SPE 22948，1991.

[6] 王丰 . 相似理论及其在传热学中的应用 [M] . 北京：高等教育出版社，1990.

[7] 徐挺 . 相似理论与模型研究 [M] . 北京：中国农业机械 出版社，1982.